日本の地震予知研究130年史

明治期から東日本大震災まで

泊 次郎［著］

東京大学出版会

130 Years' History of Earthquake Prediction Research in Japan;
From the Meiji Era to the Great East Japan Earthquake

Jiro Tomari

University of Tokyo Press, 2015
ISBN 978-4-13-060313-3

はじめに

　私はかつて『朝日新聞』の科学記者をしていた．地震予知に直接関係する記事を初めて書いたのは，1982 年のことである．気象庁が東海地域に埋め込んだ体積歪計の1つで，地震の前兆ではないかと見られる地殻変動を観測した，というニュースである．関係者の話を素直に信じ込み，「地震予知に明るい見通しが得られた」と書いたのを覚えている．

　続いて，地下構造を調べるために大量の火薬を爆発させて人工地震を起こす実験が行われるという記事や，丹那断層のトレンチ調査を紹介する記事などを書いた．そうした記事にも「地震予知につながる」と付け加えるのを忘れなかった．地震を予知することは科学のロマンであると考えていたし，そう書けば，記事が大きく扱われたからでもある．

　取材を進めてゆくうちに，地震の直前予知はそれほど容易でないことがわかってきた．それからは批判的な記事も書くようになった．直前予知ができることを前提にして大規模地震対策特別措置法（大震法）がつくられている東海地震でさえ，直前予知は覚束ないことを知り，予知を前提にした東海地震対策に疑問を投げかける連載記事を書いたりもした．しかし，無知故とはいえ，地震予知の実現は遠くないとの希望をもたせ，世間の期待・誤解をあおるような記事を書いたことは，自身の記者生活での大きな悔いとして残った．無知であることは，罪深いことである．

　夢の技術としてもてはやされた熱核融合炉の例を引くまでもなく，実現が思った以上に難しい技術は，しだいに敬遠されていくのが普通である．しかし，地震予知についてはこの例外のように見える．研究が進めども進めどもそのゴールに近付いたようには見えないにもかかわらず，国や研究者，それに一般の人々が地震予知に大きな夢や期待を抱き，巨額の研究費と情熱が注ぎ込まれるのはなぜなのか？　日本の地震予知研究の歴史をひも解けば，その疑問のいくばくかは解消され，自身の罪滅ぼしにもつながるのではなかろ

うかというのが，日本の地震予知研究の歴史を私が調べ始めた主な動機であった．

日本での地震予知研究の歴史については，藤井陽一郎の『日本の地震学』(紀伊國屋書店，1967年）や萩原尊禮の『地震学百年』(東京大学出版会，1982年），力武常次の力作『地震予知—発展と展望』(日本専門図書出版，2001年），日本地震学会編『地震予知の科学』(東京大学出版会，2007年）などにも紹介されている．これらの書では，日本の地震予知研究の歴史は1962年に地震研究者有志によってつくられた「ブループリント」（正式には『地震予知—現状とその推進計画』），あるいはこれがきっかけとなって1965年からスタートした国の第1次地震予知研究計画から始まる，とされている．そしてそれ以降，紆余曲折はありながらも地震予知研究は目標に向かって着実に前進している，と描かれている．これらの書はいずれも，地震予知研究計画に直接関与した研究者によって書かれたものであるから，そのように描かれるのは当然かも知れない．

一方，「ブループリント」以前の歴史は，まったく無視されるか，それに触れたとしても「前史」としてごく簡単に記述されるのが通例である．近年刊行された地震予知に批判的な書（たとえば，島村英紀『「地震予知」はウソだらけ』（講談社，2008年）やロバート・ゲラー『日本人は知らない「地震予知」の正体』（双葉社，2011年））でも，この点は同様である．

しかしながら，「ブループリント」以前の地震予知研究の歴史を調べ始めてみると，その豊かさに驚かされるのである．1880年にお雇い外国人教師たちが中心になって日本地震学会がつくられた頃には，すでに地震予知研究と呼べるようなものが存在し，現在の緊急地震速報に相当するアイデアさえあった．1891年の濃尾地震の後，震災軽減策を立てるために震災予防調査会がつくられたが，そこでは①家屋，橋などの構造物の耐震性向上に関する研究，②地震予知の可能性の研究，の2本柱が掲げられた．地震予知のための国家事業はこのときから始まったといえる．1906年4月に起きた米国・サンフランシスコ地震の後には，現地調査した東京帝国大学の地震学の教授・大森房吉は，次に太平洋岸で起きる大地震はチリ沖であろうとの予測を米国の新聞記者たちに語った．この予測は4カ月後に的中し，国際的な反響

を呼んだ．大森の予測は，現在でいう地震空白域理論に近いものを根拠にしていたのである．

　1923年の関東大震災の後は，大森や今村明恒たちが進めてきた地震学は「統計的・経験的」と批判され，物理学に基づいた基礎的な研究の重視をうたって東京帝国大学構内に地震研究所がつくられた．地震研究所の設立の目的は「地震の学理と震災予防に関する研究」であった．「地震の学理の研究」は，地震の発生メカニズムなどを純粋に研究することのように見えるが，そうではない．地震予知を実現するためには，大森や今村らのような統計的な方法ではなく，基礎的な研究を進めることこそ重要であるという考え方を表現したものであった．地震予知の研究は，地震研究所のほか，東北帝国大学理学部，京都帝国大学理学部などで続けられ，1930年代には，地殻変動や地磁気，地電流の異常を観測することによって，地震の直前予知も可能である，との言説がもてはやされた．東京帝国大学を定年退官した今村は，来るべき南海地震の直前予知を目指して，地殻変動などの観測網を紀伊半島と四国に独力で築き上げた．

　アジア・太平洋戦争中から戦後にかけては，今村が予測していた南海地震（1946年）をはじめ，鳥取地震（1943年），東南海地震（1944年），三河地震（1945年），福井地震（1948年）と，大地震が毎年のように起き，計約1万人が亡くなった．戦時中は，大地震発生のニュースさえ国民には知らされず，被災調査も十分に行うことができなかった．戦後は連合国軍総司令部（GHQ）の日本の民主化方針のもとで，研究者が地震の予測を自由に発表できる雰囲気ができた．南海地震の後，今村が「南海地震近し」と警告する内容の手紙を四国県下のある町長に出していたことが，新聞で報道された．1947年から1949年にかけては，さまざまな研究者が独自の観測データや理論に基づき，関西地震説，秩父地震説，新潟地震説を発表するなど，地震予知への関心が盛り上がった．

　GHQも，日本では地震予知の研究が進んでいることに強い関心を示し，関係機関が集まって地震予知に関する研究計画をまとめるよう，指示した．この結果1947年には地震予知研究連絡委員会が設置され，そこで観測網の新設を中心とした地震予知研究計画がつくられた．この計画は，予算的な問

題で実施には移されなかったが，内容的には 1962 年の「ブループリント」の原型をなしている．

以上，「ブループリント」以前の歴史を簡単に振り返っただけでも，記録に留めておくべき多くのできごとがあったことがわかる．このような 130 年以上にわたる歴史を俯瞰すると，「ブループリント」以降約 50 年の歴史を眺めただけでは気付くことができなかった，いくつかの特徴が見えてくる．

まず第 1 は，地震予知の研究の歴史は，日本の地震学の発展と深く結び付いてきたことである．地震予知研究が日本の地震学の発展を支えてきたといってもよい．地震予知研究のための国家予算によって観測網が整備され，その観測網によって生み出される新しい知見によって日本の地震学は発展してきたことがわかる．したがって本書では，日本の地震予知研究の歴史と同時に，地震学の発展の歴史も描くよう努めた．

もっとも「ブループリント」に従って 1965 年から始まった第 1 次地震予知研究計画以前と，それ以降の日本の地震学には，不連続性が見られる．第 1 次地震予知研究計画以前には，地震予知の実現は当分先とされ，現実に起きる地震被害を少なくするには，建物の耐震性の向上や地震の後に起きる火災対策，避難対策などに力が入れられた．地震予知の研究を続ける研究者は同時に，震災軽減のための研究にも同じくらいの努力を注いだのである．濃尾地震の後つくられた震災予防調査会の目標がそうであったように，地震予知研究と，震災軽減策の研究は，車の両輪であった．

ところが第 1 次地震予知研究計画が始まって以降，地震予知の研究には多額の研究費がつぎ込まれ，研究者も飛躍的に増えた．と同時に，最大の震災軽減策は地震予知であると考える文化が，地震学の分野では主流になった．ちょうどその頃，世界的な観測網の整備やプレートテクトニクスの登場などによって，地震学が飛躍的に発展したこともある．耐震性向上などの研究は，工学系の研究者のやることと見なされ，地震動が地形や地質構造などの影響をどのように受けるか，といった研究は，同じ地震学分野にありながらも冷遇されるようになった．震災軽減策の唯一の方法は，地震予知の実現にあると考える文化が，多少とも修正されたのは 1995 年の阪神・淡路大震災以降である．

第2は，一般の人々が地震予知にかける期待の強さが，130年以上，あるいはそれ以上の長い年月にわたって変わらないことである．地震予知の研究はなかなか成就しないけれども，この期待の強さが研究を支える原動力となってきたことがよくわかる．本書では，大きな地震が起きたときに地震予知に関してどのような言説が社会に流布したのかについても，詳しく取り上げるよう努めた．

　以上の2点以上に強調したいのは，よく似た歴史が繰り返されてきたことである．濃尾地震や関東大震災など大きな地震・震災が起きるたびに地震予知への関心が盛り上がり，地震予知研究や地震研究に関する新たな制度的枠組みが生まれる．これに伴ってそれまで地震予知研究には無縁であった新たな研究者が地震予知研究に参入する．しかし，地震予知の実現は容易なことではない．多くの研究者や社会の関心はやがて冷めてしまうが，それを見計らったように，再び大地震に見舞われ，地震予知研究の熱も復活する，という歴史が繰り返されたように見える．

　地震予知研究の方法についても，繰り返しが見られる．地震予知を実現するための方法を大きく分けると，①過去の地震活動のデータをもとに統計的に予測する，②何らかの前兆現象の出現を観測することによって予測する，③地震発生の物理的なメカニズムを考えることによって何らかの物理モデルを組み立て，それに基づいて予測する，の3つの方法がある．ある時期には統計的な予測が主流になり，またある時期には物理的な手法が重視され，またある時期には前兆の観測に全力が注がれてきた．しかし，それがうまくいかなくなると一度はすたれた手法が復活し，それが主流になるという繰り返しが見られる．

　どのような前兆の研究に力が注がれたかについて見ても，ある時期には盛んになったかと思うと，ある時期にはすたれ，またある時期になると再び脚光を浴びる，ということが繰り返されるのである．

　本書では，この繰り返しを基軸に歴史を描いてゆく．このような歴史の繰り返しがなぜ起きてきたのかを考えることが，本書の主題になる．

　序章では，ギリシャ時代から江戸時代までの，西欧や日本での地震の原因や地震の前兆，地震の予知法などをめぐる議論の歴史を振り返った．地震予

知への願望は古くからあったことがわかる．

　第1章では，1880年2月に起きた横浜地震をきっかけに，東京や横浜にいたお雇い外国人たちを中心につくられた日本地震学会の活動を紹介する．そこには，すでに述べたように本格的な地震予知研究と呼べるものが存在した．

　1891年に濃尾地震が起きると，地震災害の軽減を目指して震災予防調査会が設立される．地震予知研究は，耐震対策の研究と並ぶ車の両輪と位置付けられ，国家が主導した研究計画が始動する．第2章では，その震災予防調査会の活動を描く．

　1923年の関東大震災では10万人を超える人々が亡くなった．さまざまな議論を経て東京帝国大学構内に地震研究所が設立された．第3章では，その地震研究所や，大震災後観測網が充実した中央気象台の活動を描く．

　第4章では，アジア・太平洋戦争後の地震予知研究をめぐる状況を紹介する．戦中から戦後にかけて，死者が1000人以上も出る大地震が5つも続き，地震予知への関心も高まった．連合国軍総司令部（GHQ）の指令で，関係機関を集めた地震予知研究連絡委員会がつくられ，地震予知研究計画が作成された．

　やがてそれは，1962年の地震予知研究の「ブループリント」に結び付き，1965年からは第1次地震予知研究計画がスタートする．第5章では，地震予知計画の初期の段階を取り上げる．大学を中心に観測網の建設に重点が置かれ，1970年代に入ると，世界的な地震予知ブームが到来し，1975年の中国・海城地震の予知成功でそれは頂点に達する．

　世界的な地震予知ブームを背景にして東海地震説が社会の注目を浴び，1978年には，東海地震が予知できることを前提にした大規模地震対策特別措置法（大震法）が成立する．第6章では，大震法下での地震予知研究を描く．前兆の観測に力を入れた地震予知研究体制は，やがては行き詰まりを迎える．

　1995年に阪神・淡路大震災が起きると，東海地震の直前予知に傾斜した地震予知研究体制は反省を迫られた．新たに地震防災対策特別措置法がつくられ，総理府に地震調査研究推進本部が設けられた．第7章では，この地震

調査研究推進本部の活動を中心に描く．同推進本部は，全国的な地震の長期的な発生予測に力を入れ，「プレート境界地震の発生場所と規模については一定の見通しが得られた」と多くの研究者は思い込んでいた．

　ところが2011年には，その予測をはるかに上回るマグニチュード（M）9の東北地方太平洋沖地震が起きた．第8章では東北地方太平洋沖地震と，それ以降の地震予知研究を取り上げる．東北地方太平洋沖地震によって，東京電力福島第一原子力発電所で炉心溶融事故が起こり，大量の放射性物質が環境中に放出された．いまだに10万人以上の人々が故郷を追われ，避難を余儀なくされている．社会の耳目は，原発事故に向けられ，地震予知研究の体制は何も変わらなかった．

　終章では，以上の各章を振り返り，地震予知研究はどのように繰り返されてきたかを詳述し，なぜ同じ歴史が繰り返されるのかについて，分析を試みた．同時に，地震予知研究のあるべき姿についても考えてみたい．

　これまで「地震予知」という言葉を漫然と使用してきたけれども，この言葉について若干の説明を加えておきたい．予知という言葉が一般的に使われるようになったのは，1892年に震災予防調査会がつくられた頃からである．それ以前は「前知（foretell）」あるいは，「予報（forecast）」などを使う方が一般的であったが，この本では引用個所を除いて，時代にかかわらず「予知（predict）」という言葉を使用する．

　「前知」が示すように，「予知」は狭い意味では，地震の直前に地震の発生を予測することを意味する．しかし，日本の地震予知研究では，直前予知を実現するためにはまず，中・長期的に地震の発生の可能性が高い地域を見つけ出し，そこに観測網を密に配置するという戦略が取られてきた．このため，地震発生を中・長期的に予測することもまた地震予知研究の一部と考えられてきた．2011年の東北地方太平洋沖地震の後，日本地震学会では「予知」という言葉は直前予知の意味でしか使うべきではなく，中・長期的な予知を意味する場合には「予測」という言葉を使うべきだという考え方をとっている[1]．しかし本書では，以上に述べたような歴史的な事実に鑑み，「地震予知研究」という言葉を，直前予知を目標として，その予測の精度を上げるた

めの研究という意味で使用する．したがって「予知」という言葉も，短期直前予知のみならず，中・長期的な「地震発生予測」といった意味で使う場合もあるので，ご了解願いたい．

　本書の引用についても，いくつか断っておきたい．原典を直接引用した部分は「　」で示し，欧米文は私が日本語に翻訳した．日本文については，漢字は原則として新字体に統一し，仮名づかいは原則として原文の通りとした．引用文中に登場する（　）は，原文にもともと存在するもので，〔　〕の中の語句は私自身が付け加えたものである．

　日本の地震予知研究の歴史を本にまとめることができたのは，東京大学地震研究所で 6 年間，研究生や研究員として過ごせたことに多くを負っている．研究生・研究員として受け入れていただいたことによって，最新の研究成果も聞くことができ，豊富な蔵書を利用することもできた．また，多くの方に議論の相手になっていただいた．ロバート・ゲラー・東京大学教授と，津村建四朗・元気象庁地震火山部長にもいろいろとご教示いただいた．皆さんに深く感謝している．

　上田誠也・東京大学名誉教授，科学史研究の師である佐々木力・中国科学院大学教授，島崎邦彦・東京大学名誉教授，多くの資料をいただいた松田時彦・東京大学名誉教授，大学の同期である吉田明夫・静岡大学客員教授，それに東京大学地震研究所の纐纈一起教授，佐竹健治教授には，粗稿を読んでもらい，有益なコメントや誤りの指摘をたくさんいただいた．原稿をよりよいものにするのに大いに役立った．心からお礼を申し上げる．とはいえ，本書で展開される主張は私の意見であり，責任は私にあることを念のために断っておく．

　出版に当たっては，東京大学出版会の小松美加さんに並々ならぬお世話をいただいた．妻・朝江は長期間にわたる気ままな研究を支えてくれた．この場を借りて感謝の気持ちを伝えておきたい．

目次

はじめに　i

序章　地震予知への願望―江戸時代までの地震学と地震予知…………1

 0.1　古代ギリシャ・ローマ時代の地震原因論と地震の前兆　1
 0.2　18世紀までの西欧の地震原因論と地震の前兆　3
 0.3　19世紀の西欧の地震原因論　5
 0.4　日本の地震原因論と地震の前兆　8
 0.5　安政の江戸地震と地震予知　14

第1章　明治の日本地震学会と地震予知……………………………20

 1.1　幕末から明治初期までの地震研究　20
 1.2　日本地震学会の設立とミルン　25
 1.3　日本地震学会と地震学の発展　31
 1.4　日本地震学会と地震予知研究　37
 1.5　ミルンと関谷清景の地震予知の戦略　43

第2章　濃尾地震と震災予防調査会……………………………………50

 2.1　濃尾地震とその調査　50
 2.2　震災予防調査会の設立とミルンの離日　58
 2.3　震災予防調査会の事業とその成果　70
 2.4　大森房吉と震災予防調査会の活動の変化　80
 2.5　大森房吉と今村明恒の地震予知戦略　85

2.6　大森と今村の東京大地震予知論争　98

第3章　関東大震災と地震研究所……………………………110

3.1　関東大震災とその惨状　111
3.2　大森地震学への批判と地震研究所の設立　122
3.3　地震研究所と中央気象台，震災予防評議会　134
3.4　寺田寅彦と地震予知　159
3.5　今村明恒の南海地震予知の試み　167
3.6　地電流や地磁気による地震予知研究　174

第4章　南海地震と地震予知研究連絡委員会……………………184

4.1　南海地震と今村明恒　184
4.2　GHQの将兵と地震　189
4.3　地震予知研究連絡委員会の発足と地震予知計画　196
4.4　地震予知騒ぎと地震予知研究連絡委員会　201
4.5　福井地震と戦後の地震研究　209
4.6　地震予知研究連絡委員会以後の地震予知研究　218

第5章　ブループリントと地震予知計画の開始……………………225

5.1　「ブループリント」の作成　225
5.2　新潟地震と地震予知研究10年計画のスタート　234
5.3　松代群発地震と地震予知研究計画　240
5.4　十勝沖地震と地震予知の実用化　249
5.5　地震予知連絡会の発足と「関東南部地震69年周期説」　253
5.6　米国での地震予知ブーム　260
5.7　中国・海城地震の予知　277
5.8　日本での地震予知ブーム　282

第6章　東海地震説と大規模地震対策特別措置法…………………………299

6.1　「駿河湾地震」説の登場　300
6.2　「駿河湾地震」説の反響と東海地域判定会の設置　312
6.3　伊豆大島近海地震と「大規模地震立法」の必要性　325
6.4　大規模地震対策特別措置法の国会審議　332
6.5　宮城県沖地震と"東海地震予知体制"の始動　346
6.6　"東海地震予知体制"下での地震予知研究　357
6.7　地震予知計画の主な成果　368
6.8　地震予知計画への批判　379

第7章　阪神・淡路大震災と地震調査研究推進本部の設立……………395

7.1　兵庫県南部地震とその被害　396
7.2　阪神・淡路大震災後の言説と行政の対応　409
7.3　地震防災対策特別措置法の成立　420
7.4　地震調査研究推進本部の事業　425
7.5　地震予知計画の見直し　451
7.6　東海地震対策の見直しと中央防災会議　458
7.7　地震予知研究の主な成果　470

第8章　東日本大震災と地震学……………………………………………491

8.1　東北地方太平洋沖地震とその被害　492
8.2　東日本大震災後の地震研究者の反省　514
8.3　東日本大震災後の行政の対応　526
8.4　東日本大震災後の地震研究　540

終章　地震予知研究の歴史を振り返って………………………………542

9.1　地震予知研究の歴史は繰り返しの連続　542
9.2　科学はなぜ進歩するのか　557
9.3　地震予知研究に見る国家プロジェクトの弊害　563
9.4　地震予知研究をどうするか　576

地震予知関係年表　581
文献と注　585
事項索引　659
人名索引　666
地震・震災名索引　670

序章 地震予知への願望
── 江戸時代までの地震学と地震予知

　地震計などの記録をもとにして，地震や地球の構造などを考究する近代的な地震学が始まったのは 19 世紀後半である．だが，人類の誕生以前から存在した地震は，大昔から人々の畏怖の対象であった．地震が起きるのを前もって知ることができれば，という強い願望も古くからあったに違いない．「地震の前にはさまざまな前兆が現れる」という考え方も，2000 年以上前からあった．地震の前兆は，地震がなぜ起きるかという問題と分かちがたく結び付いていた．この章では，古代ギリシャ時代から日本の江戸時代にいたるまでの「地震の前兆」と「地震の予知」，「地震の原因」に関する議論の歴史を振り返っておこう．

0.1 古代ギリシャ・ローマ時代の地震原因論と地震の前兆

　世界各地の民話では，地震はモグラやカメ，ナマズなど地下にすむ動物の行動に伴うものであると伝える例が多い．大きな地震が起こると，それは神の怒り，人間へのこらしめとの考え方も古くから存在する[1]．その一方で，地震という自然現象を合理的に説明しようという考え方も存在した．

　古代ギリシャ時代には，すべての物質は火，水，土，空気の 4 元素からなるという 4 元素説に基づいて，さまざまな人が地震の原因を論じた．地下の火に原因があるとする火因説，水の働きが主要な原因であるとする水因説，地下の空洞の崩壊などによるとする土因説，風の働きによるとする気因説である．後世に最も影響力をもったのが，紀元前 4 世紀に活躍した哲学者アリストテレス（Aristoteles，英語では Aristotle）の気因説である[2]．

アリストテレスは『気象論』全41章のうち第2巻7章と8章を「地震」にあてている．彼は，さまざまな人が論じている地震原因説を一通り紹介した後，それぞれの説に批判を加えた上で，自らの地震原因説を展開する．それを要約すると，雨によって湿気を与えられた大地は，太陽と自分自身が内部にもつ火によって暖められ，地球の内側（地下）にも外側（地上）にも多くの風を生じる．地下の風や地中に流れ込んだ風が，地上に出るのを妨げられると，その障害物を取り除こうとして地震が起きる．

この説が正しいことを示す論拠として，アリストテレスは大きな地震は風の吹かない日や，風の弱い夜間や正午ごろに起きることなどをあげている．地震の前には，雲もないのに太陽に霧がかかって薄暗くなったり，晴れた空に長い直線状の縦縞の雲などが出現したりすることがあるが，これは蒸発した湿気が大地の上へ落ち始めるからであり，風が内側（地下）に去っていった証拠である，というのである[3]．

アリストテレスから約400年後に書かれたプリニウス（Plinius）の『博物誌』（『自然誌』）にも，アリストテレスの影響が現れている．プリニウスは，ローマ帝国の軍人や行政官を務める一方，歴史や博物学に関する多くの著作を残した．西暦79年8月に起きたイタリア・ベスビオ火山の大噴火の際に，住民救助などの目的で艦隊を率いて出動したが，火山ガスを吸い込んで亡くなった[4]．『博物誌』は当時の自然・地理・人類学などに関するあらゆる知識を総ざらいしたもので，地震についても相当の頁が費やされている．

プリニウスは，地震を予告した人物として，ミレトスの自然哲学者アナクシマンドロス（Anaximandros，英語ではAnaximander）らをあげている．アナクシマンドロスはスパルタ人たちに地震が迫っていることを警告したが，その後間もなくスパルタの市は地震によって崩壊した，という．アナクシマンドロスの地震予告の根拠は，彼の「霊感」によるものであった，とプリニウスは述べている．これによって，古代ギリシャ時代から地震の予知が人々の関心事であったことがうかがえる．

地震の原因についてプリニウスは「私は地震の原因は疑いもなく風に帰せられると思う」と述べ，気因説をとっている．地震の前兆としては，晴天のときに，薄い雲の筋がたなびくことと，井戸の水が濁り，幾分悪臭がするこ

となどをあげる．井戸の水が濁ったりするのは，地下に閉じ込められた風が井戸に出口を求めているからである，と述べている[5]．

0.2　18世紀までの西欧の地震原因論と地震の前兆

　プリニウスの『博物誌』は，中世ヨーロッパにおいても最も権威のある科学書として多くの写本がつくられ，多くの人々に読まれた．これによって，アリストテレス流の気因説は中世ヨーロッパに広まることになった．

　一方，中世ヨーロッパでは占星術の影響も大きかった．太陽や月，それに5惑星（水星，金星，火星，木星，土星）と恒星の運行から，天災や戦乱の予測や個人の運命などを占う占星術は古い歴史をもつが，キリスト教では当初，占星術は宿命論的な要素をもつことから排斥された．ところが11世紀に入ると，ギリシャやアラビアの占星術の本がアラビア語からラテン語に翻訳され，14世紀から17世紀にかけてヨーロッパでは占星術が流行した[6]．惑星の位置をもとにして，さまざまな地震占いも行われたという[7]．

　ルネサンス期になると，思弁的な地震原因説に代わって，実証的な傾向をもつ地震原因説が登場した．最初に人気を集めたのは地下爆発説である．イタリアの技術者ビリングッチオ（Vannuccio Biringuccio）は1540年に著した *Pirotechnia*（火工術）のなかで，地震は地下での爆発によるものであるとの説を提示した[8]．彼の地下爆発説は大きな反響を呼び，近代科学創始者の一人に数えられるデカルト（René Descartes）も1644年に出版した『哲学の諸原理』のなかで，地震は地中にたまった硫黄と瀝青のガスの引火・爆発によって起きるものであり，爆発の際に地表に割れ目ができると火山になる，と述べている[9]．

　英国の医学者リスター（Martin Lister）も1684年に，黄鉄鉱から出たガスが爆発的に燃えることによって地震が起きる，との説を発表した．イタリアに地震が多いのは，黄鉄鉱が多い上に，爆発性のガスを閉じ込める空洞も多いからであると主張した．爆発物の候補としてはほかにも，石炭，硝石，水蒸気，圧縮された空気などがあった．フランスの化学者レムリー（Nicolas Lémery）は1700年，鉄くずと硫黄の粉に水を混ぜ，ペースト状にしたもの

を布に包んで土に埋めた．すると数時間後にはペーストは高温になり，ペーストにかぶせた土は膨張して小さな"地震"を起こし，硫黄の蒸気が立ち上った．レムリーはこの実験を根拠にして，地震と火山と稲妻も同じようにして起きる，と主張した．万有引力の発見で知られるニュートン（Isaac Newton）も，リスターやレムリーの説に賛意を示したので，黄鉄鉱（硫黄，鉄，水）のガス爆発説は，18世紀前半には，地震の原因を説明する仮説の最も代表的なものになった[10]．

一方，英国ケンブリッジ大学教授のマイケル（John Michell）は1760年，地下の水蒸気爆発説を提唱した．地下にある大量の水が地球の中心にある火に接触すると爆発的に蒸気が生じるために地震が起きる，この爆発が地下の浅いところで起きれば，火山活動になる，などとマイケルは主張した．地球の中心には火があり，この火によってつくられた蒸気が地震の原因になるという説は，16世紀半ばにドイツの医師・アグリコラ（Agricola）によっても唱えられていた[11]．

地下爆発説に対し，空中爆発説もあった．暑い日や乾燥した日が続くと，地殻に裂け目ができ，その裂け目から硫黄に満ちた蒸気が地上に漏れ出し，雲をつくり，それが雷雲のように爆発するのが地震である，などと説くものであった．1745年にオランダでライデン瓶が考案されると，英国の牧師スタックレー（William Stuckeley）は1750年，地震は空中の放電現象であるとの説を発表した．電気のスパークの際には，硫黄臭がすることや，動物に電気をあてると，激しく痙攣することなどがその根拠になっていた．イタリアに地震が多いのは，暖かく乾燥しているために静電気が生じやすいためである，というのである．1752年には米国のフランクリン（Benjamin Franklin）が，雷雲から電気を取り出すのに成功した．電気現象に対する関心が高まったこともあり，電気放電説は酸素の発見で知られる化学者プリーストリー（Joseph Priestley）ら多くの人に支持された．その後，電気放電が起きるのは空中ではなく，地下であるとする地下電気放電説や，地下のガスに爆発を起こさせるのが電気である，との折衷説も登場した[12]．

それでは，当時はどのような現象が地震の前兆と考えられていたのであろうか．

1755年11月，ポルトガルの首都リスボンは，激しい地震と大津波に襲われ5万人とも6万人ともいわれる死者を出した．地震はヨーロッパの広い範囲で感じられたが，地震の前の10日間はびっくりするほど空が澄み，天気は穏やかであった．地震の後には，これが地震の前兆であった，と考えた人が多かった(13)．

　もう1つの例としてドイツの哲学者カント（Emmanuel Kant）の説を紹介しよう．『純粋理性批判』などで有名なカントは，自然現象にも強い関心を示し，原始星雲系から太陽系がつくられたとする太陽系の成因論を提唱したことでも知られる．

　そのカントは，ケーニヒスベルク大学で1756年から長年講義を受けもった「自然地理学」や，1756年に発表した「地震論」のなかで，地震の前兆として，①大地から立ち上るある蒸気のために目まいがし始める，②大気が不安なほど静かになる，③ネズミなどすべての動物が落ち着かなくなる，④空が赤くなるなど高層大気中に異常が起きる，⑤井戸水や泉の水が混濁する，などをあげている．①の「大地から立ち上るある蒸気」は，黄鉄鉱のガスなどを連想させ，②，④，⑤はアリストテレス流の気因説の影響がうかがえる．

　カントは，地震の原因は地下深くにあることを信じていたものの，原因が何かについては確信がなかった．レムリーの実験の結果に理解を示す一方で，地下深くにある洞穴のなかに閉じ込められた蒸気が出口を求めて地表に出るのが火山の噴火であり，この力が地震を引き起こすのではないか，とも考えていた(14)．

0.3　19世紀の西欧の地震原因論

　19世紀半ばになると，地震学（Seismology）という言葉が誕生する．地震は地球上のどこに多く起きるのか，地震はどのような季節に多く起きるのか，地震の振動はどのようにして伝わるのか，地震を起こした源（震源）をどうしたら突き止められるのか，地震を記録する方法はないのか，などさまざまな具体的な問題が課題になり，研究が大きく進展したからである．地震の原因論も，しだいに統一され始めた．

Seismology（地震学）という言葉を最初に使い始めたのは，アイルランドの土木技師マレット（Robert Mallet）である．古典ギリシャ語の seismos（地震）に，学問を意味する logos を組み合わせた英語である．

　英国の物理学者ホプキンス（William Hopkins）は1847年，地球が固体であると考えれば，地震波には縦波と横波が存在し，この2種類の波の伝わる速度の差を利用すれば，震源の位置を決めることが可能である，と述べた．しかし，縦波や横波の速度がわからなかった．マレットは1849年に人工地震を起こして，地震波の伝わる速度を測定しようと試みた．彼が最初の人工地震の結果から計算した地震波の速度は，秒速約 300 m という音速以下であった．マレットはこの結果に不満を抱き，この後も何度も実験を重ねたが，満足する結果は得られなかった．当時は測定機器の精度が悪すぎたのである[15]．

　マレットはまた1857年，紀元前1606年から1850年までに世界で起きた主な地震6831個の発生年月日，位置，その規模，継続時間などを収録した地震カタログを作成した．これを世界地図に書き込んで世界の地震の分布図を初めてつくり，地震がよく起きる地域は限られていて，それは大きな大洋と大陸を区切る隆起帯に一致することを明らかにした．英語の震源（seismic focus），等震度線（isoseismal line）などという用語をつくったのもマレットであった[16]．

　地震がよく起きる時期はいつかについても，盛んに議論された．フランス・ディジョン大学のペリー（Alexis Perry）は，1848年から71年までに世界で起こった地震のカタログをもとにして，北半球ではどこの国でも地震は夏よりも冬によく起きる，との論文を発表した．ペリーはまた，月齢と地震発生との関係も調べ，満月や新月のときに地震が多い，などと論じた．ペリーのこの説は，しばらくの間は強い影響力をもった[17]．

　地震動を記録する最初の装置は，1856年にイタリア・ベスビオ火山観測所に設置されたパルミエリ式地震計（または感震器）である．ガラス管に水銀を入れ，地震によって水銀が動揺すると，液面すれすれにセットされている白金製の針と水銀との間に電気が流れ，それによって記録紙が動き出す仕掛けになっている．地震の起きた時間や水平方向と上下方向の揺れのおよそ

の大きさ，揺れの方向，揺れのおよその継続時間などが記録できたが，地震波の形を連続的に記録することはできなかった[18]．

　地震の原因として新たに注目されたのは，地下の空洞の陥没によって起こるという陥没地震（陥落地震）説である．フランスの鉱山技師ブサンゴー（Jean-Baptiste Boussingault）や，地質学者フォルゲル（Georg Volger）らによって唱えられた．陥没地震説はギリシャ時代にも土因説の1バージョンとして存在していた．ブサンゴーは南米アンデス山脈での観察の結果，地震時には山脈が沈降することが多いという事実から，地震の原因を陥没に求めた．フォルゲルはアルプス山脈の観察の結果，地下水が石灰岩を溶かしてできた空洞が陥没するために，地震が起こるなどとした[19]．

　地震の原因を，地球の冷却・収縮論に求めたのは，オーストリアの地質学者ジュース（Edward Suess）である．地球は最初は火の玉のように熱かったが，徐々に冷えてきているという考え方は古くからあった．それをまとまった学説として初めて展開したのは，フランスの地質学者ボーモン（Elie de Beaumont）である[20]．ボーモンは，地球は冷却に伴い収縮していると主張し，この収縮による効果が地質現象にも大きな影響を及ぼしていると説いたが，ジュースはこの考え方をさらに徹底した．

　ジュースは『地球の相貌』と題する大著を1885年から1909年にかけて出版し，地球上の大陸と海洋の起源，世界中の山脈や盆地，島弧の成因などについて総合的に論じた．それによると，地球の収縮によって落ち込んだところに水がたまったのが海洋であり，落ち込みを免れたのが大陸である．収縮によって地球表面の地殻には水平方向の圧力が生じ，その結果，褶曲した山脈ができる．水平方向の圧力は絶え間なく働いており，そのために断層が生じる．その結果生じるのが断層地震である．一方，地震は地下の空洞が崩壊することによっても生じるが，こうした地震（陥没地震）が起きるのは，単純に重力の作用である．以上とは別に地震は，火山の活動によっても生じる，とジュースは主張した[21]．

　ジュースの『地球の相貌』は大きな反響を呼び，地球の冷却・収縮説は19世紀末から20世紀初めにかけての代表的な地球論になった．地震の種類についても，ジュースが示したように，その原因に従って，地球収縮に伴っ

て生じる構造性地震（断層地震），陥没地震，火山地震の3つに分けるのが一般的になった．

地震の前兆と考えられた現象や，地震予知についても論じられた．よく話題になったのは，地震の前に犬や馬，豚，アヒルなどの行動に異常が見られたという報告である．しかし，1857年のイタリア・ナポリ地震を現地調査したマレットは「地震の前に豚が落ち着きを失ったという報告はたくさんあるが，ウサギやネズミ，ヘビ，トカゲなどが地震でたくさん死んだ．これは，彼らが地震の襲来に前もって気付かなかった証拠だろう」と述べ，動物の異常行動に基づいて地震を予知できるという考え方を否定している[22]．

地震の前兆として新たに関心を呼んだのは，地震発生前後に磁石が磁力を失ったとか，地震時に電信線や電線に瞬間的に強い電流が流れたなどの電磁気学的な報告である[23]．ナポリ地震の際などに，空が光るのを見た，との報告も話題になった[24]．

以上に述べたように，19世紀半ばまでの地震学の担い手の中心であったのは，地質学者であった．日本に来ていたお雇い外国人によって1880年に日本地震学会がつくられると，物理学者たちも地震学の研究に加わることになる．

0.4　日本の地震原因論と地震の前兆

明治時代以前の日本では，地震の原因やその前兆についてどのような考え方が存在したのであろうか．以下の2節で簡単に触れておきたい．

『日本書紀』には，599年に大和の国を中心とした地震が起きた後，推古天皇は「地震神」を祭るように命じたとの記録がある[25]．「地震神」とはどのような神なのかはっきりしないが，地震を起こしたのは神であり，地震を鎮めるには神の怒りを鎮める必要がある，との考え方があった，と理解できる．745年に美濃地方を襲った大地震では，余震が長い間続いたので，聖武天皇は薬師寺や興福寺などの寺に，各種の経典を読ませて，地震の静まるのを願わせた，などとの記録が『続日本紀』にある[26]．938年に近畿地方で起きた地震では，宮中でも4人の死者が出た．このため，「承平」という

年号は「天慶」に改められた．以来，地震によって大きな被害が出ると（たとえば，1596年の慶長（文禄）の伏見地震，1703年の元禄の関東地震，1854年の安政（嘉永）の東海・南海地震など），改元がしばしば行われた．このように，日本では古来，地震は神の怒りの表れと考える傾向が強かった．

「地震予知」という概念も，平安時代には存在した．13世紀初めに書かれた『続古事談』には，10世紀末の一条天皇の時代に，冷泉上皇が地震を予知したという話が伝えられている(27)．冷泉天皇には，奇矯な振る舞いが多かったともいわれるが，説話によると，冷泉上皇がある日突然，庭の中島に御簾を移せと命じて，中島に渡った．それから約2時間後の未の時に大きく揺れる地震があった．屋敷に残っていた人は，命からがら逃げ出したが，上皇やお付きの人々は無事であった．この突然の避難は，上皇によれば，前夜の夢に母方の祖父に当たる藤原師輔が現れ，翌日の未の時に地震があるので，中島に避難するように告げたからであったという．

13世紀中頃に書かれた『古今著聞集』にも，「安倍吉平予知地震事」という話がある(28)．10世紀末から11世紀初めにかけて活躍した陰陽師・安倍晴明の息子の安倍吉平が，あるとき雅忠という医師と酒を飲んでいた．突然吉平が「すぐに地震が来る」と告げた．まもなく地震の揺れを感じ，盃の酒がこぼれた．「地震が来る，と予め言明したのは由々しいことである」と，この説話集の著者は，吉平の「超能力」に驚いている．これは，初期微動を感じた吉平がいち早く主要動の来るのを予測したのではないかと考えられる．

江戸時代に入ると，地震は神の怒りであるとする考え方と同時に，陰陽思想に沿った中国流の考え方と，新たに西洋から伝わった地震原因論が入り混じるようになった．陰陽思想というのは紀元前3世紀頃の中国に生まれた思想で，宇宙や自然，それに人事を陰陽の二気あるいは木，火，土，金，水の五行に還元して説明できる，とする考え方である．陰陽五行説ともいわれる(29)．

17世紀の半ばに書かれた『乾坤弁説』は，ポルトガル人で日本に帰化した元キリスト教の宣教師・沢野忠庵が口述した西洋天文学の概説に，儒学者の向井玄升が批判的なコメントを付した書である．この書で沢野は，穴から地中に吹き込んだ風が上に出ようとして，地表への出口を無理やり押し開く

ときに地震が起きる，としている．アリストテレスの気因説の引き写しである．これに対して，向井は，地中の風が地上に出ようとするときに地震が起こる，というのはよいが，根本が間違っている．地震は地中の陽気が上昇しようとして，上から押さえつける土の陰気を破却する際に，その気勢によって生じる．この地上に出た陽気が空中の陰気を破ろうとするのが雷である，と説いている(30)．

『乾坤弁説』が出版された直後の寛文2年（1662年），京都を中心に近畿地方で大地震があった．宇佐美龍夫ほか『日本被害地震総覧599-2012』によると，この地震による死者は880人余にのぼったという．この地震の直後に出版された『太極地震記』では，「万民神の御意にそむくときは」，神が驚き，荒れて，その結果地震や洪水が起きる，などと書かれていて，「地震は神の怒り」という考え方が健在である．その一方で，地震の原因を，かまどに釜をすえ，下から火を燃やした場合にたとえている(31)．風があると火が盛んになり，水が沸騰して釜のふたが動くが，これが地震である，ともいっている．これは，地殻は地水火風の順に層をなしている，と考える仏教の地球観からきているものらしい(32)．

1712年頃に出版された当時の百科事典ともいうべき『和漢三才図会』では，和洋両様の解説が行われている(33)．地震とは「震ハ動ナリ怒ナリ」と，まず古来の神の怒りだという説を掲げたあとで，「陽，陰ノ下ニ伏シテ陰ニ迫マラル，故ニ升スルコト能ハズ，以テ地動ニ至ル」云々と，陰陽説による地震原因論を紹介している．続いて「天文書ニ云フ」として，アリストテレス流の気因説も詳しく解説している．

京都は文政13年（1830年）にも大地震に襲われ，『日本被害地震総覧599-2012』によると，京都だけで死者は280人に及んだ．余震が続き，人々の動揺振りを見かね，「本震より大きな余震は起きない」ことを説くために書かれたのが『地震考』である．筆者の天文学者・小島濤山は，地震の原因として，「陽気地中に伏して出んとする時，陰気に抑へられて出る事能はず地中に激攻して動揺する也」という説と，『天経或問』にいう説の2つを掲げている(34)．『天経或問』は，明の天文学者・遊子六がイタリアの宣教師から西洋天文学を学んで著した本で，日本では西川正休が1729年にこれに

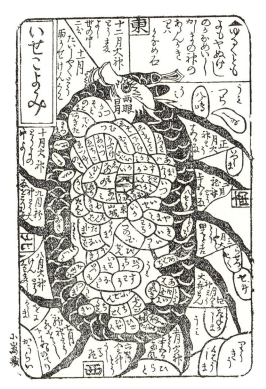

図 0-1 『いせこよみ』の表紙に書かれた，日本の国を取り囲む奇怪な動物
（楠瀬恂編『随筆文学選集第8』書斎社，1927年，454頁より）

訓点を施したものを出版して以来，広く読まれた．『天経或問』の地震原因論も，アリストテレスを源流とするものではあるが，火山原因説の影響もうかがわれる(35)．

こうした地震の原因に関する"学説"の一方で，地震は地下にすむ虫，あるいは龍，ナマズが動くために起こるという"俗説"も古くからあった．1830年の文政の京都地震の直後に小島濤山が書いた『地震考』には，「大地の下に大なる鯰の居るといふも昔より云伝へたる俗言」として，日本の国を取り囲む1匹の奇怪な動物の絵を紹介している(36)．この絵（図0-1）は，1198年の伊勢神宮発行の『いせこよみ』の表紙に描かれたもので，動物は口で自らの尻尾をくわえていて，尻尾の先端は剣になっている．顔は鳥のよ

うにも見え，長い体は蛇のようでもあるが，長い髭を備えているところはナマズに似ていないこともない．動物の右上には「ゆるぐとも，よもやぬけじのかなめいし，かしまの神のあらんかぎりは」と書かれている．

小島が取り上げた1198年版の『いせこよみ』は，干支が同じめぐり合わせになる480年後の延宝6年（1678年）の『いせこよみ』を改竄した偽作である，との説も『地震考』出版の当時からあった[37]．

日本中近世史に詳しい黒田日出男によると，『いせこよみ』に描かれたこの動物は龍であり，龍が日本を取り巻いているのは，龍が日本を守っていると考えられたからである．この巨大な龍の体を動かないように押さえている剣が，茨城県・鹿島神宮にある要石なのである．中世においては龍は大ナマズと同類と考えられたが，17世紀後半になると龍のイメージは失われ，ナマズがそれにとって代わった，と黒田は主張している[38]．

しかしながら，豊臣秀吉が1592年に書いた書状の中にもナマズが登場する．秀吉はこの年，明の征服をめざして朝鮮に出兵する一方で，京都所司代・前田玄以らに，伏見に新たな城を築くことを命じた．朝鮮出兵の拠点であった肥前（佐賀県）名護屋城から，秀吉が前田に送った手紙には，伏見城の築城について相談したいので事情がよくわかった大工を連れてくるよう書かれているが，このなかに「ふしみのふしん，なまつ大事にて候…」との一節が見える．「なまつ大事」とは，飛騨・白川を中心に大きな被害を出した1586年の天正地震以来，毎年のように諸国で被害地震が続いたために，秀吉が地震災害を心配して，地震に耐える城を築こうと考えていたことを物語っている[39]．秀吉の心配は杞憂ではなかった．完成した伏見城は，文禄5年（1596年）に起きた伏見地震で，天守閣が崩れるなどして，城中だけで300人以上の死者を出した．

俳人・松尾芭蕉の俳諧のなかにも，ナマズが登場する．1678年に小西似春らと競った連句の席で，似春が「大地震つづいて龍やのぼるらん」と詠むと，芭蕉は「長十丈の鯰なりけり」と応じている[40]．

こうした民間の「地震鯰」説に対して，当時の専門家は，根も葉もない話と片付けていた．天文学者・西川如見は1713年に刊行した『怪異弁断』のなかで，さまざまな地震原因説を紹介するなかで，世の中には地震は地中の

魚が動くからだという説もあるが,「正理ニハ遠キ説ナリ」と退けている(41).西川は「地震ノ魚」と書いているだけで,「鯰」とは書いていないが,「地震魚」は「鯰」を念頭においたものと,考えられる.

江戸時代には地震の前にはどのような前兆があると考えられていたのであろうか.

前に紹介した江戸時代の百科事典『和漢三才図会』には,地震の前兆として①天気が異様に暖かい,②星の光が異様に輝き,昴星の中の小さな星まで鮮明に見える,③トビが舞い,カラスが騒ぎ,キジが声を合わせて鳴く,などがあげられている(42).

1662年の寛文の京都地震の直後に出された『太極地震記』には,地震より約2カ月前の3月上旬に,夕日が異様に赤く見えたことや,ホトトギスの鳴き声を今年はあまり聞かないのを人々がいぶかしんでいた,との記述が見える(43).

1830年の文政の京都地震の直後に書かれた『地震考』では,地震の一般的な前兆として,①地面に無数の穴が生じて,そこから煙のような蒸気が立ち上る,②井戸水が急に濁る,の2つをあげている.さらに,1802年に佐渡島で大きな被害が出た佐渡地震の際には,金鉱山の坑内作業員たちは,地震の3日以上前から坑道に蒸気が充満して腰から上が見えない状態になったので,これは地震の前兆であるとして坑内に入らなかったために,死者が出なかった,との話を伝えている.

文政の京都地震の前には,①地上から蒸気が上昇したのに気付いた数千のサギが一度に飛び立った,②地震の7日前に,西山に沈む夕日が血のように赤かった,②地震の5日前には,ある人が夜明け前に北東の方向に虹を見た,などの話があり,こうした異様な現象は前兆であったというべきであろう,と『地震考』には書かれている(44).

日本でも気象の異常が地震の前兆に結び付けられたのは,陰陽説による地震原因説に従っても,アリストテレス流の気因説によっても,説明がついたからであろう.

0.5 安政の江戸地震と地震予知

1847年から1855年にかけては，死者が1000人以上出る地震が5つも続いた．弘化4年（1847年）には，信濃北部や越後西部で8000人以上の死者を出した善光寺地震が起きた．その災害の記憶が生々しい嘉永7年（1854年）旧暦6月には，伊賀上野地震が起き，旧暦11月4日には東海地震，その32時間後には南海地震が続いた．嘉永の年号は安政と改められたが，翌安政2年（1855年）には江戸地震が起きた．このうち最大の死者を出したのは，江戸地震である．『日本被害地震総覧599-2012』によると，この地震による江戸の死者は町人だけで約5000人，武士を加えると約1万人に及んだ，とされる．5つの大地震をきっかけに，地震に関する書物が数多く刊行された．これらの書を開いて見ると，ヨーロッパで18世紀に登場した地下爆発説や電気放電説，それに火山原因説が日本にも紹介され，陰陽説やアリストテレス流の気因説にとって代わったことがわかる．

1851年から56年にかけて出版された蘭学者・川本幸民の自然科学の入門書『気海観瀾広義』は，地震の原因は地下での酸素と水素の爆発，あるいは炭，硫黄，硝石の爆発である，との説を採用している[45]．

1854年に出版された蘭学者・廣瀬元恭のやはり自然科学入門書『理学提要』でも，地震の原因は，炭，硫黄，硝石の地下爆発である，と主張している．同時に廣瀬は，地震と火山は同じ炭，硫黄，硝石の燃焼によって起こり，火山の坑口が開いていれば噴火になり，坑口がふさがっていれば地震になる，ともいっている[46]．

1856年に出版された町人学者・山崎美成の『大地震暦年考』は日本で過去に起きた大地震や大津波などについて紹介する一方，西洋の説として「大地の震動するハ，その源ハ地下にある火坑より発す」などと，地震の火山原因説を紹介している[47]．

これに対して，地震は電気の放電が原因だと主張しているのが，1856年に出版された『地震予防説』である．この書は，1844年に出版されたオランダの自然科学雑誌を蘭学者の宇田川興斎が抄訳したもので，地震の原因についてはさまざまな説があるが，「越列幾的児（エレキテル）力に帰せし説

を挙ぐるを以て足れり」と，宇田川は述べている(48).

そして地震は地底の雷電であり，大気中の雷に比べてエレキテルの分量が多いので，その勢いも強いが，避雷針と同じ理屈を用いて地震の発生を防ぐ地震予防器がつくれる，と図入りで解説している．地震予防器は，銅か鉄の柱を鉛管に収め，できるだけ地中深く差し込み，地中ならびに空中の先端部を分岐させて，先を尖らせておくことが重要であり，その効果を高めるためには数カ所にこれを設置することが望ましい，というのである．宇田川は，この地震予防器を設置するには巨額の金がかかるが，幾千の人命を救えると思えば，決して高くはない，とも主張している(49).

家屋の耐震対策の必要性を説いた書物も書かれた．やはり1856年に出版された小田東壑の『防火策図解』である．小田は本業の医者のかたわら，江戸では大火がしばしば起こり，何万人もの人々が亡くなるのを見て，家屋の防火対策を長年研究してきた．上下2巻の本編はこの防火対策について述べたものだが，相次ぐ地震の惨状を見聞して「地震劇風災害予防図説」を付録として付けている．このなかで小田は，世間では地震の前には磁石が磁力をなくす，井戸の水位が上がる，井戸の水に塩気が混じるなどさまざまな前兆が伝えられるが，いずれも確かなものではなく，前兆に頼るよりも家屋に緊急の耐震対策を施した方が賢明である，と説く(50)．そして家屋の耐震補強策として，筋交いを入れて壁を補強する方法や，屋根や土台の補強法などを図入りで詳しく説明している（図0-2）．

不確かな地震予知に頼るよりも，住まいなどの防災対策に力を入れるべきだ，との議論はその後，大地震が起きるたびに登場するが，『防火策図解』はその嚆矢といえよう．

一方，地震を直前に予知できないものであろうか，との人々の期待も大きかった．江戸地震の後に出版された書物のほとんどには，地震の前兆に関する話が登場する．

1856年に出版された『震雷考説』は，江戸地震の惨状を見聞した村山正隆という作者が，「吉凶の前表あらば，油断なく深く慎み，災害を逃れてほしい」という願いから書いた本である．村山は地震は自然現象であり，「神仏のたたり，或は苛政故などと風評するのは愚なること甚だしい」とした上

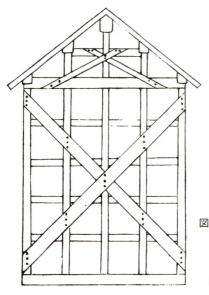

図0-2 小田東圀の『防火策図解』が説く住宅の耐震補強法
　筋交いを入れることを重視している.
（小田東圀『防火策図解』『江戸科学古典叢書・19』恒和出版, 1979年, 425頁より）

で，安政2年（1855年）はことのほか暖かで，空が低く，星が大きく，ところどころで水が湧き出るなど，地震の前兆と見られることが続いていた．こうした前兆に注意を払っていれば，地震災害から逃れられる，といっている(51)．

　やはり1856年に出版された服部保徳『安政見聞録』は，江戸地震に際して見聞した17のエピソードを収録したものだが，地震の前兆現象に関する話を2つ収録している．1つは「卑しい老父が天変を予知した話」である(52)．それによると，ある旗本家の門番の老人が，10月2日夕方になって「今夜は必ず地震がある」といって，食物の用意をして馬場にむしろを敷き用心していると，果たして地震が起きた．老人は文政11年（1828年）の越後三条の地震，弘化4年の善光寺地震を経験したが，三条地震の際に博識な人から「大地震がある時は，天気朦朧として空が近く見え，星の光がいつもの倍に明るく見える，また暖かい」という話を聞かされた．善光寺地震のときもこの前兆が見られたので，毎夜空を眺めて用心していたのだという．

　もう1つは「地震の前後地脈狂う話」で，それによると，浅草・蔵前の福田屋という水茶屋の庭に，地震の前に清水が湧き出したという．服部は「ま

さに地震の前兆なるべし」と書いている[53].

　仮名垣魯文と二世一筆共著の『安政見聞誌』もやはり1856年に出版された．この書は，江戸各町内の被害状況をつぶさに描いたものだが，被害状況の描写の合間に，短いエピソード30が挿入されている．そのうち8話は，地震の前兆現象に関するものや，地震を事前に察していた人がいた，という話である[54].

　「日本橋伊勢崎町1丁目2丁目燃る」の段では，某大名の家中のある男が，10月2日に井戸水が濁り，塩気がいつもより多いので，これは間違いなく地震の前ぶれだと察知した話を紹介している．男は，屋敷に預けていた荷物を渡してくれるよう重役に頼み，荷物を引き取って帰宅した．家中の人々はこの男のことを嘲笑したが，その夜果たして地震が起こり，重役の土蔵は崩れ落ち，男を嘲笑した人たちは恥じ入った，という．

　この話の次には，ナマズが騒ぐのを見て地震を予知したという話が続く．それによると，本所永倉町の篠崎某なる人が，10月2日の夜，ウナギ釣りに出かけたところ，ナマズが騒いで，ウナギは1匹も釣れず，ナマズが3匹釣れただけであった．「ナマズが騒ぐときは必ず地震がある」というのを思い出し，帰宅すると庭にむしろを敷いて，その上に家財道具を運び出しておいた．果たしてその夜地震があり，住宅は壊れたが，家財道具には一切被害が出なかった，という．「地に変動あらん時は，且鯰の騒ぐ事あらん．此因により地震を鯰也と云いもし，画にも書事ならん．何れ前条の現証を見て，後世の鑑ともならんとココにしるす」と著者は結んでいる．

　ナマズが地震を起こす犯人である，との説は以前からあったが，このウナギ釣りのエピソードが，ナマズが地震を予知してくれるという説を広めるきっかけになったらしい[55]．安政の江戸地震の後には，かわら版の挿絵として，ナマズを主人公にした鯰絵が300種類以上も発行され，人気を集めた．

　地震の前に磁石が磁力を失った，という有名な話を載せているのも『安政見聞誌』である．それによると，浅草・茅町の大隅某という眼鏡屋では，看板代わりに長さ約1mの磁石を店先に吊り下げていた．ところが，10月2日に地震が起こる約2時間前になって，磁石に吸い付いていた古釘や古錠などが皆落ちた．店主は「長年使っていたので，自然に磁気が薄れてしまった

図 0-3 フランスで発明されたという「震刻計」の略図
（村山正隆『震雷考説』『江戸時代女性文庫・49』大空社, 1996 年より）

のだろう」とがっかりしていたが，地震の後，磁石に鉄を吸い付けさせると，元通りに吸引力を回復した．ある人は，地震の前に磁石は鉄を吸い付けなくなるのを応用して，地震時計をつくろうとして図面をつくった，という．その図面も掲載されているが，磁石に吸い付けさせておいた留め金がはずれると，錘が落下して滑車と歯車が回転して鐘を鳴らす，という仕掛けである[56]．

やはり 1856 年に出版された『大地震暦年考』でも，「地震知前兆説」として，地震は磁石の磁力をしばらくの間失わせるので，この理を利用して地震の発生を直前に知る仕掛けができる，とのフランスの説を図入りで紹介している．それは，鉄釘を吸い付けた磁石を紐で結び，それを鴨居から吊るし，その下に金たらいを置いておけば，地震が起こる前には釘が落ちて金たらいの音がする，という簡単なものである[57]．

この図とほとんど同じ「震刻計」の図（図 0-3）は『震雷考説』にも，掲載されている．著者の村山は，大地震の前には 2 日前に，小地震では 6 時間前に，磁石に吸い付けた釘が落ちるといわれるが，星が大きく見えるのを「前表（前兆）」の第 1 とした方がよい，と述べている[58]．

幕末の思想家・佐久間象山も磁石を利用した地震予知器を 1857 年につく

ったと伝えられる．長さ 10 cm ほどの馬蹄形の磁石の両端に鉄片を吸い付け，鉄片に鈴をぶら下げた簡単な装置で，象山はこれを「人造磁瑛」と呼んだ[59]．

「地震予知器」の話題が，あちこちに掲載されていることから見ても，安政の江戸地震の直後には，予知への関心が高まったといえよう．アリストテレス以来の気象の異常や，井戸水の異常，動物行動の異常に加えて，新たに地磁気の異常が，地震の前兆現象として知られるようになったことも注目される．

しかしながら，地震予知の方法の追究が学問として始まるには，西洋の近代科学が本格的に移植される明治維新を待たねばならなかった．

第1章 明治の日本地震学会と地震予知

　二百数十年の海禁の時代が終わり，日本が外国との本格的な交流を再開するようになったのは，江戸時代末である．海外の珍しい文物とともに，西洋の近代科学も入ってきた．日本にやってきた外国人たちの関心を引きつけたものの1つが，地震であった．早速，地震は近代科学の対象に加えられ，お雇い外国人たちを中心にして研究が始まった．1880年の横浜地震は大きな画期となった．この地震をきっかけに世界で最初の地震に関する学会・日本地震学会が結成された．ここを舞台にして地震動を連続的に記録できる地震計が考案され，近代的な地震学が誕生した．それまで地震の前兆ではないかと見られてきたさまざまな現象が，近代科学の対象とされ，地震予知研究も第一歩を踏み出したのである．

1.1　幕末から明治初期までの地震研究

　日本は1858年，米国に続いてオランダ，ロシア，英国，フランスと相次いで修好通商条約を結んだ．本格的な開国である．開港場に決められたのは，神奈川（横浜），長崎，箱館（函館），兵庫（神戸），新潟の5港であった．その先陣を切って横浜，長崎，函館が開港したのは1859年7月1日である．開港すると3つの町には，5国の貿易商人や外交官，それに随行した中国人が続々やってきた．なかでも外国人の数が最も多かったのは，横浜であった．横浜在住の外国人は開港4年目の1863年には400人以上を数え，1874年には約2400人に達したという[1]．幕末から明治初期まで，横浜は日本が西欧文化を吸収する窓口であった．

日本にやってきた外国人が驚いたのが，地震である．日本列島では地震が日常茶飯事であることは，1690年から約2年間オランダ東インド会社の日本商館付医師として長崎・出島に滞在したドイツ人のケンペル（Engelbert Kämpfer）が著した『日本誌』などによって，西欧知識人の間ではよく知られていた[2]．しかしながら，知識として知っているのと，それを体験するのは大違いである．明治維新前後に来日した英国人たちの残した日本回想録には軒並み，地震の不気味さや恐怖が語られている．

　たとえば，初代の英国総領事・全権公使として1859年から約6年間日本に滞在したオールコック（Rutherford Alcock）は「私が日本に到着してからというものは，毎週1, 2回地震があった．家を倒すほどはげしくはないが，どんなにぐっすり眠っている人でも起こされて，まったくなんともいえぬ不安な気持ちを抱かせられるほど強くて長いあいだ続いた」などと書いている[3]．

　1866年秋から3年あまり英国公使館の書記として在日したミットフォード（Algernon Mitford）が最初に地震を経験したときの驚きは，もっと衝撃的であった．木製の引き戸のがたがた鳴る音や，ガラスのカチャカチャ鳴る音でミットフォードが目を覚ますと，建物全体が揺れていて，まるで地獄の響きのように思えた．攘夷派の浪人たちが襲撃してきたのだろうと飛び起きて，とっさにピストルを握りしめて廊下に飛び出した．「しかし，我々を襲ったのは人間ではなく，地震だった．地獄の火を燃やす悪魔たちの仕事だったので，我々がピストルで戦うのは無理な相談であった」などとミットフォードは綴っている[4]．

　宣教師として1859年10月に横浜にきた米国人で医学博士のヘボン（James C. Hepburn）は，来日直後から横浜での有感地震の起きた日時を記録していた．来日直後の1年間に感じた地震の数は28個であった，という[5]．

　装置を使って地震の観測を始めたのは，明治政府に雇われた外国人たちであった．最も古い観測記録は，大学南校や開成学校（いずれも東京大学の前身）で数学などを教えていたドイツ人気象学者のクニッピング（Erwin Knipping）が残したものである．クニッピングの観測は1872年9月から始まっており，高さや直径の異なる木製の円筒を複数個並べ，その倒れ方で地

震動の強さや揺れの方向を観察した．後には振子を使っても観測した．1878年には5年間の観測結果をもとに，地震の起きた年別，月別，時間別，月齢別などの頻度分布図をつくり，東京で地震のある日には比較的風の強い日が多い，との結果を，在日のドイツ人たちを中心につくられたドイツ東亜自然民族学協会の例会で発表した(6)．

気象観測のために内務省地理局がつくった東京気象台でも，英国人ジョイナー（H. B. Joyner）が1875年からパルミエリ式地震計を使って地震観測を始めている．この地震計は工部省の測量技師として1874年に来日したシャボー（Henry Scharbau）が携えてきた気象観測機器類の1つで，シャボーがいうには，日本は地震が頻繁にあるので，イタリアのパルミエリ（Luigi Palmieri）に依頼して，氏が観測に使用しているのと同一のものを製作してもらったものだという(7)．地震が観測された日時，揺れの強さ，揺れの方向は，「地震観測報告」として毎年公表された．

東京気象台では，パルミエリ式地震計を使って1875年7月から78年1月までに143個の地震を観測した．この143個の地震について，東京大学で測量学などを教えていたチャップリン（Winfield S. Chaplin）は，地震の発生時刻と月齢との関係などを統計的に分析した．当時は，「地震は新月や満月のときに多い」とのフランスの地震学者ペリー（Alexis Perrey）の研究結果が一般的には信じられていたが，チャップリンの分析結果は，満月や新月などの月齢に関係なく地震は起こっていることを明らかにした(8)．

パルミエリ式の地震計では，地震動を連続的に記録することはできない．これに勝る地震計ができないものか，とさまざまなアイデアも考案された．工部大学校で物理学などを教えていた英国人のペリー（John Perry）とエアトン（William E. Ayrton）は「もしわれわれが地震のメッセージを正しく読み取ることができれば，地殻（earth's crust）で進行中の変形についてのすべてを学ぶことができよう」と述べ，地震動を連続して記録できる地震計の必要性を，ヘボンらが中心になってつくられた日本で最初の学会・日本アジア協会の例会で訴えた．そして彼らは，その目的のためにはバネが使えることを方程式で説明し，この計算に基づいて水平動，上下動を含めた3成分地震計の試作図（図1-1）を描いた(9)．しかしながら，この地震計は実際に

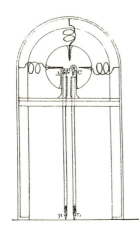

図1-1 ペリーとエアトンが考えた地震計の立面図
　大きな鉛球を，頑丈なフレームに固定したバネ5本（上から1本，水平方向に4本）で支え，腕ABの先端についた鉛筆で上下動を，腕CDの先端についた鉛筆で水平動をそれぞれ記録する．
　（John Perry and W. E. Ayrton, "On a Neglected Principle that May be Employed in Earthquake Measurements," *Trans. Asia. Soc. Jpn.*, **5** (1877), p.204 より）

はつくられなかったようである．

　ドイツ人の実業家で，大学南校（東京大学の前身）などで教えたヴァゲナー（Gottfried Wagener）も，振子とてこを応用した地震計のアイデアを，ドイツ東亜自然民族学協会の例会で発表した(10)．クニッピングはこのアイデアに従って地震計を試作し，1878年11月末から翌79年2月末までの間に11個の地震を観測している．この地震計では地震の起きた時刻と，水平方向の最大の揺れが記録できた．水平動の最大値は0.8 mmであった(11)．

　大学南校の教頭などを務めたフルベッキ（Guido H. F. Verbeck）も，ユニークな地震観測装置をつくった．この装置は，よく磨かれた大理石の床の上に4つのガラス球を置き，その上に堅い木の板を載せ，板の中央には鉛筆を取り付け，その鉛筆が床の上に置かれた紙に記録する仕組みであった．彼はこの装置を使って1877年から翌年にかけて地震観測したが，地震の際の振動は数mmに過ぎなかった(12)．

　日本で昔から伝えられていた地震の前兆現象や，歴史上の大きな地震についても，外国人たちは大きな関心を示した．英国の初代駐日公使になったオールコックはその『日本滞在記』のなかで，「日本人は，地震の前ではないにしても，その最中には磁石が磁力を失うことを発見した，といわれている．これがもし本当とすれば奇妙なことで，もっとくわしく研究する価値が十分にある事実であろう」と述べ，安政の江戸地震直後に登場した，磁石と金だ

らいを組み合わせた「地震予知器」について紹介している(13).

　日本に約8年間滞在し，日本各地に西洋式灯台を建設した英国人のブラントン（Richard H. Brunton）は，日本の建築・土木技術を批判した論文のなかで，日本を襲った大地震として43の地震のリストを掲げている(14). 出典は明らかではないが，1855年の安政の江戸地震の死者を12万人とするなど，正確なものとはいえない.

　東京大学で地質学や鉱物学を教えていたナウマン（Edmund Naumann）は，1878年に「日本における地震と火山噴火について」という50頁を超す論文を発表した(15). このなかで，ナウマンは『地震考』や『安政見聞誌』など33の日本の文献を読んで，416年の大和（奈良県）の地震から1872年の浜田地震までの地震年表をつくっている. 年表に記載されている地震は約200を数え，1847年の信州大地震（善光寺地震）や1854年の安政東海，南海地震，1855年の東京大地震（安政の江戸地震）については，被害の様子を特に詳しく描いている. 地震の前兆現象についても「地震の前には急に気温が上昇することがある. 1855年の東京大地震のときはそうだった」などと，1頁以上を割いて紹介している.

　この論文で紹介されている事例は，1802年の佐渡地震の際に，佐渡金山の坑内作業員たちが，坑内に地気が充満して上半身が見えなくなったので，地震の3日前から坑内に入らなかったために死者が出なかった，という話や，1662年の寛文の京都地震や1830年の文政の京都地震の前に太陽や月が赤く見えた，地震の前には天が近付いたように見える，ネズミやモグラが奇妙な行動をする，などすでに序章で述べた例ばかりであるが，ドイツ人のナウマンにとっては，興味深い話であったのであろう.

　東京大学法学部の総理補であった服部一三も，ナウマンと相前後して，日本アジア協会で「日本における破壊的地震」と題して講演した(16). 服部は『日本書紀』や『類聚国史』などの記述をもとに，416年の大和の地震から1872年の浜田地震まで，計149個の大地震を選び出した. そして，この地震カタログから明らかなこととして，①破壊的な地震の時代は終わったわけではなく，現在も続いている，②日本全国が多かれ少なかれ，地震の被害を受けている. 京都と江戸に地震が多いように見えるのは，記録が多く残され

ていることに関係している，③平均すると日本では10年に1度，破壊的な地震が起きているが，短い期間に集中的に起きることがある．しかし，それが起きる季節には差がない，などと結論している．服部の地震カタログでは，1605年の慶長地震や1854年の伊賀上野地震が抜け落ちているほか，1854年の安政の東海地震と南海地震は同じ日に起きた地震とするなど，正確さには問題もあるが，服部の結論は現代でも通用する．

　地震カタログから服部が得た結論はさらに続き，④1707年の宝永の地震，1855年の安政の江戸地震などのように，異常に暖かい天候の後に大地震が起きた例が多い，⑤大地震の前には蜃気楼が現れたり，空が低く，星が大きく見えたりするなど，大気に異常が生じた例も多い，⑥安政の東海地震，安政の江戸地震などの前には，発光現象が目撃され，磁石が磁力を失ったという話も伝えられている，など地震の前兆現象にも及んだ．そして服部は「以上のような目撃談は，観察にもその表現にも科学的な方法が欠如しているが，今や地震の原因を決定したり，それを予知したりする努力が重要であると主張できるようになったのは喜ばしい限りである」などと結んでいる．服部は，地震の前兆と考えられてきた現象も科学的な研究の対象にする価値はある，といいたかったのであろう．

　日本にやってきた外国人たちがもう1つ驚いたのは，日本建築が木材だけでできており，石造やレンガ造の建物が存在しない点であった．建築や土木の専門家たちにとって，木造家屋は日本の貧しさの象徴と映ったようで，木造家屋は火災に弱く，冬の寒さという点でも問題があるとして，石造やレンガ造の建物をもっと取り入れることを勧めた．彼らは「石造やレンガ造であっても原則に従って建築すれば，地震に対して被害がないことは明らかである」などと述べる一方で[17]，日本の木造家屋を地震に対して強くするための対策として，①トラス（三角形）構造を使う，②筋交いを入れる，③接合部に金具を使う，④屋根をもっと軽くする，なども提案していた[18]．

1.2　日本地震学会の設立とミルン

　1880年2月22日午前1時前，東京や横浜で強い地震があった．横浜での

揺れは特に激しく，外国人居留地にあったレンガ造の貸倉庫1棟が潰れたほか，タイル壁がはがれ落ちたり，煙突が倒れたりした建物が多かった．東京でも，大田区で民家が倒壊したほか，神田・一ツ橋にあった東京大学のレンガ造の煙突2本が崩れるなどした[19]．この地震は，しばしば横浜地震と呼ばれる．

宇佐美龍夫ほかの『日本被害地震総覧599-2012』によると，この地震の最大の震度（横浜）は4-5で，その規模もM5.5-6程度であり，決して大きな地震ではなかった．しかしながら，1859年に横浜に外国人居留地ができて以来，居留地に被害が出るような地震は，これが初めてであった．4年前から東京に住んでいたお雇い外国人教師ミルン（John Milne）は，「建物の揺れが大きくて，揺れがおさまったと思って歩き出しても，しっかり歩けなかった」と書いている．ミルンは地震観測用に，自宅に長さ約9mと6mの振子を上からぶら下げていたが，振子は約60cmも揺れていた，という[20]．

東京に住むミルンでさえ驚いたのだから，突然の地震に眠りを覚まされた横浜の外国人たちの恐怖は想像できる．3月2日の『読売新聞』は「横浜に住むドイツの婦人たちが4,5日前から所々で集会し，日本は地震が多いので安心して住んでいられないから帰国しようという相談をしている」とのニュースを伝えている[21]．

この横浜地震が直接のきっかけとなって設立されたのが日本地震学会である．設立総会は地震から1カ月もたたない3月11日に開かれた[22]．地震や火山について専門的に議論する学会をつくるための話し合いは，横浜地震の約1年前から横浜や東京在住の外国人たちの間で進んでいた．日本地震学会設立の中心人物の一人であったミルンは「日本地震学会の設立は，この地震が最後の推進力（impulse）になった」と書いている[23]．学会の目的は「地震と火山に関連したあらゆる現象に関する事実の収集と，研究の促進」であった．

設立総会では，会長には工部卿（大臣）であった山尾庸三が，副会長にはミルンが，幹事にチャップリンが選ばれた．しかし，山尾は公務多忙を理由に会長を辞退した．このため4月26日の第2回総会では，会長をだれにす

るかについて再び話し合われた．会長にはやはり日本人が望ましいとして，英語も理解し，地震科学にも関心が深い東京大学法学部総理補の服部一三を推す意見と，ミルンを会長に推す意見が出た．ミルンは「自分はすでに副会長に選ばれているので，会長に選ばれると副会長を再び選び直す必要がある．服部氏を会長に選んだ方がよい」と述べ，無記名投票の結果，会長は服部に決まった(24)．

　日本地震学会という名称が付けられ，会長には歴代日本人が選ばれたが(25)，その活動の中心はお雇い外国人たちであった．学会が発行した *Transaction of the Seismological Society of Japan*（『日本地震学会欧文紀要』）第2巻には，1881年12月現在の会員名簿が掲載されている(26)．それによると会員は117人で，その大部分は外国人である．日本人会員は全体の3分の1弱の37人にすぎない．外国人会員の中には，1.1節で紹介した気象学者のクニッピングや地質学者のナウマン，油田探査などに活躍した地質学者のライマン（Benjamin S. Lyman）らのほか，津軽海峡の動物分布境界線にその名を残す博物学者ブラキストン（Thomas W. Blakiston），『一外交官の見た明治維新』の著者でもある英国の外交官サトウ（Ernest M. Satow），日本古美術を世界に紹介したフェノロサ（Ernest F. Fenollosa），後年明治天皇の肖像画を描いたイタリアの銅版画家キヨッソーネ（Edoardo Chiossone），そして地震計の開発で知られる英国人のユーイング（James A. Ewing），グレイ（Thomas Gray）ら多彩な人々の名前が見える．英国，米国など海外在住の会員も20人を数えた．地震や火山現象を研究の対象とする初めての学会として，日本地震学会は世界に開かれていた．

　一方，日本人会員には，東京大学の総理であった加藤弘之，総理補の浜尾新，理学部教授であった菊池大麓，山川健次郎，理学部助教であった関谷清景ら，東京大学の関係者が多かった．文部卿（大臣）であった福岡孝弟，文部少輔（次官）の九鬼隆一，内務少輔（次官）の品川弥次郎ら，明治維新で活躍し，出世した官僚政治家たちも名前を連ねていた．日本地震学会を長年続けていくためには，日本人の会員をさらに増やすことが重要である，との認識が外国人会員たちにはあった(27)．

　日本地震学会は1892年に外国人会員が少なくなったため活動をやめるま

でに,『日本地震学会欧文紀要』16 巻と和文の『日本地震学会報告』6 巻を発行した.『日本地震学会欧文紀要』のなかには,筆者の署名がある論文が 121 篇収められているが,その約 3 分の 1 に当たる 40 篇はミルンによって書かれている.関谷を含む日本人の書いた論文は 16 篇にすぎない.日本地震学会の中心であったミルンとは,どういう人物であったのであろうか.

　ミルンは 1850 年,英国リバプールで生れた.ミルンの伝記(28)によると,ミルンはロンドン大学キングス・カレッジで学んだ後,王立鉱山学校で地質学と鉱物学の教育を受けた.在学中にはアイスランドの探検をした.英国やドイツの鉱山で鉱山技師としての経験を積んだ後,1873 年と 74 年にはニューファンドランド島の鉱物調査に出かける一方,モーゼが律法を授けられた場所と伝えられる「シナイ山」の本当の位置を確かめるために,中東のシナイ半島の探検旅行にも出かけた.1875 年に工部省から工学寮工学校(1877 年から工部大学校)の鉱山学・地質学の教授に招かれると,ミルンはロンドンからスウェーデンに渡り,そしてロシア,シベリア,モンゴル,中国を横断して 8 カ月がかりで日本にやってきた.長旅の目的は地質学に関する見聞を広めることであった.

　エネルギッシュなミルンの行動は,日本に着いてからも変わらなかった.伊豆大島や浅間山など日本各地の火山を踏査する一方,千島列島にも探検に出かけた.大森貝塚を発見した米国人モース(Edward S. Morse)と一緒に貝塚の発掘調査をし,日本列島の先住民についての研究成果を学会に報告もしている.地震に関心をもつようになったのは,1876 年 3 月に来日したその夜に地震を経験したことがきっかけだった,と伝えられる.

　ミルンは,地震に関するそれまでの文献を読破し,1878 年頃からは地震動の性質を調べるためにさまざまな実験を繰り返した.地震動の強さやその伝わる方向を調べるために,さまざまな直径の鉄製の円柱をこしらえて,地震の際にその円柱がどの方向に倒れるかなどを観察したり,大きな容器に液体を入れて,地震で液面がどこまで上昇するかを調べたりした.これらの実験では満足する結果が得られず,地震観測に最適なのは振子であることを確信し,自宅や工部大学校の研究室に長さの異なる各種の振子を吊るして実験し,遅くとも 1879 年 3 月には,振子式の地震計を使って水平動の観測を始

めていた．また，地面の小さな振動を観測するため，小型のマイクロフォンを地面に埋めて，それから得られる電流を測定することも試みていた(29)．ミルンを日本地震学会の会長に推す意見が出た事実から見ても，横浜地震が起きたときには，ミルンの地震に関する知識は在日外国人たちからも一目置かれるレベルに達していたものと推察できる．

ミルンは日本地震学会の第2回総会で会長に服部一三が選出された後，「日本における地震科学」と題して長時間の講演をした．この講演は『日本地震学会欧文紀要』第1巻の巻頭論文として掲載されている(30)．

それによると，ミルンの講演のねらいは，地震学のこれまでの歩みを振り返るとともに，地震科学を日本でどのような方向に発展させるべきかを指し示すことであった．ミルンはまず，地震学の研究の対象は，地震動の記載だけにとどまらず，地震の原因から，地震がさまざまなものに及ぼす影響まで，地震に関するあらゆる現象を考究の対象にすべきであり，地震学は地質学者ばかりでなく，物理学者，気象学者，天文学者，数学者，工学研究者，それに医者や歴史家にとっても重要である，と説いている．

次いで，地震や火山は災害として人類の発展に直接の影響を及ぼしてきたばかりでなく，地形や地質，気候などを左右するものとしても重要なので，地震や火山を研究することに意味があることを長々と述べた．続いて，西欧での地震と火山研究の歴史に触れた後，日本での最近の研究についても紹介した．

そしていよいよ本題に入る．ミルンは「地震学が研究されるようになって以来，その学徒の主要な目的の1つは，地震の到来を予言（foretell）する何らかの方法を発見することである」「こうした大災害の到来を前触れ（herald）できる能力は，地震国に住むすべての人々にとって見積もり不可能なほどの恩恵になるであろう」などと語り，地震予知の研究が地震学の重要な問題であることを説いた．

続いて，地震がよく起きる国では，さまざまな現象が地震の近付いたことと関連付けて考えられているとして，その例をあげた．たとえば，地震の前の動物の異常な行動や天候（気温，気圧，風），電磁気現象，発光現象，太陽の黒点，太陽と月の位置と地震とのそれぞれの関係などである．ミルンは

「これらの問題を解決するには，正確な記録を長期間集めることである」と観測の重要性を説く一方で，たとえば月の引力の変化が地震を起こし得るかなどについては，理論的な考察も重要であることも訴えている．

次いで地震観測に関する話に移り，パルミエリ式やヴァゲナー，ユーイング，グレイの地震計について触れた後，ミルン自身が長さ約11mの振子式の地震計を使って観測した1879年から1880年にかけての4個の地震の水平動の最大の揺れ幅と初動の方向などについて紹介した．そして，さらに地震計を改良する必要があることにも注意を促している．

続いて「地震地域に住む人々にとって，もう1つの興味深い研究は，地震が建物に及ぼす影響とそうした影響を避けるための最上の方法についての研究である」と語り，建物の耐震対策など地震災害を軽減するための研究も重要な課題であることを訴えた．

終盤になってミルンは，再び地震予知を実現するための方法について語っている．再び地震予知問題を取り上げた目的は，ミルンによれば「地震の予知（foretelling）は難しくて解決できない問題であると考える人々に，地震予知は決して手の届かないものではないことを示す」ためであった．その詳細については後の節に譲るが，ミルンがこのなかで，現在の津波警報や緊急地震速報とほとんど同じアイデアを語っているのは，興味深い．

ミルンによれば，1877年5月11日，千島列島からニュージーランドまでの太平洋沿岸各地は津波に襲われ，その高さは最大で10mに達した．日本でも岩手県釜石や北海道函館では高さ2m前後の津波となり，人々は家財道具をもって高台に避難した[31]．この津波は5月9日に南アメリカ・ペルー西岸沖で起きた地震によるもので，24時間以上かけて太平洋を横断した．電信を使って津波が発生したことを前もって知らせておけば，津波による災害は防げる，とミルンは訴えた．

また，東京と横浜間には電信網が完備しているので，これを使って横浜で最初の揺れが観測されたら，すぐに東京に伝え，警告の大砲を発射するような仕組みを整えれば，東京の住民は大きな揺れが襲うまでに2分から6分間くらいの準備の時間がもてる[32]，とも述べている．ただし，地震波がどの程度の速さで伝わるのかについての正確な知識は，ミルンの時代にはまだな

かった.

　ミルンは最後に,「日本は地震や火山が多く,それに関心をもつ人士も多いという好条件を備えているので,地震科学の進展に期待がもてる」などと述べて講演を結んだ.

　この講演で,ミルンが地震予知の研究と地震が建物に及ぼす影響を研究することの重要性を強調したことは,後に見るように,帝国大学の地震学の教授となる関谷清景や,1891年の濃尾地震の後に震災予防調査会の設立を提案した菊池大麓らを通して,その後の日本の地震学の発展の方向を定めることにもなった.

1.3　日本地震学会と地震学の発展

　日本地震学会は毎月1回の例会を開いたが,そこで議論されたテーマの幅広さには驚かされる.地震の前兆現象とされているものは地震と本当に関係しているのかといった問題はもちろん,地震を予知するためにはどのような方法があるか,磐梯山の噴火(1888年7月)や熊本地震(1889年7月)など,日本をはじめフィリピン,インド,イタリア,メキシコ,スペインなど世界各地で起きた地震や津波,火山噴火に関する報告やその原因,日本や中国,朝鮮半島で起きた歴史地震の紹介,地震が多発する季節は存在するのかなどといった問題から,地熱の利用方法,氷河期が訪れる原因,果ては地震が国民性に及ぼす影響といった問題まで,地震や火山現象に関係するあらゆる分野にわたっていた.この節では,地震予知以外の分野についての日本地震学会の活動を紹介する.

　日本地震学会の活動のなかで特筆すべきは,地震の揺れを正確かつ連続的に記録できる地震計の開発である.『日本地震学会欧文紀要』に掲載された論文140篇のうち,新しい地震計のアイデアやその試作機を使った観測結果について述べたものが,全体の3分の1の47篇を占めている.

　当時,東京気象台で使われていたパルミエリ式地震計では,揺れの始まった時間とその継続時間,揺れの相対的な強さ,揺れの方向が観測されるだけであった.地震の揺れを正確に記録するために,さまざまなアイデアが考え

られていたことは1.1節でも紹介した．よく使われたのは振子であった．重い錘に長い糸を結び付け，架台の上部中央の支点からそれをぶら下げる．錘が十分に重く，振子の糸が十分に長ければ，錘は地震があってもその慣性力によって，しばらくの間は静止している．それに対して地面は揺れているので，錘の下にペンを取り付けておけば，地面がどのように揺れたのかの記録が描かれる．

　しかしこの方法では，地震とともに支点も動くために，錘もしばらくすると動き出す．振子の糸の長さを長くすれば，静止している時間を若干長くすることはできるが，長い間静止しているのは難しい．この難問を解決したのは，東京大学理学部のお雇い外国人教師であったユーイングであった(33)．

　ユーイングは，ほかの目的ですでに使われていた水平振子を地震計に応用することを考え付いた．図1-2のように金属製のフレームBで大きな錘（図の黒い部分）を支える．錘とフレームは軸AAを中心に水平方向に自由に回転できるようにしてやる．地震が起きるとその震動によって支軸は動くが，錘が十分に重ければ，錘はその慣性力によって不動を保つ．錘と地面との相対的な運動（変位）を記録すれば，それが地震動（変位）の記録になる．記録を描かせるには，フレームBから記録用の細長いレバーを出してやり，このレバーの先に"ペン"を取り付け，油煙を塗ったガラス板にわずかに接触

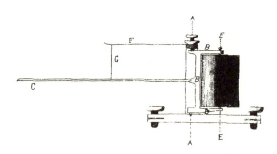

図1-2　ユーイングが最初に考案した水平振子地震計の立面図
　　　金具Bで支えられた錘（図の黒い部分）が，AAを軸に水平方向に自由に回転できる仕組みになっている．地震が起きても錘は動かないので，Bから延ばした腕Cの先端部でCに直角な方向の水平動を記録できる．
　　　(James A. Ewing, "On a New Seismograph for Horizontal Motion," *Trans. Seism. Soc. Jpn.*, **2** (1880), pp.45-49 より）

するようにしてやる．ガラス板を一定速度で回転させれば，連続した記録が得られる．地震動の倍率は，レバーの先端の"ペン"から錘までの距離と，支軸と錘までの距離の比になる．

ユーイングはこの原理に基づいて水平動を連続に記録できる地震計を製作し，東京・神田一ツ橋にあった東京大学理学部の地震学実験所に据え付け，1880年11月3日早朝に起きた小さな地震で，信頼できる連続記録を取ることに初めて成功した．水平振子は2つ用いられ，それぞれ東西方向，南北方向の記録を取るのに使われた．この地震計は，地震動が6倍に拡大されるよう設計されており，観測された実際の地震動は南北方向で0.29 mm，東西方向で0.05 mmという微小なものであった．ユーイングは実際の地震動の揺れの絶対値が小さいことに驚いている(34)．

11月3日のこの地震の観測記録が，地震動の最初の連続記録とされているが，論文には観測記録の図が示されていない．ユーイングが観測に成功した連続記録の図（図1-3）が論文に表れるのは，1881年1月24日の小地震が最初である(35)．

一方，地震の上下方向の揺れに対する不動点をつくり出す方法を最初に考え出したのは，工部大学校で電信学などを教えていたグレイであった．グレ

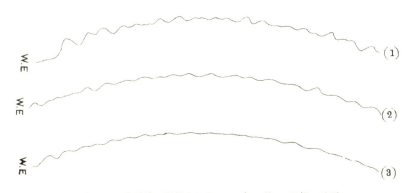

図1-3　ユーイングの地震計で記録された1881年1月24日朝の地震
　　　記録は東西方向の揺れで，(1)(2)(3)と続いている．継続時間については「記録盤の回転速度が不安定のため，定かではない」とユーイングは書いている．
　　　　(James A. Ewing, "On the Records of Three Recent Earthquakes," *Trans. Seism. Soc. Jpn.*, **3** (1881), pp.115-120 より）

イのアイデアも，やはり重い錘をバネで吊るす．ただしこのままでは，錘には上下方向の揺れによって加速度が作用するので，錘も上下運動してしまう．錘が見かけ上，重くなったときにバネが上に引っ張り，錘が軽くなったときにはバネが逆に伸びるような仕組みを設けてやれば，錘はいつも同じ位置に留まるようにすることができる．グレイはこのためにサイホンを使い，浮力を利用するなど，複雑な仕組みを提案した(36)．ミルンはグレイの提案に従って，上下動を記録できる地震計を組み立て，1881年3月8日に起きた地震では，上下動と水平動の連続観測に成功している(37)．

これに対してユーイングは，グレイのような複雑な仕組みを設けなくても，てこの原理をうまく利用することによって，錘とバネだけで不動点がつくれることを図1-4のように示した(38)．この方法によって上下動を計測する地震計は，遅くとも1885年には東京大学の地震学実験所で観測に使われている(39)．この地震計を製作したのはユーイングではなく，実験所を手伝っていた当時助教授の関谷清景の可能性が高い．

以上に述べたような仕組みによって，水平方向と上下方向の地震の揺れを連続的に記録できる地震計が一応は完成した．ユーイングらはまったく同じ構造をもつ地震計を2台同じ台の上に置き，台を振動させると同じような記録が取れることから，記録の正しさを主張したが，記録が果たして正確なものであるかについては，疑問をもつ人も少なくなかった．ユーイングやミル

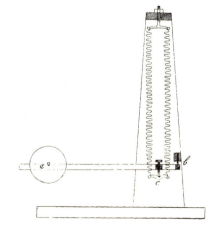

図1-4 ユーイングの考案した上下動地震計の立面図

錘（a，b）を支えるバネの支点（c）を低くすることによって，バネと錘と支柱だけで不動点をつくり出すのに成功した．

(James A. Ewing, "A Seismometer for Vertical Motion," *Trans. Seism. Soc. Jpn.*, 3 (1881), pp.140-142 より)

ンをはじめ多くの人々が，さらに正確な記録を取ろうとして，さまざまな工夫と改良を加え，何種類もの地震計を製作した．日本地震学会のなかにも，各種の地震計をテストして，どの地震計が優れているかを評価する委員会がつくられたが，この委員会は十分には機能しなかったようである[40]．

　各地の測候所にも1881年頃から連続的な記録が取れる地震計が置かれるようになった．東京気象台にも1882年からは水平動を観測するユーイング式の地震計が，翌83年には水平動と上下動を観測できるグレイ・ミルン・ユーイング地震計が設置された[41]．1890年までには地震計を備えた測候所は，前橋，水戸，根室，札幌，函館など全国13カ所に増えた[42]．その多くにグレイ・ミルン・ユーイング地震計が置かれたが，その製作者や名称の由来ははっきりしない[43]．

　藤井陽一郎の名著『日本の地震学』では，日本地震学会の残した功績として，地震計の発明に加えて，気象台を中心に地震観測網を整備することに努めたことがあげられている．ミルンは日本地震学会が設立されると間もなく，日本各地に住む外国人や各県の郡役所らに依頼して，地震発生の年月日，揺れの方向，揺れの強弱などを，「報告心得」に従って日本地震学会まで報告してもらっていた[44]．しかし，これでは"観測網"に偏りがあり，満足すべき結果が得られなかった[45]．このため，1884年末には，全国の府県庁・郡区役所600以上に，「地震報告心得」という文書が配られ，地震が起きるたびに，その年月日，時刻，地震動の継続時間，その方向，その強弱，性質などを定められた様式で東京気象台まで報告するよう制度化された．

　「地震報告心得」を作成したのは，東京大学の助教授であった関谷清景である．関谷はこのなかで地震動の強弱を，微，弱，強，烈の4種類に区別して報告するように求めた．たとえば，「微」は「僅ニ地震アルヲ覚ヘシ者」，「弱」は「震動ヲ覚ユルモ戸外ニ避クルニ足ラザル者」などである[46]．これが日本の震度階の最初であった．

　1885年からは，この「地震報告心得」に従って全国600カ所以上から，地震観測報告が東京気象台に届くようになった．日本全国を統一した地震観測網ができたのである．関谷はこの年から，地理局の験震課長を兼務するようになり，1885年の観測結果を日本地震学会に報告している．それによると，

1885年1年間に全国で観測された地震（有感）は482個で，北海道から東北地方にかけての太平洋岸と，関東地方に地震が多かった．地震は夏よりも冬に多いといわれていたが，1年間の観測結果ではその差は見られない，と関谷は報告している[47]．

　ミルンが講演「日本における地震科学」のなかで強調した，地震災害を軽減するための研究に先鞭をつけたことも日本地震学会のもう1つの功績といえるであろう．

　ミルンは，1881年からグレイの協力を得て，重い錘を高所から落下させたり，地中で爆薬を爆発させたりするなどして計9回の人工地震実験を行い，その波がどのように伝わるかを研究した．その結果，軟弱な地盤では固い地盤に比べて地震動が大きく増幅されることや，丘や池，洞穴などの存在によっても，地震波の伝わる速度や振幅が変わることなどがわかった[48]．また，同じ地盤でも地下では地表に比べて揺れが小さくなること，建物の建築方法や基礎の違いによっても，地震による揺れ方が大きく異なること，小さな地震ほど地震波の周期が短くなる傾向があること，などを地震観測によって明らかにしている[49]．東京の台地と沖積地（低地）を比較すると，台地の方が小さな地震まで感じるが，低地では揺れが大きくなることにも注意を促している[50]．

　ミルンはこうした研究結果に基づいて，地震災害を小さくするために，建物の設計にどのような注意を払うべきかについても，具体的な提言を行っている[51]．すなわち，震源近傍は別にして震源からある程度離れると，地震の上下動は小さいので，建物は水平動に耐えられるように設計すればよい．建物を建てる場合には，地震観測を行って固い地盤を選ぶべきである．柔らかい地盤の上に建てるには，固い地盤に届く深い基礎を設け，その上に建てるか，地盤に鋳鉄の玉を敷き詰めた層をつくり，その上に建てるべきである．揺れやすい周期が違う構造物（たとえば，煙突と建物本体）は，ジョイントなどでつなぐことによって別々に振動できるように工夫するか，全体が一体となって振動するように完全に一体化すべきである．屋根など上部の構造物はできるだけ軽くすること，したがって平屋根が望ましい，などと述べている．

1887年1月15日早朝に神奈川県西部を震源とする地震が起きた．震央付近では数千軒の住家が傾き，土蔵の6割以上の壁が落ちるなどした．横浜でも，木材と石材を併用した洋風建築では壁にひびが入ったり，煙突が倒れ落ちたりするなどの被害が出た．

　関谷はこの地震の被害調査を行い，地震災害軽減のためのいくつかの提言をした(52)．すなわち，日本の木造住宅は地震の揺れに柔軟に対応できるので，柱と梁の接続部分などを改善すれば，今後も長く使われるであろう．しかし，地震の後に起きる可能性がある火災に十分な対策が必要である．まだ石油ランプが使われていなかった1855年の安政の江戸地震の後に30カ所以上から出火したことを考えると，石油ランプが普及した今，大地震があると恐ろしい．激しい揺れがあると自動的に火が消える安全石油ランプを開発する必要がある，などと訴えている．

　関谷はこの論文を書いた後，大きな地震があると自動的に火が消える安全石油ランプが英国と日本で発売されているのを知って，これを購入し，実際に役立つかどうかをテストした．そして，1886年度の東京市の火災統計では，出火件数953のうち118件は石油ランプが火元になっている事実などを指摘した上で，「大きな都市に住む住民は，地震後の火災のことを考えて，安全石油ランプを使うか，少なくとも金属製の石油容器のついた石油ランプを使うようにしたい」と呼びかけた(53)．

　ミルンや関谷のこうした研究成果に刺激されたのであろう．日本地震学会の会長でもあった文部大臣の森有礼は1887年末，地震動と家屋建築法取調委員会をつくり，建物の耐震基準策定に意欲を見せた(54)．1889年に発行された『日本地震学会欧文紀要』の第14巻は，耐震建築についての特集号にあてられ，ミルンらが建物を地震動の揺れに対して強くするにはいかに設計すべきかを論じる一方，すでに建物の耐震基準を制定していたイタリアやスペイン領フィリピンなど海外の地震国の考え方も幅広く紹介している(55)．

1.4　日本地震学会と地震予知研究

　ミルンが，1880年の日本地震学会の記念講演「日本における地震科学」

のなかで,「地震学の目的の1つは,地震予知の方法を発見することである」と述べたことは,1.2節で紹介した.ミルンはこの3年後の1883年に *Earthquakes and Other Earth Movements*(『地震とほかの地球の運動』)と題する地震学の解説書を出版した.全21章からなるこの本の第18章をミルンは "Prediction of Earthquakes(地震の予知)" にあてている[56].ここでもミルンは「地震学が研究されるようになって以来,その学徒の主要な目的の1つは,地震を予知する方法を発見することであり,地震発生とほかのよく知られた現象とを関係付けるためにさまざまな国の研究者が努力しているのは,この目的のためである」と述べている.そして,地震を警告する人に要求されるのは,地震の起きる時間と同時に起きる地域を指定することである,と「地震予知」の要件をも示している.日本のように地震の多い国では,時間と地域を指定しなければ,いつか地震が起きるとの予言は大抵当たってしまうからである[57].

東京大学地震学実験所でユーイングの助手として地震学に親しみ,1886年に帝国大学が発足すると同時に帝国大学理科大学の地震学の教授に就任する関谷清景[58]も,やはり1883年に東京大学発行の学術雑誌『学芸志林』に発表した「地震学一班」という論文のなかで「地震学ヲ研究スルノ主眼ハ地震ノ予知予防法ヲ発見スルニアリ」と述べている[59].

関谷がミルンの影響を受けていたことを割り引いても,2人が異口同音に「地震学の目的の1つは,地震予知の方法を発見することである」と述べていることは,日本地震学会の会員の間では,このような考え方が相当程度までに共有されていた,と考えられる.

2人はまず,地震の前にはキジが鳴く,蒸し暑い日には地震が起きやすい,など世間に伝わる地震の「前表〔前兆〕」といわれるものが,本当に地震に関係しているのかを解明することから,研究を開始した.本当に地震と関係しているのなら,何らかの法則を見付け出して,地震予知につなげるのが地震学の役割である,と関谷は「地震学一班」のなかで明確に述べている[60].

そのためには,まず観測記録の収集と観察・観測である.日本地震学会が設立されるとまもなく,ミルンは日本各地に住む外国人や全国の郡役所などに依頼して,地震があった際には「報告心得」に従って学会まで報告するよ

う求めていたことは，前節で紹介した．この「報告心得」では，地震とそれに伴う被害の有無だけでなく，地震の「前表」が見られなかったかどうかについても，報告するように求めている．

報告が求められている項目は，①地震の前後に音が聞こえたかどうか，②地震前後の気温，気圧，③地震前後に電信機や地電流，地磁気に異常が見られなかったか，④湧き水の湧出量や色などに異常はなかったか，⑤近くの温泉の温度に変化はないか，⑥近くの火山の活動に変化はなかったか，⑦地震の前後に人間が鬱悶などを感じなかったか，⑧地震の前後に鳥獣に異常な行動がなかったか，などである(61)．当時世間で地震の「前表」と取り沙汰されていたものすべてが，これらの項目に含まれていた．

ミルンを悩ませたのは，地震の前に音が聞こえた，という報告である．英国などの文献には，1755年のリスボン地震のように，揺れを感じる前に雷鳴のような音や重い物が倒れるような音を聞いたという例が数多く記されている．ところが，ミルンが1880年に主に日本各地に住む外国人から得た報告では，地震の揺れの前に音を聞いたという例は，東北地方には多いが，西日本ではごくまれで，どうやら地域差が著しいようなのである(62)．ほかの地域では音が聞こえたという報告があった地震のうち，ミルン自身が東京ではっきり音を聞いたのは1881年3月11日の地震，1回きりであった．ミルンはこのように地域差があるのは地質構造の差に起因するのでは，と考えた(63)．すなわち，東北地方の太平洋岸などのように古くて固い岩石からなる地域では音が伝わりやすいが，東京のような沖積平野では，音が堆積物などに吸収されてしまう，というのである．

では，音の原因は何なのか．地震によって建物が振動した際に生じる音かも知れないが，あるいは地震の原因となる地殻の破壊，または蒸気の爆発などによって生じた音そのものかも知れない，というのがミルンの立場であった(64)．

一方，ユーイングの後任として帝国大学理科大学で物理学を教えていたノット（Cargill G. Nott）は，ミルンの地震学を「現象論的すぎる」としばしば批判していた．ノットは，ミルンの上記の論文に対抗して，自身も地震に伴う音響現象についての論文を書き，理論的な考察をもとに，地震に際して

音がするのは，大地の細かい〔周期の短い〕地震動が大気にも伝わり，音として聞こえる，との現在の地震学と同様の解釈を示した．そして，地震の前に音が聞こえるように思えるのは，大地の細かい震動は減衰しやすく，地震計もそうした細かい震動を記録するようには設計されていないからである，と述べている(65)．

　東京気象台で気象観測と地震観測が相次いで始まったことから，科学的な観測結果をもとに地震と，気象や月の位置（月齢），太陽の位置（季節）との関係も盛んに議論された．当時は，「地震は気圧の下がるときに起きることが多い」との英国のマレットの研究結果が，大きな影響力をもっていた．日本地震学会設立のきっかけになった1880年2月22日の横浜地震も，気圧の低下する最中に起きた．しかし，東京気象台で1875年5月から1881年末までに観測された地震396個と気圧との関係をミルンが分析したところ，気圧が上昇中に起きた地震が169個，気圧が低下中に起きた地震が154個，気圧が安定しているときに起きた地震が73個で，気圧と地震発生との間には明確な関係は見出せなかった(66)．

　気温と地震との関係も調べられた．しかしながら，気温が上昇しているときに地震が起きる場合もあれば，気温が低下しているときに地震が起きる場合もあった．関谷は後年，気象の変化は地震を起こす副原因にはなるかも知れないが，地震と気象との関係は弱く，気象の変化をもってして地震を予知することは不可能である，と述べている(67)．

　英国のマレットらの研究結果によって，西欧では地震は夏よりも冬に多い，との説が一般的であった．1875年8月から7年間の東京気象台での地震観測の結果でも，7年間の地震総数430個のうち，冬（12-2月）に起きた地震は136個で，夏（6-8月）の82個に比べて，明らかに多かった(68)．冬に地震が多くなる原因についてノットは，冬は雪によって地面の荷重が大きくなることと，冬型の気圧配置をとるために気圧傾度が大きくなることが関係している，との論文を発表している(69)．

　地震は夜に多いというのも当時の通説であった．日本で1885年から1890年に観測された有感地震の総数は3842個で，夜間（午後6時〜午前6時）に起きた地震の方が2倍も多く，通説通りであった．ところが，東京で

1876年から1891年までに地震計で観測された地震の総数は1168個で，昼間（午前6時〜午後6時）の方が8％ほど夜間に比べて多かった．この観測結果を分析したミルンは，夜寝ている時間帯は人間は地震を感じやすいが，人間活動が盛んな昼間は人間活動に伴う揺れまで地震計が感知してしまうためである，と解釈している(70)．

　地震に伴う電気，磁気的な現象も主要な研究テーマであった．地震の前に大気が電気を帯びていたとか，大気が異様な光を放ったという報告は，海外でも1755年のリスボン地震など数多くの地震に際してあったからである．19世紀に入り，電信線が世界各地に敷設されるようになると，地震の前に異常な電流が電信線を流れたという事例が続々報告されるようになった．1855年の安政の江戸地震の際のように，地震時には磁石が磁力を失うという報告は海外でも珍しくはなかった．また，地磁気の伏角や偏角に異常があったという観測例もかなりあった(71)．

　このため，日本でも内務省地理局が1883年から東京気象台で地磁気の3成分の観測を始め，88年からは空中電気の観測も行うようになった(72)．地電流の観測も，1883年に開通した長崎—釜山間の電信線を使って工部省電信局の手で1885年から始まった(73)．地磁気や地電流の観測では，地震の前後に何らかの異常が見られた例はなかった．1888年から2年間の空中電気の観測では，地震に伴って急激な空中電気の変化が観測された例もあったが，空中電気に変化が見られても地震が起きないケースもあった(74)．

　ミルンが行った人工地震の実験の際にも，地震計が振動を記録するよりも先にわずかに電流計の針がふれたことがあった．これはダイナマイトの爆発によって地面がわずかに振動し，地面に埋め込んだ電極の接触状態が変わったために起きた，と推定できた．この実験を根拠にミルンは，地震の際に観測された地電流の変化は，地震動によって電極と地面との接触状態が変わるために起きるのかも知れない，と述べた(75)．

　これに対して，地電流の観測責任者であった帝国大学工科大学教授の志田林三郎は，地震の前には地殻の歪の状態が変化し，そのために岩石の磁気的な性質も変わるので，電流が生じることは十分にあり得る，との立場をとった．このことを確かめるためには，志田はもっと精密な観測が不可欠だとし

て，Aを基点にしてそこからBとCにお互いに直角になるような測線を設けた上，A，B，Cの3点でそれぞれ地電流，地磁気，空中電気，地震観測をするよう提案している[76]．

　地磁気についてのこれまでの研究報告をレビューした1890年の論文で，ミルンは「地磁気と地震との間に決定的な関係があると考えるべきかどうかについては，まだ問題がある」と述べ，今後の研究が必要だという立場をとっている[77]．一方，4年後に書いた論文ではミルンは，鉄でつくった磁力計では地震に際して地磁気の観測結果に変化が見られたが，銅でつくった磁力計では変化が見られなかったというフランスの研究報告を根拠に，地磁気の変化も地震動に伴う機械的なものであると述べ，「地震と地磁気や地電流の変化との関係が存在するかどうかは保証の限りではない」と結論している[78]．

　地震時に磁石が磁力を失うかどうかという点に関しても，ミルンはペリーやエアトンの実験で否定的な結論が出たことなどを根拠に，地震時に磁石から釘が落ちるのが目撃されるのも，地震動によって機械的に釘が落下したのではないか，と述べた[79]．関谷も，工部大学校教授の藤岡市助の実験では小地震では磁石の磁力に変化がなかったことから，ミルンと同様に地震によって磁石には影響が出ない，との立場であった[80]．

　地震の前後に話題になる動物の異常行動についても研究された．キジが地震の前に鳴く，という俗説が本当かを確かめるために，関谷は自身の研究室に1つがいのキジを飼育して観察した．確かに地震の前に鳴くこともあったが，鳴かないこともあった．キジが鳴いても地震が起きない場合の方が多かった．この結果，関谷は「地震ヲ前知スルコトヲ彼等ニ任セテ置クコトハ出来マセヌ」と結論している[81]．

　ミルンも犬や馬などの動物が，地震の30秒ほど前に立ち上がるなどの異常な行動を示したり，うるさく鳴いていたカエルが地震の前に急に鳴きやんだりするのを観察している．そして，こうした動物たちは大きな揺れの前の小さな地震動〔初期微動〕を敏感に感じ取り，これに反応するのであろう，と推論している．地震の数時間前や数日前に動物が異常な行動を示すのは，おそらく偶然ではないか，と述べている[82]．

日本地震学会での以上のような研究を知ってか知らずか，世間ではしばしば「近く大地震がある」とのうわさが飛び交った(83)．その根拠は，小さな地震が続いていることや，暖かい日が続くこと，天候不順が続くこと，あちこちの井戸の水が濁ったこと，ナマズがたくさん釣れることなどであった．惑星の配置状況から見て，1886年5月頃に日本に大地震が起きる，とフランスの海軍士官が予測しているとのニュースも報じられた(84)．東京気象台の担当官はそうした度に，地震の回数が特別増えたという事実はない，1875年の気象観測の開始以来，最も気温が高かったのは1882年であったが，この年には地震が少なかった，などと反論するのに忙しかった．

　関谷もしばしば『東洋学芸雑誌』に登場して「地震ハ時ヲ撰バス起リ奈何ナル季節ニモ起リ奈何ナル天気ニモ起ル，左レバ地震ト天気ノ模様空中ノ温度等トノ関係ヲ今迄ノ如キ法方ニテ研究スルハ無駄ノ骨折ナリ」「天体ノ引力ノ影響ハ多少アルニ相違ナキモ，地皮モ亦堅固ナレバ破壊ヲ生ズル程ノコトハナカルベシ」(85)「〔地震ト天気ニ〕関係アルト称スルハ古来ヨリ深ク染ミ込ミタル迷言ナリ」(86)などと，昔から地震の前兆として伝えられていることには，科学的な根拠がないことを説いた．

1.5　ミルンと関谷清景の地震予知の戦略

　ミルンと関谷は前節で見たように，それまで地震の前兆ではないかと考えられてきた気象，太陽や月の位置，動物の異常行動などには否定的な結論を下していた．2人がこうした結論を得たのは，英国の地震学者ダヴィソン (Charles Davison) が *The Founders of Seismology* (『地震学の創設者たち』) のなかでも指摘しているように(87)，地震の原因の主たるものは造山運動に伴って起きる断層の生成である，としだいに考えるようになったことと関係している．すなわち彼らは，日本での観測結果とその研究を通じて，地震は月や太陽の引力，気圧や温度の変化など外因的なものによって起きるのではなく，地球に特有の内因的なものによって生じる，との確固とした考えにたどりついたからだと考えられる．

　たとえばミルンは，*Earthquakes and Other Earth Movements* の第17章

を"The Cause of Earthquakes（地震の原因）"にあてている(88). ミルンは1886年に出版された第2版で，現在の地震学の断層地震説とほとんど変わらない，以下のような主張を展開している．すなわち，地震が多いのは，地殻の隆起や沈降などが激しい太平洋の沿岸など造山運動が盛んな地域である．地殻の隆起や沈降によって地殻には圧縮力や伸長力が働き，岩石には歪が生じる．やがて岩石は破壊され，断層や亀裂が生じる．岩石が突然2つに引き裂かれることによって一連の波動が生じる．これをわれわれは地震として感じるのである，というのである．

ただしミルンは1886年の時点では，断層運動以外の原因で起きる地震もあると考えていた．1つは火山活動に伴う局所的な地震である．2番目は，地下の水蒸気が空洞に大量に流れ込み，一種の爆発によって岩石に亀裂を生じるために起きる地震である．さらにもう1つは，地下水などの浸食によって生じた地下の空洞が陥没する際に起きる陥没地震である．2番目の地下の水蒸気の爆発による地震説は，英国のマレットらによって唱えられたために影響力が大きく，日本地震学会の例会でもフランスの地質学者メウニエ（Stanislas Meunier）がこの説を強く支持する発表をしたことがある(89)．

ミルンは「地震の原因」の章を「地震の主要な原因はわれわれの地球に内生的なものであり，気圧の変化や太陽や月の引力のような外因的なものは，ときに地震を引き起こす引き金になることはあっても，地震発生には小さな役割しか果たさない」との結論で締めくくっている．関谷も地震の原因について，ミルンの以上の見解とほぼ同じ内容を，先に紹介した「地震学一班」の中で述べている(90)．後に帝国大学理科大学の地質学の教授に就任する小藤文次郎も，『東洋学芸雑誌』に発表した「地震考説」で，昔から伝わる地震の原因説として中国の陰陽五行説，日本の地震虫説，化学爆発説，電気説などを紹介した後，現在では地震の原因として①陥入〔陥没〕地震，②火山地震，③地殻辷地震〔断層地震〕の3つが考えられている，と述べている(91)．

その後ミルンは，序章で紹介したオーストリアのジュースが『地球の相貌』で提唱した構造性地震説や，1891年の濃尾地震では大規模な地震断層が地表に出現したことに影響されたのであろう．1898年に出版した第4版

では「地震の大部分おそらく99%は，断層運動と，地球内部のマグマの平衡を急激に調整しようとする際に起きるものであり，ごく少数が火山の爆発的努力によるものである」などと見解を修正している[92]．

ミルンと関谷の地震原因論のよって立つ基盤は，序章でも紹介した地球の冷却・収縮論であった．2人は，地球は誕生した当時は高温であったが，しだいに冷えて熱を失い，それに伴って地球は小さくなり，地球の火山活動なども不活発になってきている，と考えていた．ミルンは日本地震学会設立直後の記念講演「日本における地震科学」のなかでも，この考え方を披瀝している[93]．

ミルンは1881年に，日本で起きた大地震366個をリストアップして，それらの地震の時間分布，地域分布などを詳しく論じた論文を発表している[94]．ミルンは，昔から記録にもれが少ない京都での地震記録を調べると，西暦900年頃をピークに減少している事実を発見し，地震エネルギーが減少しているのは，地球が冷えていることの証拠であると主張した．

さらにミルンは1898年出版の *Earthquakes and Other Earth Movements* の第4版では，地震を起こす断層運動などの主要な原因は「われわれの地球の内部から原始の熱が逃げていくことであり，その結果地核が収縮を起こし，その外部の殻〔地殻〕が崩れ，褶曲することである」と明確に，地球冷却・収縮論を支持している[95]．

関谷もやはり「地震学一斑」のなかで地球の冷却・収縮論を「地芯熔解説」として紹介し，「地震火山の原因を研究するに当たって最も理解しやすい説」と述べている．すなわち，地球ができた当時は火の玉のように熱かったが，次第に熱を失い表面から固まっていった．現在は地球の半径の4分の1程度が固まったところで，内部はまだ熱く，これが火山活動の元になっている．一方，地球は冷却に伴って収縮し，それに伴って地殻が起伏したり，亀裂が生じたりすることが地震の一大原因になっている，というのである[96]．

このような地球論や地震原因論を基礎にしたミルンや関谷は，地震を予知するためにはどのような観測が重要であると考えていたのであろうか．

ミルンや関谷が1880年代に期待をかけたのは，当時の普通の地震計では

記録できないようなごく小さな地震（関谷はこれを微動と呼んだ）の観測である．イタリアでは，こうした微動を観測する装置が種々考案され，何人かの研究者によって観測が続けられていた．この結果，地震の前には微動の数が増えると同時に振幅も大きくなる例が多いことがわかった．1874 年 12 月のイタリア・サンレモ付近での地震の際には，この「微動嵐」が複数の観測点で観測されたことから，一躍有名になった．岩石が弾性の限界に達し，破壊する前には小さなひびが入るのと同様の現象が地殻で起きていて，微動の増加はそれを物語っているのではないか，と考えられたからである(97)．

関谷は『東洋学芸雑誌』に書いた「地震ヲ前知スルノ法如何」のなかで，イタリアでの研究について紹介し，「此微動ノ研究ハ，…恰モ病人ヲ診察スルニ器械ヲ以テ其腹中ヲ探ルニ異ナラズ，尚此上ニ此研究ガ十分ニ行届キ地震ト微動ノ間ニ成立ツ所ノ一定ノ規律ヲ見出シタナラバ，此時コソ地震ヲ前知スルコトカ出来マスル」などと明るい見通しを語った(98)．

ミルンは独自に微動を観測する装置を開発する一方，イタリアから微動計の輸入もした．微動計が日本に到着したことを報じた 1886 年 3 月 21 日の『読売新聞』は「此の微動には時々増減ありて其の増減は地震現象に親密なる関係あることを発見せるを以て此の微震計は実に理学上の一大問題たる地震を前知するの方案を解明するに甚だ緊要の機械なりとぞ」と書いている(99)．

しかしながら，ミルンらの観測結果は期待を大きく裏切るものであった．「微動嵐」が出現するのは，低気圧が通過中で強い風が吹くときに多く，地震発生とはほとんど関係ないことが明らかになった(100)．険しい山の頂上で微動が激しくなることから，ミルンは微動は，強い風が樹木や建物を振動させることによって起きる現象ではないか，と考えた(101)．

関谷は 1891 年の濃尾地震後に書いた「地震を前知する法ありや如何の説」では，微動の増加は，気圧の変化によっても起きるので，地震予知には使えないことを認めている(102)．ミルンもまた，濃尾地震後に書いた論文のなかで，微動の観測は地震予知研究の失敗例としてあげている(103)．

ミルンが最終的にたどり着いたのは，断層運動の観察である．現在流にいえば，地殻変動の観測である．

ミルンが断層運動に早くから着目していたことは，1880年の日本地震学会設立直後の記念講演「日本における地震科学」のなかでも，断層を観察することが重要である，と述べていることでもわかる．ミルンは，ここで「断層の意味するものは何であろうか」と問いかけ，断層の分布図を描くことは過去に地震がどこで起きたかの記録を調べることであり，過去の地震について重要な推察ができる，といっている(104)．

　同じ記念講演のなかで，1877年5月9日に南アメリカ・ペルー沖で地震が起き，それによって引き起こされた津波と，津波被害を少なくする方法についても触れたことは，1.2節で紹介した．ミルンは記念講演の後，この津波(105)について約50頁にわたる論文を書き，地震の予知は現在難しいが，地震が起きてから襲来まで時間的余裕がある津波なら，電信網を使えば被害を減らせるとして，世界各国が協力して津波警報システムを設立する必要性を力説した(106)．

　ミルンはこの論文で，米国などでは沿岸各地にすでに潮位計が配置されているのに，日本ではまだ潮位計がないことを指摘して，潮位計を日本の沿岸各地に配置する必要性も訴えている．そして，潮位計を配置すれば，津波や高波の観測などに役立つだけでなく，各地の潮位計の観測記録を比較することによって，どの地域が昇降しているかがわかり，昇降運動と断層運動，それに地震との関係についてもわかる，などと主張している．

　地震と地殻変動との関係に注目したのは，1891年の濃尾地震の後，岐阜県根尾谷などに大規模な地表地震断層が出現したことを発見した小藤文次郎も同じである．小藤は1885年に『東洋学芸雑誌』に「土地昇降ノ説」と題する論文を書き，地殻が昇降するのは地殻収縮説〔地球の冷却・収縮論〕で説明できると論じている．すなわち，萎びたダイダイの皮が縮んでいくのと同じように，地球の収縮とともに地殻には皺が生じ，ところによっては隆起し，ところによっては沈降するのである，と説明する．そして，日本の古記録や地形などから推測すると，太平洋岸が隆起し，日本海側は沈降しているように見える，地震がしばしば起きるのは隆起している地方であり，沈降している地域には地震が少ない，土地の昇降と地震の関係は今後の研究の重要なテーマである，などと述べている(107)．

関谷も，やはり地殻変動の観測を，地震予知の有力な武器と考えていたようである．彼も『東洋学芸雑誌』に掲載された「地震ヲ前知スルノ法如何」と題する論文で，「近頃ノ発明ニテ地震ヲ予言スルノ一法トナルベシト思ワレルコトアリ，其法ト申スハ地ノ水平ノ時々ニ替ルコトニ注意スルコトナリ」などと述べている(108)．ここでいう「地ノ水平ノ時々ニ替ワル」とは，現代の用語でいえば地殻の傾斜変動を指すことは確かであろう．

　そして，ミルンが1891年の濃尾地震の後，地震災害軽減のために何をすべきかを論じた"On the Mitigation of Earthquake Effect and Certain Experiments in Earth Physics（地震の影響を軽減すること，ならびに地球物理学におけるある種の実験について）"と題する論文では，「われわれが地震を予知できそうな唯一の道は，地殻の水平面の緩やかな変化が地震に先行しているか，あるいは地震に関係しているかどうかを決定することである」と述べている(109)．

　そして，地殻変動の具体的な観測方法を提案している．1つは，長さ5マイル（約8 km），太さ4 cmほどのガス管をしっかりした基礎の上に水平に据え，ガス管の両端にはガラス管を取り付けておき，ガス管を水で満たしておく．もし両端の水平面に変動があれば，低くなったガラス管の方に水が流れ込む．この量をはかれば，傾斜量もわかる，という仕組みである．ミルンはできるなら，この観測装置を2組，お互いに直角になる方向に据え付けるのが望ましい，ともいっている．現在地殻の傾斜変動を観測するのに使われている水管傾斜計のアイデアをすでに得ていたことは興味深い．

　もう1つは，1880年の論文でも提案していた潮位計の全国配置である．地殻の永年変動が大きい東京湾周辺では，少なくとも10マイル（約16 km）ないしは20マイル（約32 km）おきに潮位計を配置するのが望ましいといっている．地殻の永年変動が大きい地域では，古くからの住民に対して定期的に手紙を送り，地殻変動に変化がないかどうかを知らせてもらう方法もある，ともいっている．また，特別な断層については，断層の落差などに変化がないかをいつも測定しておくなど断層の観察の重要性についても指摘している．

　この論文は，濃尾地震の直後に出現した大規模な地表地震断層を見学した

ミルンが，それから少なからぬ衝撃を受けてから書いたことを割り引いても，ミルンの地殻変動の観測に対する期待をよく物語っているといえるであろう．だが，次章で見るように，こうしたミルンの地震予知の戦略は生かされなかった．ミルンは失意のうちに日本を去るのである．

第2章 濃尾地震と震災予防調査会

　1889年，大日本帝国憲法が発布された．翌1890年には第1回の衆議院選挙が行われ，第1回帝国議会が開かれた．選挙権を有したのは国税を15円以上納める25歳以上の男性に限られ，有権者は国民の1％あまりにすぎなかったけれども，明治維新以来の近代化のゴールであった立憲政治がようやく緒についた．憲法発布と同時に大赦令が出され，戊辰戦争後の士族反乱，民権運動などで逮捕された政治犯が釈放され，維新以来のさまざまな亀裂が修復されたのである．「国民」という言葉が初めて使われるようになり，西洋社会とは一味違う近代国家を目指そうという意識が横溢した．鹿鳴館（1883年に完成）に象徴される極端な欧化政策の反動もあって，明治20年代から30年代にかけては，日本の政治的，文化的独立を求めるナショナリズムが盛り上がった時代とされる[1]．

　その最中の1891年に起きたのが濃尾地震である．安政以来の最大の地震によって，文明開化によって移入されたレンガ造の建築，土木構造物も大きな被害を受けた．それまでお雇い外国人たちを中心に進められてきた日本の地震学も，この地震をきっかけに西洋とは違う新しい道を歩むことになった．目指そうとしたのは，国家のための地震学であった．

2.1　濃尾地震とその調査

　1891年10月28日朝，岐阜県を震源とする大きな地震があった．仙台以南の日本全土でこの地震が感じられた．被害は，岐阜県，愛知県を中心に，福井，滋賀，静岡，石川，大阪，奈良などの各府県に及んだ．地震の規模は

現在では，マグニチュード（M）8.0と推定されている．

　被害が最もひどかったのは，地表に地震断層（後述）が現れた岐阜県可児郡帷子村（当時）から福井市まで北西〜北北西にのびる帯状の地域と，岐阜市や大垣町（当時），愛知県一宮町（当時）など濃尾平野の堆積層が厚い地域で，倒壊した家屋は岐阜県と愛知県だけで約9万戸に及んだ．震源は岐阜市から約20km北へ行った岐阜県根尾谷付近と推定され，根尾谷では，ほとんど全部の家屋が倒壊した[2]．根尾谷周辺の山々では，地すべりや山崩れが激しく，表土とともに草木が流され，全山が禿山のようになった．また，濃尾平野では液状化の被害もひどく，長良川や木曽川などの堤防のあちこちに亀裂が走るなどした．東海道線の長良川鉄橋や木曽川鉄橋なども破壊され，東海道線は静岡—大津間が不通になった[3]．死者のほとんどは，倒壊した木造家屋や家具の下敷きになった圧死であった．岐阜市や大垣町，笠松町（当時）などでは火災も発生，市街地の半分以上が焼け，焼死した人も多かった[4]．死者数については7273-7880人と文献によって異なっている[5]．

　濃尾地震の被害で衆目を集めたのは，レンガ造の建物の倒壊であった．愛知県愛知郡熱田町（当時）にあった尾張紡績会社の工場では，朝番の従業員約430人が仕事をしていた．地震とともにレンガ造の工場では大音響を立てて屋根が落ち，レンガ壁が壊れた．従業員38人が壊れた工場の下敷きになって圧死，114人が重傷を負った[6]．

　名古屋市栄町にあった名古屋郵便電信局もレンガ造2階建で，その壮観さは周囲を圧していた．ところが，地震とともにやはり大音響を発して，2階部分が崩壊し，局員4人が圧死した．名古屋城の一角にあった第3師団司令部のレンガ造2階建の本館も，煙突が崩れ落ち，屋根が傾くなど半壊した．近くの名古屋城天守閣には被害はなく，西洋建築と和風建築の耐震性の違いを際立たせる形になった．

　東海道線の破壊した鉄橋の多くの橋脚にも，レンガが使われていた．また，名古屋，熱田，清洲，一宮，木曽川，大垣の駅舎も全壊したが，その多くはレンガ造であった[7]．

　レンガ造の建物による被害は中部地方に留まらなかった．大阪府西成郡伝法村にあった浪花紡績会社第二工場（レンガ造3階建）では，地震の後間も

なくして屋根が落ち，次いで3階の床，2階の床と順次落ちて倒壊した．梁やレンガの下敷きになって従業員24人が圧死，46人が重軽傷を負った．大阪府堺市にあった泉州紡績会社の工場でもレンガ壁が崩れ落ち，従業員1人が即死，16人が重軽傷を負った．大阪砲兵工廠でも，レンガ造の煙突2本が折れ，臨時休業した[8]．東京でも，小菅集治監の工場のレンガ造煙突が折れた[9]．

レンガ建築に対する社会の風当たりは強く，たとえば大日本気象学会会員で名古屋在住の前田直吉は「煉化屋ハ地震ノ為ニハ實ニ危険極マル建築ト余ノ心ニハ何トナリ恐怖ノ念ヲ発萌セシメシナリ」などと述べている[10]．『時事通信』の社説も，築300年近くなる名古屋城の天守閣と鯱鉾が無傷だったことを引き合いに出し，「前月下旬迄は往来の目を奪いし市中の煉瓦建物も今日は鯱鉾に対して聊か赤面する所ある可し」などと論じた．そして，レンガ造の建物は日本ではまだ経験が浅く，設計技師も職人も不慣れのところがあるので，当面は粗大品を納める納屋などに使うのが無難である，などと説いた[11]．

中部地方では，レンガ造の建物はまだそれほど多くはなかったから，倒壊したレンガ造の建物の数そのものは，木造に比べればきわめて少なかった．にもかかわらず，このように社会の注目を浴びたのは，レンガ建築が明治維新と文明開化の象徴的存在であり，都市の中では人目を引き付ける存在であった上，被害率が高かったからである[12]．西洋のものは優秀だとして見様見真似で移入したにもかかわらず，思いのほか地震に弱いことが判明して，日本建築のよさを見直そうというナショナリズムを刺激したのであった．

現地調査した建築専門家たちは，被害にあった建物では，レンガの接合に接着力の弱いモルタルを使っていたり，接合の前にレンガを十分水に浸さないで工事をしたり，レンガ壁を薄くしたりするなど，工事や設計がずさんであったからであり，レンガ造という構造そのものが悪いわけではなく，レンガ造の建物は木造に比べて耐火性が高い，などとレンガ建築を擁護した[13]．これに対し，帝国大学の地震学教室の副手として現地調査した大森房吉は，モルタルの不良など工事に問題があったにせよ，被害が大きかったレンガ建築のなかには，西洋人の設計によるものが多く，彼らは地震がほとんどない

英国やフランスの経験に基づいて耐震性に配慮していなかったことも大きな問題である，などと論じた(14)．

帝国大学の地震学教授であった関谷清景（せきやせいけい）は，当時は肺結核のために休職中であったが，療養地の神戸で「地震及建築」という論文を書き，全国の新聞社などに送った．そのなかで関谷は，地震計の発明によって地震学が急速な進展を見せたのは近年のことで，西洋建築は地震動の性質がわからないままにつくられている，したがって再三の大地震を経験して発達してきた和風建築に比べ，西洋建築の耐震性能が劣るのは当然で，今後は地震動の性質を明らかにして，建物の耐震性の向上に努めるべきである，と説いた(15)．

大被害を出した地震の原因については，さまざまな見方があった．地震直後に流布したのは，岐阜測候所所長の井口龍太郎が唱えた陥落地震〔陥没地震〕説であった．井口は岐阜県知事の命を受け地震4日後に根尾谷に入り，岐阜県大野郡西根尾村の大字能郷の藤谷付近で直径約4kmにわたって土地が陥落したことが地震の原因であると報告した．能郷白山の南側の山麓にあたる藤谷には，直径20m程度もある深い洞穴がいくつかあった．この洞穴が崩れ落ちたために，地震が起きたというのである(16)．

帝国大学地質学科の教授・小藤文次郎（ことうぶんじろう）は断層が活動したことが地震の原因である，と主張した．帝国大学地質学科の学生であった比企忠は，地震直後に現地調査に入り，福井市付近から東南に根尾谷を経て木曽川付近まで「地裂」が延々と続き，この両側では被害がとりわけ大きいことを報告していた(17)．小藤はこの「地裂」を詳細に調べ，全長約110kmにも及ぶこの「地裂」は，断層の活動によって生じたものであることを見出した．すなわちこの断層を境にして，断層東側の地殻は西側に対して西北西に1-4mずれ動いていたのである．断層を境にして上下方向への運動も見られ，東側の地殻が沈降したところが多かった．最大のずれが見付かったのは大野郡西根尾村の水鳥（みどり）で，ここでは断層を境に水平に4m，垂直に6mも動いており，断層の西側が沈降していた（写真2-1）．

そしてこの断層線は，軟らかい地層だけでなく固い岩盤も切っていることから，小藤は「1891年10月の出来事は，すでに存在していた亀裂の1つ，すなわち根尾谷断層線が新たに活動したものに見える．…この上下と水平運

写真 2-1　濃尾地震によって出現した根尾谷断層
(B. Koto, "On the Cause of the Great Earthquake in Central Japan, 1891," *J. Coll. Sci., Imper. Univ.*, **5** (1893), pp.295-353 より)

動が今回の地震の唯一の原因であると私には思える」などと主張した(18).

　帝国大学工科大学の教授であったミルン (John Milne) は，現地調査した小藤から直接話を聞いていたのであろう．小藤の英文の論文が出る前に自らの論文で，小藤が追跡した断層は約 80 km にも及び，断層を境に上下方向と同時に水平方向の運動が見られることを紹介した上で，「この大地震の直接の原因は，断層の生成であることが明らかである」などと小藤の主張を支持した．そして，「地震の大部分は岩塊がその弾性の限界まで力を加えられた結果起きるものだとすると，地震活動が盛んな地域で土地の水準の変化を注意深く観察することによって，地震がいつ起きるかの時間について，光を投じられるかも知れない」などと，地震予知に応用できる可能性についても言及している(19)．地質学者の脇水鉄五郎もやはり小藤の断層地震説を支持し，地表の地震断層は地下の深いところで動いた断層のごく一部が地表に現れたものにすぎない，との考えを述べた(20)．

序章で紹介したように，オーストリアの地質学者ジュース（Eduard Suess）らは，地球の冷却・収縮によって地球の表面には皺が寄り，地層が圧縮されて山脈が生成されるが，褶曲が進むと断層が形成されて地震が生じる，との構造性地震（断層地震）説を提唱していた．地震を引き起こした断層が，これほど明瞭に観察された例は世界でも初めてであった[21]．この小藤の論文によって，水鳥の断層崖は世界中の地震学の教科書に引用されるようになった．しかしながら，断層運動が地震の原因であるとする断層地震説が，日本の地震学界に完全に受け入れられるまでには，70年以上を要した[22]．

　濃尾地震を起こした断層は，現在では根尾谷断層帯と呼ばれ，その長さは福井県今立町付近から岐阜県関市付近までの80 kmとされている．北から温見断層，黒津断層，根尾谷断層，梅原断層などに分けられ，濃尾地震では温見断層，根尾谷断層，梅原断層の3つの断層が活動した．地殻の食い違い量は，水平左ずれが最大8 m，垂直変位が最大6 mとされる[23]．水鳥の断層崖は，国の特別天然記念物に指定され，現地で保存されている．

　地震の前兆と見られる現象がいくつか報告された．本震が起こる3日前の10月25日，岐阜県下を震源としてかなり強い地震（岐阜で弱震）が2回起きた．前震と考えられる．岐阜測候所で観測された地震の数も，1885年から87年までは毎年5個程度にすぎなかったが，88年は20個と一挙に増え，1891年は10月27日までに24個を数えた[24]．これは88年から岐阜測候所に地震計が設置され，機械観測が行われるようになったため，人体には感じない小さな地震も観測されるようになったことも影響している．以前の人体観測と比較するために弱震以上の地震だけを見ると，85年から87年までの3年間の弱震以上の地震は5個，88年から90年までの弱震以上の地震は18個で，明らかに増加していた．ミルンは「これらの数字は，大地震の4年前から地震活動に顕著な増加が見られ，小さな地震の異常な増加は，大地震の到来を告げるものだったという考えを抱かせる」と述べた[25]．

　地震活動よりも世間の注目を集めたのは，帝国大学物理学科教授・田中館愛橘と助教授であった長岡半太郎が地震後に中部地方で行った磁力調査の結果である．田中館らは1891年12月から翌年1月にかけて，静岡県沼津，清

水，浜松，名古屋，滋賀県長浜，福井県小浜，愛知県知多郡塩屋浦，三重県度会郡一色村の8カ所で，地磁気の全磁力，水平成分，伏角，傾角（偏角）の測定を行い，帝国大学教授であったノットと田中館らが1887年に行った地磁気測定の結果と比較した．この結果，傾角（偏角）にはほとんど異常は見られなかったが，全磁力や水平成分は名古屋をはじめ各地でわずかに増加していた．田中館らは，この観測データをもとに等磁力線を描くと，5年前の等磁力線は尾張から若狭・近江にかけて湾曲していたが，地震の後には等磁力線はほぼ平行になっていた，と主張した．そして「此五年間ノ磁力変動ハ傾角ヲ除クノ外実ニ著シキモノニシテ…是或ハ地盤ノ将ニ激震セントスル前兆ナリシカ」と結論した[26]．

今の時点から田中館らの研究を振り返ると，最も大きな変化があった名古屋でも，全磁力は5年前と比べて0.5%増加していただけであり，わずか8点の測定結果から中部地方全体の等磁力線を描くのは，乱暴に見える．しかしながら，彼らの研究は，濃尾地震の後には何らかの原因で地磁気が変化したことを裏付けたものと受け止められ，地磁気の観測をふだんから続けていると地震を予知できるのではないか，との期待を膨らませたのであった[27]．

天候の異常が，地震の前兆であったのではないかという議論も少なくなかった．岐阜での1891年10月の降雨量は42 mmしかなく，平年の204 mmと比べると極端に少なかった[28]．また，当日は西から低気圧が通過したことに伴って，気圧が急に低くなったことも地震の引き金になったのでは，と注目された[29]．

震源周辺では地震の後，余震が長い間収まらず，ゴー，ゴロゴロなどいう地鳴りがしばしば聞こえた．その直後に地震が起きることもあるので，大地震か山崩れの前兆ではないか，と住民は不安に駆り立てられた．これに対して関谷清景は「鳴動の原因」という論文を書き，やはり全国の新聞社に送った．関谷はこの論文で，鳴動の原因は人体には感じない周期の短い地震動が空中に伝わるためであり，大地震の前兆でも山の鳴動でもないので，心配しなくてもよい，地震の前に鳴動が起きることがあるのは，鳴動を最も起こしやすい地震動〔初期微動〕はわれわれが感じやすい主要動よりも伝播速度が速いからである，などと述べ，住民の不安解消に努力した[30]．

巷間では，飼猫が朝早くから戸障子などに噛み付くなど騒ぐので，裏口の戸を開けてやると，喜んで猫は外に出ていったが，それから間もなく大地震が起き，主人は裏口から逃げ出せて無事だった，との話も話題になった(31)．地震の後，愛知県中島郡下津村の国道や竹薮の裂け目から，ナマズが飛び出したとか，静岡県藤枝の郊外で，灯火用に使っていた天然ガスの噴出量が地震後急増した，などの話も伝わった(32)．東京・両国では，"地震予知機"が売り出された．この"機械"は，鉄片をくっつけた馬蹄形の磁石を柱に吊るし，その下に金たらいを置いた簡単な仕掛けで，江戸時代末に話題を集めた「地震予知器」と同工異曲のものであった(33)．

　地震予知への関心が高まったことに対しても，関谷清景は「地震を前知する法ありや如何に就きて」という論文を書き，地震予知についての社会の理解を深めようと努めた．多くの新聞に掲載されたこの論文を，関谷はこう書き始めている(34)．すなわち，現時点で人々が最も知りたいと思っていることは，地震を予知する方法があるのかどうかという問題であろうが，「目下は之を前知するの法なしとの一言あるのみ」と．

　しかしながら世間には，地震予知に関してさまざまな俗説がある．たとえば，時候に似合わず暖気を感じるとき，急激に寒暖の変化するとき，気圧が急激に変化するときなどは地震の前兆である，などという．しかし，大気の圧力の増減によって地球に及ぼす力は小さなものなので，地震を起こすほどの力はない．また，太陽や月，惑星の位置や潮の干満などが地震に関係するという説もあるが，これまでの地震統計を調べた限りでは，地震は年中時を選ばず，天候に関係なく起きている．地震の前に磁石が磁力を失うという話はあるが，地震と磁力，電気との関係はまだ十分な経験がなく，将来の研究課題である．キジなどの動物が地震を予知するという話は，世界各国で伝わっているが，動物が地震の前に騒ぐのは，人間には感じない微動を感じるからである．敏感な地震計によって，地の微動を観測すれば地震予知につながるのでは，と期待してイタリアでは莫大な金を投じて研究されたが，微動は大気圧の変化によっても起こり，地震と関係するのかどうかを区別するのは難しく，現在のところ地震予知の手段とはならない—などと，関谷は説き明かした．

そして，昔から学者が地震予知の方法を発明して地震災害を逃れようと種々努力してきたが，未だその効果が現れないのはきわめて遺憾である，と述べた上で，「併しながら追々地震の学問も進歩し遂に其法を発明し彼の気象台に於て暴風警報を全国に発するが如き場合に至るも決して望みなきにあらざるべし」と関谷は結んでいる．

2.2 震災予防調査会の設立とミルンの離日

濃尾地震がもたらした大きな被害に直面して，地震災害に関心を抱く科学者の多くは，地震災害を軽減するための研究に力を入れる必要がある，との思いを強くした．帝国大学を休職中の関谷清景は，濃尾地震から20日後の1891年11月17日，将来の震災に備えるためにも，さまざまな分野の専門家を集めて，今回の地震の被害・影響を徹底的に調査するための委員会を設けるよう，文部大臣と内務大臣に建議している[35]．やはり帝国大学教授の田中館愛橘も，地震災害を軽減するための対策を研究する研究機関の必要性について，帝国大学理科大学学長の菊池大麓と話し合ったと伝えられる[36]．菊池自身も同年11月12日夜，東京市内でのある会合で，政府が委員会を設け，地震予知法と地震防御法を研究する必要がある，との考えを語っている[37]．

菊池は1890年に帝国議会が開設された際に，貴族院議員に選ばれていた．折よく1891年11月26日から，第2回帝国議会が開会された．菊池は12月11日，貴族院議員52人の賛同を得て「震災予防ニ関スル問題講究ノ為メ地震取調局ヲ設置シ若クハ取調委員ヲ組織スルノ建議案」を貴族院に提出した．この建議案で菊池はまず「日本は地震国であり，30年から40年ごとに今回のような大地震に見舞われ，大きな被害を出してきた．今回の震災でも死傷者2万5000人余を出すなど有形無形の損害は非常なものがある．この惨状に照らせば，地震は大戦争よりも大患・国難というべきで，地震に対する予防策を講じて国民の生命財産を保護するのは国家最大の義務である」と論じている．

菊池は，震災予防策を立てる上で必要な研究として，①どのような材料・

構造が地震に最も耐え得るのか，②建物の振動を軽減する方法はあるのか，③危険な建物をどう取り締まるのか，④どの地方に震災が最も多いのか，⑤どのような地盤が最も安全なのか，⑥地震を予知する方法はあるのか，の6項目をあげ，「このような研究を進めるために地震取調局を設置するか，取調委員会を組織してほしい」と述べた．そして最後に「この組織が十分に機能し震災予防策を立てることができれば，国民の生命財産を守るばかりでなく，地震学の研究でも世界に対して先鞭をつけることができるので，日本にとって大きな名誉である」（以上はカナ交じり文を現代文に直して要約）と，ナショナリズムに訴えた(38)．

当時は，清国の朝鮮半島進出とその軍事力に対抗するための軍備拡張が始まり，国の予算の中で軍事費の占める割合は4分の1を超えていた．第2回帝国議会の大きな争点も巨額の軍艦建造予算を認めるかどうかであった(39)．菊池の建議案は，こうした当時の状況を十分に意識した上で書かれたものであることが推察できる．

建議案は，12月17日の貴族院本会議で審議された．提案理由の説明に立った菊池は「日本のことわざにも，地震，雷，火事，親父というくらいで，地震が恐ろしいことは今更申すまでもありません」などと前置きした後，震災予防策として研究すべき課題6項目それぞれについて，研究が必要な理由や研究内容を詳しく説明した．「地震を予知する方法があるのか」について，菊池は「地震を予知することができるという人がいろいろいるが，いずれもまだ確たる学問上の方法はなく，現在のところは地震を予知する方法はない」と断言している．その上で，地震はどうして起こるのか，地震が起こる前にはどのようなことが起こるのかを詳しく調べてみれば，地震を予知する方法が見付かるかも知れない，と述べ，具体的な観測項目として，地下の温度，地電流，地磁気，地震の活動度，地殻の昇降をあげた．そして，このような研究は帝国大学でも細々と行われているが，取調局あるいは委員会を設置して本格的に研究すべき好機である，と菊池は訴えた．

続いて菊池は，取調局あるいは委員会の性格について，地震学者，物理学者，土木学者，建築学者，気象学者，機械工学者，警察官などさまざまな分野の専門家を集めた恒久的な組織とし，内閣直属の組織にすることが望まし

い，と主張した．そして，もし今何もしないで30年，40年後に今回のような大地震が起きたとしたら，われわれの子孫は「あれだけの地震があったのにどうして十分な研究をしておかなかったのか．研究しておけばこれほどの被害は出なかったのではないか」とわれわれを責めるに違いない，などと将来世代への責任という観点からも，一刻も早く震災予防策の研究を始めるべきことを説いた(40)．

　菊池は数学が専門で，発足時からの日本地震学会の会員であったが，地震学にそれほど詳しいわけではない．菊池が，地震予知の方法などについて，かなり踏み込んだ演説ができたのは，英国での留学時代に知り合った関谷清景をはじめ，菊池の勧めによって帝国大学の大学院で地震学を専攻していた大森房吉，それに濃尾地震後に被災地で地磁気調査を行った田中館愛橘，長岡半太郎らの意見を聞いていたからだと考えられる．

　建議案は，原案通り賛成多数で可決された(41)．12月27日，貴族院議長から内閣総理大臣の松方正義に提出された．翌1892年1月になって，松方は文部大臣の大木喬任に意見を聞いた．大木は建議に賛成し，新しい組織の役割や構成，予算などを検討するための委員会を設けるよう具申した．3月2日には，菊池大麓をはじめ，法制局部長・平田東助，内務省土木局長・古市公威，農商務省地質調査所長・和田維四郎，帝国大学工科大学教授・辰野金吾の5人が震災予防調査方法取調委員に任命され，事業内容や予算の検討が始まった．そして，新組織の名称は震災予防調査会とし，委員の数は25人，初年度の経費は4万5000円とすることなどが決まり，5月6日から開会の第3回特別帝国議会に提案された．

　第3回特別議会は，2月15日の衆議院議員総選挙を受けて開かれた．総選挙は，前年12月の第2回帝国議会の衆議院で，多数を占めた民党（野党）の反対で政府提案の予算案が否決されたのに対抗して，政府が衆議院を解散したために行われた．この総選挙では，政府側が民党候補者の当選を阻むために，警官などを動員して候補者に圧力をかける選挙干渉を行ったことで知られる．総選挙の結果，民党は議席数では過半数（150）を割った(42)．政界では，選挙干渉問題に対する政府の責任を問う声が高まり，半年前の濃尾地震のことは忘れられつつあった(43)．震災予防調査会の設置についても

『読売新聞』は，地震を予知しようとするのは困難なことで，震災予防の方法が見付かるとは到底思えない，このような問題の研究は学者に任せておけばよい，などと設置に反対する社説を掲載した[44]．

震災予防調査会の設備費や軍艦建造費などの予算案は衆議院予算委員会にかけられた．同委員会では，地震予知の研究は学者に任せておけばよい，などとの反対意見が多く，震災予防調査会の設備費を軍艦建造費ともに予算案から削除してしまった[45]．これに対して世間の反発は強く，たとえば『朝日新聞』は社説で，震災予防については震災直後は世間の耳目を一心に集める問題であったのに，政界の俗物たちが「のど元過ぎれば熱さを忘れる」のことわざ通り，震災予防調査会設備費を否決してしまったのは，学術を尊重するという思想がないことを自ら表明するようなものである，などと厳しく批判した[46]．

このような世間の後押しもあったのであろう．貴族院では，震災予防調査会設備費を4万1452円と減額修正して，衆議院が通した予算案にこの金額を追加する予算案を可決し，衆議院に送付した．しかし，衆議院側は，貴族院が衆議院に予算案を送るのは衆議院の予算先議権に違反するなどとして送付を受理せず，問題は暗礁に乗り上げた．結局，天皇の親裁によって，両院協議会で協議することになり，6月14日に協議の結果，軍艦建造費は削除して，震災予防調査会設備費4万1452円を認めることで合意が成立した[47]．

帝国議会でのこのような紆余曲折を経て1892年6月25日，震災予防調査会の官制が発令された．その第1条では，震災予防調査会は文部大臣の監督に属し，震災予防に関する事項を攻究し，その施行方法を審議する，とその目的を明らかにしている[48]．7月14日には，震災予防調査会の会長に帝国大学総長・加藤弘之，幹事に菊池大麓，委員として古市公威，辰野金吾のほか，帝国大学理科大学教授・小藤文次郎，同・関谷清景，同・田中館愛橘，同・長岡半太郎，農商務省技師・巨智部忠承，中央気象台技師・中村精男，帝国大学工科大学教授・田辺朔郎，大森房吉の10人と，嘱託としてジョン・ミルンが任命された．菊池は翌年4月には加藤に代わって会長に就き，初期の震災予防調査会の中心人物になる．同時に新たな委員として9人が任命され，委員の数は19人になった[49]．

第1回委員会は1892年7月18日に開かれ，地震波の伝わる速度を知るために，全国の測候所に電話線を引き，正確な時刻に従って地震観測を行うようにすることを決議した．また，地震に耐える建築・設計法を研究する，地震計を調査する（後述），濃尾地震の損害を調査するなどの調査項目とその担当者も決め，活動が早速始まった(50)．

　震災予防調査会の発足当初，委員たちはどのような事業を委員会の役割と考えていたのであろうか．それを知るには，翌1893年7月に文部大臣の求めに応じて提出された「震災予防調査会調査事業概略」が役に立つ(51)．

　これによると，委員会の事業は会の名称通り，地震災害を予防する手段を調査することであるが，具体的には地震を予知する方法があるかどうかを研究することと，地震が起こった場合にその被害を最小にする計画を立てることの2つである，と明確に述べている．その上で，この目的で着手すべき最重要な課題として，以下の18項目（現代語に訳し，一部要約した部分もある）をあげ，それぞれの項目について説明を加えている．

第1　地震，津波，噴火等について，事実を収集する
第2　古来の大地震に関係する調査，すなわち地震史を編纂する
第3　地質学上の調査
第4　地震動の性質を研究する
第5　地震動伝播速度を測定する
第6　地面の傾斜の変化，ならびに脈動を観測する
第7　地上と地中の地震動を比較する
第8　全国の磁力を実測し，地磁気観測所を設置する
第9　地下の温度を観測する
第10　重力の分布とその変動を測定する
第11　緯度の変動を観測し，土地の昇降の調査をする
第12　構造材料の強弱を試験する
第13　各種の耐震家屋を計画し，これを地震の多い地方に建築する
第14　構造物の雛形をつくり，人工的な振動を与えて試験する
第15　現在ある構造物を震災に備えて予め調査しておく
第16　各種地盤について地震動の大きさを比較測定する

第17　地震動を遮断する方法の試験をする

第18　調査報告を出版して，調査結果を普及する

第1〜第11までは，第4と第7を除いて地震予知に関する研究があげられており，第4，第7，第12〜第17までは，構造物の耐震性に関する研究になっている．地震予知に関係した研究課題を中心に，もう少し詳しく見ていこう．

第1の，地震，津波，火山噴火の事実を収集する，には地震のいわゆる前兆現象の例を集めることも含まれていた．「津波」と「噴火」が加えられたのは，どちらも地震と関係が深いからである．

第2の地震史の編纂が必要な理由には，地震史によって日本全国でどの地方に震災が多かったかが確かめられ，各地方についてどの程度の時間間隔で大地震が起こるかがわかるかも知れない，などがあげられている．

第3の地質学上の調査は，地震の原因を探り，なぜ地震が多い地方と少ない地方があるのかを知る上でも，地震と地質構造との関係を研究することが重要である，とされた．濃尾地震で大規模な地表地震断層が出現したことが大きく関係していた．

第5の地震波の速度の測定は，震源を突き止めるために重要であり，ミルンらが数々の実験を行ったが，未だ満足できる結果は出てはいなかった．

第6の傾斜変化の観測は，ドイツのパシュビッツ（Ernst von Rebeur-Paschwitz）という物理学者の観測によって脚光を浴びた．彼はポツダムなど2カ所に水平振子式の傾斜計を置いて観測を続けていたが，1889年7月に起きた熊本地震などの際に，この傾斜計が地面の微小な傾きを記録した．この傾斜変化は，地球の内部を伝わってきた地震波によって起きたものであることが認められ，1891年の濃尾地震の後にも同様の傾斜変化が記録された．「調査事業概略」では，このような地面の傾斜変化は，遠方の地震のために起きるばかりでなく，大地震に先立って震源の近くでも起きる可能性があるのではないかとも考えられ，もしそうなら地震予知の一助となるかも知れない，などと述べている．

第8の地磁気の観測については，濃尾地震の後に田中館愛橘らが地震に伴って地磁気が変化した，と報告したことが直接のきっかけになった．東京を

はじめ全国5カ所に地磁気観測所を設置する計画が掲げられている．

　第9の地下の温度の観測は，当時信じられていた地球の冷却・収縮論と関係している．第1章で紹介したように，ミルンや関谷ら多くの学者は，地震は地球の冷却によって地殻が収縮することによって起こると考えていた．地下の温度を各地で観測して，等圧線ならぬ等温度面を描き，それと地震や火山の分布との関係がわかれば，地震の起きる場所や時期などを予知できるかも知れない，というアイデアであった．

　第10の重力の分布とその変動については，局所的な重力の変化が地殻に裂け目を生み出すことが考えられるので地震学上重要である，として事業に入れられた．米国人のお雇い教師・メンデンホール（Thomas C. Mendenhall）と弟子の田中館愛橘らによって，富士山頂や東京の帝国大学構内，札幌，那覇，鹿児島，小笠原で重力の加速度値が測定されていたが，測定を全国的に行うという計画であった．

　第11の緯度の変動の観測と土地の昇降の調査は，地球の自転軸は絶えず変動し，それに伴って緯度もわずかに変化するが，この緯度の変化は地震発生とも関係する，というのである．また，土地の昇降の変化は地震発生を促すので，その研究も重要であり，陸軍参謀本部が行っている水準測量調査と連帯して調査する(52)，とされた．沿岸部に験潮器（潮位計）を配置することも重要であるが(53)，震災予防調査会の経費ではとうていまかない切れない，と「調査事業概略」は述べている．

　「調査事業概略」で取り上げられた地震予知に関する研究課題を見てまず気が付くのは，これらの研究課題は，ミルンが1880年の日本地震学会の設立時に講演した「日本における地震科学」で取り上げられている研究課題とほとんど変わっていないことである．第2に，これらの研究課題を1965年から始まった第1次地震予知研究計画の研究課題（第5章で詳述）と比較すると，ほとんどの項目が一致していることにも驚かされる．日本の地震予知計画の歴史はこれまで，1965年の第1次地震予知研究計画，あるいは地震学会の地震予知計画研究グループが1962年に作成した「ブループリント」（『地震予知—現状とその推進計画』）を始点として語られることが多かったが，震災予防調査会の事業も地震予知計画と呼べる十分な内容を伴っていた

ことがわかる．

　構造物の耐震性に関する研究についても簡単に触れておこう．ミルンや関谷の研究によって，地中での地震動は地表面に比べて小さいことがわかったことは，第1章で紹介した．第7の地上と地中の地震動を比較する，はこうした研究をさまざまな地盤や深さでさらに深めようという構想である．第17の地震動を遮断する方法の試験をする，は地震動を建物に伝えるのをできるだけ小さくするために，当時さまざまなアイデアが出されていたことに関係していた(54)．たとえば，建物の周囲に深い溝をめぐらせる，あるいは建物と基礎を切り離し，建物の下部に小さなローラーをいくつも取り付ける，などである．後者は現在の免震建築のアイデアに近い．これらのアイデアを実際に試験してみようという計画であった．

　以上の「調査事業概略」で取り上げられた項目は作文だけには終わらず，ほとんど全部が実行された．これについては次節で改めて紹介したい．

　この「調査事業概略」のうち地震予知に関する研究については，下敷きになった文書が存在する．それは，物理学が専門の調査会委員の田中館愛橘，中村精男，長岡半太郎，大森房吉の4人が作成した「地震学研究ニ関スル意見」である(55)．彼らよりも地震学に詳しかったミルンや関谷は，この文書の作成には加わっていない．

　この「意見」は，地震学を気象学のアナロジーを使って理解しているのが特徴である．すなわち，気象は大気の変動のもたらすところであり，地震は地殻の振動である．気象学は天気を予報し，人類に大きな貢献を果たしているが，これに比べ地震学はまだ幼稚な学問である．気象学は大気の圧力，温度，湿度，風力，風向，雲量，雨雪量などを観測し，等圧線，等温線を描いて初めて天気予報ができるようになった．地震学も気象学がたどってきた道を見習うべきである．地温，重力，地すべり〔地殻変動〕，地磁気，地電流などの観測を行い，等磁力線，地下の等温面，等圧面を描ければ，それらの変化をもとに地震予知・予報ができるようになる，というのである．

　その上で「意見」は，①深い井戸を掘り，地下温度を測定する，②重力の分布とその変動を測定する，③緯度の変動と，土地の昇降を調査する，④全国の磁力を測定し，地磁気観測所を設置する，⑤地中と地表での地震動を比

較し，地震波速度を測定する，⑥伊豆大島，富士山などの火山に観測所を設ける，⑦地震・火山噴火などの資料を収集し，陳列所を設ける，⑧調査報告の出版，⑨地震観測研究方法を統一するための万国会議を日本で開催する，の9項目を提案している．②や③，④などの説明文は，「調査事業概略」と同一文が多いことや，⑥と⑨以外はすべて「調査事業概略」に取り入れられていることから見ても，「調査事業概略」は「意見」を叩き台にしてまとめられたものであることは間違いない．

　日本地震学会を引っ張ってきたミルンは，この「意見」の考え方を批判する日本語の短い論文を書いている．ミルンが日本語で論文を発表するのはまれであった．ミルンはこの論文を新聞社や雑誌社に送り，掲載を依頼したらしい．この結果，同一論文が『気象集誌』と『地学雑誌』に掲載された[56]．「地震の災害を軽減することに就て」と題するこの論文でミルンは，地震については多年の研究で得られたところが少なくなく，どうすれば地震災害を軽減できるかについて自分の意見を述べるので，参考にしてほしい，と前置きしている．そして前半は，地震災害を軽減する上で直接関係するものとして，耐震性向上のために日本家屋の屋根を軽くするなどを研究し，建築規則を制定する，橋脚や煙突，レンガ壁などについて試験をして，最も適当な形状を決める，などが重要であると述べている．

　後半は，地震予知に関する研究についてである．最も重要なものとして，地殻の水平面の変化を観測することと，地殻の昇降を測定することをあげている．第1章でも述べたように，ミルンが東京在住時代の後半になって地震予知の最も有力な方法と期待したのは，地震の前に起こるかも知れない地殻変動の観測であった．ここでも同様の考えが述べられている．そして，帝国大学の地震学教室の拡充や，地震の危険がある地方について特別な研究をすることなどを提案している．

　一方，田中館らの「意見」では筆頭に上げられた地下温度の測定については，地下資源の調査や熱伝導度の観測などには役立つが，「地震測定には些小の関係を有せざると確信す」と，ミルンは述べている．地下温度はすでに世界の1000カ所以上で観測されており，東京で深井戸を掘って地下温度を測定するのは重複するだけである，とも批判している．

緯度の変動の観測についても，ミルンは「今日迄の経験に依れば緯度の変動は地震と直接の関係を有せざるが如し」と述べている．重力の測定についても「地震とは毫も関係を有せざるものの如し」と断定している．
　地磁気の観測についても，これまでの東京気象台での観測では「地震とは毫も関係を表さず」と述べている．ただし，断層や火山の近くでの地磁気の観測は地学研究者には利益をもたらす，として地磁気の観測自体には反対していない．
　ミルンは「自分の考えをもっと詳しく正確に説明するために，英文の論文を準備中である」とも付け加えている．この英語の論文が1.5節で登場した"On the Mitigation of Earthquake Effect and Certain Experiments in Earth Physics（地震の影響を軽減すること，ならびに地球物理学におけるある種の実験について）"である(57)．ミルンはこの論文を，自身が中心になって1893年から発行を始めた*Seismological Journal of Japan*（『日本地震学雑誌』）の巻頭論文にすえていることから見ても，ミルンのこの論文へのこだわりが感じられる．この論文ではすでに述べたように，地殻変動を観測するための具体的方法として，長さ8 kmの水管傾斜計をつくり，この装置を2組，お互いに直角になる方向に据え付けることや，潮位計を全国に配置することなどを提案している．
　これまでの日本の地震学史では，震災予防調査会の事業はミルンや関谷の地震学研究の継続・延長としてとらえられてきた(58)．しかしながら以上を見ると，地殻変動の観測を重視するミルンは，震災予防調査会が計画していた地震予知に関する研究項目の多くに，否定的な考えを抱いていたことは明らかである．と同時に，震災予防調査会の発足に当たって，ミルンは意見を求められなかった可能性がきわめて大きい．ミルンが「地震の災害を軽減することに就て」で述べた意見の多くも，「調査事業概略」には取り入れられなかった．
　憲法発布と帝国議会の開会によって，日本は西洋列強諸国の仲間入りを果たした．帝国大学で教えていたお雇い外国人のほとんどは，任期満了とともに帰国していた．ミルンが中心となってきた日本地震学会も会員たちの相次ぐ帰国によって，1892年には会の活動をやめた．震災予防調査会は，国家

の機関として設けられた組織である．外国人のミルンには関与させたくない，とのナショナリズムが働いたことは十分推察できる．しかしながら，これによりミルンが中心になって進められてきた地震予知研究の成果は，震災予防調査会の研究方針に生かされない結果になったのは，ミルンならずとも残念なことであった．

　ミルンは濃尾地震の後，もう1つ厄介な問題に巻き込まれた．名古屋測候所など各地で観測された地震計の記録が，真の地震動を記録したものであるかどうかについて，疑問が出されたのである．大きな地震では，地震計を据え付けている台も上下左右に動く．水平振子を使った地震計では，台が地震動の影響で傾斜すると，水平振子の固有周期が変わり，正確な記録が取れなくなる可能性があった．ミルンは早速実験し，台が傾斜した場合には，正確な記録は取れないことを確認した．特に傾斜運動の周期が水平振子の周期に近くなると，地震計はとてつもなく大きな振動を記録した．しかし，地震計の台をどの程度傾斜させると記録がどのように変化するかを予め実験しておくと，記録された地震動から正確な地震動を推定でき，同時に傾斜の程度を知ることができることも確かめた[59]．

　ところが，ミルンにとっては解決済みだと思われたこの問題が，ミルン自身も出席した震災予防調査会の第1回委員会（1892年7月18日開催）で取り上げられたのであった．おそらくミルンはこの席で，問題は解決済みであることを主張したに違いない．ところが委員会では，この地震計問題について田中館愛橘を主任に，中村精男，大森房吉の3人の委員で詳しい調査をすることを決めたのである[60]．後日，委員会に提出された調査報告は，傾斜運動の影響を従来の地震計よりも受けない地震計を設計したが，この地震計を製作しようとすると手間と経費がかかりすぎ，現状では難しい，というものであった[61]．ナショナリズムが高まるなか，濃尾地震の後にレンガ造建築が世間の批判を浴びたように，当時はお雇い外国人たちが残した仕事に批判の目を向けるのが一種の流行のようになっていた[62]．こうした時代背景を知るわれわれにはどうして地震計が問題にされたのかを理解できるが，ミルンにとっては「いいがかり」と感じられたのではなかろうか．

　震災予防調査会の嘱託を委嘱されたミルンは，この第1回委員会の後，ま

もなく辞表を提出した．従来の日本の地震学史では，ミルンの辞任の理由については，「何か意見の相違があった」とされていただけで，「何か」については明らかではなかった(63)．しかしながら，震災予防調査会の事業が自分の意見を無視した形で進められようとしたこと，同時に地震計問題についても自分の意見が容れられなかったことなどに，ミルンは強い不信・不満を抱いたに違いない．こうした事情がミルンに辞任を決意させたと推察できる．

　こうした"事件"の後，ミルンの学問的な関心は，しだいに遠く離れた場所で起きた地震（遠地地震）を観測することに移った．ミルンは1893年から *Seismological Journal of Japan*（『日本地震学雑誌』）の発行を始めた．4巻だけの発行に終わったこの雑誌もまた，大半の論文がミルン自身によって書かれている．その内容は，遠地地震の観測に初めて成功したドイツのパシュビッツの使った水平振子式の傾斜計やその観測記録の紹介など，遠地地震に関する話題に多くの紙数が割かれている．

　ミルン自身も，遠地地震を観測するための水平振子式地震計を新たに製作した(64)．この地震計は，光源のランプから出る光をフィルムに感光させて地面の揺れの大きさを記録する方式で，従来の地震計が地震の揺れを感じてから初めて記録装置が動き出すのに比べ，不断観測できることや，製作するのも扱うのも容易なのが特徴であった．ミルン式地震計と呼ばれており，ミルンはこの地震計で3個の遠地地震を観測・報告している(65)．

　ミルンの東京の自宅兼観測所は1895年2月17日火災にあい，ミルンが日本で集めた書籍・資料はすべて焼失した．幸い完成間もないミルン式地震計は無事であった．火事の原因はわからなかった．1894年7月から始まった日清戦争は，日本の勝利に終わろうとしていた．日本のナショナリズムはより一層燃え上がり，一部では排外的な運動も起きた．この火災は放火によるものであったかも知れない(66)．

　ミルンはこの火災の後，英国への帰国を決意した．6月には19年間勤めた帝国大学を辞し，トネ夫人とともに英国へと旅立った．7月に英国に帰ったミルンは，イングランド南東部の保養地として知られるワイト島に住み，ここにミルン式地震計を備えた地震観測所をつくった．そして，英国学術振興協会の援助によって世界の30数カ所にミルン式地震計を置いて，独自の

地震観測網をつくり上げ，それによって観測された世界の地震を表にした *Shide Circulars*（『シャイド通信』）(67)の発行を続けた(68)．

2.3　震災予防調査会の事業とその成果

　震災予防調査会の初期の事業は，「調査事業概略」に述べられた通り，構造物の耐震性に関する研究と，地震予知に関する研究の2つに分けられる．

　構造物の耐震性に関する研究では，レンガ建築のレンガの接合に使われるモルタルについての研究が行われ，これまでよりも接着力が数十倍も強いモルタルが開発された(69)．日本家屋についても，基礎をしっかりつくり（コンクリートが最もよい），小屋組みは「三角形不変の理」を応用し，柱と柱の間には筋違いを入れてできるだけ三角形を多くするようにし，結合部には鉄を使う，などとする耐震構造の基本的な考え方を示した「木造家屋耐震構造要領」がつくられ，印刷・配布された(70)．この「要領」に沿って，町屋，農家，小学校，公共用2階建建築の設計図やマニュアル，これに基づいた耐震構造のモデルハウスや雛形（模型）もつくられ，北海道・根室や東京で展示・公開された(71)．さらに，地震の被害にあった建物や煙突の修繕に当たっての注意書もつくられた(72)．木材や石材，レンガなど建築材料の強度試験も行われた．震災予防調査会が中心になって進められたこうした構造物の耐震性の向上に関する研究と，その普及は，その後の地震災害を軽減する上で大きな効果があったに違いない．これらの点についてはほかの書物に詳しいので(73)，ここでは地震予知に関する研究を中心に見ていこう．

　地震予知の研究の上で震災予防調査会の業績の第1にあげられるのは，大きな被害地震があると現地調査を行い，詳細な調査報告書をつくったことである．報告書が作成されたのは，濃尾地震をはじめ，1894年3月の根室沖地震（報告書による死者1人），同年6月の明治東京地震（同31人），同年10月の庄内地震（同739人），1896年6月の明治三陸地震津波（同岩手県だけで2万3309人），同年8月の陸羽地震（同205人），1904年11月の台湾・嘉義地震（同145人），1905年6月の芸予地震（同45人），1909年8月の江濃（姉川）地震（同41人），1914年3月の秋田仙北地震（同94人）などで

ある.

　1894年の根室沖地震は滋賀県・彦根でも有感になり,有感地域の広さでは濃尾地震を上回った.この地震の後,北海道から東北沿岸は最大で高さ2mの津波に襲われた.地震が起きた当日に,4回の前震があったことも報告された(74).

　明治東京地震では,レンガ造の建物や煙突が倒壊したことによる死者が全体の半分以上を占めた.このため,煙突はできるだけ短くし,先端部は鉄などを使って軽くするように求めた答申書も出された(75).

　庄内地震では,明瞭な地表地震断層は現れなかったが,調査に当たった小藤文次郎は,北東から南西に延びる矢流沢断層の延長部に地裂の方向がそろっていることなどから,今回の地震は矢流沢断層の延長部が動いた断層地震である,と報告した(76).全壊家屋約3000戸に比較して,死者数が多かったのは地震直後に山形県酒田町(当時)で火災が起き,約1500戸が全焼し,多数の焼死者が出たことが大きく影響している.大森房吉は,転倒すると火が消える安全石油ランプの使用を呼びかけた(77).

　1896年6月15日に起き,岩手,宮城,青森,北海道の3県1道で死者約2万2000人(78)を出した明治三陸地震津波は,当時は「三陸地方津浪」と呼ばれた.地震動が弱い割には津波が大きい,今でいう典型的な津波地震であった.現地調査に派遣された帝国大学理科大学の学生であった伊木常誠はその報告書で,津波の前兆として①津波の前に潮が引いた,②津波の前に海岸近くの井戸水の水位が30-60 cm下がった,③津波の前に微震があった,④三陸沖で漁をしていた漁師が東北の海上に火が燃えるようなものを目撃した,などをあげている.そして今回の津波の原因は,いわゆる海底の地盤の変動によって起こる地震津波ではなく,海底火山の噴火と見なすのが妥当である,と報告した(79).

　一方,岩手県・宮古測候所は1894年の根室沖地震の際の経験もあり,「地震津浪ナリシコトハ明瞭ナリ」と報告した(80).同測候所の観測では,午後7時32分30秒に最初の弱震があり,その揺れが5分間ほど続いた.その後何度か微震が続き,午後8時7分に津波が襲来したという.津波は午後9時50分までに6回襲来したが,午後8時15分頃の第2波が一番大きく,高さ

約5mに達した．同測候所で観測される地震の数は年平均15個程度であったが，94年と95年は根室地震の余震の影響もあって，それぞれ年32個を数えた．96年になってからも地震が多い傾向は続き，4月には16個を観測した．こうした地震活動の活発化は今回の地震の前兆であったかも知れない，とも報告は述べている．

　三陸津波の原因については後に，東京帝国大学（1898年に京都帝国大学が創設されたことに伴って「帝国大学」はこう改名された）教授・大森房吉と同助教授・今村明恒との間でも論争になった．これについては，2.6節で改めて述べる．また，三陸津波と次に述べる陸羽地震の際には，仙台につくられた地磁気観測所で磁力の変化を観測したことも話題を集めたが，これについても後述する．

　明治三陸地震津波の2カ月半後の1896年8月31日に起きた陸羽地震では，秋田県仙北郡を中心に，秋田，岩手両県で約6000戸の住家が倒壊，死者209人が出た[81]．この地方では8月23日から小さな地震が起こり始め，毎日のように弱震・微震が続き，鳴動・地鳴りも聞こえた．8月31日には数回の地震があり，午前8時40分頃と，午後4時40分頃に起きた地震はとりわけ大きかった．本震が起きたのは午後5時6分頃で，全壊家屋に比較して死者が少なくてすんだのは，前震に恐れをなして多くの住民が屋外に避難していたからではないか，と現地調査した帝国大学大学院生の山崎直方は報告している[82]．

　山崎は，秋田・岩手県境をはさんで北東—南西に走る2つの地表地震断層が現れたのを見付け，秋田県側の断層を千屋断層，岩手県側の断層を川舟断層と名付けた．千屋断層は東側が，川舟断層は西側がそれぞれ最大で2m隆起していた．山崎はこの2つの断層を生じたのが，地震の原因である，と主張した．この地震の余震もしばしば大きな鳴動を伴った．

　1905年の芸予地震では，調査を担当した今村明恒は，歴史地震史料から1649年と1857年に芸予地方を襲った地震も今回と同一震源から起きたと見られる，と述べ，同一震源で地震が繰り返す可能性を示唆した[83]．

　1909年の江濃（姉川）地震では地震の5日前に前震と思われる地震があった．調査を担当した今村明恒は，近畿地方の大地震はたいてい前震を伴う

ので，地震予知のためには，小さな地震をとらえる微動計を配置して観測するのが急務である，などと報告している(84)．

1914年の秋田仙北地震でも，11日前から軽微な前震が続いた．調査を担当した秋田鉱山専門学校講師・大橋良一は「近世ノ大地震ニハ屡々地表ニ断層ヲ出現シ，地震アレバ必ズ断層ノ生ズベキヲ予想スル有様ナルガ，此ノ地震ハ彼ノ明治42年ノ江濃地震ト共ニ断層ヲ生ゼザリシ一例ナリ」と述べており(85)，濃尾地震以降，断層地震説が地質学者の間ではかなりの影響力をもっていたことがわかる．

1918年11月に起きた長野県北部を震源とする地震（大町地震）では，大町付近を中心に家屋の倒壊などの被害が出た．現地調査した東京帝国大学助手・坪井誠太郎は，大町郊外の寺海井付近で北北西から南南西に延長約1kmにわたって地表地震断層が現れたのを見付け，今回の地震はこの断層の地下の延長部が活動したためであると考えられる，などと報告した(86)．断層を境に東南部が沈降しており，断層線の延長部での被害が目立った．

震災予防調査会の地震予知に関する研究のうち，第2にあげねばならないのは，過去に日本で起きた地震について記載された歴史地震史料の収集・編纂である．第1章で紹介したようにナウマンや服部一三，ミルンらは，日本で過去に起きた地震に関して論文を発表していた．病気療養中であった関谷清景も，歴史地震史料の収集を自分で行い，「日本地震記」なる原稿を執筆していた．濃尾地震が起きた後には，過去に岐阜・愛知で起きた大地震の記録を「濃尾大地震史」として発表したこともあった(87)．

震災予防調査会の歴史地震史料の収集・編纂は，そうした作業を組織的に行う計画であった．収集・編纂は1893年に復職した関谷を主任に，作家・田山花袋の兄・田山実を嘱託にして始まった．関谷は1896年に亡くなり，その後は監修を大森房吉が引き継いだ(88)．1903年には収集・編纂作業が終わり，翌年『大日本地震史料』として出版された(89)．

『大日本地震史料』は，『日本書紀』や『続日本紀』，『大日本史』といった正史はもちろん，藤原定家の『明月記』といった個人の日記，『安政見聞録』などの大衆本まで465種類の古典に記載されている地震と火山噴火に関する記述を残らず拾い出し，年代順に編集されている．収録されている地震は，

416 年から 1867 年までに起きた約 2000 を数える．2011 年の東日本大震災の後に話題を集めた 869 年（貞観 11 年）の三陸大津波に関する『三代実録』の記述も収録されている．『大日本地震史料』を参考にして書かれた論文は数多い．歴史地震史料の収集・編纂は明治以降も武者金吉，宇佐美龍夫らによって続けられるが，『大日本地震史料』がその基礎となった点でも意味は大きい(90)．

　監修に当たった大森房吉は，史料収集に一応の目途がついた 1899 年に「『日本地震史料目録』ノ調査」という論文を書いている(91)．この段階では，収録された地震は 416 年から 1864 年までの 1898 個であったが，大森はこれをもとに地震の起きた月別，年代別のグラフをつくり，地域別分布なども論じた．そして，人命などに被害が出た大地震は平均すると 2 年半に 1 回起こってきた，大地震は 8 月に多くて，1 月には少ない，一方，小さな地震は夏季には少ない，などと結論している．現時点から振り返ると，この大森論文の結論は 1.1 節で紹介した服部一三の論文に比べるときわめて平凡である．英国の地震学者・ダヴィソン（Charles Davison）は名著 *The Founders of Seismology*（『地震学の創設者たち』）の全 11 章のうち最後の第 11 章を大森の紹介に割いている．ここでダヴィソンは，大森の欠点の 1 つとして「考察と先行文献の研究に十分な時間が割かれていない」ことをあげている(92)．大森は服部論文を読んでいなかった可能性が高い．

　震災予防調査会が「調査事業概略」の 3 番目に掲げたのは，地質学上の調査であった．濃尾地震で大規模な地表地震断層が出現したことによって，地殻構造と地震との関係を明らかにすることが重要だとされ，濃尾地震で断層地震原因説を打ち出した小藤文次郎がその主任に任命された．しかしながら，断層や地殻構造に関する研究は行われなかった．小藤やその弟子たちが行ったのは，専ら火山の調査であった．箱根，八ヶ岳，日光，阿蘇など全国 30 の活火山を対象に，周辺に積もった火山礫や火山灰などを調査し，噴火の歴史や噴火様式の変遷などが調べられ，1898 年の「箱根熱海両火山地質調査報告」を皮切りに 30 本の詳細な報告書がつくられた(93)．大森房吉は 1918 年にこれらの調査報告などをもとに「日本噴火志上編，下編」を発表した(94)．これには，全国の 57 火山について噴火の歴史や噴火の前兆現象な

どがまとめられており，火山防災にとっては貴重な資料となった．

「調査事業概略」の5番目の地震波速度の測定は，関谷清景，大森房吉と今村明恒によって1893年から始まった．地震波の速度の測定については，ミルンが火薬を爆発させるなどの方法で試みたが，うまくいかなかった．関谷が思い付いたのは，東京・本郷の地震学教室，神田一ツ橋の地震学観測所，麻布の東京天文台，西小松川村（当時）の南葛飾郡郡役所の4カ所にユーイング式地震計を置き，それぞれを電信線で結び，時計を合わせておく．そして4点での地震波の到達時刻のわずかな違いと，地震波の到達方向を勘案して，地震波の速度を計算しようというアイデアであった．関谷はこれを計画してから再び病状が悪化，測定は大森に引き継がれた．ところが，大森も1894年末からドイツ，イタリアに約3年間の留学に旅立った．このため，測定は今村が担当した[95]．今村は，8回の地震から測定した最終結果として，地震波の主要動の速度として毎秒3.3 kmとの結果を得た[96]．これは現在では表面波の平均的な速度と考えられている．

大森もイタリアでの留学経験を活かして，日本で起きた1896年の明治三陸地震津波，陸羽地震など9つの地震について，イタリアでの観測記録から地震波の速度を推定している．大森は地震波には速度の異なる3つが存在するとし，最も速い波の速度は毎秒12.9 km，2番目に速いものが毎秒7.1 km，最も遅いものが毎秒3.3 kmと計算した．そして最初の波は縦波，2番目は横波の速度であろう，と述べている．この大森の解釈は正しかったが，大森は，縦波も横波も表面波と同様に地球の表面を伝わると考えていたため，現在知られているP波（縦波），S波（横波）の速度に比べるときわめて大きい値を得る結果になった[97]．当時すでにドイツのヴィーヘルト（Jahn E. Wiehert）らによって，地震波は地球内部を伝わることが指摘されていたが，大森は終生この事実を認めようとしなかった[98]．

一方，無限に大きく均質な弾性体を伝わる縦波，横波，表面波の速度は，弾性率，剛性率，密度から計算できる．地殻を構成する岩石の弾性定数を測定することによって，地震波の速度を見積もろうという実験も，東京帝国大学教授になった長岡半太郎によって始められた．長岡は，粘板岩，石灰岩，橄欖岩，花崗岩，砂岩などさまざまな種類の岩石を全国から集めて，それか

ら長さ15 cm, 断面1平方cmの試料を切り出し, 弾性定数を測定した. こうして得られた弾性定数から地震波の速度を推定すると, 縦波は毎秒7-1.78 km, 横波が毎秒3.61-1 kmなどとの結果が得られた. そして, 地震波速度は地殻表面よりも地球内部にいくほど大きくなるであろう, と推定している(99).

長岡の実験を引き継いだ日下部四郎太は, 試料の岩石に力を加えたり, 岩石の温度を上げたりすると弾性定数がどのように変化するかなどについても実験した. その結果, 日下部は, 岩石に加わる力が大きくなるほど地震波の速度は速くなることを見出し, 1910年代に入ると, この原理を使えば物理的な因果関係に基づいて, 地震予報ができる可能性があることを主張した. すなわち全国の測候所が共同して, 地震波速度が通常に比べて速くなっている場所を見付け出せば, 歪がたまっている場所がわかるというのである(100). 地震波速度の異常検出が地震予知につながる, という考え方は第3章以降でも再三登場することになるが, 日下部のアイデアはこの先駆けであった. しかしながら, 当時の時刻や地震計の精度では, わずかな地震波速度の異常を見付け出すのは困難であった.

「調査事業概略」の6番目の, 傾斜の変化と脈動の観測は, さしたる成果が上がらなかった. 傾斜の変化を観測するために, パシュビッツの水平振子式傾斜計がドイツに発注され, 東京帝国大学に輸送された(101). しかし, これを使った観測報告は見られない. この傾斜計を受け取った大森房吉は1898年には, やはり水平振子式の傾斜計と地震計 (大森は「地動計」と呼んだ) を独自に開発し, 観測にはこれを使用したからである(102). パシュビッツの傾斜計は, 1909年ごろに京都帝国大学の上賀茂地震観測所に移され, 助教授であった志田順の地球潮汐の研究に使われた(103).

大森が開発した地震計 (大森式地動計, あるいは大森式地震計) の本体は, ミルンが1893年頃に開発した遠地地震観測用の水平振子式の地震計を大型にしたもので, 地震がなくても常時回転するドラム式の記録装置が動いており, 不断観測できた. 記録用の回転ドラムや地震動を描く針が軽くて精巧なため, 初期微動を含めた鮮明な記録がとれた. このため, 世界各国で高い評価を得て, 日本から輸出された(104).

大森はこの地震計の倍率を大きくした微動計（大森式地動計，微動計を総称して大森式地震計とも呼ばれる）もつくり，微動計や傾斜計を使って観測を続けた．その結果，ミルンや関谷が報告したように（1.5節を参照），地面は地震がなくても周期4-8秒程度でかすかに振動を続けていることを見付け，これを脈動と名付けた．ミルンや関谷がすでに気付いていたように，脈動が増えるのは低気圧の通過時で，地震発生とは直接の関係がなかった．しかし，大森は脈動が静かになると，局地的な地震が増える傾向がある，とも指摘した．そして，1903年3月25日に開かれた第35回震災予防調査会の席で，ここ数日来脈動が減っているので，1両日中に地震が起きるだろうと予測したところ，同夜軽震が1回，翌朝微震が1回それぞれ起きた，などと自慢したこともある(105)．しかし，大森が脈動に基づいて"地震予知"を行ったのは，これ1回きりであった．おそらく，自身でも信頼できる方法とは見なさなかったからであろう．

「調査事業概略」の8番目に掲げられた地磁気の調査は，震災予防調査会の設立当初から力が入れられた．東京気象台（1887年から中央気象台と改称）では1883年から地磁気の観測を始めていたが，震災予防調査会では東京に加えて，名古屋，仙台など6カ所に新たな観測室をつくり，地磁気の伏角，磁力の水平成分，垂直成分の3成分の連続観測をするという計画であった．

仙台，名古屋の観測室は1893年8月に完成し，観測を始めた．同年10月から1894年1月までの名古屋での観測結果と地震観測結果を照らし合わせると，磁力計の記録が数日間動揺した後，その1-3日後に地震が起きたケースが4回あった．磁力の変化は，地震の前兆を示しているのではないか，と報告された(106)．地磁気の観測室はその後，北海道・根室と熊本，神奈川県・三崎，京都・上賀茂にもつくられた．

地磁気観測が脚光を浴びたのは，1894年の庄内地震，1896年の三陸地震津波の前に，仙台の磁力計がそれぞれ異常な変化を示したという報告である(107)．それによると，庄内地震の1週間前から仙台の磁力計が著しい変動を示し，東京，名古屋の磁力計も多少の変動を示した．三陸地震津波の際には，仙台の磁力計は4日前頃から水平分力と偏角に変動を示し始め，前日には特に著しい変動を示した．東京でも多少の変動が現れたが，名古屋の磁力

計には異常がなかった．いずれのケースも，震源から離れるほど磁力計の変動は微弱になっているので，この異常な変動は地震を醸し出しつつあった地下の変動が原因であることにほとんど疑いがない，と中央気象台の技師・中村精男は述べている．

　三陸地震津波に続いて起きた陸羽地震でも，やはり磁力の変化が報告された(108)．それによると，地震が起きる2日前の8月29日夜半から，仙台，東京，名古屋の磁力計が異常な動きを示し始め，30日午前8時から9時までの間は特に変動が大きかった．変動は同日夜には収まったが，翌日の夕方に地震が起きた．

　これとは別に，全国の地磁気調査も田中館愛橘が中心になって1893年から96年にかけて行われた．帝国大学物理学科の学生を動員して，全国に約400の観測点を設けて，偏角，伏角，水平分力の3つが測定された．その結果がまとまったのは1904年であった．当初の計画では，3, 4年ごとに全国の等磁力線分布図を作成し，等磁力線の変化を見て地震予知の参考にしようという構想であったが，人手による観測には限界があり，計画倒れに終わった．地磁気の全国調査は，1911年からは海軍水路部の手で行われるようになったが，その目的は主に艦船の航行に役立てるためであった(109)．

　震災予防調査会は1900年の第29回委員会で，地球磁力の研究に関して検討する特別委員会を設置することを決めている(110)．しかし，この特別委員会は報告書らしいものを何も出していない．1910年には仙台と熊本の地磁気観測室は閉鎖され，根室の観測室は根室測候所に引き取られた(111)．震災予防調査会の予算逼迫がその理由であったが，陸羽地震以降，地磁気と地震との関係についての研究に進展がないことも影響していたに違いない．

　地下温度の観測も計画は尻すぼみに終わった．帝国大学の構内に深さ約900 mの井戸を掘り，温度観測をすることは1893年8月の第2回委員会で決まった．掘削機械を英国に発注し，1894年から井戸を掘り始めたが，419 mまで掘り進んだ98年3月になって掘削に費用がかかりすぎるとして，掘削継続を断念した(112)．総費用は8万円に上った(113)．

　この井戸を使って1901年2月から観測が始まった．1903年には，この井戸での水温と，横浜市内で掘られた飲料水用の約300 mの深井戸，常磐炭

鉱の井戸の水温観測結果が報告されたが，水温は深さが約100m増すごとに摂氏2度程度上昇すること以外，結論めいたものは何もなかった(114)．

1903年の第38回委員会では東京帝国大学講師の本多光太郎が，大学構内の深井戸の水位が地震の前後で変化する，と口頭報告したが(115)，論文にはならなかった．本多は後に，深井戸の水位の変化は，大気圧の変化によって説明できる，との論文を書いている(116)．

「調査事業概略」の11番目に掲げられた緯度の変動の観測は，1895年から東京天文台の木村栄が中心になって始まったが，1898年に発足した測地学委員会に引き継がれた．日本が1889年から加盟していた国際測地学協会は1898年，緯度の変化を詳しく調べるために，地球上の同緯度（北緯39度2分）の所に6ヵ所の観測所を設けることを決め，その1つとして日本の岩手県・水沢が選ばれた．水沢の観測所をつくるために設立されたのが測地学委員会である．水沢緯度観測所は1899年に完成し，木村栄が所長に就任した．木村栄の観測にもとづいて，大森房吉は緯度の変化が大きいと大きな地震が起きる傾向が見られる，との論文を書いている(117)．

「調査事業概略」の10番目に掲げられた全国の重力分布の調査も1899年，測地学委員会に引き継がれた．測地学委員会での重力測定は，長岡半太郎を中心に行われ，ドイツ・ポツダムでの測定値と比較することによって，東京での正確な値が得られたのをはじめ，1915年までに全国122点の測定が終わった．しかし，重力分布と地震との関係を議論するまでにはいたらなかった(118)．

以上，「調査事業概略」に掲げられた地震予知関係の研究の成果を見ると，ジョン・ミルンが否定的な評価を下した地下温度の測定や地磁気の観測，重力の測定などの課題は，いずれも計画倒れに終わったのがわかる．

震災予防調査会は海外に情報発信するために，1897年からは *Publications of the Earthquake Investigation Committee in Foreign Language*（『震災予防調査会欧文報告』）を，1907年からは *Bulletin of the Imperial Earthquake Investigation Committee*（『震災予防調査会欧文紀要』）を発行した．これらの雑誌は海外でも高い評価を受けた．たとえば，東京大学理学部で1878年から3年弱，物理学を教えたこともある米国人のメンデンホールは1900年，

Science（『サイエンス』）誌に『震災予防調査会欧文報告』第3巻，第4巻の書評を書き，「日本の地震学は世界の第一線にある」と称賛した(119)．1895年に日本を去ったジョン・ミルンも翌年 Nature（『ネイチャー』）誌に「日本の地震学」という記事を書き，「日本はその国特有の災害を役立てるとともに，実用地震学においては諸国家の先生になった」と述べ，大森房吉を「地震学の有名な教授」と紹介した(120)．日本国内でも「日本の地震学は世界一流」などとの言説がしばしば見られるようになり，震災予防調査会は日本人のナショナリズムを満足させることにも一役かった(121)．

2.4　大森房吉と震災予防調査会の活動の変化

　震災予防調査会は，発足当初は活発な事業を展開した．しかしながら，調査会の委員はすべて本業をもっていた．調査・研究課題ごとに臨時委員を発令したり，嘱託を委嘱したりするなどしてしのいだ．調査会の予算も初年度を除いて年額3万円を超えることはなかった(122)．1900年代に入ると，「調査事業概略」に掲げられた事業に一応の目途がついたこと，日本本土では死者が100人を超すような大きな地震が起こらなかったことなども手伝って，調査会の予算もしだいに削減され，活動は衰えていった(123)．そして関東大震災の直前の頃には，震災予防調査会は1897年末に幹事に就任した東京帝国大学地震学教室教授・大森房吉のほとんど独壇場と化した．

　大森房吉は1868年，福井で5男3女の末っ子として生まれた．父・藤輔は福井藩の下級武士であった．1877年に大森一家は東京に転居し，房吉は1881年に共立学校（私立開成高校の前身）に入学する．成績優秀のために授業料は免除され，83年には首席で卒業した．東京大学予備門を経て，87年には帝国大学理科大学に入学し，物理学を専攻した．1890年に理科大学を卒業して大学院に入学し，関谷清景やジョン・ミルンの指導を受けた．地震学を専攻したのは，理科大学学長であった菊池大麓の勧めであった，といわれる(124)．

　大森は1891年には理科大学の副手になり，直後に起きた濃尾地震の調査で活躍する．震災予防調査会が発足すると，早速その委員に加えられ，93

年には講師に昇任した．94年12月から96年11月までの約3年間，ドイツとイタリアに留学し，帰国後まもなく29歳で理科大学教授になり，震災予防調査会の幹事にも任命された．

　大森房吉が1890年代に行った研究は，基礎的なものが多い．最も代表的なのは，大地震の後に発生する余震の数は，時間が経過するとともに時間にほぼ反比例して減少するという経験式の発見である．余震に関する「大森公式」と呼ばれている．この公式は，1891年の濃尾地震の現地調査によって得られた．

　大森は，濃尾地震の後に岐阜測候所で観測された余震の数は，時間が経つにつれ減少しているが，起きる余震の数と時間経過との間には何か法則性があるらしいと気付いた．試みに濃尾地震発生後1日目，2日目，3日目，4日目の余震の発生数と，1889年7月の熊本地震の発生後，やはり1日目，2日目，3日目，4日目に熊本で観測された余震の数のそれぞれの比をとってみると，各日とも11-12とほぼ一定になった．すなわち，濃尾地震の余震の数は熊本地震の11-12倍も多いが，時間にほぼ反比例して同じように減少している．これによって大森は，ある時間xでの余震の発生数をyとすると，$y(h+x)=k$なる関係式が成り立つことを見出した（h, kは定数）．

　大森は，濃尾地震が起きた翌日の1891年10月29日から11月2日までの5日間に岐阜測候所で観測された半日ごとの余震数をこの式にあてはめ，h, kの定数を最小自乗法によって求めた．この結果は，$y=440.7/(x+2.31)$となった．この式によって濃尾地震翌年の92年，翌々年の93年の余震数を計算すると，観測された地震の数とよく一致した．熊本地震についても，xを1889年8月からの月数として，$y=6.22/(x+0.488)$なる式が得られ，これも観測結果をよく説明できた．本震発生後わずか5日間の余震の数の観測から，1年後，2年後の余震の数を予測できるのは，「頗ル面白キ事ト謂ハザルベカラズ」と大森は述べている[125]．

　余震の減少の仕方について，大森はその後もしばしば論文を書いている．濃尾地震から8年後の1899年にも，その余震は年間60回程度も起きていた．大森は，上記の式から7年目，8年目の余震発生数を計算し，観測結果とよく一致することを確かめた．1854年に起きた安政南海地震や1894年に起き

た根室沖地震についても，余震公式の定数を求め，公式は観測事実と大体一致する，とも述べている(126)．大森公式にその後若干の修正を加えた「改良大森公式」は，気象庁が1995年の阪神・淡路大震災の後に発表するようになった余震の発生確率の基礎になっている．

　震度を具体的な量で示そうという「大森の絶対震度階」の考え方も，やはり濃尾地震の被害調査がもとになった．濃尾地震では，震源に最も近かった岐阜測候所の地震計は振り切れてしまったため，地震動の記録が取れなかった．大森は，震源地付近の揺れがどの程度大きかったのかを推定するために，墓石や石碑，石灯ろうなどの転倒状況に着目した．墓石を倒すのに必要な加速度は，その墓石の幅や高さから計算できる．大森は，さまざまな形の墓石や石碑の転倒状況をもとに，その地での最大の加速度を推定した．最大では430ガル（ガルは加速度の単位，1ガルは毎秒1cmの加速度）に達した．こうして推定した最大加速度は，家屋の被害と関係がきわめて深いことを見付けた(127)．

　大森はこの調査結果から，地震動の大きさをはかる指標は，その最大加速度をもってするのが適当である，として強震以上の震度を加速度に従って7段階に分類する新しい震度階を提案した(128)．「大森の絶対震度階」と呼ばれる．大森の提案を参考にして，中央気象台も1898年から，従来の4段階（微震，弱震，強震，烈震）の震度階を7段階（無感，微震，弱き弱震，弱震，弱き強震，強震，烈震）に改定した．最大加速度と建物の被害とを結び付ける大森の考え方は，関東大震災後の1924年に制定された市街地建築物についての耐震規定の基礎にもなった．

　大森の業績として最も有名なのは，初期微動と呼ばれる最初の弱い揺れの継続時間と，震源との距離に関する関係式を見付けたことであろう．初期微動の継続時間が震源との距離に関係していることは，ジョン・ミルンらも早くから気付いていた．しかし，ユーイングらが開発した初期の地震計では，地震計は最初の微小な揺れを感じてから記録がスタートする方式のため，初期微動の継続時間を正確に測る上で難点があった．大森が1898年に開発した大森式地震計は，地震が起きていないときでも記録紙を巻いたドラムが回転する方式を取り入れていたため，初期微動の継続時間が正確に測定できる

利点があった.

　大森は1899年の論文では,大森式地震計で観測したデータばかりでなく,旧来の地震計で観測したデータも使用している.ただし,その場合に初期微動継続時間が地震計によって異なる場合は,最も長い数字を採用している.濃尾地震など震央が予めわかっている地震を選んで,観測点と震央までの距離を横軸 x に,初期微動継続時間を縦軸 y にしたグラフにプロットすると,各点はほぼ一直線上に並んだ.直線の傾きを最小自乗法によって求め,$7.51y = x - 24.9$(xの単位は km,y は秒)の経験式を得た.そして,震央が海にある地震についても,2点で観測した初期微動継続時間をこの経験式にあてはめれば,震央が推定できることを示している[129].

　中央気象台では間もなく,震源を推定するのにこの大森の経験式を使うようになった[130].大森の経験式はその後数度にわたって改訂されたが,1918年には $x = 7.42y$ という簡単な式に一本化され[131],小中学校の理科の授業でも教えられた.

　大森は1890年代末からは,地震予知に関係する研究も多く手がけたが,これについては次節で紹介する.

　震災予防調査会の会長として委員会を引っ張ってきた菊池大麓は,1901年に文部大臣に就任したことに伴って会長を辞任した.後任には東京帝国大学教授・辰野金吾が就任したが[132],震災予防調査会の活動は,この頃を境に変わり始めた.委員会は以前と同じ年3-4回のペースで開かれたが,委員25人のうち出席するのはいつも10人程度になった.委員会では,地震や火山活動に関するさまざまな報告の大半は口頭発表だけで終わり,論文としては発表されないものが多くなった.菊池が去ったことによって,求心力が失われたのと同時に,論文にまとめるほどの内容が伴わなかったからである,と考えられる.

　これに伴って,調査会が随時発行した『震災予防調査会報告』や『震災予防調査会欧文報告』に掲載される論文は,火山地質調査報告や地震の被害調査報告を除くと,大森房吉と東京帝国大学助教授の今村明恒(いまむらあきつね)の2人が書いたもので占められるようになった.1907年から発行が始まった『震災予防調査会欧文紀要』は,ほとんどすべての論文が大森によって書かれている.

同時に震災予防調査会の役割も大きく変化した．震災予防調査会は，地震学とその関連分野を研究し，その成果を防災対策に生かすという目的をもっていた．ところが1905年以降，震災予防調査会は地震や火山噴火などの地変が起きると，その活動の推移についての予測情報を出すという役割を求められるようになったのである．

　このきっかけになったと思われるのが，1905年4月にインドで起きたカングラ地震である．この地震の死者は約2万人に上った．大森房吉はこの地震の調査に派遣され，現地に約3カ月滞在した．現地の新聞記者から今後の地震活動について尋ねられ，「カングラ地方では当分大地震は起こらないだろう」との見通しを語った．現地の新聞ではこの言が大きく報道され，日本でも話題になった(133)．

　1906年4月に米国サンフランシスコで起きた地震でも，震災予防調査会は大森ら3人を現地調査のために派遣した．この地震はサンアンドレアス断層が大きくずれ動いたことでも，サンフランシスコ市内が大火災に見舞われたことでも知られる．大森は現地に約80日間滞在し，調査に当たった．大森はまたも現地の新聞記者からアメリカでこれから起きる大地震の見通しを尋ねられ，「こんどの大地震はチリ沖で起きる」と答えた(134)．この予測がたまたま当たったことは，次節で詳しく紹介する．

　大森は1908年12月にイタリア・シチリア島付近で起きたメッシナ地震の調査にも派遣された．この地震の死者は5万人とも8万人ともいわれる．大森はやはり現地で新聞記者のインタビューを受け，「余震は本震より大きくなることはないので，恐れることはない」などと答えた．「出張中ハ成ルベク震災地ノ人民ニ安心ヲ与フルコトヲ努メ」た，と大森は書いている(135)．

　1909年には長野・群馬県境の浅間山が噴火し，江濃（姉川）地震も起きた．1910年には北海道の有珠山が噴火した．1912年には伊豆大島・三原山の活動が活発になった．そのたびに地元の知事などから，震災予防調査会に問合わせや現地調査の要望が出されるようになり，大森や今村が調査に赴いた．

　1914年1月には鹿児島・桜島が大噴火を起こし，死者58人が出た．鹿児島測候所が住民に避難するようにとの情報を出すのが遅れたことが問題になった．これ以降は特に，何か異変が起きると，震災予防調査会に照会が殺到

した．総合雑誌『東洋学芸雑誌』は1915年から，震災予防調査会のこうした活動ぶりを毎号紹介するようになった．鹿児島県の諏訪瀬島，北海道・樽前山，熊本・阿蘇山などのような本格的な噴火だけでなく，小規模な噴火や群発地震，山の鳴動や土砂崩れなどでも，大森や今村らが現地を訪れている．特に大森の現地調査は住民を安心させる，という目的が強かったように見受けられる．

たとえば，1917年1月末から3月にかけて，神奈川県箱根山では微震とともにしばしば鳴動が起き，住民を不安がらせた．1月30日と31日には，微震と鳴動は1日100回以上を数えた．現地調査した大森は「箱根山ハ死火山ナレバ，噴火，爆発スルノ謂レモナク」「火山地震ノ原則トシテ小弱ナルモノノミニ止マリ，大破壊的トナルコト無ケレバ，今回ノ如キモ実際危険ヲ伴フコト無キモノナリト認メラル」などと述べた(136)．大森は，群発地震活動は火山噴火の顕著な前兆である場合が多いことを知っていた(137)．だが，箱根火山の噴火を記した歴史文献が存在しないことを根拠に，住民には「死火山」と説明した．

大森は1917年秋，震災予防調査会の会長に復帰していた菊池大麓が同年8月に死去したことに伴い，震災予防調査会の会長事務取扱になった．大森はしだいに研究者としてよりも，震災予防調査会の幹事，あるいは会長事務取扱という行政官としての役割を強く意識するようになっていった．こうした大森の役割の変化は，1923年の関東大震災の勃発に際して彼自身の身にも不幸な結果をもたらすことになる．

2.5 大森房吉と今村明恒の地震予知戦略

震災予防調査会の中心として活躍した大森房吉は，1890年代末頃から地震予知に関係する研究も精力的に行った．そして，彼がたどり着いたのは，地震の起こるべき場所は，「地震地帯の原理」（あるいは「地震地帯の理」）によって予測し，地震の起きるときについては，気圧変化や降雨など彼が「副因」と名づけたさまざまな現象によって予測できるのではないか，とする"戦略"である．

大森の「地震地帯の原理」を有名にしたのは，1906年4月18日に米国で起きたサンフランシスコ地震である．この地震では，米国西海岸を南北に走るサンアンドレアス断層が6m以上も動き，サンフランシスコ市内では大火災が発生した．大森はこの地震を調査するため震災予防調査会から派遣され，現地に約80日間滞在し調査に当たった．余震におびえる現地の人から，今後の見通しを聞かれた大森は「サンフランシスコは今後20-30年は大地震が起こる心配はない．アメリカ西岸で今後大地震が起こるとするなら，赤道の南方，ペルーかチリ沖であろう」などと語った．大森は8月4日に船で帰国の途についたが，太平洋を航海中の8月17日にチリ沖を震源とする大地震が起き，約4000人が亡くなった．

　大森はこの予測が的中したことを終生の自慢にした[138]．それによれば，アメリカ大陸西海岸は世界の2大地震帯として知られているが，図2-1の（ア）付近では，1899年9月4日，同11日，1900年10月9日と計3回の大地震が起きた．続いて図の（イ）付近では，1900年1月20日，1902年4月19日，9月23日とやはり3回も地震が起き，メキシコ，グアテマラなどで被害が出た．1906年2月1日には図の（ウ）付近で大地震が起き，エクアドルやコロンビアなどに被害が出た．これら7つの地震はいずれもロッキー山脈やアンデス山脈をつくる造山力の結果として起きたものなので，大地震の起きていない北端部と中央部に挟まれた中間部で早晩大地震が起きると予想していたところ，図の（エ）付近でサンフランシスコ地震が起きた．この地震によってアラスカからエクアドルまでの地震帯の活動は当面終わったと考えられるので，今後大地震がもし起こるとすれば，（ウ）の南であろうと予測したところ，1906年8月17日に図の（オ）付近を震源として大地震が起きたというのである．

　大森の「地震地帯の原理」[139]は一言でいえば，大地震は地震帯[140]と呼ばれるところに起きるが，次の地震は，まだ地震が起きていない地震帯の隙間を埋めるようにして起きる，大地震は2度と同じ場所では起こらない，という理論である．この理論の前半は，現在「第1種地震空白域」と呼ばれている理論の先駆けと見ることができる[141]．大森は「地震地帯の原理」を適用して，1915年に起きたイタリア中部の地震の予測にも成功した．

図2-1 大森房吉が「地震帯の原理」に基づいて，チリ沖地震を予測した際の説明に使った図
　（ア）付近では1899年から1900年にかけて3回の大地震が起きた後，（イ）付近でも1900年から1902年にかけて3回の地震が起きた．続いて（ウ）付近で1906年2月に大地震が起き，（エ）でも1906年4月にサンフランシスコ地震が起きたため，大森は次に大地震が起きるのは（オ）付近である，と予測した．
（大森房吉「世界各地ニ於ケル近年ノ大地震ニ就キテ」『震災予防報告』57号（1907年），24頁より）

　大森は1908年12月にイタリア本土とシシリア島の間のメッシナ海峡付近を震源として起きたメッシナ地震調査のために，震災予防調査会から派遣され，1909年2月から約3カ月間現地に滞在した．大森は帰国後にまとめた論文で，死者が11万人も出たのはイタリアの家屋が石を積み上げただけのものが多く，構造が不完全なためで，日本ではこのような多数の死者が出ることは考えられない，と述べている(142)．一方，大森は17世紀以降にイタリア中部から南部にかけて起きた大地震を調べ，震源域が1つの地震帯の上

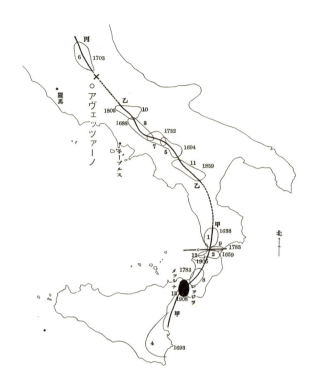

図 2-2 大森房吉によるイタリア大地震の予測
　　　1908 年のイタリアのメッシナ大地震の後，大森房吉は次にイタリアで起こる大地震は図中の甲と乙の間か，乙と丙の間であろうと予測した．4 桁の数字は地震が起きた年号，1-13 の数字は起きた順番を示している．1915 年，乙と丙の間のアヴェッツァーノ付近で大地震が起き，3 万人以上が亡くなった．
　　　（大森房吉「メッシナ大地震概況（承前）」『東洋学芸雑誌』26 巻（1909 年），494 頁の図を一部改変）

に並んでいることを見付けた（図 2-2）．そして今後の大地震の危険のある地域は，まだ大地震の起きていない図の甲と乙の間か，乙と丙の間であろう，と予測した[143]．1915 年 1 月，乙と丙の間にあるアヴェッツァーノ付近を震源として地震が起き，3 万人以上が亡くなった．

　大森は，「地震地帯の原理」をいつ，どのようにして考え付いたのかについて，述べてはいない．しかし，彼がしばしば「地震地帯の原理」の説明に使っている，信濃川流域で 1886 年 7 月から 1899 年 1 月にかけて相次いで起

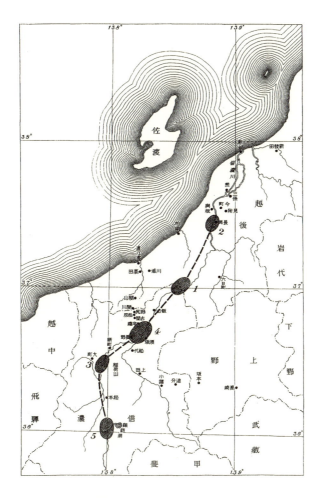

図 2-3　大森房吉が「地震帯の原理」の説明に使用した図
　　信濃川流域に 1886 年 7 月から 1899 年 1 月にかけて起きた 5 つの地震の強震
　域．1-5 の数字は起きた順番を示している．
　　　（大森房吉「本邦大地震概説」『震災予防報告』68 号乙（1913 年），162 頁より）

きた 5 つの地震（図 2-3）からヒントを得たものであろうとの推察が可能である．5 つの地震はいずれも小規模で，土蔵や石垣が崩れ，土地に亀裂が生じた程度で死者はなかった．しかし，信濃川流域に沿って地震帯と呼ぶべきものが存在し，地震の起きる順番には規則性のようなものがうかがわれる．

そして，この図の上に歴史上の大地震の発生場所を重ねてみると，規則性はさらに明瞭になる．すなわち，図の2の北では1828年の越後三条地震が起き，死者が2000人近く出た．1と3の間では，1847年に善光寺地震が起き，数千人の死者が出ている．善光寺地震の被害域の一部は3と4の被害域と重なっているけれども，震央と見なすべき最激震区域は3と4の地域とずれていることを，大森は強調した(144)．

「地震地帯の原理」の後半部分，大地震は2度と同じ震源では起こらない，について大森は確たる論拠を示していない．信濃川流域の地震帯などでの経験則が一般化できると考えていたように考えられる．大森は，1つの地震帯の隙間がすべて大地震で埋められ，活動が終わると，地震帯は新たに別の場所に移動する，と考えていた．地震は地殻の弱い個所で起きるが，十分な時間が経つと不安定な状態が安定状態に戻るので，最早弱線と見なすべきではなく，別の弱線で地震が起きるようになる，というのである(145)．しかし，地質学者の小藤文次郎らは，地震によっていったんストレスが解放されたとしても，同じところにまた再びストレスがたまるはずだなどとして，同一の場所では2度と大地震は起こらないという考え方に反対した(146)．大森はこれを意識したのであろう「世人多クハ同一地点ヨリ常ニ繰リ返ヘシテ大地震ヲ発生スベシト信ズレドモ，此ハ大ナル誤」とも書いた(147)．

大森は歴史地震の研究に基づいて，小地震の数が最小になった直後に大地震が起きる例があることに注意を促し，そのような地震の例として1596年の伏見地震，1662年の寛文の京都地震，1855年の安政の江戸地震などの例をあげている(148)．これは，大地震前の前兆といわれる地震活動の静穏化現象（第2種の地震空白域）の考え方に近い．

大森は，日本列島の地震帯についても議論を展開した．大森は1907年，1885年から1905年までに日本で観測されたやや大きな地震257の震源の地理的分布を調べ，どこに地震帯があるかを明らかにした．地震活動が最も盛んなのは，北海道から四国，九州，沖縄，台湾まで日本列島の太平洋沖沿いに走る地震帯で，大森はこれを「外側地震帯」と名付けた．ここでは，1707年の宝永地震などが起きた．もう1つは，日本海の海岸にほぼ沿って走るもので，これを大森は「内側地震帯」と名付けた．外側地震帯に比べて内側地

震帯の地震活動度は弱いが，ここでも1872年の浜田地震などが起きている．ほかには，越後中部から飛騨東部にかけての信濃川地震帯，東京湾および相模湾，濃尾地震で被害を受けた越前から美濃，尾張にかけて，それに瀬戸内海中部から豊後水道にかけての地溝帯などが地震帯にあげられている(149)．

大森は1913年，『大日本地震史料』に収録された地震のうちから，破壊的地震として95の地震を選び出し，これらの地震の地理的分布からも日本の地震帯を論じている．これによれば，近畿地方では琵琶湖を取り囲むように三角形をなす地震帯がある．伊豆半島付近から伊豆諸島にかけての富士火山帯，九州の霧島火山帯は地震帯でもある，としている(150)．また，日本海岸に沿う内側地震帯は北海道西部では一部内陸部に入り込んでいる．大森が1907年と1913年で指摘した地震帯をまとめて1枚の図にすると，図2-4のようなものになる．現在の知識と照らし合わせると，外側地震帯は太平洋プレートやフィリピン海プレートの沈み込む場所であり，内側地震帯の一部は，アムールプレートと北米プレートとの境界に近い．信濃川地震帯や近畿地方の地震帯は，新潟-神戸歪集中帯と一致する．

大森は以上のような日本列島の地震帯についても，「地震地帯の原理」が当てはまると考えた．そして，外側地震帯では1854年の安政の東海地震，南海地震以降は，北海道・三陸沖での地震活動が活発になったが，この活動は1900年頃からしだいに衰え，現在は台湾から九州南部での活動が活発になってきており，今後数十年の間にはこの活動がしだいに東に移り，安政の東海地震，南海地震のような地震が再び起こる時期に入る，との予測も明らかにしている(151)．

大森の"地震予知戦略"のもう1つの柱である「副因」の研究に移ろう(152)．大森が「副因」と見なしたのは，地殻に外側から加わる力を微妙に変化させる大気圧の変化や，降雨や降雪，潮の干満（潮汐）などである．地震は地殻の弱いところが，圧迫力に耐えかねて破壊するが，大地震がまさに起きようとする時期になれば，震源地付近は地表に働く外力のちょっとした変化に敏感になるはずであり，副因が地震の発生に重要な役割を果たしているのは明らかである，と大森は述べている(153)．

大森は1900年に発表した論文で，全国の26カ所の気象台，測候所につい

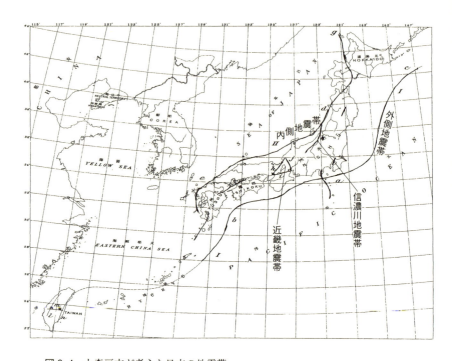

図2-4 大森房吉が考えた日本の地震帯
（大森房吉「本邦近年ノ震源地」『震災予防調査会報告』57号（1907年）と同「本邦大地震概説」『震災予防報告』68号乙（1913年）をもとに作成）

て，観測が始まってから1899年末までの観測地震数の月別分布を調べた．すると，冬から春にかけて地震が多く，夏から秋にかけて地震が少ないグループと，逆に夏から秋にかけて地震が多く，冬から春にかけて地震が少ないグループに分けられた．前者のグループに入るのは札幌，東京，長野，名古屋，広島，熊本など15カ所で，主に内陸の地震が多い地域であった．後者のグループは，根室，岩手県宮古，宮城県石巻，福島，高知など11カ所で，主に震源が海にある地震が多い地域であった．陸上では気圧は冬に最高になり，夏に最低になる．一方，太平洋上の気圧は夏に最高になり，冬に最低になる．気圧が高いときには地震が起きやすい，と考えれば以上のような事実は容易に理解できる，と大森は主張した[154]．

　同じデータを使って地震の1日の中での時間分布も調べた．すると，地震

はどこの観測点でも，午前9時頃と午後9時頃に多く，午後3時頃と午前3時頃に少ない傾向を示す．一方1日中の気圧を見てみると，やはり午前9時頃と午後9時頃に高いピークが現れ，午後3時頃と午前中3時頃には最小を示す．以上のような事実から，大森は「気圧ノ変化ハ地震度数ノ上ニ大ナル影響ヲ及ボスモノナルガ如シ」と述べている(155)．

大森がこの5年後に書いた論文は，やはり太平洋岸では夏に地震が多いのはなぜかを扱っている．大森は1902年の宮城県鮎川と神奈川県三崎の潮位計のデータを調べ，夏から秋にかけては2月に比べて海水面が20 cm以上も上昇していることを見出した．そして，この海面上昇によって海底に加わる圧力が増加することが，太平洋岸で夏に地震が多い原因であろう，と述べている(156)．太平洋岸で夏に海水面が高くなるのは，太平洋上の気圧が高いのに対し，陸地近くでは気圧が低いために，陸地近くの海水面がもち上げられるためである，と大森はいっている．

大森は，月の位置が地震の発生に関係しているのではないか，との論文も書いている(157)．大森は，1891年の濃尾地震の後8年間に名古屋測候所で観測された余震1270と，1894年3月に北海道根室沖で起きた地震の後5年間に根室測候所で観測された余震1057について，月が南中してから経過した時間（太陰時）別に，余震が起きた数を調べた．すると，時間別の余震の数の多少は1日にそれぞれ2回のピークをもち，余震が最も多いのは月が南中してから1-4時間後とそれから約12時間後であった．月が南中した後，あるいは反対側に回った後に地震の発生が多いことについて，大森は「月ノ引力ガ地殻ニ『ストレス』ヲ生ズル結果ナラン」と述べている．一方で大森は，月が南中してから2時間から数時間後には満潮を迎え，この海水の増加によって海底に加わる圧力の方が，気圧の増加によるものよりもはるかに大きいので，潮の干満も影響している疑いが残る，ともいっている．

潮の干満と地震との関係については，別の論文でも論じている(158)．大森は1880年から1907年末までに東京で強震とされた地震14個について，地震の起きた時間前後の天候や潮の干満などを調べた．その結果，地震が起きた時間が満潮時あるいは干潮時に近かった地震が11個あり，満潮と干潮の中間時に起きた地震は3個だけであった．また，1902年から6年間に関東

地方で広く感じられた地震145個について調べると，126個が満潮か干潮の時間近くで起きていた．満潮や干潮時から離れて起きた16個について見ると，気圧が1日で最高を記録する午前9時か午後9時前後に起きていた．

　大森はまた，日本海岸の降雨量と東京の地震回数との関係についても調べた．すなわち，1876年から1909年までに東京で1年間に観測された地震の数と，新潟と秋田で観測された年間降雨量の平均を同じグラフに描くと，ほぼ同じような曲線になった．新潟，秋田の降雨量が多かった1896年と1897年には，東京での地震回数も最多を記録した．以上の事実から大森は「東京ニテ感ズル地震回数ノ増減ハ主トシテ日本海方面ニ於ケル降雨雪量ノ多少ニ伴フモノナルベシ」と述べている(159)．

　大森は，地震を予知するために重要であるとして「副因」の研究を重視した．しかしながら，その成果はこれまでに述べたように，地震が起こりやすい季節や時間についての傾向を見出しただけに終わった，といえよう(160)．こうした傾向が一般的法則性をもっていることが確認できたとしても，ある場所に起きる地震が「何時」起きるかについては，確率的に予測することが可能になるにすぎない．大森の2歳下のライバル・今村明恒が目指したのは，大森の"地震予知戦略"とは別のアプローチであった．

　今村は1870年，鹿児島市で9人兄弟の4番目として生まれた．今村の生涯を描いた山下文男著『君子未然に防ぐ』(161)によると，父・明清は薩摩藩の中級武士であった．明治維新後は鹿児島県の職員になった．明恒は鹿児島中学，第一高等中学校（一高）を卒業して1891年に帝国大学理科大学の物理学科に入学し，地震学を専攻した．1894年に今村は大学を卒業すると大学院に進学し，95年には理科大学副手になった．96年には副手との兼任で，陸軍教授に任ぜられ，中央幼年学校で数学を教えた．1901年に東京帝国大学の助教授に昇任したものの無給で，生活費は主に陸軍教授としての俸給に頼った．震災予防調査会の臨時委員になったのは1900年で，正式の委員になったのは1915年になってからであった．2歳先輩の大森房吉が29歳で，理科大学教授に任ぜられたのに比べ，今村は大森が1923年に死ぬまで，助教授のままであった．

　今村は地震予知の研究に情熱を注ぎ込んだ．今村が重視したのは，地震の

直前に起きる，あるいは起きるのではないかと考えられた前震や地殻変動である．今村も潮の干満や大気圧の変化，降雨量などが「副因」になりうることは認めていた．これは彼が書いた1896年の陸羽地震の調査報告書(162)，ならびに1909年の江濃（姉川）地震の調査報告書(163)で，それぞれの地震の「副因」も検討していることなどから明らかである．しかしながら，今村は「副因」を研究しても，地震を直前に予知することには結び付かない，としだいに考えるようになった．今村が1926年に出版した『地震の征服』では，「大地震の予知問題の講究に最も力を尽くすべきは，原動力の準備が出来ているか否かを捉えることにありと思ふのである」と書いている(164)．

今村が当初から注目したのが前震である．今村は大森に先立って1905年に大日本図書が企画した「地学叢書」の1冊として『地震学』を公刊した(165)．今村はこの本で，前震を伴った地震について詳しく紹介している．なおこの本の冒頭で今村は「地震予知法と耐震構造法とは地震学に於ける二大問題」と書いており，彼はジョン・ミルンや関谷清景の伝統を継承していたことをうかがわせる．

日本で地震計での観測が始まって以来，顕著な前震が観測された例として今村は，1894年3月の根室沖地震や1896年8月の陸羽地震，1900年11月の伊豆・三宅島付近の地震をあげている．根室沖地震では，約16時間前から計4回の微震，弱震があった．陸羽地震では8日前から毎日数回の弱微震があり，本震の25分前には強震があった．三宅島付近の地震では，1日前に三宅島で戸障子がガタガタ揺れるほどの地震があり，当日も朝から微震が続き，約2時間前からは回数が頻繁になると同時に強さも増した，という．

今村は歴史地震の記録からも，顕著な前震が伴った例を引いている．1854年7月に起きた伊賀上野地震では，死者1000人以上が出たが，3日前から前震が続いた．1802年12月に新潟・佐渡で起きた地震でも約4時間前に強震があった．さらに今村は1361年8月に起きた南海トラフ沿いの巨大地震でも，3日前から京都などで地震が続いたのは，前震と見なすべきである，と書いている(166)．

しかしながら，顕著な前震を伴わず，いきなり地震が起きた例も多い．この点について今村は，観測機械が鋭敏でないために，本当は何らかの前徴が

起きているのにもかかわらず，観測できないだけなのではないか，と考えた(167)．1909 年 8 月に起きた江濃（姉川）地震の調査に出向いた今村は，彦根測候所に配置されていた微動計の記録をもとに，この地震でも 5 日前に前震が 1 回あったことを確かめた．そして，これまでの地震調査は地震の後に行われたが，地震予知上は地震が起きる前に研究することが重要であり，地震が起こりそうな場所に前もって微動計や傾斜計を配置したり，土地の水準測量を行ったりすることが必要である，と主張した(168)．

今村が，地震に先立って地殻変動が起きる場合があることを知ったのは，1872 年 3 月に起きた島根県浜田町（当時）付近を震源とする浜田地震の現地調査においてであった．浜田地震は明治維新以降初めての大地震で死者約 550 人を出したが，維新直後の混乱のせいもあって，まとまった記録はなかった．今村は，浜田測候所長の石田雅生の協力を得て，1912 年夏に現地調査を行い，当時の生存者から話を聞くなどして，調査報告を書いた(169)．

この地震でも数日前から前震と思われる微震や鳴動が続き，当日も 3 回の前震があった．今村を驚かせたのは，地震の十数分前から数分前(170)に震央付近の海岸で海水面が低下したことを，多くの人が証言したことである．浜田町の浜田浦では，地震に先立って海水面が 2 m 以上も低下し，沖合い約 140 m に浮かぶ鶴島の岩の根が露出した．このため，付近の漁師たちは歩いて鶴島に行き，アワビを手づかみで採って，海岸に引き上げてきたときに小規模な津波が襲来したという．同じような海水面の低下は浜田浦だけでなく，海岸線に沿って約 50 km の範囲で認められたという．

今村らの調査では，この地震の後，海岸線にほぼ沿うような西南西―東北東の線を境に，東側では 60 cm〜3 m 程度の隆起，西側では 30 cm〜1 m 程度の沈降が見られた．現地の人々の証言が本当なら，震動が起きる前に地震時の地殻変動と同様の変動がゆっくりと始まっていたことになる．今村は，大地震の前にこのような地盤の変動があることがわかったと喜び，「浜田大震ハ四十余年以前ノ闇黒時代ニ於イテ今日ノ精巧ナル機械ガ与フルヨリモ一層赫灼タル光明ヲ斯界ニ与ヘタリト云フモ過言ニアラザルベシ」と書いている(171)．さらに今村は，地震前のこのような変動が毎回存在するのであれば，大地震の時間を予報するのも難しくない，と述べると同時に，潮位の変化の

少ない日本海側は地震直前の地殻変動の有無を調べるのに適している，とも指摘している(172)．

今村は後年，日本海側で起きた歴史地震の史料を調べ，浜田地震と同様に地震の前に海水面が低下したと記載されている地震を見付けた．1つは1793年に青森県鰺ヶ沢付近で起きた地震である．この地震の後，大戸瀬を中心に海岸沿いに最大3mの隆起が見られた．大戸瀬から東に約12km離れた鰺ヶ沢では，地震の数時間前に潮が異常に引いたので，住民は津波の前兆ではないかと山に逃げていたという．もう1つは1802年の佐渡地震で，この地震の後，島の南東部の海岸が最大約2m隆起した．島の南部にある小木湊では，やはり地震の数時間前に海水が引き，干潟になったという．今村は，小木湊での地震直前の隆起は1m程度であろう，と推定している(173)．

大地震は同じ場所で繰り返して起きることはない，と大森が考えていたのに対し，今村は大地震が同じ場所で繰り返し起きる，とも考えていた．1905年に出版した『地震学』のなかで今村は，地震が起きると地殻は平衡状態に達するが，歪がやがてしだいに蓄積し，ついに限界に達して次の地震が起きる，との考えを述べている(174)．そして，新潟県高田地方が1614年，1667年，1751年，1847年と平均77年おきに大地震に見舞われてきた事実を指摘して，「前回の大地震の後61年間を経過したる今日に於ては漸次に警戒を加ふへき時期に入るものと云ふべし」とも書いている(175)．

今村は，1905年6月に安芸灘を震源として起きた芸予地震の現地調査を行った．この地震では広島や松山などで死者が11人を数えたが，1649年と1857年に起きた地震の被害の特徴ときわめて似ていることから，これら3つの地震はほぼ同一の震源で起きたものと思われる，と調査報告書に書いている(176)．そして，今後48年以内にはまた同じような地震が襲来することを覚悟すべきである，とも述べている(177)．

関東大震災の後になって今村は，今いう南海トラフの地震が過去600年間に平均125年間隔で繰り返し起きてきたことに気付き，次の南海地震の予知のために独自の観測網を紀伊半島や四国に展開することになる．これについては次章で詳述する．

大森と今村の地震予知に関する考え方には，以上に述べたように大きな違

いがあった．こうした考え方の違いが底流となって，東京が大地震に襲われるかどうかをめぐって，次節で述べるような激しい論争が交わされたのである．

2.6 大森と今村の東京大地震予知論争

　大森と今村は，1896年の明治三陸地震津波の原因をめぐっても論争した．大森と今村の東京大地震予知論争の"前哨戦"とも呼べるこの論争をまず紹介しよう．

　今村は震災予防調査会の嘱託として，三陸津波についての調査を行った．三陸津波の原因については，2.3節でも述べたように，先に調査を行った帝国大学の学生・伊木常誠が海底火山の噴火と見なすのが妥当である，と報告していた．これに対して今村は，観測された津波の波長は100 kmを超えており，海底火山の爆発ではこのような長い波長の津波は起こせない，などとして海底火山の噴火説を否定した．そして，地震によって断層が動いて海底が広い範囲で隆起あるいは陥没したことが津波の原因である，と主張した(178)．今村によれば，津波が襲来する約30分前に起きた地震の揺れが弱かったのは，地震による海底の変動がゆっくり起きたからである．今村は，海底の隆起あるいは陥没が1分～数分間かけてゆっくり起こったとしても，大きな津波が起こりうることを数理的に明らかにした．今村は，地震動は小さくても大きな津波が起きる津波地震のメカニズムを正しく理解していた．

　この論文に対し大森は震災予防調査会に提出した報告で，今村説を「臆説」と批判した．大森は，津波は海中を伝わってきた地震動が湾内の海水を振動させ，その湾に特有な周期で共振を起こさせるために波高が高くなる，と論じた．その根拠として，三陸津波の際に各地の潮位計で観測された津波の周期が，それぞれの湾の定常振動（固有振動）に近いことをあげている．彼はこれを「液体振子説」と呼んだ(179)．

　東京帝国大学の教授・長岡半太郎も津波の「液体振子説」を支持した．そして，太平洋岸で津波が大きくなるのは，湾の定常振動に加えて，黒潮によって波が反射され，陸地と黒潮の間で定常振動のようなものが起きることも

一因ではないか，と論じた(180)．

　今村は「液体振子説」に反論した．すなわち，海水の定常振動の発生に都合のよい山田湾など袋形の湾では津波が低く，定常振動を起こしにくいV字形の湾で津波が高かったのは，「液体振子説」と矛盾するし，地震動から約30分後に津波が襲来したのも「液体振子説」では説明がつかない，などと主張した(181)．そして，陸軍陸地測量部が濃尾地震の後5年かけて行った測量の結果，根尾谷の断層線を中心に広い範囲で地盤の上下変化が確かめられた事実をあげて，このような大規模な地盤変動が海底で起きれば，津波が起きることは明らかである，と主張した．大森はその後，「今村理学博士は三陸大津浪の原因は地震に伴った海底の陥落であったとせられました．当を得たる意見であります」と今村説に一定の理解を示したものの(182)，津波の主原因は「液体振子説」で説明できるとの持論は終生変えなかった(183)．

　現在の地震学の知識に照らせば，津波の主要な原因は，地震に伴う海底の地殻変動や土砂崩れなどであり，湾などに押し寄せた津波が高くなる理由の1つとして「液体振子説」が使われる．大森や長岡の「液体振子説」は津波を別の観点から見たものであり，「液体振子説」はその後，日本各地の港湾の固有振動（セイシュ）の研究に発展した(184)．

　東京が大地震に襲われるかどうかをめぐる2人の論争のきっかけになったのは，今村が1905年9月に総合雑誌『太陽』に発表した「市街地に於る地震の生命及財産に対する損害を軽減する簡法」という論文であった(185)．今村はこの論文で，東京は死者1000人以上を出すような大地震に，1649年（慶安2年），1703年（元禄16年），1855年（安政2年）と3回，平均すると100年に1回見舞われている．死者約7000人を出した安政の江戸地震からすでに50年を経過している．まだ50年の余裕があるということもできるが，慶安の地震から54年で元禄の地震が起きた例もあるので，災害予防の点からは1日の猶予もできない，などと警鐘を鳴らした．

　その上で，今もし安政の江戸地震クラスの地震が東京を襲えば，石油ランプの転倒によって生じる火災によって東京は火の海になり，死者は10万人以上，財産の損害は数億円以上にのぼると予想される，などと述べた．そして，柱に筋違いを入れたり，柱と梁の結合にはボルトを使ったりするなど，

建物を堅固にすることが重要なのはいうまでもないが，火災による被害を防ぐ最も簡単な方法は，石油ランプを全廃して，強制的に電燈に切り替えることである，などと訴えた．

今村は同年 10 月に出版した『地震学』でも，東京では「大激震は今後 50 年以内に起こるべし」と述べ(186)，震災を軽減するための方策として，石油ランプを減らして電燈を普及させることなどを提唱している(187)．今村の論文の目的は，論文のタイトルからも明らかなように，震災対策として石油ランプを廃して電燈への切り替えを訴える点にあった．

翌 1906 年は丙午の年に当たった．1906 年 1 月 16 日付けの『東京二六新聞』が今村の論文を「丙午」年にひっかけて「今村博士の説き出せる大地震襲来説，東京大罹災の預言」という見出しで報じた(188)．この記事は「丙午の年には火災や天災が多く，名士の死亡が多い」などというのは迷信にすぎないが，今村博士の説は「学理より大地震の襲来を預言せるもの」であると述べた上で，今村博士は「東京市も最早大地震の発生期に近き居れば今年より 50 年間内には酸鼻の大地震に遭遇すべきはあきらかなり」「若し安政年度の大地震を今日東京市に於て繰返すとせば全市烏有に帰し…10 万以上 20 万の死者を出すべし」といっている，などと報道した．『東京二六新聞』は，東京では『万朝報』と並んで最も販売部数が大きく，庶民に人気があった．

今村は『東京二六新聞』の記者の取材を受けたわけではなく，記事が掲載されたことも知らなかった．来訪した『万朝報』の記者からこの事実を聞いた今村は驚き，「小生の遺憾とする所は…論旨即ち該論文の標題『震災を軽減する方案』を掲載せられざりし事に有之候」「此最後の主眼とする処を省き却て丙午と火災との縁に依り又普通の預言なる意味に於いて掲出せられたるは遺憾に不堪候」などとの抗議文を『東京二六新聞』に送り，記事の訂正を申し入れた．『東京二六新聞』はこの抗議文の要旨を 1 月 19 日の紙面に掲載した(189)．

その直後の 1 月 21 日には，東京でやや強い地震があり，一部の住民は戸外に飛び出す騒ぎになった(190)．東京に大地震がくるのではないか，といううわさは大きな影響力をもち，地震に備えて「地震の折の心得」を読者から募り始めた新聞社もあった(191)．地震恐怖症を訴えて病院にくる患者が増え

た，という記事を掲載した新聞もあった(192)．

これに対して『東京二六新聞』のライバル紙であった『万朝報』は，「大地震襲来は浮説」とする記事を1月24日に掲載した(193)．この記事は大地震襲来の浮説がいたるところで飛び交っているが，「是れ実に飛んでもなき事」で，「今村博士も余程迷惑し居らる」と述べた上で，大森の意見を紹介している．大森はこのなかで「地震の予知といふ事は今日の処ではとても出来ず，だから有るとも無いとも云はれぬが，従来の歴史から得たる統計によって見ると東京付近には急には起こるまじ」「小さい地震の沢山ある翌年には大地震なし…昨年は非常に多く〔明治〕37年の155回以上なりし，如斯いふ有様故左様狼狽を喰ふにも及ぶまじ」などと述べ，騒ぎの沈静化に努めている．今村説については，地震はいつ起きるかも知れないので「読者諸君は今村博士の予防法を心得置かざるべからず」と述べているだけで，批判らしきものはうかがわれない．

実は大森も1903年に発表した論文で，東京で大地震が起きれば大変な事態になると考え，起こり得る地震に備えて家屋や道路橋，水道管，ガス管などの耐震対策に費用を惜しむべきではない，と警告したことがあった(194)．大森は，この論文で東京（江戸）は平均約28年ごとに大地震が起きており，今後幾年かの後には東京にも大地震があるであろう，と述べ，「之ヲ思ヘバ転々寒心ニ堪ヘザルナリ」とさえ書いている(195)．そして大地震としては，1855年の安政の江戸地震と同じ程度のものを考えるべきであり，そのような地震が起これば，地盤が悪い下町ではレンガ造の家屋はすべて全壊し，木造家屋の1割が全壊する．橋の橋脚や電線，水道管，ガス管にも大きな被害が出る，などと警鐘を鳴らしていた(196)．

ところが大森の姿勢は1月末に一変する．地震に対して社会の関心が盛り上がっているのに目をつけ，今村の『地震学』を出版した大日本図書が1月30日にこの本の広告を各有力新聞に出したのである(197)．この広告は「東京地方は今より約50年以内に一大激震の襲来のあるべきこと学理上争ふべからざる事実なる…帝国々土の住人請う早く本書を購読して必然来るべき禍災に備へよ」などと述べ，読者の危機意識をあおることによって，本を買わせようとの意図が見え透いていた．今村が自分を差し置いて『地震学』を出

版したことに対して，内心穏やかではいられなかった大森は，この広告によって不快の念を一層かき立てられたに違いない．

　大森はこの直後に「大地震の襲来浮説に就きて」との小論文を『読売新聞』に寄稿した(198)．この論文は「今より約50年のうちに東京に激震起こりて20万人の死傷者を生ずべしとの浮説，一たび現はれしより，帝国大学専門家の学説なれば間違い有るまじなどと唱へ，幾多の新聞紙にも記載され，其の結果世人に恐怖心を抱かしめたること少々ならざる」で始まり，「地震国に住する人をして，常に地震に関する注意を怠らざらしむるは最も望ましき所なれども，今回の如くに大騒ぎを為さしめることは避けざる可からずと愚考す」と，筆を執った理由をまず説明する．次いで，東京（江戸）で被害があった地震は江戸開府以来1894年までに1703年（元禄16年）の地震など18回を数えるが，このうち元禄の地震は小田原の被害が大きく，真に東京の大地震といえるのは1855年（安政2年）の1回きりであり，東京が大きな震災に見舞われるのは平均数百年に1回と見なしてよい，と主張した．そして「安政以後50年を経たれば今にも東京全市が全滅する程の大地震が襲来すべしなどと想像するは全く根拠無き浮説なりと謂わざるべからず」と，今村説を暗に批判した．

　その後騒ぎは沈静化するかに見えたが，2月23日夕，24日朝と続いて強い地震が起きた．24日午前9時すぎに起きた地震は，東京湾付近を震央とし，東京では揺れに先立って「ゴー」という大きな音がし，揺れが4分あまりも続いた．24日午後には何者かが，中央気象台の名前をかたって，「午後3時から午後4時までの間に大地震が襲来する」との警報を衆議院や大蔵省，法務省，米国大使館，保険会社などに電話した．このデマは瞬く間に伝わり，国会や各政党の会議は中止になったほか，図書館や学校などは大混乱し，日比谷公園などには避難者が多数集まった(199)．大森はこの騒ぎに対して，24日朝の地震は余震もなく，大地震の前兆と見なす理由はない，などと説明する一方，「現今地震学の程度にては，何年の何月に大地震ありなど，若くは何時と何時との間に大地震有るべしなどと予知するは全く不可能の事なれば，今後とて浮説有るも少しも信ずるに足らざるは勿論なり」と新聞各紙にコメントした(200)．

大森の今村批判は，この騒ぎで本格化した．大森は『太陽』の1906年3月号に「東京と大地震の浮説」と題する論文を書いたのをはじめ(201)，各新聞や震災予防調査会報告(202)でも『太陽』とほとんど同じ内容の今村説批判を展開した．

「東京と大地震の浮説」で大森は，冒頭で「元来不完全なる統計に依れる調査を基として，間違無く将来の時日を予知し得べきにも非ず．東京激震の説の如きも，結局地震の起これる平均年数より生じるものなれば，学理上の価値は無きものと知るべきなり」と主張した．そして，東京に大地震があるのは平均数百年に1回であり，安政2年の大地震の際でも全市が全壊・全焼したわけではないので，「無暗と恐怖心を抱くには及ばざるべし」などと述べ，今村説を「根拠無き空説」「浮説」「取るに足らざる」などと批判した．

大森はまた，たとえ今後東京に大地震があると仮定したとしても，その震源は東京の直下になることはない，との考えも付け加えている．その後も大森は，東京直下では安政2年の江戸地震のような破壊的地震が起きることはない，との考えを再三語った．その根拠として，大地震は同じ場所で繰り返すことはない，との「地震地帯の原理」をあげた(203)．大森は，科学者としての責任よりも，震災予防調査会の幹事という行政官の責任を重視し，社会の不安解消を優先したのであった．今村は，大森の筆鋒の鋭さに沈黙するほかなかった．今村は関東大震災の後，「〔大森〕先生は民心鎮静の犠牲となられた」と記している(204)．

大森と今村の3つ目の論争は，1915年11月に房総半島を襲った今でいう群発地震をめぐって起きた．群発地震は千葉県一宮付近を震源として11月12日午前3時過ぎの強震から始まり，同日だけで東京でも人体に感じる地震が5回，無感を含めると35回の地震があった．13日は静かであったが，14日，15日も有感・無感合わせて7回の地震があった．16日午前10時半頃に最も強い地震が起き，香取郡万歳村の小学校の裏山の崖が崩れ，児童5人が生埋めになり，負傷するなどの被害が出た．地震はその後も続き，16日だけで有感・無感計23回の地震があった．17日の2回の地震を最後に群発地震は収まった(205)．

大森は11月10日に京都で行われた大正天皇の即位式とその関連行事に出

席するため，出張中であった．留守番をしていた今村は，新聞記者への対応に追われた．12日の地震の後，今村は「一連の地震は最初の地震の余震であろう」とのコメントを出した．16日の地震の後には，「大地震はあるまいと思ふが，万一の用心に火の元などは十分に注意しておく方がよろしい」などと答えた(206)．

1915年は1855年の安政江戸地震から60年目に当たっていた．東京での有感地震が平年に比べて倍近くも多い上に，連日の地震騒ぎも加わって，世間では「地震の活動期は60年おきにやってくる」「明日の午後5時から6時までの間に大地震が起きる」などとのうわさが広まった(207)．今村の16日のコメントは，こうしたうわさを半ば肯定したものと受け取る報道もなされた(208)．

20日に帰京した大森は，今村の報告を聞いて「市民に無用な不安を与えた」などと叱責した．そして「大地震の60年周期説は論拠を欠く」「房総半島では1904年7月などにも小地震が頻発した例があるが，大地震には至らなかった」「今回の地震群も，地震の数が次第に少なくなる傾向があるので，『前き揺れ〔前震〕』の性質を備えていない」などとの"安全宣言"を千葉県や新聞各紙に発表して，事態の収拾に努めた(209)．

今度は今村も黙っていなかった．大森の叱責に対しても反論したという．今村の後の回想によれば，今村が悩んだのは，1703年の元禄地震の東西両側ではまだ大きな地震が起きてはおらず，一連の地震はその大地震の前震である可能性が捨てきれないからであった．これに対して，大森は「大地震の前震は自分自身の余震を有しない．それ故に，今回のように余震を伴った地震は大地震の前震ではない」と説明した(210)．

今村は論文を書いて反論した．この論文で今村は，顕著な前震を伴った1854年の伊賀上野地震，1872年の浜田地震，1896年の陸羽地震，1905年の伊豆大島付近の地震の例をあげ，これらの前震にはいずれも余震があったと主張し，「余震ノ有無ヲ以テ両者〔前震と群発地震〕ヲ区別スルコトハ寧ロ困難」と述べている(211)．この論文は1916年5月に書かれたのに，『震災予防調査会報告』に掲載されたのは1920年12月になってからであった．

今村は東京や大阪で大地震が起きた場合を想定して，震度予測図をつくっ

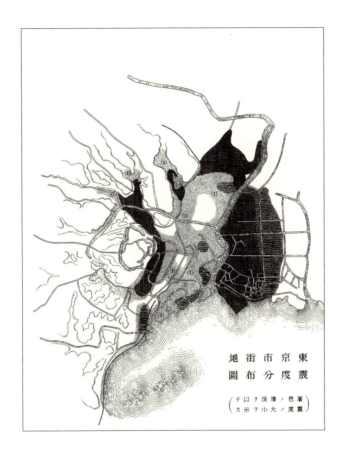

図2-5 今村明恒が作成した，東京で大地震が起きた場合の震度予測図
震度の大小が色の濃淡で示されている．色が濃いほど震度が大きくなる．
（今村明恒「東京大阪両市街地ニ於ケル震度ノ分布」『震災予防報告』77号（1913年），27頁より）

た(212)．今村は，大地震の際の東京の震度は，震源がどこにあるかよりも，各地点の地質構造によって決まると考え，室町時代につくられたと称される古地図や『江戸名所図会』『東京地理沿革誌』などの地理書をもとに，東京を洪積層，沖積層，埋立地に区分した．そして，洪積層の高台の震度を1として，洪積層と沖積層の中間地域の震度は1.5倍に，沖積層は2倍に，埋立地は3倍になると想定して地図を色分けした（図2-5）．こうしてできあが

った震度予測図を 1855 年の安政江戸地震の被害状況と比較してみると，きわめてよく一致することから，今村は「今後ノ大震二際シテモ東京ノ市街地二於ケル震度ノ分布ハ大抵斯クノ如キモノナラン」と述べた(213)．この震度予測図が発表されてから 10 年後に起きた関東大震災の被害分布は，この予測図とよく似たものになった．

　先に述べたように大森も，"東京大地震"に無関心であったわけではない．1906 年 4 月に起きたサンフランシスコ地震の現地調査から帰った大森は翌年，得られた教訓を東京の地震防災に生かすべく論文を書いている(214)．サンフランシスコでは地震後各所から出火，送水管が壊れたことや消火活動による送水圧力の不足のために，十分な消火活動ができず大火災になった．この論文で大森は，消火用の水は水道水だけに頼らずに，井戸水や河川，海水なども利用できるような方策を考えておくことが重要である，と述べている．出火の原因は電気やガスによるものが多かったことから，被災地域では電力やガスの供給をただちに停止すべきである，とも主張した．また，保管していた化学薬品のビンが壊れるなどしたために発火したケースも多かったとして，化学薬品からの出火に注意を促した．さらにサンフランシスコ地震では，火災保険を支払うかどうかをめぐって紛争が多発したが，日本の一般的な火災保険契約では，火災の原因が地震であった場合には保険金が支払われないので，日本では地震保険を創設するのが望ましい，とも述べている．

　大森はまた 1920 年に，「水道鉄管ノ震害二就キテ」との論文を書き，地震後の防火用水，飲料水を確保するため，地震が起きても水道管に被害が出ないようにすることが重要である，と説いた(215)．被害を少なくするための対策として大森は，水道管に使われている鋳鉄管の厚さをできるだけ厚くすること，東京で使われている水道管の鉛継ぎ手は，地震動で簡単に管が抜け出すので，抜け出しにくいフランジ式か，ネジ継ぎ手に換えること，水道管はできるだけ地下深くに埋設すること，などを提言している．

　大森は，地震後の災害として火災が最も恐ろしいことを認識していたとはいえ，大地震は天気晴朗の日に起こることが多いので，消火用水と消防力が十分であれば，昔に比べて道路が広くなったこともあり，極端に延焼を恐れることはない，ともしばしば述べていた(216)．大森はまた，イタリアやイン

ドなどで見られる石を積み上げただけの家屋に比べ，日本の木造家屋の耐震性は高いので，日本では将来どのような大地震が起こったとしても死者の数が5万人を超すようなことはない，とも書いている(217)．

関東地方では1921年末頃から，M6-7程度の地震がしばしば起きるようになった．1921年12月8日に起きた地震では，東京は1894年6月以来の強い揺れに見舞われ，玉川上水の配水管が破損したため，東京市内の水道が断水するなどの被害が出た．中央気象台は，この地震の震源地を「江戸川流域千葉県松戸付近」と発表した．これに対して東京帝国大学地震学教室の大森は「震源地は鹿島灘」と発表したので，新聞各紙は両者の食い違いを面白がり「震源地は何処」「震源地争い」などと報じた(218)．この地震の震央は現在では，茨城県南部とされている．

「震源地争い」が生じたのには，以下のような事情があった．中央気象台はそれまで，各測候所の観測データを帝大地震学教室に送るだけで，震源地の決定とその発表は大森に任せていた．ところがこの地震の日は，中央気象台地震掛主任の中村左衛門太郎が西欧の地震観測事情視察のため，中央気象台長らと出張中で，地磁気観測所長の国富信一がその代理を務めていた．国富はこうした習慣があるとは知らず，独自に震源地を計算して，勝手に発表してしまったのである．新聞報道にあわてた国富は，海洋気象台長の岡田武松（1923年から中央気象台長）に相談したが，岡田は帝大が震源地を決定していることに不満をもっていた．「これ幸い」と考えた岡田は，今後も気象台が震源地を決定・発表するよう，逆に国富を励ましたという(219)．以来，中央気象台と大学が別々に震源地を発表するようになり，それが食い違うたびに「また震源地争い」と大きく報じられた(220)．「震源地争い」は，大森の後を継いで教授になった今村が定年退官した1931年まで続いた(221)．

1922年4月26日午前に浦賀水道付近を震源に起きた地震は，横浜で測候所開設以来最大の揺れを記録し，家屋などが倒壊して，横浜と東京でそれぞれ死者が1人出た．最新の耐震建築とのふれ込みで建築中であった東京の丸の内ビルディングも，外壁のところどころに亀裂が生じるなどの被害が出て話題になった(222)．5月9日にも，茨城県南西部を震源にやや強い地震があった．強い地震が続くことや，気温が平年に比べて高いことも手伝って，

人々の間には大地震への不安感が高まった．これに対して，大森は新聞のインタビューに答えて，安政2年のような破壊的地震は同一地点で繰り返して起きることはないので，東京で将来地震が起きるとしても，震源は東京の直下にはなく，被害は1894年6月の明治東京地震の程度で止まる，などと不安を打ち消した(223)．大森は1922年に『東洋学芸雑誌』に寄稿した「本邦方面に起るべき今後の地震」でも，ほとんど同じ考えを述べている(224)．

1923年に入ると，5月に相模灘を震源とする地震があったのを初め，鹿島灘を震源とする地震が6月3日までにM6を超えるものだけで6回も起きた．最も大きかったのは6月2日に起きたM7.3の地震であった(225)．このときは大森が旧満州に出張中であったため，今村が新聞記者との応対に当たった．今村は「地震は沈静に向かう」「少しも危惧するに足らないと思ふ」などとコメントしている(226)．今村の脳裏には，やはり大森の留守を預かっていた1915年の房総半島での群発地震の際の苦い思い出が浮かんだに違いない．

大森は，関東地震の前兆とも受け取れる地震活動の活発化に際しても，民心の鎮静に心を砕いた．責任あるものは民心の鎮静に力を注ぐべきである，という見解は彼一人のものであったわけではない．1914年の桜島の大噴火の後に起きた論争を見ると，大森のこうした見解が同時代の人々の間である程度共有されていたことが知られるのである．

桜島では1914年1月12日午前，山腹から大噴火が始まった．住民58人が亡くなったほか，桜島はこの噴火で大隅半島と陸続きになった．鹿児島では11日未明から地震が起こり始め，その回数，震度ともにしだいに激しさを増し，11日夜からは鳴動も伴うようになった(227)．噴火の前兆ではないかと不安を持った東桜島村長が11日午後8時頃に測候所長の鹿角義助に電話で問い合わせたが，鹿角は「恐らくは斯かること〔桜島火山異変〕無かるべし」と答えた．鹿角は12日午前8時に桜島5合目付近から白煙が上がっているのを見て，異変に気付き，警察などに急を告げた．噴火はその2時間後に始まった．

こうした鹿児島測候所の対応に批判が起きた．測候所はもっと早く適切な情報を出せたのではないか，という批判である．鹿角は，噴火は必ず地震を伴うが，地震があったとしても噴火にはいたらない場合も多い，軽々に警告

を発して後に嘲笑を買うよりは，もう少し経過を見ようとした．そもそも地震予知や噴火予知の問題はきわめて難しい問題であり，気象が専門の一技術者の口を出すべきことではない，などと弁明した[228]．この鹿角の弁明にも批判は収まらず，鹿角は多度津測候所の所長に異動になった[229]．

　この鹿角の擁護に立ったのが1941年に中央気象台長に就任する藤原咲平であった．藤原は東京帝国大学物理学科を卒業して，中央気象台に入って6年目であった．藤原は「鹿角義助君の為に弁す」との論文を『気象集誌』に投稿し，現在の地震学では震源の決定さえ誤りを犯す程度であるから，前震から噴火の有無を判断するのは難しい，無能なのは鹿角ではなく地震学である，などと鹿角を弁護した[230]．そして「人智は浅薄なり，災害の来るを知らしむる事必しも災害を軽減する所以に非ず」「職に当るものは寧ろ天災を否定する共，騒擾を醸成する言を避けざる可らず」などと述べた上で，もし噴火が的確に予知できた場合には官憲に救助の準備を急がせるが，公衆には決して生命等の危険がある旨を語るべきではない，的確に予知できない場合には，「予言」は一切すべきではない，などと主張した．藤原は，自らのこうした考え方の正当性を裏付ける論拠として，「大森博士は未だ嘗て一回も『大爆発の惧あり急遽避難せよ』等の言をなされたる事はあらず」などと，大森の言動をあげたのであった．

2.6　大森と今村の東京大地震予知論争

第3章 関東大震災と地震研究所

　日清戦争，日露戦争に勝利し，列強の一角に加わった日本は，1914年から始まった第1次世界大戦にも連合国の一員として参戦した．第1次世界大戦で戦場にならなかった日本は，空前の好景気にわいた．同時に，「富国強兵」の旗印の下につくられてきた国家や政治制度のあり方を問い直そうとする動きも活発になった．「普通選挙」「デモクラシー」「社会主義」などといった言葉が流行語になり，社会の改造を目指して全国水平社など新たな団体や雑誌が創立・創刊された．この時期は大正デモクラシーの時代とも呼ばれる(1)．その最中の1923年に首都を直撃したのが関東大震災である(2)．

　関東大震災は約10万人の死者を出した上に首都機能をほとんどマヒさせ，日本の社会に大きな影響を及ぼした．「忠君愛国」路線と「デモクラシー」路線が拮抗するなかで起きたこの地震は，国民に大きな不安と混迷をもたらし，国家主義的な考え方が強まる転機になった，といわれる(3)．震災復興事業に伴う国家財政の膨張は，1927年の日本の経済恐慌を招き，満州事変（1931年）へと突き進む誘因になった，との指摘もある(4)．

　地震学も大きな影響を受けた．これほどの大地震であったのに，なぜ予知できなかったのか，予知できていれば，もう少し被害は少なくてすんだかも知れない，などとの怨嗟の声が，東京帝国大学の大森房吉を中心にして進められてきた地震学に向けられた．そして，地震を予知するには，地震現象を物理的に理解することが重要であるとの声が高まり，地震研究所が設立された．とはいえ，基礎的な研究がすぐに地震予知に結び付くわけではない．今村明恒らを中心に，前兆に基づいて地震を予知しようとの研究も盛んに行われた．同時に，日食や月食の日時を予測するのと同じような方法で地震を予

知するのは原理的に不可能である，との地震予知不可能論も寺田寅彦らによって唱えられた．

3.1 関東大震災とその惨状

1923年9月1日の午前，東京・本郷の東京帝国大学地震学教室に出勤した助教授の今村明恒は，北海道・樽前火山で8月末に撮った噴火や噴煙の写真を整理していた．教授の大森房吉は，オーストラリアで開催中の第2回汎太平洋学術会議に参加するために出張中であった．正午前，大地がかすかに揺れ始めた．今村はいつものように椅子に腰を下ろし，初期微動が何秒続くかを頭のなかで数え始めた．初期微動の継続時間は12秒であった．主要動が到達すると，揺れは一段と激しくなり，建物はガタガタと大きな音を立て始め，屋根瓦が地上に落下する音が聞こえた．揺れは一向に収まらなかった．今村はそのときの状況を「何だか大船に揺られて居る様な気持ちであった」と回想している[5]．

今村は約30分後，駆けつけた約20人の新聞記者を前に「震源は東京の南26里〔約102 km〕，伊豆大島付近の海底．東京では安政以来の大地震で，相模湾では津波を伴うが東京湾には津波の被害は及ばない」などと発表した[6]．中央気象台も地震からまもなく，「地震計が破損したので十分な調査は困難だが，震源は東京の北北東17〜18里〔約70 km〕の茨城県南部」と記者発表した．その後，南の横浜，小田原方面の被害の方が大きいことが伝わり，中央気象台は午後5時には「震源は東京から西南約20里〔約79 km〕の相模灘」と震源を訂正した[7]．現在では，この地震は関東地震と呼ばれ，その震源は神奈川県足柄上郡松田町付近の深さ25 kmとされている[8]．

この地震の被害は，神奈川県，東京府など関東1府6県だけでなく，静岡県，山梨県，長野県にまで及んだ[9]．内務省社会局がまとめた『大正震災誌』によると，被害世帯数は69万世帯，被災人口は340万人に達した[10]．東京よりも震源に近い横浜市では，神奈川県庁や横浜地方裁判所，グランドホテル，オリエンタルホテルといったレンガ造の建物がほとんど全部倒壊したほか，東京でも「十二階」として知られた浅草・凌雲閣など多くの建物が

壊れた．東京，横浜などでは大火災に発展し，市街地の中心部は焼け野原になった．三浦半島や伊豆，房総半島には津波が襲い，丹沢山地などの山間部では土砂崩れの被害も大きく，低湿地や埋立地では地盤の液状化も起きた．さらに地震の後「朝鮮人が暴動を起こそうとしている」などのデマが流され，多数の朝鮮人や中国人，それに朝鮮人と間違えられた日本人が自警団や警察などの手によって虐殺された．アナキストの大杉栄や社会運動家なども憲兵隊などによって殺された(11)．

　この地震による死者や行方不明者の数は，資料によってさまざまである．震災予防調査会の今村明恒の報告書によると，死者は9万9331人，行方不明者は4万3476人に上る(12)．一方，同じ震災予防調査会の中村左衛門太郎の報告書によると，死者は9万1802人，行方不明者は4万257人となっている(13)．他方，内務省社会局がまとめた『大正震災誌』「第1篇叙説」によると，死者は9万1344人，行方不明者は1万3275人とされている(14)．

　今村や中村の調査報告と『大正震災誌』の行方不明者の数が大きく異なっているのは，その調査方法の違いによる．すなわち今村や中村の調査報告では，死者数は発見された遺体の数とし，行方不明者の数は家族などから届け出のあった数を合計している．これに対して『大正震災誌』では，内務省社会局の指示で被災各市町村が1923年11月に国勢調査と同じような方式で戸別調査を行い，集計した数字を掲載している．

　今村や中村の調査報告にある行方不明者の9割以上は東京市で出ている．その東京市では，大火災のため性別が判別できないほど焼けた遺体が4万体以上もあった(15)．この事実から考えると，今村や中村の報告書にあげられている行方不明者の多くは，死者と二重に数えられている可能性が高い(16)．他方，内務省社会局による調査も震災直後の混乱した時期に行われたため，実態をどの程度正確に反映しているかという点に疑問が残る．したがって，この地震による死者（行方不明者を含めて）は約10万人としておくのが妥当ではなかろうか(17)．地域別では，東京府で約7万人，神奈川県で約3万人が亡くなった．これらの数字にはいずれも，虐殺された朝鮮人らの数は含まれていない．

　死者の9割近くは火災に伴うものであった．東京市では地震の後，98カ

所から出火した．地震が起きたのが正午前であったため，飲食店や食品製造所のかまどや七輪，ガスからの出火が計38件と最も多く，次いで一般家庭の台所のかまどや七輪，ガスからの出火が25件あった．大学の実験室など薬品を保管している場所からの出火も17件を数えた．このうち27カ所では火元で消し止められたが，残り71カ所からの火が燃え広がった(18)．

この日は台風が日本海を通過中で，それに吹き込む強い南風は午後には風速10m以上に達し(19)，火をあおった．当時の東京市の常設消防の装備は，6消防署にポンプ消防車を備えた消防隊が37隊あるだけで，同時多発火災のすべてに対応できる能力がなかった．川にかかる多くの橋が壊れて，通行もままならなくなった．消防隊がやっと火災現場にたどりつけても，水道管があちこちで破損し断水したために，十分な消火活動もできなかった．地震によって屋根から瓦が落ちた家屋も多かったために，火の粉が容易に家屋に燃え移り，飛び火による延焼も76件以上を数えた．さらに，避難した人々の多くが家財道具を道路や空き地などにもち出したために，これらに火が燃え移り，延焼を拡大させたことも大火災の一因になった(20)．火が完全に消えたのは3日午前6時頃であった(21)．神田和泉町や神田佐久間町のように住民の消火活動によって延焼が防がれた地域もあるが，日本橋区では区域面積の100%が焼失，浅草区，本所区，神田区，京橋区，深川区でも85%以上が焼けた．東京市の焼失面積は計34.7平方kmで，市域面積の44%に達した．焼失棟数は約21万9000棟を数える(22)．

横浜市でも地震の後，約300カ所から出火し，やはり強い南風にあおられて延焼した．宅地面積の約8割に当たる12.9平方kmが焼け，焼失棟数は約5万6000棟に達した．当時横浜にあった26カ国の領事館もすべて焼失した(23)．神奈川県小田原町，鎌倉町，横須賀市でも中心部がほとんど焼けた(24)．

火災に伴う死者の大部分は，こうした大火災によって生じた火災旋風に巻き込まれた人たちであった．火災旋風というのは，火災の際に発生する旋風である．当時はその発生のメカニズムがよくわかっていなかったが，現在では大規模な火災によって強い上昇気流ができているところに，水平方向から適当な風速をもった風が加わると，炎と煙を含んだ竜巻状の強い渦，すなわ

ち火災旋風が発生することが，実験によって確かめられている(25)．この旋風に人間が巻き込まれると，高温のために焼死したり，酸欠死したり，一酸化炭素中毒によって死亡したり，あるいは空中高く吹き飛ばされたりする．火災旋風は，古くは1657年に江戸で数万人が死亡した明暦の大火の際にも発生したと考えられている(26)．1943年7月のドイツ・ハンブルクの大空襲や1945年7月の和歌山空襲の際にも起き，それぞれ約4万人，748人が犠牲になった．1946年の南海地震に伴って起きた和歌山県新宮市の大火災の際にも，規模はやや小さいが，火災旋風の発生が報告されている(27)．

　震災後の調査では，東京では9月1日午後から2日午後にかけて計111カ所で火災旋風が起きたのが目撃されている(28)．横浜でも9月1日午後から夜にかけて計30カ所で火災旋風が起きた(29)．最大の惨事となったのは本所区の旧陸軍被服廠跡の空き地（現在は墨田区横網町公園）である．約6万平方mもあるこの空き地には，余震や火災から逃げてきた人々が次々に集まり，避難民は約4万人に達した．午後4時頃突然空が暗くなり，息もできないほどの高温の強風が襲った．間もなく避難民が運び込んだ家財道具に火がつき，あたりは瞬く間に火に包まれた．木の葉がくるくる舞い上げられるように，空中に吹き飛ばされた人もいた．空からは小石やトタン板などが降った．火災旋風は何回も方向を変えてはこの空き地を襲った．熱風は2時間ほどで収まったが，後には黒焦げになった死体の山が残された．その数は3万8000を超えた(30)．

　このほか東京では浅草区田中町小学校の校庭に避難していた1081人が焼死したのをはじめ，本所区横川橋北詰で773人など，1カ所で200人以上死亡した場所が計10カ所もある(31)．これらの場所の多くで火災旋風の発生・通過が目撃されている(32)．炎を避けようと隅田川などに飛び込んで溺死した人も5000人以上あった(33)．

　横浜でも伊勢佐木町吉田橋付近に避難した974人が焼死・溺死したほか，1カ所で200人以上死亡した場所が計5カ所ある(34)．吉田橋付近でも，多数の人が火災旋風の通過を目撃している(35)．一方，数万人が避難していた横浜公園（約7万平方m）では，火災旋風が2度襲ってきたが，付近の水道管が破裂して，公園の中央部には1m近くも水がたまっていたので，避

難民は水に浸って熱気に耐えることができ，そのほとんどが無事だったという(36)．東京から10 km以上も離れた千葉県の各地には，火災旋風などで空高く巻き上げられたと見られるトタン板や屋根板などが落下した(37)．

　震源に近い小田原や茅ヶ崎，藤沢，横須賀，それに千葉県の館山周辺などでは木造建物の全壊率が50％を超えた(38)．横浜では，神奈川県庁，横浜地方裁判所，横浜郵便局などが倒壊し，多数の圧死者を出した(39)．当時南京街と呼ばれた中華街もレンガ造の建物が多かったために，約2000人の犠牲者を出した．神奈川県内では火災が起きた場所以外で約5000人が死んだが，そのほとんどは建物の倒壊による圧死と考えられる．東京でも丸の内で建築中であった内外ビルディングが倒壊し，工事関係者約50人が圧死した．警視庁の調査によると東京で死因が明らかに圧死だと見られたのは約2000人で，中央気象台の地震掛長であった中村左衛門太郎は，火災がなければ今回の死者〔後述する津波や山崩れによる死者も含めて〕は1万5000人程度になったのではないかと推定した(40)．最近の諸井孝文らの研究によると，建物の倒壊による死者の総数は約1万1000人とされる(41)．

　中村はまた，各地の墓石や門柱などの転倒状況から，各地での最大加速度を推定した．それによると小田原付近で350ガル，鎌倉付近で310ガル，大磯付近で300ガル，東京・本所や深川付近で290ガル，千葉県富津や神奈川県三崎付近で280ガルであった(42)．

　静岡県熱海や伊東では，地震から約10分後には高さ数mの津波に襲われた(43)．津波の遡上高さは熱海で最大12 m，千葉県の館山付近で9 mなどもあり，鎌倉でも6 mに達した．津波による死者が最も多かったのは鎌倉で，民家111戸以上が津波に流され，200人以上の死者が出た．伊東でも約300戸，熱海では162戸がそれぞれ流失，地震や土砂崩れによる被害も含め計150人が亡くなった．静岡県宇佐美村（現在は伊東市）や房総半島南端の千葉県富崎村（現在は館山市）でも，それぞれ100戸前後の民家が津波で流されたが，住民たちはいち早く避難して，ほとんど全員が助かった．これらの村では，1703年の元禄地震の際の経験が伝承され，その教訓が生かされた，とされている(44)．

　丹沢山地や箱根，伊豆半島などでは山崩れ，土砂崩れが各地で起きた．な

かでも被害が大きかったのは熱海線（現在は東海道線）の通る神奈川県片浦村の3カ所で起きた山崩れである(45)．北側の米神集落では西に約3km離れた石橋山の一部が崩れ，流れ下った土砂が約20戸の民家を埋め，66人が亡くなった．米神集落から南に約1.5km離れた熱海線根府川駅付近でも西側の山が崩れ，駅に停車していた機関車を含めて9両編成の列車に土砂が襲いかかった．列車は後部車両2両を線路上に残して，海岸まで押し流された．この土砂崩れによって列車の乗客や機関手や車掌，駅周辺の住民ら計131人が亡くなった．根府川駅の南側にある根府川集落でも，西に約4km離れた大洞山の一部が崩れ，流れ下った土砂が67戸の民家を埋めた．この土砂崩れでは計289人が亡くなったとされる．

　地震後，陸軍陸地測量部が行った水準測量の結果，相模湾沿岸部や三浦半島，房総半島の南部などでは1m以上も地面が隆起しているのが見付かった(46)．すなわち相模湾沿岸部では土地の隆起量は藤沢で74.6cm，茅ヶ崎付近で104.7cmなどと西に行くほど大きくなり，大磯付近で181.9cm，二宮付近で201.2cmと最高になった．さらに西に行くと隆起量はしだいに小さくなり，小田原では121.2cm，静岡県網代では14.5cm，伊東では3.1cmになった．三浦半島の隆起量は鎌倉で85cm，葉山付近で94.2cm，三崎町油壺で139.0cmと半島先端部ほど大きくなっていた．房総半島では隆起量は千葉市付近で10.9cm，木更津付近で31.9cmと，南に行くほど大きくなり，富津付近では90.7cmで，先端部に近い九重村雑倉（現在は館山市）付近で181.5cmと最高になった．そこから東北に向かうと鴨川付近までは隆起量が100cm前後と変わらず，鴨川から東北に行くと隆起量がしだいに減少した．一方，川崎付近と千葉県船橋付近を結ぶ直線の北側では地面は沈降し，深川区の南部では38cmも沈降していた（図3-1）．

　地震に伴って生じたと見られる断層も，神奈川県三浦半島や房総半島などで計6カ所見付かった．三浦半島先端部の下浦村（現在は横須賀市）では，海岸沿いの長沢集落からほぼ東西に約1km延びる断層が見付かり，下浦断層と命名された．断層の南側が北側に対して1.5m〜30cm低くなっていた．房総半島では，国府村（現在は南房総市）の府中集落から東に延命寺の南を通って約3km延びる延命寺断層が見付かった．やはり南側が北側に対して

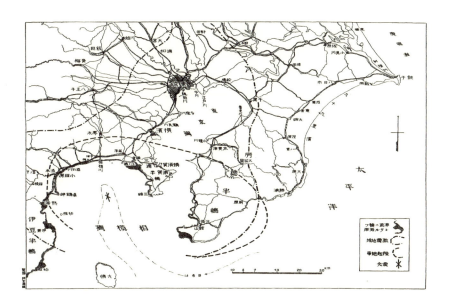

図3-1 関東地震によって激しい揺れに襲われた地域（1点鎖線の内側）と津波に襲われた海岸線（横細線で縁取り），それに地震後，隆起した地域（鎖線の内側）
（加藤武夫「大正12年9月1日関東大地震ノ地質学的考察」『震災予防報告』100号乙（1925年），2頁より）

1m程度低くなっていた(47)．

海軍水路部でも地震後，測量艦4隻を出して，相模湾一帯で海底の地形調査を行った．その結果，相模湾の海底地形が大きく変化したことが報告され，人々を驚かせた．すなわち，伊豆大島の北東側から北西に延びる最深部〔相模トラフ〕が100m以上も陥没するなど，最深部の南西側は陥没し，北東側は隆起し，数百mの高低差を生じたというのである．錘を船から下ろして深さを測量する当時の測量技術では，測量誤差が30m程度あった(48)．現在では，実際の海底の上下変動は10mを超えなかったと考えられており，測量結果は地震後に起きた地殻変動を過大に評価していたようである(49)．

地震動の観測結果や測量結果などをもとに，関東地震がどのようにして起きたかについて，さまざまな議論が行われた．そのなかでも注目すべきなのは，現在の震源や震源域という概念に近いものが，かなりの研究者の間で共

有されていたことである．中央気象台の技師・藤原咲平は，関東地震のメカニズムに関する種々の説を紹介した論文で，諸説のすべてが一致する点はないが，「震源区域は一点ではなく相当面積を持ったものであると云ふ考へは割合に大多数が共鳴して居られるようである」と書いている(50)．

一方，中央気象台地震係主任の中村左衛門太郎も，初期微動の継続時間から求められる震源は「地震ノ始マリタル点」を示すもので，地震活動がすべて終わるまでには相当の時間が必要である，と述べ，活動した部分を中村は「震域」と呼んだ．そして，今回の「震域」は相模湾北岸に近い陸上から，相模湾を横断し房総半島近くまで延び，北東に傾斜した断層であり，「震域」は震源から北東に向かって拡大し，この断層面を境にして北東部分が隆起したのが今回の地震である，との見解を示した(51)．中村は，断層の生成が地震の原因なのか，その結果なのかについては明確に述べているわけではない．

これに対して，東京帝国大学地質学科教授の加藤武夫は「今回ノ地震ノ原因タル断層モ此弱線ノ一部ニ起リタルモノナルベシ」などと，相模湾の構造線に生じた断層が今回の地震の原因である，と明確に述べた(52)．その論文によると，今回の地震で隆起した房総半島や三浦半島，湘南地方一帯は，長い間東西の方向に圧縮力を受け続けていたが，遂に地盤がそれに耐える限界を超え，地殻の弱い面に沿って「ズリ上リ断層（Thrust fault）〔逆断層〕」を生じたのが今回の大地震である．伊豆大島と平塚をほぼ南北に結ぶ深い海底溝は，この地殻の弱線の存在を示している，などと加藤は主張した．

現在では，関東地震はフィリピン海プレートと陸のプレートの境界面が，長さ約 130 km，幅約 70 km にわたって断層運動を起こし，陸のプレートの方が上方に最大 2 m，東南東に最大 9 m ずれ動いたのが原因である，と考えられている(53)．加藤の見解は，定性的には現在の地震像と一致していた．

関東地震の原因については，ほかにも異なる見解が存在した．東京帝国大学地理学教室の教授・山崎直方は，関東地方は丹沢山地や房総半島などいくつものブロック状の地殻が寄せ集まってできており，これらが独自に運動をしていると考え，ブロック状の地殻を地塊と呼んだ．そして，今回の地震は，相模湾の海溝線に沿って南側の海底がほぼ垂直に 100 m 以上も陥落し，北側の海底は 100 m 以上も隆起した地塊運動であり，これに引きずられるよ

うにして三浦半島や房総半島などの地塊が隆起した，と主張した．三浦半島や房総半島に生じた断層は，異なる地塊の接合線である，とも述べている．また，房総半島は少なくとも4回隆起したことを示す地形が東南海岸に残されていることから，このような地塊運動＝大地震は有史以前から何回も繰り返されてきており，今回の大地震もその1つにすぎない，と主張した[54]．山崎の唱えた地塊運動説は，1920年代後半から1930年代にかけて大きな影響力をもつことになる．

　東京帝国大学物理学科の教授・寺田寅彦は，相模湾での水深測量の結果は測定の誤差をはるかに上回っていることから，実際に海底が大きく陥没したと考えた．そして，ドイツの気象学者ヴェゲナー（Alfred L. Wegener）が提唱していた大陸移動説などをもとに，その原因を論じた．ヴェゲナーは，深海底は著しい流動性をもつシマという物質でできているのに対し，大陸はシアルという軽い物質でできており，大陸はシマの上に浮かんでいるために移動できると考えた．そして，西に移動してゆくアジア大陸から取り残されてできたのが日本列島である，などと主張していた．寺田はこの考えに従って，今回の大地震も陸と流動層（深海底）との相対運動の結果と理解すれば，日本列島の東端部に位置する太平洋岸が隆起し，相模湾の海底が沈降した事実を説明できる，と主張した[55]．

　一方，京都帝国大学地質学科の教授・小川琢治は，関東地震は激震地域が広大であったことから，その震源は深くなければならないと考えた．そうした深部では岩石は弾性を失うために断層を生じるのは不可能である，などとして，断層地震説を批判した．そして小川は，岩漿〔マグマ〕帯と地殻との境界付近に地下深部から上昇してきた岩漿が大量に注入された結果，地殻下部に急激な割れ目を生じたのが今回の地震である，と主張した[56]．岩漿の移動が地震の原因であるとする「地震＝岩漿流動」説もやはり，1920年代から30年代にかけて大きな影響力をもつことになる．

　関東地震の前兆ではないかと考えられた異変も報告された．世間の注目を集めたのは熱海温泉の大湯である．大湯は1日6回，間欠的に蒸気と湯を噴き上げる温泉として有名であったが，明治時代半ば頃から次第に噴出量が減り始め，1922年12月末には自噴が止まってしまった．付近の温泉の汲み上

げ量を制限したところ，23年5月頃から1日数分〜十数分間，自噴を再開するようになった．ところが地震前日の8月31日には，自噴が40分間も続くので，奇異に感じた人が多かった．大湯の自噴は地震の後，さらに活発になり，1日4回も噴出するようになったが，翌年に入ると次第に衰えていった．湯河原や伊東などの温泉も地震の後，湯量が増えたところが多かった．また，品川などで地震前に井戸水が涸れた，濁ったなどとの報告もあった(57)．

　一方，東京帝国大学地震学教室の助教授であった今村明恒は，関東地震の前兆の1つとして，1921年頃から外側〔太平洋岸〕地震帯の活動が活発になっていたことをあげている．その中でも1923年5月末から6月3日にかけて鹿島灘を震源として起きた十数回の地震は世間を不安がらせた．この時今村は「地震は沈静に向かう」などとコメントしたが，関東地震の後には「注意スベキコトデアッタ」と反省している(58)．

　今村がもう1つの前兆としてあげたのが，それまで沈降を続けてきた三浦半島が1919年頃から隆起に転じていたように見える，という観測事実である．今村はその根拠として，三浦半島先端部の油壺や牡鹿半島の鮎川，紀伊半島先端部の串本，日本海沿岸の輪島などの潮位計での観測記録をあげている（図3-2）．これを見ると，油壺の潮位は1900年以降1919年までに約15 cm上昇（地殻は沈降）したが，1919年から1922年にかけては5 cmほど低下（地殻は隆起）したことがわかる．一方，鮎川や串本では1919年以降は大きな変化は見られない．さらに図には示されていないが，今村によれば1923年7月になってから潮位の低下は著しくなり，8月には6月に比べて少なくとも8 cmも低下した，という．これらの事実から今村は，三浦半島の先端部は1921年以来，隆起し始め，その傾向は大地震直前にはさらに顕著になり，ついに地震が起きて土地が急激に隆起したものである，と主張した．そして，「大地震ノ講究ニ最モ力ヲ尽スベキハ，原動力ノ準備ガ出来テ居ルカ否カヲ捉ヘルコトニアリト思フノデアル」と，地震を予知するには気圧や降雨量の変化などの副原因よりも，原動力の状況監視が重要なことを訴えた(59)．

　2.5節で紹介したように，今村は1872年に起きた浜田地震の現地調査によ

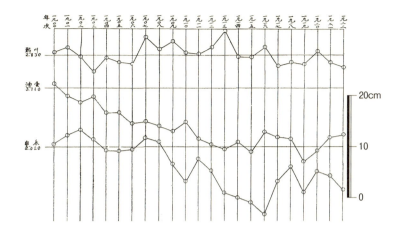

図3-2 関東地震の前の鮎川（宮城県），油壺（神奈川県），串本（和歌山県）での潮位の年間変動から見た地殻の上下変動
　油壺では1900年以降約15 cm沈降したが，1919年から22年にかけては5 cmほど隆起したことがわかる．
（今村明恒「関東大地震調査報告」『震災予防報告』100号甲（1925年），57頁の図を一部改変）

って，地震直前に陸地が隆起したとの証言を多数得ていた．三浦半島での潮位計の観測記録によって，関東地震の前にも陸地の隆起が確認された，と今村は考えたに違いない．以来この観測事実は，地震の前兆の1つとして研究者にしばしば引用されるようになる．しかし1970年代に入って東京大学地震研究所助教授であった津村建四朗は，三浦半島で1919年頃から見られた潮位の低下は地震の前兆とは考えにくいことを明らかにした(60)．

　関東地震の前兆として有名になったもう1つは，東北帝国大学で観測された地電位の変化である．同大学地球物理学教室の講師・白鳥勝義は大学構内で南北に10 m，東西に10 m離した3点に，直径2 cmの銅板に亜鉛めっきを施した電極を1 mの深さまで埋め込み，電極間の電位差を測定していた．すると，9月1日午前10時頃から，南北方向の電位差が減少し始め，地震とともに急激に増加した（図3-3）．東西方向の電位差も午前11時頃から増加し始め，地震の直後に最大になったという(61)．

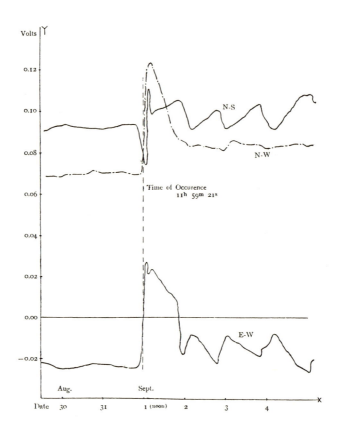

図3-3 関東地震前に東北帝国大学で観測された地電位の変化
　南北（N—S）方向の電位差は9月1日午前10時頃から減少し始め，地震直後からは増加に転じた．一方，東西（E—W）方向の電位差は地震の直前から増加し始め，地震直後に最大になった．
　(Katsuyoshi Shiratori, "Notes on the Destructive Earthquake in Sagami Bay on the First of September," *Jpn. J. Astron. Geophys.*, 2（1924），p. 187 の図を一部改変)

3.2　大森地震学への批判と地震研究所の設立

　関東大震災の後，大森房吉を始めとする地震学の研究者と地震学は世間の厳しい視線にさらされた．最もよく見られた批判は，「あれほどの大震災をなぜ予測できなかったのか」というものであった．たとえば，物理学者・石

原純は「今度の地震に遭った誰しもが多分一度は感じたことでせう．『あの日食や月食が予めちゃんと判るやうに，又せめても毎日の天気予報がまだ不充分ながらも出されるやうに，若しこんな地震が予知されることが出来たなら』と，さうして現在地震学と云ふものが成り立っていることを聞くと，すぐにそれが実際に役立たないのを思って，地震学を呪ふに至るものさへあったでせう」と書いた(62)．

　地震後，被災地を2カ月調査した京都帝国大学地質学科の教授・松山基範も「其間〔調査の間〕至る所で耳にした事は，あれほどの大事変の起るのを地震学者がせめて5分間でも前に知る事が出来なかったかといふ痛罵であった」と2年後に回顧している(63)．

　東京帝国大学地震学教室の教授・大森房吉は先述のように，第2回汎太平洋学術会議に参加するためにオーストラリアに出張中であった．批判の矢面に立たされたのは助教授の今村明恒であった．今村は，自分はかつて雑誌『太陽』などで，東京で大地震が起きると火災によって十万を超える死者が出る可能性がある，と警告した事実を新聞記者に話した．この話を聞いて，たとえば『東京日日新聞』には「地震来ると発表して迫害された　今村博士はかう語る」との見出しで，「帝大地震学教室今村明恒博士は明治38年『地震学』と題する一書を著し大森博士に反対して『地震地域内にある東京市は平均百三年で大地震がある，現在の建物並びに水道設備では全土焦土と化するであらう』といったので，大森博士を初め都下の新聞紙から攻撃を受け一世の物議をかもした結果，博士の学説は何等顧みられずして今日に及んだが，今回の大災害で全く博士の予言を裏書したこととなった」などとの記事が掲載された(64)．

　この記事はさらに，今村の談話として「市民はことごとく神経過敏となり不安と恐怖の絶頂にあるから〔学説を〕取り消せと大目玉を頂戴したが私は遂に取り消さなかった．取り消さぬばかりか職を賭しても学説の為にたたかはうと思ったのだが，余り攻撃がはげしかったのでそのまま沈黙をつづけたのである．あの時職を賭しても私の学説を主張し市民に警告しておいたなら斯くの如き大惨害にはならなかっただらうとかへすがへすも残念でならない」「私の学説が的中し大森さんの学説が敗れたのはなんたる不幸なことで

せう」などと続いていた．

　今村は，海外出張中の大森に代わって，大森が兼務する震災予防調査会の会長兼幹事の代理を任されていた．震災予防調査会の事務局が焼失したため，今村は仮事務室を地震学教室内に置き，調査会として震災調査を開始するために委員たちと連絡を取り合った．そして9月14日の委員会で，震災調査計画とその分担が決まり，組織的な調査が始まった[65]．この調査は2年後に『震災予防調査会報告』100号甲～戊の計6冊（丙は上下2冊）にまとめられた．

　今村は一躍「時の人」に躍り出た．たとえば『読売新聞』は，「はやりっ児　今村明恒博士」と題する今村の紹介記事を上下2回に分けて掲載した．そして「今村さんは今迄ずいぶん不遇でいた．帝大助教授古参の筆頭で口の悪い仲間から『万年助教授』などと綽名され」ていたことや，書がうまく，将棋は田舎初段級の腕前で，酒も好きで，一杯入ると義太夫をうなり出す，などと今村の気さくな人柄を紹介した[66]．

　一方の大森は，苦しい立場に立たされた．たとえば慶応義塾の経済学者・堀江帰一は「東京に周期的に地震の起ると云ふ学説が伝はらなかったればこそ，地震に対する東京市民の警戒が皆無と為り，遂に今回の如き大惨害を現出したものと云へる．今村博士が自説を伝へなかったことも遺憾であるが，博士をして斯る態度に出でしめることを強要した者の罪に至っては，甚だ大なりとせざるを得ない」などと暗に大森を批判した[67]．

　その大森は1923年9月1日，シドニーのリバービュー天文台を訪れていた．現地時間の午後1時9分，大森が天文台の地震観測室を見学していると，地震計の描針が大きく動き出した．大森は地震が東京付近で発生したことを知って，急遽船で帰国の途についた[68]．途中，船はホノルルに立ち寄った．この時船を訪れた新聞記者に大森は「今度の地震は昨年4月東京に強震のあった際，予は早晩大地震のあることを予測したがその余りに早かったことを悲しむ．…災害の大なりしは火災のため故，水道を完全にすることが急務である．予は先年桑港震災の実例に鑑み之を当局に建議し又後藤市長にも建言した．横浜の如きは殊に此点が不完全だったことを遺憾とする」などと語った[69]．

大森を乗せた船は10月4日に横浜に着いた．大森の留守中に起きた諸事を報告するために船室を訪れた今村に対し，大森は「今度の震災につき自分は重大な責任を感じて居る．譴責されても仕方はない，但水道改良につき義務を尽くしたことで纔〔わずか〕に自ら慰めて居る」と語ったと伝えられる(70)．大森の体調は悪く，すぐに車で東京帝国大学病院に運ばれたが，11月8日に脳腫瘍のため亡くなった．55歳であった．

　人気者に躍り出た今村に対しても，批判があった．それは，今村が行った東京大地震の予測も，過去に起きた地震の史料をもとにした「統計的」なもので，科学的なものとはいえない，というのであった．それは今村に対する批判というよりも，これまでの地震学のあり方に向けられた批判というべきかも知れない．

　たとえば東北帝国大学の地球物理学教室の教授・日下部四郎太は「明治初年以来，我が日本の地震学者間に採用された主義は，…地震史料に基づきて，統計地震学を築き上げ，某地に何年間に幾回の大地震ありたるが故に，其平均周期は何年に成る．従って，今後幾年の内には大地震ある者と見られると言ふ如き種類の予言を致して居ります．然るに斯くの如き方法は，科学の発達せる今日に於て，何等の価値ありとも認められるべき者でないと云ふことは，著者の説明を待たずして明らかな筈と思はれます」と従来の地震学の研究方法を批判し，今後は物理学的な因果律に基づいて地震を予測することを目標に，研究を進めるべきである，と説いた(71)．

　日下部の師であった東京帝国大学物理学科の教授・長岡半太郎も「古来の地震記録を輯集して，其内容を解剖して取捨し，此処には何年目に地震が起る，彼処には何年を経て地震あるべしなど，…所謂当るも八卦当らぬも八卦と申すやうな予言で，世人をして五里霧中に迷はしめる嫌がある．過去の地震は参考材料として有益であるけれども，此方法のみに信頼するは未だ科学的ならざることは，誰も一致するであらふ」などと日下部の主張を全面的に支持した(72)．

　中央気象台長の岡田武松も「〔今村理学博士は〕明治38年に著述された『地震学』に『市民たるものは，今後50年位の間に，大地震の来襲することを覚悟しなければならない』と発表されている．之は時に関する地震の予報

と見れば見られんことも無いが，博士が50年位と云はれているに僅か20年も経たない内に大地震が起って仕舞った．今から見れば誠に有難い予報ではあるが，この程度ではどうも未だ一般の人の利用になる程度には距離がある」などと今村を批判した(73)．

こうした批判は今村には心外であったに違いない．地震史料によってわかるのは，地震がどのような場所で起きるかということだけで，いつ地震が起きるかを予測できないことは，彼自身が十分に認識していたからである．「時」の問題については，沈降を続けていた三浦半島が関東地震の前に隆起に転じた，という新しい観測事実が見付かり，明るい見通しが得られた段階であった．今村は大震災1年後に「今日の地震の予知問題に於いては，何所で起るであらうといふ場所の上の予知が研究半ばに達しているから，場所の予定がついた以上，特別な装置をして地震の何時起るかといふことを研究することが出来ようと思ふ」と書いている(74)．

一方で，日本は地震国といいながら，震災予防調査会に年間2万円程度の予算を割いてきただけであり，これでは地震学に多くを期待するのはそもそも無理がある，との批判・反省もあった．たとえば中央気象台の技師・藤原咲平は「自分はしばしば『あんな大地震であるのに其れが分らなかったといふ筈がない』…とか云ふて暗に地震学者に対する不満を相当思慮ある人から聞いたことがある．…此有名な地震国に只大森，今村，中村，須田の4人の外ない地震学者に余り多きを望む事の非なるを云ひたい．人間只5尺の身体のからくりを調べるのに何人の医者や生理学者が居ると思はれるか，…もっと金を出して地震学の研究者を少なくとも現在の倍位にしても善からうと云ひたい」と書いた(75)．

京都帝国大学の地質学科教授の小川琢治は各地の講演会などで，これまでの地震研究の問題点をあげ，地震研究のために新しい機関を設ける必要があることを説いて回った．いわく，濃尾地震の後に設けられた震災予防調査会は，創設以来何等の拡充も行われず，少額の予算で事業を進めるほかはなかった．全国の5帝国大学のなかで地震学教室があるのは東京帝国大学だけで，その地震学教室も専攻学生を収容する設備がないために，地震学を専攻したのは今村博士以外にはない．地震を観測する各地の測候所も各府県の経費で

支えられているために，地震計の設置場所や観測技術に問題があり，学者に利用されるような形で観測データが報告されてもいない．地盤の性質を熟知した上で地表に建設物をつくるべきなのに，日本の地質調査は目先の利益を優先して鉱山周辺に限られてきた．小川はこうした問題点を指摘した上で，1つの総合大学をつくるのに必要な位の経費を投じて，「地震観測及研究機関」を設けることを提唱した[76]．

地理学者の小林房太郎も，「一日も早く地震予知法の完成を期」すために，地震学，気象学，地質学，海洋学など幅広い分野の専門家を集めた地震研究所の設立が望ましい，と訴えた[77]．今村と京都帝国大学地球物理学科教授の志田順も，新しい研究機関の必要性を説き，それを大阪に設立する希望を語った[78]．

問題は新しい研究機関の性格である．1923年11月26日に開かれた震災後5回目の震災予防調査会では，今後どのような分野に力を入れるべきかについて，激論が交わされた[79]．今村は「地震調査研究の大発展を期する上に於て第一に着手すべきものは地震予知問題である」と論じた．そして研究所本体のほかに地殻の変化，潮汐の異常，地震波速度の変化などを観測するために全国数カ所に観測所を置く必要があり，設備費用として300万円が必要である，などと主張した．これに対して東京帝国大学物理学科教授の長岡は「地震予知問題を解決する前に地震そのものの徹底的研究が必要である」と今村に反対し，大陸は1年間に5cmも移動していると説くヴェゲナーの大陸移動説などを研究することも重要である，などと述べた．一方，東京帝国大学造船学科の教授・末広恭二は「建築物の耐震設備の研究が最も大事な問題である」と主張した．結局この日の委員会は，震災予防調査会の拡張案を作成する特別委員会をつくることを決め，その委員に今村や末広，寺田寅彦ら10人を指名して閉会した[80]．

今村と，長岡に代表される"物理学派"との考え方の違いは大きかった．今村は地震予知の研究がすべてであると考えていたわけではない．土木建築物の耐震化や耐火化など震災軽減策を考えることも地震研究の重要な役割であると考えていた．今村は1906年に自身の「東京大地震説」を大森に批判された直後に，日本の地震学の特色は「震災学」にある，と述べたことがあ

った(81)．ヨーロッパの地震学は，遠くで起きた地震の観測記録に基づいて地球の内部構造を議論するだけに終わっている．これに比して，日本の地震学は地震の予知方法と耐震構造の研究によって震災の軽減を目的としており，世界にむしろ誇るべきものである，と説いていた．関東大震災の後に今村が必要であると考えたのは，この「震災学」の拡充強化であった．

　ヨーロッパでは 20 世紀に入って「新しい地震学」とか「現代地震学」と呼ばれる地震学の新しい潮流が台頭していた．19 世紀の地震学は地質学の一分野として発展してきたが，「新しい地震学」はユーイングらによって開発された地震計での観測記録をもとに，地球の内部構造などを定量的に議論するものであり，物理学の 1 分野であるべきである，という考え方であった．その中心になったのはドイツ・ゲッティンゲン大学のヴィーヘルト（Johan E. Wiechert）である(82)．彼らは地球の反対側など遠くで起きた地震の観測記録を詳しく解析し，地殻の下に存在する物質は縦波も横波も通過させるので固体であり，中心部には地震波の伝わり方が違う核が存在することなどを発見した．そしてヴィーヘルト門下のグーテンベルグ（Beno Gutenberg）は 1914 年，地球の核までの深さは 2900 km で核は液体である，と発表するなど，「新しい地震学」は新しい学問分野に成長していた．ところが，日本の地震学者はこうした分野にはまるで疎かった．

　こうした状況を知る長岡たちは，地震学は物理学に基礎を置くべきである，と考えていた．長岡は「今回の地震は，科学として地震学の幼稚なることを披瀝した．其欠陥の大なるものは，土台がまだ地震的にぐらついていることである．是から地固めを為し鞏固にして斯学の発展を期さねばならぬ．単に新聞記者の寵児となり，俗人に分り易い調査に専ら力を尽す如きは万全の策でない」などと大森や今村の「震災学」を批判した(83)．

　長岡の弟子で東北帝国大学教授の日下部四郎太も，地震の予知は因果律に基づいたものであるべきである，と主張し，地震を起こす力が地殻内に蓄積されるに従って地殻の弾性が強くなり，地震波の速度は増大するので，地震波の速度の変化を観測することによって地震が予知できる，との持論を展開した(84)．

　長岡の弟子の物理学者・石原純も，地震学は海外で進んでいる地震波の研

究に力を入れるべきことを主張して「私達は地震波の種々の研究によって，私たちが直接に見透すことの出来ない地球内部の状態を知ることが可能にせられるのです」「地球内部にどんな未知の世界があるか，之を詳らかにすることは亦同時に地震の原因を尋ねて之が災害を防止する最も徹底的の方法であるのです」などと述べた[85]．

石原は今後進めるべき研究の例として，京都帝国大学に1920年に新設された地球物理学科の教授・志田順の地震波の初動（縦波）の研究をあげた．地震があると最初に伝わってくる波は縦波である．これは震源から押されるか，震源方向に引かれるかの2通りしかない．志田は，この初動の方向に着目した．1917年5月に静岡県中部を震央に起きた地震について，その初動が押しであったか，引きであったかを地図上にプロットすると，その分布は震央を通って直交する2本の直線（節線）によって，4つの象限に分けられた（図3-4）．志田は1918年に，このような初動分布になるのは，節線と45度の方向に力が働き地震が起きたからである，と論じていた[86]．これは発震機構の研究と呼ばれる．石原は発震機構の研究は「震源に於ける力学的状況を探る端緒」になり，地震の原因の究明につながる，と高く評価した．

東京帝国大学で地球物理学を講じていた寺田寅彦も「地球の物理を明らかにしないで地震や火山の現象のみを研究するのは，事によると，人体の生理を明らかにせずして単に皮膚の吹出物だけを研究しやうというやうなものかも知れない．地震の根本的研究は即ち地球特に地殻の研究といふ事になる．本当の地震学は此を地球物理学の1章として見た時に始めて成立するのではあるまいか」などと，物理学を基礎とした地震学の重要性を説いた[87]．

ただし寺田は，長岡や日下部，石原らの"物理学派"とは，一線を画するところがあった．長岡や日下部，石原らが物理学的な地震学を進めていけば，地震は予知できると考えていたのに対し，寺田は地震を予知するのは原理的に難しいとの「地震予知不可能論」をしばしば唱えていたのである．「地震予知不可能論」は当時としては，きわめて異色であった．寺田の地震予知に対する考え方については，3.4節で改めて紹介する．

一方，中央気象台のグループは地震を予知するためには，各地方の測候所での観測態勢を強化拡充することが先決である，と主張した．たとえば中央

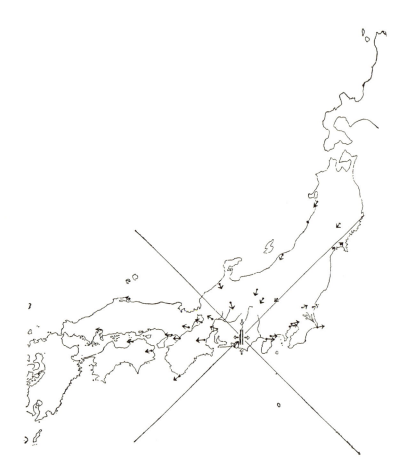

図3-4　1917年5月に静岡県中部を震央に起きた地震の初動（→）の分布
　　（志田順「『地球及地殻の剛性並に地震動に関する研究』回顧」『東洋学芸雑誌』45巻（1929年），285頁より）

　気象台の技師・須田晥次は「今日各地震観測所に於けるが如き極めて貧弱不完全なる地震計1個のみを以て地震の予報を求むるが如き，木によって魚を求むるよりもまだ難事である」と書いた．気象台で低気圧の来襲に対して予報を下せるようになったのは，全国各測候所で気圧，気温，風力，雲量など低気圧に直接関係する気象要素を観測し，その結果を総合統一するからである．地震についても，地殻内部の歪，地殻の傾斜，地下深所の温度や圧力，

重力,地電流などの地震要素の観測を「相当なる経費と人力を以て」各測候所で開始し,その観測結果を統一総合するようにすれば,地震と最も密接な要素を見付け出すことは決して不可能ではない,などと主張した[88].

震災予防調査会の特別委員会は数回の会議の後,震災予防調査会の拡張計画案をまとめた[89]. それによると,東京の総務部・本部研究所のほかに,関東地方に東部研究所,関西地方に西部研究所をそれぞれ置き,その下に計7カ所の観測所を設ける. そのために必要な人員は技師(研究者)37人,技手(研究助手)60人,事務職7人の計104人で,必要な予算は施設建設・設備費など一時的に必要な臨時費として425万円,毎年必要な経常費として70万円になる. 研究項目として,地震の理論,統計,実験,地震の精密観測,地震前後の特殊な自然現象の観測,地震計などの改良,耐震耐火構造,地盤と揺れ,構造物との関係の研究など,従来と変わりない研究課題が掲げられている. しかし,その規模は従来の震災予防調査会の年間予算2-3万円に比較すると,とてつもなく壮大なものであった. "物理学派"や末広らの考え方も取り入れられてはいるが,「震災学」の拡充強化という今村の意向が色濃く反映された計画案でもあった. この計画案は,1923年12月に文部省に提出された.

一方,日本の学術を代表する機関として1920年に設立された文部省の学術研究会議も1923年12月22日の臨時総会で,「地震研究促進の為め政府は特殊機関を設置する」などと決議し,政府に建議書として提出した[90]. 東京帝国大学でも1923年12月,地震研究に力を入れるために理学部物理学科の地震学教室を地震学科として独立させ,毎年学生5人を受け入れることに決めた. これに伴って助教授であった今村が教授に昇任した[91].

震災予防調査会の拡張案や地震研究機関の新設を建議された文部省の動きは鈍かった. 建議案では膨大な予算が必要であることが問題であったからであろう. 業を煮やした今村は,衆議院議員の犬養毅や貴族院議員の林博太郎らを個人的に訪問し,地震研究の必要性を説いて回った. 犬養毅を今村に紹介したのは末広恭二であった[92].

その努力が実ったのは,1924年6月末に開会された帝国議会の臨時会であった. 衆議院では愛知県選出の田中善立ら5人が「地震研究ノ特殊機関設

立ニ関スル建議案」を提出した(93). 提案理由の説明に立った田中は，濃尾地震の後に震災予防調査会が設置されて以来，理論，応用方面ともに研究が続けられてきたが，「昨年ノ大震災ノ如キモ未ダ天気予報ノ如ク予知スルコトノ出来ナイノハ，其調査設備ガ不完全ナルガ為メデアリマス」と説いた．すなわち，相模湾，房総半島の海岸は大地震の3年ほど前から隆起を続けていたので，設備さえ整っていれば，こうした前兆が発見でき，予知できていたかも知れない．こうした欠陥を補い，大地震を予知して災害の程度を少なくするために，地震研究機関を設置する必要がある，と田中は主張した．

そして田中は，地震研究機関は東京の本部研究所のほかに関東，関西，信濃川流域の計9カ所に観測所を設ける，との計画案を披露した．観測所には米国のマイケルソンが発明した水管式の傾斜計を備え付け，地震の前に起きる地殻の変化を観測して地震を予知する，それに必要な予算は臨時費として計387万円，経常費70万円になる—というのであった．この計画は，震災予防調査会の拡張計画案に若干の修正を加えたものと見ることができる．

この建議案は委員9人からなる特別委員会を設けて審議されたが，建議実現の見通しを問われた文部次官の松浦鎮次郎は，政府としても地震研究をこのままにしておくわけにはいかないので，建議案の趣旨も参考にして，「相当ノ計画ヲ致シタイ」と答えている(94)．建議案は1924年7月18日の衆議院本会議で可決された(95)．

貴族院では東京帝国大学文学部教授で伯爵の林博太郎ら8人が，76人の議員の賛同を得て「地震ノ測定設備充実ニ関スル建議案」を提出した(96)．この建議案もやはり，関東地震が予知できなかったのは観測設備が不十分であったためである，として，地震の予知に関する設備を充実し，その研究を促進するために研究機関の拡張または新設を政府に求めたものであった．提案理由の説明に立った林は，震災予防調査会あるいは東京帝大の地震学教室を拡張するか，あるいは理化学研究所のような独立した研究所を新たにつくるか，そのいずれでも良いが，臨時費として80-100万円，経常費として30万円位は少なくとも出して欲しい，と要望した．衆議院の建議に比べて，その予算を大幅に少なくし，実現性の方に力点を置いたのが貴族院の建議の特徴といえよう．

これに対して答弁に立った文部大臣の岡田良平は，財政との兼ね合いがあるが「最善ノ努力ヲ致シマシテ此目的ヲ達成シタイ」と述べている．この建議案も 1924 年 7 月 18 日の貴族院本会議で可決された．

　今村の行動は一応の成功を収めたが，今村が衆議院議員や貴族院議員に直接働きかけたことが，文部省にすれば面白くなかった．『都新聞』には 1924 年 8 月に，今村が文部省に苛められたためにいたたまれなくなり，東京から逃げ出した，との記事が出ている(97)．今村は先祖の墓参のために長崎に旅行したにすぎなかったが，こんなうわさが飛び交うぐらい，今村は文部省の不興をかったらしい．

　震災予防調査会の建議案や衆議院の建議案では，研究所に観測所を置く計画であった．これに対して中央気象台は，地震観測所を気象台とは別に設けるのは金と人の無駄使いである，として反対し，中央気象台の地震観測網の強化こそが必要である，と文部省に訴えた(98)．当時は，中央気象台も文部省の管轄下にあった．

　文部省は結局，中央気象台の要求を受け入れ，地震研究機関として東京帝国大学に地震研究所を創立するとともに，中央気象台の地震観測網も拡充することを決め，1925 年度予算として地震研究所設立のための臨時費 70 万円，経常費 20 万円と中央気象台の地震観測網拡充費用を大蔵省に要求した(99)．地震研究所の設立と同時に震災予防調査会は廃止され，震災予防評議会が新設される計画であった．1924 年 11 月の新聞には，新しい地震研究所の所長には今村が内定している，との記事が掲載された(100)．しかし，この記事は結果的には誤報に終わった．

　大蔵省の査定によって地震研究所の予算はさらに削られ，1924 年 12 月に始まった第 50 回帝国議会に提案された地震研究所の予算は，創設費として 60 万円，経常費は年間 2 万 5000 円であった(101)．中央気象台の地震観測網の拡充費用として臨時費 20 万円，経常費 2 万 5000 円も同時に予算案に計上された．予算案は 1925 年 3 月の衆議院本会議と貴族院会議で可決されたが，地震研究所の官制が公布されるのは 1925 年 11 月になってからである．予算案の可決から官制公布までに時間がかかったのは，1925 年 5 月 23 日に但馬地震が起きたことが関係しているのかも知れない．この地震では兵庫県北部

の豊岡，城之崎を中心に死者 428 人が出た[102]．港村（現在は豊岡市）の港西小学校では木造校舎が倒壊し，児童 6 人が死んだ[103]．震災予防調査会ではこの地震の被害調査を行い，「木造小学校建築耐震上ノ注意」を関係地元県知事や市町村に送付することを計画していたために，調査途中で震災予防調査会を廃止することができなかったのではなかろうか．

　藤井陽一郎『日本の地震学』など従来の地震学史では，地震研究所の創設に努力した人物として，初代所長になった末広恭二と寺田寅彦の名前があげられている．1932 年に亡くなった末広の追悼記事では寺田が，末広の功績の 1 つとして「時の総長古在由直氏に進言し，其後援の下に懸命の努力をもって奔走した結果，遂に東京帝国大学付属地震研究所の設立を見るに至った」と書いている[104]．1935 年に亡くなった寺田の追悼記事でも，当時地震研究所の所長であった石本巳四雄が，寺田も末広とともに地震研の設立に尽力した，と書いている[105]．しかしながら，この 2 人が地震研究所設立に際して，具体的に何をしたのかを示すような史料は見当たらない．

3.3　地震研究所と中央気象台，震災予防評議会

　地震研究所の官制は 1925 年 11 月 13 日に公布された．同時に震災予防調査会が廃止され，震災予防について政府に建議する機関として，新たに震災予防評議会が設けられた．震災予防調査会が行ってきた調査研究活動は，地震研究所に吸収され，震災予防調査会の研究以外の仕事は震災予防評議会に引き継がれた，ということができる．この節では，新たに設立された地震研究所と震災予防評議会，さらに関東大震災の後，日本の地震研究のもう 1 つの中心舞台となる中央気象台について，それぞれの活動ぶりを紹介する．

　地震研究所の官制の第 1 条には「東京帝国大学ニ地震研究所ヲ付置ス」とある．「付置」という意味は，東京帝国大学総長の監督の下で所長が研究所の管理運営に当たるということではあるが，実質的には大学の構内に研究所があるというだけで，きわめて独立性が強い存在であった[106]．

　研究所の目的としては官制の第 2 条に「地震研究所ハ地震ノ学理及震災予防ニ関スル事項ノ研究ヲ掌ル」とある．「地震ノ学理」の研究が掲げられ，

「地震予知」の文言がないので，地震研究所では地震予知の研究は対象外であるように見えるが，そうではない．東京帝国大学の総長・古在由直が文部省に上申した「地震研究所新設理由書」には，研究所の主要な目的として「地震学ノ純理的方面ヨリ地震予知ニ到達スル研究促進ヲ図ル」「地震ニ対スル建築，土木工事ノ適切ナル構造法ヲ研究シ其ノ成績ヲ実際ニ応用スル」の2つが掲げられている(107)．「地震ノ学理」研究は"物理学派"の主張のように基礎的な研究を進めることによって地震予知実現の手がかりを得よう，という考え方を表現したものである．

　所長は，帝国大学（東京とは限らない）の教授から文部大臣が任命するとなっており，初代の所長事務取扱には東京帝国大学工学部造船工学科教授の末広恭二が就任した．所員は帝国大学の教授・助教授，あるいは関係各省庁の高等官から文部大臣が任命するとされ，人事面でも東京帝国大学からの独立性が保障されていた．所員には定員がなく，1925年11月の創立時には，末広のほか，工学部造船学科にいた助教授の妹沢克惟と三菱造船所の研究所からスカウトされた石本巳四雄の3人だけでスタートした．1926年1月になって，中央気象台長の岡田武松，東京帝国大学地理学科の教授・山崎直方，同地震学科教授の今村明恒，同物理学科教授の長岡半太郎，同藤原咲平，同寺田寅彦，同建築学科教授の内田祥三，同地質学科助教授の坪井誠太郎の8人が所員に任命された．助手，書記の定員はそれぞれ5人，1人と決められていたが，官制にはない嘱託や職工，小使などの雇用形態があり，1926年3月末現在の職員名簿を見ると，所長以下所員12人，助手6人，嘱託7人，その他20人，計45人の名前が載っている(108)．

　研究活動は創立直後から開始され，創立3カ月後の1926年2月には，その後地震研の名物となる第1回の談話会が開かれた．同年10月には『地震研究所彙報』(*Bulletin of the Earthquake Research Institute*) の第1号が刊行されてもいる(109)．研究所の建物は，創設当時はバラック建であったが，1928年春に安田講堂の裏手に鉄骨鉄筋2階建の建物が完成した．安田講堂などの設計でも知られる所員の内田祥三（後に東京帝国大学総長）の設計で，建築面積400平方mあまりのこじんまりした建物であったが，柱が驚くほど太く，間仕切壁にも太い鉄筋が入れてあり，日本一頑丈な建物であったと

いわれる(110). 研究所の経常費は1925年には2万5000円であったが, 1927年には10万円に増えた(111).

地震研究所の創設と同時に, 中央気象台の地震観測網も拡充・強化された. 中央気象台では20万円の予算で1925年から翌年にかけて, 中央気象台付属の測候所7カ所（柿岡, 富江, 八丈島, 父島, 潮岬, 名瀬, 石垣島）と, 道や県の測候所13カ所（根室, 札幌, 秋田, 仙台, 銚子, 沼津, 長野, 浜田, 長崎, 宮崎, 高知, 洲本, 名古屋）に, ドイツから輸入したヴィーヘルト地震計を据え付けた. ヴィーヘルト地震計は1907年から中央気象台で使用していたが, この地震計が選ばれたのは, この地震計が特別優秀だったからというわけではなく, 短い納期で間に合うのは外国製しかない, などと判断されたためであったという(112). ヴィーヘルト地震計を置いた測候所は終戦直前には82カ所になり, 1950年代末まで中央気象台（1956年から気象庁）の主要な地震計となった. 同時に, 関東地震に際して多くの測候所の地震計の針が振り切れ, 記録が取れなかったという苦い経験から, 強い揺れを記録する強震計の設置も進められた(113). 1925年には, 各地の測候所で地震観測に当たる技術者の知識と技術を向上させるために『験震時報』(114)が, 翌26年には中央気象台の研究成果を海外にも伝えるために『中央気象台欧文彙報』（*The Geophysical Magazine*）もそれぞれ創刊された.

創設された地震研究所の存在を社会に強く印象付けるようになったのは, 1926年の北海道・十勝岳の噴火に始まり, 翌年の北丹後地震, 1930年の北伊豆地震, 1933年の昭和三陸地震津波など相次いだ地震・噴火災害の現地調査に研究所をあげて取り組み, 公開の講演会を開いて調査結果を発表したことである(115). 震災予防調査会時代と同じように, 震災学の研究に重点が置かれたのである.

1927年3月7日午後6時半頃, 京都府の丹後半島北西部を震源として起きた北丹後地震では, 峰山町などを中心に死者3017人が出た. 震源が浅く, 地震動も大きかったために, 地震の直後に倒壊した建物が多い上に, 峰山町など各地で火災が発生したことが被害を拡大させた(116). 被害の大きさもさることながら, 地震学史上この地震を有名にしたのは, 大きな地表地震断層が2つも発見されたことであった.

断層の1つは郷村断層と名付けられ，網野町付近の海岸線から南南東にほぼ直線的に18 kmも続いていた．断層の東側が最大2.6 m北に移動するとともに，最大0.7 m沈降していた．もう1つの断層は山田断層と名付けられ，与謝海の海岸線から西南西に約7.5 km続き，郷村断層の延長部とほぼ直交する形になっていた．断層の南側が最大0.8 m西に移動するとともに，最大0.7 m沈降していた．関東地震の後，地塊運動が地震の原因と唱えていた地震研究所の所員・山崎直方らは，2つの断層は地塊の境界が動いたことを示すもので，この地震も「地塊運動の結果以外の何物でもない」と主張した[117]．

　陸軍陸地測量部は，地震直後の1927年4月から翌年4月にかけて丹後半島一帯の水準測量を3回行った．この水準測量の結果を解析した地震研究所助手の坪井忠二は，測線上の水準点を横軸に並べ，測量間の上下変動量を縦軸にプロットしてやると，上下変動の傾向が大きく異なるいくつかの水準点があることを見出した（図3-5）．こうしたデータをもとに坪井は，この地域は断層で区切られた5 km程度の地塊の集まりから成り立っていて，地震後はそれぞれの地塊が水に浮かぶ木片のように別々に運動している，と解釈できると主張した[118]．

　坪井はさらに，1914年1月の鹿児島・桜島の噴火や1922年12月に起きた九州・島原地震，1925年5月に起きた但馬地震の後に陸軍陸地測量部が周辺で水準測量した結果も解析し，やはり地殻がいくつかの地塊の集まりであることが見出された，と主張した[119]．坪井や山崎によると，地震の後に地表に見られる断層は，地震によって2つの地塊がたまたま違う運動をしたために，その食い違いが地表に現れただけであり，断層は地震の結果に過ぎないことになる．「地震＝地塊運動」という地震観は，この後大きな影響力をもつようになる．そして地震研究所の2代目所長となる石本巳四雄は1929年に，地塊運動が起こるのは，地殻下層の岩漿（マグマ）が流動するためであるという「地震＝岩漿流動」説を唱えるようになる[120]．

　これに対し，中央気象台の地震掛主任の国富信一は，北丹後地震は郷村断層の活動によって生じた，との断層原因説を主張した[121]．志田が研究の先鞭をつけた地震波の初動の方向が根拠であった．これには拡充強化された中

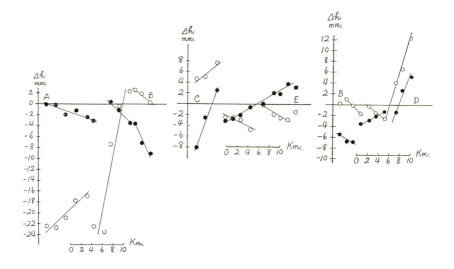

図 3-5 北丹後地震の後,丹後半島一帯で 3 回にわたって行われた水準測量の結果
●点は第 1 回目と第 2 回目の測量の差,○印は第 2 回目と第 3 回目の測量の差を示している.地殻はいくつかのブロックごとに別々に動いたように見える.
(Chuji Tsuboi, "An Interpretation of the Results of the Repeated Precise Levellings in the Tango Distirict after the Tango Earthquake in 1927,"『震研彙報』7 巻(1929 年),79 頁の図を一部改変)

央気象台の地震観測網のデータが役に立った.北丹後地震の直後に各地の測候所で観測された初動の方向を地図上にプロットすると,郷村断層の走向を延長した直線と,それと震央で直交する直線の 2 つで区切られた 4 象限に分けられる.

すなわち,東京や銚子,熊谷などでは,初動が西に向いているのに対し,神戸や洲本,高知などは南西や南を向いている.初動の大きさも断層に直交する線に近くなるほど小さくなっている.一様な物体中に互いに大きさが等しく正反対の方向に働く 2 つの力(1 組の偶力=シングルカップル)によって横ずれの断層ができる場合を仮想すると(図 3-6),初動の方向の分布は北丹後地震の場合と同様になり,初動の大きさも断層線に沿って最大になり,断層線に直交する直線沿いで最小になる,と国富は主張した(この主張は誤りである.初動の大きさは断層線と 45 度をなす方向で最大になり,断層線および

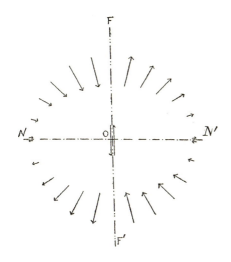

図 3-6 国富信一が考えた断層運動を起こす力と,初動の方向と大きさの関係

断層運動を起こす力として1組の偶力(シングルカップル)を考えている.初動の方向は,断層の走向を延長した直線と,それに震央で直交する直線で区切られた4象限に分けられ,初動の大きさは断層に直交する線に近付くほど小さくなっている.

(国富信一「3月7日の北丹後烈震の験震学的考察」『気象集誌』第2輯5巻(1927年),182頁より)

それに直交する直線沿いで最小になる).国富の論文には,1906年の米国サンフランシスコ地震の後,米国の地質学者リード(Harry F. Reid)が唱えた弾性反発説(122)が引用されている.

地質調査所の渡辺久吉らも現地の詳細な地形調査を行い,今回の地震は最近まで活動していた郷村断層が東西の圧縮力を受けたために動いたものである,との結論を出した(123).そして「地震ノ原因トセラルル所謂活断層ハ…地震学上最モ重要視スベキモノナリ」と,現在と同じ意味で「活断層」という言葉を使い(124),地震帯といわれる地域ではこうした活断層を系統的に調査し,震災を軽減するための資料にすることが重要である,と訴えた.

一方,地震研究所所員の今村明恒は,陸軍陸地測量部が地震後に行った三角測量の結果,郷村断層付近の三角点は,断層をはさんで反対方向に大きく移動していることに注目した.そして,三角点が横ずれした量は断層からの距離に反比例するように減少していることを見出した(125).1906年の米国サンフランシスコ地震の後,米国のリードがサンアンドレアス断層で見付け,断層反発説の根拠としたのと同様の結果であった.

今村はまた,北丹後地震の直前に海岸が隆起する前兆があった,とも主張した.北丹後地震の後の海軍水路部の測量では,郷村断層西側の海岸線が最大で0.8m隆起したのが見付かった(126).今村によると,網野町三津では地

震の約2時間半前に，潮が平常よりも1.2 mほど引いていたので驚いた，と多数の漁業者が証言した．また間人村砂方でも0.9 mほど潮が引いていたのに漁業者が気付いたという．他の地区でもやはり潮が引いたのが目撃されたが，その程度は断層から離れるほど小さかった(127)．今村は第2章で紹介したように，1872年の浜田地震などでも，やはり地震の直前に海岸が隆起したという証言があるのに注目していた．今村は「地形変動は地震の発生前にも起こるものであるということは，大抵の場合に於て成立するものと見做し得られる」などと書いた(128)．三津や砂方で地震の2時間ほど前に海水が引いたとの証言は，京都府測候所の『北丹後地震報告書』にも「大震の前兆」の1つとして記載されている(129)．

今村をさらに勇気付けたのは，地震研究所の石本巳四雄が開発した傾斜計での観測結果であった．石本は，地殻のわずかな傾斜を調べるために，水平振子式の新式の傾斜計を発明した．温度変化の影響を最小にするため，振子や振子を吊り下げる糸，架台まですべてシリカでつくってあるのが特徴であった．石本は北丹後地震の4日後にこの傾斜計をもって被災地に入り，宮津に傾斜計を据え付けて観測した．すると，大きな余震が起きる前にはほとんど，2, 3日前から地面が一方向に傾き始め，その変化が収まった直後に地震が起こっていることに気付いた(130)．これを知った今村は，石本式の傾斜計を少なくとも6カ所に設置しておけば，きたるべき地震は明確に指示されるので，「地震予知は全く理論上に解決された．…一日も早く本邦にも設置されることを希望するものである」と述べた(131)．

1930年2月中旬から5月末にかけては，静岡県伊東沖を震源とする群発地震が起きた．地震による直接の被害はほとんどなかったが，伊東から約50 km離れた神奈川県三崎に置かれた地震研究所の地震計では，最も多かった3月9日には1日209回の地震が記録された．地震は干潮時に多くなり，満潮時には収まる，という傾向が見られた(132)．

陸軍陸地測量部が群発地震最中の3月末から4月初めにかけて，熱海から下田までの水準測量を行ったところ，伊東付近を中心にして最大10 cmの隆起が見られた(133)．比較的大きな地震が起きる前には，伊東と川奈に置いた地震研究所の傾斜計もこの隆起に同調する変化を示した(134)．

地震研究所が伊東周辺に臨時観測点を設けて観測したところ，震源は深さ10 km付近から次第に浅い方に移動し，円筒状の部分に集中していることがわかった(135)．伊東群発地震の震源域は地質構造を見ても，火山活動によって最近の地質時代に形成された大室山や小室山などの北東延長線に当たることから，この地震は火山活動に伴うものである，と地震研究所では結論した(136)．前年から，地震は地殻下層の岩漿（マグマ）が流動するために起こるという「地震＝岩漿流動」説を唱えていた石本は，この地震によって自説にさらに確信を深めるようになった(137)．一方，中央気象台の地震掛主任・国富信一は，伊東群発地震の初動の分布が北丹後地震と同様に4象限にきれいに分けられることから，この地震も断層の活動によるものである，と考えた(138)．

　伊東群発地震が一段落した同年11月には北伊豆地震が起き，静岡県韮山村，函南村，修善寺町などを中心に死者約260人が出た(139)．この地震は顕著な前震活動を伴った．11月7日，静岡県三島で2回の無感地震を観測した．11日からは有感地震に変わり，その回数も増え，15日以降は1日100回以上の地震が起きた．今回の震央は伊豆半島・丹那盆地の南方にあった．25日午後には東京でも微震となるやや強い地震があり，この日の地震は700回を超えた．このため，中央気象台では静岡，神奈川両県知事とも協議し，26日に湯河原，韮山など計4カ所に地震計を設置することになった．その準備を進めていた26日未明，大地震が起きた(140)．

　このため新聞では，「中央気象台では危険性を予知していたが警告の機会を逸した」「口惜しがる気象台，大地震を予知して準備中にこの災厄」などと，「地震は予知できていた」といわんばかりの報道がなされた(141)．これに対して今村明恒は，顕著な前震活動が見られるのは，大地震の1割くらいしかなく，一方で大地震に発展しない群発地震があり，群発地震と前震活動を見分けるのはきわめて難しいなどとの事実をあげ，「地震予知問題の研究に於て，前震を考慮に入れることは大切ではあるけれども，余り頼りにならない程のものである」などと述べた(142)．

　北伊豆地震では，箱根・芦ノ湖付近から函南村田代や丹那盆地を通り，浮橋を経て修善寺付近までほぼ南北に約35 km延びる地表地震断層が出現した．

丹那断層帯と呼ばれる．断層の東側が西側に対して北にずれ動いており，ずれ動いた量は最大で 3.6 m に達した．西側が隆起しているところもあれば，東側が隆起しているところもあったが，上下方向にずれ動いた量は最大でも 1 m 以内であった(143)．

　この断層帯にほぼ直交して掘削中であった丹那トンネルも，断層の東側が西側に対して北に約 2 m ずれ動いた．地震が起きたときは，断層帯にぶつかったため丹那トンネル本体の工事を一時中断し，水抜きのためのトンネルを掘っている最中であった．この工事によって大量の水が汲み出されたことが，地震の遠因になったのではないかという見方もあった(144)．だが，鉄道省はこの見方を否定した(145)．

　地表断層を詳細に調査した中央気象台の国富信一は，地震の原因について「今回の北伊豆地震は丹那盆地を中央に貫いて南北に走る活断層の活動による断層地塊の運動に因ったものである」と明確に述べた(146)．やはり中央気象台の本多弘吉は，ヴィーヘルト地震計で観測された各地の測候所での初動の方向とその大きさを詳細に解析した(147)．

　その結果，初動の大きさは，震央から同じ方位にあるところでは震央からの距離の二乗に反比例して小さくなっていた．初動の方向を地図上にプロットすると，北丹後地震の場合と同様に，丹那断層帯の走向を延長した直線と，それに震央で直交する直線で区切られた 4 象限に分けられた（図 3-7）．相対する象限では，初動が震央の方を向き，ほかの 2 つの象限では初動は震央と反対方向を向く．その大きさは象限を区切る直線の近くでは小さくなり，その中間の地点では三角関数的に大きくなった．こうした事実から本多は，ある地点での初動の大きさを，震央距離とその地点の方位を変数としたある関数で表すことに成功した．

　そして，弾性体に北西→←南東の圧縮力と，北東←→南西の張力が同時に加わって弾性体が破壊された場合に，どのような弾性波が出て行くかを理論計算すると，やはり上で得られた関数によく似た関数が得られる（図 3-8）．したがって，北伊豆地震は北西→←南東の圧縮力と，北東←→南西の張力という 2 組の偶力（ダブルカップル）が加わった結果である，と本多は主張した．本多が主張したように，地震のほとんどは 2 組の偶力の働きによって起

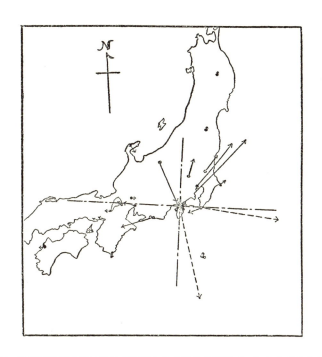

図 3-7 北伊豆地震の際に各地で観測された初動の方向（→）とその大きさの分布
　ほぼ東西―南北の直線で区切られた 4 象限に分けられる．
　（本多弘吉「北伊豆及び伊東地震の初動並に記象型に就て」『気象集誌』第 2 輯 9 巻（1931 年），296 頁より）

こることは，1960 年代になってようやく国際的に認められた[148]．

　北伊豆地震からしばらくして，丹那断層付近の地形や地質を詳細に調べた東京帝国大学の久野久は 1936 年，断層の東側は西側に比べて約 1 km 北にずれており，北伊豆地震のような地震が過去に何回となく繰り返された結果，こうした地形の食い違いが生じた，と主張する論文を発表した[149]．大規模な横ずれ断層の存在が日本で確かめられたのはこれが初めてであろう，と久野は控え目ながら述べている．

　北伊豆地震の原因は丹那断層の活動によるものである，との中央気象台の見解に対し，「地震＝岩漿流動」説を唱えていた地震研究所の教授・石本巳四雄は，『読売新聞』に寄稿した「地震の原因に就いて」と題した論文で

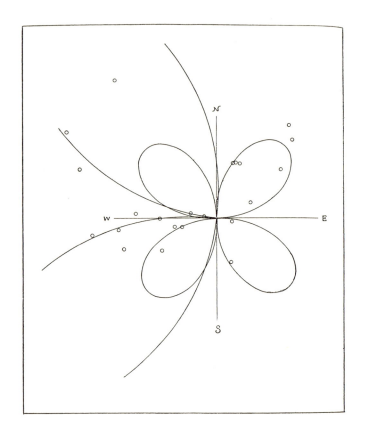

図 3-8　弾性体に北西→←南東の圧縮力と，北東←→南西の張力という 2 組の偶
　　力（ダブルカップル）が加わって破壊された場合に出る P 波（縦波）の振幅の
　　大きさを理論計算した結果
　　　大きな振幅を示す場所は，蝶の羽を広げた形になる．○印は観測結果．
　　（本多弘吉「北伊豆及び伊東地震の初動並に記象型に就て」『気象集誌』第 2 輯 9 巻
　　（1931 年），299 頁より）

「今回の地震は火山現象に伴ふ一種の浅層地震であって，伊東地方の活動と相ひ呼応して発生したもの」と述べ，自説にこだわった(150)．地震研究所の教授・今村明恒も「今回の地震は丹那断層の活動によるものでなく，丹那断層には何等かの性質があってそれが原因をなしているのではないかと思ふ．断層を発見すると直ちに之を地震の原因だと論断するのは余りにも早計である」などと述べ，「地震＝断層運動」説に否定的な見解を示した(151)．

北伊豆地震では静岡や神奈川，東京など各地で，地震直後の未明の空に異様な光を多くの人が目撃した．地震研究所の武者金吉は各地の中学校の教師を中心に，光を目撃したかどうかなどを尋ねる手紙を送り，回答を求めた．その結果約 1500 の報告が届いた(152)．光が目撃された範囲は，伊豆半島はもちろん，西は静岡県焼津，東は房総半島，北は埼玉県足立郡などの広い範囲に及んだ．光が目撃された時間は，地震の直前から地震後 1 時間以内に集中し，震動が激しかった時間帯が最も多かった．光の形状はオーロラ状が最も多く，サーチライト状や光球状のものもあった．色は青白いものが最も多く，次いで橙色，黄色などとの報告もあった．見えた方向はバラバラであったが，海の方向に見えたという証言が多かった．地震当時雷雨は観測されていないことから，稲光の可能性はなく，送電線がないところでも目撃されていることから，送電線のスパークによる可能性は低い．また，1847 年の善光寺地震や 1855 年の安政の江戸地震などの際にもよく似た光を目撃したという話が多数残されていることから，武者は「この光の現象が直接地震と関係あるものではないかと考へる」と結論した．

　中央気象台にも，千葉県銚子や館山，神奈川県茅ヶ崎，東京・滝野川の測候所や観測所，それに気象台職員から，地震の直後に異様な光を目撃したとの報告が多数寄せられた(153)．送電線のショートではないかという報告が多かったが，中央気象台の技師・和達清夫は，雲と雲との間の放電現象であろう，と報告している．

　北伊豆地震では京都府宮津市にすむ椋平広吉という無名の若者が，北伊豆地震の約 15 時間前に天象観測によって地震が起きるのを予知した，として話題になった．これについては 3.6 節で改めて紹介する．

　1933 年 3 月 3 日未明には，昭和三陸地震津波が起きた．震央は三陸海岸から 200 km 以上離れた日本海溝東側で，有感になった地域は広く，北は千島列島から南は近畿地方に及んだ．しかし，地震動による被害はほとんどなく，被害の大部分は津波によるものであった．津波は地震から 30 分ほど経ってから東北地方などの海岸を襲い，死者・行方不明者は岩手県を中心に 3000 人以上に及んだ(154)．

　中央気象台では，各地の測候所の観測記録から求めた震源がきわめて浅い

3.3　地震研究所と中央気象台，震災予防評議会　　145

ことから，津波襲来の恐れがあると判断し，各測候所長や岩手，宮城，福島などの県知事に警戒を呼びかける電報を打った(155)．しかしながら，午前3時近くという時間帯であったため，この"警報"は住民には十分には伝わらなかった．岩手県釜石町では電話交換業務に当たっていた郵便局長が「津波」の話を漏れ聞き，警察や消防などに直接電話をかけて知らせた．このため，各地で半鐘が打ち鳴らされ，多くの人が避難したことによって，人口約2万5000人の町民のうち死者・行方不明者は37人だけですんだという(156)．

　地震研究所では津波の被害の出た北海道から茨城県までの海岸を約半年かけて踏査し，各地を襲った津波の高さや被害状況などを詳細に調べた．その結果，各地の津波の高さは1896年の明治三陸地震津波のときに比べるとおしなべて低かったが，岩手県の綾里湾の最奥に位置する白浜では遡上高が28.7 m にも達したことなどが判明した(157)．地形と津波の遡上高や浸水面積との関係を見ると，津波の遡上高は太平洋に直接面した海岸ほど高く，宮古湾や山田湾のように比較的大きな湾内の海岸では低かった．太平洋に面した海岸では，鋭角のV字形の湾の奥ほど高く，U字形の湾では低くなる．しかしながら，宮古湾や山田湾などでは，津波の高さがそれほど高くなくても低地の面積が大きいために浸水面積が大きく，被害額も大きくなったことなどがわかった(158)．

　一方，中央気象台の技師・本多弘吉は，各地を襲った津波の高さや地震計の記録をもとに，この津波は海底が突然沈降したために起きたものであると推定した．そして，沈降した部分が半径60 km くらいの円形であるとすると，約2 m 程度の沈降で津波の高さが概略説明できることを計算で示した(159)．

　この地震も1896年の明治三陸地震津波や1930年の北伊豆地震と同じように，顕著な前震活動を伴った．三陸沖では1933年1月には有感地震が16回，無感地震は141回あり，2月にも有感地震が7回，無感地震が32回あった．それらの震央のほとんどは3月3日の地震の震央付近に集中していた(160)．

　地震の前兆と見られる現象としてほかには，2月頃から井戸の水位が低下したり，涸れたりしたとの報告が各地からあった．また，三陸沿岸では平年だと冬場にはほとんど獲れないイワシが大量に獲れたとの報告も多かった．明治三陸地震津波の前にも，やはりイワシが豊漁であった．中央気象台地震

掛主任の国富信一は，イワシが地震を予知して逃げたと考えるよりも，頻繁に起きた前震によってイワシが震源域から移動してきたと考える方が合理的ではないか，との考えを示した(161)．

　昭和三陸地震津波の際にも各地で空が光ったとか，沖の海が青白く光った，などとの発光現象が各地から報告された(162)．多数の目撃者から聞き取り調査をした地震研究所の武者金吉によると，地震の2日前，1日前の夜に海の方角に青白い光をそれぞれ見たという例が2つあった以外は，目撃証言のすべては地震の後に限られていた．このうち内陸部での目撃証言の大部分は，送電線のスパークではないかと考えられ．海上に青白い光を見たとか，波頭が青白く光ったなどという目撃証言は，海洋中の発光プランクトンやクラゲなどが地震動や津波によって刺激された結果，強い光を放ったためではないか，との結論を武者は下している(163)．

　地震研究者はまた，悲惨な津波災害を軽減するために何をすべきかについても，あれこれと議論した．人命を救うためのソフト対策としては，津波防災教育を小学校で始める，大きな地震があったときには消防団員が海を監視し，異常があれば警鐘を鳴らす，高台に避難場所を用意する，などが提案された．財産までも守るハード対策としては，高台に集落を移転する，仕事の場と住まいを分離する，防潮堤を設ける，植林をするなどの対策を地域の実情に応じて組み合わせて行うことが提案された(164)．

　一方，現地の気象台関係者の間では，この被害を機に津波予報の必要性が議論された．津波予報の出し方や警報の種類など検討すべき課題は多かったが，1941年9月になって仙台気象台が中心になって三陸津波警報組織が発足した(165)．この組織発足の中心になった仙台気象台長の森田稔は「将来も過去に於けると同様，津浪の襲来に逢ふて唯其の為すがままに委せ，過去に於けると同様の浪害を甘受するのは科学の恥辱である．…人力で津浪の襲来其物の防ぎ得ぬ現在，科学の為すべき次の寄与は，津浪の襲来を予知し，地元に警告することであらう」などと書いている(166)．この津波警報組織には仙台はじめ，青森，八戸，盛岡，宮古，石巻，福島，小名浜の8気象官署が参加し，各気象官署の地震計で観測された最大振幅，初期微動継続時間を参考にして，地震発生10分後を目途に，①軽微な津波（津波高さ1m以下），

②相当な津波（同 2-3 m 程度），③大津波（同 4-5 m 以上）の 3 段階で津波予報を出すことが決められた．

　1943 年 9 月 10 日夕には，鳥取市の西南部を震央とする地震があり，鳥取市内などでは半分以上の人家が倒壊し，死者 1000 人以上が出た(167)．家屋の倒壊率が高く，死者が多かったのは，旧河川の跡など地盤が軟弱な地域であった．地震直後鳥取市内では 12 カ所から出火し，人家約 250 戸が全焼した(168)．

　鳥取地震でも，半年前に前震と考えられる大きな地震が 2 回もあった．同年 3 月 4 日午後 7 時すぎ，鳥取市付近を震央とする強い地震があった．翌 5 日午前 5 時前にも，ほとんど同じくらい大きな地震があった．日本海沿岸の村を中心に倒壊家屋があったが，死者は出なかった．4 日の地震では，強震地域にいた多くの人が発光現象を目撃していた．光の形状は「帯状の光が斜めに天へのびた」「海上に光の柱が立った」「扇形の赤い光が屋根の上に見えた」などさまざまであったが，光の見えた方向は震央付近からが多かった．5 日未明の地震でも，やはり発光現象が多くの人に目撃された(169)．

　鳥取地震でも，顕著な地表地震断層が現れた．鹿野町に出現した断層は鹿野断層と呼ばれ，ほぼ東西に約 8 km 続き，断層の北側が東に最大で 1.5 m 移動していた．上下方向の変位は西半分では北側が最大 75 cm 沈下し，東半分では南側が最大 50 cm 沈下していた．吉岡村に出現した断層（吉岡断層）もほぼ東西に約 4.5 km 続き，やはり北側が最大 90 cm 東へ移動するとともに，最大で 50 cm 沈下していた．調査を行った地震研究所所員の津屋弘逵は，2 つの断層とも地質学的・地形学的な断層と認め，「地震断層が既存の地質的断層に殆ど常に関連して発現する事を示す点で重要な意味を有する」と述べた(170)．

　東京帝国大学の地球物理学科の助教授であった永田武は，鹿野断層付近の計 4 点に鉛の電極を地下 1 m の深さに埋め，その間の電位差を観測した．断層に平行な東西方向の電位差は観測した約 2 週間ほとんど変動がなかったが，2 回だけ異常な変化を示し，その数時間後にやや大きな余震が発生した．永田は「地電位差異常と地震群の発生との相関関係は偶然の結果と見做すには余りにも顕著すぎる様に思はれる」と報告した(171)．

鳥取地震ではまた京都帝国大学阿武山地震観測所の佐々憲三が，地震の前兆ではないかと見られる地殻変動を傾斜計でとらえた，と発表した（図3-9）．佐々らは1943年5月に鳥取地震の震央から東南に約60km離れた兵庫県・生野鉱山の坑道内に傾斜計と伸縮計を設置しておいたところ，鳥取地震発生の約6時間前から北西下がりの傾斜が観測された．震央から約150km離れた同大学上賀茂観測所でも量は小さいが同様の傾斜が観測されたことを根拠に，佐々は「先ず確かな事実と考へてよい」と主張した(172)．

　鳥取地震の翌年・1944年12月7日午後には東南海地震が起きた．中央気象台の関係者や地震研究所の研究者らが戦時下のさまざまな制約下で現地調査に取り組んだ．その詳しい調査結果が公表されたのは終戦後になってからであった．中央気象台の当初の発表では震央は，北緯34度，東経137度の志摩半島沖とされた．地震計の観測記録からは，震源は2つ以上あった可能性があるため，震度分布や津波の到達時間なども含めて震央を決めたという(173)．現在では震央は，そこから西南に約100kmも離れた北緯33.6度，東経136.2度の熊野灘とされている．

　この地震の有感半径は約620kmに及び，関東地震のそれとほぼ同じであ

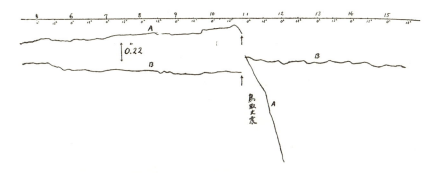

　図3-9　1943年9月10日に起きた鳥取地震の前後（9月5-15日）に兵庫県の生野鉱山で観測された傾斜計の記録
　　Aは鳥取市と生野を結ぶ方向の，Bはそれに直角な方向の傾斜を記録している．↑印は鳥取地震の起きた時刻を示す．A方向の傾斜は地震発生の約6時間前から変動している．
　　（佐々憲三「鳥取大震前後の土地傾斜変動」『科学』14巻（1944年），220頁の図を一部改変）

った．地震動の周期が比較的長かったこともあり，愛知県や静岡県の主に海岸や河川沿いの地盤が悪い地域での揺れが強く，建物の倒壊によって多数の死傷者を出した．愛知県半田市にあった中島飛行機製作所など軍需工場の倒壊がとりわけ多く，勤労動員されて作業中であった中学生や高等女学校生，小学生らが多数犠牲になった．三重県や和歌山県では地震動による被害よりも津波の被害が大きかった．三重県尾鷲町では地震から10数分後に津波が押し寄せ，遡上高は最大10mもあった．津波の高さは静岡県御前崎や下田でも2mあった(174)．地震によって紀伊半島から志摩半島，伊勢湾，三河湾の沿岸では海岸線が数十cm沈下した．一方，静岡県御前崎は15cm程度，相良では30cm程度それぞれ隆起した，との現地の人の話が残っている(175)．この地震の死者数は，詳しい被害調査結果が散逸するなどしたために未だに議論があるが，約1200人と見られる(176)．

　中央気象台がなぜ「東南海地震」と命名したのかについても，疑問がある．地震直後の新聞では「遠州灘地震」と報道されており，中央気象台もそのように発表したと考えられる(177)．東京帝国大学を退官していた今村明恒が地震直後に『地震』に書いた論文の題名も「遠州沖大地震所感」であった．ところが，中央気象台が翌年2月に出した『極秘・東南海大地震調査概報』では「東南海地震」と呼称が変わり，以降はこの呼称が定着することになった．しかし，この呼称変更に不満をもつ研究者もあり，地震研究所の宮村攝三はこの地震の現地調査結果をまとめた論文の題名を「東海道地震の震害分布」とした．宮村によれば，東南海とは東海道南海道の略であろうが，どこを指すのかまぎらわしい上に，南海道にはほとんど被害が出なかったことを考えると，この呼称はきわめて不適当である．論文の題名に示したように東海道地震あるいは，これを略して東海地震と呼ぶべきである，というのである(178)．その後，地震・津波災害の研究者として知られる山下文男は，宮村から聞いた話として「被害の実態を隠したい軍あたりの要請で当時の台長（藤原咲平）がやむなく，東海道，南海道を略して『東南海』という呼称に変更したものらしい」との説を紹介している(179)．

　東南海地震から37日後の1945年1月13日午前3時半すぎには渥美湾を震央とする三河地震が起き，死者約2000人が出た(180)．当時からこの地震

は，東南海地震の広義の余震，あるいはそれに誘発された地震と考えられていた(181)．現地調査の結果が公表されたのは終戦の混乱が一段落してからであった．

この地震でも三ヶ根山地周辺に顕著な地表地震断層が出現した．地震断層はL字形と逆L字形を組み合わせたような特異な形をしていた（図3-10）．L字形の断層は約10kmあり，岡崎平野の江原付近から南に延び，三ヶ根山地のふもとの津平付近で東に約90度方角を変え，宮迫付近で消滅する．

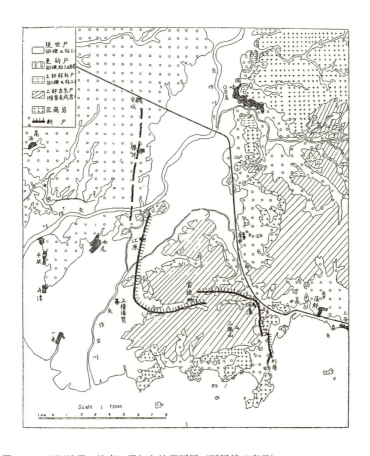

図3-10 三河地震で地表に現れた地震断層（断層線で表示）
　　　（広野卓蔵ほか4人「三河烈震地域踏査報告」『験震時報』15巻3-4号（1951年），13頁より）

西側が最大で1.2m隆起した逆断層である．地震直後は江原断層，横須賀断層など多様な名称があったが，現在では横須賀断層と呼ばれている．

逆L字形の断層もやはり西側が最大で2m隆起した逆断層で，宮迫の北のはずれから東に約3.5km延び，深溝付近で三ヶ根山地に沿うように南に折れ，やや屈曲しながら形原港まで続く(182)．さらにこの断層は海にも約10km延長していることが，海底測量によって確認された(183)．海底部分を含むこの断層の総延長は約18kmになる．この断層も，地震直後は形原断層，深溝(ふこうず)断層と2通りの呼び名があったが，現在では深溝断層と呼ばれている．蒲郡の海岸などでは高さ1m程度の津波もあった．

この地震を現地調査した中央気象台の技師・井上宇胤は，初動の押し引き分布も考慮に加えた上で，この地震は西南から東北に向かう圧力によって逆断層を生じたために起きた，との見解を示した(184)．一方，「深溝断層」と命名した地震研究所の津屋弘逵は，深溝断層は古い時代に形成された地質学的断層とほぼ一致しているところから，少なくともその一部が再活動したものである，と述べた(185)．そして第四紀に動いた断層という意味で「活断層」という言葉を使用している．

三河地震では，東南海地震とは違って短周期の地震波が卓越したため，福地村や三和村のように全壊率が50%を超えた集落もかなりの数を数えた．地表地震断層の直上と，断層の西側の隆起した部分にある住家の被害がとりわけ大きかった．これに対して断層の東側に当たった地域には大きな被害はなかった．地震が起きたのが未明であったことも加わって，死者のほとんどは圧死であった(186)．

三河地震にも前震があった．東南海地震の余震活動がまだ盛んであったために，どれを前震と見るかに関して報告者によって異なっているが，井上宇胤によると，前震は1月7日頃から始まった．11日にも有感地震と無感地震がともに5回あった．有感地震の2つは比較的大きかった．12日にも無感地震が2回あった(187)．

この地震でも，空が光ったという発光現象が多くの人によって目撃されている．光は赤かったという証言が多かった．本震の後だけでなく，前震の後や余震の際にも目撃されているが，余震に伴った光は青かった，という．ま

た，本震，余震の揺れの前にドン，ダダッなどという音を聞いたという証言も多かった(188)．

　地震研究所では，地震や噴火など自然災害の現地調査ばかりでなく，基礎的な研究も進められた．地震研究所設立と同時に助教授になった妹沢克惟は，さまざまな条件下で地震波がどのように伝わっていくかについての数理的な研究に大きな功績をあげ，弾性波動方程式の球座標での一般解を出した(189)．

　地震研究所ではまた，石本巳四雄が開発した加速度計や飯田汲事が開発した大型の加速度計，地殻変動を観測するための水管傾斜計などさまざまな地震観測装置が開発された．それらのなかで地震予知に関係が深いのは，シリカ式傾斜計である．石本は，今村が主張しているように地震前に地殻変動が起きるとすれば，それは地面のわずかな傾斜の変化としてもとらえられるはずである，と考え，もち運び可能で観測誤差が少ない傾斜計の開発を思い立った．傾斜計はすでに多くのタイプがあったが，それらはすべて金属製であった．金属でできていると温度変化によって長さなどが変化し，測定に誤差が生じるため石本は，水平振子からそれを支える棒や釣り糸まですべてをシリカ（珪素）で作成した(190)．これがシリカ式傾斜計である．

　この装置が，1927年の北丹後地震や1930年の伊東の群発地震などの観測に使われ，大きな余震や地震の前には，傾斜変化が起きることがわかったことについては，前述した．石本のシリカ式傾斜計は地震研究所の筑波山観測所に1927年から2台据え付けられ，観測が続けられた．観測を担当した井上宇胤は，傾斜の変化が激しく起きる現象を「傾斜嵐」と名付け，「傾斜嵐」が起きると筑波山付近で地震が起きると発表し，注目を集めた(191)．

　しかしながら，この「傾斜嵐」については地震研究所の萩原尊禮が1941年に，地震とは無関係である疑いが強い，との否定的な論文を発表した(192)．それによると，観測精度を高めるため筑波山の山腹に長さ20mほどのトンネルを掘って観測室を設け，トンネルの入り口付近と観測室にそれぞれシリカ式傾斜計を置いて，1935年から観測を始めた．観測室と入り口付近での観測データを比較すると，傾斜の方向もその量もまったく違っていることがわかったという．この事実から萩原は，傾斜計で観測されたデータは傾斜計が置かれたごく周辺の狭い範囲の土地の傾斜を示しているとしか考えられず，

広い範囲の地殻変動を観測するには傾斜計よりも水管傾斜計などの方が適切である，と主張した．

石本はまた，地震に伴う重力の変化についても研究した．地震の原因は地下の岩漿（マグマ）の流動によるものであるとの説を石本が唱えていたことは，すでに述べた．石本は，地下で岩漿が移動すれば，地上ではそれが重力変化として観測されるのではないかと考え，東京・三鷹の東京天文台に1915年に備え付けられた精密な振子時計・リーフラー時計の遅速を調べた(193)．重力が大きくなると時計は速く進むが，1923年の関東地震の前後には時計の遅速の変化が激しく，2秒近く進んでいたことがわかった．石本は，これはまったく偶然とは考えづらいとして，「地震＝岩漿流動」説と結び付けて論じた．すなわち，地下の深さ20 kmで半径10 kmの球体の比重が，温度や圧力変化によって1％程度変化すれば，時計を1日に付き1秒程度変化させる重力変化が起き得ることを計算で示し，各地で重力変化を連続的に観測することが重要であると訴えた．

地震研究所にいた坪井忠二は，東京天文台の構内に設けられた菱形基線の面積変化を調べた．菱形基線は，測地学委員会が地殻の伸縮を測定するために1916年に設けた．南北100 mの線を軸にして両側に1辺の長さ100 mの正三角形を2つ組み合わせてあり，年に1回各辺の長さが精密に測量されていた．坪井が1916年から1934年までの各辺の長さの変動をもとに，正三角形の面積がどう変化したかを計算してグラフに描くと，その曲線は三浦半島先端の油壺の潮位の変化ときわめて似ていることがわかった(194)．坪井は「菱形の面積変化は，三鷹の局部的な変化ではなく，少なくとも関東地方の南半分に起こっている地殻変動の現れであることを暗示している」と述べた．

中央気象台も地震観測などの日常業務のかたわら，基礎研究にも力を入れた．研究の中心を占めたのは，各地で観測された地震波の解析である．関東大震災後，物理学者の石原純がその重要性を主張した地震波の研究が，地震研究所ではなく中央気象台で実現したのであった．それを代表したのは，すでに紹介した本多弘吉らによる発震機構の研究であった．和達清夫による深発地震面の発見も世界的な業績であった．

遠くで起きる地震ではP波が異常に速く伝わるものがあることから，相当

深い震源をもつ地震が存在する，との説は1890年代末からあった．和達は1927年に書いた論文で，1926年7月に滋賀県彦根付近を震央にした地震について，初期微動継続時間を縦軸に，震央から測候所までの距離（震央距離）を横軸に取り，各測候所での観測記録をプロットすることによって，ある曲線（走時曲線）を描いた．そして，この走時曲線に理論的な考察を加え，震源の深さが約350 kmであることを実証した．和達は震源がこのように深い地震を「深層地震」と呼んだ(195)．京都帝国大学の志田順らも，この地震の震源の深さが300 kmに達していることに気付いていたが，論文は書かなかった(196)．深さ300 kmもの高温・高圧の状態では岩石はその弾性を失い，流動性をもつようになるのに，そのような場所でどうして地震が起きるのかは，大きな謎であった．

　和達は上記の論文で，1926年7月の地震と同じような深発地震が1924年2月から1927年1月までに計10個観測された，と述べている．和達はその後も深発地震の研究を進め1935年には，日本列島付近で1924年から1934年に起きた深発地震計93個の震源の位置をプロットすると，太平洋の日本海溝付近から西に約40度傾いたある曲面上に並ぶことを見出した(197)．その曲面を深さ50 kmごとのコンター（等深線）で示すと，コンターはロシアのウラジオストック付近で深さ350 kmに達し，その付近を頂点に大きく屈曲している（図3-11）．本州西部から九州にかけても深さ100-200 kmのコンターが描けるが，これはあまり確かなものではない，という．和達はまた，深さ100-150 kmのコンターは千島火山列や那須火山列，富士火山列ときわめてよく一致していることも指摘した．和達が発見した曲面は，深発地震面あるいは和達-ベニオフ面と呼ばれ，現在では日本海溝付近から沈み込むプレートを示していると解釈されている．

　和達や本多らが地震学史上に輝く業績をあげられたのは，関東大震災後にヴィーヘルト地震計を中心に整備された中央気象台の地震観測網の観測データを自由に使えたからであった．これに対し，地震研究所は関東地方で起きた震源を決めるため，震災予防調査会時代につくられた筑波山観測所を含めて計14点（1934年時点で）に地震計を置いていただけで，広域の観測網はもっていなかった(198)．

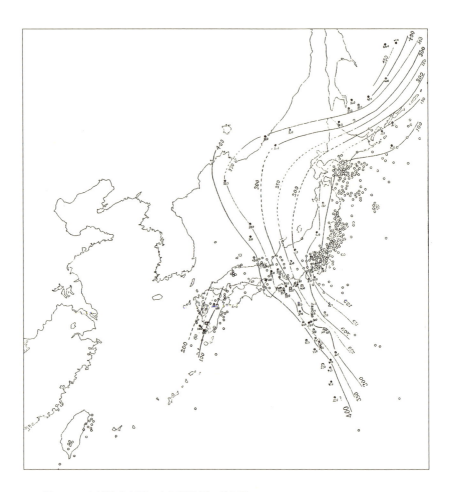

図 3-11 和達清夫が描いた深発地震の等深線
●印は深発地震の震央,○印は浅い地震の震央を示す.深さ 100-150 km の等深線は東北日本の火山列とよく一致している.
(K. Wadati, "On the Activity of Deep-Focus Earthquakes in the Japan Islands and Neighbourhoods," *Geophys. Mag.*, 8 (1935), p. 321 より)

　地震研究所と同じ 1925 年 11 月 13 日付けの官制によって生まれた震災予防評議会の活動についても触れておこう.震災予防評議会は地震研究所と同じく文部大臣の監督に属し,その諮問に応じて震災予防に関する重要な事項を審議し,必要があれば関係各大臣に建議することができる,と官制では定

められていた．濃尾地震の後に設けられ30数年間活動した震災予防調査会の役割のうち，建議機関としての役割が震災予防評議会に引き継がれたといえる．震災予防評議会の評議員は35人で，震災予防調査会の委員がほとんど横滑りし，今村明恒が幹事になった．

　震災予防調査会は関東大震災の後も活動し，関東大震災に関する膨大な調査報告書をまとめたことについてはすでに述べた．建議機関としては，政府が1919年に制定された市街地建築物法の施行規則を改正し，新たに導入しようとしていた耐震基準についても意見書を出した．政府案は，建築物は水平方向に重力加速度の0.1倍の加速度が加わっても壊れないように設計を義務付ける，というものであった．これに対して震災予防調査会は，関東地震では震源の近くの加速度は重力加速度の0.4倍以上もあったと考えられることから，0.1倍ではなく0.4倍の地震力を考えるべきである，との意見書を1924年に提出した(199)．しかし，この意見書は無視され，同年施行された新規則では考えるべき地震力は重力加速度の0.1倍とされた．1925年の但馬地震では，小学校が倒壊して死者を出したことから，「木造小学校建築耐震上ノ注意」をまとめ，関係官庁に配布した．

　震災予防評議会は1928年7月，最初の建議を3つ出した(200)．1つ目は「地形変動の調査促進に関する建議」である．地震予知の研究に役立てるため，水準測量や三角点測量などに十分な予算を出すよう，陸軍，海軍大臣などに求めたものであった．2つ目は「大地震に伴ふ火災防止に対する積極的精神の振作に関する建議」であった．関東大震災の際に大火になったのは，人々が余震を怖れるあまり，積極的に消火活動に取り組まなかったのが一因だとして，非常時の消防法を小学校をはじめ，青年団や在郷軍人会などで教えるべきことを求めた．3つ目の建議は，関東大震災の後に流行した鉄筋コンクリート建築の工事がずさんに行われないよう，監督官庁の十分な監視を求めたものである．

　1933年の昭和三陸地震津波の後には，「地震津浪の災害予防に関する建議」「同注意書」を出している(201)．注意書では，津波の高さは海岸線の形状などの地形に大きく左右されるとして，地形ごとの津波の高さを解説し，津波災害予防法としては高所移転を基本にすえながらも地形などの状況に応じて，

防浪〔防潮〕堤，防潮林，防浪建築〔津波避難ビル〕などを組み合わせて行うべきことを説いている．そして，岩手県田老村，釜石町など6カ所をモデルケースとして選び，具体的な津波災害防止策を提案した．

　震災予防評議会はほかにも，「家屋新築及び修理に関する耐震構造上の注意書」「火災を起し易き薬品の格納法に関する注意書」「木造小学校建築耐震上の注意書」などもまとめ，それをパンフレットにして，地震災害防止を訴えた(202)．

　また，小学生に地震の知識を普及するために，国定教科書に地震に関する教材を掲載するように，文部省に執拗に働きかけた．この結果，1936年から小学校3年の修身の教科書に「ものごとにあわてるな」との話が掲載された(203)．北丹後地震の際の実話をもとにしたもので，しず子の家では家族3人で食事をしているときに地震が起こり，3人とも倒れた家の下敷きになったが，はい出したしず子はまず井戸の水で火を消してから，祖母と妹を助け出したので火事にならなかった，という内容である．1937年からは小学校5年生の国語の教科書に「稲むらの火」が掲載された(204)．これも1854年の安政南海地震の際に，津波の来襲に気付いた紀伊の国・広村の浜口梧陵が稲わらに火をつけて，村人たちに知らせたという史実を題材にしている．

　地震研究所が年々のようにその規模を拡大していったのに対し，震災予防評議会は予算削減に悩まされた．発足した1925年には1万5540円の予算があったが，それが毎年のように減額され，1934年には6613円になった(205)．その活動も次第に低調になり，1941年には行政整理の一環として廃止された．このため，幹事であった今村明恒が中心となって基金を募り，震災予防調査会以来の伝統を継承するために同年，財団法人・震災予防協会を設立した(206)．

　震災予防協会とは別に1941年には，学術研究会議の中に震災予防研究委員会（委員長・妹沢克惟）が設けられた．委員会の規則には「地震其ノ他ニ関連アル自然現象ニヨル災害ノ予防並ニ軽減ニ関スル研究ノ連絡及促進ヲ図ルヲ以テ目的トス」とあり(207)，震災予防評議会の目的と似ていることから，この委員会は評議会の廃止を受けて設立されたと考えられる．震災予防研究委員会は1944年12月まで毎月開かれ，1943年に宮部直巳「大地震の前徴

に就いて」，谷口忠「建築物ノ耐震構造法ノ研究」，高橋龍太郎「地域別に見た津浪危険率」など6篇の報告からなるガリ版刷りの報告書を出している(208)．これを見ても戦前の地震学は，地震防災と地震予知を車の両輪として研究が進められたことがわかる．

3.4 寺田寅彦と地震予知

　1925年に設立された地震研究所の所員のなかで，異色の存在であったのが寺田寅彦である．吉村冬彦というペンネームをもち，夏目漱石門下の観察眼鋭い随筆家としても，俳人としても著名であった上に，寺田は地震研究所にありながら，地震予知は原理的に不可能であることを唱えた．寺田は地震災害を軽減するためには，地震予知よりも耐震対策などを強化する方が重要である，と考えていた．寺田は1935年，地震研究所設立10周年を記念してつくられた銅版の碑文を書いた．現在も地震研究所の本館の玄関を入ったところに掲げられているその碑文には「本所永遠の使命とする所は地震に関する諸現象の科学的研究と直接又は間接に地震に起因する災害の予防並に軽減方策の探究とである」などとある．寺田が亡くなったのは，この碑文を書いた1カ月あまり後であった．

　寺田寅彦は1878年，寺田利正と亀夫妻の長男として東京で生まれた．たまたま寅年の寅の日であったので，寅彦と名付けられたという(209)．利正は土佐藩の下級武士であったが，明治維新後に陸軍に入って出世し，最後は主計総監にまでなった．利正の退官後，一家は高知に引越した．寅彦は高知で小学校，中学校を修え，熊本の第五高等学校に進学した．そこで英語の教師をしていた夏目漱石や物理の教師であった田丸卓郎と知り合い，それが寅彦の進路を決定付けることになった．

　寅彦は東京帝国大学の実験物理学科を1903年に卒業し，翌年同大学の講師になり，1908年に「尺八の音響学的研究」で理学博士になった．1909年に助教授になると，地球物理学の研究のためドイツに派遣された．1911年に帰国して，母校の教授になった．1917年には，結晶にエックス線を当てて得られるラウエ斑点の写真の研究で，学士院恩賜賞を受けている．寅彦は

地震研究所のほか，航空研究所，理化学研究所の所員も兼務した．

　寺田の死後の 1939 年に刊行された『寺田寅彦全集・科学編』(*Scientific Papers by Torahiko Terada*) 全 6 巻には，彼が書いた（共著も含む）科学論文 235 篇が収録されている．若い頃には純粋物理学に関する論文が多いが，年を追うに従って気象学，海洋物理学，火山学，地球電磁気学，地震学など地球物理に関する論文が増えていき，最終的にはこれらが 3 分の 2 を占めている．うち，地震学に関するものが 38 篇ある．

　地震に関して寺田が初めて書いた論文は，1908 年の「地震の頻度と気圧の勾配との関係に就て」である．大森房吉は 2.5 節で紹介したように，地震発生と気圧との関係を調べ，気圧が高いときに地震が多く起きる傾向が見られる，との論文をいくつも書いた．これに対して寺田は，気圧の大小よりも気圧の勾配の大小の方が地震発生に影響を与えるのではないかと考え，中央気象台がまとめた気圧分布と大森から提供された地震データを比較研究した．しかしながら，この論文では明確な結論は得られていない(210)．寺田は後になって，日本海側と太平洋側の気圧の差が大きい年には，発生した地震の数が多い傾向が見られる，との論文を書いている(211)．寺田はほかにも地震と気象条件や太陽黒点，地球の緯度変化などとの関係について統計的研究を行った．

　寺田が 1916 年に発見した自然現象の「擬似周期性」は，こうした統計的な研究の副産物であった．「擬似周期性」というのは，まったく偶然に起きる事象においても見かけの周期性が現れる，というものである(212)．寺田があげている例では，東京と函館で 1899 年までに観測された月別の地震数をグラフにすると，地震発生数が多い月（山）から次の山までの周期はいずれも 3.5 カ月になる．同じ地震発生数を年別に見ると，地震の多い年の周期は東京では 3.5 年，函館では 3 年になる．1903 年の筑波山で観測された日平均気温と雲量を見ると，その周期はそれぞれ 4.04 日，3.45 日になる．すなわち，まったく偶然に起こる現象でも統計を取るのに使う時間単位の 3-4 倍の周期が必ず現れる，というのである．寺田は自然現象を解釈する場合には，こうした見かけの周期性にだまされないようにしなければならない，と注意を促し，その例として天気の「4 日周期」をあげている．寺田は後の論文では，

地震に関するさまざまな周期説についても「擬似周期性」を考慮に入れなければならない，といっている(213)．「擬似周期性」の存在は，確率論に基づいて数学者の渡辺孫一郎らによって証明された(214)．

　寺田は，1916年に書いた「自然現象の予報」という論文で，地震予知に対する考え方を率直に語っている(215)．ここで寺田は，自然現象を科学的に予測することとは，ある現象が起こる原因と条件を知った後に，その現象が起こるか否かやその起こり方を推測することであると定義する．しかし，地震の場合にはまず，地震が起こる原因が定かではない．地殻内部の弾性的平衡が破れて起こる現象であることは確かではあるが，その平衡を破る条件についてわれわれは多くを知らない．地殻の歪の程度が仮にわかったとしても，それは糸に錘を徐々に加えて引き切る場合に相当する．歪が徐々に増すにつれて，糸が切れる公算〔確率〕は増すが，糸がいつ切れるかを予測するのは難しい．仮にそれがいつ起こるかがわかったとしても，地殻の場合には破壊の仕方にはいろいろの程度があり，破壊の規模を予測するのは難しい．さらに地殻の岩石には，以前にどの程度の歪を受けたことがあるかという履歴効果も効いてくるので，さらに事態を複雑にする．寺田はこのように説いた上で，広い区域の地殻の平均状態を知るだけでは，「信憑すべき実用的の〔地震の〕予報は不可能に近し」と結論している．

　寺田は関東大震災後，地震研究の進め方を論じた論文でも，地震予知について触れ，自然現象は決定的なものと，統計的なものの2種類があり，地震現象はフランスの数学者で科学哲学者でもあったポアンカレのいうように「原因の微分的差異が結果に有限の差を生じる」統計的な現象なので，決定論的な地震予報は不可能である，と主張した(216)．寺田は，地震は今でいうカオス的な現象であることを十分に認識していた．

　そして「現在でやや可能と思はれるのは統計的の意味における予報である．例えば地球上のある区域内に向ふ何年の間に約何回内外の地震がありさうであるといふような事は，適当な材料を基礎として云っても差支へないかもしれない．しかし方数十里の地域に起るべき大地震の期日を数年範囲の間に限定して予知し得るだけの科学的根拠が得られるか否かに就いては私は根本的の疑いを懐いているものである」と述べている．

寺田は地震災害を軽減するための対策にも触れ，「要は，予報の問題とは独立に，地震の災害を予防する事にある．…さうだとすれば，この最大限の地震に対して安全なるべき施設をさへしておけば地震といふものはあっても怖ろしいものではなくなる筈である．そういう設備の可能性は，少なくとも予報の可能性よりは大きいやうに私には思はれる」と述べ，地震災害を軽減するためには地震予知に頼るよりも，構造物の耐震対策などに力を入れるべきことを訴えた．

　地震の前に起こるのではないかと考えられる何らかの前兆を見付け，地震を予知しようという研究について，寺田はどのように考えていたのであろうか．ミルンや関谷清景らが1880年代に取り組み，濃尾地震の後に設けられた震災予防調査会の主要なテーマになったのも，こうした研究であった．これに対して寺田は，地震の前兆ではないかと報告されるさまざまな現象については，それと地震発生との関連が物理的に明らかにならない限り，安易に前兆と考えるべきではない，との立場を取っていた．それを示すのが，寺田が1926年に書いた「日本における地震学発達の歴史概略」という英文の論文である[217]．

　1926年には東京で第3回汎太平洋学術会議が開かれた．文部省の学術研究会議は，この会議の参加者らに配るため，日本の科学の現状をまとめた*Scientific Japan*という本を出版した．寺田はこの本に収録する原稿の執筆を依頼され，当時地震学教室の助教授であった松沢武雄と共著でこの論文を書いた．

　寺田はこの論文で，ミルンや関谷の地震予知研究や，震災予防調査会が設置された目的の1つは地震予知の方法を調べることであったことには一言も触れてはいない．「地震予知（prediction of earthquakes）」という言葉を使っているのは，後に紹介する一度だけである．震災予防調査会が取り組んだ地殻変動の調査や地磁気，重力，地下温度の測定などについては「地球物理学的研究」として紹介しているが，「前兆」という言葉は一度も使っていない．関東地震の際に東北大の白鳥勝義が報告した地電位の変化や，今村明恒が報告した地震直前の三崎半島の隆起についても触れてはいるが，これらは「地震に付随する現象」の1つとして紹介しているに過ぎない．白鳥の報告

に対しては，地電位の変化ではなく測定に用いた電極の変化ではないか，との懐疑的なコメントを付けている．そして唯一「地震予知」が，地殻変動の観測を続ければ地震の予報さえできるという人もいる，との文脈で登場する．寺田が日本の地震学の歴史と現状について以上のように世界に紹介したのは，前兆に基づいて地震予知をしようという方法についても寺田が厳しい見方をしていたことと密接に関係していた，と考えられる．

　統計的な地震予知の限界について寺田は，1933年に発表した論文で明らかにした(218)．この論文で寺田はまず，大きなエネルギーをもつ地震ほど発生する数が少なく，小さなエネルギーの地震ほど発生する数が多いという法則が成り立ち，地震の発生はランダムでポアソン分布に従うと仮定する．そうすると，地震の大きさについての予測誤差 ΔE と，その地震が発生する時間に関する予測誤差 Δt との間には，$\Delta E \times \Delta t \geq c/f(E)$ なる不確定性原理のような関係が成り立つことを数学的に証明した．ここで $f(E)$ は，E というエネルギーを持った地震が起きる確率密度関数であり，c は定数である．$f(E)$ は E の単調減少関数である，と仮定しているから，E が大きくなるほど ΔE と Δt を掛けた値も大きくなる．すなわち，統計的に地震を予知しようとしても，地震の規模を正確に予測しようとすると発生時間についての予測誤差が大きくなり，発生時間を正確に予測しようとすると，こんどは地震の規模に関する予測誤差が大きくなる．この予測誤差は，予測しようとする地震の規模が大きくなるほど大きくなる．寺田は「それ故，統計的な材料の他にデータがなければ，ある特定の規模の地震の起きる時間をある程度正確に予知することは望み薄であるように思われる」と書いている．

　やや脱線するが，寺田はこの論文で $f(E)$ がどのような形になるかについても議論している．寺田は，分子運動論のアナロジーから，$f(E)$ は E が増えれば指数関数的に減少するであろうと推定し，A，C，E_0 をそれぞれ定数として $f(E) = AC\exp(-E/E_0)$ との式を得ている．この式は，地震のエネルギー E を地震の規模 M で置き換えれば，地震の数は M が大きくなるほど指数関数的に減少するというグーテンベルグ・リヒターの式（4.5節で詳述）と同じ形になる．

　寺田は以上のように地震予知不可能論を展開した．このような議論は，外

国からの直輸入であった可能性はないのであろうか．1900年以降1945年までの外国文献を調べてみると，寺田の議論は国際的にもきわめてユニークなものであったことがわかる．

　日本では地震予知を実現しようとさまざまな研究が行われていることは，外国にもかなり知られていた(219)．主に震災予防調査会の欧文報告を通してである．日本の研究に刺激され，地震予知に関心を示す研究者は外国にも存在した．たとえば，1906年のサンフランシスコ地震の報告書のなかで，地震の起こる仕組みとして弾性反発説を提唱した米国の地質学者リードは，断層が将来起こす地震を予測するにはどのような方法があるかについても述べている(220)．リードが提案したのは，地震が起きた直後に，その断層に直交するような直線に沿って等間隔に標識を設けて測量を繰り返して，断層にどれだけ歪がたまっているかを調べる，という方法である．リードは歪が2000分の1までたまると大地震が起きる，といっている．

　カナダの地震学者ホジソン（Ernest A. Hodgson）は，1923年のメルボルンでの第2回汎太平洋学術会議で「成功裏に地震を予知できる可能性は長い間議論になっているが，少なくとも科学的には，それは大変考慮に値するものである」と述べ，どこかの活断層を1つ選び，そこで地震予知の実験を行うことを提案した(221)．また，米国の地震学者ランズベルグ（H. Landsberg）も1935年に「効果的な地震予報システムがあれば，地震によって失われる人命を救える」として，予知研究の推進を訴えている(222)．

　これに対して地震予知に否定的な議論も存在した．それは地震予報に実用的な価値があるかという点に集中していた．予報は正確ではあり得ないので，住民を不安に陥れるデメリットの方が大きい，というのである．たとえば，英国の地震学者シュスター（A. Schuster）は，1911年に英国・マンチェスターで開かれた万国地震学協会総会の開会式の挨拶で，「地震学者は気象予報と同じような警告を出したい，との誘惑にかられる．しかし，気象学者は嵐と予報したのに嵐が来なくても許されるが，地震学者が予報に失敗すればパニックを起こし，商売を滅茶苦茶にしてしまう．それが正当化されるだろうか」と述べた(223)．

　また米国の地震学者ウッド（Harry O. Wood）とグーテンベルグ（Beno

Gutenberg）も，ランズベルグの訴えに対して「場所と時刻と規模を信頼性をもって間違いなく示すことができなければ，地震予報は公衆に不安を惹き起こすばかりで有害である」と批判した[224]．もっともウッドらは，地震予知研究を行うことは地震を理解する上で意味があるとして，研究自体に反対しているわけではない．以上のような否定的な見解の背後には，地震を正確に予報することは現状では不可能であるとの考え方があったのは間違いない．しかし，寺田のように原理的にその不可能性に言及した論文は見当たらない．

寺田は一方で，地震に伴って生じるさまざまな現象に深い関心を示した．先述したように1930年2月中旬から5月末にかけては，静岡県伊東沖を震源とする群発地震が起きた．このとき，群発地震の前と後では伊東付近で獲れる魚の種類が変わった，と話題になった．寺田は水産試験場の技師・木村喜之助から西伊豆の重寺漁港や淡島漁港の日別・魚別の漁獲量のデータの提供を受け，地震と漁獲との関係を調べた．すると，群発地震の起きた1930年については，伊豆半島で観測された地震の数と重寺漁港で水揚げされたアジの漁獲量の間に見事な相関があった（図3-12）．寺田は1924年から1929年についての淡島漁港の漁獲量と地震発生数についても，統計数理的な手法で分析し，弱い相関ながらも，地震が多いとアジが多く獲れる関係があることを見出した[225]．

地震が多いとなぜアジが多く獲れるのか？　その原因について寺田は①地震動による機械的な刺激が魚を漁場に誘う，②地震動によって魚の好物のプランクトンがすむ場所を変える，③地震が海水の化学的な性質に影響を与え，それが魚かプランクトンに影響を与える，の3つの可能性を示した．寺田はさらにメジマグロの漁獲と地震についても分析を行い，メジマグロは地震から1カ月後には獲れなくなることを見付け出した[226]．

1930年11月に起きた北伊豆地震では，3.3節で紹介したように空が光る発光現象が，広い範囲で目撃された．地震時の発光現象は古来，内外の文献に掲載されているが，科学者による観察が行われたのは初めてであった．寺田は「地震によって惹起される1つの発光現象が存在することが明になった」「此現象は，地震学上必ずしも軽視することのできない1つの問題を提供する」などと書き，発光現象の原因を研究した[227]．火事と，雷雨に伴う

3.4　寺田寅彦と地震予知　　165

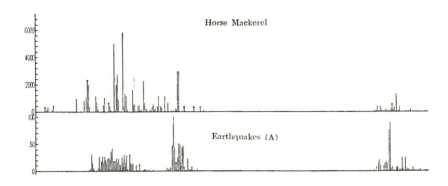

図3-12 1930年に西伊豆・重寺漁港で水揚げされたアジの漁獲量(上段,縦軸)と伊豆半島で観測された有感地震の数(下段,縦軸)
横軸は時間.両者には見事な相関が見られる.
(Torahiko Terada, "On Some Probable Influence of Earthquakes upon Fisheries,"『震研彙報』10巻(1932年),394頁の図を一部改変)

雷光は当日の状況から考えて,原因から除外できた.寺田は,送電線の接触または切断によるスパークが現象の一部を説明するが,それだけでは説明できないとして,①山崩れに伴い,岩石が破壊したり摩擦し合ったりすることによって起きる摩擦ルミネッセンス,②毛管電気現象,の2つを考えられる原因としてあげている.寺田がいう毛管電気現象というのは界面電気現象の1つで,たとえばガラスの毛細管に水を入れ,この水に圧力をかけて水を流すと,ガラス管と水の間に電位差ができる.これと同じように,地震に伴い地殻内にある水が流動すると,地殻と空中の間に著しい電位差が生じ,空中放電を起こすのではないか,と寺田は考えた.

1933年の三陸地震津波でもやはり,岩手県釜石湾の湾口近くで多くの人が発光現象を目撃し,地震研究所の武者金吉がこの原因について,地震や津波によって発光プランクトンが刺激されたとの説を唱えたことはやはり3.3節で紹介した.寺田はこれについても,発光プランクトンの発光説によってこの現象がどの程度定量的に説明できるかを考察し,肯定的な結論を下している(228).

このように寺田は地震に伴うさまざまな現象にも大きな関心を示した.このために,寺田が前兆に基づいた地震予知にも多大な関心を示していた,と

の誤解も見られる(229). しかしながら，寺田は魚の漁獲量にしろ，発光現象にせよ，それらを地震の前兆と考えたことは一度もなく，いずれも地震によって引き起こされる現象である，と認識していたことは明らかである．

3.5 今村明恒の南海地震予知の試み

　寺田が地震予知は不可能と考えたのに対し，多くの地震研究者は地震の予知は可能であると考えていた．その筆頭は，関東大震災後に脚光を浴びた今村明恒である．彼が地震予知の方法の決定打になりうると考えたのは，地殻変動の観測であった．彼は，次の南海道沖大地震〔南海地震〕を予知するために，紀伊半島や四国に独自の観測網を展開した．

　北丹後地震と同じ年の1927年10月27日に，新潟県長岡市の西方にある関原村を震源としてやや強い地震があった．住宅200棟余が大破し，避難する途中に2人が負傷した(230). たまたまこの付近一帯では同年7月に，今村明恒と山崎直方の要請を受けて陸軍陸地測量部が水準測量を終えていた．この測量では，1894年の測量と比較して関原付近では最大2 cm余の隆起が見られた．地震後の12月に再度水準測量すると，7月の測量と比較して関原付近はやはり最大で2.1 cmの隆起が見られた．1927年7月と12月の測量の差は，地震によって起きた地殻変動によるものと考えられる．すなわち地震で起きた地殻変動は，地震の前に起きていた長期的な地殻変動と同じ方向に動いたのである(231).

　今村は，この調査結果を報告した論文の最後に「大きな地震が起きる可能性がある地域では精密かつ系統的な水準測量の繰返しが望ましい」と書いている．水準測量を繰り返し行い，水準測量に大きな変化が見られるところを見付け出せば，地震の予知につながる，との今村の考えは，この関原地震によってさらに確固としたものになった，と考えられる．

　関原地震の前になるが，今村は1927年の9月3日から10日までチェコのプラハで開かれた第3回万国測地学・地球物理学連合の総会に出席した．そこで「日本における最近の地震研究」と題して講演し，地殻変動の観測を繰り返し行えば地震を予知できる明るい見通しがある，などと語り，大きな反

響を呼んだ．11月に帰国した今村は新聞記者に「地震予知問題は机の上では立派に解決していると思ふ，それには地震観測に特殊の観測網（ネットワーク）を張る設備が必要で，かなりの地震は2,3週間，時には20,30分以前に完全に予知することが出来る，将来は網の目を追々小さくすることによって微かな地震でも立派にその前徴を予想し得るであろう」などと土産話をした(232)．

今村は1930年にスウェーデンのストックホルムで開かれた第4回万国測地学・地球物理学連合の総会にも出席した．この総会では「地震国の政府及び各種機関は，地震現象の真相ならびに地震災害を軽減する手段を極めるために，地殻変動の系統的な研究に出来るだけの援助を与えられんこと望む」との決議が採択された．今村の研究成果が連合を動かした，と考えられる(233)．

今村は関東地震の直後には，南海道沖大地震が起きることを予想していた．今村は関東地震の余震がおさまらぬ1923年10月に大阪で「大地震に関する大阪の宿命に就いて」と題して講演した．今村はこのなかで，大阪は外側地震帯の活動によって1707年，1854年と繰り返し大きな被害を受けていることを紹介した上で，「この外側地震帯の将来を推測して見るに，今度の大地震に引続き，いくらか経過した後に於て，第2回の大地震を記す場合に於ては，寧ろそれが関西に近い位置であるまいかとも想像せられるのである」と述べている(234)．

今村が次の南海道沖大地震を予知すべく，観測網の構築に取りかかったのは，1928年になってからである．今村は1928年に書いた論文"On the Seismic Activity of Central Japan（中部日本の地震活動について）"で，その予知の戦略を具体的に語っている(235)．すなわち，東海道沖から南海道沖では684年，734年，887年にも大地震が起きているが，過去600年間だけに限ると，1361年，1498年，1605年，1707年，1854年（2回）と100-150年間隔で繰り返し起きている．これらの大地震の特徴として，先行して内陸部の地震を伴う，いずれも大きな津波によって大被害を出している，地震の後で紀伊半島や四国の岬が隆起する，という点が共通している．

すでに1854年から74年も経過しており，和歌山で観測された有感地震の

数は1923年以降，それまでに比べると著しく増えている．串本（潮岬）での潮位計の観測結果を見ると，関東地震前の三浦半島と同じように年間1cm程度の速度で沈降を続けている．これは地震を起こす力が蓄積されている証拠である．関東地震では2年前頃から三浦半島はそれまでの沈降から隆起に変わったが，潮岬でも観測を続ければ，隆起に転じるのが見付けられるかも知れない．それがわかれば大地震は近いと予測できる，というのである．

ただし今村は，1361年から1854年までの地震の震源域は，図3-13のように，それぞれ別のものと考えていた．また，潮岬などが沈降しているのは地塊運動説に従って解釈しており，潮岬は地塊の境界に当たると考えていた．

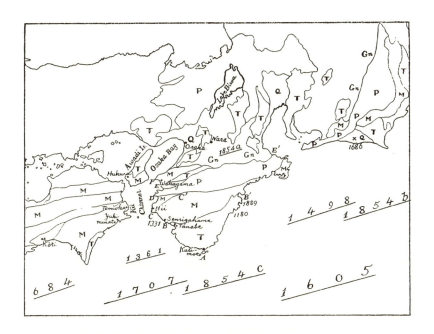

図3-13 今村明恒が南海道沖地震の予知戦略を語った論文に付けた図
「684」「1361」などの数字はそれぞれ地震が起きた年号と，その地震の大略の震源域を示すと考えられる．P，M，T，Qなどはその地域の地質の形成年代を示す．

(Akitune Imamura, "On the Seismic Activity of Central Japan," *Jpn. J. Astron. Geophys.*, **6** (1828-1829), p. 129 の図を一部改変)

具体的にはどのような観測を続ければ予知が可能か．今村はまず，この地方で水準測量や三角測量を繰り返すことが重要であることを説いた．さらに今村は，地震研究所はこの地域で石本式傾斜計と今村式微動計からなる観測網を展開することを計画しており，その手始めとして，和歌山の観測所が1928年8月18日から動き始めた，と書いている．和歌山の観測所は，その後和歌山地動観測所と呼ばれるようになる．

　南海道沖大地震を予知するために，今村の地動観測網は1929年には，和歌山地動観測所に加えて，和歌山県田辺，徳島県富岡，兵庫県福良の計4カ所に広がった(236)．この観測網構築のための資金の大部分は有志からの寄付と今村の私財に頼っており，観測のための人員も今村の次男・久や地元の学校教員らのボランティアに頼っていた．今村が「地震研究所の計画」と書いたのは，石本式傾斜計などの観測計器や消耗品の一部を地震研究所から提供してもらったためだと考えられる(237)．

　串本（潮岬）から紀伊半島西岸を通り大阪府吹田にいたる水準測量は，1928年末に終わった．この測量も今村と山崎直方が，自分の研究費によって陸軍陸地測量部に委託したものであった．翌年発表された測量結果によると，串本は前回1899年の測量時に比べて19 cm沈降しており，和歌山付近では約5 cm隆起していた．今村は，この地殻変動は安政の地震の後に起きた地殻変動とまったく逆の変化であり，「最後の大破綻〔南海道沖大地震〕に進まんとする道程を示すものであって…」などと述べた(238)．

　高知県須崎から高知市，室戸岬を経て徳島県小松島にいたる水準測量は，1929年に行われた．その結果，室戸岬は1895年の測量時に比べ20.4 cm沈降しており，高知市では逆に10.8 cm隆起していた(239)．紀伊半島ばかりでなく，室戸岬を中心とした四国東南部も沈降していることは，次の南海道沖大地震の準備が進んでいることを示すものである，と考えた今村は，1930年には高知県室戸岬と和歌山県串本にも地動観測所を開いた．

　今村が，南海道沖大地震予知のための地動観測網の構築を急いだのは，次の南海道沖地震の再来が近いのではないか，と考えていたことも関係していたに違いない．間欠的に噴火を起こす活火山の場合には，大きな噴火の後は次の噴火までの休眠期間が長いが，小さな噴火の後では次の噴火までの期間

が短い，という傾向がある．今村は，これが大地震にも当てはまるのではないかと考えた．すなわち，南海道沖の大地震のうち最も大きかったのは1707年の宝永地震で，次の1854年の安政の地震まで147年の休眠期間があった．その前の1605年の慶長の地震はそれほど大きくなかったので，102年後には宝永地震が起きた．前回の1854年の安政地震もそれほど大きなものではなかったので，次の南海道沖大地震は，100年程度で起きてもおかしくはない，と今村は考えたのであった(240)．今村の考えは，第6章で紹介する時間予測モデルに近いものである．

　今村は，地動観測網を構築すると同時に，地元市町村や住民たちに次の南海道沖大地震が近いことを説き，津波の対策を訴えた．たとえば，今村は1930年に室戸地動観測所開設に当たって室戸町を訪れ，高知にも関東地震のような大地震が襲来する恐れがある，と話した(241)．しかしながら，今村の話を聞いた役人や住民たちは驚くばかりで，対策にはつながらなかったようである．今村が1933年に『地震』に書いた「南海道沖大地震の謎」という論文には，警告に耳を貸そうとしない人々への苛立ちがうかがえる(242)．

　今村はこの論文を「予は此文章を特に我が国の為政家へ捧げたい希望を以て認めた」という文章で始め，かつて自分が雑誌『太陽』誌上で東京で大地震が起きると，東京は火の海になると警告したにもかかわらず，かえって世間の反感を買った例をあげ，「右は過去の追憶であるが，今予がこの一文を草するに当って，此記憶がありありと予が脳裡に蘇って来るのである．其の一文は失敗に終わった．此一文には同じ運命を辿らせたくない，是予が真剣な希望である」と書いた．そして「地震（津浪も）は自然現象である．人力では之を抑へることは出来ない．震災は地震が人の生命財産に及ぼす災害である．吾々の知識と努力とによっては之を免れ得べきものである．南海道沖大地震津浪が何時襲って来ても，何らの災害が起こらぬ様用意して置かうではないか」と訴えた．

　南海道沖地震でたびたび津波の被害を受けてきた高知県について今村は，将来の大津波にいかに備えるべきかについても，具体的なアドバイスを行った(243)．今村は，古文書に記された津波の被害の記録から，1707年の宝永地震，1854年の安政地震の際に津波がどこまで侵入したかを地形図上に描き，

宝永の津波の高さは須崎付近で最高21mもあり，安政の津波の2-2.5倍に達したことを示した．そして，津波災害予防のためには，宝永地震を基準に置いて考えるべきことを説き，高知市付近では地震による地盤の沈降が最大で2m近くになることも考えて対策を進めるように提言している．

　今村は1935年には，潮岬が大地震のたびに隆起したためにできたと考えられる海岸地形を発見した．灯台などがある潮岬は，昔は上野島という離れ島であったが，地震による隆起によって砂州で本土とつながるようになった．今村はこの砂州を調べ，海水面から高さ1m，2.6m，4.8m，5.0mのところにそれぞれ砂利層が存在するのを見付けた．今村によれば，これらの砂利層はかつて砂浜の波打ち際に集まった小石であり，高さ1mにあるのは1854年の安政地震直前の汀線で，高さ2.6mにあるのは1707年の宝永地震直前の汀線である．それより高いところにあるのは，1605年の慶長の地震，1498年の明応の地震，あるいは1361年の正平の地震のどれに相当するのかはよくわからない，と今村は書いている(244)．

　今村は1940年には，潮岬と室戸岬での潮位の観測結果をまとめている．それによると，潮岬は年間約9mmのペースで沈降を続けていた．室戸岬の観測結果は潮岬ほど明瞭ではないが，依然として沈降が続いていることがうかがえた(245)．

　日中戦争の進展に伴って，南海地動観測所の観測網を維持するのは難しくなっていった．観測の中心になっていた今村の次男・久が，徴用を逃れるために軍需工場に働きに出ざるを得なくなったり，地震研究所から送られてくる記録紙などの消耗品も欠乏し始めたりしたからである(246)．

　それでも南海道沖大地震の予知にかける今村の情熱は衰えなかった．1943年に今村は，関東地震の前後に三浦半島で見られた地殻変動のように，静岡県御前崎も地震の前には沈降し，地震とともに急激に隆起するのではないかと考え，御前崎付近での地殻変動の観測を強化するよう訴えた論文を発表した(247)．「遠州東南地塊の傾動に就いて」と題するこの論文で，今村は陸軍陸地測量部が東海道や信州街道沿いに行った水準測量の結果から，掛川付近は北西から南東に傾いている事実を見付け出し，御前崎は年間1cmほどの速度で沈降を続けている，と推定した．

地震と同時に急激に隆起した証拠を見付け出すため今村は，御前崎の岸壁を調べた．すると，平均海水面から上方50 cmと，160 cmのところにヒミズ（日不見）貝などがつくった貝孔が直線状に並んでいるのが見付かった．海面上50 cmにある貝孔は1854年の安政地震直前のもので，160 cmにある貝孔は1707年の宝永地震直前のものと今村は考えた．今村はこうした事実から，御前崎は大地震の前兆をとらえるのに絶好の場所と考え，①水準測量の路線を掛川から東南の御前崎まで延長する，②御前崎の駿河湾側に検潮所を設ける，の2つを要望した．自身も1943年3月に渥美半島の先端部に潮位計を設置している．

　陸軍陸地測量部は今村の要望を取り入れて，1944年から水準測量路線を掛川から御前崎まで延長した．この路線の北西部分の測量が終わったところで東南海地震が起きた(248)．今村自身は知らなかったが，この測量データを点検することによって，地震の前兆ではないかとも考えられるデータが見付かったのである．これについては第6章で紹介する．

　今村は1944年12月に東南海地震が起きた直後に論文を書き，大きな被害が出たことに対して震災予防の努力が足りなかったとの悔恨を赤裸々に述べた．同時に，「五畿六道大地震」は東海道，南海道の両方で起きる例がほとんどであることから，今度は南海道で活動が起きることを想定し，災害対策に万全を期すことが賢明である，と警告した(249)．

　以上のように，今村は南海道沖大地震の予知に情熱を注いだ．しかしながら，今村は地震予知の実現が，地震災害軽減防止の切札であると考えていたわけではない．今村はしばしば，以下のような考え方を述べている．地震災害を少なくするために第1に必要なのは「我々の町村を耐震構造を以て武装する」ことであり，第2は「地震知識の普及」である．「地震予知問題の解決」は第3の課題にすぎない，と(250)．

　地震予知だけが実現したところで，人命損失を少なくするには幾分の効果があるにしても，構造物の破壊は食い止めようがない．そして地震の知識がない社会では，地震予報が発表されたとしても理解されないので，人心を騒がせるだけに終わる．その利益よりも弊害の方が大きい，とも今村は再三繰り返した(251)．

今村が,「地震知識の普及」を重視したのは,かつて雑誌『太陽』に発表した自分の論文が,世間の誤解を招いたとの反省からであった．今村は関東大震災2周年を迎えるに当たってこう書いている．「自分が20年前,単身,彼〔地震〕の征服を試みて失敗したのは…仮令自分だけは彼を知って居ても味方が彼を知らなかった．さうして身の程をも顧みずして徒に妄動した為めであった．今漸く己を知ることが出来た．願はくは我国民挙って己を知り,敵を知り,さうして彼を征服したいのである」(252).

　今村は1929年1月から雑誌『地震』の発行を始めた．発刊の目的は,地震の知識を交換するとともに地震の知識を社会に普及させることであった．今村は「発刊の辞」で「元来地震は地殻の震動であって,人力を以て制御し得べからざる自然現象であるが,震災は造営物に対する地震の影響が主であって,人自ら招く災禍であり,努力の如何によりては之を防止し得べき人為的現象である」との震災観を披露し,「若し我帝国の彊域が残る隈なく丹後大地震の様な地震を経験し,峰山町の人達の様に地震に対して真正な理解を得たならば,是まで経験せられた様な震災は全く一掃せられるであらう」と,地震知識の必要性を訴えている(253).

　1929年9月発行の『地震』第9号に,初めて「地震学会会則」が掲載されている(254).　この事実から考えると,今村にとっては『地震』の発行が主な目的で,「地震学会」をつくることは,当初は頭になかったらしい．定期総会を毎年5月に開き,会員の選挙で会長を選ぶことなど,現在の学会に近い形式が整えられたのは,1934年になってからである．

3.6　地電流や地磁気による地震予知研究

　今村が地震予知の方法として地殻変動の観測を重要視したのに対し,ほかにも地震予知の決定打になりうるのではないかと考えられた方法があった．それは,地電流や地磁気の観測に基づいた,いわゆる電磁気学的方法であった．

　東北帝国大学地球物理学教室の講師・白鳥勝義が大学構内に設けた観測装置で,関東地震の前に地電位が異常に変化したことをとらえたことは,3.1

節で紹介した．白鳥は1923年10月9日の岩手県遠野付近の地震と10月31日の福島県沖の地震についても，やはり地電位差に大きな変化が見られた直後に地震が起きたことを報告した[255]．しかし，その後は観測報告がないので，白鳥の観測は長くは続けられなかったようである．

地電位の観測を本格的に行ったのは，海軍科学研究所の能登久である．能登は東京帝国大学物理学教室に在籍していた時代に，寺田寅彦の指導で基礎的な研究を始めた．能登の方法も白鳥と同様に，金属の電極を地中に複数個埋め，その間の電位差を測定するものだが，これを能登は地電流の測定と呼んだ．地電位差が変化するのは，その間を電流が流れるからであるので，地電位を測定するのも地電流を測定しているのと同じことである，との認識に基づいている．

能登はまず，電極に使う金属や電極を埋める場所の地理的条件，天候などによって，測定結果がどのように左右されるかを2年がかりで調べた．その結果，正確な測定データを得る条件として，①電極には同じ金属を使うこと，②電極を埋める場所の土壌も同じであること，③電車の線路から25 km以上離れていること，④山の頂上などを避ける，などを見出した．地電流の測定は，磁気嵐はもちろん，雨が降った場合にも大きな影響を受けることも報告している[256]．

そして，能登はこのような観測条件を満たす場所として，愛知県渥美半島の先端部にある伊良湖岬を選んだ[257]．そして，北北東–南南西に約500 m離れた2地点の深さ2 mに，50 cm四方，厚さ2 mmの銅板（電極）を埋めて，2電極間の電位差を測定した．電極は土との接触抵抗を少なくするために木炭の粉末で覆ったという．

その結果，1930年7月から1931年9月までの間に，測定地点から半径400 km以内を震源とする地震は1451回起きたが，このうち地震前の8時間以内に地電流の変化が大きかった例が18回，地震と同時に大きな地電流変化が観測された例が17回，地震後8時間以内に大きな地電流変化が起きた例が15回あった．地電流の変化するパターンはさまざまであったが，緩やかに変化して急に元に戻る，ジグザグ状に元に戻る，不規則な変化が連続する，の3つに分けられた．地電流の変化が地震と偶然に重なる確率よりも，

地電流変化が起きた場合に地震が起こる場合の方がかなり多いことや，地震が近くで起きるほど，地電流の変化の継続時間が長く，遠くの地震では変化が小さいことなどから，能登は「地震と地電位との間には何らかの関係が存在するようである」と結論している．

　その一方で能登は，同じような地震であるのに，一方は地電流の変化が現れ，他方では地電流の変化がまったく現れない場合があることなど，いくつかの疑問も呈している(258)．能登はこれらの疑問を解くため，電極の間隔を 2.8 km，5.7 km，16.1 km にする一方，500 m 間隔で 4 方向の測定も始めた，と論文には書いている．しかし，この方法による測定結果は報告されていない．

　逓信省の鈴木淳一らは，1930 年 11 月に起きた北伊豆地震の際に，東京—グアム間の海底ケーブルに異常電流が流れたのを見付けた．この異常電流は地震によって生じたものではないかと考えた鈴木らは，東京—保谷間の 21 km，東京—横浜間の 34 km に電線を引き，この間に流れる電流を測定した．その結果，1931 年 1 月から 1933 年 3 月までの間に，3 つの地震の前後に異常な電流が流れた，との観測結果を報告した(259)．そして「地震が起こる 2，3 分前には異常が現れるようだ」と述べている．

　地電流の研究が社会的に注目されたのは，東北帝国大学理学部の教授・畑井新喜司らが行ったナマズによる実験であった．畑井らは，同大学浅虫臨海実験所で外部の刺激に魚がどのような反応を示すか調べているうちに，ナマズが地震の前に敏感になることに気付いた．1931 年 10 月から翌年 5 月まで水槽の中に数匹のナマズを飼育し，朝，昼，夕方の 3 回，水槽が置かれている机を指で軽く叩いた際の反応を見た(260)．ナマズがこの刺激に対して飛び上がるなどの敏感な反応を示した場合を「敏感」とし，ほとんど反応を示さなかった場合を「非敏感」に分類し，同実験所に置かれた地震計の記録と比較した．

　その結果，朝，昼，夕のいずれも「敏感」だった日は 11 日あったが，このうち 10 日は地震があった．朝，昼，夕の少なくとも 1 回が「敏感」であった日は計 96 日あったが，うち 81 日は地震があった．ナマズが「敏感」になって 6-8 時間後に地震が起きることが多かった．一方，「非敏感」の日は

80日あり，うち58日は地震がなかった．22日は地震があったが，これらはいずれもごく小さいか，遠方の地震であった．これらの結果から畑井は「人間に感じられないような微小な地震でもナマズは感知」すると結論した．

　ナマズを飼育する水の出入口を閉じるとナマズは地震に反応を示さなくなるので，畑井はその後，水槽近くとその水を供給している給水タンク近くの地中に電極を取り付け，その間に流れる電流の測定を6カ月続けた．その結果，パルス状の電流が流れるとナマズが「敏感」になり，その後に地震が起きるケースが多いことが判明した(261)．畑井らは「地電流の影響が，ナマズの敏感化の少なくとも1つの要素である」と結論した．

　畑井らの研究は，新聞で「昔から地震国日本に伝へられている『地震なまず』の謎が遂に科学者の慧眼によって正体を現す日が来た」(262)，「これ〔ナマズ〕によって殆ど百発百中地震を予知することが判然とした」(263)などと大きく報道された．「深層地震」などの研究で著名になりつつあった中央気象台の和達清夫も，岩波書店から創刊された雑誌『科学』で「恐らく今後の地震学に於いて最も大いなる役割をつとめるものは，地電流即ち地面を流れる電流の研究であらうと思はれる」などと書き，地電流の研究に期待をかけた(264)．

　1934年には大阪測候所がナマズ50匹を測候所の池で飼育し始め，畑井と同じ方法で地震予知の実験に乗り出したことも大きく報道された(265)．しかしながら，実験の成果について『験震時報』などには何も報告されていない．

　畑井らの研究も，その後行き詰ったようで，共同研究者の1人であった小久保清治は1936年には「研究の仔細に入るに従って，反応変化と地震との関係は，なかなか簡単なものではなく，之を地震の正確な予知と云ふ様な，応用的方面に導くまでには，尚ほ其前に多くの問題が明らかにされねばならぬと云ふ事がわかって来た」などと書いている(266)．

　畑井の研究に刺激されたのであろう．東北帝国大学地震学教室の教授・中村左衛門太郎らも1932年から，仙台と青森県浅虫，八戸で地電流の観測を始めた．中村らは，50m間隔で硫酸銅の電極を深さ50cmの地中に埋め，その間の電位差を測定した．その結果，地震に関係すると考えられる地電流の変化が数多く観測され，中村はその変化のタイプをA，B，C，D，Hの

型に分類した．C型は地震の後で地電流の変化が現れるものだが，それ以外はいずれも地震の前に変化が現れる，という．中村は「地震の発生を数時間或は数十時間前に発見し得る事確実なり」と述べている(267)．たとえば，1933年6月19日朝に宮城県金華山沖で起きたやや大きい地震の際には，仙台で約12時間前から地電流に異常が現れ始め，1時間半ほど前には変化が急激に大きくなった(268)．この事実は一部の新聞で「地電気を測定し，地震予知に成功」と報じられた(269)．

　地電流の観測は，他の研究機関でも広く行われた．たとえば地震研究所では，1932年頃から筑波山，浅間山，清澄など多くの観測所や観測点で測定を行った(270)．1935年4月に台湾で起きた地震や同年7月の静岡地震でも，地震研究所は地震の後，現地で地電流の観測をした(271)．また，伊豆半島の須崎にあった三井海洋生物学研究所でも，電極に鉛管を使い，電極間の距離が100mでの観測が続けられた．1934年3月21日に伊豆半島中部を震央にしたやや大きな地震では，地震の約15時間前に大きな変化が現れた(272)．震央から離れた中央気象台の柿岡地磁気観測所の地電流観測には異常が見られなかったので，磁気嵐などに伴う変化ではないことが確かめられている．

　茨城県柿岡町（現在石岡市）に1912年に設けられた中央気象台の柿岡地磁気観測所でも，1932年7月から地電流の観測が始まった(273)．同年，樺太・豊原町に設けられた豊原地磁気観測所でも，地磁気，空中電気とともに地電流の観測が始められた．

　柿岡では，70cm四方で厚さ5mmの銅版の電極を地中4mの深さに埋め，南北と東西方向に長さ100mの測線が2本設けられていた．観測に当たっていた吉松隆三郎によると，豊原の観測値と比較することによって，磁気嵐などに伴う広域的な変化と局所的な変化を見分けることができるが，この方法によっては地震に伴うと見られる地電位の明瞭な変化は見出せなかった(274)．

　その後，100mの測線に平行して，東西に1.5km，南北に1kmの測線が設けられた．長距離の電極間に現れた地電位変化から，短距離の電極間の地電位変化にある適当な定数を乗じたものを引いてやると，広域的な変化は取り除かれ，近距離に原因をもつ変化だけが取り出せるはずである．吉松はこ

のようにしてつくった差をDと呼び，Dの変化を調べた．

その結果，吉松は1936年10月26日の野島崎沖の地震，同年12月27日の新島地震(275)，1938年1月12日の紀伊水道地震(276)，1943年9月10日の鳥取地震(277)，1944年12月7日の東南海地震(278)で，地震前に顕著なD値の変化があった，と報告した．しかしながら，吉松の報告した変化はだれもが納得するような明瞭なものではない．

1942年にそれまでの地電流変化についての研究を総括した地震研究所の萩原尊禮は，地震の前兆ではないかとされる地電流変化は，ある場所では観測されるのに，ほかの場所では観測されないなど，観測点や観測者によってその型式がそれぞれ異なっていて，どこにも共通する変化が報告されていないことや，地電流は電気鉄道や電気通信などの人為的な影響を受けることなどを指摘した上で，「観測された変化を軽々しく地震発生と関係づけることを警戒する要が益々起こるであらう」などと厳しい評価を下している(279)．

一方，地震前後の地磁気の変化は，東北帝国大学教授の中村左衛門太郎と助教授の加藤愛雄によって研究された．中村らは，石本が唱えた「地震＝岩漿流動」説を前提にした．マグマが移動すれば地殻の温度や圧力が変わり，これによって地殻を構成する岩石の磁気的な性質も変化するのではないかと考え，研究を始めた(280)．

地震研究所の筑波山観測所では1927年から石本式のシリカ式傾斜計を使った観測が続けられていた．加藤は筑波山観測所での傾斜の観測記録と，そこから東に約8km離れた中央気象台の柿岡地磁気観測所での地磁気の観測記録を比較した．1928年1月から1929年4月までの南東―北西方向の傾斜変化を示す曲線と，地磁気の垂直分力の変化を示す曲線を比較すると，山や谷が現れる時期はほとんど一致していた．これを根拠に，加藤は「地殻に加わるストレスの変化は傾斜の変化をもたらすだけでなく，局所的な磁場の変化をもたらす」と主張した(281)．

加藤はさらに1933年3月に起きた昭和三陸地震津波の前に，地磁気の伏角が急激に増えた，との報告も行っている(282)．それによると，加藤らは1932年8月から仙台で地磁気の伏角の観測を始めたが，図3-14のように10月頃から急激に伏角が増え始め，1933年1月にピークに達した後，緩や

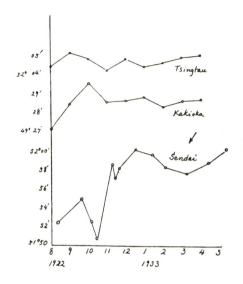

図3-14　1933年3月に起きた昭和三陸地震津波の前後に仙台（一番下）で観測された地磁気の伏角の変化

1932年10月頃から急に大きくなり始め，1933年1月にピークに達した後，小さくなり始めた段階で地震が起きた．
（加藤愛雄「地震及び火山活動と地磁気の変化について（続報）」『地震』5巻（1933年），769頁の図を一部改変）

かに減り始めた段階で地震が起きた，という．

　中村らは1934年9月からは関西地方に約20の観測点を設け，2カ月に1回地磁気の伏角の測定を始めた．1935年春までの4回の観測の結果，奈良や大阪市平野では伏角が急減したかと思うと急激に増加，さらに急減するという変化が見られ，その量は15分にも達した．このため中村は，奈良，平野付近で地震が起こるかもしれない旨を震災予防評議会に報告した(283)．

　中村らはその後も観測を続けたが，伏角の異常変化は1935年7月頃まで続き，その後はほぼ平常に戻った．ところが，1936年2月21日に奈良県と大阪府の県境付近を中心とする河内大和地震が起き，奈良県と大阪府で計9人が死亡した．この地震の後，一部の新聞では「東北帝大の地震予知が当たった」と報道された(284)．伏角の変化が正常に戻った直後に地震が起きたのは，1933年の昭和三陸地震津波の前に観測された伏角の変化とまったくよく似ている，と中村は後の論文で主張した(285)．

　1936年8月から1937年3月にかけては，和歌山県南部(みなべ)付近で局所的な伏角の異常が観測された．それから約9カ月後の1938年1月12日，南部沖を震央とする強い地震が起きた．中村は「顕著な地磁気の異常が停止してから数カ月後に強い地震が起こることが分かる」と述べた(286)．

中村と加藤の地磁気伏角の観測は，1935年8月からは関東地方と東北地方でも続けられた．その結果，福島県浪江で局所的に伏角が大きく変動していることに気付き，1938年8月からは観測回数を増やしていたところ，同年11月5日に福島県沖で2つの地震が起きたという[287]．加藤は「地磁気の変化による，地殻内の異常変化，ひいては地震の発生の予察は，益々確かさを加へるもので，唯，時間的に云って，即ち地磁気の変化を生じて時間的に云って幾何の時間後に地震が起こるかと云ふことについてはまだ確然と云ひ得ないのが残念である」と述べている．

　しかし，1942年にそれまでの地磁気の変化についての研究を総括した地震研究所の萩原尊禮は，上述したような中村，加藤の研究成果を紹介した上で，「地震の前兆として急激な地磁気変動が生ずるようなことは実際にはないが，或はあるとしても甚だ認め難い程度のものと見えて，今までに報告された例がほとんどない」と否定的な評価を下した[288]．

　地電流観測のブームをつくった東北帝国大学の白鳥勝義は，温泉に含まれる放射能が地震前後にどのように変化するかについても報告している．白鳥は1925年5月の但馬地震が起きた数カ月後に，震央に近い兵庫県城之崎や鳥取県三朝温泉など9つの温泉地を訪れ，約50の源泉から温水を採取し，その放射能や温度を調べた．この結果を12年前に行われた同様の調査結果と比較したところ，ほとんどの温泉で放射能が増加していた[289]．温泉中の放射能はラジウムが崩壊したラドンなどによるものであり，白鳥は早い段階でラドンに注目していたことになる．地下水中に含まれるラドンの量の変化は，1970年代に入って地震の前兆現象として注目を浴びるようになる．

　以上のような専門家の地震予知研究に対して，アマチュアが発明した数多くの"地震予知法"も社会の注目を集めた．その代表といえるのが「椋平虹」であった．

　「椋平虹」が有名になったのは，1930年11月26日未明に起きた北伊豆地震を予言したとして新聞で大きく報じられたのがきっかけである．『東京日日新聞』によれば，北伊豆地震の起きる前日の25日午後，京都帝国大学理学部長の石野又吉は，京都府与謝郡府中村に住む農業・椋平広吉という青年から1通の電報を受け取った．電報には「アスアサ4ジ　イズ　ジ　シンア

リ」と書かれていた．石野はその夏，府中村に海水浴に行き，地震予知法を研究しているという椋平に会い，「怠らず研究するよう」に励ましたことがあった．石野はその日はあまり気に留めなかったが，翌日，北伊豆地震が起き，午前4時という時間まで当たったので，びっくりした，という．椋平は25日昼前に丹後半島上空約2000 m付近に，椋平が地震の前兆だと信じる虹がかかっているのを発見したので，虹がかかっている場所から，地震の場所と時間を予測し，石野に電報を打った，と語った(290)．

椋平はこの報道によって一躍有名になった．たとえば，今村明恒は帝国学士院の例会で「椋平君のおかげで最近地方の人から〔素人に地震予知ができるのに，給料をもらう専門家がなぜ予知ができないという〕物凄いけんまくの文句を並べた手紙が舞い込んで来る」などとぼやいた(291)．一方，椋平と同じ府中村に住む林理学という人物は『地震』に投稿し，「同氏の地震予知は虹雲によって予言するものであります．…こんな雲が地震と因があり前兆虹とは思へません」「昭和4年11月から5年11月までまる1ヵ年間に43回予知したと言っているが，問題の虹雲は年に10回位しか現はれないのにそれだけ予知が出来よう筈がないと思ひます」などと批判した(292)．

椋平は北伊豆地震以降，地震の予報を公表するようになったが，いくつかの地震では予報が外れた．このため地元の警察は，椋平が地震の予報を出すことを禁止した(293)．椋平は和歌山県田辺に移住して研究を続け，1935年には『地震の前兆現象と椋平の弓形（arc）について』という小さなパンフレットを公表した．それによると，弓形はきれいに晴れた空に数分間現れるのが特徴で，1919年以降449例が観測された．その形と方向から震源の方向と距離を計算するのだというが，計算の詳細については明らかにしていない．

東京帝国大学教授で地震研究所所員でもあった藤原咲平も「椋平虹」について研究した．そして，1936年2月21日の河内大和地震，同年11月3日の宮城県沖地震の前にも，測候所員が明るい弓形の虹様のものを目撃していることを紹介し「これまで我々に知られていなかった新しい光学的な現象が存在することは確かである．しかしながら，それが本当に地震に関係するのかはまだ確かではないし，その物理的原因についても分からない．しかしな

お，其の現象の真の性質を見出せば，地震を予報する一つの方法として役立つ望みはある」などと述べた(294)．藤原は椋平の観測を助けるため長年にわたって金銭的な支援を続けたという(295)．

アマチュアによる地震予知はほかにも話題になった．大阪市に住む医学博士は，自宅の庭に東西7mの測線を設け，その両端や途中に種々の深さに電極を埋め込んで，電極から電流を流し，その変化を記録することによって地震を予知した，と新聞に報じられた(296)．

東京・神田に住むお菓子屋さんが，蒸したもち米に蒸籠の色が着き，黄色くなると，2, 3日後に地震が起こる，という"地震予知法"を発見したことも新聞に報じられた(297)．専門家は，もち米を蒸すのに使用している地下水の成分が地震の前になると，変化するのではないかと解説した．

関東大震災を予測できなかったことから，地震学は厳しい社会の批判にさらされた．そこで有力になったのは，地震を予測するには地震現象そのものの基礎的な研究に力を入れるべきだ，という考え方であった．それに従って地震研究所が設立され，寺田寅彦に代表されるような地震予知不可能論も台頭した．しかしながら，従来のように前兆に基づいて地震を予知しようという研究も幅広く行われた．アマチュアによる研究が話題を呼ぶなど，現在と変わらない地震予知をめぐる言説空間がこの時代にも存在していた．

第4章 南海地震と地震予知研究連絡委員会

　1945年8月，約2000万人の死者を出したアジア・太平洋戦争が終わった．この戦争中，1943年の鳥取地震，44年の東南海地震，45年の三河地震と，死者1000人以上を出す大地震が日本を3回も襲った．その被害の実態が明らかにされたのは，戦争が終わってからであった．日本に進駐してきた連合国軍の将兵たちは，初めて経験する地震に驚き，地震予知に大きな期待をかけた．そんななかで，1946年12月には南海地震が起きた．今村明恒がこの地震の予知に，後半生をかけて取り組んでいたことが知れ渡った．1947年には連合国軍総司令部（GHQ）の指示で，関係機関からなる地震予知研究連絡委員会が開かれ，日本の地震予知計画案が話し合われた．戦時中の言論統制への反動と，GHQの民主化の方針にも影響されたのであろう，個々の研究者が独自の地震予測情報を発信し，社会を騒がせる事態も相次いだ．1948年6月には福井地震が起き，地震予知への期待は一層高まった．

4.1　南海地震と今村明恒

　日本が無条件降伏してから1年あまりたった1946年12月21日午前4時過ぎ，和歌山県潮岬沖を震源とする大地震が起きた．中央気象台はこの地震を「南海道地震」と名付けたが，現在では当時通称された「南海地震」が定着している．この地震で有感となった範囲は震央から800kmを超えており，有感範囲の大きさは明治以降の大地震では1933年の三陸地震津波に次いで2番目になり，1923年の関東地震などを上回った[1]．

　死者が出た地域も四国各県はもちろん，東は岐阜，西は熊本，北は島根，

鳥取にも及び，古記録にいう「五畿七道」に被害を及ぼした(2)．高知，徳島，和歌山の太平洋岸の各地には最高6mの津波が襲い，多くの死者が出た．三重では1944年の東南海地震の経験から，地震を感じて早く避難した人が多く，死者は少なかった(3)．地震動による被害が大きかったのは地盤が軟弱だった地域で，高知県の四万十川下流域を管轄する中村警察署管内では300人以上の死者が出た(4)．和歌山県新宮市では，地震直後に出火し，町の大半が焼失した．この地震による死者と行方不明者の数も，文献によって差があるが(5)，死者の数は1300人以上，行方不明者も100人以上に上った．

　この地震に伴って，大規模な地殻変動が観測された．すなわち，室戸岬や足摺岬，潮岬の半島先端部は隆起し，岬から少し離れた土佐湾などは沈降したのであった．その変動量は調査主体によって若干異なっている．運輸省水路部の海図を基礎にした調査によると，室戸岬は1.2m，潮岬周辺では最高0.9m，足摺岬周辺は0.6mそれぞれ隆起した．これに対し，高知県須崎では1.2m，高知市では1m，徳島県甲浦では0.9m，愛媛県宇和島市と和歌山県田辺では0.6mそれぞれ沈降した(6)．調査結果には0.1-0.2m程度の誤差があるという．

　一方，陸軍陸地測量部の業務を引き継いだ地理調査所の水準測量の結果では，室戸岬は前回調査された1929年に比べて0.9m，潮岬は1928年に比べて0.5mそれぞれ隆起した．これに対し，高知市付近では0.56m，窪川，宿毛，宇和島付近では0.1-0.2mそれぞれ沈降した(7)．室戸岬や潮岬は，南海地震以前は1年に7-9mm程度の割合で沈降していたので，この沈降分を考慮すると，地震時に室戸岬は約1.1m，潮岬は0.75mそれぞれ隆起した計算になる．逆に高知市などは地震前には1年に3mm程度の割合で隆起していたので，この隆起分を考慮すると，地震時には約0.7m沈降したことになる．高知大学の沢村武雄は独自に調査し，地震によって室戸岬は1.2m，足摺岬は1.0mそれぞれ隆起し，高知や須崎はそれぞれ1.2m沈降したとの結果を得た(8)．

　この地震は今村明恒が予測していた地震であった．3.5節で紹介したように，今村は1920年代末から，次の「南海道沖地震」を予測し，私財も投入して紀伊半島から四国南東部にかけて南海地動観測網をつくりあげていた．

4.1　南海地震と今村明恒　　185

戦争の進展によって観測は中断を余儀なくされたが，1944年に東南海地震が起きると，次は南海地震が近いことを予測し，対策に万全を期すよう警告していた．

そして敗戦後の混乱が続く1946年10月には，帝国学士院に1篇の論文を投稿した(9)．それは，近年日本列島の太平洋岸で起きる大地震は，図4-1のように北海道・根室半島沖のE（1894年）から三陸沖のD（1896年），房総沖のC（1923年），東海道沖のB（1944年）と北東から南西に移動していることを指摘した上で，室戸岬や潮岬が地震の前兆と見られる沈降を続けていることもあり，南海道沖のAの地域に研究を集中すべきことを訴えていた．ただ，この論文が印刷されたのは1950年になってからである．

今村は南海地震が起きた日，友人の葬式から帰ってラジオのニュースを聞いて，詳しい状況を知った．その時居合わせた武者金吉によると，今村は「ああ18年の苦心，水の泡となった」と嘆いたという(10)．

南海地震の翌々日，1946年12月23日の『朝日新聞』朝刊2面には，「今村博士は予知，1週間前から」との見出しで，次のような記事が掲載された．

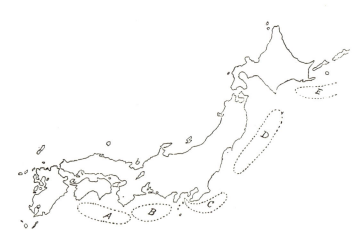

図4-1　今村明恒が南海地震の前に帝国学士院に投稿した論文に付けた図
　　　大地震はE，D，C，Bの順に起きており，Aの地域で起きる大地震の研究に集中すべきことを訴えた．
　　　(Akitune Imamura, "Migration of Active Centers on the Seismic Zone off the Pacific Coast of Japan," *Proc. Jpn. Acad.*, **22** (1950), p. 285 より)

「(高知発) 大地震に見まわれてうろたえている21日朝,高知県室戸町,前町長黒田治男氏方へ元・東大教授今村明恒博士から『南海道沖一帯に大地震があるかも知れない,破損している検潮器を至急修理して検潮頼む』との13日付手紙が到着したが,同博士の折角の予報も残念ながら遅れて"今少し正確に予報出来たら…"とあらためて関係当局をくやしがらせている」

今村の遺稿によると,12月13日に前町長の黒田に手紙を送ったのは,南海道沖の「過去の大地震がいずれも冬季に,平均海水面が低下する頃に起こる傾向があることにかんがみ」たからであった(11).

その翌日,24日の『朝日新聞』の朝刊2面には,「地震は予知できる 今村博士談」との長文の記事が掲載された.この記事で今村は,1946年10月に学士院に投稿した論文と同じ図を載せて,紀伊半島沖で大地震が起きると予測した根拠を説明した上で,「本格的な紀伊沖の調査にかかったのは昭和7年〔1932年〕で,検潮器と写真測定器とを串本,室戸など6ケ所に設けて測定の結果,近い将来に大地震があって津浪が押し寄せることが分り,地方新聞にも室戸,牟岐の町長などにも知らせ,耐震家屋とせよと説いたこともあり,また最近も知らせたが残念ながら戦争で一時中止,また測定機械の不足から,こんどの予知にまに合わなかった」などと無念な心境を語った.

『時事新報』(12)『東京タイムズ』(13)『東京新聞』(14)なども,それぞれ「地震の予報」「科学的な対策を」「地震の予知」などと題する社説を掲げ,南海地震はある程度予測されていた,研究が進めば,さらに的確な予測が可能になるに違いない,などとして,国が地震予知の研究に予算を投じるように主張した.

今村の南海地震の予測は,ほかの研究者にも広く支持されていた.たとえば東京大学の地球物理学科教授の永田武は「率直に云って我が国における地震学及びそれに関係した仕事をしているすべての人々は"やはり来るべきものが来た"と感じたのであるし,又その中の一部の人々は"しまった"とひそかに臍をかんだに違いないのである.それはこの地震が起るかもしれないということは,多くの人々に漠然と予想されていたという意味である」などと書いている(15).地震研究所の所長の津屋弘逵も「東南海地震が起った時,吾々はこれを西南日本外帯に固有の100〜150年毎に起る大地震活動の一相

として注目した．…終戦後改めてこれを見直し，この地震活動の将来の発展に備えようとしていた．その矢先に早くも今回の南海大地震が到来したことは残念であった」と述べている(16)．

　地震の直前の前兆ではないかと見られる現象もあれこれと報告された．

　その1つは地電流の異常である．3.6節で紹介したように，中央気象台の柿岡地磁気観測所では地電流の観測を続け，鳥取地震など多くの地震に先立って地電流に変化が見られた，と報告していた．この結果に刺激を受けたのであろう．中央気象台は1946年5月から新たに三重県・尾鷲，北海道・幾寅，福島県・原ノ町，盛岡に順次，地電流の観測施設を設けた．いずれも東西，南北にそれぞれ1本の測線を設け，その両端に直径5 cm，長さ25 cmの炭素電極を地中に埋め込み，その間の電位差を測定するもので，測線の長さは100-1300 mと場所によって差があった．この地電流の観測施設の観測の結果，どこの観測施設でも12月初めから急に西から東に向かう電流が強くなり，それが極大に達した頃に地震が起きた，という(17)．

　地磁気の変化も報告された．運輸省水路部は震央に比較的近い和歌山県勝浦で地磁気観測を続けていた．東北大学地球物理学科の加藤愛雄らは勝浦の伏角と中央気象台柿岡地磁気観測所での伏角の差を取り，グラフに描いたところ，勝浦では南海地震の1カ月ほど前から伏角が増加し始め，地震とともに急激に減少したことを見付けた(18)．

　地震の前に地殻変動が起きたのではないかと考えられる報告もあった．室戸港と須崎・野見港でそれぞれ，地震前夜の午後10時半頃漁から帰った漁師が異常な干潮に驚いたというのである．ちょうど干潮時ではあったが，大潮の日ではなかった(19)．地震研究所の河角廣らも「此の度の地震の前夜23時頃室戸付近及び須崎付近で潮の異常低下が漁師によって気づかれた事はかなり確かの様である」と述べている(20)．

　地震の前に井戸水に異常が見られたという報告も多かった．和歌山県印南町や由良村，串本町では地震の前日に，井戸の水位がそれぞれ低下した(21)．三重県尾鷲などでは地震の数日前から井戸水が濁り，ひどいところでは泥水のようになった．高知県足摺岬周辺では1週間前から井戸が枯れたという証言も多かった．また，四国東岸の海では，地震前に海底から泡が発生し，地

震後にはそれが一層顕著になった，との報告もあった(22)．

　地震発生が未明だということもあり，空が光る発光現象も広い範囲で目撃された．目撃された地域は震央に近い和歌山県，徳島県，高知県はもちろん，北は京都府，東は三重県，西は鹿児島県にまで及んだ．大部分は地震動と同時か，その後で，ほとんどは電線のスパークによるものとされた．しかしながら，瀬戸内海や太平洋の海上に赤い光を見た，との証言もあり，和歌山県潮岬沖や三重県沖などでは，地震の前に赤い火の玉が上がった，空が夕焼けのように赤くなった，との証言もあった(23)．

　南海地震は予測されていたこと，さらに前兆ではないかと見られる現象も多数報告されたことは，地震研究者を刺激したに違いない．地震研究所の河角廣らは，「この度の地震で地殻変形と地震との関係は一段と明瞭に確かめられたのである．この事は他の地方の地震予知にも是非役立てねばならない事と思ふ」と書いた(24)．

　中央気象台の南海地震に関する調査報告をまとめた中央気象台総務部長の和達清夫は，「大地震の前兆現象として，地震予知に利用し得ると，学者に認められて居る現象は多い．例へば，土地の昇降，移動，傾斜，重力の変化，地電流の変化，地磁気の変化等である．…今回の大地震は，我々に，今後一刻も早く，真剣に地震予知の実際に向かって，努力すべきことを促進して居るように見える．今迄の地震の研究の結果，地震予知の可能性は認められて居るし，又今日の地震もそれを裏書して居るのであるから，今後はただ，地震関係者が真剣にその方向に邁進すればよいと思ふ．中央気象台においても，地震予知に対して，一日も早く実際の役に立つものたらしめんとする計画をたて，既に着手している」と述べた(25)．中央気象台の地震予知計画については，次節で紹介する．

4.2　GHQ の将兵と地震

　地震予知への関心を盛り上げるのに一役かったのは GHQ であった．日本の敗戦後，進駐してきた連合国軍の将兵は 43 万人以上に達した(26)．ほとんどは米国人であったが，英国人やオーストラリア人なども少数ながらいた．

彼らのほとんどは地震を経験したことがなかったと思われる．国立国会図書館憲政資料室に保存されている GHQ 文書のうち，地震に関係するものを調べてみると，彼らは日本にきて初めて体験する地震に驚くとともに，多大な関心を示したことがわかる．江戸時代末期に日本にやってきた外国人たちが示した反応とよく似ているのである．

　1945年秋から翌年にかけては，日本各地に進駐した各部隊から総司令部に，その地で感じた地震が数多く報告されている．いずれも被害が出たわけではない．窓ガラスが震える程度の地震で，事務室で働くタイピストたちは建物から飛び出した，との報告もある(27)．

　1946年1月と2月には関東地方で計8回の有感地震があった(28)．東京での最大の震度は2であったが，うち6回は夜間から未明にかけて起きたので，不気味に感じた連合国軍関係者が多かったのであろう．1946年3月2日に米陸軍広報室が新聞社向けに発表した文書（プレスリリース）によると，中央気象台を監督する第43気象大隊は気象台に，大地震の心配はないのかを問い合わせた(29)．

　日本人からすればこの程度の地震は驚くほどではない．中央気象台の責任者は「小さな地震が起きることによって，たまっていたエネルギーが解消され，大地震は起こらないという見方もできるし，小地震は大地震の導火線になるという考え方もある」と悠長な回答を行っている．米軍にすれば，この回答ではもの足りなかったに違いない．プレスリリースでは「地震活動の中心は東京付近にあるので，いつ地震が起きてもよいように準備しておくべきだ」という1節が付け加えられた．このプレスリリースをもとに3月4日付の米陸軍の機関紙『星条旗（Stars and Stripes）』などは「日本の気象当局者は地震活動に対して警告した」との記事を掲載した．

　この地震騒ぎがきっかけになったのかも知れない．1946年3月中旬にはGHQ 天然資源局が中心になって，連合国軍の将兵に向けて『地震国での地震の知識（Knowledge of Earthquake in Earthquake Country）』という小冊子がつくられた(30)．東北大学地球物理学科の教授・中村左衛門太郎の話をもとにしたもので，序文では「この小冊子は地震に不慣れな人が，地震に不必要な心配をせずに生活することができるように，また大きな地震が起きた

らその危険から逃れられるように，地震に関する正しい知識を与えるために書かれたものである」とその目的を述べている．そして，日本では1年間に2000もの地震が起き，特に太平洋岸に多いが，ほとんどは被害を伴わないことや，小さな地震が頻繁に起きるからといって大地震につながるわけではなく，前震を伴う大きな地震はまれであること，などを教えている．続いて，大きな地震がきたとき身を守る方法として，①石造やレンガ造の建物，木造の1階にいるときは，すぐにその建物から逃げ出すこと，②木造の2階にいるときには，そのまま止まること，③木造の建物では火をすぐに消すこと，などをあげている．

この小冊子は，地震予知を目指してこれまでに行われた研究についても触れ，「正確な水準測量や地磁気や地電流の観測は，来るべき大きな地震についての重要な情報を与えることができる．日本ではこの方法によって4つの地震が数カ月前に予告（foretell）されたことがある」などと書かれている．4つの地震とは具体的にどの地震なのかについては触れられていないが，この小冊子を通じて，日本では地震予知の研究が進んでいることが，連合国軍関係者に広く伝わったと考えられる．

4.1節で述べたように，中央気象台は1946年5月から新たに三重県・尾鷲，北海道・幾寅，福島県・原ノ町，盛岡に順次，地電流の観測施設を設けた．これは地震予知のためではあったが，中央気象台の事情もからんでいた．終戦とともに軍や外地の気象機関に勤務していた人々が続々と引き揚げてきた．当時，中央気象台の台長であった藤原咲平はこれらの人々を，元職員であったかに関係なく，希望すれば誰でも気象台に受け入れたのであった(31)．このために，中央気象台の職員は7000人以上に膨れ上がった．この対策のため，藤原は気象事業に利用できそうな旧軍の施設の多くをもらい受け，新たな仕事を次々につくり出した．地電流観測施設もそうした産物の1つであった，と考えられる．

米陸軍広報室は1946年12月10日，中央気象台が新たに建設中の福島県・原ノ町，三重県・尾鷲の地電流観測施設について新聞発表した(32)．このプレスリリースには「日本の地震学者の研究の結果，地震警報が可能になるだろう」との見出しが付けられ，本文は「日本は早ければ来春にも，地震

が起こる数時間前に地震を予告することにつながる施設をもつことになろう」で始まる．そして将来の計画として「もし地電流による地震予知が成功すれば，住民に避難を呼びかけるための無線を使った警報システムが設けられるだろう」とまで書かれている．

このプレスリリースに従って，米陸軍の機関紙『星条旗』は 12 月 13 日付で「地震探知（Detection）がまもなく可能になるかも知れない」という見出しで，プレスリリース同様に地震予知の実現性を楽観的な調子で報道した．これに対して日本の新聞各紙は一段の見出しで報道したところが多く，たとえば 12 月 11 日付『朝日新聞』は「地震予知の 2 研究所」との見出しで，「総司令部は 10 日，地震を発生の数時間前に予知する施設を研究するため福島県原ノ町と三重県尾鷲町の 2 ケ所に地震学研究所が設立されると発表した．目下建造中で原ノ町は春四月末，尾鷲は少しおくれて落成の予定である」との記事を掲載した．

この報道からほどなく南海地震が起きた．前述したように，日本の新聞各紙は今村明恒が，この地震を予測していたことを報道した．これらの新聞記事はほとんど英語に翻訳され，総司令部内に回覧された様子が，GHQ 文書からわかる．

おそらくこの前後であろう．GHQ 天然資源局の中佐モロイ（R. W. Molloy）は，地震研究所や東北大学，京都大学を訪れ，日本の地球物理学の進展状況を視察した．この視察報告でも，日本の地球物理学者は地震予知や火山の噴火予知で大きな進歩をなしとげており，世界の指導者として認められるかも知れない，と書いている．そして同中佐は，米国の一流の地球物理学者を招いて視察してもらうことが望ましい，と報告した[33]．

日付は不明であるが，中央気象台が GHQ に日本での地震予知研究の進展状況を説明した文書が存在する[34]．この文書は，大きな地震の前後には地殻の顕著な隆起や沈降が観察されるので，この地殻変動を観測するために傾斜計や潮位計，伸縮計が使われている．地電流や地磁気の変化や，地震活動が時間的・場所的にどのように変化するかを統計的に研究することも，地震予知にとって重要な鍵になるし，地殻を伝わる地震波の速度の変化についても現在研究中である，と地震予知の方法を紹介した上で「我々〔中央気象

台〕は地震予報を行なうことは可能であると信じている．地震予知が実用になるほど正確なものになるかどうかは，観測設備の十分さに依存する」と述べている．

　1947年2月28日には中央気象台の台長室で，GHQのオーストラリア出身の中佐ムーア（Glenn W. Moore），大尉のウッドール（Woodall），中央気象台総務部長の和達清夫，地震研究所教授の萩原尊禮らが集まって，地震予知などについて話し合いがもたれた．ムーアのメモには「水準測量や傾斜計の観測，潮位計の観測，それに地電流の研究を広範に実施する計画を実行すれば，地震予知は可能であると考えられることがわかった」と書かれている(35)．一方，日本側の萩原によると，ムーアはこの席で「今村が南海地震を予報したのは本当か」と尋ねたという．萩原らは，今村は南海地震が起こる可能性を考え，それに備えて種々の観測を実施することに力を入れていたが，その起こる日までを予知したわけではない，と答えた(36)．

　地震予知の実現性に関して，GHQの関係者が強い関心を抱いていたことは明らかである．地震予知問題を担当したGHQ天然資源局局長で中佐のシェンク（Hubert G. Schenck）はスタンフォード大学の教授も務めた地質学者で，同局にはほかにも米国地質調査所出身のヘンドリック（Hendrick）ら高名な地質学者がいた．米国の地震研究者の間では，日本では地震予知を目指した研究が盛んに行われていることはよく知られていた．しかし，米国の大部分の研究者は地震予知に対して冷淡であった．米国でもカリフォルニアを舞台に傾斜計などで若干の研究がなされてはいたが，傾斜と地震との関係は発見できなかった．『米国地震学会誌』の1946年の巻頭論文で，米国の地震学の創始者の一人とされるマッケルウェーン（James B. Macelwane）は「すべての尊敬すべき地震学者たちは，信頼性のある地震予報（forecasting）に到達する方法を現在はもち合わせていないことに合意している」と述べていた(37)．GHQの関係者もこうした事情を知らなかったわけではなかろう．しかしながら，日本に来て地震を体験し，日本の地震予知研究の実情に接してみると，地震予知というテーマは魅力的に映ったに違いない．

　世界的に著名な米国の地震学者・グーテンベルグ（Beno Gutenberg）が，

1947年6月初旬に来日した．GHQ文書によると，中央気象台の藤原咲平が台長時代に，米国の一流の地球物理学者の来日を望んだこともあるが，地震学者がいなかったGHQ側にも来日を期待する声が高かった．グーテンベルグは数日間日本に滞在し，中央気象台や地震研究所を訪れ，関係者と懇談した．視察を終えたグーテンベルグは6月10日に，GHQの経済科学局や天然資源局の関係者と日本の地震研究の問題点について話し合った．

この会合のメモによれば，グーテンベルグは①日本の地震・火山研究の水準は高いが，関係研究機関の協力が不十分である，②特に中央気象台と地震研究所の協力が十分でない，前者は十分な観測設備を有しており，後者は優秀な人材を抱えているのに，それを共有しようという意欲が見受けられない，③地震予知は現段階では不可能であるが，日本は地震予知研究では特別に有利な場所にある，との感想を語った，という[38]．

中央気象台の和達清夫は，地震予知研究についてグーテンベルグの了解が得られたと理解したのであろう．6月10日に，第43気象大隊の中佐フィーリー（Feeley）に宛て「地震予報計画について」との要望書を提出した[39]．この文書で和達は，世界でも著名な地震学者が日本を訪れたことに感謝し，「これまでの研究によって，効果的な観測が行われれば地震予知が可能である，と信じられるに至った」と述べている．そしてその上で，中央気象台は地震予知のために長野県・松代など地震観測所を新たに11カ所増設して計84カ所にし，検潮所も新たに7カ所増やして計35カ所にする計画を作成したので，予算が十分に確保されるよう連合国軍の支援をお願いしたい，と協力を求めた．

これに対して第43気象大隊長のセンター（W. O. Senter）は6月16日，和達に返書を送った[40]．返書は「総司令部は，地震と地殻変動，地電流，地磁気，重力，傾斜変動との関係について膨大で完全な研究が精力的に遂行されれば，遠い将来には地震を予報することが可能になるかも知れないと信じている．明らかにこのような包括的で遠大な研究計画は，日本政府のただ一つの機関の能力を超えている．従って，成功はいくつかの科学部門の十分な協力を通じて達成されるだろう」[41]と述べた上で，地震予知問題について関係各機関が協力の可能性を議論する会議を設定するように，中央気象台

長に指令したのであった．そして，この会議には関係機関がそれぞれ代表者を送り，日本全体の地震予知の将来計画をまとめることも指示されていた．中央気象台の松代地震観測所などの計画は，将来計画がまとまるまで延期することも明記されていた．

中央気象台にとっては肩透かしをくらった格好であった．GHQ はグーテンベルグが指摘した「関係機関の協力が不十分である」という点を利用して，時間かせぎをしたのであった．地震予知の研究にいかに対応すべきか，GHQ 側も関係部局の意見が混乱していたからである．すなわち，天然資源局は地震予知研究に積極的であったが，経済科学局の方は日本全体の科学技術推進体制をどのように再編してゆくかで頭が一杯であった．中央気象台を監督する第 43 気象大隊や地理調査所などを監督する工兵隊にとっては，将来計画よりも実務を実行する方が主要な関心事であった．

6 月 26 日には GHQ の天然資源局，経済科学局，第 43 気象大隊，工兵隊の代表者が集まって話し合い，GHQ 側も違った部局が中央気象台などと個別に接触しているので日本側も混乱しているとして，毎月 1 度，関係者が集まって情報交換する場をもつことが決まった．そして，日本の関係機関が集まって地震予知研究について話し合う会議のレフェリー役として天然資源局のオカダ（Joseph Okada）が任命された[42]．

以上のような経緯があって，地震予知研究に関係する各機関の連絡会議が開催されることになった．この連絡会議はその後，地震予知研究連絡委員会と呼ばれるようになった．どういう経緯でこのような名称になったのかを示す史料は今のところない．それはさておき，地震研究所と中央気象台のように長い間ライバル関係にあった研究機関の代表者が，地震予知研究について同じテーブルについて話し合うのは画期的なことであった．地震予知研究連絡委員会の設立が決まって，各研究機関は予知研究計画案の作成に熱心に取り組んだ．たとえば，地震研究所では委員をだれにするかを選挙で選び[43]，計画案を所員全員から募った，と伝えられる[44]．

地震予知研究連絡委員会の背景には，戦後の民主主義的な改革を求める社会のうねりがあった．終戦を機に，戦前から戦中にかけて指導的な役割を果たしてきた主役たちは相次いで姿を消した．地震研究所では，所長を務めて

いた妹沢克惟が 1944 年に病死し，1945 年からは津屋弘逵が所長になった．
それまでは地震研究所の所長は，研究所設立時のメンバーが代々務めていた
が，津屋は地震研究所が設立されて半年後に助手として採用された人物であ
った(45)．中央気象台でも 1941 年から台長を務めていた藤原咲平が 1947 年
3 月に勇退し，総務部長であった和達清夫が同年 4 月から台長に就任し
た(46)．

　地震学会でも 1934 年の会設立以来会長を務めていた今村明恒が 1947 年
12 月には，病気を理由に会長を辞任した．これを機に，地震学会では総会
を開いて会則を改正し，会長制を廃止し，代表者として委員長を置くことを
決めた．新しい会則では，会員の直接選挙で委員 15 人を選び，代表者であ
る委員長は委員による投票で選ぶ．初代の委員長には東京大学地球物理学科
教授の坪井忠二が就任した(47)．

　こうした動きと前後して，日本の科学技術推進体制の再編を担当していた
GHQ の経済科学局のヘンショウ（Paul S. Henshaw）は，地球物理関係の研
究・業務が多くの官署にまたがって行われていることに遺憾の意を表明し，
地球物理関係の業務を統一するよう求めたメモを中央気象台長の和達清夫に
送った．和達は所管の運輸省に相談したが，運輸省だけで解決できる問題で
はなかった．このため，日本側としても科学技術推進体制を検討する組織を
つくる必要性が生じ，1948 年末に科学技術行政協議会設置法がつくられた．

　地球物理関係業務の一本化問題は 1949 年 5 月に科学技術行政協議会に諮
問された．同協議会は同年 10 月，地球物理関係業務を能率的に運営するた
めには運輸省中央気象台，海上保安庁水路部，建設省地理調査所などを統合
して一院とすることが望ましいが，ただちに実行に移すのは難しいので，当
面は文部省所管の測地学審議会を利用することが望ましい，との答申を出し
ている(48)．

4.3　地震予知研究連絡委員会の発足と地震予知計画

　地震予知研究連絡委員会は 1947 年 8 月 29 日に第 1 回会合を開くが，それ
までに準備会合が 6 月 24 日，7 月 10 日，8 月 11 日の 3 回にわたってもたれ

た．7月10日の会合に出席した今村明恒は「ご承知のように自分は地震の予知には深い関心を持ち，一生をその仕事に捧げてきたが，その努力は報いられることはなかった．私の息のあるうちに，このようにはっきり地震予知と銘うった会に出席できることは夢にも考えていなかったことで，こんなうれしいことはない」などと語った(49)．

　準備会では，地震予知研究連絡委員会は学術研究会議の1小委員会とし，その委員は中央気象台，地震研究所，東京大学地球物理学科，東京大学天文台，京都大学地球物理学科，東北大学地球物理学科，文部省緯度観測所，内務省地理調査所，運輸省水路部のそれぞれ代表者と今村明恒ら特に必要と認めた学者で構成することや，幹事役を中央気象台技官の廣野卓蔵と地震研究所教授の萩原尊禮に任せることなどを決めた．また，地震予知計画案には，年1回の全国の水準点・三角点の測量の実施，検潮所の整備を盛り込むべきことが提案され，了承された．そして8月29日に会議を開いて，各機関からも地震予知研究の計画案を出してもらい，日本全体の地震予知研究計画を作成することになった(50)．

　1947年8月29日に開かれた地震予知研究連絡委員会の初会合には各機関の代表者ら約30人が出席した．まずGHQ経済科学局のヘンショウが挨拶した後，投票によって委員長に和達清夫を選んだ．各機関からの計画の提出に先立ち，委員会の性格について議論があり，和達と東京大学地球物理学科教授の坪井忠二が立って「それぞれの研究機関は完全な研究の自由を有し，この委員会の決定には拘束されない」と述べた．これに対して東北大学地球物理学科教授の中村左衛門太郎と加藤愛雄は「中央気象台のような優れた観測網をもっているところが委員会に協力しなければ，地震予知の成功はおぼつかない」と批判した(51)．会議は最初から波乱含みの様相を呈した．

　続いて各機関からそれぞれの研究計画が提出された．中央気象台，地震研究所，地理調査所，運輸省水路部などは日本全体にわたる観測計画を提出したのに対し，京都大学と東北大学の計画はそれぞれ関西地方と東北地方を観測対象にしたものであった．在京の機関は準備会合などを通じて，お互いの計画を知り，調整する余裕があったのに対して，京都大学と東北大学は準備会合には参加していなかった．京都大学から提出された微震動〔微小地震〕

の研究計画に対しては「近畿地方の地震活動度は低く，地震予知研究が第一義的に要求されている場所ではない」などと，批判する意見が出た．東北大学が提出した地磁気の観測計画についても「地磁気による方法は，他の雑音が入り込むから，地震を予知する上でまだ十分な信頼性がない」などとの意見が出された．

　午前9時に始まった会議は，どの計画を重要と認めるかについて議論になり，計画案のとりまとめは難航した(52)．午後8時近くになって了承された計画案では，各機関から出された計画を，①地震予知にとってきわめて重要なもの，②有力と思われるもの，③大いに研究する必要があるもの，の3段階にランク付けした(53)．

　地震予知にとってきわめて重要なものとしては，地殻変動の観測があげられた．具体的には，①検潮所を新たに10カ所に新設し，全国で計36カ所にする，②三鷹の東京天文台で行っている菱形基線測量を新たに全国9カ所でも行う，③傾斜計の観測施設を新たに全国に12カ所設ける，④検潮結果によって異常が見られた地域や，特定の地域の水準・三角測量を行う，というものである．準備会段階では了承された年1回，全国の水準点・三角点の測量を行う計画は，毎年5億余円の経費を要することから，特定の地域に限ることになった．

　地震予知にとって有力と思われるものとしては地磁気変化の観測があげられ，試験的に実施することになった．具体的には東北大学の地磁気観測施設を宮城県・女川に加えて青森県・浅虫に新設し，東北地方24カ所で毎月1回出張観測する，が盛り込まれている．

　地震予知にとって大いに研究する必要があるものとしては，京都大学地球物理学科から提案された微震動〔微小地震〕と大地震発生との関係，東京大学地球物理学科から提案された土地の電気抵抗の観測が盛り込まれた．地電流の観測は，すでに中央気象台と東北大で行われていたためか，計画には入っていない．

　以上の観測結果を集め，解析をする中央部という組織を設けることも合意された．また，地震だけでなく全国の44の活火山を各研究機関が分担して監視し，異常が認められた場合には臨時観測を行うことも決められた．以上

を実施する費用も見積もられており，その総額は 2000 万円を超えていた．

当時の科学研究費の総額は約 1 億 5000 万円であり，2000 万円は巨額過ぎた．この計画案について GHQ は 1947 年 9 月 3 日，経済科学局のヘンショウ，天然資源局のオカダ，第 43 気象大隊のオブライエン（O'Brien），工兵隊のアバディーン（Aberdeen），水路局のシーワード（Seaward）らが集まって話し合った(54)．ヘンショウは「地震予知研究連絡委員会の計画は，現在進行中の科学研究の再編計画と歩調を保つべきであり，日本政府に多額の予算を要求する研究計画はどのようなものであっても承認は遅らされるべきである」と反対意見を述べた．地理調査所を監督する工兵隊も「地理調査所は GHQ の仕事で人員，予算とも手一杯で，新たな計画を承認するつもりはない」などと反対した．

天然資源局は，地震予知計画には好意的であったが，会議は結局「地震予知研究連絡委員会は，現在の予算の範囲内でできるように計画を再検討すべきである．委員会は過去と現在のデータの集積と解析に努力を向けるべきである」との結論になった．

地震予知研究連絡委員会の 2 回目の会合は 1947 年 9 月 29 日に開かれた(55)．GHQ 天然資源局のオカダが 9 月 3 日の会議に基づき，「総司令部は特別な研究計画のために法外な予算を伴う要求を日本政府に行うことを認めなかった．日本は危機的な経済状況にある．当面は，観測データの集中や解析で各機関が協力することが，取るべき段階である」などと述べた．ただし，これまでの予算の枠のなかで，地震予知研究を行うことは認められた．日本側はこれに従うほかはなかった．11 月の次回の会合では，各研究機関が 6 月に観測したデータを持ち寄り，それをどのように処理するのが合理的かを話し合うことになった(56)．

連絡委員会の幹事であった萩原尊禮は後年，このときの思い出を「結局，泰山鳴動して鼠一匹の言葉とおり，大いに意気込んで結成された地震予知研究連絡委員会も，連合軍のサーベル連中の横槍で文字通りに『連絡会』になり果てたのです」と書いている(57)．

これに対して，この会議の模様を総司令部に報告したオカダのメモには「日本の地球物理学者たちは，地震を予知する 1 つの簡単な方法はないが，

広範囲の研究機関の協力とあらゆる関連分野の観測によってそれが可能であるということで一致している．この地震予知研究連絡委員会も，そうした研究協力に役立つであろう」と書かれている(58)．

学術研究会議の1委員会として活動していた地震予知研究連絡委員会も，日本学術会議の発足に伴って，地球物理学研究連絡委員会の1分科会に吸収されることになった．GHQ文書によると，この問題が話し合われた1948年1月の地震予知研究連絡委員会では，日本学術会議に地震予知研究計画を提出することになり，幹事の廣野と萩原がまとめた予知計画案が了承された(59)．

計画案には，行うべき研究テーマとして20の課題が掲げられ，研究機関別に配列されている(60)．研究テーマを順に紹介すると，①重力と地震，②地盤の電気抵抗の研究（以上は東京大学地球物理学科），③大地震の後の地殻変動の地質学的研究，④地震に伴う潮位変動の研究，⑤油壺での伸縮計の観測（以上は地震研究所），⑥地電流の研究，⑦京阪地方の微小地震の研究（以上は京都大学），⑧東北地方での異常地磁気変動と地震，⑨地殻変動と地磁気（以上は東北大学），⑩地殻変動の検潮的研究（名古屋大学），⑪水準測量と地殻変動，⑫水準変化と地震発生（以上は地理調査所），⑬地震前後の海岸変動，⑭地震に伴う海洋学的条件の変化（以上は水路局），⑮天文観測による地殻変動の研究（東京天文台），⑯緯度変化と地震（緯度観測所），⑰地震データの収集，⑱地電流変化の実験的研究，⑲地震計の一様駆動装置の研究（以上は中央気象台），⑳日本の大地震〔頻発〕地方の地質学的研究（東京大学地質学科）である．必要な予算も研究テーマごとに見積もられており，総額では21万円になる．

研究予算がいずれも少額であることなどから，この計画案は「現在の予算で実行できるよう計画を再検討すべきである」とのGHQの指示に従って，1947年8月末にまとめられた計画を修正したものと考えられる．萩原が残した日本側の資料には，この計画案についてはほとんど触れられていないが，1948年6月に開かれた地震予知研究連絡委員会議事録に，「地震予知研究班の要求予算22万円に関し，10万円が査定された」との記事が見える(61)．その後に各研究者が発表した論文を見ると，計画案の一部は実行に移された

ことがわかる.

4.4 地震予知騒ぎと地震予知研究連絡委員会

　南海地震を契機に，日本では地震予知への関心が盛り上がった．こうした時勢を反映したのであろう．1947年から49年にかけては，研究者が独自に地震の予測情報を発表し，住民が避難するなどの騒ぎが続出した．地震予知研究連絡委員会は，日本の地震予知計画案作成の一方で，こうした社会的な混乱の火消し役を務めることにもなった．

　最初に騒がれたのは「関東地震説」である．1947年7月に開かれた地震研究所の談話会で，地理調査所の山口生知が「平均海水面変化と地震との関係」と題して発表したのが発端になった．山口はこの発表で，三浦半島・油壺での潮位計の観測では，最近数年間で約20 cmも海面が低下（地盤は上昇）していることを報告し，関東大地震の前にも同様の現象が見られたことなどから，「ここ1，2年は注目して研究する必要がある」などと述べた[62]．山口は発表の後で新聞記者から質問を受け，「地震は起こるかも知れないし，起こらないかも知れない」と答えたが，これが一部の新聞では「今年12月か1月に関東地方に大地震が起こる」として報道された．

　米陸軍の機関紙『星条旗』なども後追い記事を掲載するなどの騒ぎになった[63]．こうした報道に対して山口は「自分の発表が誤って伝えられ，至極迷惑だ」などと釈明したので，騒ぎは静まった．

　続いて1947年12月に起きたのが「関西地震説」騒ぎである．京都大学地球物理学科教授の佐々憲三は12月5日に京都府庁を訪れ，「逢坂山に設けている傾斜計，伸縮計の変化に異常が見られるので，要注意の時期に入った．防災の立場から万全の措置をとられたい」などと警察部長に警告するとともに，地震対策委員会を開くよう申し入れた[64]．

　佐々によれば，伸縮計で観測されている東南―西北の縮みが10月中旬頃から加速しており，これは地震エネルギーの地殻への蓄積が活発になっている証拠である．観測から予想される地震の大きさは，1927年の北丹後地震や1943年の鳥取地震に匹敵する，とのことであった．佐々は，不安におび

えることなく，建物の耐震補強を急ぎ，火が出たときの対処方法を胸に刻み込んでおくことが重要である，とも語った．

佐々は1947年9月1日に都新聞社から出版した『近畿地震いつ来るか』という小冊子のなかで「地震を的確に予知することは今のところ出来そうもないけれども，ある地方に大地震が近い将来に起こる危険がありそうだといふ程度の予想は出来る場合がある．今度の南海地震も多くの地震学者が前からたびたび警告していたのである，それが今回被害を受けた多くの人に知らされていなかったのは，今までは予想を公表して，その対策を共に考えるという処置をとることが許されず，一部為政者に申出て善処方を要望するにとどまった．…今や言論の自由が与えられた．すなわち，われわれが知っていること，心配していることを正直に発表して，多くの人々とともに地震の災害から逃れる方策を考えて見度いと願うのである」と書いている[65]．多くの人が民主主義に共感した戦後まもない時代の空気をほうふつとさせる文章である．

この小冊子でも佐々は，京阪地方の地殻は圧縮を受け続けており，その量は地殻が耐えられる歪の限界の1万分の1に近い2万分の1程度になっていると推定されるので，大地震がいつでも起こりうる程度のエネルギーが蓄積されている，などと述べていた[66]．

佐々の"警告"は大きな反響を呼び，関西の新聞では「かくて地震に勝つ」の見出しで，建物の耐震補強法や地震に遭遇した際の注意点などを特集した記事が掲載された[67]．小学校などでは，地震に備えて避難訓練を始めたり，南海地震の被害が大きかった徳島県海部郡では住民が大量に避難したりするなどの騒ぎになった[68]．

地震予知研究連絡委員会でも12月19日に委員会を開き，佐々の"警告"の基礎になった伸縮計の観測記録について議論する予定であったが，佐々はこの委員会を欠席した．このため，委員会では科学的な因果関係が明確でなくても，統計的結果から判断して地震予知の"警告"を発表するのは妥当か，という問題が議論された[69]．否定的な意見の方が多かったが，東北大の加藤愛雄は佐々を擁護して，積極的に予測を公表すべきだとの意見を述べ，議論は紛糾した．委員長の和達は「今後個人的に地震予知あるいは警告を発表

する時には委員会に連絡をとること」を提案したが，賛成が過半数には達しなかった．加藤は「委員会あげて京都の観測を応援する」決議案を提案したが，「何かが分ったとしても地震予知は出来ない」との意見が多く，否決された．

佐々はこのような委員会の動きも気にすることなく，12月20日には京都市内で市民向けの公開講演会を開いて，「地震エネルギーは刻々と蓄積されており，警戒は必要だ」と警告を続けた．同月29日には大阪に駐留する米陸軍第1軍団司令部の将校たち相手に講演し，京都は100年に1回は大地震を経験しているのに，1830年以来大地震が京都では起きていない，小さな地震が増えているのも大地震の兆候かも知れない，などと話した[70]．

1948年1月22日に開かれた地震予知研究連絡委員会には佐々も出席した．この席で佐々は，京都・奈良・大阪地方で大地震が起こるかも知れないと考えた理由を説明した．GHQ天然資源局のオカダのメモによると，佐々は①この地方では平均すると100年に1回大地震が起きてきたのに，1854年以来大地震が起きていない，②現在では傾斜計，伸縮計の記録は正常に戻ったが，地殻の歪によって蓄積されたエネルギーは，その限界近くに達していると推定される，③観測される微小地震が増えている，④鳥取地震，東南海地震，南海地震の観測記録を見ると，京都地方を通る地震波の速度が変化しており，地殻の応力が増加していることが推定される，をあげた[71]．

一方，日本側が作成した議事録によると，佐々は大地震を警告した根拠として，①逢坂山トンネル内での伸縮計観測の異常，②微動計観測の異常，③三重県上野市内の井戸水の異常などをあげた[72]．そして佐々は「地震が起こると予報したのではない，可能性があるから対策を考える時期に達しているといったのが誇大に伝わったのだ」との趣旨の声明書を，集まった新聞記者たちに配布した[73]．佐々はこの声明書で「地震の予報が有効適切に出されて地震の災害が軽減されることは当分望みがない．出来ることは適当な時にすべての施設を耐震的に補強して災害を軽減することである，これは今でもやろうと思えば出来る」とも述べている[74]．

地震予知研究連絡委員会はこの後，GHQが提出を要求した地震予知問題に関する見解（意見書）についての議論に移ったが，議長の和達が提案した

意見書案には「現在ときに世に発せられる地震学者の警告は，大地震の起る確率が特に大きいと考えたときに発せられたものと見られるが，科学的因果関係を充分究めたものとは言い難い．従ってその信頼度は概して薄いものであり，少なくとも世間一般に考えられているよりも薄いと言える」などとあった(75)．東北大学の中村左衛門太郎や地理調査所の山口生知，それに佐々らはこの意見書案に対して「地震予知に対して消極的すぎる」「自分の知識を社会の福祉のために役立たせることは科学者の義務であり，京都や仙台ではこうした情報にもとづいて対策を考える委員会ができている」などと反対した(76)．

これに対して東京大学の坪井忠二らは「正確な地震予知は，現在の理論的知識，観測方法，観測データを以ってしては不可能であり，科学者は公衆を混乱させたり驚かせたりするような推測を発表すべきではない」と述べ，真っ向から対立した．このため，GHQを代表して出席していたオカダは「地震予知問題については幅広い意見があるので，明確な声明を委員会が作成するのは難しい．さまざまな意見があることをGHQに伝えれば，十分である」などと述べたので，意見書案は採決にはいたらなかった．

この意見書案は幹事の萩原と廣野が作成したと考えられるが，1．緒言，2．地震予知の方法，3．地震予知に関する施設の現状，4．地震予知の可能性，5．結語で構成され，約5000字からなる(77)．地震予知の可能性では「地震予知には何時，何処に，どの位の大きさに，という3要素がある．この精確度が問題であるが，時間的には数日乃至十数日以内，場所的には50乃至100粁以内，これに地震の大きさをおよそ推測して地震予知をなすのでなければ，実用上充分有効なものとは言い難い．しかしてこの種の地震予知は現在の科学では当分不可能である．しかしもっと精度の低い大地震の予知については，或る程度の見込みがあると考えられる．すなわちそれはこの方面に近いうちに（一年位まで）大地震があるかも知れないといった，或程度の予測をつけることである．ただしこれをなすにも，現在の施設では不充分であり，施設が充分整い研究がつんだ〔を積んだ〕後という条件は付せられねばならない」などと述べている．

そして意見書案の最後は「終りに地震予知が将来に於いても実用に役立つ

程になるとは断言出来ないが，少なくとも地震関係者はその可能性を考え一歩でもこれに近づかんと努力しつつあるのであるが，これは結局，それに充分なる観測や研究の施設，経費如何に依るのであるから，国家が地震予知に対し充分なる援助を与えられるよう切望する次第である」と結ばれている．
この文章の語り口は，地震学会の有志によって1962年につくられた『地震予知―現状とその推進課題』とあまりにも似ていることにわれわれは驚かされる．「地震予知が可能になるかどうかは，国家の支援次第である」という主張は，その後頻繁に使われるようになる．

「関西地震説」に続いて騒がれたのは「秩父地震説」である．1948年6月9日に開かれた地震予知研究連絡委員会では，中央気象台研究部の井上宇胤が「大地震の余波について」と題して自身の研究成果を発表した．井上の研究は，明治以降に起きた第1級の大地震6つとその後に起きた第2級の地震を統計的に考察したものであった．それによると，第1級の大地震が起こると，その余波が4つの方向に広がって第2級の地震を起こすという規則性がある，どこでいつ第2級の地震が起こるかは余波の伝わる速度から判断できる，というのであった[78]．井上は，石本巳四雄が提唱した「地震の原因は岩漿の流動である」という説に影響を受け，この説も「岩漿流動」説を前提にしていた[79]．

井上の発表の後，萩原尊禮が「お説によればこの次の大地震はどこで起りますか」と聞いたところ，井上は「福井と秩父」と答えたという[80]．約20日後の6月28日，福井地震が起こり，死者約4000人が出た．福井地震については次節で触れる．

福井地震が起きたことによって，井上の研究は社会的な注目を浴びた．たとえば，同年7月1日付の『朝日新聞』「天声人語」は，井上は福井地震の場所については「東経136度，北緯36度を中心にして50km以内」，時期については「6月20日ころ」と予測しており，「時と場所を限定した点に画期的意義がある」などと報じた．

やはり7月1日付の『読売新聞』は，井上が次に起こると予測した「関東地震」について，井上の説を詳しく報じた．それによると，福井地震は1944年の東南海地震からの余波から誘発された地震の3番目のもので，最

初の余波は1945年の三河地震，2番目の余波は1946年の南海地震である．4番目の最後の余波が「関東地震」であり，余波の寿命は4年あることが研究でわかっているので，最後の余波はここ半年以内に起こることになる．さらに「関東に起こるとすればどこが中心か」との問いに，井上は「関東北部の山岳地帯だと思う，秩父地方とは断言していない．最後の余波だから大した力はなく，北陸地震以下の小規模なものだろう」と答えている．

　7月9日には東京大学で「関東地震説を聞く会」が開かれた．井上は「これは全く私の学問上の学説である」と断った上で，「皆さんにご心配をかけるのは申し訳ないが，近い将来における地殻中の不安な個所は東経139度，北緯36度の秩父の山中で，大体時期は8月末か9月の初めである．震度は3級ぐらいのもので中心は〔建物が〕数十軒程度倒れると思われる」などと，予測される地震の具体的な場所と時期を示した(81)．

　この報道を受けて，埼玉県では災害対策委員会を開いて対策を協議したり，警察本部では，秩父町周辺を管轄する警察署員の非常招集訓練を実施したり，秩父町でも井戸を新たに掘ったりするなどの騒ぎになった(82)．

　1948年7月24日に開かれた地震予知研究連絡委員会では，「秩父地震説」が議題になった．まず，中央気象台地震課長の鷺坂清信らが関東地震以降に起きた大地震20について，井上説を検証した結果を報告し，「全国的にみると，井上曲線はよく合うとはいえない．しかし秩父のように合うような例も見られるので，なお検討の余地がある」などと説明した．この後，各委員が井上説について意見を述べたが，「大地震の影響が波のように伝わるという考えは賛成で，やってみることは価値があるが，更に多くの地震を検討する必要がある」「現在の段階では予知の根拠となるものではない」という意見が多かった(83)．

　会が休憩になったのを機に，幹事の萩原は「事ここに至っては弁解はかえって世間の誤解を生む…あっさり無条件降伏しなさい」と井上に自説を撤回するように勧めた(84)．これに応じて井上は「秩父地震説として伝えられた事については，その後私の着想を検討の結果，特に同地方に地震が起るという何らの根拠を認め得ないこととなりました．関係方面に無用の心配をおかけ致しました事を遺憾に思います．今後は充分注意を致し研究に専念致した

いと心に期しています」などとの発表文を書き，公表することに同意した．

　地震予知研究連絡委員会も，井上の"自説撤回"を受け，「井上委員自身の意見が今日はっきり表明され，それによれば同委員の統計的方法は地震予想にそれほど有力なものでなく委員会もこれを認めた．…要するに地震予知の道は難しくて遠い．我々は目下研究努力中である．今後とても簡単なる観測や統計でこれがなし遂げられるとは到底考えられないところであろう」との統一見解を発表した．

　これで「秩父地震説」騒ぎも収まったが，地震予知研究連絡委員会が地震予測発表に慎重な態度を取ったことに対して，社会の反応は2つに分かれた．たとえば，『朝日新聞』は「地震は予知できるか」と題した社説で「井上博士の場合は，一つの仮説による予想であって，更に綿密な検討が行われるまでは地震予報の域にまでは達し得ないのである」「地震予知研究連絡委員会が慎重な態度をとっているのは，現状として当然のことである」と研究連絡委員会を支持した[85]．

　これに対して『読売新聞』は「積極的に地震を予報せよ」との社説を掲げた．この社説では「井上博士の試案的法則を『地震の予言』と取り違えて騒ぎ立てたのは，社会の科学的認識の浅さを証明するものであっても研究者の学者的良心の問題ではなかろう．24日の予知委員会の声明は，学問の研究が社会的影響によって左右されたという印象をわれわれに与える」と，研究連絡委員会の態度に疑問を呈した上で，「われわれは敢て提言したい．地震予知の研究は国家的な規模の下に積極的な体制をととのえ，あらゆる法則や新学説を学者的な見地からどしどし発表してほしい．と．…学問上の根拠が多少でもあり，根拠がたとえ薄弱であっても実際に当る何程かのプロバビリティがあるならば予報は出すべきである」と主張した[86]．

　1949年2月に表面化したのが東北大学教授の中村左衛門太郎が唱えた「新潟地震説」である．中村は福井地震の後の1948年7月頃から福井から秋田にいたる日本海岸沿い数カ所で，地磁気の伏角の測定を行っていた．1948年10月20日に開かれた地震予知研究連絡委員会でも，糸魚川付近で顕著な変化があったことを報告していた[87]．

　1949年2月初めに新潟県にある活火山・焼山が約100年ぶりに噴火した．

2月中旬になって,「直江津付近の地磁気変化はあまりにも大きすぎる. その原因はまだ断定できないが, こんどの焼山の噴火と極めて深い関係があると思われる. 近い将来地震が起こるとすればこの地帯と予想される」などという中村の談話が報道された(88). 中村は, 地磁気の伏角の測定の経験に基づき「顕著な地磁気の異常が停止してから数カ月後に強い地震が起こる」と考えていたことは3.6節で紹介した.

　中村はその後, 地磁気の伏角を再度測定したところ, 新潟での変動の方が糸魚川や直江津よりも大きいので, 地震は新潟を中心に起きる可能性が高い, と語った(89). 中村は2月27日には新潟県の要請で新潟を訪れ, 記者会見で「新潟市を中心に近ければここ1, 2カ月, おそくても来年末ごろまでに地震がある」と述べた(90). 中村は新潟県議会の土木委員会では「今回の発表は私個人の学説である. 必要以上に世間を騒がせて申し訳ない」「自分の研究から越後地震を論じたまでであり, 地震が必ずあるとの結論がつかめないことに一般の理解を願いたい」などと話した(91).

　地磁気の変化から地震を予知するのは難しい, という中央気象台台長の和達らの見解も報道されたが, 不安を感じた新潟県知事の岡田正平は「万一の場合に備えて準備をするように」などとの談話を発表し, 地震予知研究連絡委員会の委員長らに「地震予知委員会としてのこれに対する意見」を出すように求めた(92).

　前年の10月以来開かれていなかった地震予知研究連絡委員会が1949年3月26日に開かれた. 会議では中村が, 1948年7月, 9月, 12月に新潟県内など9カ所で行った地磁気の伏角の測定結果を示し, 「新潟市付近にここ数年ないし1年以内に地震が起こる可能性は83%まで確実と主張できる」などと説明した(93).

　これに対して委員からは「説明された材料だけでは越後地震を支持しない」「伏角だけでなく, 三成分を測定するなど, さらに精度の高い観測データが必要だ」などと「新潟地震説」に否定的な意見が多かった. そして賛成多数で「今日の地震学では地震予知を断定的に言うことは不可能であることは, すでに再三言った通りである. 今回の新潟地震説は, 中村博士の研究途上における一つの警告であるが, 委員会としては, 今日の地震学の程度にお

いてはこの警告を地震の予知として扱うのは時期尚早であるという委員の多くの意見である」との統一見解を発表した(94).

しかしながら，中村はこれで沈黙したわけではなかった．中村はその後も新潟などでの地磁気の伏角の測定を続けた．同年9月18日に新潟で，「今年の冬に地震の可能性がある．地震の範囲はさらに観測しなければ判らないが現在のところ新潟市を中心に三条，新発田をつなぐ範囲内である．県民は火災に十分注意して地震に対処されたい」などと語った(95)．2日後の9月20日には，佐渡付近を震源とする地震があり，新潟では弱震になり，新潟市民は戸外に飛び出した(96).

「関西地震説」も1949年8月に再燃した．同年8月10日未明に京都府北部の由良川上流を震源として，震源が浅くて局地的な地震が3回起きた．京都大学地球物理学科助教授の西村英一は「7月以来ここ1カ月余りの間に京都を中心として100ないし200キロの周辺地帯にかなり強い有感地震が相次いで起こっており，こうした一連の地震が学理的に互い無関係であるとは考えられず，今後京都を中心に連続地震が度々起こるかどうかによって大地震も予想される」などと語った(97).

地震予知研究連絡委員会が開かれたのは1949年3月が最後であった．1949年1月に日本学術会議が発足したことに伴い，地震予知研究連絡委員会も同会議の地球物理学研究連絡委員会の1分科会に吸収されたことによって，それまで学術研究会議から出ていた会合費がなくなったのが理由であった(98).

4.5 福井地震と戦後の地震研究

1948年6月28日午後5時過ぎ，福井県丸岡町付近を震央とする地震が起きた．この地震で有感となった範囲は震央を中心として400-500 kmに及んだ(99)．有感地域の広さから地震の規模を見ると，福井地震は1927年の北丹後地震や1943年の鳥取地震よりも小さいが，1930年の北伊豆地震や1945年の三河地震よりは大きかった(100).

地震の規模に比べると被害は大きかった．震央に近い丸岡町や森田町など

ではほとんど全部の建物が壊れ，倒壊率 100% の地域がほぼ 10 km 四方に及んだ．福井市内でも倒壊率は 75% に達した(101)．建物や墓石などの転倒状況の調査から，地震動の最大の加速度は福井市内でも 500-600 ガルに達した，と推定されている(102)．中央気象台の震度階は震度 6（烈震）が上限であったが，震度 6 の範囲が広すぎるので，震度 7（激震）を設けるべきである，との主張が以前からあった(103)．福井地震の経験を踏まえて中央気象台は 1949 年に震度階を改正し，震度 7 を新たに設けた．震度 7 は「建物の倒壊が 30% 以上に及ぶ」などを基準に，地震後の現地調査で判定されることになり，福井地震の激甚被災地が震度 7 とされた(104)．

このように倒壊率が高かったのは震源が浅く，軟弱な地盤の影響もあって地震動が大きかったことに加えて，家屋の耐震対策が不十分であったことも影響した．福井地方の家屋は積雪対策のために，太い柱を使ってはいたが，貫の使用も少なく，筋交いを使わない家が多かった(105)．福井県が震災 1 周年を記念して刊行した『福井震災誌』には「茲に見逃してならぬことは『吾等の住む北陸は極めて地震には縁遠い地帯である』と一般に信じられていた点で，…特にこの地方の家屋は深雪に対する考慮のみが払われて，上下左右の震動に対する建築上の考慮には全く冷淡であったと云える．…この大烈震の惨害を体験してみて，さていろいろと研究してみると，なんとわが北陸地帯は安全地帯であるどころか，地震学者の云う『内側地震帯』を構成する有力な一部分であることに今さらのように驚かされて終うだろう」と書かれている(106)．

死者は約 4000 人(107)を数え，昭和に入って起きた地震のなかでは最大になった．このように死者が多かったのは，倒壊率が高かったことに加え，福井市，丸岡町，金津町，松岡町などで地震直後に火災が発生し，倒壊家屋の大部分が焼失したため，家屋の下敷きになったまま焼死した人が多かったからでもある(108)．

この地震では，地割れがあちこちで生じたが，福井市の郊外で農作業をしていた婦人が地割れに落ち込み，地割れの収縮によって胸部を挟まれ圧死した(109)．地割れに落ちて死ぬ，との言い伝えは昔からあったが，調査によって確認された例は珍しい．

この地震の初動（P波）の押し引きの分布は，震央を通り北北西―南南東に伸びる直線と，震央でこれに直交する直線で区切られた4象限に分けられ，いずれかの直線に沿って横ずれの断層運動が起きたことが示唆された．また，この地震は，断層面の破壊が3-6秒程度の間隔を置いて3回起きたことも，各地の地震計の観測記録からわかった(110)．

　この初動の解析結果から得られた通り，丸岡町と森田町の中間付近を通り，北北西―南南東に伸びる亀裂帯が延長約27 kmにわたって見付かった．明瞭な地震断層とはいえなかったが，地理調査所の測量の結果，亀裂帯を挟んで東側が最大1 m北側にずれる（左横ずれ）とともに，東側が最大で1.28 m隆起していることがわかった．付近一帯は厚さ約200 mの堆積層で覆われているために，地下の岩盤で断層運動が起きたとしても，地表面ではこれが鮮明に現れず，亀裂帯となって出現したものと解釈された(111)．この断層は1891年の濃尾地震の際に地表に現れた濃尾断層系の北側の延長線上にある．

　この地震では学術研究会議が福井地震調査研究特別委員会をつくり，各大学や国の研究機関などを集めた合同調査団が組織された．福井地震の前兆ではないかと報告された現象は少なかった．京都大学の小沢泉夫が，同大学逢坂山観測所の伸縮計が福井地震の2日前から大きな変化を示したことを報告しているのが目につく程度である(112)．鳥取地震や東南海地震などの前には地電位の変化を観測したと発表してきた中央気象台柿岡地磁気観測所の吉松隆三郎も，柿岡のほか三重県・尾鷲，福島県・原ノ町での観測結果を報告しているが，地震前に地電位の明瞭な変化は見られなかった(113)．

　福井地震は地震学に新たな風を送り込んだ．その1つは日本学術会議が1950年に英文で発行した福井地震の調査研究報告書のなかで，東京大学地震研究所の河角廣が福井地震の大きさを示す指標として「マグニチュード」を使用したことである(114)．これ以降，地震の規模を示す「マグニチュード」という用語が日本でも使われることになった．

　地震の大きさ（規模）という概念は19世紀からあり，たとえば英国のマレット（Robert Mallet）は地震の振動を感じた地域の面積をその1つの指標としていた．明治初期に日本にやってきたお雇い外国人のミルン（John

Milne) は地震の規模を，それと同等の振動を起こすダイナマイトの量で表すことを提案したこともある(115)．中央気象台では，有感範囲の広さを地震の規模の指標としていた．

地震の規模を示す用語としてマグニチュード (magnitude)(116)の使用を提案したのは，米国のリヒター（Charles F. Richter）である．彼は1935年に書いた論文で，南カリフォルニアで起きる浅い地震を対象に，現地では標準的な地震計であった Wood-Anderson（倍率2800倍）地震計によって震央距離100 km のところで記録された最大振幅をμm 単位で読み取り，その常用対数をとったものをマグニチュードと定義した(117)．リヒターはカリフォルニアで1930年代に観測された種々の地震のマグニチュードを計算し，マグニチュード3では半径20 km の範囲で震動が感じられ，マグニチュード6になると限られた範囲では大きな被害が出ることなども示した．このマグニチュードは，今ではローカルマグニチュード（M_L）と呼ばれる．

リヒターは，上記のようにマグニチュードを定義した際には，和達清夫が1931年に発表した論文を参考にした，と書いている．和達はこの論文で，1923年以降に日本で起きた主な地震について，各測候所のヴィーヘルト地震計で観測された最大振幅の常用対数を縦軸に，その測候所の震央距離を横軸に取ってプロットすると，それぞれの地震について直線に近い曲線が描かれ，大きな地震ほど上に位置することを示していた(118)．

リヒターが定義したマグニチュードは，カリフォルニア以外の地震や深い地震には使えないため，グーテンベルグはリヒターと協力して，遠くで観測される表面波からマグニチュードを計算する式（表面波マグニチュード = M_s）や，P波，S波の最大振幅と周期の比から深い地震でもマグニチュードを求めることができる式（実体波マグニチュード = m_b）を順次考え出した．そして1949年には20世紀に入って世界で起きた地震約5000のマグニチュード（M）を決めて発表した．それによると，1923年の関東地震のMは8.2，1927年の北丹後地震は7.75，1930年の北伊豆地震は7.1，1933年の三陸地震津波は8.5，1944年の東南海地震は8.0，1946年の南海地震は8.2，福井地震は7.3となっている(119)．

一方，河角は1943年に書いた論文で，リヒターとは別に地震の大きさM

を震央距離 100 km での中央気象台の震度と定義することを提案し，ある地点で観測された震度からMを計算する式を示した(120)．河角の提案したマグニチュードは河角マグニチュード（M_k）と呼ばれる．福井地震の英文の報告書では河角はこの研究の成果を使い，福井地震の M_k は 4.7 に相当し，リヒターとグーテンベルグのマグニチュードでは福井地震は 7.2 に相当する，と述べた(121)．河角は 1951 年の論文では，日本で西暦 599 年以降 1949 年までに起きた大きな地震 342 について，それぞれの河角マグニチュードを見積もっている(122)．

これに対して東京大学地球物理学科の坪井忠二は，リヒターとグーテンベルグがすでに決めたマグニチュードを尊重する道を選んだ．そして，日本周辺で起きた地震について各測候所のヴィーヘルト地震計で観測された最大振幅と震央距離，それにリヒターとグーテンベルグの決めたMの関係を統計的に調べた．1951 年には中央気象台の地震計の最大振幅からマグニチュードを求める式を提案し，1931 年から 1951 年までに日本周辺で起きた地震 806 について，マグニチュードを計算した(123)．

1952 年 3 月 4 日には北海道・襟裳岬東方沖を震源とする十勝沖地震が起きた．この地震では北海道などの沿岸を最大 4 m の津波が襲い，死者・行方不明者計 33 人が出た．中央気象台はこの地震の報告書で，河角の式と，坪井の式によって決めたマグニチュードの両方を示している．それによると河角式ではMは 8.0 と，米国・バークレイ地震観測所の発表したMと同じになり，坪井式で計算するとM 7.9 となった(124)．

この事実も加わって，坪井式の妥当性について多くの議論が起こった．坪井はこれらの議論を参考にして，1954 年には日本の観測記録からマグニチュードを求める新たな式を提案した(125)．この式についてもさまざまな議論があったが，気象庁は 1957 年から坪井の 1954 年の式によって計算したマグニチュードを『気象要覧』や『地震月報』に発表するようになった．その後もマグニチュードを求める式は改良されたが，気象庁の発表したマグニチュードは気象庁マグニチュード（M_J）と呼ばれる．

福井地震が送り込んだもう 1 つの新風は東京大学地球物理学科の浅田敏や鈴木次郎らが福井地震後に行った非常に小さな余震の観測である．浅田らは

独自に開発した高感度の電磁式地震計を福井県山中町の小学校の校庭に約1カ月置き観測した．浅田らが開発した地震計は倍率約13万倍で，従来の石本式加速度計の倍率約250倍に比べて，はるかに小さな地震まで観測できる性能をもっていた．観測は夜間の限られた時間だけであったが，3-4分おきに地震が観測され，石本式加速度計に比べると約30倍の余震が観測できた．しかも，こうした小さな地震も大きな地震と同じように，最大振幅が小さくなるに従って，その数は指数関数的に増えるという石本・飯田の式に従うことがわかった(126)．

　石本・飯田の式というのは，石本巳四雄と飯田汲事が東京の地震研究所での微動計を使った地震観測の結果から1939年に発表したもので，観測された地震の最大振幅をAとし，Aの振幅を有する地震の数をNとすると，$N \times (A の m 乗)=a$なる関係式（a, mは定数）が成り立つというのである(127)．この式は石本・飯田の関係式と呼ばれていた．これは，米国のグーテンベルグとリヒターが南カリフォルニアの地震について1944年に発表したグーテンベルグ・リヒターの式（地震のマグニチュードMとそのMをもつ地震の数をNとすると，$\log N = a - b M$なる関係式が成立する）と，ほとんど同じものであった．

　浅田らはこうした小さな地震を「微小地震」と呼んだ．彼らはその後もさらに高感度の地震計の開発を進め，1950年代末には倍率100万倍以上で200ヘルツの高周波まで記録できる地震計がつくられた(128)．これによって，微小地震の観測が盛んになるとともに，微小地震の領域でもグーテンベルグ・リヒターの式が成立することが確かめられた．

　福井地震の被害を受け，1950年に耐震基準などを定めた建築基準法が制定された．建物の耐震基準は市街地建築物法の施行令によって1925年から大都市などに適用されていた．建築基準法はこれを全国に広げる目的があった．しかしながら，全国一律に耐震基準を定めることに対しては，建築業界を中心に異論があり，経済的な観点からも地震があまり起きない地域では耐震基準を低くすべきだという意見が強かった(129)．このため，耐震基準に地域的な重みをつける参考資料とするため，建設省は東大地震研究所の河角廣に全国の地震危険度の調査研究を依頼した．

河角が全国の地震危険度を予測した手法は，将来の地震活動も過去と同様に繰り返すという考え方が基本になっている．したがって，将来の予測というよりも，過去の地震活動の実績といった方が適当かも知れない．その過去といっても，地震の記録が残されている時代という限られた過去であり，河角は「東海以西では 1350 年間，北部では 1120 年間，北海道では 160 年間」と断っている(130)．

　河角は，武者金吉が作成した歴史地震のカタログから西暦 599 年の地震以降，1949 年の今市地震までの 342 の地震を選び出し，それぞれの震央を決め，被害の程度から震度を推定し，これに基づいて河角のマグニチュードを求めた．そして全国を緯度，経度それぞれ 30 分ごとの升目に分け，各地震ごとに河角マグニチュードと震度との関係から，それぞれの升目点での震度を求め，342 の地震を合計して，それぞれの地点では，強震以上や烈震以上，激震以上の地震を何回経験したかを算出した．さらに河角はこのデータと，独自につくった震度と加速度との関係式をもとにして，全国各地で今後 75 年間，100 年間，200 年間に来襲の可能性のある地震の最大加速度の期待値を算出し，日本地図に描いた（図 4-2）．この地図は「河角マップ」と呼ばれる．

　「河角マップ」を見ると，地震危険度が全国で最も高いのは，伊豆半島を中心に静岡から東京に広がる楕円状の地域である．京都や大阪，紀伊半島なども比較的危険度が高い．

　建設省は「河角マップ」を参考に，耐震基準（設計震度）に地域的な差をつけることにし，建設省告示として 1952 年に発表した（図 4-3）．地域ごとの差は「地域係数」と呼ばれ，関東地方南部，中部地方の大部分，近畿地方が 1 であるのに対し，北海道の大部分と東北地方や山口県を除く中国地方，四国は 0.9，山口県と九州や北海道の一部では 0.8 と軽減されている(131)．

　「河角マップ」は，過去の歴史記録しか参考にされていないため，歴史時代に起こした地震の記録がはっきりしない糸魚川-静岡構造線など，内陸部の活断層が将来活動することによって起きる地震などが考慮されていない．最新の研究の成果を取り入れて文部科学省の地震調査研究推進本部が 2005 年に最初に作成した「全国地震動予測地図」と比較すると，大きく異なっている．しかしながら，「地域係数」はその後に若干の修正はあったが，基本

図 4-2 「河角マップ」の 1 つ
　　今後 100 年間に起こる地震による最大加速度（単位ガル）の期待値を示している．最も大きな加速度が予測される地域は，関東地方南部から伊豆半島にかけての地域になっている．
　　　（Hiroshi Kawasumi, "Measures of Earthquake Danger and Expectancy of Maximum Intensity Throughout Japan as Inferred from the Seismic Activity in Historical Times,"『震研彙報』29 巻（1951 年），474 頁の図を一部改変）

的には現在でも生きている．

　三陸沿岸を対象とした津波警報組織は第 3 章で紹介したように戦前からあったが，戦後，全国的な津波警報体制が整備された．これにも GHQ が関わっている．米国では 1946 年 4 月にアリューシャン列島で起きた地震によって，ハワイ諸島に大津波が押し寄せ，大きな被害が出た．この経験から米国沿岸測地局はハワイの地磁気観測所を中心として津波警報組織を発足させた(132)．GHQ はこの津波警報組織に協力させるために 1949 年 1 月に日本政府に指令を出し，震度 3 以上の地震があった場合には，①震度，②震央の位置，③地震発生の時刻，④津波が発生するかどうか，⑤津波がある場合には，

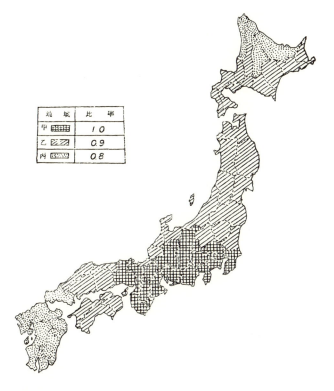

図 4-3 耐震基準に地域的な差をつける「地域係数」
1 と 0.9, 0.8 の 3 段階に分かれている.
（竹山謙三郎「建築物の設計震度に就て」『地震』第 2 輯 4 巻（1951 年），18 頁の図を一部改変）

その大きさと影響を受ける地域に関する予報，をすみやかに米軍に電話で通報することを求めた(133).

1949 年 10 月になると GHQ は，こんどは日本国民向けに津波警報を発令する組織を 60 日以内に設けるよう，日本政府に指令した(134). これを受けて日本政府は関係省庁間で協議を重ね，12 月 2 日の閣議で「津波予報伝達総合計画」が決定された．これによると，津波予報は「ツナミナシ」「ヨワイツナミ」「オオツナミ」の 3 段階とし，全国を 15 の予報区に分け，予報はそれぞれの予報区を管轄する管区気象台が出すことになった．1950 年 2 月 28 日にオホーツク海南部を震央とした地震で「ツナミナシ」の予報が出され，

4.5 福井地震と戦後の地震研究　217

これが最初の津波予報になった(135)．

4.6　地震予知研究連絡委員会以後の地震予知研究

　GHQ の指示によってつくられた地震予知研究連絡委員会は，4.4 節で述べたように 1949 年春以降は活動を停止した．しかし，これによって地震研究者の間で地震予知研究への熱意が冷めたわけではなかったし，社会の関心が下がったわけでもなかった．たとえば，1953 年に東京大学地震研究所の所長に就任した那須信治は，その年が関東大震災から 30 年になるのを機に，新聞記者のインタビューを受け，「研究の最大目標は何といっても『予知』だ．基本的方法は測量によって地形変動を見ることだが，これも『全国的に年中行事的』にやらなければ効果がない．予算の関係で『一時的に局所的』にしかやれないので，まだ成功した例はない．国道に沿って 2 キロごとにあるベンチマーク（一等水準点）を定期的に調べることが出来れば，地震の予知は必ず出来る」などと語っている(136)．

　研究者の間で話題になったのは，大地震の前の地震波の速度の変化である．岩石に力を加えると応力の増加に伴って地震波の速度が速くなるので，地震波の速度の観測は地震予知につながる，との考え方は明治以来あった．しかし，観測精度の問題もあり，具体的な議論は乏しかった．観測事実に基づいて初めて議論を展開したのは，京都大学地球物理学科の佐々憲三である．佐々は 1943 年の鳥取地震の前と 1946 年の南海地震の前には，震源地〔震源域〕一帯を通る縦波の速度が速くなっていた，と発表した(137)．

　1943 年 9 月に起きた鳥取地震では，同年 3 月に前震と見られる大きな地震が 2 つあった．この 2 つの地震とその余震計 5 個について，P 波（縦波）が各測候所に最初に到着した時刻を調べてみると，豊岡，宮津，京都，大阪，彦根，高松など鳥取地震の震源地〔震源域〕を通過してきたところでは，松江，浜田，敦賀，松山などそうでない地域を通過してきたところに比べて 3 秒ほど早く到着していた．また，1944 年 12 月に起きた東南海地震の震源の西北側と東北側でそれぞれ観測された縦波の到達時刻を比較した．すると，震源からの距離が同じところでも震源の西側と東側では P 波の到達時刻に大

きな差が見られ，西側では東側に比べて最大で約20秒も早くＰ波が到達していた．佐々はこの結果を，西側で観測された地震波は，1946年に起きた南海地震の震源域を通過してきたので，地震波の速度が速くなったためである，と解釈した．さらに佐々は，南海地震の震源地〔震源域〕一帯では少なくとも南海地震の6年ほど前からＰ波の速度が速くなっていた，と主張した．とはいえ，20秒という時間差は大きすぎ，何か観測上の誤りではないかと考えられる．

地質調査所にいた早川正巳も1950年に，1930年の北伊豆地震から1946年の南海地震までの14の大きな地震について，走時曲線から震源域周辺の地震波の速度を調べたところ，地震の数カ月前から地震波速度に3-4秒程度の変化が見られる，と発表した[138]．震源がほとんど同じ場所で起きた地震をいくつか選び，震源からのＰ波（縦波）の到達時間が測候所ごとにどのように時間変化したかを調べると，たとえば1939年5月1日に起きた男鹿地震の場合には，青森，盛岡，宮古などでは同年1月頃から4月頃まで到達時間が最大3秒近くも早くなっていた．男鹿地震の後には，こうした到達時間差はなくなった，という．Ｐ波の到達時間は，測候所の存在する地域周辺の地下の構造などによっても変化するが，早川の方法ではこうした要因は無視できた．

福岡管区気象台にいた吉村寿一も1953年に，1928年から49年に起きた地震について測候所ごとに観測されたＰ波の到達時間が標準的な走時曲線からどれくらいずれているかを調べたところ，ずれが大きくなった後に大きな地震が起きることが多い，と報告した[139]．

京都大学の佐々憲三や西村英一，小沢泉夫らは逢坂山観測所などでの地殻変動の観測を続け，地震の前兆現象ではないかと見られる地殻変動を報告した．佐々らによると，1944年12月の東南海地震の際には，京都市内にある上賀茂観測所の地下に設置された傾斜計に地震の数時間前にわずかながら変動が現れた．1946年12月の南海地震や1948年6月の福井地震では震央が遠いために傾斜計には変化が現れなかった．1950年4月26日に紀伊半島中部で起きた南紀地震の際には，震央から約80km離れた滋賀県多賀町の多賀鉱山に設置された傾斜計が，やはり地震の3時間ほど前に大きな変化を示

したという(140). 南紀地震の前に傾斜計に変化が現れたことは「地震予知はできる」との見出しで, 新聞でも報道された(141).

小沢泉夫は逢坂山観測所での1948年1月から1954年までの伸縮計の観測結果を解析し, 1948年6月の福井地震, 1952年7月の吉野地震, 1953年1月に京都府中部で起きた地震の前には, いずれも伸縮計の変化があった, と報告した(142).

地殻変動の観測は気象台でも行われた. たとえば, 高松地方気象台では1952年に庁舎の敷地に南北方向に長さ25mの水管傾斜計がつくられ, 毎日2回の観測が行われた(143).

東北大学地球物理学科の加藤愛雄らも, 地震前後に見られる地電流や地磁気の変化の研究を続けた. 加藤らは1948年の福井地震の後, 震央に比較的近い石川県塩屋村の塩屋小学校の校庭に東西方向に100m離して銅の電極を埋め, 地電位の差を測定した. すると, 同年7月19日に起きた余震の2, 3分前から地電位差が大きくなり, 余震の後は再び元に戻った, という(144).

1949年12月26日に栃木県今市付近を震央にして起きた今市地震の後, 1938年以来定期的に観測を続けていた茨城県古河や埼玉県深谷の観測点で地磁気の伏角を測定すると, 1941年の測定値に比べて古河では14分, 深谷では6分もそれぞれ伏角が減っていた. この変化は地震の前に起きていた可能性が疑われたため, 古河から遠くない中央気象台の柿岡地磁気観測所の観測データを解析したところ, 柿岡では同年8月頃から伏角が2分程度減った後に地震が起きたことがわかった, という(145).

東京大学地球物理学科の坪井忠二らは1951年から約3年間をかけて全国3500カ所で重力測定を行った. 地理調査所が実施した全国1000カ所の測定データを加え, 日本全国の重力の分布地図を作成した(146). その結果に基づいて坪井は, 重力の異常が大きい場所が過去に地震が頻発した場所とよく一致していることを指摘し, 「地震はこんな所で起こる」などと新聞に大きく報じられた(147).

一方, 地震予知の新たな切札として, 微小地震の観測が注目されるようにもなった. これは4.5節で紹介したように, 規模の小さい地震から大きな地震まで, その起こり方（頻度分布）にはグーテンベルグ・リヒターの式が成

り立つことがわかったからである．微小地震の観測を行って，その地域の地震の起こりやすさ（サイスミシティ）を調べれば，大きな地震が起きる頻度もわかるはずである，というのである．その主唱者は東京大学の浅田敏であった．浅田は「普段からサイスミシティの大きい所には大地震も発生しやすく，サイスミシティがゼロに近い所には大地震はまず発生しない．…言葉を換えていえば，日本全国について情報漏れのないサイスミシティ・マップをつくり上げれば大地震の起こり得る所と起こり得ない所の区別が出来る．…そのようなサイスミシティ・マップに基づいて地殻に関する諸々の測定計画を作れば，比較的僅かの金額で集中的に能率の高い測定を行うことができるであろう」などと主張した[148]．現在では「こうした考え方は単純すぎた」と，とらえられている[149]．

地震予知に関する社会の期待が大きいことを痛感したためであろうか，地震予知の実現に悲観的であった東京大学地球物理学科の教授・坪井忠二は，1950年代半ばになって地震予知研究に対する考え方を変えた．坪井は地震予知研究連絡委員会では，「予知不可能」派の代表格と見なされ，1948年の「秩父地震説」騒ぎの際には，新聞記者のインタビューに答えて「私は地震予知が絶対的に不可能であるというつもりはない．地震学者はむしろ精力的にこの問題に取り組むべきである，という意見だ．しかし同時に，たとえ全国に数百の観測所が設けられ，地震学者の密接な協力によって研究が進められたとしても，地震予知が可能かどうかという点に関する決定的な結論に到達するには少なくとも百年はかかる，という意見に傾いている」などと述べていた[150]．

これに対して坪井が1954年に雑誌『科学』に書いた「地震は予知できるか」と題した論文や1955年に『朝日新聞』に寄稿した「地震の予報，こうすればできるが…」と題した記事では，地震予知にはるかに積極的な姿勢が見える．坪井は「いまのところ適切有効な地震予知は出来ない．しかし，予算と人員がありさえすれば，まず手をつけて然るべきことがらや計画は，地震研究者の頭の中に熟している」などと述べ，"予知計画"を具体的に説明している．

坪井の地震予知計画は，地震というのは100平方km程度の地殻のなかに

蓄えられたエネルギーが，波動となって一斉に放出される現象である，という考え方に立っている(151)．それゆえ地震を予知するためには，地震エネルギーがどの地域に蓄積されているかを知ることが重要であり，そのためには日本全国に50カ所の観測所を設け，水準儀，傾斜計，伸縮計，重力計によって連続観測を行う必要がある．この観測によって，土地のわずかな隆起や沈降，傾斜，伸縮，それに月や太陽の引力による地殻の変形などを見守れば，地震に前駆する特有の変動がとらえられる，というのである．設備費だけで数億円，観測・解析に当たる人員が約500人，その人件費に年1億円かかるが，坪井は「とにかく，予知にむかって前進することである．それも50カ所同時にスタートしないと能率が極めて悪い．かりに，日本に2年で1回大地震が起るとして，その場所も全国一様であるとすれば，50カ所の観測所で100年間に50個の資料が得られる．もし1カ所でやっているとすれば50個の資料を得るのに，悪くすると5000年かかってしまう」と書いた(152)．

世間では3.6節で紹介した「椋平虹」も引き続いて話題になった．1953年8月11日にギリシャで起きた大地震を，京都府府中村の椋平広吉が予知したというのである．椋平は地震の前日の8月10日昼前に自宅近くで，短冊形の虹が4分間出現したのを見付け，その方向や傾斜などから判断し，「ギリシャ地方に11日正午頃に烈震あるはず」という手紙を元京大教授の山本一清に送った．山本に届いた手紙に押された宮津郵便局の消印は「10日午後3時～6時」だったので，山本は「驚異的な予知だ」と驚いた(153)．中央気象台長の和達清夫は「"椋平ニジ"は観測の客観性がきわめて乏しい．写真をとって報告するとか，科学的に検討できるようにしなければ議論するよすがもない」などと否定的なコメントを出したが(154)，新聞や雑誌，放送で大きく報じられた．

これに対して地震学会会員で都立高校教諭の宮本貞夫は，椋平から観測記録を見せてもらい，椋平と一緒に椋平虹を観察した結果を発表した(155)．それによると，椋平虹は太陽光や月光が巻層雲によって屈折されて生じる現象と考えられ，その地方の気圧配置と関係しているが，地震とは直接の関係はない．椋平は1927年から1942年までの15年間に1048回の予報をしているが，顕著な地震について見ると予報が的中したのは25%にすぎない，など

という．

　椋平虹による地震予知はその後も世間の話題になったが，1970 年代末になって椋平の予知には"インチキ"が混じっている疑いが強い，との報道が行われた(156)．すなわち，椋平は鉛筆書きした自分宛の葉書を投函して自分で受け取っておき，大きな地震が起きた後になってこの葉書を取り出して消しゴムで書かれた文字を消した後に，実際に起きた地震を参考にして予知情報を書き込み，知人宅の郵便ポストにこの葉書を入れているのではないかというのである．この報道以降，椋平虹が話題になることは少なくなった．

　1959 年 12 月 2 日に開かれた衆議院の科学技術振興対策特別委員会では，「地震予知」をテーマに約 4 時間も質疑が行われた(157)．前出の宮本貞夫が，同委員会の委員長の村瀬宣親（自民）宛に出した陳情書が各委員の関心を呼んだことから，異例の審議になった．宮本の陳情書は，中央気象台技官の高木聖が戦時中に開発した「無定位磁力計」と呼ばれる特殊な磁力計を自作して観測してみると，大きな地震の数日前には異常を示すので，気象庁でもこの装置を使って観測を継続してほしい，というものであった．

　「無定位磁力計」は，長さ 3 cm ほどの小さい棒磁石を 2 つ，長さ 20 cm ほどの薄いアルミ板の両端に磁極が逆向きになるように取り付け，アルミ板の中央部に取り付けたタングステン糸でつるし，アルミ板の微小な回転を測定する，という簡単な装置である．装置の下に 2 m 四方のトタン板を敷かないと，なぜか観測がうまくいかない(158)．高木はこの磁力計を使って 1944 年頃から，東京，大阪，三重県・尾鷲，鹿児島の 4 カ所で観測を続けた．1946 年 12 月の南海地震では，3 週間ほど前から尾鷲，大阪の観測に異常が現れた．1949 年になって中央気象台の人員削減などのあおりを受け，観測は中止された．

　委員会では参考人として出席した宮本が，自らの観測データをもとに「磁力計を全国に 40 カ所程度おけば超大型の地震ならほとんど確実に予知できる」などと主張した．これに対し，気象庁長官の和達清夫や東京大学教授の松沢武雄らは「磁力計が何を観測しているのかが分からない」「明瞭な前兆とはいえない」などと，磁力計と観測結果に疑問を呈した．こうしたやり取りを聞いた国会議員たちは「天気予報といえども，昔は宝くじ程度のものであ

った．やはり，最初は相当不確実なものであっても，どんどんやるべきではないか．ことに地震なんかは，… 10 回のうち 1 回当ってもみんなが助かるんだ」「予知の研究というものは国防に準じた考え方で望んでいただかなければならないと思うのです．従って，われわれが国防費に相当の経費を投じるなら，この地震の予知というものに相当な経費を投じても，これは決して惜しい費用ではないと私は思います」などと与野党こぞって，気象庁が磁力計での観測を再開するように求めた(159)．

　気象庁長官の和達は，こうした政治家たちの意向に敏感に反応した．早速，無定位磁力計を使っての観測を気象研究所で始めさせた．1960 年には「地震の予知はできるのですか」との新聞記者のインタビューに答えて次のように語った(160)．

　「現在は予知できません．しかし，学問的，技術的には見込みがあり，予知できる可能性はあります．ただ，予算や人の面で実際に移すのがむずかしいのです」

　「外国の学者には，地震の予知は不可能だ，と悲観的な立場をとる人もいます．しかし，地震学の水準が高まってきたこんにち，それを実際面に移し，予知を行なう段階がもう訪れたようです．それを怠るのは，地震学者として恥ずかしいことです．今までの日本の地震学は，ともすれば研究オンリーに傾き，実際の応用は『むずかしいから』と遠慮されてきました．これは反省すべきです」

　「ことし 4 月の地震学会で，私は仲間に呼びかけ"地震予知研究グループ"（仮称）を作りたいと思っています．そして地震予知対策が予算化されるよう大がかりな計画の第一歩をふみ出したい．もはや失敗をおそれず，やるべき時でしょう」

　和達のこの言葉通り，"地震予知研究グループ"が発足し，それが 1965 年からの国家事業としての地震予知計画の発足につながっていく．それが次章のテーマである．

第5章 ブループリントと地震予知計画の開始

1950年代末から，日本は高度経済成長期に入った．テレビ，冷蔵庫，洗濯機の"三種の神器"が普及し，「技術革新」が流行語になり，それを支える科学者・技術者を養成する理工系学部の拡充が急がれた．1960年の「安保闘争」を終えると，政府は「所得倍増計画」を掲げ，科学技術会議は「10年後を目標とする科学技術振興の総合的基本方策について」を答申した．日本の科学技術は60年代，国家の産業政策の中にますます深く組み込まれるようになっていった(1)．1962年には全国総合開発計画が閣議決定され，原子力，宇宙などのビッグサイエンスも離陸期を迎えようとしていた．基礎科学の分野でも「長期計画」を描くのがブームになった．高度成長の分け前に与ろうとする動きだったともいえる．地震学会の有志によって1962年，地震予知研究計画の「ブループリント」がつくられた背景には，こうした社会状況があった．

1964年に新潟地震が起きた．この地震による死者は多くはなかったが，戦後の高度成長を象徴する石油コンビナートや近代的な橋，鉄筋コンクリートの建物が大きな被害を受けた．経済成長や都市の拡大に伴って，地震によって失われるものもまた増えたのであった．この地震が直接の契機となって，1965年からは地震予知研究計画が国家事業として始まることになった．この計画は，世界的な地震予知ブームをもつくり出した．

5.1 「ブループリント」の作成

1960年5月13日に東京都目黒区の地理調査所で開かれた地震学会の春季

総会でのことである．前年度の会計報告や新年度の予算などが承認され，議事がとどこおりなく終わった後，会員の気象庁長官・和達清夫が発言を求め，「地震学会のなかに地震予知研究計画を検討する小委員会をもちたい」と提案した(2)．和達は戦後，連合国軍総司令部（GHQ）の指示でつくられた地震予知研究連絡委員会の委員長を務め，「地震予知計画案」を取りまとめた．1959年度までの地震学会の委員長でもあった．前章末尾で紹介したように，新聞のインタビューに答え，地震学会でこうした提案をする予定であることを予告していた．

「小委員会は具体的に何をやるのか」との質問に答えて和達は，小委員会は会員有志が手弁当で集まり，1年くらいかけて地震予知研究の具体的な計画案をつくるのが目的であり，他の関連学会にも呼びかけたい，などと説明した．『地震』に掲載された総会の議事録によると，提案の唐突さをいぶかる声はあったものの，賛成の意見が多く，政府に申し入れて予算を確保すべきだとの声も強かった．総会に出席した東京大学地震研究所教授の萩原尊禮によると，「当時の地震学会の中堅会員からは，地震学会が気象庁の予算を獲得する手段に利用されるのではという危惧の念が表明された」という(3)．結局，和達が「この件は委員会（執行部）に付託することにしたらどうか」と提案し，賛同を得た．

10月になって和達らは地震予知研究計画準備会を開いた．準備会の模様は10月の地震学会の秋季総会で，委員長の飯田汲事から報告されたが，準備会と学会・委員会との関係や，計画をどのようにして承認するかなどについて議論が出た(4)．委員会では同年12月，準備会は学会とは独立した有志のグループとして活動してもらうことを決めた．グループが細部にわたってまで総会の承認を必要とするのは，グループの自由な活動を妨げるし，学会としても特定のスローガンにしばられるべきではない，というのが委員会の判断であった(5)．ただし，グループに加わりたい人は学会の名で募集し，グループの会合の開催通知も学会から出す，という形で和達の顔も立てた．

グループへの参加を名乗り出た会員は1961年1月末までに38人にのぼった(6)．同年4月にグループとしての初めての会合が，地震研究所で開かれた．このときまでには，グループへの参加者は63人へと増えていた．29人が集

まったこの会合で，グループの名前を「地震予知計画研究グループ」とすることや，和達清夫と東京大学地球物理学教室の坪井忠二，地震研究所の萩原尊禮の3人を世話人とすることが決まった．地震予知の方法についても活発な議論が行われ，水準測量，地震観測など12項目があげられ，各項目について計画をまとめる責任者が決められた[7]．

この間，1960年12月26日に奈良県と三重県にまたがる大台ケ原を震央とする地震があった．全国20カ所で地殻変動の観測を続けていた京都大学地球物理学教室の西村英一らは，震央から100 km以内にある観測点9カ所で，地震の半年ほど前から傾斜計や伸縮計が異常な動きを示し始め，6カ所の観測点で傾斜の方向が逆になってから数日後に地震が発生した，と報告した[8]．1943年の鳥取地震などの前にも，傾斜計が異常な変化を示したとの報告はあったが，いずれも1点ないし2点の観測であった．6カ所という多くの観測点で異常変化が観測されたのは初めてで，地震前後の地殻変動として信頼性の高いものと考えられた．

「地震予知計画研究グループ」の会合はその後6月，9月，12月に開かれた．1961年12月の第4回目の会合では，成案に近い計画案ができ上がった．そして1962年1月の会合で微調整した後，計画案は『地震予知—現状と推進計画』という題名の32頁の小冊子として印刷され，1962年3月に発表された[9]．「緒言」で「これはいわゆるブルー・プリントではあるけれども…」などと計画を「ブループリント」と呼んだことから[10]，「ブループリント」の通称の方が著名になった．

「ブループリント」は見返しで，「地震の予知の達成は国民の強い要望であり，わが国の地震学の絶えまない努力の目標である．そして，現在までの地震学の研究は地震予知の実用化の可能性を示している．ただ，これを達成するためには，今後一層の学者及び関係者のたゆまぬ努力とともに，国家の本問題に対する深い理解と力強い経済援助とを必要とする」と，地震予知の実用化と国家の財政支援は不可分の関係にあることを訴えている．

本文では，地震予知の目的を「最も効果的に最も良心的に達成するため」の計画として，①測地的方法による地殻変動の調査，②地殻変動検出のための験潮場の整備，③地殻変動の連続観測，④地震活動の調査，⑤爆破地震に

よる地震波速度の観測，⑥活断層の調査，⑦地磁気・地電流の調査，の 7 項目に分け，以下のように具体的な計画を示している．

①測地的方法による地殻変動の調査は，国土地理院（1960 年 10 月に地理調査所から改称）が担当し，全国の水準点測量を 5 年間隔，一等三角点測量を 10 年間隔で反復する．地震の多い地域では水準点測量と三角点測量を 1-2 年間隔で繰り返すほか，新たに辺長 10 km 程度の菱形基線を 12 カ所設け，毎年測量を繰り返す．

②験潮場〔潮位計〕の整備は，気象庁，国土地理院，海上保安庁水路部などがもっている計 66 カ所に加えて，新たに 26 カ所に験潮場をつくり，データを中央局に集める．

③地殻変動の連続観測は，水平振子傾斜計，水管傾斜計，水晶管伸縮計，重力計などを備えた観測所を現在ある 8 カ所を含めて 100 カ所に設ける．観測は大学の研究所か国土地理院などの付属研究所が担当する．

④地震活動の調査は，気象庁の地震観測網の近代化によってマグニチュード（M）3 以上の地震については把握が可能になるので，M 3 未満の微小地震を対象にした観測網（1 観測網につき地震観測点を 9 カ所）を全国に 20 カ所設ける．M 1 以下の極微小地震を対象にした観測網（1 観測網につき地震観測点 5 カ所）を特殊地域に 6 カ所設け，移動観測車 3 台を備える．観測は強化した大学研究所か，国土地理院が設ける新しい観測部門が担当する．

⑤爆破地震〔人工地震〕による地震波速度の観測は，全国に 6 カ所の爆破点を選び，ここで毎月 1 回爆破を行い，20 地点で観測する．

⑥活断層の調査は，大きな地質学的な断層を対象に，そのなかから地震断層と思われるものを選び出し，地形学的調査によって，それがいつ頃動いたかを知る．

⑦地磁気・地電流の調査は，特殊地域にモデル観測網を設け，固定観測点数カ所で地磁気，地電流の連続観測を行い，地殻の比抵抗も調べる．

「ブループリント」は，「〔計画は〕地震直前の前兆を捕らえることのみにこだわるものではない」などと各所で述べ，観測データの集積によって，地震発生の過程を理解することが計画の主眼であることを強調してはいるものの，確かな前兆を発見して，それを予知につなげるという経験的な方法を重

視していたことは明らかである．

　最終章の「期待される成果」では「地震予知がいつ実用化するか，すなわち，いつ業務として地震警報が出されるようになるか，については現在では答えられない．しかし，本計画のすべてが今日スタートすれば，10年後にはこの問に充分な信頼性をもって答えることができるであろう」と，楽観的な見通しを述べている．

　「ブループリント」が後に述べるように新聞や雑誌などで幅広く取り上げられたのは，「10年後には…」というこの表現にあった．世話人の一人・萩原尊禮は1961年にすでに，新聞記者の「『青写真』が実行された場合，この60年代中には『地震予報』が発令されるようになると期待していいかどうか」との質問に答えて「あと10年のうちに見通しがつくと思う．予報もできるようになるでしょう」と語っていた(11)．

　「ブループリント」を一読して気がつくのは，1891年の濃尾地震後に設けられた震災予防調査会の「事業概略」や，1947年に地震予知研究連絡委員会がまとめた地震予知計画案との類似である．ともに前兆を発見して，それを地震予知につなげるという戦略が共通しているばかりではなく，観測項目までほとんど一致している．にもかかわらず，「ブループリント」は，「地震の予知の達成は国民の強い要望であり，わが国の地震学の絶えまない努力の目標である」と述べているだけで，明治の日本地震学会以降の地震予知研究の歴史にはまったく触れていないのである．歴史を知らない人が「ブループリント」を読むと，地震予知計画は前例のない画期的な計画，と誤解してしまい，「日本の地震予知研究は『ブループリント』に始まる」との"神話"が形成されることにつながった．

　「ブループリント」と震災予防調査会の「事業概略」などに掲げられた観測項目を比較すると，「ブループリント」で初めて登場するのは「微小地震の観測」と「活断層の調査」である．「微小地震の観測」は，震災予防調査会当時にも小さな地震を観測することの重要性は認識されてはいたが，まだ観測技術が伴わなかった．「活断層の調査」についても，「活断層」という言葉はまだなかったものの，当時から地震と地質構造との関係は注目されており，「地質学上の調査」という項目に含まれていた，と見なすことが可能で

ある.

　逆に「事業概略」にあって,「ブループリント」から抜け落ちているのは,「地震史の編纂」と「地下温度の測定」の2つである.「地震史の編纂」は,武者金吉が1951年に『日本地震史料』を刊行したのを機に,編纂は一段落したと考えられていた.「地下温度の測定」は,その基礎になっていた「地球の冷却・収縮論」が衰退したことが背景にあった.

　「ブループリント」と1947年に地震予知研究連絡委員会がまとめた地震予知計画案が似通っているのは,これらをまとめた中心人物が同一なのであるから,当然ともいえる.すなわち,1947年の予知計画案を取りまとめた地震予知研究連絡委員会の委員長・和達清夫と幹事の一人・萩原尊禮は,「ブループリント」をまとめた「地震予知計画研究グループ」の世話人であった.「ブループリント」だけに入っているのは,やはり「活断層の調査」であるが,1948年に地震予知研究連絡委員会が出した修正版の予知研究計画には「日本の大地震地方の地質学的研究」という項目が含まれている.全国の水準測量と三角点測量を短時間で繰り返すとの計画も,1947年版の計画案には含まれていないが,これは膨大な予算が必要なことを理由に計画から意識的に削られた経緯があった.萩原自身も「そのとき〔地震予知研究連絡委員会時代〕に立てた計画案は,昨年〔1962年〕私たちの研究グループが立てた計画案と比べて見て大筋においては変わりがない」と述べている(12).

　「ブループリント」を読んでもう1つ驚くことは,地震はなぜ起こるのかという根本的な問題にまったく触れられていない点である.当時の日本地震学界には,地震はなぜ起こるかについて,現在のような統一した考え方は存在しなかった.中央気象台から東北大学に移った本多弘吉らによって,地震は断層運動と見なすことができるという観測事実は示されていたが,断層運動を起こす力は何に由来するのかという問題には答えられなかった.地震を起こすエネルギーを地球の熱に求める考え方に人気があり,地震の原因は岩漿(マグマ)の流動,あるいはマグマの貫入であるという1920年代以来の考え方も,影響力を保っていた.たとえば「地震予知計画研究グループ」の世話人の一人であった萩原尊禮は,1966年の著作で「日本を除いた外国の学者はすべて断層説を信じて疑わないようであるが,地震の観測資料が豊富

な日本では簡単に割切れないものがある．特に地殻の内部で起きる中くらいの深さの地震，特に小地震，微小地震の場合に初動分布が断層説で説明できないものが多く，マグマ貫入説を捨てるわけにはゆかないのである」と述べている(13).

一方で，やはり「地震予知計画研究グループ」世話人の一人・坪井忠二は，地震とは地殻のなかのある体積に蓄積されたエネルギーが突然発散され，ガシャガシャと壊れる現象であるとの「地震体積説」を唱えていた(14).「地震体積説」によれば，断層は地震の原因ではなくて，地震の結果に過ぎない．「地震体積説」も1950年代から60年代にかけての日本ではかなりの影響力をもち，坪井は1967年に「日本では大多数の人が賛成してくれているのではないかと自負している」とさえ書いている(15).

地震の原因をめぐって以上のような諸説があったために，「ブループリント」は論争の原因となる地震の原因にはあえて触れなかったと考えられる．東京大学地震研究所の宮村摂三らの努力によって「活断層の調査」が「ブループリント」に盛り込まれはした(16)．しかし，そこでも地震と活断層との関係については「破壊的地震に断層を伴うことが多いのはよく知られたことである．…従って，新しい地質時代に活動した断層（以下活断層とよぶ）の分布や性質を調べることは，地震予知の問題で先ずとりあげなければならないことと考える」などとの間接的な表現に止まっており，断層運動が地震の原因ではなく，断層は地震の結果であると主張する人たちへの配慮がうかがわれる．

現代地球科学のパラダイムであるプレートテクトニクスの源流となった海洋底拡大説が米国で発表されたのは，1961年から1962年にかけてであった(17)．地震の原因が断層運動であるとの説が理論的にも確立されたのは，1963年である(18)．萩原や坪井の言説に示されるように，海洋底拡大説や「地震＝断層運動」説が日本の地震学界での共通した考え方になるまでには，若干の時間がかかった(19)．東京大学の地震学の教授・浅田敏が1972年に「海洋底拡大説のおかげで地震はなぜ起こるかという根本的な疑問が解かれることになりそうである」と書いたように，日本の地震学界では海洋底拡大説と「地震＝断層運動」説が同時に受け入れられたのであった(20)．「ブル

ープリント」が地震の原因に触れることなく計画を描くことができたのは，それがもっぱら現象論的・経験的なものだったからである．

「ブループリント」は 1962 年 4 月に開かれた地震学会の春季総会で報告され，萩原尊禮が提案した「この計画は国家的規模において効果的に行われることが必要である．我々はこの計画が一日も早く実現することを強く望むと共に今後計画が推進されてゆく場合にできる限りの協力をおしまないものである」との決議文が採択された[21]．

「ブループリント」は新聞や雑誌で大きく報道された．「ブループリント」をまとめた 3 人の世話人たちには，新聞や雑誌から原稿の執筆依頼が殺到し，3 人は地震予知計画の意義と必要性や，その実現には国家的な取り組みが必要なことを主張した[22]．こうした訴えは新聞では好意的に迎えられ，「これ〔地震予知計画書〕を効果的に生かす政治が何より肝要である」[23]，「地道な予知施設に国が金を惜しまぬことが何よりも肝要」[24]，「それには〔地震予知を実現するためには〕全国的に濃密な観測網をしくことが前提だが，問題はもっぱら"金"にある．…地震国の政府らしく，必要経費を十分に出すよう切望する」[25]などと，政府に計画の実現を迫る論調が目立った．

国会でも衆参の科学技術振興対策特別委員会，運輸委員会などで地震予知の重要性や策定中の地震予知研究計画がしばしば取り上げられ，国会議員たちも政府が地震予知研究計画に十分な予算措置を取るよう求めた[26]．「ブループリント」はまた，在京の各国大使館からも注目され，本文 21 頁からなる英語版も作成された[27]．

こうした情勢に配慮したものであろう．文部省も 1962 年度の予算でとりあえず，微小地震観測用の予算を確保し，微小地震観測点を全国に 12 カ所設置し，移動観測用の極微小地震計 20 台を東京大学地震研究所などに置いた[28]．1963 年度からは 3 年計画で各大学合同の極微小地震観測が行われた[29]．

しかしながら，「ブループリント」は 1 年間，棚ざらしにされた．当時は，学術研究体制の民主化の一環として 1949 年にできた日本学術会議の力がまだ強く，大がかりな学術研究計画の実施には日本学術会議に諮り，その承認・勧告が必要とされていた．ところが，地球物理学関係では国際協力事業

としてマントル上部の構造などを調べる「国際地球内部開発計画（UMP: Upper Mantle Project）」が 1964 年から計画されており，日本学術会議ではこの計画への日本の参加問題が検討されていた[30]．

　UMP について日本学術会議は 1962 年 5 月，この国際協力事業に日本も参加することを政府に勧告した．勧告を受けて文部省の測地学審議会は同年 9 月，UMP への日本の参加計画を決め，関係各大臣に建議した．UMP への日本の参加は 1964 年からの 3 年計画で，総予算は約 10 億 5000 万円という，当時としては大がかりなものであった．この計画についても新聞では「地震予知に役立つ」「地震予知事業の一環」などと報道された[31]．

　UMP への参加問題が解決したため，地震予知計画案は翌 1963 年春の日本学術会議の総会に提案された．しかし，地震予知計画と地球物理学分野の他の長期計画との関係がよくわからない，などの理由で勧告は見送られた[32]．一方，文部省の測地学審議会は日本学術会議の勧告を見越して，1963 年 5 月には地震予知計画を検討するため「地震予知部会」を設けることを決めた．地震予知部会は同年 6 月に初会合を開き，部会長に東京大学地震研究所教授の萩原尊禮を選んだ[33]．

　日本学術会議でも 1963 年 10 月に開かれた秋の総会で，「地震予知研究の推進について」との勧告案を可決した．勧告の内容は，「ブループリント」に書かれた計画を政府として推進するように求めたもので，勧告案を提案した和達清夫は「勧告通りの研究条件が整備されれば 10 年後には地震予知が実用化し，地震警報も出せるようになろう」と述べた[34]．一連の報道のなかには「ブループリント」の意義を強調するあまり，「戦前の日本では『地震予知』を口にすることは学者間ではタブーであった」などの誤った言説も多数見られた[35]．

　しかしながら，地震予知計画の実現には難問が立ちふさがっていた．1 つは，計画が各省庁にまたがっているために，関係各省庁の足並みが揃うかどうか，という問題であった．2 つ目は，計画には 10 年間で 100 億円程度の予算と大幅な定員増が必要である，という問題である[36]．この難問を吹き飛ばしたのが，1964 年 6 月に起きた新潟地震であった．

5.2　新潟地震と地震予知研究 10 年計画のスタート

　1964 年 6 月 16 日午後 1 時すぎ，新潟市の北北東約 55 km の日本海を震央とする地震が起きた．気象庁は地震直後にこの地震を「新潟地震」と命名し，地震の規模はマグニチュード（M）7.7 と発表した(37)．これに対して東京大学地震研究所の河角廣らが「発表されたマグニチュードは大きすぎる」「北丹後地震に比べると新潟地震の方が小さい」などと批判し(38)，気象庁は後日 M 7.5 と訂正した(39)．

　都市部を大地震が襲ったのは 1948 年の福井地震以来，16 年ぶりであった．この地震による死者数は，新潟県 13 人，山形県 9 人，秋田県 4 人の計 26 人と報告されている(40)．新潟市は前年，全国 13 カ所の新産業都市の 1 つに指定されていた．この地震が社会に衝撃を与えたのは，戦後の高度成長を象徴する石油コンビナートや近代的な橋，鉄筋コンクリートの建物が無残な姿に変わったからであった．

　信濃川の河口近くの海岸沿いにあった昭和石油新潟製油所の原油タンクでは地震直後に火災が起き，原油タンク 5 基がある A ブロック全体に燃え広がった．夕方にはガソリンタンクなどがある E ブロックにも飛火し，続いて重油タンクなどがある C，D ブロックも爆発・炎上して，隣接する住宅地域にも燃え移った．火災はきのこ雲のような黒煙をあげて 2 週間にわたって燃え続け，火が完全に消し止められたのは 7 月 1 日朝であった(41)．

　出火した原油タンクは，屋根を原油の上に浮かせる浮屋根構造であった．地震動によってタンクと原油が大きく揺すぶられ，原油があふれ出るとともに，浮屋根も地上に落下し，このときの火花で着火したらしい(42)．新潟地震の地震動は，原油タンクの固有振動周期に近い周期 6 秒前後の長い周期の成分が卓越していたのが特徴で，原油タンクが共振を起こし，原油がタンクからあふれ出た可能性が指摘された(43)．

　新潟市内には信濃川をまたいで 3 つの橋がかかっていた．その年の新潟国体の開催に合わせて木橋から鉄橋への架け替え工事が完成したばかりの昭和大橋（全長約 300 m，幅 24 m）は，橋脚などが壊れ，5 スパン分の橋げたが川に落ちた．1962 年に完成した八千代橋（全長約 300 m，幅 8 m）もやはり

橋脚などが壊れ，大半の橋げたが落下寸前になった．一方，1929年に完成した万代橋（全長約310 m，幅18 m）も橋台が沈下するなどの被害があったが，応急復旧工事によって地震翌日には自動車が通れるようになった(44)．橋の建設時期の違いが明暗を分けたのであった．

鉄筋コンクリートの建物も大きな被害を受けた．なかでも，信濃川左岸の川岸町に建てられた3-4階建の県営アパート8棟はいずれも傾き，うち4号棟はほとんど横倒しになった．日本建築学会の調査団によると，新潟市内には鉄筋コンクリート建物が約360棟あったが，うち230棟に被害があった．被害が集中したのは，信濃川や阿賀野川の旧河川敷や埋立地などの地盤が軟弱な地域で，地震による液状化現象（当時は，流動化現象，流砂現象などといわれた）によって，不同沈下したり，傾斜したりしたものがほとんどであった(45)．新潟市内では地盤の液状化現象が起きた地域は広範囲に及び，地下から噴出した水によって約50平方kmが泥海と化した．地盤の液状化現象によって河川の堤防，道路，空港，橋，鉄道などの地上施設のほか，ガス，水道，電話ケーブルなどの地下埋設施設も大きな被害を受けた(46)．新潟地震は液状化現象とその対策に関心が集まるきっかけにもなった．

新潟地震では，震央のすぐ北にあった粟島の東岸は最大で1.5 m，西岸は0.8 mそれぞれ隆起した．これに対して，新潟県から山形県の日本海沿岸部では20 cm以上の沈降が見られた(47)．海上保安庁水路部が地震の前後に行った海底地形調査によって，粟島と本州を挟む日本海のほぼ中央部に北北東―南南西に走る地震断層らしいものが見出され，断層の西側では最大6 mも海底が隆起していた(48)．地震波の初動（P波）の解析結果からも，北北東―南南西に走る断層を境にして，西側が隆起し，東側が沈降したのが，地震の原因と推定された(49)．地震の直後に津波が起こり，その高さは本州側で最大5 m，佐渡島では最大3 mに達した(50)．津波による死者は報告されていない．

地震研究所にいた安芸敬一は，1960年から配備が始まった米国沿岸測地局の世界標準地震計観測網の観測記録を利用して，この地震の原因になった断層運動を明らかにした．すなわち，安芸は世界各地で記録された新潟地震の長周期の波を解析することによって地震モーメントという量を計算し，そ

れをもとに新潟地震は，走向が北20度東で，西側に70度傾いた長さ100 km，幅20 kmの断層が上下方向に約4 mずれ動いたために起きたことを明らかにした(51)．地震波の観測記録をもとに断層のパラメータが求められたのは，日本の地震ではこれが初めてであった．安芸の提唱した地震モーメントは，断層の面積と断層がずれ動いた量，それに地殻の剛性率の3つを掛け合わせたものである．地殻の剛性率は場所によって大きな変わりはないので，地震モーメントは実質的には，断層の面積と断層がずれ動いた量で決まる．地震動の振幅から求めるマグニチュードは観測する地震計の特性によって大きさが変わるが，地震モーメントは断層運動の大きさを直接反映する量であることから，地震の規模を直接表現できる量としてその後，定着することになった．

新潟地震では水準測量によって前兆的な地殻変動が観測された，として話題になった．新潟周辺では戦後に天然ガスの採掘に伴い地盤沈下が激しくなったため，地盤沈下の進行状況を調べるために新潟周辺の水準測量が1955年と58年，61年の3回行われていた．地震の前にこれほど短い間隔で水準測量が行われていたのは初めてであった．新潟地震の後にも水準測量が行われ，これらの結果をまとめると，粟島の対岸の鼠ヶ関では，図5-1のAのように1955年頃まで隆起が続いたが，58年頃から隆起が止まり，その後に地震が起きたことがわかった．鼠ヶ関は地震の後18 cmも沈下した．鼠ヶ関の南の朝日村（図5-1のB，C）でも，やはり隆起が一段落した直後に地震が起きた．この結果を報告した国土地理院測地部長の坪川家恒は「水準測量を短期間に繰返すことは大きな地震を予知するための最も優れた方法の一つである」と述べた(52)．

この結果は，米国の地震学者ショルツ（Christopher H. Sholz）らによって地震の前に地盤が隆起した例として引用され，5.6節で紹介するダイラタンシーモデルの1つの根拠とされた．しかしその後，この測量結果を詳しく分析した茂木清夫は，地震の前に隆起していた地域は定常的な隆起地域であることなどを理由に「新潟地震の数年前の"隆起"が事実であるか，あるいは測量誤差による見かけのものであるかは再検討を要する」と，慎重な見方をしている(53)．

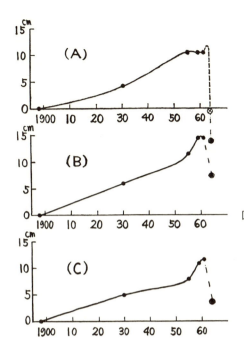

図 5-1 新潟地震の前後の水準点の変動
(A) は鼠ヶ関，(B) と (C) は朝日村の水準点の変動．各水準点は新潟地震の前に隆起し，地震後には沈降したことがわかる．
(Ietsune Tsubokawa et al., "Crustal Movements before and after the Niigata Earthquake,"『測地学会誌』10 巻 (1964 年)．170 頁の図を一部改変)

　新潟地震を機に，地震予知計画への関心は盛り上がった．たとえば，地震翌日の 6 月 17 日の『朝日新聞』は「新潟地震に思う」との社説を掲げ，日本の地震学者は優秀であるのに「予知技術が遅々として進まぬのは何に起因するのであろうか」と問いかけ，「それは地震をある程度まで正確に予知できる基礎調査とデータがないということであり，調査やデータ収集のための経費がはなはだ不十分だということではなかろうか」と述べて，地震予知技術を進歩させるために，政府が予算を確保するように主張した(54)．

　6 月 18 日の『読売新聞』も「新潟地震の教訓生かせ」との社説を掲げ，「こんご 10 年間にわたり約 100 億円の経費と数百人の要員があれば，地震予知の実用化についての見とおしがつけられることは学界の常識であり，日本学術会議は昨秋の総会で研究の開始を政府に勧告したが，とりあげる気配はない．予知の可能性がまったくないならともかく，地震予知への道をひらく観測網の整備くらいは実現させてはどうだろう」などと，地震予知計画の開始を訴えた(55)．

国会でも災害対策特別委員会や科学技術振興対策特別委員会などで地震予知問題は再三取り上げられた．たとえば，地震翌日の衆議院運輸委員会では，静岡県選出の野党議員が「昨晩からきょうにかけて，テレビの座談会などいろいろ聞いておりますと，予知する方法も不可能ではないような言い方がされております．われわれ政治の場から見ていると，それは金の問題かと実はこう聞きたくなるわけです」などと述べ，気象庁が地震予知の予算を要求し，大蔵省もこれを認めるように主張した(56)．衆議院科学技術振興対策特別委員会では，石川県選出の野党議員が「地震の予知は今度の予算でぜひ実現してもらいたいと私は思います．…予知はますます必要なんだ．…地震の予知ということについては国としては格段な努力を払っていただいて，そしてやはり一文惜しみの百知らずにならないように次官はがんばってもらいたいと思う」などと，科学技術庁の事務次官に要望した(57)．

　地震予知への機運の高まりを受けて，文部省の測地学審議会は1964年7月18日，「地震予知を達成するために，関係機関の密接な協力体制の確立のもとに，地震予知研究計画に早急に着手すべきである」と，関係各大臣に建議した．建議に盛り込まれた地震予知研究計画は10年計画であり，「ブループリント」の計画を幾分か縮小したものになっている．すなわち，地殻変動の連続観測のための観測所は，「ブループリント」では100カ所とされていたが，建議では「新たに10余カ所」になり，極微小地震観測用の観測網6カ所も建議では除かれている．建議では新たに，計画を実施し，必要な人材を養成するために「大学の講座，部門を増設する必要がある」との条項が加えられた(58)．

　ただし，「10年計画」とはいいながら，建議に盛り込まれた予算は1965年度分だけに絞られた．「計画が巨額すぎる」などとの批判が出る可能性があることや，後に述べる日本学術会議との関係に配慮して，10年計画全体の予算を表に出すのは差し控えられたらしい(59)．「65年度に実施すべき事業」分の予算として建議に盛り込まれたのは，文部省関係が約2億4000万円，運輸省関係（気象庁，海上保安庁）が約1億4000万円，通産省地質調査所約4000万円，建設省国土地理院約9000万円の計5億1000万円．全体で59人の定員増も盛り込まれていた．文部省関係では，北海道浦河，山形

県酒田，愛知県犬山，大阪府阿武山，広島県白木，鳥取の6カ所に微小地震観測所を新設し，秋田県能代，新潟県弥彦山，岐阜県上宝の3カ所に地殻変動の連続観測所を新設するなどが主なものであった．

　各省はこの建議に沿って1965年度の予算要求をした．しかし，1965年度当初予算に計上されたのは要求額の約3分の1の計約1億7500万円にすぎなかった(60)．定員増も13人（いずれも大学）であった(61)．国土地理院の水準測量，三角測量や気象庁の地震計の整備などは予算要求の半額程度の予算で実施されたが，地質調査所担当の人工地震による地震波速度の観測や活断層の調査は，次年度以降に先送りされた．大学の研究者による活断層の調査研究は，文部省の科学研究費によって行われることになった．

　大学の微小地震観測所の新設も，東京大学地震研究所の白木観測所（広島県）と名古屋大学の犬山観測所（愛知県）の2カ所，地殻変動連続観測所の新設も東北大学の秋田観測所，京都大学防災研究所の上宝観測所（岐阜県）の2カ所だけであった．このうち地震研究所の白木観測所は微小地震の観測と同時に，地下核実験探知計画の一環として米国が進める世界標準地震計観測網計画の一翼も担っていた．世界標準地震計観測網とは，世界約60カ国の約120カ所に同じ種類の短周期地震計と長周期地震計3台を配置し，観測記録を公開する計画で，日本では白木観測所と気象庁の松代地震観測所に置かれた(62)．

　日本の地震予知研究計画は，このようにして1965年度から始まった．測地学審議会が建議した計画は「10年計画」であったにもかかわらず，後になって「第1次地震予知研究5カ年計画」と呼ばれるようになるのは，文部省と日本学術会議との権限争いが絡んでいた．1960年代初めにはまだ日本学術会議の力が強く，文部省は学術行政の主導権を取り戻そうと，科学研究費の配分問題などで日本学術会議と対立していた(63)．

　どのような経緯があったのかは定かではないが，1965年度以降の地震予知研究計画の年次計画は日本学術会議の地球物理学研究連絡委員会で決めることになり，1965年3月にはそのために同研究連絡委員会に地震予知小委員会がつくられた(64)．小委員長には測地学審議会地震予知部会長の萩原尊禮が就任した．同地震予知小委員会は1965年6月に，1965年度を初年度と

する「第1次地震予知研究5カ年計画」(「ブループリント」に対して「レッドプリント」とも呼ばれた) を作成し, 測地学審議会に提出した(65). この「第1次地震予知研究5カ年計画」は, 測地学審議会の建議の内容とほとんど変わらず, 年度ごとに計画を細分化したものであった. 1966年度以降の概算要求は, 地震予知小委員会が毎年作成する「地震予知研究年次計画」に従って行われた.「地震予知研究年次計画」の作成は, 1970年代半ばからは行われなくなったが, 第1次～第7次までの地震予知計画が終わると日本学術会議地球物理学研究連絡委員会が「地震予知研究シンポジウム」を開き, 次期計画について検討するという慣行は1990年代末まで続いた.

5.3 松代群発地震と地震予知研究計画

日本の地震予知研究計画が始まると, すぐに地震予知の実力が問われるような地震が起こった. 1965年8月から長野県で2年あまりも続いた松代群発地震である.

長野県松代町 (現在は長野市) の松代大本営跡のトンネルなどを利用した気象庁の松代地震観測所は, 1965年8月1日から, 世界標準地震計観測網としての観測を開始した. そのために据え付けられた倍率10万倍の世界標準地震計は8月3日, 微小な地震を3回記録した. 微小な地震の数は日ごとに増え, 6日には初めて有感地震が観測された. 微小地震と有感地震の数は日を追って増え, 遠雷や砲声のような地鳴りが聞こえることも多くなった(66).

群発地震が始まった約2カ月後の1965年10月6日, 気象庁は長野地方気象台名で地震情報第1号を出した. この情報は, これまでの地震活動を説明した上で「震源域があまり移動していないこと, および過去の事例などから判断して, いままでのところ大地震または火山の大噴火などに直接関連はないと考えられる. …明治30年に上高井郡にこれと同じような頻発地震が起っている. …この地震活動はかなり長期間続くものと推定される」と述べ, その後の活動をある程度予測していた.「火山の大噴火」に言及しているのは, 震源域の真中にある皆神山 (標高679m) は約35万年前に形成された

溶岩ドームであることが知られており，皆神山が活動を再開する前兆ではないかとの噂が流れていたためである(67)．

　11月になると1日に有感地震が100回を超える日が多くなり，11月22日から23日にかけては松代町で震度4の地震が3回，有感地震が229回も起きた(68)．震源は松代地震観測所の近くにある皆神山を中心とした半径4kmほどの円内に限られ，深さも7kmより浅いものばかりであった(69)．1966年1月になると，震度5の地震が起き，一部の地域で石垣が崩れるなどの被害が出た．2月になると，地震活動は幾分低下し，気象庁は2月10日に「後半の下降期にはいっている」との地震情報第5号を出した(70)．

　ところが，3月になると地震活動は再び活発になり，第2の活動期に入った．気象庁は3月29日に「地震活動はさらに長期化し，…従来より被害を大きくする可能性があるから，十分注意してください」との地震情報第6号を出した(71)．4月5日にはM5.4という最大の地震が起き，長野市でも震度5になった．水準測量や水管傾斜計で観測される地盤の隆起も大きくなり始めた．4月17日には6780回（うち有感地震が661回）の地震が観測され，松代群発地震での最高を記録した(72)．これをピークにして地震活動はしだいに低下し始めたが，震源域は北東部や南西部にも広がった．7月になると地震活動は2月のレベルまで低下したため，気象庁は7月29日，「地震活動は小康状態にあり，活発化するとしても，それまでには若干の時間的余裕がある」との地震情報第21号を出した(73)．

　しかし，それから5日後の8月3日には再び松代町などで震度5となる地震が起き，第3の活動期に入った．地震の数は8月末をピークに少なくなり始めたが，9月に入ると皆神山が20cmも異常に隆起していることが発見され，皆神山のふもとでは田や畑の亀裂から炭酸ガスやカルシウムなどを含む温水が大量に噴出した．17日には皆神山東側の牧内地区で地すべりが起き，民家11軒を押しつぶした．牧内地区の住民28世帯約140人は16日に地割れが生じているのが見付かったために深夜に避難しており，死傷者はなかった．地下水噴出に伴う地すべりの被害はその後，ほかの地区でも起きた．松代での地下水噴出が一段落すると，隆起していた皆神山は沈降し，松代での地震の数も少なくなり，12月には1日の有感地震の回数は15回前後にまで

減った(74).

　1967 年 1 月になると，震源域はさらに北東と南西に拡大し，北東―南西方向の長径約 30 km，北西―南東方向の短径約 10 km の楕円形の範囲に及んだ．南西部の坂井村では 2 月から 9 月頃まで強い地震がしばしば起きた．しかし，群発地震が起きて 3 年目を迎える頃には松代での 1 日の有感地震の数は 5 回以下に落ち着いた(75)．その後も地震は散発的に続いたが，長野地方気象台が出す地震情報は 1967 年 10 月 14 日の第 45 号を最後に出されなくなった．松代地震観測所で 1965 年 8 月 3 日から 1967 年 11 月 15 日までに観測された総地震回数は 67 万 619 回を数えた．うち有感地震（図 5-2）は 6 万 1370 回，震度 5 は計 9 回にのぼった(76)．

　地震予知研究計画がスタートした直後とあって，東京大学地震研究所を中心に各大学や気象庁，国土地理院などの研究機関は観測に全力をあげた．1965 年 10 月には，松代地震観測所に長さ 40 m の水管傾斜計 2 台が運び込まれ，松代周辺の水準測量や光波測量が繰り返し行われた．地震の臨時観測点も各所に設けられ，地震研究所が設けた臨時観測点だけでも 12 点を数えた．ほかにも，地磁気や重力の精密測量など，地震予知研究計画書にあげられている観測はすべて行われた(77)．

　これらの観測によって，日本で起こる地震の 5 年分とも 10 年分ともいわ

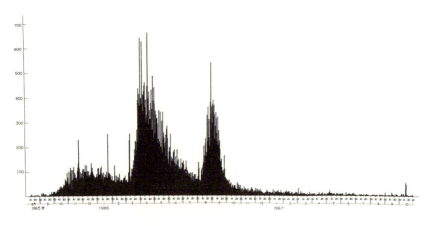

図 5-2　気象庁松代地震観測所で観測された日別有感地震回数
（『気象庁技術報告』62 号（1968 年），35 頁の図を一部改変）

れるデータが得られ，地震予知に明るい見通しが得られた，と報道された(78)．なかでも話題になったのは，地殻変動と微小地震の観測である．松代地震観測所に据え付けられた水管傾斜計や水平振子傾斜計は，比較的大きな地震の前に地盤が隆起する異常がしばしば観測できた，という(79)．地震研究所所長であった萩原尊禮はインタビューに答えて，「松代地震全体の傾向を見ても，水管傾斜計がとらえた地殻の動きが早いときは，地震も活発で，地震が収まるときは地殻の動きもとまることがはっきりした．もし，いろいろな場所に，あらかじめ水管傾斜計などを置いて，地殻の変動を常に測っていれば，単発の大地震の前にもこういう変化がつかめるかも知れない」と楽観的な見通しを語った(80)．

萩原はまた，微小地震の観測も地震活動を予測する上で役立った，としばしば主張した(81)．松代群発地震の震源域が広がるのに伴って，それまで地震が起こっていなかった地域にまず極微小地震が起こり始め，それから1-2カ月後に震度4や5の地震が起こる傾向が見付かった．「そこで，微小な地震が多発しはじめると，その地域に要注意を出すことができた」と萩原は語っている(82)．

しかしながら，気象庁が出した地震情報と実際の地震活動の経過を比較対照してみると，水管傾斜計などの観測データが地震活動の予測にどの程度役立ったのかは，疑わしい．先述したように，気象庁の地震情報では「活動の下降期にはいっている」「小康状態にある」などとされたのに，その直後に活動期に入ったことが2度もあったからである．

たとえば，1966年7月29日に出された地震情報第21号は「地震活動は小康状態」と述べていたが，その根拠の1つとして「水管傾斜計の変化はきわめてゆるやかになった」ことがあげられていた(83)．この地震情報は新聞では「『松代地震』衰える　エネルギーほぼ消耗」(84)，「松代群発地震　1年ぶり警報を解除，当分は被害出まい，観測陣が明るい見通し」(85)などとの見出しで報道された．ところが，8月3日未明に松代町，更埴市で震度5になる地震が発生した．しかし気象庁は「松代地震は一段落した」との見方を変えず，新聞には「7月29日に気象庁が出した"松代地震は衰える"という発表は間違いではない」とのコメントが掲載された(86)．気象庁が「水管

5.3　松代群発地震と地震予知研究計画　　243

傾斜計に大きな変化が認められるようになった．これは松代町南方で地震活動が活発となる前兆とも考えられるので注意して下さい」との地震情報23号を出したのは，8月8日になってからであった(87)．

　1965年11月，日本社会党の国会議員視察団が松代町を視察した．議員の一人が「町としていま一番ほしいものは何か」と質問したのに対して，松代町長の中村兼治郎は「ほしいものだらけだが，何より手に入れたいのは"学問"です」と答えた(88)．中村のこの言葉は，地震活動の予測ができない地震学への不信感をストレートに表現した言葉として，その後も新聞などでしばしば引用された．

　気象庁と東京大学地震研究所などの研究機関が別々に，多少ニュアンスの異なる予測情報を出している事態に，地元からは不満の声が上がり，1966年3月24日開催の衆議院科学技術振興対策特別委員会などでは，人々の不安を取り除くためにも，情報発表の窓口の一元化が望ましい，との意見が出た(89)．さらに4月13日の同特別委員会では「政府は，各省庁にまたがる研究及び観測体制をすみやかに再検討し，総合的見地よりその一元的効率化を図り，地震予知の実用化を目標とする研究を強力に推進すべきである」との決議案を採択した(90)．

　地震予測情報の窓口を一本化するため，1966年4月からは気象庁や国立防災科学技術センター，国土地理院，東京大学地震研究所などが一堂に会して，観測結果を検討する「北信地域地震連絡協議会」を気象庁に設け，ここで統一見解をまとめて，それを従来通り長野地方気象台名の「地震情報」として出すことになった．

　「北信地域地震連絡協議会」は4月26日に第1回会合を開き，「傾斜観測，水準測量，光波測量などの結果から見ても，松代周辺地域の地震活動は依然として続くものと思われるので，引き続き厳重な警戒を要する」との地震情報13号を発表した．会議後の記者会見で萩原尊禮は「松代地震を北信地震としたのは，北信地域のどこかでマグニチュード7程度の地震が起きることも考えなければならなくなったためだ」と述べた(91)．

　しかし，「北信地震」と呼ぶのは，地元などから反発が出たためであろう，気象庁は5月10日，地震の呼称は「松代群発地震」と統一することに決め，

「北信地域地震連絡協議会」も「北信地域地殻活動情報連絡会」と名称を変更した[92]．「北信地域地殻活動情報連絡会」は1969年に発足する「地震予知連絡会」のモデルになった，との見方もある[93]．

　松代群発地震の原因については，さまざまな見解があった．初期に有力であったのはマグマ原因説である．東京大学地震研究所教授の力武常次らが主張した．力武によれば，皆神山に溶岩ドームを形成した地下のマグマたまりはまだ冷え切っておらず，ここで発生するガスの圧力によって皆神山周辺が隆起すると同時に地震が起こっている，というのである．その証拠として力武は，皆神山で行っている地磁気観測の結果，地磁気が一時的に弱まったことをあげた．マグマの活動が強まると，地下の岩石の温度が上がり，その結果磁気が弱まる，というのである[94]．1930年に起きた伊豆群発地震のように地殻にマグマが貫入しているためである，との説を支持する研究者はほかにも多かった．しかし，高温のマグマたまり付近でも地震が起きていることが，説明できなかった．

　これに対して，気象庁などは構造性の地震，つまり普通の地震と変わりないとの見方をとった．初動（P波）の押し引き分布を解析すると，群発地震もそれまでの地震と同じように東西方向に圧縮される力によって地震が起きていたからである[95]．しかし，この説ではなぜこれほど多くの地震が続くのかは説明できなかった．1966年3月に衆議院の科学技術振興対策特別委員会で問われた萩原尊禮も「いま専門家の間でも毎日議論が行われているようなわけで，はっきりどちら〔構造性地震かマグマ説か〕ということをいま言える段階ではないのでございます」と答弁している[96]．

　松代群発地震の原因として，今では「水噴火」説が有力である[97]．大量の水が地下深くから上昇し，地盤を隆起させ，地震を多発させた，というのである．皆神山周辺から噴出した地下水は総量約1000万トンに達した，と推定されているが，大量の地下水が噴出した後は地震活動が低下したことが，この説の大きな根拠になっている．地下水の上昇によって地下で水圧が増加したために，岩石の間隙水圧を高め，それによって岩石の強度が低下し，通常この地域にかかっている東西圧縮力で地震が多発した，という説明である[98]．

「水噴火」説を検証するため，国立防災科学技術センターでは皆神山の北側をボーリングして深さ約2000 mの井戸を掘り，1970年1月から2月にかけて計2800トンの水を井戸に注入した．すると注入直後から井戸から2-4 km離れた場所で微小地震が増え始めた．注入した水が，群発地震によって生じた岩石の隙間を通じて地下に浸透し，群発地震活動がほとんど起こらなかった場所にも地震を起こした，と解釈された(99)．

松代群発地震では夜間，地震に伴って空が光る発光現象が数多く観察された．多数の人によって同時に目撃され，カラー写真が8枚撮られたことから，地震に伴う発光現象の存在は確固としたものになった．発光現象の形は，直径数十mの青白色の半球状の光が山際から顔をのぞかせているようなものが多く，周囲に雲があるとこれが反射してピンク色や黄色を帯びることもある．数十秒程度で消えるものが多く，発光現象が地震の前に起きるのか最中に起きるのか，地震の後かの区別は，地震が多発したためにできなかった．しかし，発光現象が観察される場所と震央とは無関係で，地震の規模と発光の強さにも関係はなかった．気象庁の報告書では，発光現象時に空電が観測されるため，何らかの局地放電現象が関係しているのではないかと考えられる，としている(100)．

また，気象庁松代地震観測所の所長の竹花峰夫が「大きな地震は新月か，満月の時に起きることが多い」と発表したのも話題になった(101)．しかし，その後の統計も加えると，この関係がはっきりと見出されたのは1966年2月までで，それ以降ははっきりした関係は見られなくなった(102)．

松代群発地震もようやく沈静化した1967年12月，1965年度からの地震予知研究計画の3年間の成果を振り返り，今後の研究方針を考えるために「地震予知研究シンポジュム」が日本学術会議地球物理学研究連絡委員会地震予知小委員会などの主催で開かれた．シンポジウムでの報告によると，1965年度から3年間に地震予知研究計画に支出された国の予算は計7億4800万円になり，計48人の定員増（いずれも大学）が実現した(103)．全国の水準測量は年間約4000 kmのペースで進んでおり，このペースでいけば6年おきに全国の測量繰り返しが可能になる．験潮所も16カ所で新設・改装された．大学の地殻変動連続観測所は8カ所が新設された．

地震観測については，気象庁の地震観測網ではM4以上の地震の震源を決めるのがやっとで，目標のM3以上を実現するには，さらなる技術開発が必要になる．大学の微小地震観測所は9カ所が新設された．移動観測班も5班ができた．観測データを処理するために地震研究所に地震予知観測センターが1967年度から置かれた．人工地震によって地震波の速度の異常を調べる実験は1967年度からようやくスタートした．新たに，「岩石破壊の実験」という項目が地震予知研究計画に加えられた．

　3年間の主な成果としては，すでに述べた松代群発地震の際に，地震に先行して地殻変動が観測された例や，微小地震観測が松代群発地震の長期予測に役立ったことなどがあげられている．また，地磁気・地電流研究グループは，地震の前後に起きるのが期待される地磁気の変動は数γ程度と見積もられるのに対し，過去の観測報告にあった地磁気異常はこれに比べると過大であり（信頼性に疑問があるので），観測には新たに開発されたプロトン磁力計を使うべきことを強調した．

　一方，文部省の科学研究費で研究を進めている活断層・活しゅう曲研究グループは，全国に分布する活断層は地形の変位速度の大きさから，A，B，C，Dの4つのランクに分けられることや，第1級（A）の活断層で歴史時代に大地震の記録がはっきりしない活断層（たとえば阿寺断層など）こそ警戒する必要がある，と発表した．

　今後の課題としては，観測データの公表や交換をどうするかという問題が出された．また，東京大学地震研究所の萩原尊禮は「実際に観測所の建設ということを行ってみると，なかなか大変な仕事であり，…従って研究を使命とする大学がこういう状態で観測所の新設をどこまでも続けてゆくことは，大いに考えねばならぬところであり，ある所にリミットがあるのではないかと考える」と述べた．

　萩原のこうした発言の陰には，松代群発地震で得た苦い経験があった，と考えられる．松代群発地震では，地震予知研究計画の予算ではなく，科学技術庁の特別研究促進調整費計1億4000万円が支出された[104]．当時は，地震計などの観測データはアナログ式で紙に記録されたので，回収したデータを読み取るには膨大な人手がいった．観測の中心になった東京大学地震研

所では，記録を読み取るための非常勤職員をこの予算を使って雇った．地震研究所の非常勤職員の数は，1967 年には 64 人を数えた．

　地震予知計画が，広く張り巡らせた観測網によって地震の前兆となり得るさまざまな現象をとらえて予知につなげる，という戦略を取る限り，その観測は業務的なものになる．そのような業務的な観測が大学の研究になじむのか，という問題は「ブループリント」作成当時から解決すべき課題として認識されてはいた(105)．2 年あまりも続いた松代群発地震で，地震研究所は早速この問題に直面した．群発地震発生当初は，科学技術庁の特別研究促進調整費によって非常勤職員の人件費を賄うことができた．だが，松代群発地震の沈静化に伴って特別研究促進調整費は 1968 年度を最後に打ち切られた．いったん雇った非常勤職員をどうするかが問題になった．幸いなことに地震予知研究計画などの予算によって，1965 年度から 1970 年度までに地震研究所だけで 60 人も定員増があった．地震研究所は，非常勤職員の多くを，定員増で枠が増えた正規職員として採用する方針を採った．にもかかわらず，1970 年 10 月現在でも非常勤職員は 33 人いた．なかには 4 年以上にわたって非常勤職員のままでいる人も数人あった(106)．

　1970 年 8 月，非常勤職員の一人が地震研究所の教授を相手に，自分の正規職員化の話をしているうち，暴力事件に発展した．双方が警察に傷害容疑で告訴したが，不起訴になった．しかし，事件はそれで終わらなかった．非常勤職員の正規職員化と，暴力事件に関係した教授の罷免を求める運動は，機動隊の出動や研究所のロックアウトにまで発展した．紛争は 1974 年に解決したが，この間，研究所の研究機能はマヒし，地震研究所名物の談話会の開催も中止され，『地震研究所彙報』も休刊になった．松代群発地震は日本の地震予知研究に負の遺産も生み出したのであった．『地震研究所創立 50 年の歩み』では，この紛争を振り返り「この紛争を通じて，1965 年以来，当研究所の急速な膨張について行けなくなった体質の欠点が指摘された」と総括している(107)．

5.4 十勝沖地震と地震予知の実用化

　1968 年の年明け最初の閣議で，気象庁を所管する運輸大臣の中曽根康弘は「今年大地震が起きる確率は58％になる」などと述べ，地震に対する注意を促した．「58％」という数字は，江戸時代からの歴史地震の統計をもとに任意の1年間に大地震が起きる確率を算出したにすぎなかった(108)．が，この"予言"が的中するかのように，1968 年は大きな地震が続いて起きた．

　2月21日午前，宮崎県えびの町と鹿児島県吉松町の境界付近の霧島火山北西山麓を震央とする地震があった．震源はごく浅く，震央付近では震度6の揺れが観測され，住宅の倒壊などにより3人が亡くなった．Mは6.1と推定された．前震と見られる群発地震活動は前年11月頃から続き，本震の約1時間半前にも震央付近で震度5を観測する地震があった．余震も比較的長く続き，3月末には震度5となる地震が2度も起きた．この地震は火山性と考えられ，活動の経過も松代群発地震と似ていた(109)．

　2月24日から27日にかけては，伊豆諸島の神津島，式根島などで群発地震があり，震度5が4回を含めて計40回以上の有感地震があった．

　4月1日午前には，宮崎県沖の日向灘を震央とする地震が起きた．宮崎県と高知県の一部で震度5になり，Mは7.5と推定された．この地震では最大高さ約2mの津波が九州南部や四国を襲い，水産施設などに被害があった．山口県で工事作業中の1人が転落死した(110)．

　5月16日午前には，青森県八戸沖約180 kmの太平洋を震央とする地震があった．八戸，青森，盛岡，函館，苫小牧などで震度5を観測した．Mは7.9と推定された．この地震の後，最大高さ約4mの津波が北海道，東北地方などを襲ったが，最大波の到着時刻が干潮時に重なったために，被害は比較的軽くすんだ．本震の約10時間後に，M 7.5の余震があり，北海道の一部で震度5になった．青森県東部から岩手県北部にかけては前日に大量の雨が降り，地盤が緩んでいたために各地で山崩れ，土砂崩れが起き，多くの人命を奪った．この地震による死者は48人，行方不明者は3人にのぼった．被害が最も大きかったのは八戸市であった(111)．

　この地震は「十勝沖地震」と呼ばれているが，「三陸沖地震」あるいは

「八戸沖地震」と名付けられるべきものであった．気象庁が地震直後に求めた震央は，北海道・襟裳岬南方約110 kmであったために，気象庁は「十勝沖地震」と命名した．しかし，その後の調査では震央は当初よりも約50 km南に求まった．しかし，地震名は変更しなかった．当時の気象庁の地震課長・木村耕三は「震央は気象庁の情報などに用いる海域図（1967年8月）によると三陸沖と命名すべきである」と書いている[112]．

十勝沖地震では，鉄筋コンクリートの建物があちこちで倒壊した．函館市の丘の上に立つ私立函館大学の本館は，2年前に竣工したばかりであったが，鉄筋4階建の1階部分がペシャンコにつぶれ，地震後は3階建のようになった．青森県立三沢商業高校も前年に増築した3階建校舎の1階部分がつぶれた．八戸市役所，同市立図書館なども大破した．日本建築学会の調査団が青森県と北海道・道南地域の鉄筋コンクリート造建物計約300棟を調べたところ，中破以上の被害を受けた建物が45棟に上った．コンクリートの柱の破壊によるものや，地盤の不同沈下による被害が目立った[113]．こうした被害を踏まえ，建設省では1971年建築基準法施行令を一部改正し，鉄筋コンクリートの柱の帯筋の間隔を狭くするなど耐震基準も強化した．

十勝沖地震の震央から北に250 km以上も離れた北海道・十勝岳では，地震の直後から火山性の地震が増加し，噴煙の量も増加したが，噴火にはいたらなかった[114]．

政治の動きは早かった．地震翌日の5月17日午前に開かれた衆議院災害対策特別委員会では野党議員が「今回のような地震をなぜ予知できなかったのか」「今後どのように地震予知を進めていくのか」などと政府を追及した．これに対して政府の災害対策本部副本部長の安倍晋太郎は「政府全体の問題として積極的に取上げて，地震予知に対する総合的な対策というものを一日も早く確立していかなければならない」などと答弁した[115]．

5月17日午後に開かれた衆議院本会議でも十勝沖地震に関連した緊急質問が行われ，野党議員が「わが国の災害立法は地震災害に適切に対応できるようになっていないので，法改正が必要だ」などと，1959年の伊勢湾台風を契機に1961年に成立した災害対策基本法の問題点を質した．これに対して首相の佐藤栄作は「わが国の災害対策は風水害に片寄っている，という指

摘はまったくその通りで，こんごは地震被害防止対策，地震火災対策などにも十分配慮していかなければならない」などと答えた．

また，野党議員が「財政硬直化のあおりを受けて地震予知研究計画が大幅に削減されているのは残念だ」などと地震予知計画に取り組む政府の姿勢を質したのに対し，佐藤は「地震予知の予算は順次ふえているが，予知方法を完成させるためにもっと積極的に取組まなければならない」と答えた．また運輸大臣の中曽根康弘も，1969年度から地震予知の10カ年計画を実行に移したい，などと述べた(116)．その後の衆議院災害対策特別委員会や参議院災害対策特別委員会などでも，地震予知の必要性が何回も論議された．

東京大学地震研究所の助教授・南雲昭三郎らが，海底地震計で十勝沖地震の前震活動らしきものをとらえた，と5月18日に報道された(117)．南雲らはたまたま，新たに開発した海底地震計を5月11日から16日まで三陸沖の海底3カ所に設置していた．地震の前に回収に成功した2台の海底地震計には，十勝沖地震の前震と見られる小さな地震が計約130個も記録されていた．震央の場所は正確には決められなかったが，南雲らは「広い範囲にわたって前震活動が異常に高くなっていたことが分かり，地震予知に対しても非常に明るい見通しを与える」などと述べた(118)．

この報道に接した中曽根はただちに気象庁に，海底地震観測システムの開発を検討するように指示した(119)．佐藤内閣は5月24日，1969年度から地震予知研究を推進し実用化をはかるための新たな10カ年計画を作成することと，海底地震計の整備計画を閣議で了承した(120)．地震予知計画の詳細は，測地学審議会で煮詰めることになった．海底地震計の整備計画は，鹿島灘や相模湾，遠州灘など地震が多発する5つの海域に海底地震計を設置し，それにつないだケーブルによって観測データを陸上に送信するというもので，1978年に静岡県・御前崎沖に設置される海底地震観測網開発の基礎になった．

かくして測地学審議会は7月16日，「地震予知の推進に関する計画」を決定し，関係各大臣に建議した(121)．1965年からの地震予知研究計画は研究者の主導で始まったのに対し，新たな地震予知計画は政治が主導した．建議では「地震の予知は複雑困難な問題であり，その実現のためには現在の段階では，なお解決すべき多くの基礎的研究課題を残していると考えますが，最

近の研究の進展状況と社会的要請にかんがみ，さらに計画を一歩前進させることが地震予知の実用化のために必要かつ有効であることを認め，慎重に審議した結果，ここにあらためて地震予知の推進に関する計画として，さしあたり今後ほぼ5年を目途として年次的に実施すべき計画をとりまとめました」と述べ，政治主導で計画が決まったことに対する"抵抗"のようなものもうかがえる．建議の標題からすれば「地震予知推進計画」と呼ぶのが適当だが，その後「第2次地震予知計画」と呼ばれるようになった．

「地震予知推進計画〔第2次地震予知計画〕」の特徴は，従来の地震予知研究計画が全国的な観測網の整備と基礎的なデータ取得に止まっていたのに対し，地震予知の実用化を目指していることである．具体的には，地震多発地域や活断層集中地域，東京などを特定観測地域に指定し，異常が見られた場合には観測強化地域に指定し，さらに異常現象が地震に結び付くと判断される場合には，観測集中地域に指定する．すなわち，地域の地震発生危険度・緊急度に応じて観測を集約・集中させる，という3段階戦略をとっている点である．さらに，各観測機関からの情報を交換し，それを総合的に判断するための組織として「地震予知に関する連絡会」（後に「地震予知連絡会」と呼ばれる）が設けられた．「地震予知に関する連絡会」は，「計画の総合的推進体制」の1つと位置付けられてはいたが，特定観測地域などの選定を委ねられており，地震の長期予測情報を出す機関でもあった．

「地震予知推進計画〔第2次地震予知計画〕」は以上の点を除けば，従来の地震予知研究計画とほとんど変わりがない．すなわち，全国的な水準測量，三角点測量をそれぞれ5年おき，10年おきに繰り返し，験潮所も全国に計90カ所設ける．気象庁の地震観測網でマグニチュード3以上の震源を決定できるようにする，という従来の計画はそのまま維持された．大学の地殻変動連続観測所や微小地震観測所の増設計画も続けられ，新たにそれぞれ6カ所に新設する．微小地震の移動観測班も新たに4班設ける．活断層の調査や人工地震による地震波速度の変化の調査，地磁気・地電流の観測も続けられるが，これらの観測所は特定観測地域に集約する．新たに海底地震計を開発することや首都圏に深井戸を掘って微小地震の観測を行うこと，それに岩石破壊実験が計画に加えられた．予算の総額は計50億円と発表された(122)．

1965年度から4年間の地震予知研究計画に投じられた政府予算計10億6000万円に比べると(123)，格段に巨額であった．

　1969年度当初予算に計上された地震予知計画の経費の総額は計4億9000万円で，前年度に比べると60%程度増えた(124)．予算が増えたのは，気象庁の地震計の整備（海底地震計の開発を含む）や気象庁と国土地理院にそれぞれ地震活動検測センターと地殻活動検知センターを設ける経費などが主で，大学の地殻変動連続観測所の新設は1カ所，微小地震観測所の新設は2カ所であった．大風呂敷を広げた割には，中身は小粒であった．

5.5　地震予知連絡会の発足と「関東南部地震69年周期説」

　「地震予知推進計画〔第2次地震予知計画〕」は1969年4月からスタートした．計画の目玉の1つであった地震予知連絡会をどの省庁に所属させるかについて，運輸省気象庁と建設省国土地理院との間で綱引きがあった．だが結局，長期的な予知を優先する意味から測量を主務としている国土地理院に事務局を置くことになった(125)．会の性格は，法律によって規定されたものではなく，国土地理院長の私的諮問機関という存在であった．委員は30人以内と決められ，北海道大学，東北大学，東京大学，同地震研究所，名古屋大学，京都大学，同防災研究所，国立防災センター，緯度観測所，地質調査所，気象庁，海上保安庁水路部，国土地理院の各代表者が選ばれた．この委員構成は，1947年にGHQの指示で設置された地震予知研究連絡委員会のそれとほとんど同じであった．

　地震予知連絡会は4月24日に初会合を開き，地震研究所を定年退官したばかりの萩原尊禮を会長に選んだ．初会合で説明された運営要項には，地震予知連絡会の設置目的には「地震予知の実用化を促進すること」とあった(126)．連絡会が行った総合的判断に関しての発表は国土地理院で行うが，地震に関する情報の発表は気象庁が行う，との両省庁間の覚書も配布された．その後，新たに設けられる特定観測地域をどこにするかについて，事務局案が説明された．事務局案は測地学審議会の建議に示された4つの基準（①過去に大地震の記録がある地域，②活断層地域，③地震多発地域，④東京を中

心とする地域) をもとに12カ所を候補に上げたが，決定は次回以降に持ち越された(127).

　特定観測地域を指定する作業が進まないうちに，地震予知連絡会は急遽浮上した房総半島などの隆起問題に忙殺された．房総半島や三浦半島の南端部は，1923年の関東地震によって急激に隆起した後は，ほぼ一定の速度で沈降していた．ところが，国土地理院が1969年に行った房総半島の水準測量では，南部を中心に1965年に比べて4-5cmの隆起に転じたことがわかった．三浦半島でもやはり沈降から隆起に転じ，南端部では1年半の間に最大で3cmも隆起したことが報告された(128)．これが，騒ぎの発端になった．

　1923年の関東地震の際にも第3章で紹介したように，それまで一定の速度で沈降していた三浦半島の南端部が地震の2，3年前から隆起に転じていたのではないかと考えられていた．1964年の新潟地震の直前にも5.2節で述べたように，震源域一帯が隆起していたとの測量結果もあった．このため，房総半島などが沈降から隆起に反転したのは，大地震が起きる前触れかも知れない，と考える研究者が多かったのである．房総半島にある地震研究所鋸山地殻変動観測所，三浦半島先端部にある地震研究所の油壺地殻変動観測所などほかの観測データも，測地測量の結果を裏付けるものが多かった．このため，地震予知連絡会は1969年9月26日に開いた第4回会合で，関東南部を事実上の「観測強化地域」に指定し，各種の観測をさらに強化していくことを決めた(129).

　房総半島などの異常隆起が明らかになると，元地震研究所教授の河角廣の「関東南部地震69年周期説」が再び注目を集めた．河角は地震研究所の所長であった1964年7月，新潟地震について審議する衆議院災害対策特別委員会の参考人として呼ばれ，委員から「京浜地帯では近い将来地震が起きないことが保証できるのか」と尋ねられた．これに対して河角は「関東地方，特に鎌倉辺で災害を及ぼした地震の周期性というものを統計的に調べてみますと，69年というのが非常にはっきり出ております．…関東地方はこれから地震の対策をほんとうに考えておかなければいけない時期に近づいているのじゃないかというふうに私は考えております」と答えた(130)．河角の発言は大きく報道され，これに衝撃を受けた東京都は，翌月から東京都防災会議の

なかに地震部会を設け，その部会長には「1978 年頃には東京は大地震が起こる危険期に入る」と説く河角が就いた．河角は関東大震災級の大地震の襲来に備えて，東京都の地震対策の本格的検討に乗り出した(131)．

　河角の「関東南部地震 69 年周期説」は，鎌倉の大仏の修理工事に関連して鎌倉ではどの程度の地震を想定すべきかとの調査依頼を受けたことに端を発する．河角は古文書をもとに鎌倉に大きな被害が出た地震として，弘仁 9 年（西暦 818 年）の地震以来，1930 年の北伊豆地震までの 34 の地震を選び出し，これをフーリエ解析(132)して，69 年周期が卓越していることを見付け出した．その後，東京に大きな被害を与えた地震についても同様の解析を加えた結果，やはり 69 年±13 年周期が存在することを突き止め，1991 年を中心にその前後 13 年間に東京を大地震が襲う確率は 75％である，と主張していた(133)．

　自治省消防庁の消防審議会は 1970 年 3 月，審議会のメンバーの一人でもあった河角の「69 年周期説」を採用し，「南関東の場合には 8 年後の 1978 年から大地震が起こりやすい危険期に入るので，延焼火災や高圧ガスの爆発などに備えた防災対策に早急に乗り出す必要がある」との答申を出した(134)．これによって，"東京大地震"への関心は一層高まった．たとえば，1970 年 4 月 16 日に開かれた衆議院災害対策特別委員会では，ある野党議員は「東京は大地震が来るといううわさにおびえております．河角博士の地震の 69 年周期説，三浦半島，房総半島においては地殻の隆起が認められた」と述べている(135)．

　1971 年 2 月 9 日には，米国ロサンゼルス近郊サンフェルナンドで M 6.6 の地震があった．震央はロスの中心部から北西に約 50 km 離れた山中であったため，死者は 62 人ですんだが，ロス市内でも病院が倒壊したり，高速道路の高架橋が落ちたり，ガスや水道管が寸断されたりするなどの被害が出て，大都市を地震が襲う恐ろしさを見せつけた(136)．

　房総半島などの観測を強化した地震予知連絡会では 1971 年 2 月 16 日の会合で，最新の光波測量の結果が公表された．それによると，房総半島の鋸山と三浦半島の南端部にある毘沙門との距離が，関東地震以降 20 cm 縮む一方，毘沙門と伊豆大島との距離が 60 cm 伸びるなど，西北西—東南東方向から

圧縮され，その反対方向に伸びていることがわかった(137)．これによって蓄積した歪のエネルギーを計算すると，M7のエネルギーに匹敵する．地震予知連絡会では「歪がただちに破壊を起す状況にはない」としながらも，「もし仮に地震が起きると東京では震度6になる」との見解を発表した(138)．

　こうした情勢を踏まえ政府の中央防災会議は1971年5月，大都市が大地震に襲われた場合の対策として「大都市震災対策推進要綱」をつくり，対策に乗り出した．「大都市震災対策推進要綱」では大都市の震災対策の基本的な考え方として，都市の過密の緩和・解消や建物の不燃化・耐震化，オープンスペースの確保などの長期的な事前対策に重点を置くと同時に，地震の予知は困難だとして，地震に見舞われた場合の応急対策，復旧・復興方針も盛り込んでいる(139)．東京都防災会議の地震部会も1971年7月，東京が関東大震災級の大地震に見舞われた場合には，「最悪の場合には56万人が燃え広がった火災から逃げ切れず焼死する」という被害想定を発表した(140)．

　河角や地震予知連絡会の会長の萩原尊禮はしばしば国会審議の参考人として出席を求められた．この席で河角は69年という周期は「99.9％という確率で立証されている」などと自説への自信を語った(141)．一方，萩原は「地震の予知の実用化を急速に実現しようとすると，〔予知計画への予算を〕倍増しなくては目的を果たせない」などと，地震予知計画への予算増額を訴えた(142)．

　河角の「関東南部地震69年周期説」に対してはその後，反論があった．地震研究所の宇佐美龍夫らは，東京で震度5以上になった地震として，弘仁9年（西暦818年）の地震から1931年の西埼玉地震まで45個の地震を選び出し，河角と同様な方法で計算すると36年周期が卓越した．宇佐美らは「どのような地震を選びだすかで結果は大いに変わってくる」と述べ，河角の「69年周期説」に否定的な見解を示した(143)．また，地震研究所の島崎邦彦は河角，宇佐美らと同じ地震データをそれぞれ使って，見出された周期性に統計的な有意性があるかどうかを検定したところ，69年周期にも36年周期にも有意性は見出せなかった，と報告した(144)．

　房総半島と三浦半島の異常隆起についても，1972年から73年にかけて行われた水準測量の結果，大地震が差し迫っている状況にはないことがわかっ

た(145).すなわち,房総半島南部や三浦半島南部は隆起から沈降に転じ,1965年から1973年までの8年間の測量結果を見ると,房総半島南端部は約3cm,三浦半島南端部は約2cm,それぞれ沈降していたのである(146).いいかえれば,房総半島南部や三浦半島南部の異常隆起は一時的な現象にすぎず,長期的な傾向としては両半島とも緩やかな沈降を続けていることがわかったのであった.その後,房総半島南端部や三浦半島の沈降は,プレート運動に伴うものであることが認識されるようになると,一時的な隆起はプレート運動の揺らぎに関係しているのではないかと考えられている(147).

「関東南部地震69年周期説」の陰に隠れてしまう形になったのは,「東海地震説」であった.東京大学地震研究所の茂木清夫は1969年11月28日に開かれた地震予知連絡会で,国土地理院が明らかにした約60年間の日本列島の地殻変動(1882年から1911年にかけて行われた第1回全国一等三角点の測量結果と,1948年から67年にかけて行われた第2回測量結果との差)について,海洋底拡大説〔プレートテクトニクスの前身〕に基づく解釈を与えた(148).茂木よりも前に,東京大学地球物理学教室の竹内均らは,日本列島の太平洋岸で起きる地震の前には太平洋に突き出た岬の先端部は沈降し,地震が起きると隆起する事実を指摘した上で,「それは地球内部のマントル対流に原因するのではなかろうか」と述べていた(149).茂木の解釈は竹内らの考え方をさらに明確にしたものであった.

茂木によれば,日本列島はほぼ東西方向に圧縮力を受けているが,この圧縮力は太平洋の海洋底が日本海溝付近で沈み込むためである.この沈み込む海洋底によって太平洋沿岸は内陸方向に変位すると同時に半島の先端部で沈降が起き,歪が蓄積される(図5-3のB).歪が大きくなると,海洋底と日本列島の間で逆断層運動が起きて大地震となり,太平洋側に変位すると同時に先端部は隆起する(図5-3のC).第1回全国一等三角点の測量結果と第2回全国(北海道を除く)一等三角点の測量結果を比べて(図5-4),太平洋側への変位が大きい地域は,1923年の関東地震,1944年の東南海地震,1946年の南海地震など大きな地震が起きた地域である.逆に内陸方向への変位が大きい三陸地方,東海地方,豊後水道付近では圧縮エネルギーの蓄積が推定されるが,三陸付近と豊後水道付近では1968年に十勝沖地震と日向

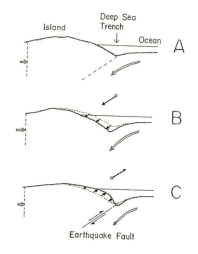

図5-3 日本列島に沈み込む海洋底〔プレート〕によって,大地震が起きる仕組みを説いた模式図
(茂木清夫「水平運動の解釈について」『地震予知連会報』2巻(1970年),85頁より)

灘地震が起きた.しかし,東海地方ではいまだ大きな地震は起きていないので,茂木は「将来大地震が起きる可能性のある地域と見なされる」と警告した(150).

同日の地震予知連絡会では,国土地理院からは水準測量の結果,駿河湾では1902年以降年間2-6mmの割合で沈降が続いていることが報告された(151).国土地理院の檀原毅は,過去400年間にはM7以上の地震が起きた地域であるにもかかわらず,最近100年間には大きな地震が起きていない地域を「地震エネルギー潜在区」と名付け,その分布を日本地図上に示した(152).それによると「地震エネルギー潜在区」のうちで最も大きいのは,東海沖であった.すなわち,東海地方では1854年以来,大地震は起きておらず,地震エネルギーが蓄積されている,というのである.こうした報告が相次いだために,東海地方を特定観測地域にしてはどうかとの提案があった.提案に対する異論はなく,地震予知連絡会では東海地方を特定観測地域にすることを確認するとともに,全国的な特定観測地域や観測強化地域の指定を急ぐことになった(153).

この日の地震予知連絡会の模様は,「駿河湾から遠州灘にかけての東海地方で大地震が発生する可能性が高くなっている」(154),「東海地方を特定観測地域に指定して研究観測を集約的に行なうことになった」(155),「権威ある地

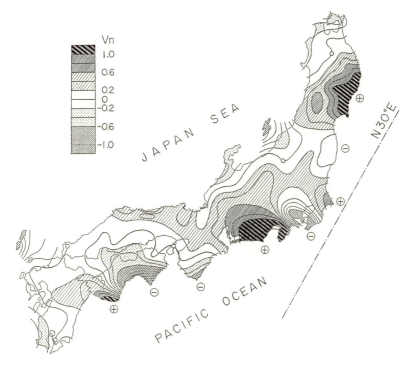

図5-4　第1回の全国一等三角点測量結果と,第2回測量結果との差
　　　太平洋側から内陸へ向かう変位が正の部分は+,負の部分は-の印が付けて
　　　ある.色の濃淡は変位の大小を示す.東海地方は+の変位がきわめて大きい.
　　　（茂木清夫「水平運動の解釈について」『地震予知連絡会報』2巻（1970年),87頁の
　　　図を一部改変）

震学者の組織が警告を発したのだから,政府はただちにそれを取上げ,さらに調査を拡大し,防災対策を進めるべきだ」(156)などと報道された.しかしながら,社会の関心は房総半島や三浦半島の隆起に端を発した「関東南部地震説」に向いていたためか,その後は大きく報道されず,国会で東海地震問題を取り上げた議員はだれもいなかった.

　特定観測地域をどこにするかを選定する作業は,地震予知連絡会がつくった小委員会を中心に進められた.第2次地震予知計画に示された4つの基準（①過去に大地震の記録がある地域,②活断層地域,③地震多発地域,④東京を中心とする地域）のほかに,地震予知計画によってつくられた大学の地

殻変動連続観測所，微小地震観測所がある地域も，特定観測地域に含めることになった．また，大地震が周期的に起きているのに，この100年間は起きていない地域は，優先して特定観測地域に指定することになった．こうした議論を踏まえて1970年2月に開かれた地震予知連絡会で，特定観測地域には東海地方のほかに，北海道東部，秋田・山形西部，長野県北部および新潟県南西部，琵琶湖周辺，島根県東部，伊予灘および安芸灘，阪神の計8カ所を指定することに決まった（図5-5）．阪神が特定観測地域に指定されたのは，基準④に準じて商工業の中心地としての重要性が加味された結果であった(157)．関東南部は観測強化地域にすることがすでに決まっていた．

　地域指定の結果は会議後の記者会見で発表されたが，新聞ではほとんど報道されなかった．報道機関側の関心が「関東南部地震説」に集中していたためか，特定観測地域は地震観測を重点的に行う地域であると理解されただけで，「将来的に大地震が起きる可能性がある地域」との認識が，報道機関側に伝わらなかったためと考えられる．こうした経緯も，大地震の可能性がある地域に指定された東海地方や新潟県南西部，島根県東部，伊予灘および安芸灘に原子力発電所が次々と建設されることにつながったのかも知れない．

　1971年には海外に渡航する日本人の数が年間100万人を初めて超えた．地震予知研究にも国際化がいち早く及び，海外での研究の動向が，国内の研究にも大きな影響を与える時代になっていた．しばし日本から離れて，海外での地震予知研究の動向を見てみよう．

5.6　米国での地震予知ブーム

　話は1962年にさかのぼる．日本の地震予知研究グループの手で作成された「ブループリント」は英語版もつくられ，各国の大使館などにも配布されたことは，すでに述べた．英語版の「ブループリント」を読んで興味をそそられた一人が，米国コロンビア大学のラモント地質学研究所のオリバー（Jack Oliver）であった．オリバーは地震予知研究グループの世話人の一人・坪井忠二に書簡を送り，地震予知研究に関心をもつ日米の専門家が情報を交換する会議を開いてはどうか，と提案した．坪井もこの提案に賛同し，

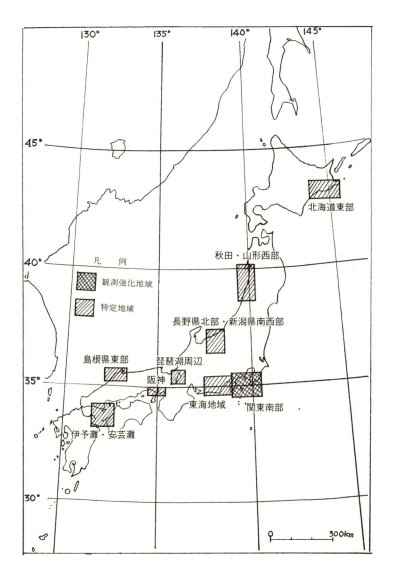

図 5-5 地震予知連絡会が 1970 年に決めた特定観測地域と観測強化地域
（地震予知連絡会事務局「特定観測地域等の撰定にいたる経過」『地震予知連絡会報』3 巻（1970 年），91 頁の図を一部改変）

走り出したばかりの日米科学協力のテーマの1つに加えることを思い付いた(158).

　日米科学協力は，1961年6月の池田・ケネディの日米首脳会談で合意された．日米安保条約の改定問題でギクシャクした日米関係を，科学分野で日米が協力することによって改善しようという政治的な意図が込められていた．学界の一部には「安保体制強化の一環」として日米科学協力に反対を表明する団体もあり，日米科学協力のテーマ選びは難航していたので，地震予知はすぐに日米科学協力のテーマに加えられた．

　第1回の日米地震予知セミナーは，1964年3月に東京と京都で12日間にわたって開かれた(159)．参加者は米国側がオリバーやベニオフ（Victor H. Benioff）ら9人，日本側の正式なメンバーは坪井忠二，和達清夫，萩原尊禮ら11人であった．オリバーはセミナー開会に際して「地震予知の研究は米国よりも日本の方が盛んであり，進んでいる．われわれはこの会議でその知識を共有できることに感謝している」などと挨拶した．会議では，地震研究所の河角廣が南海地震を予知するために個人的に7つの観測所をつくり，前兆現象の発見に努めた恩師・今村明恒の努力を紹介したのをはじめ，47人の研究者が日本の地震予知研究の最新成果を紹介した．

　米国側は日本側から提供される知識の吸収に努めた．オリバーは帰国後，会議の模様を「地震予知は現在不可能だが，将来のある日にはかなり詳しい予知ができる希望を抱かせるものだった．…米国では地震予知という言葉は占星術や数占い，あるいは神秘主義やオカルトの変形と結び付けて考えられ，健全な科学的方針を適用すればいくらかの成功の希望があるという考え方は見落とされている」などと報告し，米国も地震予知研究に前向きに取り組むべきことを主張した．しかし，萩原によるとオリバーは帰国に際して「アメリカでは日本と違って地震予知の名目で研究費を獲得することは非常に難しいだろう」と語っていたという(160)．

　ところが，1964年3月28日に起きたアラスカ地震によって，米国の雰囲気はがらりと変わった．アラスカ地震の震央は，アンカレッジの東約130 kmのプリンスウイリアム湾で，米国を襲った地震としては1906年のサンフランシスコ地震以来最大であった．地震によって大規模な地殻変動が起

き，海溝沿いの沿岸部では 2.2 m 以上も隆起，内陸部は 1.8 m も沈降し，沿岸部は数 m も南東側に移動した．このために，各地で土砂崩れや地盤の液状化現象が起き，交通はマヒした．大規模な津波も太平洋沿岸各地を襲い，アラスカ州で 115 人，カリフォルニア州などで 16 人が死亡した．地震の規模が大きかった割には死傷者が少なかったのは，地震が起きたのが聖金曜日の祝日の夕方の干潮時で，漁に出ている人が少なかった上に，学校なども休みであったことなどが幸いした，という．ジョンソン大統領はただちに被災者の救援と復興に全力をあげるとともに，地震について委員会を設けて詳しい調査を行うよう指示した(161)．

1970 年代に入って行われた研究によると，この地震は北米プレートと太平洋プレートの境界で，長さ 600 km，幅 300 km の断層面が平均 7 m もずれ動いたためであることがわかった(162)．地震を起こした断層の面積と断層のずれの量をもとに算出するモーメントマグニチュード（M_w）は 9.2 と計算され，1960 年のチリ地震の M_w9.5 に次いで，20 世紀中に起きた地震では 2 番目に大きな地震であることもわかった(163)．

ジョンソン大統領は地震予知研究について調べる委員会を設けることも指示し，米国科学技術局はマサチューセッツ工科大学のプレス（Frank Press）を委員長とする委員会を設けた(164)．カリフォルニア工科大学でも国立科学財団から 40 万ドルの研究費を得て，サンアンドレアス断層が起こす地震を予知するための研究を開始した．コロンビア大学などでも地震予知の研究が始まった(165)．

米国では 1960 年代初めに，ソ連との間で核実験を禁止する条約をつくる話が浮上したのをきっかけに，核実験を探知するための手段としての地震学の重要性が注目され，国防省がベラ計画（Project Vela）を開始するなど，大量の資金が地震学の発展のために注ぎ込まれた．世界各国の 125 カ所に同型の高感度の地震計を置くという世界標準地震計観測網もこの一環であった．ベラ計画は，折からのコンピューターの発達も手伝って，データのデジタル処理化など多くの点で地震学の近代化に大きな役割を果たすとともに，多くの若い科学者を地震学界に引き入れた(166)．そのベラ計画はすでに終幕を迎えていた．

プレス委員会は1965年9月に，米国版"ブループリント"というべき地震予知の10年計画をつくり，科学技術局に答申した．10年計画は「観測機器や技術の進歩によって大地震が起きる数時間から数日前に警報を出す方法を見付け出す可能性が出てきた」として，サンアンドレアス断層沿いとアラスカなどに1000-1500の地震計や傾斜計，3成分歪計，磁力計，重力計を集中的に配置し，前兆現象をとらえることを目標としていた(167)．委員会報告は「これは本質的に経験的で無駄の多いアプローチではあるが，地震発生のメカニズムについて確証された理論がない現在では仕方がない」と述べている．

　ただし，地震が予知できたとしても人命は防げるが経済的被害は変わらないとして，被害を防ぐための対策として耐震構造の研究など地震工学分野や避難計画などにも少なからざる研究費を投入することも提言している．この点が日本の「ブループリント」と大きく異なっていた．計画に必要な費用は総額1億3700万ドルに達する．この金額は，終幕を迎えつつあった地下核実験探知計画（ベラユニフォーム計画）の予算にほぼ匹敵するもので，地下核実験探知計画の後継プロジェクトとして地震予知計画を認めて欲しい，という地震研究者たちの希望が込められていた．

　プレス委員会の報告書によって，地震予知研究の予算獲得競争も本格化した．報告書が公表された2日後には米国地質調査所（USGS: United States Geological Survey）は，カリフォルニア州メンロパークに全米地震研究センターを開設すると発表した．この研究センターを地震予知の中心にしようという意図であった(168)．世界標準地震計観測網を運営する沿岸測地局も，地震予知のための研究室をサンフランシスコに開設する，と発表した(169)．地震予知研究をどの機関が中心になって進めるべきかを検討するために，ジョンソン大統領の科学顧問のホーニング（Donald Horning）の指示で新たな委員会がつくられた．

　1966年6月にニューヨーク州にあるラモント地質学研究所で開かれた2回目の日米地震予知セミナー開会のあいさつに立ったオリバーは，日本などの計画の進展や米国版"ブループリント"の作成などによって米国の科学界の態度が変わり，多くの人が地震予知研究の将来に明るい見通しを抱くよう

になった，などと報告した．萩原尊禮が前年から始まった日本の地震予知研究計画を説明したのに対して，プレスが米国の地震予知10年計画について紹介し，「計画は今，連邦政府の科学技術評価局によって審査中であるが，大変融通性のきくものなので，計画は政府機関や色々な大学の研究室の手で実行されるのではないだろうか」との見通しを語った(170)．

しかしながら，米国では地震予知や地震予知計画への反対も強かった．最も影響力があったのは，カリフォルニア大学サンタバーバラ校の著名な生態学者ハーディン（Garrett Hardin）である(171)．彼は，地震予知は時間の予測精度がハリケーンなどに比べて不正確なので，ほとんど利用価値がなく，むしろ土地の価値が下がり，一般市民の心理にも悪い影響をもたらす「不必要な大衆受けする研究である」などと批判した．

地震学界のなかにも少なからぬ反対があった．カリフォルニア工科大学のリヒター（Charles F. Richter）も，テレビのインタビューに答えて「地震予知をしようとするのはバカかペテン師ぐらいだ」などと発言し，地震予知計画を始めるのは地震予知についての迷信を世間に広げるにすぎない，などと批判した．彼は，地震災害を少なくするには地震予知よりも構造物を地震に対して強くすることの方が効果的であると考え，1960年代には学校の建物や高速道路やパイプラインなどの耐震化の取り組みに協力していた．地震予知計画が始まれば，耐震化への社会の関心が薄れると心配したからでもある(172)．

地震工学者たちも，地震災害を少なくするためには地震工学の研究にもっとお金をかけるべきだとして，米国工学アカデミーのなかに委員会をつくり，1969年には10年間で総額3億8000万ドルにのぼる研究計画案をまとめ，政府に提出した(173)．

米国の地震予知10年計画は，ベトナム戦争によって財政が逼迫した影響もあって，実施は見送られた．しかし，地震予知研究や地震工学研究のための研究費はしだいに増え，サンアンドレアス断層沿いに観測機器を濃密に配置し，地震の前兆をとらえるというプレス報告書の計画は，着実に実行されていった．たとえば，USGSがサンアンドレアス断層沿いに設けた地震観測点は，1971年初めまでには83点にのぼり，傾斜計も12点に設置された．

沿岸測地局もサンフランシスコ湾岸地域の南部に地球物理観測所をつくり，断層に沿って地震計のほか傾斜計，歪計，磁力計，電気抵抗計などを置き，断層の監視を開始した．カリフォルニア大学やカリフォルニア工科大学でもやはり，多くの計器をサンアンドレアス断層に配置した．USGS やマサチューセッツ工科大学などでは，室内で岩石に力を加えて，破壊がどのように進行するかについての実験も進められた(174)．

　こうした研究の結果，1966 年 6 月にサンアンドレアス断層沿いのパークフィールド付近で起きた M 5.5 の 10 数日前には，断層がゆっくり動き，舗装道路に割れ目をつくっていたことが，カリフォルニア工科大学の研究者らによって明らかにされた(175)．断層が地震動を生じさせないほどゆっくりずれ動く現象は，クリープと呼ばれ，サンアンドレアス断層の中央部ではよく起きることが 1950 年代から知られていた．また，同断層の南部に磁力計を置いて観測を続けていたスタンフォード大学の研究者たちは，クリープの起きる約 16 時間前に急激な磁力の変動が記録された，と発表した(176)．この研究は，断層のクリープと地震の前に起きる磁力の変動を監視すれば，地震予知につながるとして，一時は関心を呼んだ．しかし，磁力変動があっても地震がない場合や，磁力に何の変動もないのに地震が起きる場合も多いことが明らかになった(177)．

　地震予知研究推進派が勇気付けられた理由はほかにもあった．その 1 つは，海洋底拡大説への支持者が増え，1967 年から 1968 年にかけて，地球上の地質現象を地球表面の 10 数枚のプレート運動によって説明するプレートテクトニクス（当初はグローバルテクトニクスとも呼ばれた）として確立されたことである．これによってプレートの境界やプレートが誕生する海嶺などで起きる地震の仕組みが容易に説明できるようになった．地震の発生のメカニズムが明らかになったのだから，地震を予知するのもそう難しいことではない，との楽観的な雰囲気が広まった．1968 年秋に米国で開かれた第 3 回の日米地震予知セミナーで開会のあいさつをしたオリバーは「現在の状況は大変明るい．地震の発生機構を理解するうえで大変重要な進展がごく最近にあった」と述べ，重要な進展の 1 つとして「ニューグローバルテクトニクスの重要性」をあげた(178)．

人間が地震を引き起こすことができる，ということがわかったことも関係していた．米国アリゾナ州とネバダ州の境に 1936 年に完成したフーバーダムでは，貯水が始まると小さな地震がしばしば起こり始めた．10 年間で起きた地震は約 600 にのぼり，なかには M5 程度の地震もあった．この地震を調べた沿岸測地局のカーダー（D. S. Carder）は 1945 年，ダムの水位と地震発生との間に相関が見られることなどから，地震はダムに貯められた水の重さによって引き起こされたものである，と主張した(179)．

　コロラド州デンバーの陸軍の軍需工場では 1962 年，化学廃液を処理するために深さ 3.7 km の井戸を掘って，この井戸に廃液を注入することになった．3 月から廃液を注入し始めたが，その約 1 カ月後から工場近くで地震が頻発するようになった．廃液注入は 1966 年 2 月まで断続的に続けられたが，1967 年までに 1500 個以上の地震が観測された．1967 年には M5 級の地震が 3 回も起き，住宅の壁にひびが入る被害も出た．これらの地震を詳しく調べた USGS のヒーリー（J. H. Healy）らは，地震は深井戸を中心にして長さ約 10 km，幅 3 km の帯状の地帯の深さ 4.5-5.5 km で起きていることなどから，地震は廃液の注入によって引き起こされた，と結論した(180)．地震が誘発されたのは，注入した廃液が断層部分にまで浸み込み，水圧が上昇したために，断層がすべりやすくなったためである，とヒーリーらは説明した．

　日本でも松代群発地震の後に，深井戸を掘って水を注入する実験が行われ，群発地震を誘発したことは 5.3 節で紹介した．米国でも 1970 年から 71 年にかけて，コロラド州の油田で深井戸から水を汲み出したり，注入したりする実験が行われ，地震が増えたり減ったりすることが確かめられた(181)．こうした研究の結果，地震予知ばかりでなく，人間による「地震制御」さえ現実味をもって語られるようになった．たとえば USGS の研究者は，Science 誌上で「カリフォルニアやネバダの地震の震源は井戸を掘れるほど浅いところに起こるので，〔井戸に水を注入することによって小さな地震を起こし〕断層に蓄積されたエネルギーを小刻みに放出させる方法を開発することが可能かも知れない」などと論じた(182)．

　1971 年にはモスクワで国際測地学・地球物理学連合の第 15 回総会が開かれた．これに参加した米国の地震予知研究者たちは，ソ連の研究者が地震の

前には地震波の速度に異常が出る，と発表したのを聞いて興奮した(183)．

　ソ連では1948年10月に中央アジアで起きたM 7.2の地震によって，大きな被害が出たことをきっかけに地震予知の研究が始まった．タジキスタンのガルム地区に研究所がつくられ，地震波の速度の研究が精力的に行われた．この結果ソ連の研究者たちは，大きな地震の前には縦波の速度（V_p）と横波の速度（V_s）の比（V_p/V_s）が減少し始め，最大10％程度減少した後，元に戻り出し，正常値に戻った直後に地震が起こることが多いことを見付けた(184)．地震波の異常が検出される期間が長いほど，起きる地震の規模が大きいこともわかった．地震波の異常をもとに場所を特定し，異常の起きていた期間から地震の規模を推定し，異常の終了によって地震の発生時期を予知できる，というのである．こうした研究成果は1962年以来，ロシア語などで再三発表されていたが，初めて知った米国人が多かった．モスクワ総会ではまた，ウズベキスタンのタシケントで温泉水に含まれるラドンの量を定期的に調べていたところ，1961年ごろからラドンの量が増え始め，1966年に平常の3倍になった直後にM 5.5の地震が起きたことも報告された(185)．

　地震を予知するためには，地震波の速度を調べることが重要だという指摘は，19世紀末の長岡半太郎に始まり（2.3節），第2次大戦後も佐々憲三や早川正巳らが精力的に研究に取り組んだこと（4.6節）は，これまでにも紹介してきた．しかし，それらはいずれも岩石は応力が増加すると地震波の速度が増加する，という事実を根拠にしていた．地震の前にはなぜ地震波の速度が低下するのか．米国スタンフォード大学のヌーア（Amos Nur）は1972年，この謎に物理的な解釈を下した論文を発表した(186)．

　室内の岩石実験では，岩石に力を加えていくと小さなひび割れができるために，岩石は膨張（ダイラタンシー）する．このために縦波の速度（V_p）は減少する．一方，横波の速度（V_s）は空隙や水の存在にはあまり影響を受けないので，V_p/V_sは減少する．膨張した岩石を水で浸してやると，V_pは増加するので，V_p/V_sも元の値近くに戻る．こうした岩石実験の結果からヌーアは，地震の前にV_p/V_sが減少するのは，岩石が力を受けて膨張したためで，その後V_p/V_sが増えるのは，膨張した領域に地下水が流れ込んだことによるものであり，水の流入の結果，間隙水圧が増加するので岩石の摩擦

が減少し，地震を引き起こす，と主張した．

　ガルム地区での研究成果を追試する研究が米国でも始まり，1973年になるとその成果が続々発表された．コロンビア大学のアガーワル（Yash P. Aggarwal）らは，ニューヨーク州のブルーマウンテン湖付近で1971年5月に起きた最大M3程度の群発地震の観測を続けていたところ，7月になって震源付近を通る V_p と V_s の比（正常値は1.75）が最大13-22％減少する日が数日続き，その後正常値に戻った直後にM3.3とM2.5の地震が起きた．地震波速度の減少の期間が長いほど地震の規模が大きくなる関係が見られ，ガルム地区での報告とよく似ている，などと主張した[187]．

　カリフォルニア工科大学のウィトコム（James H. Whitcomb）らは，1971年2月に起きたサンフェルナンド地震の前の観測データを調べた．V_p と V_s の比が1967年から3年半の間，最大10％も減少する期間が続き，71年に正常に戻った直後にM6.6の地震が起きた，と発表した[188]．地震波速度の異常の期間が長かったのは，地震の規模が大きいので，膨張した岩石の隙間に水が流れ込むのに時間がかかったためである，などと述べた．

　1973年4月にワシントンで開かれた米国地球物理学連合（AGU: American Geophysical Union）の春の年会では，コロンビア大学のショルツらが「地震のときと場所，規模をかなり高い信頼性をもって予知できる基本的な方法が開発された」と発表し，年会の話題をさらった[189]．ショルツらの研究は，ヌーアがその前年に発表した V_p と V_s の比が地震の前に低下する物理的メカニズムを，それまでに観測されていたほかのさまざまな前兆現象の説明にも応用し，「ダイラタンシーモデル」と名付けたものであった[190]．

　ダイラタンシーモデルによれば（図5-6），地震の前には岩石がひび割れて膨張するので，震源域の地盤は隆起する．ショルツらはこの例として，1964年の新潟地震の前に行われた水準測量の結果を引用した．ひび割れた岩石に水が流入すると，電気抵抗は低くなる．水の流入によって，地下水が移動すると，地下水中に含まれるラドンの放出量は増加する．ショルツらはこの例として，1966年のタシケント地震の例を引用した．大地震の前には地震が少なくなり，直前には多くなるという経験的な事実も，このモデルに

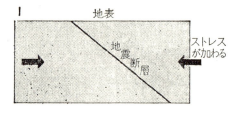
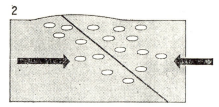
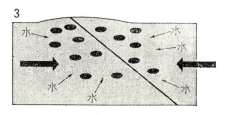
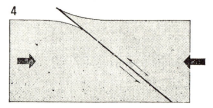

図5-6 ダイラタンシーモデルの概念図
震源域にストレスがたまる (1) と，岩石に小さなひび割れができて，地盤が隆起し (2)，P波（縦波）の速度は遅くなる．ひび割れた岩石に水が流入すると (3)，電気抵抗は低くなり，P波の速度も元通りになる．断層がすべり，地震になる (4)．
（力武常次『地震予知』中公新書，1974年，201頁の図より）

よって説明できる．これらの前兆現象の現れる時間が長いほど，地震の規模は大きくなる，などと述べた．そしてショルツらは「このモデルではこれまで関連付けられなかった前兆的な現象を統一的に説明できる．多くの前兆現象に頼れば，"空振り"も防ぎやすい」などと主張した．

ダイラタンシーモデルを使って，地震を予知する試みが早速始められ，「地震予知に成功」のニュースが飛び交った．ニューヨーク州のブルーマウンテン湖付近で観測を続けていたコロンビア大学のアガーワルらは，1973年7月30日にV_pとV_sの比が10%以上も減少したので，8月1日に数日の

うちにM 2.5-3の地震が起きる，と予測した．予測通り，8月3日にM 2.6の地震が起きた(191)．この結果は，*New York Times* などで大きく報道された．

カリフォルニア州南部に地震観測網を展開していたカリフォルニア工科大学のウィトコムらは，リバーサイド市の近くを通る地震波の速度が1972年初めから遅くなっていたのに，73年11月には元に戻ったのに気付いた．彼はこの事実をダイラタンシーモデルに結び付け，12月に「74年1月にリバーサイド市でM 5.5の地震が起きる」と予測する手紙をAGUに送った．1974年1月30日午前，リバーサイド市から約150 km離れた場所を震央にM 4の地震が起きた．場所も規模も予測とは食い違った地震であったが，これも「地震予知に成功した」と大きく報道された(192)．

地震波速度の異常だけでなく，ほかの前兆と見られる現象も相次いで報告された．サンアンドレアス断層で電気抵抗の測定を続けていたカリフォルニア大学のマゼッラ (Aldo Mazzella) らは，1973年4月から5月にかけて，断層をまたいで設置された3カ所で通常値より10-15%低い電気抵抗を観測した．6月22日にM 3.9の地震が起きた．マゼッラは，電気抵抗の異常はこの地震の前兆と考えられ，「異常期間と地震の規模の関係はダイラタンシーモデルを支持している」と主張した(193)．

1973年6月以降，サンアンドレアス断層沿いの14カ所の地下2 mの深さに傾斜計を据え付けて観測していたUSGSの研究者たちも1974年，傾斜の方向が突然変わるとその直後に地震が起きる場合が多い，と報告した(194)．1974年11月28日の感謝祭の日にカリフォルニア州ホリスターの北のサンアンドレアス断層とカラベラス断層の中間で起きたM 5.2の地震では，4週間前から2カ所の傾斜計が変化を示し，6週間前から地磁気の異常が現れ，地震波の速度の異常が起きていたことも確かめられた．USGSの所長のマッケルヴィ (V. E. Mckelvy) は，「各種の前兆が同時に現れたのは初めてのことで，地震予知にとって重要な進展だ」と述べた(195)．

USGSは1973年に，それまでライバル関係にあった沿岸測地局の地震研究部門と地震工学部門を吸収し，連邦政府では唯一の地震研究機関になっていた(196)．小さな地震の予知に"成功"したのを受けて，USGSの地震研

究・地殻変動調査部長のハミルトン（Robert M. Hamilton）は1974年に，AGUの機関紙 EOS 誌上で「地震を予知する可能性は大部分の人が信じている以上に急速に進展している」と書き，大きな地震の予知が実現したときに備えて，予知に伴う社会的・経済的な問題を検討しておくことが重要である，と訴えた(197)．ハミルトンは，具体的に検討すべき課題として，予知情報の信頼性を誰がどのようにして評価するのか，予知情報に対してメディアや一般市民がどのように反応するのか，政府や地方自治体はどのように対応すべきかなどをあげた．ハミルトンは「地震予知は一般市民のパニックを誘発するだけで，利益よりも害の方が多い」という地震予知反対論に対し，周到な対策と準備があればパニックは防げる，と主張したのであった(198)．

地震予知よりも構造物の耐震性を向上させる方が地震災害軽減につながる，という意見も強かった．カルフォルニア州では1971年のサンフェルナンド地震で病院が倒壊して多数の死傷者を出した反省から，1972年には病院は大地震の後も機能できるような耐震性を備えることを義務付ける法律がつくられ，その他の建物の耐震基準も強化された．古い学校の建物の耐震改修も進められた．活断層から幅15m以内に4世帯以上が住む建物の建築を禁止する「活断層法（Alquist-Priolo Special Study Zones Act）」もつくられ，1973年12月から施行された(199)．

こうした動向に配慮してUSGSは1974年に，地震災害を軽減するには地震予知はもちろん，地震工学，ハザードマップづくりなどを含めた総合的な研究が必要だとする「地震災害軽減計画」を発表した(200)．この計画を立てたワレス（Robert E. Wallace）は「サンアンドレアス断層で今後30年以内に大地震が起きる確率は非常に高い．地震災害の危険性を抱えているのは太平洋岸だけでなく，全米のかなりの範囲に及ぶ」と述べ，こうした研究計画の必要性を訴えた．研究テーマとして，①国土利用計画，②工学的設計とその実行，③地震予知と制御，④地震保険，⑤非常事態に備えた準備，⑥ハザードマップづくりと一般市民への知識の普及，の6つを掲げた．地震予知については「ある種の地震については今後数年以内に時間，規模，場所を予測することが可能になるであろう」と述べていた．

地震災害軽減計画の発案の背景には，地震予知研究計画単独では世論の支

持を得るのが難しいが，総合的な研究計画の1つに地震予知研究を含めれば，世論の支持を得られやすくなる，という計算もあった(201)．USGS に歩調を合わせてカリフォルニア州選出の上院議員クランストン（Alan Cranston）も 1975 年に，地震研究と地震工学研究に同等の研究費を支出することを求める法案を連邦議会に提案した．これが 1977 年に成立する地震災害軽減法につながった．

　地震予知に対する楽観的な見通しが最高潮に達したのは，1975 年 2 月 4 日に中国東北部の遼寧省の海城付近で起きた M 7.3 の地震が予知され，住民は屋外に避難していたために数万人の人々の命が救われた，というニュースが伝えられてからである．

　中国での地震予知事業については次節で詳しく紹介するが，AGU の会長になっていたプレスは海城地震予知の知らせを聞き，「ソ連，中国，米国での最近の研究によって，地震の前には観測可能な地殻の変化が起きることが明らかになった．さらに研究が進めば，大地震を数年前に予知することができるし，数週間から数日前に予知する方法も開発できると予測される」「このような異常な研究の進展にもかかわらず，米国の〔地震予知研究への〕財政的支援は十分ではない．年にもう 3000 万ドルあれば，10 年以内に地震予知が実現できるであろう」と書き，地震予知研究の予算増額を訴えた(202)．1975 年 6 月に開かれた AGU の春の年会では，サンアンドレアス断層の中小の地震の前に，傾斜計や磁力計が異常な変化を示した，という報告が相次いだ(203)．

　しかしながら，連邦政府の上層部や連邦議会では地震予知への関心は薄かった．1976 年には USGS の地震予知研究の予算は，約 1100 万ドルから 900 万ドルに削減された．クランストン法案への支持も少なかった．こうした状況でプレスらの地震予知研究推進派が利用したのは「パームデール（Palmdale）隆起」と呼ばれる"事件"であった(204)．

　USGS は 1976 年 2 月，1950 年代以降の水準測量調査結果を点検したところ，カリフォルニア南部のパームデールを中心とした広範な地域で異常な隆起が起きているのがわかった，と発表した．隆起はサンアンドレアス断層に沿って長さ約 200 km，幅 60 km にわたり，1959 年から 74 年までに 15-

20 cm 隆起していた．この地域は少なくとも 1932 年以降，地震が起きておらず，歪が蓄積されているとも考えられ，さらに詳しい調査が必要である，というものであった(205)．隆起地域の大部分はロサンゼルス郡で，ロサンゼルス市の北東部の一部も含まれていた．ロサンゼルス付近のサンアンドレアス断層は 1857 年以来大きな地震を起こしておらず，1920 年代から地震学者たちは「ロサンゼルス付近で間もなく大地震が起こるであろう」と考えていた(206)．

USGS がパームデール隆起を公表したのは，2 万人以上が死んだグアテマラの大地震の 8 日後であった．USGS 所長のマッケルヴィは，隆起の起きている地域では今後 10 年以内に大地震が起き，最悪の場合には死者が 1 万 2000 人にもなる，などと州議会や州知事に説明した．このため州政府は，緊急時の計画の見直しや橋やダムの耐震補強を進めるなどの対策を進めた(207)．

USGS の評議委員をしていたプレスは 1975 年 12 月に，パームデール隆起の話を知り，1964 年の新潟地震の前にも隆起が観測されていたという事実を思い出した．1976 年 1 月にホワイトハウスに招かれた機会に，ロックフェラー副大統領にパームデール隆起について説明し，「日本ではこの規模の異常が見出されれば，強力な研究が始まるか，一般市民への警告が出る」などと述べ，地震予知研究費の増額を訴えた．この結果，USGS の地震研究予算が 250 万ドル増額された(208)．

プレスは 1976 年 4 月にあった AGU の春の年会でも「海城とロサンゼルス」と題して講演し，「海城では各種の観測網が張り巡らされて地震予知に成功したが，隆起地域の観測網は十分とはいえない．サンアンドレアス断層はいつか大地震を起こすことははっきりしており，発見された隆起が大災害の前兆であるかどうかに関係なく，今投資しておくことは将来の死傷者と損害を減らすことにつながる」などと述べ，研究予算の増額を訴えた(209)．

この AGU の春の年会ではカリフォルニア工科大学のウィトコムが，隆起地域では今後 1 年以内に地震が起きる，との予測を発表した．ウィトコムによると，隆起地域を通る地震波の観測記録を調べたところ，1974 年初めから V_p と V_s の比が低下しており，1975 年末になってほぼ正常値に戻っ

た(210). 異常期間と規模との関係から，起きる地震の規模はM 5.5-6.5と推定される．ウィトコムは「これは予知ではなく，仮説のテストだ」と説明したが，地元の*Los Angels Times*などはこの発表を大きく報道し，「さらに正確な予知が行えるように研究予算を増額する必要がある」と主張した(211).

さらに1976年には，全米研究評議会（The National Research Council）がつくった地震予知委員会が「国は信頼できる効果的な地震予知の能力の発展を目的とした長期計画に取り組むべきである」などと国に勧告する報告書を出した．カリフォルニア工科大学のアレン（Clarence R. Allen）を座長とする委員会の報告書は「カリフォルニアでは今後5年以内にM5以上の地震に対して科学的な予知がなされる可能性が高い．…観測網が整備された地域では今後10年以内に信頼できる予知が日常的に可能になるかも知れない」と，明るい見通しを述べた(212).

前年には全米科学アカデミーがつくった地震予知と公共政策についての委員会も「地震予知はパニックを招くだけだ」との地震予知への批判に応えて「地震予知には利点もあるが，不利な点も生じるだろう．…しかし，われわれの慎重な判断によれば，地震に先立って適切な社会的，経済的，工学的および法律的な行動を取るなら，地震予知は損害を軽減させるための手段になり得る」などとする報告書を出していた(213).

こうした追い風を受けてカリフォルニア州選出の上院議員クランストンは，地震予知研究やハザードマップづくりのために年額5000万ドルの研究費を支出すると同時に，国の地震災害軽減計画を作成するために顧問会議を設ける，という法案を提出した．上院では1976年5月に可決された．下院では，地震災害軽減のためには地震が起きたときに緊急に対応する連邦機関をつくることが先決だとの反対意見があり，賛否同数で廃案になった(214).

しかし，1977年1月にはフォードに代わってカーターが大統領に就任した．大統領の科学顧問には地震予知研究推進派のプレスが就任した．クランストンはプレスらとの話し合いで，地震災害軽減計画は顧問会議ではなく，国家の責任で作成するように法案を修正して議会に再提出した．この法案は，1977年5月に上下両院を通過し，10月から地震災害軽減法（The National Earthquake Hazards Reduction Act）として施行された(215).

大統領が1978年に議会に提出した地震災害軽減計画は，研究計画と呼ぶべきものであり，進めるべき研究として①基礎研究，②ハザードマップづくり，③地震工学，④地震予知，⑤人間による誘発地震，⑥応用研究の6つの分野があげられた．計画遂行の責任は，USGSと国立科学財団（NSF）が分担する．78年の予算は総額5322万ドルで，従来の地震研究予算の3倍にも増えた．USGSの予算約3000万ドルの半分以上が地震予知研究に充てられ，国立科学財団分の予算の6割以上は，地震工学研究に充てられた(216)．これによって，地震予知研究を国家の計画に組み入れようという，地震予知推進派の10数年間の努力が実ったかに見えた(217)．

　その一方で地震予知研究には暗い影がさしていた．1975年の海城地震の予知には成功した中国でも，1976年7月に河北省唐山市で起きたM7.6の地震では直前の警報が出せず，数十万人が亡くなった．南カリフォルニアでの地震予知情報を出したウィトコムは，1976年12月になって予知情報を撤回した．彼が予測期限とした1977年春までにM6の地震は起きなかった．

　ブームをつくり出したダイラタンシーモデルへの信頼性も薄れた．地震の前に地震波の速度の異常が検出されなかった，という報告はダイラタンシーモデルが提案された直後からあったが(218)，1976年ごろからはモデルそのものに疑問の声が出てきた．たとえばカリフォルニア大学のボルト（Bruce A. Bolt）は，カリフォルニア北部のオロヴィル湖付近を震央に1975年8月に起きたM5.7の地震の前の5年間について，ネバダでの地下核実験によって起きた地震を使って震源付近を通る地震波の速度を調べたところ，P波（縦波）の速度には何の異常も見付からなかった(219)．

　カリフォルニア工科大学の金森博雄らも，カリフォルニア南部で1975年11月と12月に起きたそれぞれM5.2とM4.7の地震について，近くの採石場の発破による地震波を使って調べたところ，震源付近を通るP波の速度に1％以上の変化は見付からなかった(220)．金森らのグループのレイクス（Susan A. Raikes）は，「パームデール隆起」地域を含むカリフォルニア南部の13の地震観測点の記録を1972年から76年までの5年間にわたって調べたが，P波の速度には異常がなかった．研究対象地域ではこの間，M4.5以上の地震が11回起きており，もしダイラタンシーモデルが正しいとする

と，少なくとも6回の地震ではP波の速度の低下が検出されるはずであった(221).

地震災害軽減法成立のきっかけをつくった「パームデール隆起」も1976年の水準測量では多くの地域では逆に沈降に転じたことがわかった．ある場所では3年間で17cmも沈降し，隆起は半分に減っていた．隆起がほとんど解消した地域もあった(222).「隆起は測量の誤差に伴う見かけのものであったのでは」との見方さえ出てきた(223).

1978年にはScience誌の記者カー（Richard A. Kerr）は「2, 3年前にあった地震予知への幸福感は科学コミュニティーから消えてしまった．楽観主義が悲観主義に道を譲ったわけではないが，〔予知の実現までには〕長い困難な道が控えている」と書いた(224)．しかし，日本では後に紹介するように地震予知への楽観主義は長く続いたのであった．

5.7　中国・海城地震の予知

中国は，大地震の被害を幾度も受けてきた．しかし，地震予知の研究が始まったのは比較的新しい．1966年3月に北京の南西約300kmの河北省邢台付近でM7.2の地震が起き，8000人を超える死者が出た．現地を視察した首相の周恩来が，中国でも地震予知の研究を始めるように科学院地球物理学研究所に指示したのがきっかけだった，とされている(225)．周恩來ら当時の中国の指導者は，住宅の耐震化を進めるのは経済的に難しいので，地震予知によって人命を助ける方針を選択した，と伝えられる(226)．

邢台地震の震央から10数km離れた小山に紅山観測所が建設され，1966年7月から地震，地殻変動（傾斜），地磁気，地電流，地下水などの観測が始まった(227)．そして，邢台地震の余震を利用して，実践的な地震予知の研究が始められたという(228)．

「専門家は大衆に，大衆は専門家に学ぶ」という中国共産党主席・毛沢東の方針のもとに，地球物理学研究所など国の観測機関だけではなく，大衆のボランティアを大々的に巻き込んでいるのが，中国の地震予知計画の特徴であった．人民公社ごとに観測班をつくり，井戸水の異常や地電流の測定，動

物の異常行動などを監視し，行政単位ごとに組織された地震隊に観測結果を報告する，という仕組みがつくられた．

　1970年に雲南省通海地区で起きた地震で1万5000人を超える死者が出たことから，バラバラに行われていた予知研究を統括するため，1971年に国家地震局が設立された(229)．

　こうした地震予知への努力が最初に報われたのが，1974年の邢台地区での地震予知の成功であった．紅山観測所などによって微小地震の頻度が低下したことが報告され，地磁気の変化や，井戸水の水位の変化，ラドン濃度の変化なども見られたことから，河北省地震隊は1974年6月1日に「6月9日までに南部邢台地震区の周辺でM 4.5程度の地震が発生するであろう」と発表した．予測どおり6月6日にM 4.9の地震が発生し，関係者に大きな自信を与えた，という(230)．

　中国の地震予知が世界的な脚光を浴びたのは，1975年2月4日午後8時前に，遼東半島南部の遼寧省海城付近で起きた海城地震の予知に成功したという報道であった．この地震は日本でも佐賀市で震度2を記録するなど九州を中心に感じられ，気象庁ではM 7.6と発表した．しかし，現地の被害の状況が日本に伝えられたのは1カ月以上経ってからであった．国営新華社通信は3月12日「大地震は8カ月も前に予告され，必要な予防措置がとられ，損害を最小限に抑えた」と発表した(231)．

　その後，中国で発行された雑誌『地震戦線』の特集記事をもとに日本でも，①地震発生の24時間前に大地震予報が出された，②一部地区では発生の1時間半前に避難警報が出て，ほとんどの住民は広場で映画を見ているうちに地震を迎えた，③最も被害の大きかった営口県でも死者は1万人に3.3人の割合にとどまった—など，的確な地震予知に基づいて避難対策が取られ，被害を最小限に食い止められたことが報道された(232)．

　1975年11月末には中国から地球物理学会理事長の顧功叙ら6人の代表団が，日本の地震学会の招きで来日し，海城地震の予知について講演した．中国では，地震予知を長期，中期，短期，直前予知の4段階に分けて考えている．講演した遼寧省地震局の技師・朱鳳鳴によると，1970年に開かれた全国地震事業会議で，1969年に渤海湾でM 7.4の地震が起きるなど，大きな地

震の震源が次第に北東に移動していることや，人口が密集しているという理由で，遼寧省は重点監視区域の1つに選定された．この直後に遼寧省に地震専門部局が設けられ，各種の観測が始まった[233]．これが長期予知の段階である．

1974年6月に国家地震局が開いた会議で，渤海湾の北部地域では今後1-2年以内にM 5-6の地震の可能性がある，との予報が出され，観測が強化された．この予報のもとになったのは，遼東半島を北東から南西にのびる金州断層の南側が隆起している，渤海湾の潮位観測では1973年以来，地盤の沈降が見られる，大連の地磁気の観測結果に異常が見られる，地震活動が平年の5倍以上にも高まった，との観測結果であった．これが中期予知に当たる．

1974年12月になると，冬眠中のヘビが穴から出てきて路上で凍えているなどの動物の異常行動や井戸の水位が上がる，泡が立つ，濁る，ラドンの含有量が増えるなどの報告が遼寧省地震局に続々寄せられた．このため，1975年1月13日から21日まで北京で開かれた会議で，営口，大連地区は1975年上半期にM 5.5-6の地震が起こる可能性がある地区とされ，観測がさらに強化された．これが短期予知である．

1975年2月に入ると，異常な現象がさらに増加した．1日から微小な地震がいくつも起きるようになり，3日夕方からの群発地震は人体にも感じられるようになり，4日午前にはM 4.7とM 4.2の地震が起きた．地電流の異常や傾斜計にも異常な変化が見られ，井戸水があふれ出すなどの異常が見られる範囲が海城-営口地区に集中し始めた．鶏，ネズミ，犬などの異常行動の報告も増えた．

このため，遼寧省革命委員会は2月4日午前10時，海城-営口地区で比較的大きな地震が起こる可能性がある，と全省の関係機関に緊急電話で伝えた．午後2時には海城で地震防災会議が開かれ，海城-営口地区の責任者に省委員会の指示が直接伝えられた．営口市と海城を管轄する鞍山市委員会は，何度も緊急会議を開き，大衆を動員・組織して簡易の防災用の家屋をつくった．また，ある人民公社や生産隊では，大衆を家屋から離れさせ，空き地で映画を上映した，という．

そして朱は「このようにして2月4日19時36分になって大地震が起こっ

たとき，絶対多数の大衆はすべて家屋から離れていたし，大きな家畜は小屋から離れさせてあったし，自動車も車庫から離してあった．いくつかの重要な物資は倉庫から移動搬出させてあった．それ故，家屋の倒壊はひどかったが，人畜の死傷は大幅に軽減できた」などと語った(234)．

こうした報告に接した日本や米国の地震研究者の衝撃は大きかった．たとえば，当時地震学会の委員長を務めていた大塚道男は，中国の地震代表団の講演論文集の「まえがき」で，「私達が中国から地震の関係者を招きたいと考えた直接の動機は1975年2月4日中国遼寧省海城地区を襲ったマグニチュード7.3の大地震を中国では半年も前から予知していた，というニュースに接した時であった．続いて地震発生の直前には当該地区に避難命令が出され，家屋の90％は倒壊したにもかかわらず，死傷者の数は数える程であったという情報を得るに及んで，私達の希望は悲願に近いものにまでつのって仕舞った．云う迄もなく，我が国を含めて世界を見渡しても，地震に関してこれ程見事に予報がなされ，それが生かされたためしはない」などと述べている(235)．

米国も1976年に海城地震の調査団を中国に送ったが，その報告書にも「1975年2月4日，現地時間で午後7時36分にM 7.6の地震が海城の町の近くで起き，9万人の人々が住む建物の90％は破壊された．地震が正確に予知され，午後から夕方にかけて住民が避難していなければ，10万人を超える犠牲者が出たであろう．海城地震は世界で初めて正確に予知された大地震であった」などと書かれている(236)．

そしてこの報告書では，米国の地震予知計画に役立てるための勧告として，地下水や動物の異常行動の観測にもいくらかの重点を置くべきである，地震ボランティア計画を始めるべきである，地震災害と地震予知の意味について公衆を教育する努力を強化すべきである，などがあげられた．

1976年7月28日に北京の東約160kmの河北省唐山市でM 7.6の大地震が起きた．この地震では中期予報までは出されていたものの，直前予知には失敗し，死者約24万人を出した(237)．この失敗にもかかわらず，日本での"中国ブーム"は冷めなかった．1977年に中国を訪問した日本の地震学会の代表団によって，唐山では失敗したが，1976年に起きた3つのM 7クラス

の地震では直前予知に成功した，と伝えられたからである．

　それによると，1976年5月29日は雲南省竜陵付近でM 7.5とM 7.6の地震が相次いで起きた．この地震については1975年1月の全国会議で雲南省西部にM 7の地震の可能性が指摘された．1976年3月からは中規模地震の増加や井戸水中のラドンの増加など異常が報告され，同年5月18日に雲南省地震局は雲南省南西部に5月下旬から6月上旬までの間にM 6以上の大地震の可能性がある，との意見を革命委員会に提出した．警戒を強めている最中の5月29日午後8時前にM 5.2の地震が起きた．このため，省地震局は，警報の発令を革命委員会に要求した．それから約20分後に最初の本震が起きた．放送は間に合わなかったが，警報機が鳴らされたため，死傷者はなかった，という[238]．

　1976年8月16日に四川省松藩・平武付近で起きたM 7.2の地震についても，各種の異常が急増したため，8月12日早朝に関係機関に「直前の警戒態勢に入れ」との電話連絡が行われた．同年11月7日に四川省と雲南省の境界付近で起きたM 6.9の塩原・寧蒗地震の際にも，省の地震局が11月3日に「塩原・寧蒗一帯に11月7日前後にM 6-6.5の地震が起こる」と予報し，住民の避難が行われたという[239]．

　現在から見ると，「中国での地震予知の成功」は誇大に伝えられていたようである．海城地震発生から約30年経って，カナダ地質調査所のワン（Kelin Wang）らが現地を訪れ，機密解除された文書や関係者たちにインタビューしてまとめた論文によると，海城地震による直接の死者は1328人，負傷者は2万4538人に上った[240]．これほどの負傷者が出たのは，住民の組織的な避難が行われたのは営口地区だけで，海城地区では住民の組織的な避難は行われず，前震となった群発地震に怯えて自主的に避難した人々を除いて，海城地区の住民の大部分は屋内にいたからであった．

　にもかかわらず，死者が比較的に少なかったのは，この地域の住宅は，木で枠組みを組み，壁としてレンガを積み重ねるという平屋建がほとんどで，揺れによってレンガが崩れても木組みは残ったために下敷きになって死ぬというケースが少なかったためである，とワンらは分析した．これに対して，事務所ビルや学校，劇場などの大型の建物はコンクリートとレンガでできて

いたために建物全体が崩壊したが，地震の起きたのが午後8時前で，これらの大型の建物にいる人が少なかったのが幸いした，ともいう．海城の招待所（ホテル）では44人の死者が出たが，この建物は3階建であった．

また，同論文によると，海城地震の前には地震予知に失敗したこともあった．1974年12月22日に，海城地震の震央から北東に約100 km離れた地域で最大でM 5.2の群発地震が起きた．その直後に遼寧省革命委員会は営口地区や大連など3つの地域で1月10日までにM 5以上の地震が起きる，と予報し警戒を呼びかけたが，地震は起こらなかった(241)．

1976年5月の雲南省の竜陵地震についても，雲南省の地震局が出した予報ではM 5以上の地震が起きる場所は，2カ所予報されていたが，実際に地震が起きたのは1カ所だけであったことも明らかにされた．また，四川省では省地震局が1977年7月から9月にかけて西昌地区でM 6の地震が起きると予報したが，地震は結局起こらなかった(242)．また，1976年10月には陝西省で短期の地震予報が出されたため，西安市では多数の人がテント生活を余儀なくされた．生産活動も停滞し，翌年4月に予報が解除されるまでに大きな経済的損失を出した，とも伝えられる(243)．

5.8 日本での地震予知ブーム

1973年は関東大震災から50周年という節目の年に当たった．房総半島の隆起騒ぎで火がついた「関東南部地震説」は，再び社会の関心を取り戻した．同年6月には根室半島沖地震が起きた．この地震は，地震研究者が近い将来の発生を予測しており，「予測が的中した」と報じられた．地震の発生は，プレートテクトニクスによって説明できる，との解説も新聞やテレビで一般的になり，地震予知に有力な新学説として"ショルツ理論"も登場した．新聞記事や国会の会議録で「地震予知」というキーワードが最も頻繁に登場するのが1973年から1980年までの時期である（図5-7）．

米国コロンビア大学のショルツらが1973年4月に開かれた米国地球物理学連合の春の年会で「ダイラタンシーモデル」を発表する（5.6節で紹介）と，このニュースは日本の新聞各紙でも「『地震は予測できる』米の学者が新理

論発表」(244),「『岩石の膨張』から地震予知,米の学者が新学説」(245)などと大きく報道された.

ショルツらは,この発表内容をまとめた論文「地震予知の物理的基礎」を *Science* 誌などに投稿し,そのプレプリント(ゲラ刷り)を日本の研究者にも送った.そして同封の手紙に「房総半島や三浦半島で1969年から始まった土地の隆起が事実であるなら,私のダイラタンシー理論から考えてM7以上の地震が数年以内に起こるかも知れない.可能ならば日本に出かけて観測をやりたい」などと書き,共同研究を申し入れた(246).この事実は5月には,日本の新聞でも報じられた(247).国会でも6月の参議院科学技術振興対策特別委員会でこの"ショルツ理論"が取り上げられ,気象庁の地震課長であった木村耕三は「われわれも非常に興味をもっております」「関東から遠州灘にかけて明治年間に比べると非常に〔地震の〕起こり方が少ないということで,〔房総方面が〕警戒地域であるということは認めます」などと答弁し

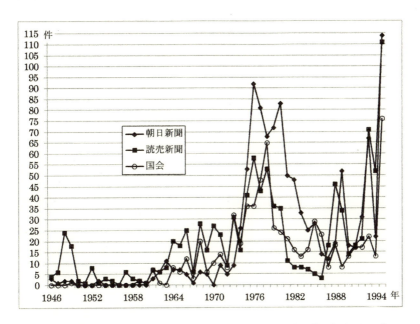

図5-7 「地震予知」をキーワードにして,『朝日新聞』記事,『読売新聞』記事,国会会議録の各データベースを検索した結果
ヒットした件数の年次推移を示す.

5.8 日本での地震予知ブーム 283

た(248).

　ショルツらの発表は国内の研究者の間でも大きな反響を呼び，研究者たちは「地震予知の物理的基礎」のプレプリントをコピーし，回し読みした．そして多くの研究者がダイラタンシーモデルが日本の地震にもあてはまるかどうか，の検証に乗り出した．建築研究所にいた大竹政和によって書かれたその第1号の論文は，6月28日に投稿されている(249)．ショルツらの論文が *Science* 誌に掲載されたのは1973年8月31日号であったから，日本での反応がいかに早かったかがわかる．雑誌『科学』の9月号にも，「地震予知の物理的基礎」の日本語訳が掲載されたが，「論文は9月に出版の予定」との注釈がついている．11月に京都で開かれた地震学会の秋季大会でも，ダイラタンシーモデルや地震波の速度変化に関連した研究が9題も発表され，関心の高さを物語った(250)．

　大竹は気象庁の地震カタログを使い，1962年4月の宮城県北部地震（M 6.5）や65年から67年にかけて頻発した松代群発地震，1968年9月に起きた長野県北部地震（M 5.3）などについて，それぞれの震源域を通過する地震波の縦波の速度（V_p）と横波の速度（V_s）の比（V_p/V_s）が地震前後でどのように変化したかを調べた．その結果，宮城県北部地震では地震の1年ほど前から V_p/V_s が大きく低下した状態が続いた後，地震が起きていた．長野県北部地震でも，地震の3-4カ月前から V_p/V_s が低下した状態がしばらく続き，正常に戻った直後に地震が起きた．地震波速度の異常期間と地震の規模との関係もショルツらの理論によく合っている，と大竹は報告した．

　しかし，1960年5月の三陸沖地震（M 7.5）や1968年の十勝沖（三陸沖）地震（M 7.9）については，地震の前に地震波速度の変化は見付からなかった．松代地震については地震波の異常な変化は検出されたが，これが地震の前兆であったのかどうかについては，はっきりした結論は得られなかった．大竹は「前兆的な地震波速度の変化は，地震のタイプに依存するのかも知れない」と述べた．

　東京大学理学部の水谷仁らは，1969年9月9日に起きた岐阜県中部地震（M 6.6）について，1964年から1970年までの期間について震源域を通る V_p と V_s の比を調べた．すると1967年初めから V_p/V_s は低い値を示し，正

常値に戻った直後に地震が起きていた．地震波の速度の異常の期間は約1000日で，異常期間と地震の規模の関係はショルツらの示した関係式によく一致している，と水谷らは発表した(251)．

東北大学理学部の長谷川昭らも，1970年10月の秋田県南東部地震（M 6.2）の前後について，やはり地震波の速度の異常を調べた．すると1968年後半からV_pとV_sの比が低下し，それが約22カ月続いた後で地震が起きていた(252)．

大竹や水谷の研究には気象庁の地震観測データが使われた．気象庁気象研究所の山川宣男らは，気象庁の地震観測データでは観測点の配置がまばらな上，観測精度（特に時間の精度）にも問題があるので，気象庁のデータだけを使って地震波速度の異常を検出するには，特別の注意を払う必要があることを訴えた(253)．

地震波の速度変化を検出しようという研究はしばらく流行し，地震発生前に前兆的な地震波速度の変化があったと報告した論文は，1976年11月までに28篇を数えた(254)．一方で米国と同様に，前兆的な速度の変化は検出できなかったという報告も多数に上った．1976年にこれらの論文をレビューした大竹政和は，論文の中には観測精度などの点で問題があるものが含まれていることを認め，「地震波速度の変化の監視が地震予知の有力な手段になりうるかどうか，まだはっきりした結論を見るに至っていない」と結論している(255)．

地震波の速度の変化を調べるために日本では，1968年から地質調査所が毎年，伊豆大島で500 kgの火薬を爆発させ，伊豆半島や南関東地域の約20カ所で観測する実験が行われていた．人工爆破による地震を使えば，地震が起きた正確な時間が決められるので，自然の地震を使うよりも精度が高い．しかしながら，1974年5月に起きた伊豆半島沖地震（M 6.8）の前や1978年1月の伊豆大島近海地震（M 7.0）の前には，これらの地震の震源域を通過する地震波には速度の異常は検出されなかった(256)．こうした事実もあり，地震波速度変化の研究はその後下火になった．

"ショルツ理論"に続いて社会の関心をかきたてたのは，関東地方に大規模な活断層が存在するのではないかという，科学技術庁資源調査会の発表で

ある(257). 同調査会のリモートセンシング特別部会が，米国の地球資源探査衛星「アーツ1号」が近赤外線で撮影した関東地方の写真を判読したところ，活断層ではないかと考えられる2本の直線状の模様が読み取られた. 南側の1本は，千葉県佐原から松戸を通って東京都立川まで延びており，北側のもう1本は，南側のものにほぼ平行して茨城県竜ヶ崎から埼玉県狭山に延びており，いずれも長さは約100 kmになる. 仮にこれが活断層であるとすると，首都圏の直下で大地震を引き起こす可能性があることになる. このため，国会でも再三取り上げられたが(258)，活断層とはいえない，という専門家が多く，結論はうやむやになった(259). 資源調査会は「アーツ1号」からの情報を収集・解析する遠隔測定センターを日本にも設置することを予算要求しており，"首都圏活断層騒ぎ"はこのアドバルーン役を果たした.

"首都圏活断層騒ぎ"が続く1973年6月17日には，北海道・根室の南東約50 kmを震央とする根室半島沖地震（M 7.4）が起きた. 震央に近い根室と釧路の震度は5で，地震動による被害はそれほどでもなかったが，根室半島や釧路付近の海岸には最高で6 m近い津波が押し寄せた. 漁船が100隻以上も転覆したり，陸上に打ち上げられたり，住家が壊れたりするなどの被害は出たものの，死者は出なかった. 札幌管区気象台は地震発生から11分後に北海道東部沿岸に津波警報を出して，住民への警戒を呼びかけた. 津波の到達が最も早かった花咲港に津波がきたのは，警報発令から12分後であった(260).

死者が出なかったのは，住民の避難がきわめて迅速だったためである. この地震の約2週間前の6月5日には，北海道東方沖に大地震が起きたことを想定して，北海道全体で津波警報の伝達訓練と避難訓練が行われていた(261). 北海道大学助教授であった宇津徳治が根室沖で大地震の可能性が高い，と指摘していることは，北海道内では1971年から繰り返し報道され，「道東大地震」への関心が高かったからである. 「津波に対する関心の深さと平常の訓練が役に立った」と，気象庁の調査報告は述べている(262). 研究者の地震発生の予測が，防災に直接結び付いた珍しい事例であった.

宇津は1969年11月に開かれた地震予知連絡会で，北海道の太平洋岸の地震帯では図5-8のように，大地震の震源域を次々に埋めるように巨大地震

が起きているが，根室沖だけは1894年以来75年間巨大地震が起きていないので，「注目を要する」と報告した(263)．この日の連絡会では国土地理院から，一等三角点の測量結果から見ると根室地方は過去60年間に北西に約2m圧縮されている，との報告もあった(264)．

大地震は地震帯で起きるが，次の大地震はまだ地震が起きていない地震帯の隙間を埋めるようにして起こる，という考え方は第2章で紹介した大森房吉の「地震地帯の原理」に端を発する．まだ大地震が起きていない地震帯の隙間は，現在では第1種の空白域と呼ばれることが多い．茂木清夫によると，この概念を提唱したのはソ連のフェドートフ（S. A. Fedotov）である(265)．彼は1965年に，カムチャツカから千島列島にかけて起きる巨大地震の余震域を調査して，巨大地震は震源域が相互に重なり合うことなく，震源域の隙間を次々に埋めるような形で起きていることを明らかにした．

1970年2月の地震予知連絡会では，宇津や国土地理院の意見によって，

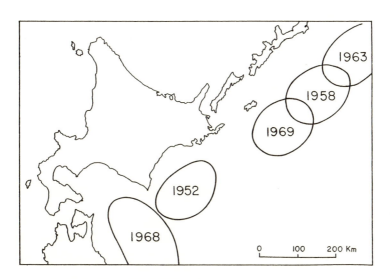

図5-8　北海道周辺での大地震の震源域
　　4桁の数字は大地震が起きた年号．線で囲ってある領域はその震源域．根室南方沖だけ，まだ大地震が起きていない．
　　　（宇津徳治「北海道における最近の地震活動と観測状況」『地震予知連会報』2巻（1970年），2頁より）

5.8　日本での地震予知ブーム

北海道東部は他の7地域とともに特定観測地域に指定された(266)．1971年2月の地震予知連絡会では，根室半島を中心に北海道東部は1955年から15年間で最大20 cmも沈降した，という国土地理院の水準測量の結果が発表された．この事実は，北海道の新聞では「根室半島沖の地殻にM7程度を起こすヒズミのエネルギーが蓄積されている証拠であり，このエネルギーが一度に放出されると震度6の大地震になる」などと報道された(267)．

　宇津は1971年10月に札幌で開かれた文部省科学研究費による自然災害科学総合シンポジウムでも，根室半島沖で予想される大地震について発表した．このとき宇津は，根室半島沖は1894年以来，大地震が起きていない空白域であって，大きな地殻変動が起きていることに加えて，図5-9のように，この10年間は中規模の地震もまったく起きていないことも指摘した(268)．そして，この地震活動の静穏化域の大きさは長さ160 km，幅50 km以上に及び，ここで地震が起きるとするとM8の地震になるとも述べた．

　地震活動が長期間静かなところは，現在では第2種の空白域とか「地震活動の静穏化」と呼ばれている．大森房吉も1907年に，同様な考え方を発表したことを第2章で紹介した．第2種の空白域の存在を，近代的な地震観測データをもとにして初めて指摘したのは，気象庁にいた井上宇胤である(269)．井上は1965年に，1952年の十勝沖地震，1964年の新潟地震などでは，地震の前に震源域付近では中規模以上の地震がまったく起きない状態が長期間続いたことを示した(270)．

　宇津は根室半島沖が，今でいう第1種と第2種の空白域であることを指摘すると同時に，根室沖の大地震が一定間隔で繰り返すと仮定して計算すると，今後10年以内に大地震が起きる確率は9-18％に達する，と述べ，この地震が起きた場合に予測される北海道の震度分布図も公表した(271)．根室半島沖地震の起きる仕組みについて，宇津はプレートテクトニクスの考え方を使って説明している．宇津の発表は，北海道の新聞では大きく報道された(272)．

　根室半島沖地震の予測は国会などでも紹介された．1973年4月26日に開かれた衆議院科学技術振興対策特別委員会で，「日本列島のどこで巨大地震の心配があるか」との議員の質問に対して，参考人として呼ばれた東京大学地震研究所教授の力武常次は「根室沖」と「東海地方」と答えた(273)．力武

も,太平洋岸で巨大地震が起こる仕組みを,海洋底拡大説(プレートテクトニクスの前身)を使って説明している.力武は根室半島沖地震の6日前の『読売新聞』夕刊にも「北海道東部や東海地方では,大地震再来の確率は相当に高い」と書いていた(274).新聞やテレビで,太平洋岸の地震発生の仕組みを説明するのに,プレートテクトニクスを使うのが「定番」になったのは,この根室半島沖地震がきっかけである(275).

根室半島沖地震が6月17日に起きた直後は,この地震は予測されていた地震であるかどうかが議論になった.地震の規模はM 7.4で,予測されていたM 8に比べて小さい上に,第2種空白域の南西部では余震が起きていなかった.その上,地震直後の水準測量でも根室付近では沈降が依然として続いていたからである(276).プレートテクトニクスが正しいとすると,地震が起きて歪が解消されると,根室付近では隆起に転ずるはず,と考えられたから

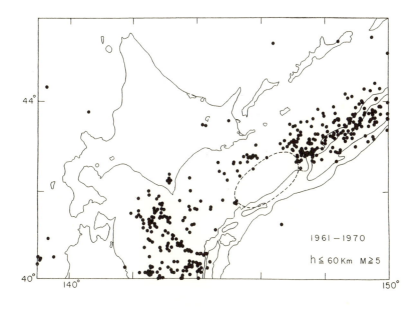

図5-9 北海道周辺で1961-1970年に起きたM 5以上の地震の震央分布
点線で囲まれた領域では,地震が起きていない.
(宇津徳治「北海道周辺における大地震の活動と根室南方沖地震について」『第8回自然災害科学総合シンポジウム論文集』(1971年),130頁より)

である．このため研究者のなかには「今回の地震は，近いうちに起きる巨大地震の前震ではないのか」との見方さえあった．6月末に臨時に開かれた地震予知連絡会では，「今回の余震域の南方にはまだエネルギーが残っている可能性が考えられる」との統一見解を発表した(277)．

しかしその後，米国の観測では根室半島沖地震の規模はM 7.7と大きく，根室では若干の隆起傾向が見られるようになったことなどから，8月に開かれた地震予知連絡会では「今回の地震が同地域のより大きい地震の前震活動とは考えにくい」との統一見解を出した(278)．

根室半島沖地震の予測が，曲りなりにも当たったことから，社会の関心は1969年に特定観測地域に指定され，根室沖と並んで大地震発生の"候補地"にあげられている東海地方に移った．東海地震問題は国会でもしばしば取り上げられ，野党議員が「遠州灘は浜岡原子力発電所もあるし，新幹線も近くを通っている．予測どおりに地震が起きると大変ではないか」「政府の中央防災会議として対策に当たるべきではないか」などと政府に対応を迫った．これに対して政府側委員は「東海地方は全国8カ所の特定観測地域の1つで，いつかはいえないが，地震が起こる可能性が高い」「東海地方は特定観測地域ではあるが，事実上は観測強化地域に近い観測体制をしきつつある」などと答弁した(279)．

これに対して，9月に国会に呼ばれた地震予知連絡会の会長の萩原尊禮は慎重であった．「当面一番心配なところは遠州灘ではないか」などとの議員の質問に対して萩原は，1944年の東南海地震の際には御前崎が隆起したという報告があり，遠州灘の歪は解消されているとの見方もできることなどから，「まだ近い将来大地震が起こるであろうというはっきりした材料は出ていない」「いますぐあそこを観測強化地域に格上げして，さらに詳しい調査を行うというような段階ではないと判断している」などと答えた(280)．

しかしながら，事態は急進した．1973年11月に開かれた地震予知連絡会では，気象庁の関谷溥らが1926年以降1972年までに遠州灘周辺で起きたM 5以上の地震の震央を調べた結果を報告した．それによると，図5-10のように遠州灘には地震がまったく起きていない広大な空白域があることが浮かび上がった(281)．これは大地震の前兆ではないかと考えられる第2種の空白

域である可能性があったので，関谷らは周辺の地震波の速度の変化も調べたが，異常は検出できなかった．同連絡会では，この空白域全体が地震を起こせば，M 7-8 になると推定した(282)．

国土地理院が静岡県御前崎周辺に設けている菱形基線の測量結果も発表された(283)．このうち坂部村と高天神との間にほぼ東西に約 18 km にわたって設けられた基線の長さは，1890 年以降約 27 cm 短くなったが，そのうち約 20 cm の短縮は 1956 年以降に起きたことがわかった．最近になって東西の圧縮が加速している可能性が指摘されたのであった．

地震研究所教授の力武常次は，地殻の歪から地震の発生確率を予測する方法を考え出し，論文を書いた(284)．この論文によると，1923 年の関東地震など 17 の大地震の前後に行われた水準測量や三角点測量の結果から，地震によって解放された歪の量を力武が推定したところ，地殻は平均すると 10 万分の 5.3 の歪がたまると，地震が起こるらしいことがわかった．御前崎は

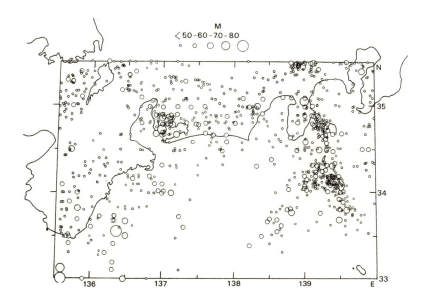

図5-10　1926-1972 年に遠州灘周辺で起きたM 5 以上の地震の震央分布
　　　遠州灘には地震がまったく起きていない"空白域"が見える．
　　　（関谷溥・徳永規一「遠州灘周辺の地震活動について」『地震予知連会報』11 巻
　（1974 年），98 頁より）

5.8　日本での地震予知ブーム　　291

年間 6-7 mm の割合で沈下を続けているが，歪量に換算すると年間 1000 万分の 2 に達する．1854 年の安政の地震以来，同じ速度で歪がたまっていると仮定すると，御前崎周辺には 10 万分の 2.4 の歪がたまっていることになり，1980 年までに大地震が起こる確率を試算すると 92％にもなる．「御前崎沖で起きる大地震の確率は 9 割」というショッキングな内容が，論文が出版される前にいくつかの新聞で報道された(285)．

　1974 年 2 月に開かれた地震予知連絡会では，73 年 8 月から 12 月にかけて駿河湾をまたぐようにして行われた一等三角点の測量結果が発表された．これを 1930 年の北伊豆地震の直後に行われた結果と比べると，駿河湾はほぼ東西方向に圧縮されており，歪の量は最大で 10 万分の 2.6 に達した(286)．過去 40 年の間に，駿河湾内にも多くの歪のエネルギーが蓄積されていることが明らかになったのであった．

　こうした観測・研究結果が加わったため，地震予知連絡会は 1974 年 2 月に，東海地方を観測強化地域に指定することを決めた．地震予知連絡会が公表した統一見解は「遠州灘では大地震が過去 1096 年，1498 年，1707 年，1854 年に発生しているが，最近 120 年間は発生しておらず，地震活動のきわめて不活発な区域の存在が明らかになっている．地震波速度比（V_p/V_s）はいまのところ特に異常とはいえないが，明治以来，駿河湾沿いが沈下，内陸側が隆起という傾向の上下変動，およびおおむね東西圧縮傾向の水平変動が継続しているようにみえる．水平変動は最近加速されたという報告もある」などと述べている(287)．

　地震予知連絡会では，東海地方の観測をどのように強化するかについても話し合われ，気象庁は相模湾に予定していた海底地震観測網の計画を遠州灘に変更することを決めた．御前崎に深さ 200 m の井戸を掘り，そのなかに高感度地震計と傾斜計を置くことにもなった．国土地理院も御前崎に 4 本の測量基線を放射状に設置し，地殻変動を精密に観測することになった(288)．

　1974 年 4 月からは第 3 次地震予知計画が始まった．前年 6 月の文部省測地学審議会の建議を受けたもので，この建議の中で 74 年から始まる計画を初めて第 3 次計画と呼び，1964 年の建議は第 1 次計画，68 年の建議は第 2 次計画とそれぞれ呼ぶことになった(289)．第 3 次計画は，地震予知の実用化

を強く意識したものになっている．計画の柱になったのは，レーザー光線を使った光波測量を全国に拡大することや，御前崎沖に海底地震計を設置すること，73年から始まった首都圏での深井戸観測を増強すること，"ショルツ理論"の検証などであった．第2次計画までで，大学の微小地震観測所18カ所，地殻変動観測所15カ所の整備はほぼ終わり，第3次計画ではそれらの観測点でのデータの自動処理化や観測データを取りまとめる観測センターの整備に力を入れることになった．

建議とりまとめの中心になった測地学審議会地震予知特別委員会の委員長の萩原尊禮は「3次計画が実現すれば，M7以上の地震なら長期予報はできるようになる」との明るい見通しをしばしば語った(290)．第3次計画の予算規模は全体で計150億円という計画であった．しかしながら，年間30億円という予算要求は大幅に削られ，1974年度の予算は約16億円になった．それでも73年度の約8億8000万円に比べると，倍増に近かった(291)．

1974年5月9日には，伊豆半島石廊崎の南西約6kmを震央にした伊豆半島沖地震（M 6.9）が起きた．この地震による死者・行方不明者は30人にのぼった．地震の後，石廊崎付近を南東から北西に延びる地表地震断層が約6kmにわたって確認された．断層の北側が最大で45cm南東方向（右横ずれ）にずれていた．上下方向のずれも見付かり，大きいところでは断層の南側が25cm隆起していた．静岡県南伊豆町中木地区では，地震直後に断層南側で大規模な地すべりが起き，ここだけで27人の死者・行方不明者が出た(292)．

この地表地震断層が現れた場所は，東京大学地震研究所の村井勇らが，空中写真の判読によって右横ずれの活断層と判定していた伊豆半島南部の活断層の1つであった(293)．地震の前に活断層と判定されていた断層が動いて地震を起こしたのは，日本ではこれが最初であった．この断層は石廊崎断層と名付けられた(294)．

続いて騒がれたのは房総半島沖である．房総半島沖では1605年に慶長地震，1703年には元禄地震が起きているが，それ以降は大きな地震は起きていない．気象庁の関谷溥らはこの一帯が今でいう第1種の空白域に当たるのではないかと考えた．その"空白域"周辺では1974年3月頃から小さな地

震が群発するようになったため，1962年以降のこの一帯の地震波速度の年次推移を調べ，1974年9月26日に開かれた地震予知連絡会に報告した．その結果は，地震波速度には異常が見られなかった，というものであった(295)．ところが，この発表が会議後の記者会見で注目され，27日の新聞各紙には「房総沖で微小地震群発，大地震の前兆か」(296)，「地震エネルギー，気になる沈黙，房総沖・大きな蓄積示す空白域」(297)などと大きく報道された．

今から考えると，群発地震活動が大地震に結び付くという確たる根拠があるわけでもなく，地震波速度の変化も検出されていないのだから，大きく報道されるのは不思議な感じがする．とはいえ，27日昼過ぎに房総半島沖でM6.5の地震があった．東京や横浜などで震度4になり，地震予知連絡会の"警告"が的中したかのように報道されたのである(298)．当時"地震予知熱"がいかに高かったかを示すエピソードである．

1974年12月には，川崎を中心とする"異常隆起騒ぎ"が起きた．国土地理院では毎年，都心から神奈川県藤沢市までを国道1号，同15号に沿って水準測量していた．1975年11月に4年間の水準測量の結果をまとめたところ，東京都大田区から横浜市神奈川区までの地域が4年前から隆起を始めたことがわかった．隆起が特に大きい国鉄川崎駅周辺では，4年前に比べて4.7cm隆起し，年々隆起の速度は速くなっていた．国土地理院はこの事実を12月5日に開かれた地震予知連絡会で，「地震の発生に結びつく可能性も否定できない」と報告した(299)．1964年の新潟地震の前にも異常隆起があったとされていたのが，その大きな理由であった．

この報告を受けて地震予知連絡会では，川崎周辺での観測を強化することを申し合わせたが，会議後の記者会見ではこの事実は伏せられた．川崎市では工業用水の汲み上げによって地盤沈下が深刻になったが，戦後になって汲み上げが規制された後は，地盤沈下が次第に緩やかになっていた．地盤沈下が落ち着いた後，隆起に転じた例は東京や大阪などにもあったため，この異常隆起も地下水汲み上げ規制の効果とも考えられたからである(300)．

ところが，地震予知連絡会は12月26日になって記者会見を開いて，この事実を公表して，調査・観測に協力するよう関係機関に要請した．記者会見を開いたのは，異常隆起の事実が非公式に漏れ始め，根も葉もないうわさの

原因になりつつある，と判断したためだったという(301)．

　地震予知連絡会が例会とは別に記者会見を開いたのは初めてであり，駆け付けた報道記者の多くは"緊急記者会見"と受け止めた．記者会見で配られた文書には「地盤隆起の顕著な地域が，かつての地下水汲上げによる地盤沈下の著しかった地域と概ね一致することから考えて，地盤沈下現象との関連において生じたものではないかという疑いがもたれます」「なお，地盤の隆起が地震発生に結びつかなかった事例もあり，今回地盤隆起が測定されたということだけから，これが直ちに地震の起こることに結びつくと考えることはできません」「また，仮に今回の隆起が地震に結びつくものとしても，隆起の生じた範囲から考えて，決して大地震ではなく，マグニチュードとして5ないし6であり，中心及びその周辺で震度5（強震）になる程度と思われます」などとも書かれていた．しかし，翌日の新聞では「京浜で異常な地盤隆起，『1～2年で強震の心配』，地震予知連絡会，観測5年，異例の発表」(302)などとの見出しで，大きく報じられた．

　地震が予想される時期について「1年～2年」と報じた新聞もあった．これは当時，異常な地殻変動の継続時間と将来起こる地震の規模の間にはある関係式が成り立ち，継続時間が長くなるほど地震の規模は大きくなると考えられていたからである．地震の規模M 5-6をこの関係式に入れると，異常地殻変動の継続時間は4-5年と見積もられ，異常が始まった時期を1971年とすると，「1年～2年」という見積もりが成り立った．地震予知連絡会の会長の萩原尊禮も1975年3月に参考人として国会に呼ばれた際には，同様の関係式を引用して「もし異常隆起が地震に結び付くとすると，地震の起こる確率は1975年末頃に50％くらいになる」と証言している(303)．

　起こるべき地震の場所や規模，それに時間までもが"予知"された例は，日本ではこれが初めてであり，地元の住民の不安は高まった．川崎市は1975年1月に入って地区ごとに説明会を開いて，避難場所などを説明した(304)．2月には同市の直下で地震が起きた場合の被害予測も公表した．それは，同市内の木造家屋約12万棟の約15％に当たる約1万8000棟が倒壊し，約12万人が被災する，という内容であった(305)．東京都も同様に，川崎市の直下でM 6の地震が起きた場合の被害を予測し，対策に乗り出した．それ

5.8　日本での地震予知ブーム　　295

によると，都内でも約2万6000戸が倒壊し，被災者は約15万人にのぼる，という大きな被害が予想された(306)．国レベルでも国土庁を中心に大都市震災連絡会議がつくられ，避難緑地の選定や学校の校舎の点検などの対策に着手した(307)．

　1975年2月に開かれた地震予知連絡会では，調査の結果，地盤隆起の起きている地域は地下水の水位の上昇している地域と一致し，これは多摩川の旧河道に位置していることから，地盤上昇の"犯人"は地下水らしい，との報告もあった(308)．しかしこの事実も，一部の新聞では，地下水の水位上昇は地震の引き金につながりかねないと報じられ(309)，騒ぎの沈静化には結び付かなかった．

　地震予知連絡会は騒ぎが沈静化するのを，望んでいなかったのかも知れない．文部省測地学審議会は1975年7月，第3次地震予知計画の一部見直しを建議した(310)．この建議では，従来の計画の見直しが必要な理由として，多摩川下流域の異常隆起問題と中国や米国などでの地震予知研究の進展の2つをあげている．これまで日本で立ち遅れていた研究として，地下水やラドンの研究，地震波速度の時間変化，地震発生過程の理論的かつ観測的研究など8項目をあげ，これらを新たに地震予知計画に加えることが必要である，と建議は主張した．また首都圏での観測体制を強化することも必要である，とも訴えている．川崎の異常隆起と中国の海城地震の予知成功などで盛り上がった社会の"地震予知熱"をきっかけに，地震予知研究予算をさらに増額してほしい，との思惑がうかがえる．

　川崎の"異常隆起騒ぎ"は1976年5月，地震予知連絡会が「現在までの観測結果によると，多摩川下流域の異常隆起が地震の発生に結び付く公算はかなり薄い」との統一見解を発表して，終わった(311)．地盤の隆起はその後やや緩やかになったとはいえ続いていた．しかし，地震活動や一帯を通る地震波の速度，地下水のラドン含有量などに変化は見られなかった．地盤の隆起は地下水の状態に関連がある，と推定されたが，明確な結論は出なかった．約1年半にわたって大騒ぎが繰り広げられた川崎の"異常隆起騒ぎ"は，異常隆起が地震に結び付かなかった点でも，地震予知研究の予算獲得に利用されたという点でも，1976年に米国カリフォルニア州で起きた"パームデー

ル隆起騒動"ときわめてよく似ていた.

　川崎の"異常隆起騒ぎ"が収まらぬ1975年4月21日未明には, 大分県大分郡庄内町を震央とする大分県中部地震（M 6.4）が起き, 22人が重軽傷を負い, 73棟が全壊した. 震源は浅く, 震央を中心にして西北西から東南東に延びる長径約20 kmの楕円状の地域に被害は集中した(312). この地震では, 九重町山下池の畔に1965年に建てられた鉄筋コンクリート地上4階, 地下1階建の九重レークサイドホテルの東側の1階部分の柱が損壊し, 3階建の建物のようになった(313).

　大分県中部地震で気象庁が観測した震度は, 大分などで最大で4であったにもかかわらず, 建築基準法の規定通り建てられたビルが倒壊したのは, 建築基準法の規定が甘すぎるのではないかと, 国会でも問題になった(314). これに対して建設省の責任者は, ホテルが倒壊したのは, ホテル付近では建築基準法が想定している地震動の2倍くらいの地震動があったためであると述べるとともに, 新しい耐震設計法の研究を5年計画で進めており, 建築基準法の改正にもやぶさかではない, などと答弁した(315). 新耐震設計法を取り入れた新しい耐震基準は1981年から施行されることになる.

　大分県中部地震では地震の起きた直後に空が光る発光現象を, 多くの人が目撃した. 光の色は赤ないしはオレンジ色で数秒間続き, 外が明るくなるほどであったという(316).

　川崎の"異常隆起騒ぎ"の"終息宣言"を出した1976年5月24日, 地震予知連絡会は続いて, 伊豆半島で異常隆起が起きており, これは大地震の前触れかも知れない, と発表した. 伊豆半島の天城山付近では1975年9月末から小規模な群発地震活動が続いていたため, この影響を調べるため, 国土地理院は1976年1月に周辺一帯で水準測量をした. その結果, 伊東市の南西約7 kmの冷川峠を中心にして伊豆半島中部のほぼ全域にわたって隆起が認められ, 最大では1967年に比べて15 cmの隆起が見られた. 隆起が顕著になったのは1975年からであることもわかった(317).

　伊豆半島の伊東周辺では1930年に激しい群発地震活動が起きた. このときには最大で20 cm以上も隆起したが, これは地下深くからマグマが上昇したことが原因である, と考えられた. 今回の隆起と群発地震も, マグマ活

動のためとも考えられるが，大地震の前触れの可能性も否定できないとの意見が強く，地震予知連絡会では原因を明らかにするために，伊豆半島で各種の観測を行うことを決めた(318)．伊豆半島の異常隆起も新聞各紙では大きく報道され，地震への関心をかき立てた(319)．

　1976年8月18日には静岡県賀茂郡河津町を震央とするM 5.4 の地震が起きた．石垣が崩れるなどして道路の通行ができなくなったり，家屋の壁にひびが入ったりするなどの被害があった．地震予知連絡会はこの地震後，この地震も一連の群発地震に伴う活動の1つであり，今後もM 5 程度の地震が起こるかも知れない，との見解を発表した(320)．8月26日には再び河津町付近にM 4.7 の地震が起きた．しかし，伊豆半島の隆起はその後鈍化傾向を示すようになり，地震予知連絡会は1976年11月に「活動は静穏に推移する可能性が大きい」との見解を発表し(321)，この騒ぎも一段落した．

　以上のように地震予知連絡会は，房総半島の隆起，東海地域の観測強化地域指定，房総沖の大地震の空白域，川崎地区の隆起などの"事件"を通して，「地震に結び付くかもしれない」との不安をかき立て，地震予知への関心を高め，持続させることに成功した．"オオカミ少年路線"といってよいかも知れない．さらにこの"路線"は続き，東海地震の予知を前提にした大規模地震対策特別措置法の制定へと進む．それが次章のテーマになる．

第6章 東海地震説と大規模地震対策特別措置法

　1973年に起きた第1次石油危機によって，日本の高度成長の時代は終わり，中成長の時代に入った．新潟の土建会社の社長から首相にまで上りつめた田中角栄が1974年11月，「金脈問題」で辞任を余儀なくされたのは，1つの時代の終わりを象徴する事件であった．1976年2月には，米国の航空機メーカー・ロッキード社が自社の航空機を売り込むために，日本の政治家などに多額の賄賂を贈っていたことが明るみに出た．いわゆるロッキード事件である．7月末には前首相の田中が収賄容疑で逮捕された．自由民主党内では主導権争いが深刻化し，田中の後継首相であり，田中逮捕を容認した三木武夫を退陣に追い込もうとする「三木おろし」の風が吹き荒れていた．

　他方，前章でも紹介したように，1975年に中国・遼寧省で起きた海城地震の予知に成功したという報道をきっかけに，地震予知ブームは頂点に達していた．東海地震への関心が再び高まったのはこうした時期であった．

　その端緒になったのは，1976年当時東京大学の助手であった石橋克彦の東海地震説である．きたるべき東海地震の震源は駿河湾に入り込み，静岡などで大きな被害が出る，という石橋の東海地震説は，震源域を明示した上に，それに備える方策を示した点で，それまでの東海地震説に比べて社会へのインパクトが強かった．1976年12月には測地学審議会は，東海地域の監視データを気象庁に集中し，異常が観測された場合にはそれが大地震の前兆かどうかを判断する判定組織の設立を建議した．東海地域の判定会が1977年4月に発足すると，こんどは判定会が地震予知情報を出しても，それを有効に生かす法律が存在しないことが問題になった．1978年1月に伊豆大島近海地震が起きると，三木の後継首相になった福田赳夫の指示によって，地震予

知情報が出せることを前提にした大規模地震対策特別措置法（大震法）が国会に上程され，同年6月には成立した．

大震法の成立によって，東海地震の予知の責任は気象庁に委ねられ，地震予知研究は業務的色彩の強いものになった．やがて研究としての魅力が薄れ，1990年代に入ると地震研究者の間からは，予知研究の行き詰まりを指摘する声も出始めるのである．

6.1 「駿河湾地震」説の登場

石橋説が登場する前には，東海地震の震源域としてはどのような場所が想定されていたのかを，顧みておこう．1969年に茂木清夫が，東海地方に大地震が起きる可能性を最初に指摘した根拠は，明治以降の三角測量の結果，図5-4のように伊豆半島から御前崎付近にかけては，異常な水平歪が蓄積されていることであった(1)．茂木は震源域を明示してはいないが，震源域に伊豆半島から遠州灘が含まれることは明らかである．地震予知連絡会が同年，図5-5のような長方形の区域を大地震の可能性がある地域として特定観測地域に指定した(2)．この長方形のなかには駿河湾と遠州灘のごく一部が含まれていた．

これに対して1944年の東南海地震の余震分布を詳しく調べた気象庁の関谷溥らは，余震が熊野灘から遠州灘の陸地沿いから一部は駿河湾にも広がっていたことから，これらの領域は東南海地震とその後の余震で破壊されたと考えた．そして，大地震で破壊されていない未破壊域〔第1種の空白域〕として，図6-1のような遠州灘沖の南海トラフ沿いの地域をあげた(3)．関谷はまた，最近地震活動が低調な第2種の地震空白域として図5-10，すなわち遠州灘をあげたことは5.8節で紹介した．駿河湾はいずれにも含まれていない．

東海沖で将来起こる地震について，予想される断層モデルを初めて提示したのは，京都大学防災研究所にいた安藤雅孝である．安藤は1974年10月に名古屋大学で開かれた「東海沖地震」と題する研究集会で，中部地方の下に約25度の角度で沈みこむフィリピン海プレートと陸のプレートとの境界面

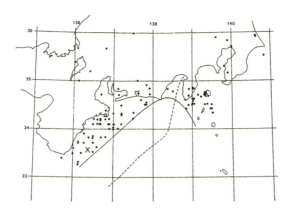

図 6-1 気象庁の関谷溥らが指摘した遠州灘の第 1 種地震空白域
南海トラフの位置を示す点線と，実線で囲まれた領域が空白域を示す．
（関谷溥・徳永規一「遠州灘周辺の Seismicity Gap について」『験震時報』39 巻（1973 年），85 頁より）

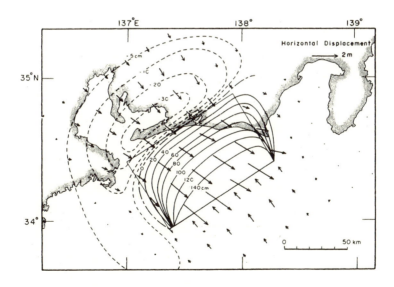

図 6-2 安藤雅孝が予測した「東海沖地震」の断層モデル
→は予測される水平方向の地殻変動の方向と量を，数字は垂直方向の地殻変動の大きさ（単位 cm）を示す．
（安藤雅孝「東海沖地震と防災」『"東海沖地震"』1974 年，55 頁より）

6.1 「駿河湾地震」説の登場　　301

が，図6-2のように長さ約100 km，幅約70 kmにわたって逆断層運動を起こし，陸のプレートが約4 m東南東にずれ動くのが「東海沖地震」と考えられる，と発表した(4)．そして，この断層の動きによって生じる地殻変動の量や，各地を襲う津波の高さの計算結果も示した．

　安藤がこうした断層モデルを考えたのは，フィリピン海プレートの沈み込みに伴って南海トラフ沿いで1707年に起きた宝永地震，1854年に起きた安政の東海地震，南海地震，1944年に起きた東南海地震，1946年の南海地震について，地震後に報告された主に地殻変動のデータからそれぞれの断層モデルを推定していたからである(5)．すなわち，宝永の地震では，図6-3のA，B，C，Dの全部の領域が震源域になり，安政の東海地震ではCとD領域が，安政の南海地震はA，Bの領域が震源域になった．1944年の東南海地震の震源域はC領域だけで，A，B領域は1946年の南海地震の震源域になった．

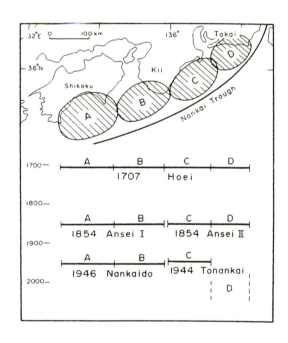

図6-3　安藤雅孝がまとめた18世紀以降の南海トラフの巨大地震の震源域
　　　　安藤は震源域をA，B，C，Dの4つに分けた．
　　　　(安藤雅孝「東海沖地震と防災」『"東海沖地震"』1974年，55頁より)

すなわちD領域は120年以上も巨大地震が発生していない第1種の地震空白域になっていると考えられたのである．

　安藤は，御前崎より東の駿河湾は「東海沖地震」の震源に含めなかった．その理由について安藤はほかの論文で，①過去の地震では，駿河湾域には地殻変動が及んだという記録がない，②駿河湾ではプレートが沈み込んでいる証拠がない，の2つをあげている(6)．

　安藤は「東海沖地震」の震源モデルをあえて提出した理由として「地震予知の目的は，災害の苦痛から人間を解放することである．…ある地域，ある断層の『危険信号』を『キャッチ』した場合，出し尽くせるだけの知識や能力を最大限生かし，地震学にたずさわる者として，責任を果たす必要がある」と述べた(7)．安藤の断層モデル提出と地震研究者の社会的責任という観点は，後に見るように石橋説の先駆けになった．

　名古屋大学で開かれた「東海沖地震」の研究集会では，ほかにもさまざまな観点から「東海沖地震」について議論された．安藤と同じ京都大学防災研究所にいた三雲健は，①1944年の東南海地震の1日後の余震域は浜名湖南方にまで延びていた，②1854年の安政の東海地震では震度6の地域が駿河湾まで延びていた，などの事実をあげ，次に予想される東海沖地震の震源域は，安藤の断層モデルよりも東側になり，浜名湖南方の遠州灘東部から駿河湾沖を含む領域と考えられる，と述べた(8)．

　また，東京大学地震研究所の松田時彦は，四国の室戸岬と御前崎の大地震時の隆起量は1-1.5 mとほぼ同じなのに，御前崎の1000年間の隆起速度は室戸岬の4分の1にしかならないという地形学的事実をあげ，御前崎を隆起させるような東海地震は室戸岬を隆起させる南海地震よりも発生回数が少ないのでは，との考えのもとに「東海地震は宝永・安政の2回続けて南海地震につき合ったから，昭和ではつき合わない可能性が大きい」と述べた．松田は同時に，駿河湾からその北部にかけては活断層地形が発達しているので，駿河トラフとその北部延長が地震を起こす可能性も考慮すべきである，とも主張した(9)．

　以上に述べたように，将来東海沖で起きる地震像は研究者によってさまざまであった．地震像を描く基礎となる①1944年の東南海地震の震源域はど

こまで東に延びていたのか，②1854 年の安政東海地震の震源域は駿河湾にも及んでいたのか，③フィリピン海プレートは駿河湾で沈み込んでいるのか，などの点について見解が分かれていたからである．安藤の「東海沖地震」の断層モデル提出によって，こうした認識の違いが鮮明になったともいえる．

　1944 年の東南海地震の震源域がどこまで東に延びていたかについては，今村明恒が『帝国学士院紀要』に発表した，静岡県掛川周辺での東南海地震の前と後での水準測量結果についての論文が，1 つの鍵を握っていた．今村は，南海トラフ沿いで大地震の発生が近いことを予測して，水準測量路線を掛川から御前崎付近まで南東に延ばすように陸軍陸地測量部に要請した．同測量部は今村が委託した費用によって，1944 年に掛川周辺での水準測量を行った．測量が終了したのは東南海地震の起きた 12 月 7 日午前中であった．東南海地震が起きた後にも，三倉―掛川間と，掛川―御前崎間で別々の作業班が測量した．

　今村の論文は，こうした経緯で行われた地震前後の 2 つの作業班の測量結果を速報したものであった．それによると地震前には掛川周辺は南東方向に傾斜，すなわち南に行くほど沈降していたが，地震後は掛川をほぼ中心にしてドーム状に最大約 10 cm の隆起が見られた[10]．すなわち地震の後，御前崎の近くでは掛川に対して 10 cm あまりの沈降が見られたというのである．

　しかしながら，御前崎やその東の相良町では 15-30 cm 隆起したとの現地の人の証言があった[11]．今村の論文と現地の人の証言は矛盾し，どちらを採るかによって，きたるべき東海沖地震の地震像も大きく異なってくる．御前崎が今村の報告通り沈降したのであれば，東南海地震の震源域は御前崎まで及んだとは考えられない．一方，御前崎が隆起したのなら，東南海地震の震源域は御前崎付近にまで及んでいた可能性が高い．

　1970 年になって国土地理院の佐藤裕が，当時の測量記録（測量手簿）に基づいて地震前後の地殻変動を再点検したところ，今村の論文の数値には誤りが見付かった．当時の測量記録が残っていたのは三倉―掛川間だけで，今村の報告では掛川は三倉に対して 74.2 mm の隆起となっているのに対し，掛川の隆起は正しくは約 11 cm であった．掛川―御前崎間の測量記録は国土地理院の倉庫からは見付からず，再点検できなかった[12]．

この再点検の結果に基づいて，国土地理院の井内昇らは東南海地震の断層モデルを推定したところ，図6-4のように断層面は御前崎周辺まで延びていたとする方が，掛川周辺での地殻変動をうまく説明できた(13)．すなわち，東南海地震では安藤のいうC領域だけではなく，D領域も動いた可能性が高い，というのであった．

　1854年の安政東海地震に関しては，1970年に萩原尊禮が，各地に残る古文書の記録をもとに各地の震度を推定した．それによると，御前崎から駿河湾の西部にかけての揺れが最も強く，ここでは震度7と推定された(14)．しかし，地震の揺れは地盤の良し悪しにも左右されるため，これだけでは震源域が駿河湾に及んでいた，とは断定できなかった．

　安政東海地震の震源域が駿河湾に及んでいたことを示す，決定的な史料が明らかにされたのは1976年初めである．1893年に静岡県知事が帝国大学総長の問合わせに答えて，安政地震と濃尾地震の際の被害状況を記した報告書を，地震研究所の羽鳥徳太郎が見付けた．この報告書は，静岡県下26の町村役場からの報告をまとめたもので，東京大学地球物理学教室に保管されて

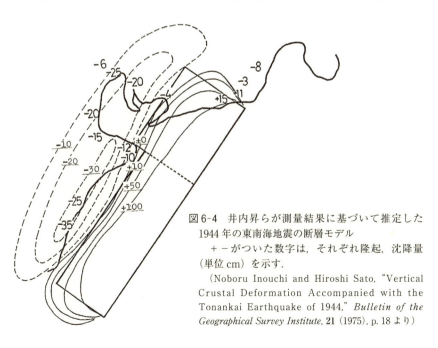

図6-4　井内昇らが測量結果に基づいて推定した1944年の東南海地震の断層モデル
　＋－がついた数字は，それぞれ隆起，沈降量（単位cm）を示す．
　　（Noboru Inouchi and Hiroshi Sato, "Vertical Crustal Deformation Accompanied with the Tonankai Earthquake of 1944," *Bulletin of the Geographical Survey Institute*, 21 (1975), p. 18 より）

いた．それによると，安政の東海地震の後，遠州灘の海岸はもちろん，駿河湾の西岸（富士川の河口以西）でも海岸が1m前後隆起し，海岸線が50-100mも後退した，などの伝承が各地に伝わっていた．駿河湾の東岸では，逆に沈降していた．この報告書をつぶさに検討した羽鳥は「〔安政東海地震の〕波源域〔震源域〕は，南海トラフから駿河トラフに沿って折れ曲がり，1944年東南海地震の波源域と比べて，東北方向に伸びる形をとる」と結論した(15)．

　南海トラフが駿河湾に沈み込んでいることを示す海底の構造調査結果は1976年までには出ていなかったが，安政東海地震で駿河湾西部が隆起し駿河湾東部が沈降した事実から，駿河湾ではプレートが沈み込んでいると考えることに問題はなくなった．

　東京大学地球物理学教室の助手であった石橋が1976年に提唱した「駿河湾地震」説の背景には，以上に述べたような研究の積重ねがあった．石橋の「駿河湾地震」説の核心は，1854年の安政の東海地震の震源域は熊野灘から駿河湾奥にまで及んだが，1944年の東南海地震の震源域は熊野灘から遠州灘西半分までで，遠州灘東半分から駿河湾奥までは122年間大地震が起きていない空白域になっている．駿河湾一帯にはかなりの歪がたまっていることは測地測量の結果明らかであるので，東海地方に将来予想される大地震の震源域は，遠州灘東半分から駿河湾奥になる可能性が一番高い，という主張であった(16)．そして，予想される地震の断層モデル（図6-5）を提出した．34度の角度で沈み込むフィリピン海プレートが，南北方向に長さ約115km，幅約70kmの境界面で地震時に約4mすべり，地震の規模はM8.2-8.3になる，との予測であった．

　石橋は同時に，「『駿河湾地震』は切迫している恐れがある」「前兆現象が（あるとすれば）いつ始まっても不思議ではない」などと，その「切迫性」も強調した．その根拠として石橋があげたのは，①安政の地震以来，122年間にたまった歪は限界近くに達しているものと考えられる，②予想震源域の地震活動度が低い，③安政地震の13年前には静岡でM6.4，2年前には小田原付近でM6.5の地震があったが，1965年に静岡でM6.1の地震が起き，1974年からは伊豆半島の地殻変動が活発である，などであった．

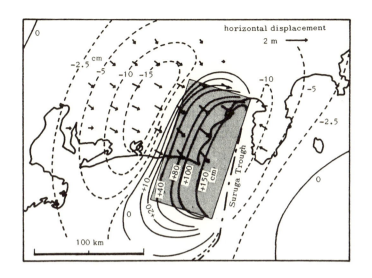

図6-5 石橋克彦が予測した東海地震の断層モデル
→は予測される水平方向の地殻変動の方向と量を，＋－がついた数字はそれぞれ隆起，沈降量（単位cm）を示す．
（石橋克彦「東海地方に予想される大地震の再検討」『地震予知連絡会報』17巻（1977年），131頁より）

　石橋は，こうした考えを1976年5月には「東海地方に予想される大地震の震源域—駿河湾地震について（暫定版）」という小冊子にまとめた(17)．石橋の師であり同教室教授の浅田敏は，地震予知連絡会が1975年に設けた東海部会の部会長を務めていた．浅田は5月に開かれた第33回地震予知連絡会でこの小冊子を配り，「今まで東海地震としてその可能性が考えられてきた地震は遠州灘地震というより駿河湾地震である可能性が強いという意見があるので今後検討したい」などと紹介した(18)．
　石橋は同年8月23日に開かれた地震予知連絡会で，「駿河湾地震」説について自身の考えを説明した．この後，浅田は「東海部会各委員によると，駿河湾は独立では地震を起さないという意見もあり，そうだとすると次の地震は100年後ぐらいかもしれない．10年以内に地震が起るか，100年後か今のところ地球物理学的には決定できない」などと解説し，「発生時期については何ともいえない」とする自身の考えを述べた(19)．この日の連絡会では

「駿河湾地震」についてこれ以上突っ込んだ議論はなく，連絡会後の記者会見でも話題にはならなかった．

しかし，翌日の『静岡新聞』などいくつかの地方紙では石橋の東海地震説を，「"駿河湾巨大地震"を予測，若手研究者ショッキング報告，地震予知連」などの見出しで大きく報じた．共同通信社のスクープであった．1974年の伊豆半島沖地震，1975年から始まった伊豆半島での異常隆起，1976年8月に起きた伊豆・河津地震に加えて，「駿河湾地震」説の報道によって，静岡県民の地震に対する関心は急激に高まり，静岡市内の百貨店では9月には防災用品の特設売り場を設け，ヘルメットやロープ，固形燃料や保存食品類が飛ぶように売れた[20]．

10月8日から福岡市で始まった地震学会では，石橋は「駿河湾地震」の予測にとどまらず，「駿河湾地震」の震源域の真上に当たる静岡などでは大きな被害が予想されるので，ただちに監視警戒体制づくりに着手すべきである，と防災対策についても言及した[21]．石橋は，過去の例から考えて地震の直前には何らかの前兆が現れる可能性が高く，万全の体制があればそれをとらえられる見込みは強い，とも述べた．そのためには観測データを集中して24時間監視して，異常をとらえた場合に的確な警報を出す能力を備えた組織が必要である，として「東海地区地震予知防災センター」を設立するように訴えた．

石橋の講演予稿集には，地震の前兆としてどのようなものが期待されるのかについては書かれていないが，石橋は『静岡新聞』に寄稿した論考には「微小地震の発生や土地の急傾斜などである」と書いている[22]．「土地の急傾斜」とは，1944年の東南海地震の直前などに観測されたとされる地殻変動を指すものと考えられる．

1944年の東南海地震の当日，静岡県掛川周辺で陸軍陸地測量部によって水準測量が行われており，国土地理院の佐藤裕が1970年に当時の測量記録を再点検したことはすでに述べた．佐藤はこの再点検によって，南北に1400 mある測量区間で地震当日の午前中に測量した値と地震前日の12月6日に測量した値とを比べると，9 mmも南が上がっているのを発見した．これは，地震の直前に地盤がわずかに北側に傾斜したことを示唆するもので，

地震の前兆ではないかと考えられた(23).

この事実は，大地震の前には地震動を感じさせないほどのゆっくりした速度で，断層が動く可能性がある（「プレスリップ」あるいは「前兆すべり」と呼ばれる），との考え方と結び付けられた．室内での岩石実験によって 1972 年に「プレスリップ」を発見したのは，米国コロンビア大学のショルツ（Christopher Scholz）らである．彼らは直方体の花崗岩を対角線に沿った面で 2 つに切断し，これを再び組み合わせて直方体にしたものに，上下，左右から力を加えてゆくと，2 つの花崗岩は間欠的に大きくすべる．詳しく観察すると，大きくすべる前には必ずいつもわずかな量ではあるがゆっくりしたすべり（pre-stick-slip）が起きていることがわかった．実際の断層でも岩石実験と同じことが起こるなら，地震の前兆として有力な手がかりになる，とショルツらは述べた(24).

カリフォルニア工科大学に移っていた金森博雄らは 1974 年に，史上最大の 1960 年のチリ地震ではその 15 分ほど前からゆっくりしたすべりが起きており，これが大地震の引き金になった，との論文を発表していた(25). 同大学の地震観測所に備えられていた伸縮計の観測記録を詳細に解析した金森らによると，ゆっくりしたすべりは大地震で動いたプレート境界のより深い部分が 6 分間ほどかけて 30 m も動いたと解釈でき，1872 年の浜田地震など日本海側で起きた大地震の前に海岸が隆起したという目撃談も，こうした地震前に起きるゆっくりしたすべりによって説明できるのではないか，と金森らは主張した．

東海地震の断層モデルを 1974 年に提出した安藤は，こうした研究結果からヒントを得て，東南海地震の後掛川付近がドーム状に隆起したとのデータを，プレート境界面の深部で起きたゆっくりしたすべりに結び付けた．すなわち，掛川付近の深さ 25 km ほどのプレート境界面が長さ 20 km, 幅 15 km にわたって 1 m ほどゆっくりすべり，これが東南海地震の引き金になったとすれば，地震前後の掛川付近の測定結果を説明できる，と主張した(26). そして安藤は，将来起きる東海地震の前にも同じ現象が起きる可能性があるので，高精度の歪計や傾斜計を配置すれば前兆をとらえられるかも知れない，と書いていた．

石橋の「駿河湾地震」説が発表された後になるが，1977年1月に開かれた日米地震予知シンポジウムでは国土地理院の佐藤裕が，1946年の南海地震の前後に高知県土佐清水の験潮所で記録された観測記録を解析した結果を報告した(27)．それによると，土佐清水は南海地震の36時間前からわずかに隆起を始め，10 cmほど隆起したところで地震が起こり，地震後の隆起量は約50 cmに達した．佐藤は，東南海地震の直前に同様な地殻変動が観測されたことも紹介し，「われわれはこれらのデータから，将来の東海地震の予知は前途有望であると確信している」と述べた．

　1973年頃から始まった世界的な地震予知ブームは，1975年の中国・海城地震の予知成功によって頂点に達していた．地震予知連絡会会長の萩原尊禮も1976年8月，地震の直前予知の可能性について新聞社のインタビューに答えて「数年前から1カ所に観測を集中させ，24時間体制を続け，各種の調査結果を総合的に判断すれば，予報は可能だと思う」と述べ，観測データを24時間監視するために「気象台のような国土庁地震台のような専門組織が必要です」と提案していた(28)．石橋の師である浅田も，石橋が地震学会で「駿河湾地震」説を発表した直後に『朝日新聞』に寄稿した論考で，東海地方に地殻変動や地磁気，ラドン，地下水位など各種の観測網を整備し，そのデータを1カ所に集めるように提唱し，「〔観測網が実現すれば〕これらの観測網は地震直前の——2，3時間前の——前兆を捕捉出来る見込みが大きい」と書いていた(29)．観測網さえ整えれば，大地震の前には「プレスリップ」など何らかの前兆が観測されるのではないかという見解は，石橋ばかりでなく以上のように多くの地震研究者の間に共有されていたのであった．

　一方，「駿河湾地震」の「切迫性」については地震研究者の間にも異なった見方が存在した．東京工業大学の力武常次は，南海トラフで過去600年間に起きた大地震の再来間隔の平均は117年，標準偏差は35年として推計すると，1976年から10年以内に東海地域で大地震が起きる確率は52％となる，と発表した．力武は，国土地理院が駿河湾周辺で行っている三角測量や水準測量の結果と，地殻に蓄積された歪の限界量をもとに推計した結果も同時に発表した．それによると，1976年から10年間に東海地域で大地震が起きる確率は30-50％という結果になった(30)．

東京大学地球物理学教室の瀬野徹三は，御前崎の隆起量と沈降速度との関係から，御前崎沖で大地震が起きる再来間隔は 150-300 年と推定した(31)．石橋は，フィリピン海プレートの運動速度が年間 3.3 cm，「駿河湾地震」で断層がすべる量を 4 m とすると，その歪がたまるには 4 m/3.3 cm ≒ 121 年でよい，という数字も出した(32)．

　以上のように「駿河湾地震」がいつ起きるかについては，何を推計の基礎にするかによってさまざまな数字が出ていた．石橋自身も「切迫性」を強調する一方で，「発生時期は現状では予測困難．もしかすると 20 年～30 年後かもしれないが，数年以内に起こっても不思議ではない」などとの慎重な表現を加えるのを忘れなかった(33)．

　国会に参考人としてしばしば呼ばれた地震予知連絡会会長の萩原も「切迫度については現時点でそれを判断するだけのデータがない．それを判断するにはもう少し観測強化の度を強めていろいろ調べた上でなければならない」などと(34)，発生時期を予測するのは難しいことを再三述べていた．

　ところが，「発生時期の予測は困難」説を打ち消す上で大きな役割を果たしたのが，気象庁が遠州灘から伊豆半島にかけて新たに設置した体積歪計の観測データであった．気象庁では，地震予知連絡会が東海地方を 1974 年に観測強化地域に指定したのに伴い，愛知県伊良湖岬，三ケ日，御前崎，静岡市，伊豆半島石廊崎の 5 カ所の深さ 60-210 m の岩盤に体積歪計を設置し，1976 年 4 月から観測を始めていた．

　9 月末までの半年間の観測データを調べたところ，全観測点で圧縮が進んでおり，御前崎ではその歪の量は 6 カ月間で 10 万分の 1.8 に達した．地殻は 10 万分の 10 以上の歪には耐えられないとされており，地震が起こるとされる量の 5 分の 1 もの歪が半年の間にたまったことになる．体積歪計が故障している可能性もあるため，種々の検討が行われたが，異常はなかった．このため地震課長の末広重二らは，石橋が「駿河湾地震」説を発表した翌日の 10 月 9 日同じ地震学会で，この観測データを発表した(35)．これに対して地震予知連絡会会長の萩原は「埋め込んだばかりの計器は最初は異常なデータを示すもの」との見解を示したが，この発表は「御前崎で異常ひずみ，『3 年で地震』示す，地震学会で気象庁報告」などとの見出しで各新聞に大きく

報道された(36).

　国会では早速ある議員がこの報道をもとに「この地震は明日起きても不思議ではないぐらいに切迫しているわけです」などと政府の東海地震対策を追及した．こうして次節でも見るように，東海地震は「いつ起きても不思議ではない」という「切迫感」と，観測を強化すれば直前予知も可能であるという楽観的な見通しが社会に広まったのである．

6.2　「駿河湾地震」説の反響と東海地域判定会の設置

　石橋の「駿河湾地震」説にいち早く反応したのは，震源域になる静岡県であった．知事の山本敬三郎は，1976年9月県議会に約2億円の地震対策費を盛り込んだ補正予算を提案した．「駿河湾地震」が起きた場合の被害想定調査を行い，県内75市町村全部に地域ごとの避難路や負傷者の救助対策などを盛り込んだ地震対策計画をつくらせる一方，耐震性の貯水槽の増強や同報無線の整備などにも着手する，というものであった．10月1日には，消防防災課内に5人からなる地震対策班を発足させた．地震対策班は早速，宝永の地震，安政の東海地震が県内にどのような被害を与えたかを記した古文書捜しを始めた(37).

　山本は10月6日には石橋の師の浅田敏と会談し，「石橋学説が学界で認められるようになれば，国に東海地区地震予知防災センターの設置を強く働きかける」と県議会で答弁した(38)．県議会も10月19日，国の地震予知・防災体制が多元化しているために，住民に不安を与えているなどとして，地震情報を一元化して予知防災体制を強化するため「東海地区地震予知防災センター」を設置するよう国に求める意見書を全会一致で採択した(39)．静岡県内では，東海地震についての講演会・勉強会が各地で開かれ，避難訓練も始まった．各市町村では避難場所を指示した地図や防災読本の作成に取りかかった(40)．

　山本は11月5日に開かれた関東知事会議では，地震予知観測の強化と一元化などを国に要望することを提案し，賛同を得た．山本の提案は，各研究機関でバラバラに行われている観測データをまとめるとともに，地震予知に

つながる観測データが得られた場合に，社会的混乱を招くことなく公表するための新たな行政機関の創設などを国に求めたものであった．11月12日には山本の提案で，静岡県，東京都，神奈川県など関東から中部地方の12都県市が協力し合うための「東海地震対策都県市連絡協議会」が発足した(41)．

　新聞各紙も10月に入ると石橋の「駿河湾地震」説を大きく取り上げ，関連の連載記事を競って掲載するようになった．そして，悲惨な結果を防ぐのに最も有効なのは地震を直前予知することであるが，地震予知計画の進展によって直前予知の可能性が出てきた，そのためには観測を強化して各地からの観測データを集中監視することが重要である，同時に地震予知研究を強力に推進するためには，各省庁・研究機関がバラバラに取り組んでいる今の推進体制を改め，その総元締めになるような組織をつくることが必要である，また，仮に地震が予知できたとしても，その情報をどのように国民に伝えるのか決めておかないと，情報は有効に生かされない，予知と並行して防災対策も急ぐべきである―などと論じた(42)．地震予知の実現性をどのように考えるかという点で，新聞社によってニュアンスの差が多少あったくらいで，それ以外の論点では新聞各紙の主張は一致していた．

　東海地震対策は，1976年9月16日から開かれた第78回国会（臨時）の主要なテーマになった．ロッキード事件で同年7月に前首相の田中角栄が逮捕されたことをきっかけに，自民党内では首相であった三木武夫の退陣を求める反主流派の動きが活発化していた．野党側は，ロッキード事件の究明を求めて三木内閣の責任追及に全力をあげていた．

　こうした政治情勢にもかかわらず，東海地震対策は衆参両院で，与野党問わず多くの議員の取り上げるところとなった．それまで国会で地震予知，地震対策が論じられるのは，災害対策特別委員会か科学技術振興対策特別委員会の場にほぼ限られていた．しかし，この国会では両特別委員会のほか予算，決算，大蔵，建設，運輸の各委員会でも東海地震対策についての質疑がなされた．衆議院災害対策特別委員会で東海地震対策を質問するに際して静岡県選出のある議員はこう前置きした(43)．

「最近の新聞，週刊誌，特にNHKのごときは3日連続でこの〔東海地震の〕

特集をやった．…いまや世論はロッキードよりも，自民党の内紛よりも，総選挙よりも地震に集中してきた」

　第78回国会で最初に東海地震を取り上げたのは元警視総監の秦野章であった．秦野は参議院予算委員会に参考人として石橋の師である浅田敏を呼び，見解を質した．これに対して浅田は，今年になって1854年の東海地震では震源域が遠州灘から駿河湾内部に及んでいたことを示す古文書が見付かった，などと石橋が「駿河湾地震」説を発表した根拠を説明し，「あした起こっても不思議ではないという言われ方をしておりますけれども，これはある意味で正しい．…次の東海地震のときに一緒でなきゃ起こらないのではないか，そういう想像もございます．…この地震についてはもうすぐ起こるかもしれないし，あるいはちょっと間があるかもしれないということが全くわからない状況であります．…そのためにはあらゆる地球物理学的な観測を綿密にして様子を見ていくよりしようがありません．…〔それによって〕もしかしたら大地震というものが起こる数時間前に発生の予知ができるのではないか，そういうふうに考えております」などと述べた(44)．

　秦野は浅田の説明の後，中国では首相の周恩来が陣頭指揮して国家地震局を設立し，これが海城地震の予知につながったという事実をあげ「日本には…予知というものをいろんな科学を集約してそこで責任をもってやる役所がない」「東海地震がある程度予測されているような状況で，政治や行政に責任のところがないというのは，これは困ったものだと思うんですよ」などと述べて，首相の三木の考えを質した．

　日本の地震予知計画は，計画の建議は文部省の測地学審議会が行い，研究は各大学や気象庁，国土地理院，地質調査所などが独自に行ってきた．1969年には各研究機関の情報を交換し，それを総合的に判断する場として，国土地理院に地震予知連絡会が設けられた．行政レベルでは地震予知推進をどの役所が担当するのか不明であることが問題になり，1973年には各省庁の担当部局の連絡組織として，科学技術庁を事務局にした地震予知研究推進連絡会議が設けられた．しかし，この連絡会議も政策の立案などとは無縁であることが，しばしば批判されてきた．秦野の質問もこの点を突いていた．

秦野の質問に対して三木は「この問題は…もっとこう強力に一元的に取りまとめるような機関というものは研究する余地が私はあると思いますから，…一つの検討課題にいたします」などと，検討を約束した．予算委員会の4日後の10月8日，科学技術庁長官の前田正男は閣議後の記者会見で，地震予知を総合的に推進するための新たな体制づくりに乗り出すことを表明した．しかしながらこの新体制づくりには，既得権を奪われることを警戒して文部省など関係省庁が「手足のない機構をつくっても何にもならない，屋上屋を重ねるだけ」などと抵抗した[45]．結局，これまでの地震予知研究推進連絡会議の代わりに，科学技術庁長官を本部長とする地震予知推進本部を政府に置くことになった．本部員は関係各省の事務次官が務め，これまでの連絡会をワンランク格上げしただけに終わった[46]．

　東海地震について議論する衆参両院の委員会には，浅田のほか地震予知連絡会会長の萩原尊禮，東京工業大学教授の力武常次がしばしば参考人として呼ばれた．萩原は，東海地震を予知するには現在の観測体制では不十分で，観測強化が必要なことを訴えた．そして，歪計や傾斜計，験潮所の増設，御前崎沖での海底地震観測網の早期実現，地下水の調査の強化，地磁気観測の実施，地下構造の調査，古文書の発掘，それに観測データを24時間監視するセンターが必要であることを主張した[47]．

　浅田はさらに踏み込んで，もし大地震の前兆が現れた場合には現場の監視員がそれを判断するのは難しい，として「判断の能力のある人が適当なところにいて判断を下すというシステムを将来はつくらなければ実際的ではない」と提案した[48]．科学技術庁長官の前田はこの浅田の提案を受けて「24時間勤務して観測を続けておられるようなところに各省で集めましたデータが一応集中してくる．それをもとにして評価してもらう組織が必要じゃないか，こう思っておるわけでございます」と後日，答弁した[49]．これが，後に「判定会」の設置につながる．

　だが，東海地震の予知の可能性がどのくらいあるのか，という点については関係者の見解は微妙に食い違っていた．国会議員の間では，たとえば静岡県選出の参議院議員・松永忠二が「駿河湾地震はどうしても予知しなければならない」と述べた[50]ように，直前予知に期待する声が大勢であった．浅

田は「非常に極端な場合は人間の目で見えるような前兆現象が起こり，それで30分とか1時間後に地震が起こった例も少しはあるのでございますから，機械でちゃんとはかればこれは見込みがあるわけです」などと楽観的な見方を示した(51)．力武は「いろいろ調べておりますと，地震の直前に…たとえば海水が急に引いた，…あるいは電気抵抗が急に変わった，地下水が急に変化したというような例が幾つかございます．したがいまして，地震直前…に徴候をつかめることが決して不可能ではないと思います」などと明るい見通しを語った(52)．

これに対して萩原の答弁は，微妙であった．萩原は「この地域〔東海地域〕に今度はいろいろな観測を集中いたしまして，さらに差し迫った予報，数カ月前あるいは数日前，あるいはできれば数時間前といったような短期的な予報が可能になってくるものと思います」と答えながら，その後には「短期的な予報につきましては，…どうも万能薬というか，これだけをしっかり見詰めていればいいというものはまだ見つかっていないのでございまして，…ケース・バイ・ケースに違ってくるのだと思います」とも続けた(53)．さらに「地震予知というものが，こういうことをすればもういいんだ，これで長期予報も短期予報もできるのだと決まってしまえば，これは官庁の業務として行なえるのでありまして，…まだ研究すべきことが非常に多い」などとも答えている(54)．

一方，科学技術庁など地震予知に関わる役所の官僚たちは，地震予知はまだ難しい，と口を揃えた．たとえば，測地学審議会の事務局を担当する文部省の局長は「短期予報というのが地震予知研究の最終目標でございます．…残念ながらいまだ地震予知研究といいますのは地震予知理論の構築段階にあるということでございまして…」と，地震予知はまだ研究段階にあることを強調した(55)．気象庁地震課長の末広重二も「地震予知ということは現時点ではまだ可能の域に達しておりません」などと答えている(56)．科学技術庁の担当局長も「まだ予知というものが確立されておりませんので，いわゆる行政機関が行政的責任を持って，いつ起こるであろうというような予報なり警報なりが出せる段階にはないと私どもは考えておるわけでございます」と答えた(57)．

このような答弁は，各委員会では「直前予知ができた場合にはその情報をどのように伝達するのか」「新幹線などはどうするのか」などといった質問が再三繰り返されるために，こうした仮定の話がこれ以上拡大・暴走してしまうのを防ぐ意図があったと推測できる．
　ところが，参考人として出席した学者たちは「仮定の話」を拡大する役割を果たした．たとえば，地震予知連絡会会長の萩原は「地震予知連絡会はご承知のように学問的な判断をするだけでありまして，予報を行うような権限は何もございません．…本当の予報というようなことになるとどこが出してよいのか，私は存じません」などと答えた(58)．
　米国の『地震予知と公共政策』の監訳もした力武は「地震予知がある程度できたということになりましても，これを直ちに世の中にどうやって知らせるかという問題が決まっていないわけでございます．…私の考えでは，予報と警報とは全く違うものである．警報には行政が入っているべきものであるというふうに思います．…一体だれがそういうこと〔新幹線や原発などを止める〕を命令する権限があるのか，あるいはその経済的な損失はだれが補償するんだというような点が全く何もわかっておらないわけでございます．ですから何か立法措置でも講じない限り警報は出せないんではないかというふうにも思えます」などと，地震予知に伴う社会科学的な研究とそれに備えた法律の必要性を訴えた(59)．
　これに対して科学技術庁長官の前田は「警報を発したり，あるいはそれに伴いましていろいろな防災対策を講ずるというのは，これは中央防災会議…の方でやっていただくことになると思う」と，中央防災会議に下駄を預けた(60)．ところが，中央防災会議の事務局となる国土庁は1974年に設置されたばかりで，地震対策は風水害，火山災害なども含めて災害対策室が担当していた．国土庁長官の天野光晴は「今の陣容ではどうにもなりません」などと答え，1977年度予算で地震対策課をつくって対応する考えを示した(61)．
　国会では地震予知ばかりではなく，東海地震に備えた対策についての質問も多かった．東海地震が起きれば，どのような被害が予想されるのか，東海道新幹線や東名高速道路や浜岡原子力発電所などは大丈夫なのか，このような大規模地震に対しては国として対策をとる必要があるのではないか，など

についてであった．しかしながら，地震対策の立案に当たる国土庁の担当審議官は「先年南関東地震対策検討会，そういう会議を持ちまして，静岡県にも入っていただき，…これからその場を通じてお話を聞いて検討してまいりたい」などと答えるのが精一杯で，具体的な答弁は何もできなかった(62)．

　第78回国会は，会期末の両院本会議で「災害及び地震対策の促進に関する決議案」を全会一致で採択して11月4日に閉会した．東海地方の観測強化や観測データの集中化を具体的にどう進めるのか，地震予知に備えた特別立法が必要かなどの検討が，政府の懸案として残されたのであった．

　一方，研究者からは「駿河湾地震」説への異論・批判も出された．文部省緯度観測所所長の坪川家恒は1976年10月に開かれた日本測地学会のシンポジウムで，「駿河湾では今のところ大地震が起こる可能性はない」などと講演した(63)．坪川がその根拠としたのは，坪川が独自に編み出した，地震の規模が大きくなるほどそれに必要な歪の蓄積期間は長くなるという経験式と，太平洋岸で起きる巨大地震は約30年間に集中して起きてきたという事実である．坪川によると，フィリピン海プレートの沈み込みによって蓄積される歪は，1944年，1946年の東南海地震と南海地震で解消されているので，駿河湾で大地震が起こる可能性があるのは21世紀の東海，南海地震シリーズである，というのである(64)．

　「駿河湾地震」説の難点は，駿河湾だけを震源域にした大地震を記録した歴史史料が見付からないことであった(65)．1707年の宝永地震の際に，震源域が駿河湾に及んだことを裏付ける歴史史料も見付かっていなかった(66)．このため，もし，宝永の地震で駿河湾が震源域になっていなければ，東海地震に伴って必ずしも駿河湾が動かねばならないということにはならない．したがって，1944年の東南海地震も一人前の東海地震と認めてよい，次の東海地震が起きるのは21世紀に入ってからになるという考えも成り立った．

　次の東海地震では，石橋の提出した断層モデルとは違った震源域が動く，という主張もあった．東京大学地震研究所教授であった茂木清夫は，1974年の伊豆半島沖地震で動いた石廊崎断層の延長部が駿河湾を横切り静岡県焼津市付近にまで達しており，駿河トラフはこの構造線を境に北側と南側の2つに分けられる，と主張した．その北側と南側では大地震の再来周期が違う

ので，もし近い将来に駿河湾で地震が起きる場合には，その南側で起きる可能性が高く，したがって地震の規模もM8よりも小さくなる，などとの見解を述べた(67)．

名古屋大学にいた青木治三や宇津徳治は，1498年の明応の東海地震は，震度や津波の分布から見て，震源域は駿河トラフではなく伊豆半島沖に延びていたと考え，次の東海地震の震源域も明応の地震のように伊豆半島の南まで延びる可能性を指摘した(68)．

これよりも後になるが，国土地理院から茨城大に移った藤井陽一郎は，明治以降の測量結果を再調査した結果，1944年の東南海地震では震源域が駿河湾にも及んでいた，と1980年春の地震学会で発表した(69)．静岡県興津では1944年の地震で5-10 cm隆起したと考えられること，三角測量の結果でも1931-1973年の間に歪が若干緩和されたことがその根拠になっている．もっとも，駿河湾内の断層がすべったのは20 cm程度と推定され，藤井は「ひずみの大部分はまだ残っているが，今すぐ起きてもおかしくないというほど切迫してはいない」と述べた(70)．

石橋の「駿河湾地震」説などの前提になっているプレートテクトニクスを否定する研究者からの批判もあった．当時，日本の多くの地質学者はプレートテクトニクスを「1つの仮説に過ぎない」などと批判していた(71)．東海大学教授で日本地質学会の会長でもあった杉山隆二もその一人であった．杉山は1976年11月4日に静岡市内で開かれた講演会で，「駿河湾では大地震は起こらない」と石橋説を批判した．杉山によれば，南海トラフ沿いで起こる地震の原因は，深部火成岩体の熱エネルギーの蓄積であるが，駿河湾ではこの熱エネルギーが絶えず放出されているので，大きな地震が起こらない，というのであった(72)．この議論は「石橋説批判」に名を借りたプレートテクトニクス批判ともいえた．

「駿河湾地震」説にはこのような異論・批判があることが新聞などでも大きく報道されたので，地元の静岡県などからは地震予知連絡会が統一見解を示して欲しい，との要求が出された(73)．地震予知連絡会は1976年11月29日に開いた定例会で，東海地震問題を検討し，石橋の「駿河湾地震」説を大筋で認める統一見解を発表した(74)．

それによると，同連絡会が東海地方を1974年に観測強化地域に指定して以降，新たに①古文書の記録から1854年の安政東海地震の震源域は，遠州灘から駿河湾内部に及んでいたことが判明した，②1944年の東南海地震の震源域は遠州灘西部に及んでいることが推定されるが，御前崎沖には達していない，③御前崎南方沖から駿河湾内にかけての地域には，安政東海地震以後大地震が起きていない，④御前崎から駿河湾西岸にかけて，明治以来，顕著に沈降が認められ，また，駿河湾を中心に西北西―東南東の水平圧縮が観測されていることが確認されたとして，東海地方で大地震が起きるとすれば，御前崎南方沖から駿河湾内にかけてである，との見解を示した．しかし，その東海地震がいつ起こるかについては「現在までの観測によれば，発生時期を推測できる前兆現象と思われるものは見出されていない」と述べ，「東海地震は21世紀まで起きないのではないか」と考える研究者にとっても受け入れやすい表現になっていた．

　この統一見解は，地震予知連絡会会長の萩原尊禮や東海部会長の浅田敏が，第78回国会で表明した見解とほとんど同じであった．しかし，それが地震予知連絡会の統一見解になったことで，大きな社会的意味をもつようになった．たとえば，それまでは「東海道沖で起きる大地震」という意味で使われていた「東海地震」という言葉は，これ以降は「駿河湾地震」という狭い意味で使われるのが一般的になった．

　第78回国会で政府の懸案として残されたさまざまな問題が，国会閉幕後どのように処理されたかについて見ておこう．地震予知推進体制の一元化のために政府に設けられた地震予知推進本部は，1976年11月8日に初会合を開いて，1976年度補正予算約2億2000万円で，東海地震に備えて駿河湾一帯の観測機器を増設するなど11項目にのぼる観測強化計画を決めた(75)．その主なものは，気象庁が体積歪計を静岡県浜岡と榛原の2カ所に増設する，国土地理院が験潮所を2カ所増設する，地質調査所が静岡県西部などで地下爆破を行い，地震波速度の変化と地下構造を調査するなどであった．1977年度以降の観測強化計画については，文部省の測地学審議会で検討が進められていたことに配慮して，今後の検討課題とされた．観測データの集中化と判定組織設置などについても，測地学審議会に配慮して触れられなかった．

地震予知推進本部は「政府の一元的組織」として発足したものの，初会合時から従来の各省庁縦割りの推進体制を容認するものとなった．

その測地学審議会では 11 月 18 日に地震予知特別委員会と地震火山部会の合同部会を開いた．観測強化計画については意見がまとまったものの，観測データの集中化などについては結論を得られなかった．このため，19 日に予定されていた総会は延期されることになった．各大学，防災科学技術センターなどが行っている微小地震や地殻変動の連続観測のデータを気象庁に集中して気象庁に判定組織を置く，という原案に対して，国土地理院や科学技術庁が「各省庁から地震予知に関係した部門を集めて，国立地震センターのようなものをつくるべきだ」などと反対して，話し合いがつかなかったのである．各省庁の既得権益争いが表面化したともいえる[76]．

測地学審議会は結局 12 月 17 日に総会を開いて，「第 3 次地震予知計画の再度一部見直しについて」と題する東海地震対策に関する建議を行うことを決めた．この建議[77]で，「長期的予知」と「短期的予知」という言葉が初めて登場する．それ以前の地震予知計画でも「地震予知」とは「地震の直前予知」という意味だけではなく，直前予知の前提となる「長期的予測」を含んだ意味でも使われてきた．たとえば，第 2 次計画によって誕生した「地震予知連絡会」の「地震予知」には「直前予知」だけでなく「長期的な予測」が含まれていることは明らかである．また「地震予知研究」という言葉も，「直前予知」を目標とし，その精度を上げるための研究という意味で使われてきた．なぜこの段階で「長期的」と「短期的」という言葉が意識的に使われたのであろうか．それは当時の予知関係者が抱いていた地震予知の戦略と深く関係していた．

当時影響力があったダイラタンシーモデルでは，地震の規模が大きくなるほど前兆現象は早い時期から現れると考えられていた．これに従って，日本では早い時期に現れる前兆（地震波速度の減少や地震活動の変化など）を「長期的な前兆」と呼び，「直前の前兆」（地殻変動，地下水位の変化，ラドン濃度の変化など）と分けて考えられていた[78]．「長期的な前兆」が現れているかどうかを判断するのが「長期的予知」であり，「直前の前兆」によって地震の直前に予知するのが「短期的予知」である．1975 年の海城地震

の直前予知に成功した中国の影響もあった．中国では 5.7 節で紹介したように，地震予知を長期，中期，短期，直前予知の 4 段階で考えていた．

　ともあれ，この 1976 年の建議以降の地震予知計画では，「長期的予知」や「中期的予知」，「短期的予知」という言葉が頻繁に使われるようになる．これによって「地震予知」をめぐる議論はしばしば混乱することになった(79)．

　建議ではまず，東海地震の「長期的前兆」が現れているのかを調べるために，海底での微小地震観測や人工地震を使って地震波速度が変化しているかなどの観測に力を入れるべきことを説いている．その後で，「短期的予知は，社会的にも極めて強く要請されているところであり，これにこたえるためにも，諸観測のデータを 1 カ所に集中して総合的に監視し得る業務観測データ処理システムを早急に確立することが望まれる」と述べ，当面地殻変動と微小地震の連続観測データを気象庁に送ることを提案している．この連続監視データの集中と同時監視に対応して，「確率の高い判断を下していく」ために，専門家からなる判定組織を速やかに確立することが必要である，とも述べている．建議には，判定組織をどこに置くかについては書かれていないが，総会後の記者会見では「国土地理院の地震予知連絡会の中に置く」と説明された(80)．これは観測データの気象庁への集中化に異論を唱えた国土地理院に配慮したものであったと考えられる．

　測地学審議会の建議をどう実現するかは，地震予知推進本部が担当した．建議のうち議論になったのは，判定組織の設立についてであった．同推進本部では，幹事会を開いて調整したが，判定組織に加わる学者側から反対が出た(81)．いわく，予報（警報）には行政判断が伴うものであるのに，学者に責任を押し付けるのは，筋違いである，また予知できたとしても国としてそれを防災に生かす視点がないから，判定組織など無意味である，などというのであった(82)．国会では予算獲得のためもあって，地震予知の実現性に明るい見通しを語ったものの，判定組織の委員という形で自分たちにも行政責任が及ぶ可能性が出ると，腰が引けてしまったのかも知れない．

　国土庁の責任者からも，判定組織を設けることに消極的な意見が出された．地震予知の技術はまだ未確立で，行政が警報を出せるような段階には達していないので，従来通り科学情報として学者の判断で発表した方が社会的混乱

が少ない，などというものであった．国会の委員会で議員からこの点について質問を受けた国土庁の審議官は「地震予知の実用化がいまだしというふうなところを踏まえての意見でございます」などと釈明した(83)．

こうした紆余曲折はあったものの地震予知推進本部では結局，1977年4月4日の第2回会合で，①東海地震の直前予知に有効と考えられるデータはできる限り気象庁に送ること，②その観測データに異常があった場合にそれが地震の前兆であるかどうかを判断するために「東海地域判定会」を地震予知連絡会内に設置することなどを決めた．「東海地域判定会」の会長は，地震予知連絡会長の萩原尊禮が務め，ほかの判定会のメンバー数人の人選は予知連が当たるが，気象庁が事務局の役割を果たすことになった．こうした変則的な組織になったのは，すでに述べた"縄張り争い"の結果であった．地震予知推進本部では同時に，地震予知研究の現状を紹介した『地震の予知はできるか—東海地域を中心に』という小冊子を約1万部製作し，各省庁や静岡県など関係都県に配布した(84)．

この小冊子では「はじめに」で，「地震予知は未だ研究開発の段階にあり，現状において地震の予知を行うことには，多くの問題があります」と述べるなど，地震予知の難しさを強調したものになっている(85)．

それによると，前兆を観測することによって地震予知を行うのは原理的には可能であるが，実用化の道は平坦ではない．たとえば科学技術庁が1977年2月に行った技術予測調査でも「M6以上の地震の発生の有無を，ほぼ1カ月以内の精度で，府県別程度の範囲内で予知できる技術が開発されるのは2001年である」とされている．東海地域判定会が近いうちに発足するといっても，ただちに，すべての地震の予知，予報ができるわけではない．たとえば，前兆を伴わない地震についてはまったく無力であり，前兆を伴ったとしても現在の観測体制ではまだ不十分なので，見付からない可能性もある—などと説明している．

この小冊子は，東海地域判定会設立に社会が過剰な期待を抱かないように，との学者や官僚たちの意図が現れていると同時に，判定会設立に消極的であった国土庁などへの配慮もうかがわれる．この小冊子を読んだある参議院議員は国会の委員会で，「〔地震予知の難しさが強調されているために〕この冊

6.2 「駿河湾地震」説の反響と東海地域判定会の設置　　323

子というものが，いわゆる地域住民に不安を与えないだろうか，こういう危惧をもつものでございます」などと質問している．これに対して科学技術庁の担当局長は「現在まだ地震予知というものが完全にできるようになったわけではない」という点では，学者の意見は一致している，などと答弁している(86)．

　東海地域判定会は 1977 年 4 月 18 日に発足した．判定会長の萩原のほか委員には，東京大学教授の浅田敏，同地震研究所教授の宇佐美龍夫，笠原慶一，茂木清夫，東京工業大学教授の力武常次のいずれも在京の 5 人が指名された．そして同日気象庁で開かれた初会合では，どのような異常が観測された場合に判定会を招集するかの基準について話し合い，①東海地域にある体積歪計 7 カ所のうち 1 カ所で 3 時間以内に 100 万分の 0.5 以上の歪を記録し，少なくともほかの 1 カ所以上でも同質の変化が発生した場合，② 1 時間に 10 回以上の地震が観測され，それが 2 時間以上続いた場合——のいずれかで気象庁地震課員が会長の萩原に連絡し，萩原が委員を非常招集することが決まった(87)．

　判定会委員が検討した結果，これらの異常が東海地震の前兆の可能性が高い，と判断した場合には，①数時間以内に起きる，②数日から 1 週間以内に起きる，③そう遠くない時期に切迫している，の 3 ランクに分けて，それを気象庁が発表することになった(88)．

　判定会の設立が具体化すると，判定会が予知情報を出した場合に政府はどう対応するのか，という問題が以前にも増して，国会や新聞報道などでは問題になった．たとえば，参議院予算委員会で NHK のアナウンサー出身の宮田輝は「その判定会が，地震が切迫しているというような警告のようなものを出したときには，政府はどういうふうに対応されるんでしょうか」と質している．これに対して国土庁長官の田沢吉郎は「これは行政側として適切な対応措置を講じなきゃなりません．…このことは同時に交通規制，いわゆる新幹線を徐行させるとか…あるいは危険物の保安対策，ガスを止めるとか，いわゆる国民生活に非常に影響のあるものでございますので，それだけにただいまこの対応措置については鋭意検討しているのでございます」と答えている(89)．

判定会の判定結果に従って，気象庁が出す情報の法的根拠についても国会では問題になった．気象業務法では，気象庁には地震に関して予報や警報を出す任務はなかったからである．「地震情報を出すことを決定する責任者はだれなのか」と問われた科学技術庁長官の宇野宗佑は「当然地震予知推進本部長が最高の責任者でございます．…気象庁に連絡して気象庁から発表せしめるということでございます」と答弁した(90)．

東海地域判定会の設置は，もともと地震研究者が提案したものであり，静岡県などの地元の自治体もその設置を要望した．東海地震の予知の可能性について楽観的な見方が広がっていた当時の情勢からすれば，判定会の設置は当然の帰結であった．ところが，判定会が誕生したことによって，判定会という組織についても，その判定に基づいて出される情報についても，法律で位置付ける必要性が鮮明になったのである．

6.3　伊豆大島近海地震と「大規模地震立法」の必要性

東海地震（駿河湾地震）説が社会の関心を集めるようになって以来，被害を少なくするためには"地震立法"を行うべきだという議論が盛んになった．"地震立法"の具体化のためにいち早く動いたのが静岡県知事の山本敬三郎である．山本は関東知事会や全国知事会に「現行の災害対策基本法を中心とした法制では，巨大地震には十分対応できないので，特別法の制定を検討すべきだ」と働きかけた．この努力が実り，1977年7月22日に開かれた全国知事会議で，地震に関する特別法の制定など地震対策を協議するために，全国知事会に地震対策特別委員会を設けることが決まった．その委員長には山本が就いた(91)．

8月末に参議院災害対策特別委員会のメンバーが静岡県を視察した際にも，山本は「静岡県としては地震予知に対する期待は大きい．近い将来確実に地震警報を発することができるようになれば，事前に適切な規制措置を取ることによって被害は数百分の一にとどめることが可能である．しかし，現行法の枠内では緊急時における規制はきわめて不十分であり，国あるいは地方公共団体が特別の措置を取れる特別立法が必要である」と訴えた(92)．

1959 年の伊勢湾台風の教訓から 1961 年に制定された災害対策基本法は，主に風水害を想定したものであった．この法律でも「災害が発生する恐れのあるとき」あるいは「災害がまさに発生しようとしているとき」には，市町村長が住民の避難を指示したり，立入りを制限したり，工作物を除去したりするなどの応急措置が取れるようになっている．しかし，判定会が地震予知情報を発表した場合が「災害が発生する恐れのあるとき」に該当するのか疑問がある上，交通機関などをストップさせることは不可能である．山本が特別立法の必要性を説いた背景には，こうした事情があった．

　全国知事会での特別立法制定の動きを受け，自治大臣の小川平二は同年 7 月 29 日の閣議で，自治省消防庁を中心にして「大震災特別法（仮称）」の法案づくりを進めていくことを明らかにするとともに，関係各省にも法案づくりへの協力を要請した(93)．これに対して国土庁長官の田沢吉郎は同年 9 月 6 日の閣議後の記者会見で「大地震が予知された段階での対策，指揮系統を一貫したものにするため，国土庁を中心に特別法案を次の通常国会に提出したい」と語った(94)．防災の主管官庁である国土庁の長官としては，特別法案づくりの主導権が自治省消防庁に握られるのが面白くなかったのであろう．

　国土庁長官のこうした意向にもかかわらず，国土庁の官僚は特別立法には消極的であった．10 月末に開かれた参議院災害対策特別委員会で，「判定会の会長が地震予知情報を発表した場合にどう対応するのか」という質問を受けた国土庁の担当審議官は，情報を地方公共団体あるいは各地域，企業等に対してどういうふうに徹底伝達するか，関係各省庁がどういう対応をするかについて，各省庁で予めマニュアルをつくってもらって対応する，と答えた(95)．特別立法を考えていない理由として担当審議官は「現在の予知情報というのが，…気象程度の確度にはなっていない．…政府の業務として国民一般に対しまして警報，予報を出すという形にまだなっていない」などと，地震予知の不確実性をあげた．

　特別法の具体案を最初に明らかにしたのは，1976 年の衆議院議員選挙で静岡 1 区から初当選した原田昇左右である．原田は自民党地震対策特別委員会の副委員長として 1977 年 11 月に「大規模地震予知対策特別措置法案要綱」を私案として公表した(96)．この要綱には，①気象庁に地震予知委員会

を設ける，②観測データに異常が発見され，地震予知委員会が地震の発生の可能性が高いと判断した場合には，これを内閣総理大臣に報告する，③内閣総理大臣は判定結果をもとに警報を発する，④警報が出されたときには，予め指定された地域の公共機関や公益事業者，危険物の管理者は決められた計画に従って，災害防止措置を取らねばならない，などと地震警報発令の手順と警報発令時の緊急措置を定めているほか，地震予知の確度を高めるために観測網の強化や地震予知推進体制の一元化を行うことも盛り込まれていた．全国知事会が後に提案した特別立法案に比べて，東海地域判定会の位置付けを法律で明確化していることや，警報発令時の緊急措置をそれぞれの事業者の自主的な判断に委ねているのが特徴である．

　一方，全国知事会の地震対策特別委員会は同年12月7日，「大地震対策特別緊急措置法案要綱」をまとめた(97)．この要綱は，①地震予知観測体制と警報体制の確立，②警報発令時の緊急措置の制度化，③地震対策特別事業の策定とその推進，の3本柱からなっていた．要綱の"目玉"は警報発令の手順と警報発令時の緊急措置の制度化であった．要綱によるとそれは，①国は地震の発生により大きな被害を受ける恐れのある地域を大震災警戒地域として指定する，②国は警戒地域での地震の発生を予知するために，常時集中観測を続け，大地震が発生する可能性を判定する，③地震の発生が切迫していると判定された場合は，内閣総理大臣は地震警報を発令する，④警報が出されたときには，関係各省庁，地方公共団体，鉄道，電力，ガス会社，高速道路，病院，百貨店，劇場などの管理者は政令の定めに従って，操業や運行の制限などを含む緊急措置を行わなければならない，⑤総理大臣は自衛官，警官などを派遣し，必要に応じて鉄道，バス，発電所，石油コンビナートの管理者には緊急措置を取るよう命令することもできる，⑥警報に伴って取られた措置によって生じた損失は補償しない，⑦命令に違反した場合には罰則を科する，などであった．原田私案に比べ，警報発令に伴う緊急措置を政令で定めているほか，首相に緊急措置の命令権を与え，命令に違反した場合には罰則を科するなど，きわめて首相の権限が大きいことが特徴であった．さらに，「緊急措置に伴う損失は補償しない」という条項は，私有財産の保護を定めた憲法に違反する疑いもある，との議論も生んだ(98)．

全国知事会では同年12月14日，地震対策特別委員長の山本敬三郎が首相の福田らに会い，この要綱の内容を盛り込んだ特別法を制定するよう国に要望した．この要望に対して，国土庁は1978年1月10日，「大地震対策は災害対策基本法を一部改正することによって行い，この改正案は今国会に提出する」と回答した(99)．国土庁の方針は，地震予知技術が不完全な段階では，地震予知を前提とするような新たな法律をつくるよりも，災害対策基本法に新たな規定を盛り込むことによって，地震予知情報に対応しようという考え方に立っていた．具体的には，大地震発生の恐れが強いと判断された場合には，都道府県知事または市町村長が，①津波危険地域などの住民に，避難準備命令を出す，②電気，ガス，鉄道，高速道路など災害対策基本法でいう指定公共機関に対し，運転規制や交通規制を求める，③石油コンビナートなど危険の予想される企業に，操業停止を勧告する―などの権限を盛り込むことであった(100)．

　しかしながら，4日後の1月14日昼過ぎに起きた伊豆大島近海地震によって，こうした流れは一変した．この地震の被害状況を視察した国土庁長官の桜内義雄と，自治大臣の加藤武徳が1月16日にそれぞれ静岡県庁を訪れ，知事の山本敬三郎から全国知事会がまとめた「大地震対策特別措置緊急法案要綱」に沿った特別立法をして欲しい，との陳情を受けた．この後2人はそれぞれ記者会見し，大地震対策の特別立法の必要性を認めた(101)．翌17日の閣議でも首相の福田が，桜内ら関係閣僚に"大地震対策法"を開会中の国会に提出するよう指示したからである(102)．

　伊豆大島近海地震は1月14日午後零時24分頃，伊豆大島と伊豆半島のほぼ中間付近の海底を震源にして起きた．震源はごく浅く，M 7.0と発表された(103)．ほぼ東西に延びる断層を境に北側が東方向に，南側が西方向にずれた右横ずれ型の地震で，断層のずれの量は約1.8 mと推定された(104)．断層の西側延長部は，伊豆半島東岸に地表地震断層となって現れ，稲取付近から大峰山東麓まで約3 km続いていた(105)．

　この地震によって伊豆半島東側の静岡県河津町，東伊豆町，天城湯ヶ島町などを中心に各所で山崩れが起き，民家や通行中のバスなどが山崩れに呑み込まれるなどしたために，死者25人が出た．道路も各地で寸断，伊豆急行

電鉄も不通になった．また，天城湯ヶ島町の中外鉱業会社の持越鉱山の鉱滓(こうさい)堆積場の堰堤が崩れ，シアンを含んだ鉱滓が流失したために，狩野川がシアンで汚染される事態も生じた(106)．

　この地震では，いくつもの前震があった．前震は13日夕から本震の震央より東の伊豆大島寄りの海域で起き始め，14日午前8時過ぎからは有感地震が頻発するようになり，午前9時45分と同47分にはM4.9の地震が続いて起きた．このため気象庁では午前10時50分に，「今回の群発地震は規模がやや大きく，昭和39年12月以来のもので，その時は小被害がありました．今回の地震も多少の被害を伴うおそれもありますので，一応御注意下さい」との地震情報を発表し，静岡県などに連絡した(107)．静岡県はこの情報を防災行政無線を通じて県下の全市町村に流したが，情報をそのまま伝えただけで，対応などは指示しなかった(108)．後に気象庁参事官の末広重二が国会で説明したところによると，伊豆大島近海では毎年のように群発地震が起きているが，今回の群発地震はやや大きいので，それに対して注意を促すために地震情報を出したのであって，群発地震がM7の地震の前震であることを見抜いたものではなかった(109)．

　ところが，この地震情報が出された約1時間半後に，たまたまM7の地震が発生したために，気象庁の出した地震情報が初めての地震予知情報であったと受け止めた人も多かった(110)．このため静岡県では，気象庁が地震情報を流したのになぜ知らせなかった，との住民の不満が表面化した．特に各市町村に警戒を呼びかけることをしなかった静岡県の対応に批判が集まった．静岡県知事の山本敬三郎は参考人として呼ばれた国会で「国の地震情報をいただきましても，私たちは判読に全く苦しんでしまうのです．…県として責任のある対処の仕方ができないという実情にあったことを率直に申し上げ…ます」などと述べ，特別立法が必要な理由の1つに数え上げたのであった(111)．

　1月18日午後には，静岡県が出した「余震情報」がもとになって，「数時間以内に大地震が起こる」などの噂が静岡県内に飛び交い，伊豆半島では住民の一部が避難する騒ぎも起きた．「余震情報」は国の非常災害対策本部の情報をもとに静岡県が作成した．「今回の伊豆大島近海地震の余震は，可能

性としては最悪の場合はM6程度の発生もあり得る」などという内容で，同日午後1時半に，伊豆中部，南部の市町村に文書で流すと同時に，知事の山本が記者会見して説明した．地元の静岡放送では午後2時半過ぎに2回にわたり「静岡県は今日午後，伊豆南部に余震情報を出しました．今後の情報に注意し，落ち着いた行動をとるよう呼びかけています」とのニュース速報をテレビ放送のテロップで流した．伊豆地方の市町村も有線放送などでこの「余震情報」を流した(112)．

　この直後から，「震度6の地震が起こるというのはほんとうか」「午後6時頃に大地震がくるのか」といった問合わせが静岡県庁や市町村役場，警察などに殺到した．「M6」が「震度6」や「PM6（午後6時）」と誤解されたのである．早々と営業を止めたガソリンスタンドやスーパーなどもあった(113)．

　「余震情報」騒ぎについて静岡県知事の山本は国会で，14日の気象庁の地震情報に対する県の対応を批判されたために，県がややナーバスになっていたことや，情報の出し方に問題があったことを認めた．その一方で山本は，直後に行った県民世論調査では，79％の住民が「外れることがあっても情報は積極的に出すべきだ」と回答したことをあげ，「東海大地震を想定した場合，今後も地震情報あるいは警報を出すべきである，こういう点を確信している次第でございます」などと述べ，この騒ぎも特別立法が必要な根拠にした(114)．

　伊豆大島近海地震では，前兆ではないかと見られる現象が前震以外にも数多く報告され，直前予知の実現に期待を抱かせた．気象庁が伊豆半島の先端・石廊崎測候所に据え付け，1976年4月から観測を始めた体積歪計は1977年12月3日頃から，縮みの変化を示し始めた．このように大きな異常が現れたのは観測開始以降初めてのことで，気象庁では注意深く監視を続けていたところ，1978年1月10日からは逆に伸びの変化に変わった．その4日後に伊豆大島近海地震が起きた(115)．

　地下水中のラドン濃度や地下水位にも異常が現れた．東京大学理学部地殻化学実験施設の脇田宏らは，伊豆大島近海地震の震源から約25km離れた中伊豆町冷川にある深さ350mの井戸で1976年春からラドン濃度の観測を続けていた．すると1978年1月8日頃からラドン濃度が低下し始め，9日

には通常の85%程度の最低値を記録した後，ラドン濃度は急激に上昇を始め，通常の115%程度の値に達した直後に，伊豆大島近海地震が起きた．ラドン濃度の変化は，石廊崎の体積歪計に現れた歪の変化と傾向がよく似ており，これは地震の前兆であった可能性が高い，と脇田らは報告した(116)．しかしながら，このラドン濃度の変化のパターンは，地震が近付くにつれて単純に増加するという1966年のタシケント地震で報告されたものとは異なっていた．

東京大学地震研究所の山口林造らは，天城湯ヶ島町船原の深さ約600mの井戸で1976年9月から水位の観測を続けていた．1977年9月頃から井戸の水位が上昇し始め，通常より約90cm高くなった後，12月下旬からは急低下し始め，約1m低下した直後に伊豆大島近海地震が起きた．地震後は7mも水位が低下した(117)．

一方，地震の前兆研究にとって悪いニュースもあった．伊豆大島近海地震の前後には地震波の速度の異常は観測されなかったのである．ショルツのダイラタンシーモデルでは，地震が起きる前には震源域のダイラタンシー（膨張）によって，震源域を通過する地震波の縦波の速度は一時的に遅くなる，と説かれた．この説を確かめるため，日本では1968年から年1回，伊豆大島で人工爆破を行い，爆破によって生じる地震波を周辺の観測点で観測して，地震波の速度に異常が見られるかどうかを調べていた．これらの爆破観測網は，伊豆大島近海地震の震源域をカバーしていた．しかし，震源域を通過する地震波の速度には1968年3月から1978年12月まで，観測精度を超えるような変化は見られなかった(118)．M7という大きな地震の震源域で，これほど精度の高い観測が長期間行われた例はこれまでなかった．伊豆大島近海地震はダイラタンシーモデルの再検討が必要であることも示したのであった(119)．しかし，この事実は報道されなかった．

ほかにも静岡県内のミミズ養殖業者に飼われていたミミズが，伊豆大島近海地震当日の朝，大量に逃げ出すなどの異常行動を示したことが話題になった(120)．東京工業大学の力武常次は，静岡県や神奈川県などの動物園，水産試験場，小中学校，高校などに調査カードを送り，伊豆大島近海地震の前に見られた動物の異常行動について調べた(121)．

こうした"前兆現象"は，地震予知の実現に明るい見通しを開くもの，として国会でもしばしば取り上げられた．たとえば，静岡県知事の山本は衆議院災害対策特別委員会で「今回も事後の各種データを解析した結果は，前兆現象と見られるべきものがあったと新聞等で伝えられているのでありますし，また中国においては予知が成功した事例もあるのでありますから，…予知の可能性が高まってきたというふうに理解しているわけであります」などと述べた(122)．また公明党のある議員も参議院災害対策特別委員会で「こういうこと〔前兆現象〕を集中的に集めておれば，その前兆が出ておったんだから予知できたというようなことを言われておるんですが，…気象庁はどのように把握しておられますか」と質問した．これに対して気象庁長官の有住直介は「そういうことがあったので，じゃ次の予想をするときに業務的にやってやれるかというと，非常に多くの経験を積み重ねていきませんと，…非常にむずかしいことでございます」などと述べ，地震予知を業務的に行う段階には達していないことを明言している(123)．

　東海地震に備えた特別立法の必要があるかどうかについて，伊豆大島近海地震の前までは，政治家や行政担当者の見解には相違があった．ところが，伊豆大島近海地震の余震情報をめぐって住民にパニック騒ぎがあった．さらに，地震の前にはさまざまな前兆があり，地震予知に明るい見通しが開けた，という地震研究者の見解も大きく報道された．こうして東海地震に備えた法律をつくることに異議をはさむ人は少なくなった．

6.4　大規模地震対策特別措置法の国会審議

　東海地震に備えた特別立法の法案作成作業は，国土庁が中心になって進められた．国会では，法案が提出されないうちから質疑が行われた．特別立法の必要性については異論がなく，主な論点は，①どの程度信頼できる地震予知情報が出せるのか，②予報・警報体制を一元化する必要があるのではないか，③警報発令時に首相や自治体の首長にどのような権限を与えるのか，④警報が空振りした場合にそれに伴う損失を補償するのか，⑤自治体が行う防災事業に国がどの程度の財政援助を与えるのか，などであった(124)．

地震予知がどの程度可能であるかについて，1978年2月9日の参議院災害対策委員会に参考人として呼ばれた東海地域判定会会長の萩原尊禮は「現在はある客観的な法則があって，それに従って予報を出せばよろしいと，まあ現在の天気予報の業務のように，そういう客観的な法則が成立ってないわけでございます」などと直前予知の難しさを語った．その一方で萩原は「予知の研究もここ10年急速に進んでおりまして，また，地震によりましては非常に明確な前兆を伴うものもございます．そういうわけで，非常に的確な予報が出せる場合もあるわけです」などと，予知に期待も抱かせた．

　「地震予知連絡会と判定会の会長という立場で，地震予知技術が確立していない段階で，特別の法律を作ることに対してどう考えるのか」との質問に対して萩原は「予知がまあたとえできましたといたしましても，その予知情報が有効に生かされなければ何にもならないのでございまして，その予知情報を受入れる体制，つまり防災側の体制…ができておらなければ有効にできないし，混乱を起こすということになるわけでございます．…こういう状態〔地震予知が確実にできる段階ではない〕でもなおかつそういう立法を進めて，…防災側の体制をしっかりすると，そういうことは大切であろうと思います．ただ，それは政治的の決断でございます」などと語り，特別立法に賛成の立場を明確にした(125)．

　しかしながら萩原は，この1週間後の同月16日に開かれた衆議院災害対策特別委員会では，若干ニュアンスの異なる発言をしている．すなわち萩原は，長期予知についてはかなりの見通しをもっているが，短期予知は非常にむずかしい，地震の前に必ず現れる"万能薬"というようなものはない，などと，直前予知の困難さを強調した．

　「特別立法についてどういうふうにお考えであるか，また特に強く要望される点はどういう点であるか」との質問に対して，萩原は「地震予知連絡会は地震予知に必要ないろいろな観測資料を集めまして，それに基づいて学問的な判断をするところでございますので，地震予知に関する情報を提供するのが役目でございます．これを実際に受けて行動に移すというのが行政側の立場で，これがつまり地震警報でございます．したがって，警報の段階には予知連絡会はタッチいたさないのでございまして，この情報に基づいて行政

側でこういうような警報を出すという決断を下されるわけでございますので，予知連絡会が今回の特別立法について行政側でどうあるべきかという細かい点についていろいろと言う立場ではないのでございます」などと，特別立法は行政側が行うことで，地震予知連絡会や東海地域判定会としては関知するところではない，との立場を鮮明にしたのである(126)．

　国土庁が作成中の法案の内容も明らかではない段階で，萩原は国会の場でなぜこのような発言をしたのであろう．萩原とすれば，法律の内容に一切注文をつけず，特別立法は政治的・行政的な判断でつくられたものであることを強調することによって，立法化に伴って東海地域判定会の委員に降りかかるかも知れない責任を，回避したいとの意図があったのではないか，と推測される．萩原はこの後，法案が国会に上程され，審議される過程でも参考人として出席を要請されたが，「都合が悪い」などとして出席を断った(127)．

　特別立法の法案の要旨は，首相の福田の指示から1カ月後の2月17日，国土庁，消防庁，気象庁によって発表された．「大規模地震対策特別措置法案」（以下，大震法）と名付けられたこの法案は，法案の名称・その内容とも自民党の原田私案「大規模地震予知対策特別措置法案」と全国知事会の「大地震対策特別緊急措置法案」の折衷案であった．すなわち，①国は大規模地震発生の可能性が著しく高い地域を「地震防災対策強化地域」（以下，強化地域と略称）に指定，同地域内の地震予知体制の整備に努める，②強化地域内の自治体や指定公共機関は，地震予知情報が出た場合の防災対応を定めた地震対策緊急計画（後の法案の段階では，地震防災強化計画と名称変更）を策定する，③強化地域内の危険物取り扱い施設，病院，劇場，百貨店，ホテルなども地震予知情報が出た場合の防災対応を定めた地震防災計画（同，地震防災応急計画と名称変更）を作成する，④大規模な地震発生の恐れがあると判定された場合，気象庁長官は首相に報告した上，地震予知情報を公表する，⑤地震予知情報の報告を受けた首相は，警戒体制に入る旨の布告を行い，総理府に地震災害警戒本部を置く，⑥強化地域内の自治体，指定公共機関などは布告に従って，緊急計画や防災計画に定められた防災措置（同，これを地震防災応急対策と呼ぶ）を実施する—などの内容であった(128)．

　大震法の要旨が発表された後，国会で最も議論になったのは，地震予知情

報を気象庁長官が発表するという点であった．国会議員からの「地震警報の一元化の必要性というものを考えましたときに，現在のように気象庁が発表して，そして総理大臣に報告するという二元的な行き方というものはどうも徹底を欠く」などといった質問に対して，国土庁長官の桜内義雄は「地震の予知ということについてまだ研究段階にあって…どうしてもそのような状況の下では，こんどの立法の中でただいま御質問の御趣旨に沿うような関係住民に安心を与えるような，もう少し裏付けを持ったような措置というものがなかなかむずかしい」などと述べ，地震予知が確実にできないことが法案に影響していることを強調した(129)．

また，「地震予知情報には経済的な被害が伴うが，これについてどう考えるのか」との質問に対して桜内は，台風情報などの気象情報によっても経済的な被害が伴うが，これを国が補償する制度はないので，地震予知情報が出たときも台風情報と同じような心構えで接して欲しい，と答えている(130)．

こうした国会での論議と同時に，"水面下"での折衝も多かったのであろう．大規模地震対策特別措置法案がまとまるまでには，法案要旨発表から1カ月半以上も要した．閣議決定されたのは1978年4月4日であった．

1978年4月5日に国会に提出された法案は，2月に発表された法案要旨をかなり修正したものであった．修正個所のほとんどは，首相や国，自治体の長の権限を明確化するためのものであった．1つは，気象庁長官が地震予知情報を発表するという条項が削除され，首相が自らの責任で「警戒宣言」という形で地震予知情報を直接発表することになったことである．すなわち，「内閣総理大臣は，気象庁長官から地震予知情報を受けた場合において，地震防災応急対策を実施する緊急の必要があると認めるときは，閣議にかけて，地震災害に関する警戒宣言を発する」と決められた．それまでの国会での審議で，地震予知情報は首相が直接発表すべきだとの意見が強かったことが，修正の理由であった．

もう1つ，地震防災応急対策を的確かつ迅速に実施するために，自衛隊の支援を求める必要があると認めた場合には首相は，自衛隊の部隊の出動を求めることができる，との新たな条項が加わっていた．全国知事会の「大地震対策特別緊急措置法案」には，地震警報が出た場合には警察官，自衛官を派

遣するとの内容が含まれていたが，それまでの国会論議では，自衛隊の事前出動を求めた議員はいなかった．この条項が，後に見るように法案審議の段階で議論を呼び，日本社会党や日本共産党は法案への反対に転じることになる．

　また，警戒宣言が発令されると市町村長は危険地域から住民を退去させ，立入りを禁止することができる，警察は住民の避難を円滑に行うために道路の通行を禁止したり，通行を制限したりすることができる，との条項も加えられた．これに違反した住民には罰金を科す，との条項も付けられた．

　さらに，危険物取り扱い施設，病院，劇場，百貨店，ホテルなどが地震防災応急計画に基づいて行う地震防災応急対策に要する費用は民間企業自身で負担する，との条項も加えられた．すなわち，警戒宣言が空振りに終わっても，病院や劇場などの休業などに伴って生じた損失の補償はしないことが明文化されたのである．強化地域内では地震防災応急対策の実施責任者は，防災訓練を実施しなければならない，との条項も加えられた．

　大震法の審議は，衆参両院ともに災害対策特別委員会に付託されたが，内閣委員会，科学技術振興対策特別委員会，決算委員会などでも質疑が行われた．そのなかで最も議論になったのは，地震予知がどこまで可能かという問題と，首相が警戒宣言の段階で自衛隊の出動を求めることができるという自衛隊の事前出動条項であった．

　地震予知がどこまで可能かについて，国土庁や科学技術庁，気象庁はこれまでに再三述べたように「地震予知の技術は未だ研究開発段階にある」と答弁してきた．ところが大震法は，国土庁長官の桜内義雄や国土庁震災対策課長の城野好樹が国会でしばしば説明したように，東海地震の予知が可能であるという前提に立ち，東海地震の予知情報が出されたときに，防災側がどう対応するかということに対する1つの回答として用意されたものであった(131)．これに伴って国土庁，科学技術庁，気象庁は大震法を提出した以降は「地震予知技術は未だ研究開発段階にあるが，マグニチュード8の巨大地震である東海地震については，各種の観測網を張り巡らし，それを集中監視すれば，予知が可能である」と答弁を揃って変えたのである(132)．1年前に政府の地震予知推進本部が発行した小冊子『地震予知はできるか』では，

「判定会ができたからといって東海地域で起こるすべての地震が予知できるわけではない」と書かれていたのに比べると，大幅な見解の修正であった．

　地震予知の可能性やその確度についての国会答弁の中心になったのは，気象庁参事官の末広重二であった．たとえば，末広は1978年4月7日開催の参議院決算委員会では，大規模地震の予知の可能性について次のように述べている[133]．

> 「現在，地震予知の技術がどのレベルに達しているかということでございますが，この予知技術は実用化の域に入りつつあるとはいえ，現在なお研究開発の段階にあるわけでございます．しかし，これまでの研究観測成果を踏まえますと，ただいま国土庁長官も御答弁になりましたように，マグニチュード8クラスの巨大な地震につきましては，その発生の予想される地域に各種の観測網を密度高く展開いたしまして，その観測網から上がってまいります観測結果を集中いたしまして，それでそれを昼夜の別なく常時監視を行うということをやってまいりますれば，この法案の中に盛られておりますような地震予知情報につながる前兆現象は発見できるという段階に技術は現在達していると私ども判断しておる次第でございます」

地震予知の確度について質問されると，末広は次のように答えた[134]．

> 「この確度の点でございますが，確かに御指摘の通り，一発必中の地震予知というのは東海地区に起きます大規模地震といえども現段階ではお約束できないと存じます．しかし地域住民の皆様方の3回か4回空振りしてもいいから予知をひとつやれよという御要請がありますので，それにこたえてと言っては大変失礼でございますが，何とか今の技術でこれにおこたえしたいというわけでございまして，今後の〔観測網の〕強化・研究の促進等が進みますれば，この3回か4回の空振りが2回に減り，1回に減る，最終的には一発必中の地震予知情報が差し上げられるというところになると思いますので，現時点では2，3回あるいは3，4回の空振りを覚悟してやらしていただく，こういうことでございます」

大地震のどのくらい前に前兆が発見できるのか，との質問に対して末広は「今申し上げた手法で常時監視しておりますれば，私どもの現在の予想では，地震の発生いたします数時間前から数日前というくらいの時点で相当顕著な

前兆現象がいろいろな種目にわたって，かつ，広域につかまえることができる，このように予測しております」と答えた(135).

末広をはじめ政府側の責任者は，末広の以上のような答弁は，地震学界のコンセンサスを得たものであることも強調した．たとえば，「果たして予知はできるのか」という委員の質問に対して，科学技術庁研究調整局長の園山重道は「そういった危ない地域に対しまして観測設備を十分に配置いたしますれば，その地震が起こるとするならば少なくとも直前，学者の方々は数時間ないし1日，2日前というふうにおっしゃっておられますが，その時点で，前兆現象をつかまえることができるということが，これは学者，専門家の方々全体のコンセンサスとして得られておるわけでございます」と答えている(136).

さらに「地震予知が可能かどうか学界としてのコンセンサスが得られていないので，政府が日本学術会議に諮問して，その答申が出るまで立法を見合わせた方がいいのではないか」と日本社会党の議員が主張したのに対して，国土庁長官の桜内義雄は「東海判定会まで設けて，ここに東海地域のデータを集中して，何かあれば判定しよう，こういうところまで来ていることは，マグニチュード8程度の地震についてはまず予知できる」と反論した(137). 判定会がつくられたことも，予知可能の根拠とされたのである．

一方，大震法審議の段階で衆議院災害対策特別委員会に参考人として呼ばれた東京大学教授の浅田敏と東北大学教授の鈴木次郎の発言は，末広に比べると慎重であった(138). 浅田も鈴木も，前兆が見付かってもそれが「空振り」になる場合があるのと同様に，前兆が小さい場合には「見逃す」場合があることも率直に認めた．「現在の観測体制でどの程度の予知ができるのか」との委員の質問に対して，浅田は次のように答えている．

> 「東海地方に関して申しますと，これもその相手次第なんでございます．ですから，たまたま十分広い範囲に十分大きな前兆が起こってくれれば，あと十時間で起こるだろうと言うと非常によく当たるということになると思います．しかし，何しろ初めての経験でありますし，相手がどう出てくるかまだ十分にわかっておりませんので，…あらゆる努力をしてやってみないと分らないという面も非常に強くございます」

鈴木も「警戒宣言を出して，それから〔地震が〕実際に起こるかどうか」との質問に対して「数時間前に相当確度の高いものを出すということは，東海地域に関してでも確実ではないと思います．できるとは恐らく言い切れないと思います．…ですから，その点は地震予知の確度というものを横目ににらみながら一応対策をお立ていただくようお願いしたいと思うのでございます」と述べた．

　参議院災害対策特別委員会では，地震予知連絡会の会長で東海地域判定会の会長でもある萩原尊禮が参考人として出席を求められたが，すでに述べたように萩原は「都合が悪い」などとして出席を断った．これに対して，委員の一人は「大震法審議の際に萩原予知連会長がここにお見えにならないというのは，刺身を食べるのにしょうゆが効いていないというようなものでありまして，全く残念だと思うんであります」などと述べ，改めて萩原の出席を求める手続きをとるよう要望している(139)．

　大震法には，東海地域判定会が登場しないことにも，議論があった．東海地域判定会は，地震予知連絡会の下部機関として1977年4月に発足した．地震予知連絡会は国土地理院長の私的諮問機関にすぎない．しかも東海地域判定会の事務局は気象庁に置かれている．東海地震の予知情報について実質的な判断を下す東海地域判定会について法的な位置付けが何もないというのは大きな疑問がある—などと，多くの委員が政府側委員を追及した．

　東海地域判定会が大震法に盛り込まれなかったのは，気象庁がそれに反対したからであった．その理由は，地震学者から「研究と法律はなじまない」などとの強い反対があったからであることが，審議の過程で明らかにされた(140)．気象庁参事官の末広重二はこれについて「現時点では，やはり学者の先生方には学問的良心に基づいてほかのものに煩わされないで自由な御判断をいただき，その後は私どもが行政的責任を持って行動するというのが最善と思いますので，法制化を急がなかったわけでございます」と説明した(141)．東海地域判定会の会長の萩原が2月16日の衆議院災害対策特別委員会で鮮明にした「特別立法は行政側が行なうことで，地震予知連絡会や東海地域判定会としては関知するところではない」との立場が尊重された，と解釈できる．

東海地域判定会に関連して，地震庁といったような組織を設けて，各機関でバラバラに行われている地震予知の事業や研究を一元化すべきである，との意見も多く出された．これに対して国土庁長官の桜内義雄は「予知技術の発展の上からいいますと，…各機関でそれぞれ特徴のある研究をしてゆくことが好ましいのではないか」などと述べて，組織の一元化は必要ない，との認識を示した．「それならば地震予知の責任官庁はどこなのか」と追及されると，桜内は「気象庁が責任を持つ」と答えた[142]．

　首相の福田は衆議院災害対策委員会で，「仮に地震予知情報の確度がきわめて低いと考えられるような場合におきましては，地震防災応急対策に伴う社会的，経済的負担の大きさ等を勘案して，新たな地震予知情報が得られる段階まで警戒宣言を発することを待つということもまたあり得る」などと述べ，気象庁長官からの報告を鵜呑みにするのではなく，自らの責任で事態に対処する決意を示した[143]．

　大震法の施行によって地震防災対策強化地域に指定されるのは，当面東海地方に限られる，と国土庁は説明した．地震予知連絡会は関東南部と東海地方を観測強化地域に指定していた．国会審議では，東京という重要な都市を抱える南関東を強化地域にしないのでは法律をつくる意味がないではないか，などとの質問・意見も続出した．強化地域に指定されれば，避難地や避難路，消防用施設の整備などが計画的に行われる．この"公共事業"に対する期待も地元選出議員たちの間では大きかったからである．

　これに対して，国土庁や気象庁は関東南部では1923年に関東地震が起きており，次にM8クラスの地震が起きるのは当分先と見込まれること，関東南部で心配されるのはM7クラスの直下型地震であるが，M7の地震については地震を直前に予知する体制が整っていない，などと説明した[144]．しかしながら，その後も「M8クラスの地震は予知できるのに，M7クラスの地震はなぜ予知できないのか」などと，関東南部を強化地域に入れるべきであるとの質問・要望が続出した．このため，参議院の審議の段階では国土庁は「中央防災会議に諮問して，その結果によっては南関東地域も強化地域になる可能性がある」などと答弁を変え，強化地域指定の含みを残した[145]．

　大震法の国会審議で最も議論になったのは，警戒宣言が発令された場合に

首相の要請によって自衛隊が出動できるとの条項（地震防災派遣条項）である．すでに述べたように2月に発表された大震法の要旨には，この条項は存在しなかった．日本社会党や日本共産党は，法案段階で急に盛り込まれたこの条項は「自衛隊の治安出動につながりかねない」などとして警戒した．1923年の関東大震災では戒厳令が敷かれ，その最中に大杉栄らのアナキストや社会主義者らが軍隊によって虐殺されるという歴史がある上，首相の福田や防衛庁長官の三原朝雄が有事法制整備に意欲を見せていたからでもあった．

　有事法制というのは，日本が侵略を受けた場合に当時の法体制で十分対応できるかどうかという問題であり，戦時法制という方が適当である．日本国憲法では第9条で国の交戦権を認めていないので，"戦時"には自衛隊法をはじめさまざまな法律では対処しきれないという問題を抱えていた．このために1977年8月に三原は，自衛隊が防衛出動を命じられた場合に整備しなければならない法律や政令について研究するように命じていた(146)．

　同年11月に開かれた参議院内閣委員会で「有事法制の研究を指示した理由は何か」との日本共産党の委員の質問に答えて三原は，東海地震などの大地震にいかに対処するかの議論が国土庁を中心に行われているので，「地震というものも含めて…広く有事というような点から，ひとつ法制面の研究のために勉強しておきなさいということを指示したわけでございます」などと答えた(147)．

　三原のこの答弁を引き取るようにして防衛庁官房長の竹岡勝美も次のように述べた．

　「いま国土庁が中心になりまして，現在の災害対策基本法だけでは，いわゆる大地震のときに，あるいは道路交通そういった関連で，現行法規だけでは足らないんじゃないかということで，各省庁とそういうことを勉強しつつあるやに聞いております．これはわれわれの方のいわゆる有事の場合にも非常に参考になることでございますし，まず，われわれもそういった大災害対策における現行法規の不備があるかどうかということも，われわれの有事の勉強のまず最初の出発点にしていきたい，長官の言われたとおりで，勉強しております」

6.4　大規模地震対策特別措置法の国会審議

竹岡はまた，大震法の国会審議の過程で「現在自衛隊は平時におきまして災害派遣というのは非常に皆張り切ってやっておるわけなんです．…この大地震災害派遣に関します限り自衛隊は何としても国民のために役立ちたい，そういうときこそ役に立ちたいという気持ちでこの法案に参加しておるのでございます」と述べている(148)．以上のような国会でのやり取りなどを見ると，自衛隊の地震防災派遣条項が法案段階で新たに追加されたことについては，防衛庁・自衛隊の積極的な関与があったことが推察できる．
　日本社会党や日本共産党の議員は，警戒宣言が発令された場合になぜ自衛隊の派遣が必要であるのかを質した．これに対して防衛庁の審議官は「今回の法律案は…地震予知情報が出された段階で一斉に防災応急措置をとることができるようにして，地震による被害の軽減を図ることを目的としたものでありまして，自衛隊の地震防災派遣というものもこの目的を達成するための一環として規定するに至ったものと理解しておるところでございます」などと述べるに止まった(149)．事前出動をした自衛隊は何をするのか，との質問に対して国土庁長官の桜内義雄や政府委員は，その例として情報収集，連絡要員の派遣，医薬品などの輸送の支援，住民への広報活動の手伝いなどをあげ，詳細な支援活動の内容は地震防災強化計画で明白にしておく，などと答えた(150)．
　当時の自衛隊法第83条（災害派遣）とそれに基づく訓令でも，「災害がすでに発生したか，あるいは災害の発生が切迫しているとき」に都道府県知事の要請を受けて災害派遣ができると規定されているのに，地震警報発令時には首相の要請によって地震防災派遣ができるとの条項をなぜ付け加える必要があるかについても，野党議員が追及した．これに対して防衛庁の防衛局長らは，警戒宣言が発令された場合には災害が発生する前の段階にあるので，83条によって派遣するのは無理があり，法的にはっきりさせておくためにもこの条項を加えた，などと説明した．この説明を聞いた公明党の議員は「災害対策に名を借りた，総理の自衛隊に対する権限の拡大だ」と指摘した(151)．
　地震防災出動した自衛隊は武器を携行するのか，地震防災出動が治安出動に切り替わることはないのかなどについての質問も多かった．これに対して，

防衛庁の政府委員は，通常の災害出動と同様に武器を携行することはない，地震防災出動は知事からの要請によって行政を支援するもので治安出動とはまったくの別物である，などと答弁した(152)．しかし，これらの点は法律に明記されているわけではないことから，日本社会党や日本共産党の議員の「地震防災出動は治安出動につながるのではないか」との疑念は晴れなかった．

自民党では，社会党や共産党の賛同を得るために，自衛隊の事前出動条項に関する部分について修正案を示した．しかし，修正案には民社党や自民党内のタカ派が反発したため，修正案は結局撤回された(153)．

衆議院災害対策特別委員会の審議の最後の総括質問には総理の福田も出席した．福田を前に日本共産党の津川武一が「もう一度〔自衛隊の地震防災〕出動について考え直してくれませんか」と質したのに対し，福田は「〔地震〕防災出動が治安出動の準備行為になるから慎重にせいという御所見のようですが，これは私はそうは考えません．治安出動も認められている国の制度であり，自衛隊の非常に重要な任務の一つです．…〔地震〕防災出動が十分に行われて国民の期待にこたえるということになるべきだというふうに考えておりますが，その結果治安出動の時の多少の訓練になるという副次的な効果が出てきてどこが悪いのか」などと，にべなく要望を退けた(154)．

また，危険物取り扱い施設，病院，劇場，百貨店，ホテルなどがつくる地震防災応急計画がそれぞれの事業体の自主性に任されている．警戒宣言が空振りに終わっても，防災応急計画の実行によって生じた損失は補償されないという点も議論になった．これに対して国土庁官房審議官の四柳修は「やはり現在の技術水準で100%確実な予知情報というものが出せます場合には，国の責任におきまして一つの強制力を持った措置ができ，それがゆめゆめ外れることもないという形で，補償という問題も生じないということになりますけれども，今の技術水準で空振りすることがあるかもしれない」などと説明し，こうした条項を地震予知の不確実性に帰した(155)．

一方で大震法は，警戒宣言が発令された場合に警戒区域からの退去命令や交通規制に従わない個人に罰則を科している．これは行き過ぎではないか，との質問に対して四柳は，罰則は法律の実効性を担保するために必要，と答

弁した(156). 個人の場合には企業と同じ論理がなぜ適用されないか，との質問を受けた四柳は「そのことによって非常にパニックを起こすといったものに対してだけ罰則規定を設けているのでございまして，一般的な住民に対してまで特に規制を設けているということはございません」と答えている(157).

大震法は大地震は予知できるという前提に立ち，警戒宣言が出た場合に国や自治体，企業がどのように対応するかを定めた法律である．したがって，強化地域では避難地や避難道路，消防用施設などの整備を進めることは計画されている．しかし，地震災害を軽減するために必要な建築物や構造物の耐震化や不燃化などの防災都市づくりについては触れられていない．この点もしばしば論議され，「予知と防災を車の両輪とする法律にすべきだった」との意見も多かった．これに対して国土庁長官の桜内らは，都市の防災対策は中央防災会議の決めた大都市震災対策推進要綱に従って進められている，などと答弁した(158).

さらに，日本共産党の瀬崎博義が大震法の問題として次のような点をあげた．すなわち，予知できる地震はきわめて限られたものであるにもかかわらず，こうした法律ができた以上は「国民の側からしてみれば，相当大きな被害を受けるような地震はまず政府が事前に予知してくれるものだと期待するでしょう」と瀬崎は指摘した(159). 瀬崎の憂慮は，1995年の阪神・淡路大震災によって現実のものになった．

大震法案は以上のような審議の後，1978年4月28日に開かれた衆議院災害対策特別委員会で採決された．日本社会党と日本共産党が反対したが，賛成多数で可決された．反対討論に立った日本社会党の議員は「本委員会で福田総理が，自衛隊の災害事前派遣が結果的に治安出動の訓練になったとしても，それはむしろ好ましいことだと答えておられることからも，この防災派遣が治安出動につながる恐れのあることは否定できないことであります」などと反対の理由を述べた．日本共産党の議員も「自衛隊事前出動条項は，大地震対策の名のもとに，自衛隊の治安出動準備に道を開くものとして国民が憂慮するのは当然であり，わが党は断じて容認できません」などと主張した．法案に賛成した公明党の委員も「自衛隊の地震防災派遣については，質疑の趣旨を尊重し，関係規則等の整備を行い，治安出動と絶対に混同されないよ

うに各防災計画との整合性を十分に図るべきであります」と政府に注文を付けた(160).

　大震法案は1978年5月9日の衆議院本会議で，災害対策特別委員長の川﨑寛治が委員会での審議の結果を報告した後，賛成多数で可決された(161).参議院では1978年6月2日の災害対策特別委員会で賛成多数で可決された(162).採決では，やはり日本社会党と日本共産党が反対した．この後，6月7日の参議院本会議でも賛成多数で可決された(163).

　法案成立に伴って気象庁は同月10日，地震課内に地震予知情報室を設置した．東海地方の各地で観測された地震計や体積歪計，傾斜計，などの観測データを1カ所に集め，監視するための組織が動き出したのである(164).

　ここで，大震法の成立過程を通じて明らかになった重要な事実を，いくつかまとめておこう．

　まず第1は，東海地震が起こるかも知れない，起こるとすると直前に予知できるかも知れない，予知するには判定組織が必要である，判定組織が"警報"を出しても，それに備えた法律がないと混乱する，などとの仮定の話が幾重にも積み重なって騒ぎが拡大し，それに対処するために大震法がつくられた，という事実である．政治的な決断の所産であり，確かな科学的な根拠があったわけではなかった．

　第2は，地震予知連絡会会長で東海地域判定会の会長である萩原尊禮は，大震法の必要性は認めながら，それをつくるかどうかは政治的・行政的判断であり，地震研究者の関与するところではないとの立場を貫いたことである．萩原は大震法を審議する委員会に参考人として出席することも断った．この結果，東海地域判定会は大震法上では何も規定されず，気象庁長官の"私的諮問機関"になった．いいかえれば，判定会委員は東海地震の予知について，法律的には何ら責任を負う必要がなくなった．地震学者たちは，大震法が規定する観測体制の強化などの果実だけを手にした，ということもできよう．

　第3は，それまでは「業務的な地震予知ができる段階ではない」としていた気象庁や国土庁，科学技術庁などが，大震法の法案作成や国会審議の段階になって，「観測体制を強化すれば，M8程度の東海地震の予知は可能である」と見解を修正したことである．特別立法には，高い確率で大地震を予知

できることを前提とせざるを得ないことが明白になり，大震法を成立させるために地震予知研究の実態は無視されたのであった．

　第4に，「東海地震の予知は可能である」とする気象庁などの見解は，地震研究者のコンセンサスを得ている，とされたことである．東海地震の予知がどの程度可能であるかについて，個々の地震研究者の見解には大きな幅があったにもかかわらず，萩原が大震法の国会審議の場に出席せず，気象庁などの政治的・行政的見解に異議を唱えることを放棄した帰結であった．しかし，「東海地震の予知は可能である」との政治的・行政的見解が支配的になったことは，その後の地震研究に大きな制約をもたらすことになった．

　第5は，大震法に自衛隊の事前出動条項が加えられたことである．これが，防衛庁設置以来検討が進められていた有事法制整備の突破口となり，2003年の武力攻撃事態対処法，2004年の国民保護法の成立につながっていく．

　大震法が成立したことによって，地震予知にかける社会の期待はさらに高まった．それを端的に示す一例として，静岡県が1978年11月に発表した東海地震の被害想定調査をあげることができる．静岡県の被害想定は，風速5mの東北東の風が吹く春または秋の昼食時に，駿河トラフを震源域にしてM8の地震が起きた場合について静岡県内で生じる被害を試算した．それによると，地震動によって木造家屋約3万8000棟が全壊し，津波によって約2600棟が流失する．地震の後900カ所以上で火災が起き，消火作業がうまくいかない場合には清水市では全家屋の約8割，静岡市では約7割が焼失し，県内全体では約27万5000棟が焼ける．家屋の倒壊や津波などによる死者は計1万927人に達する．しかし，もし事前に地震警報が出されれば，住民は事前に安全な場所に避難できるので，死傷者はほぼゼロにできる．火災が起きることもないので，被災人口の割合も予知なしの場合の44.5％からに23.6％に少なくできる，というのである(165)．

6.5　宮城県沖地震と"東海地震予知体制"の始動

　大震法が成立した5日後の1978年6月12日夕，仙台市の東方約110kmの太平洋を震央とする宮城県沖地震が起きた．M7.4と発表された．この地

震で仙台，石巻，大船渡，福島などで震度 5 を観測し，仙台市の平野部や新興住宅地などで建物約 1200 棟が全壊するなどして，宮城県を中心にして 28 人が亡くなった．そのうち 18 人の死因は，倒れたブロック塀や石垣，門柱，墓石の下敷きになったための圧死などで，その大部分は小学生以下の子供と 60 歳以上であった(166)．

　宮城県沖地震はまた，近代都市がいかに地震に脆いかということを見せつけた．すなわち，宮城県沖ではM 7 クラスの地震が 1897 年，1936 年にも起きていた．1936 年の地震でも仙台の震度は 5 であったが，全壊したのは非住家 3 棟で死者はなく，負傷者が 4 人出ただけであった．1978 年の地震で大きな被害が出たのは，仙台市の人口が 1936 年に比べるとほぼ 3 倍の約 60 万人にも増え，住宅地が沖積平野や周辺の丘陵地に拡大したことが大きな原因と考えられた．また，新興住宅地を中心に電気，水道，ガスなどいわゆるライフラインの被害が多く，ガスの供給再開には約 1 カ月を要した．一方，第三紀の岩盤の上にある仙台市の旧市街地では大きな被害はなかった(167)．

　宮城県沖地震の約 8 分前には，M 5.8 の地震があった．震央も，地震の起こるメカニズムもほぼ同じなので，前震と考えられる．また，1978 年 2 月 20 日午後にも，本震の震央から北に約 50 km 離れた場所を震央とするM 6.7 の地震があった．これも広い意味での前震であった(168)．2 月の地震の際には，大船渡で震度 5，仙台で震度 4 を観測し，負傷者約 30 人が出た．仙台市内を中心に多くのビルで窓ガラスが割れる被害が出た．被害が出た窓のほとんどは，開閉できない固定式のはめ殺しの窓であった(169)．

　1964 年から 1972 年までに日本周辺で起きたM 5 以上の地震の震源を図示すると，宮城県沖から福島県沖にかけては，地震がほとんど起きていない地震空白域が存在した．この事実を名古屋大学にいた宇津徳治が 1974 年に指摘していた(170)．また，東京大学理学部にいた瀬野徹三も 1977 年秋の地震学会で，「宮城県東方沖に将来かなりの大きさの地震が起こる可能性がある」と発表していた(171)．瀬野は，北海道・東北の内陸部で起きる地震は，プレート境界型地震の前後に集中して起きるという規則性があることを見出した．ところが，1964 年の新潟地震に対応するプレート境界型地震はまだ起きていないことなどから，宮城県沖地震の発生を予測した．ただ，78 年の宮城

県沖地震の震源域は，宇津や瀬野が予測した場所よりも西側にずれていた．

こうした経緯があったにもかかわらず，宮城県沖は地震予知連絡会が1970年に指定した全国7カ所の特定観測地域には含まれていなかった．国会では「日本の予知技術の大きな問題を提起した」などと問題になった．「大きな地震なのになぜ予知できなかったのか」と問われて，気象庁参事官の末広重二は，三陸沖の地震は陸地から100km以上も離れた海底下で起きるので，予知につながる前兆現象を捕まえるには技術的困難があることを理解してほしい，と訴えた(172)．

特定観測地域に指定しなかった理由を尋ねられた地震予知連絡会会長の萩原尊禮は「宮城県沖はしばしば地震が起こる所でございますが，大体マグニチュード7程度の地震でございまして，…あったとしても震度5程度であろうというふうにたかをくくっていたのでございます．ただ，実際に起こってみますと，昔の震度5と今日の震度5とは大変違うのでございまして，…旧市内の外側に新しく開けたところに特に被害が大きかった．そういう状態でございまして，これは地震の予知以前の問題になるわけでございます」と述べ，問題は都市化にあるとの見解を示した(173)．

一方，大震法を国会に提案した国土庁長官の桜内義雄は，事態を沈静化しようと懸命であった．「本年2月の地震以来，この地域が特定観測地域にもなっておらないということについて速やかに考慮すべきだ，こういう考えは私にもあったわけでございます．こんどの震度5の地震に伴いまして，これはもう手順を踏んでまず特定地域にはしなければならないという感じを強く受けております」(174)，「特定観測地域になっておらなかったという事情については，一応の理解をいたしたのでありますが，しかし2月に地震が起き，今回起き，そういう実情に触れてみますと観測体制に不備があったんではないか，こう言われればそれは私も認めざるを得ない」(175)などと，低姿勢の答弁を繰り返した．

地震予知連絡会は宮城県沖地震が起きた後の6月21日に臨時会を開き，宮城県沖地震で大きな被害が出たことも考慮して，宮城県・福島県東部について特定観測地域に準じて観測を強化することを決めた．その理由として，今回の震源域の東側の日本海溝沿いの地域に地震空白域が見られること，太

平洋側の地震は北から南に移動する傾向が見られることなどをあげた(176).

地震予知連絡会は 1978 年 1 月に起きた伊豆大島近海地震の後, 特定観測地域の見直しを進めていた. 見直しが終わらないうちに宮城県沖地震が起き, 世間の批判にさらされたのである. このため見直し作業は急がれ, 1978 年 8 月の定例会で作業を終えた.

新しい特定観測地域は, 今後 20 年から 30 年のうちに M 7 以上の地震が起きる可能性のある地域を対象に, 全国の陸地面積の 20 % 程度を目途として選ばれた. その結果, 特定観測地域には, ①北海道東部, ②秋田県西部・山形県西北部, ③宮城県東部・福島県東部, ④新潟県南西部・長野県北部, ⑤長野県西部・岐阜県東部, ⑥名古屋・京都・大阪・阪神地区, ⑦島根県東部, ⑧伊予灘及び日向灘周辺の 8 カ所が決まった (図 6-6).

それまでの特定観測地域との大きな違いは, 1978 年 6 月に宮城県沖地震が起きた③宮城県東部・福島県東部と, 活断層が集中する⑤長野県西部・岐阜県東部が新たに追加されたこと, 琵琶湖周辺と阪神地区が統合されて, ⑥名古屋・京都・大阪・阪神地区の 1 カ所になったこと, 伊予灘及び安芸灘の範囲が広がり, ⑧伊予灘及び日向灘周辺となったことなどである(177). 関東南部, 東海地方はすでに観測強化地域に指定されていた.

この見直しの結果は, 新聞各紙の 1 面で大きく報道された. 1970 年に地震予知連絡会が初めて特定観測地域を指定した当時は, 新聞ではほとんど報道されなかったのと比べると大違いであった. 1978 年は伊豆大島近海地震に続いて宮城県沖地震が起き, 地震や地震予知に対する社会の関心が高まっていたのと同時に, 大震法の成立に伴って地震防災対策強化地域にどこが指定されるかとの政治的な関心も高かったからであった.

特定地域の見直しと前後して, 1978 年 7 月 12 日には文部省の測地学審議会が 1979 年度から始まる第 4 次地震予知計画 (5 年計画) の実施について, 総理大臣をはじめ文部, 建設, 運輸などの関係各大臣に建議した(178).

第 4 次計画は, 大震法が成立したことに伴い, 「地震予知の実用化を推進し, 大震法が目的としている地震防災対策の強化に資する」ことを方針にして策定された. 具体的には, 地震が起きる「場所」と「大きさ」を予測する「長期的予知」を基盤として, 地震直前の現象をとらえて地震が「いつ」起

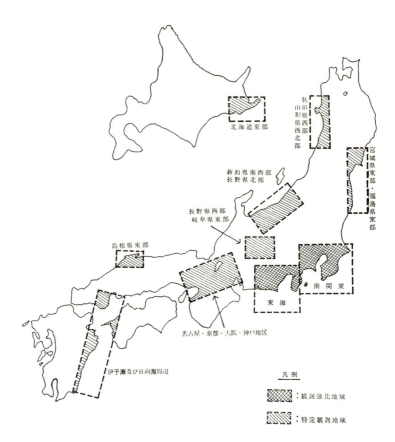

図 6-6　1978 年に見直しされた観測強化地域と特定観測地域
　　　（地震予知連絡会『地震予知連絡会 10 年のあゆみ』1979 年, 61 頁より）

こるかを予測する「短期的予知」の手法の確立を目指すことに重点が置かれていた. 計画には, 観測強化地域である東海地方と南関東では気象庁の体積歪計を 20 km おきに設置することや, 傾斜計, 伸縮計, 地下水の観測をさらに強化すること, 御前崎沖に敷設されたケーブル式海底地震計を他の海域にも設置すること, 地震などの観測データを即時処理し, それを 1 カ所に集めることなどが盛り込まれていた. 計画には「地震発生機構解明のための研究の推進」という項目もあったが, 第 3 次までの計画に比べると, 研究的な色彩が薄れ, 業務的な色彩が濃いものであった.

「第4次計画が達成されたら，予知の確率はどの程度になるのか」と国会の委員会で尋ねられた気象庁地震課長の渡辺偉夫は「4次計画を推進することによってこの空振りを幾分でも少なくする，…それに期待をかけているわけでございます」と答えている(179)．

大震法は1978年12月14日から施行された．しかし，大震法の対象となる強化地域の指定もまだ行われておらず，警戒宣言が出た場合の対応策を定めた地震防災基本計画も作成されていなかったので，実効性はほとんどなかった．強化地域や地震防災基本計画が決まり，大震法体制が始動するにはさらに1年以上を要した．

東海地震が発生した場合に著しい地震災害が生じるおそれのある強化地域の選定は，中央防災会議が中心になって行われた．総理大臣からの諮問を受けた専門委員会（座長・萩原尊禮）は1979年5月，静岡県を中心に周辺の山梨，長野，神奈川，愛知，岐阜の6県159市町村を強化地域に指定すべきである，と答申した(180)．同専門委員会は，東海地震の断層モデル（震源域）として，駿河トラフ沿いに南北方向に100-120 km，東西方向に50 kmの長方形を想定し，この断層面に沿ってM8程度の地震が起きると考えた．そして，この地震動によって震度6以上になる地域と大津波（高さ1-3 m以上）に襲われる地域を強化地域にする，との方針に基づいて強化地域にする市町村を選定した．大津波に襲われる駿河湾沿岸や伊豆半島南部は，いずれも震度6以上になる地域と重なっている．同専門委員会の報告書はまた，強化地域の周囲の震度5になる地域でも，地盤の液状化や長周期の地震動などによる被害が出ることが考えられるので，これらの点についてはさらに検討を続ける，と述べている(181)．このように含みをもたせたのは，東京や横浜なども強化地域に含めるべきである，との要望が強いことなどに配慮したためであった，と考えられる．

国土庁ではこの報告を関係県知事に示し，地元自治体の意見を聞いた．この結果，静岡，山梨両県からは，県下全域を強化地域に指定して欲しいとの意見が出る一方，愛知県でただ1つの指定候補になった新城市は指定に難色を示すなどしたために，調整に時間がかかった．結局，新たに静岡県で4町村，山梨県で6市町村，長野県で1村を強化地域に加えることになり，政府

は1979年8月7日，静岡県全域の75市町村を含む6県170市町村を強化地域（図6-7）に指定した(182)．これに対して東京都や川崎市は，自分たちの地域も強化地域に追加指定するよう要望した(183)．

　強化地域の指定に伴って，これまで地震予知連絡会の下部組織であった東海地域判定会は廃止され，新たに気象庁長官の諮問機関として地震防災対策強化地域判定会が発足した．大震法の国会審議の過程でも議論を呼んだ判定会の位置付けをすっきりさせるための組織再編で，判定会の委員には変更はなかった(184)．

　強化地域の指定と前後して，東海地域で異常が観測され判定会が招集された場合に，その事実をいつ報道するかという点が，気象庁，警察庁，国土庁，消防庁（防災4庁）と報道機関との間で議論になった．防災4庁側は，警戒

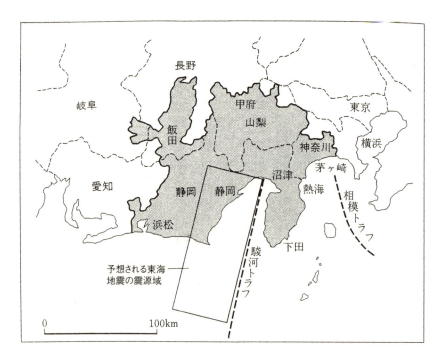

図6-7　想定東海地震の震源域と地震防災対策強化地域（網目がかかった領域）
（溝上恵『大地震は近づいているか』筑摩書房，1992年，163頁の図を一部改変）

宣言が発令されるまで判定会招集の報道を控えて欲しい，と要望した．これに対して報道側は「混乱を防ぐためにも早く報道すべきだ」と主張した．話し合いは難航したが結局，判定会招集から 30 分後に判定会招集の事実を報道することで決着した．「30 分協定」と呼ばれる(185)．

　判定会での議論を踏まえて気象庁が出す地震警報（地震予知情報）の案文も，「30 分協定」と前後して決まった．地震警報の案文は「これらの現象からみて数時間以内に大地震が発生するおそれがあります」と「2, 3 日以内に大地震が発生するおそれがあります」の 2 本立てになった．判定会が設置された当初は，①数時間以内に起きる，②数日から 1 週間以内に起きる，③そう遠くない時期に切迫している，の 3 ランクに分けて情報を出す方針であった．しかし，3 つに分ける判断が実際には難しいことや，「そう遠くない時期」や「数日から 1 週間以内」では警戒宣言が出しにくい，との指摘があったことなどから，「数時間以内」か「2, 3 日以内」の 2 つに統一することになった(186)．

　総理大臣が警戒宣言を出した場合に，国や各省庁，地方自治体，指定公共機関，病院，劇場，ホテルなどがどのような防災措置をとるべきかについての基本方針を示した国の地震防災基本計画も，中央防災会議で決まり，1979 年 9 月に公表された．警戒宣言が出た時の主な対応としては，①津波やがけ崩れなどが予測される避難対象地区では，住民を避難させる，②高速道路は強化地域内への流入をストップさせ，一般道についても強化地域内への流入を制限する，③強化地域内を走っている列車は最寄の駅まで徐行運転してストップする，強化地域内には列車を進入させない，④劇場，百貨店などはすぐに閉店し，客を避難させる，⑤小中学校では授業を打ち切る，などである．

　国会審議の段階で論議を呼んだ自衛隊の事前出動については，「地震災害警戒本部長（首相）が要請した場合に，避難のために必要な情報の伝達，情報の収集，人員及び物資の緊急輸送等を実施する」と規定し，「治安出動」につながらないように歯止めをかけた．避難地，避難路，消防用施設などの緊急整備は 5 年で行う，という計画であった(187)．

　地震防災基本計画に従って，関係各省庁や強化地域内の地方自治体，指定公共機関などは地震防災強化計画を，また強化地域内の病院，劇場，百貨店

6.5　宮城県沖地震と"東海地震予知体制"の始動　　353

など不特定多数の人が集まる事業所約2万5000も地震防災応急計画を，それぞれ1980年2月までに作成するよう義務付けられた．しかし，この策定には時間がかかった．国土庁の調査によると，1980年2月までに計画をつくり終えたのは関係6県と，関係各省庁，国鉄，電電公社，電力など指定公共機関の「ほとんど大半」などであった．170市町村の約4割と，2万5000事業所の約半数は計画をつくっていなかった(188)．

　強化地域に含まれないが，震度5程度が予想される東京など周辺では，警戒宣言が出たときにどう対応するかも問題になった．東京や横浜，それに石油コンビナートがある川崎なども強化地域に含めるべきである，との意見も強かったが，対応措置はそれぞれの自治体の地域防災計画で定めることになった．たとえば，東京都が1980年12月に決めた対応措置は，東京でも強化地域に準じた対応を取ることを明確にしている(189)．

　1980年末までに決まった各公共機関，事業体の計画によると，警戒宣言が出されると，強化地域とその周辺地域ではほとんどの社会活動がストップしてしまう．すなわち，強化地域内では，新幹線を含め，鉄道，バスは運転を打ち切り，高速道路は原則として閉鎖，一般道路でも時速20kmに制限される．浜岡原子力発電所や危険物を扱う工場，コンビナートは操業を停止し，百貨店・スーパーなど人の多く集まる施設も休業し，病院も外来患者の診療を中止する．銀行は普通預金の引き出し業務をしばらくは続けるが，時間がたつとそれも止める．学校も休校になる．東京，横浜など強化地域以外でも，鉄道は減速運転になり，道路も時速20kmに制限される．超高層ビル，地下街，劇場，球場，動物園など人が多く集まる施設では営業を自粛し，学校も休校になる(190)．"戒厳令"体制ともいうべき厳しい防災措置は，1990年代に入るとさまざまな批判にさらされることになる．

　1979年からは大震法の規定に従って，東海地震を想定した大規模な防災訓練も始まった．東海地震の前兆となる異常が発見されたとの想定で，判定会の委員が気象庁に駆けつける一方，関係省庁などの職員が招集され，やがて首相が警戒宣言を出し，強化地域内の住民が避難を始める—などが訓練のシナリオであった(191)．この防災訓練はその後，9月1日の防災の日の恒例の行事になり，テレビ放送などで全国に伝えられた．この結果，東海地震に

限らず大きな地震が起こる場合には，訓練のシナリオ通り警戒宣言が出されるのでは，との期待・誤解を社会に広めることになった．

　大震法では，強化地域内の自治体では地震防災強化計画に基づいて，避難地や避難路，消防用施設の整備を5年計画で行うことが義務付けられている．こうした緊急整備事業には大きな財政負担を伴うので，国が特別に財政的な援助をしてほしい，との要望が全国知事会などから寄せられていた．このため1980年5月，「地震防災対策強化地域における地震対策緊急整備事業に係る国の財政上の特別措置に関する法律（地震財特法）」が議員提案され，衆参両院を通過した(192)．

　この法律は，緊急整備事業の対象を大震法の避難地，避難路，消防用施設だけでなく，公立小中学校や社会福祉施設の改築・補強，病院の改築，通信施設，津波防潮堤，緊急輸送道路，がけ崩れ防止などにも広げ，一部の事業については国の補助割合を引き上げるほか，地方債の発行なども認めるなどして，国の財政援助を明確にしたものである．当初は緊急整備事業の期間を5年間とした時限立法であったが，期限がくるたびに延長されている．緊急整備事業に投じられた事業費は，静岡県だけでも2012年度までに約8500億円に達しており，大きな公共事業にもなっている(193)．

　このようにして大震法に伴う"東海地震予知体制"はようやく動き出した．地震予知連絡会会長を12年にわたって務めた萩原尊禮は1981年2月の予知連絡会で，予知連の会長と判定会の会長を3月一杯で辞任することを明らかにした(194)．辞任の理由は「健康上の理由」であったが，"東海地震体制"に一区切りがついたのを機にした勇退であった．後任の予知連絡会会長と判定会会長には東京大学を定年退官した後，東海大学の教授に移った浅田敏が就任した(195)．

　"東海地震予知体制"を地震研究者たちはどのように評価していたのであろうか．浅田は1990年に出版された『地震予知連絡会20年のあゆみ』のなかで，「この法律〔大震法〕により，駿河湾を予想震源域としていつ発生しても不思議ではないと考えられているM8級の海溝型巨大地震のいわゆる東海地震を想定した予知体制の整備が一層推進されるようになったといっても過言ではなかろう．…東海地震に対象が限定されているとはいえ，予知の可

能性が明確に打ち出されたことは，地震予知の研究においても大きなステップであった」と述べている(196)．

1991年から浅田の後任として地震予知連絡会の会長に就任する茂木清夫も，1982年に出版した『日本の地震予知』で「1978年には，M8クラスの大地震を対象とした『大規模地震対策特別措置法』が制定され，東海地域が大規模地震の発生する可能性のある地域として指定された．この地域においては直前予知をめざした24時間監視体制が整備され，日本の地震予知は確実に実用化の一歩を踏み出したのである」と書いている(197)．二人とも，大震法は地震予知研究の上での大きな前進ととらえていた．これは，予知研究に関係した研究者の多くに共通する見解でもあった．

しかしながら，これと異なる意見も少数ながらあった．それらの意見は，"東海地震予知体制"によって，地震学あるいは地震予知研究の現状と，地震予知に期待する社会との間には大きな隔たりができてしまった，ととらえる点では共通していた．1つは，大震法が東海地震をかなりの確度で予知できることを前提にしていることに対しての違和感である．1980年に地震学会などの主催で開かれた「地震予知研究シンポジウム」で，建設省建築研究所にいた大塚道男は「地震予知に確率の概念を導入すべき時だと思う」と訴え，「確率を発表することによって社会が混乱することを恐れるくらいなら，はじめから地震予知などしなくてもよい．地震学者は自然科学的実情をオープンにし，社会はその実情に対応出来るようにその体質こそを変えるべきなのである」と述べた(198)．

一方，名古屋大学理学部の島津康男は同じシンポジウムで，「地震予知が科学的に可能かの問題と，それをどう役立てるかの問題との間には，大きな不整合があるように見える．…不整合は危険をはらんでいる」と述べ，"不整合"ができた大きな原因は，地震予知計画は純粋な科学というよりも国家プロジェクトであると理解すべきであるにもかかわらず，大部分の地震研究者は地震予知計画を純粋な科学計画と考えているところにある，と論じた．そして，"不整合"をなくすための具体的な方策として，地震予知計画が国家プロジェクトであることを認識し，①地震予知が社会・経済に及ぼす波及効果を含め，災害科学としての研究を進めること，②予知に頼った場合，頼

らない場合の得失を比較するリスク・アセスメントを，予知コミュニティ以外の人の手によって行うこと，③予知コミュニティを開かれたものにすること，を提案した(199)．

　地震予知は当分の間，不可能であり，大震法は無意味である，という主張もあった．その代表的な論者は東京大学理学部教授であった竹内均である．竹内は機会あるごとに，地震学は観測体制を整備して常時監視を続けても地震の直前予知ができる段階には到達していない，地震災害を少なくするためには地震後の火災などの防災対策を強化すべきであり，将来無駄になるかもしれない観測施設に膨大な投資をするよりも基礎研究にもっと資金を投入すべきである—などと訴えた(200)．竹内の主張は1980年代には地震学界では少数派であったが，1990年代にはいると，無視できない影響力をもつようになる．

　地震予知研究とは関係ないが，建築基準法の施行令が1980年に改正され，それに基づいた新しい耐震基準が1981年6月1日から施行された．新しい耐震基準は，1971年の米国カリフォルニア州のサンフェルナンド地震をきっかけに研究開発された．震度5程度の中地震に対しては，建物には損傷を生じず，震度6程度の大地震に対しては，損傷はしても倒壊を防いで，死者を出さないことを設計の基本として，構造設計の計算法を一新した．また，建物本体だけでなく，給・排水管，ガス管，エレベーターなどの付属設備についても安全に関する規制が強化されている．新耐震基準の施行に伴い，旧基準で建てられた建物についての耐震診断基準と耐震改修設計指針も作成された(201)．

6.6　"東海地震予知体制"下での地震予知研究

　"東海地震予知体制"の下での地震予知研究は，1978年に建議された第4次地震予知計画に見られるように，地震を直前に予知するための手法の確立に重点が置かれた．具体的には，特定の地域に観測を集中して，さまざまな観測手法によって前兆現象に関するデータを収集すると同時に，前兆現象発生の仕組みを理解することによって，複雑多岐にわたる前兆を的確に把握し

よう，という方針であった．測地学審議会は 1983 年には，第 5 次地震予知計画の推進(202)を，1988 年には第 6 次地震予知計画の推進(203)を，各関係大臣にそれぞれ建議した．第 5 次計画では，房総沖にケーブル式の海底地震計を敷設する計画が盛り込まれたり，VLBI（超長基線電波干渉法）や SLR（人工衛星を使ったレーザー測距），GPS（全地球測位システム）のような宇宙測地技術の導入がうたわれたりするなど，観測体制の上ではいくつかの進展が見られたが，地震を直前に予知するための手法の確立という基本方針に変わりはなかった．

　基本方針に沿って，微小地震や地殻変動など各種の観測点は増加の一途をたどった．たとえば，大学が主に担当した微小地震の観測点は，第 1 次地震予知計画が始まった 1965 年度末には東京大学地震研究所と名古屋大学理学部に計 15 点しかなかった．その後は，北海道大学理学部，弘前大学，東北大学理学部，京都大学理学部，京都大学防災研究所，高知大学，九州大学，それに国立防災科学技術センター（1990 年からは防災科学技術研究所）も観測点をもつようになり，第 6 次地震予知計画が終わった 1993 年度末には 265 点になった．地殻変動を連続観測できる観測点も 1965 年度末には 11 点であったのに，1993 年度末には 177 点に，地磁気や地電流の連続観測点も 1965 年度末には 1 点であったのに，1993 年度末には 40 点にそれぞれ増えた．1974 年度から始まった地下水やラドン濃度などの観測点は 1993 年度末には 82 点を数えるようになった．この間，地震予知計画に投じられた国の予算は第 1 次から第 6 次計画までで計 1153 億円にのぼった(204)．

　1980 年代には，このようして観測体制が整備された地域，あるいはその隣接地域で被害を伴った地震がいくつかあった．そこで，どのような前兆がとらえられたのか，あるいはとらえられなかったのかを見てみよう．

　1982 年 3 月 21 日昼前，北海道浦河町の南西約 10 km の太平洋を震央とする M 7.1 の地震があった．震源の深さは約 40 km で，浦河測候所で震度 6 を観測したほか，震央から約 830 km 離れた静岡県三島でも震度 1 を観測した．この地震で浦河町を中心に住宅計 41 棟が全半壊するなどしたため，負傷者 167 人が出た．建物，道路，橋，港などの被害総額は約 100 億円に達した(205)．

この地震は，北海道付近に沈み込む太平洋プレートと陸のプレートとの境界付近で起きたのではなく，陸側のプレートの内部で逆断層が動いて起きた．約4時間前にM 4.9の前震があり，本震の2時間前までにM 2程度の地震が4個観測されていた．本震が起きた後で，浦河沖付近で起きた地震の数を遡って調べると，数年前から地震活動は低くなっていたことがわかった．

　本震の震央から約30 km離れて北海道大学の浦河地震観測所があり，ここでは地磁気の連続観測が行われていた．しかしながら，地震の前にも後にも地磁気には何の異常な変化は見られなかった．本震の震央から約60 km離れたところに同大学のえりも地殻変動観測所があり，ここでは伸縮計，水管傾斜計での連続観測が行われていた．地震に伴って起きた地殻変動は観測されたが，地震の前には異常な地殻変動は観測されなかった[206]．

　1983年5月26日正午頃，秋田県男鹿半島の北西沖約80 kmの日本海を震央とするM 7.7の地震があった．震源の深さは約14 kmと浅く，秋田市などで震度5を観測したほか，震央から約800 km離れた鳥取県米子市でも震度1を観測した[207]．気象庁はこの地震を「日本海中部地震」と命名したが，「秋田県沖地震」と命名すべきであったのでは，との議論も起きた[208]．

　この地震では日本海沿岸の各地を津波が襲い，大きな被害が出た．仙台管区気象台と札幌管区気象台では午後零時14分に，東北地方・北海道の日本海沿岸部に大津波警報を発表したが，一部の地域では津波は警報発表の数分前に到達した．津波の高さは最高6 m以上になり，秋田県能代港の東北電力の火力発電所の護岸工事現場では，作業中だった工事関係者34人が津波に流され，死亡した．さらに，男鹿半島の海岸に社会科見学に来ていた北秋田郡合川町の小学生13人も津波に巻き込まれ死亡するなど，秋田県と青森県，北海道で釣り人や観光客，漁業関係者など計100人が津波によって亡くなった．このほか，地震動による死者も4人あり，死者は計104人を数えた[209]．津波は朝鮮半島東部にも及び，韓国でも漁業関係者3人が死亡した[210]．

　日本海中部地震は，東西方向の圧縮力によってほぼ南北に延びる断層面を境にして東側に傾斜する逆断層が活動したものであった．地震後の地殻変動や余震域，津波の到達時間などを使っていくつかの断層モデルが提案された．

いずれも長さ100 km程度，幅50 km程度の断層面が，その中央部で逆「く」の字型に折れ曲がり，東側に20度程度傾斜しているという点では共通していた(211)．

秋田県西部と山形県西北部は，地震予知連絡会によって1970年から特定観測地域に指定されていた．このため日本海中部地震の震源域近傍では，弘前大学と東北大学による微小地震観測をはじめ，東北大学の地殻変動観測，国土地理院の水準測量などが精力的に行われていた．地震の後，地震の前兆ではないかと見られる現象がいくつか報告されたが，前震を除くと，いずれも明確なものとはいえなかった．

日本海中部地震の前震活動は本震の12日前から始まった．5月14日に本震とほぼ同じ場所でM 5.0の地震が起きた後，それよりも小さな地震が20数個続いた．その後，いったん活動が収まったが，本震の1分前にM 1.9の地震があり，本震が起きた(212)．

地震の前兆ではないかとされた代表的なものは，男鹿半島の"異常隆起"である．国土地理院は1981年夏に行った水準測量の結果，男鹿半島は1969年に比べて約4 cm隆起していることを見出し，1982年2月に開かれた地震予知連絡会の定例会で報告していた．日本海中部地震の後，国土地理院はこの"異常隆起"は，地震を起こした断層の深部が地震の前にゆっくりすべったために起きた前兆現象であった可能性がある，と報告した(213)．しかし，男鹿半島に置かれた東北大学の水管傾斜計の観測データでは，男鹿半島は1978年ごろから先端部が沈下していることを示唆しており，国土地理院の水準測量結果とは矛盾した(214)．また4 cm程度の"異常隆起"は異常というほどの量ではなく，測量の誤差などとしても説明がつく，との見方もあった(215)．

前兆現象ではないかといわれたもう1つは，地震活動の静穏化である．東京大学地震研究所の茂木清夫は気象庁の地震データを使い，日本海中部地震の震源域とその周辺では1978年の宮城県沖地震以降1983年4月まで，M 4以上の地震が起きていなかったことを示し，第2種の地震空白域が出現した後，大地震になった，と主張した(216)．しかし，東北大学の微小地震観測網によるM 1.5以上の地震データを見ると，震源域とその周辺で1978年から

地震活動が静かになった事実は認められない．第2種の地震空白域を議論する場合には，どの程度の大きさまでの地震を対象とするかによって，大きな違いが出ることが明らかになった(217)．

また，東北大学と米国カーネギー研究所が共同で，震央から約110km離れた秋田県南秋田郡五城目町に設置した体積歪計には，地震前には短周期の変動が頻繁に現れていたのに，地震の後は現れなくなったので，地震の前兆ではないかと報告された(218)．しかし，この歪計の短周期の変動は，地震後に最初に報告された際には「気圧の変動による影響」と説明されていた(219)．

東北大学は震央から約80km離れた男鹿観測所をはじめ，20数点に水管傾斜計を置き，地殻変動の観測をしていた．しかし，地震に伴う変化は観測されたものの，地震の前の異常は観測されなかった(220)．東北大学はまた，震央から約130km離れた象潟町の3カ所の井戸で，ラドン濃度や水位の観測を続けていたが，特に目立った変化は観測されなかった(221)．東北大学はさらに男鹿観測所など2地点で地磁気の観測を続けていたが，地震前後に有意な変化は観測されなかった(222)．

日本海中部地震の後，地球科学者の関心を集めたのは，震源域を含む日本海東縁部が北米プレートとユーラシアプレートの境界ではないかという仮説であった（図6-8）．この仮説は，日本海中部地震の起きる数カ月前から，東京大学地震研究所の中村一明と筑波大学の小林洋二がそれぞれ独立に提唱していた(223)．

中村と小林が，「日本海東縁部＝プレート境界」説の根拠としてあげたのは，①サハリン西方沖から北海道西方沖を通り富山トラフから糸魚川-静岡構造線へと続く一帯は，地質活動が活発な変動帯として知られている，②この地域では，1940年の北海道・積丹半島沖地震や1964年の男鹿半島沖地震，その40日後には1964年新潟地震など逆断層型の大きな地震が発生している，③海底地形も複雑で，日本海の海底が陸側に沈み込んでいるのではないかと見られる海溝地形が存在する，などであった．

それまで，北米プレートとユーラシアプレートの境界は，オホーツク海西部からサハリンを南下して，北海道中央部の日高山脈付近を通って日本海溝にいたる，と考えられていた．これに対して中村と小林は，このプレート境

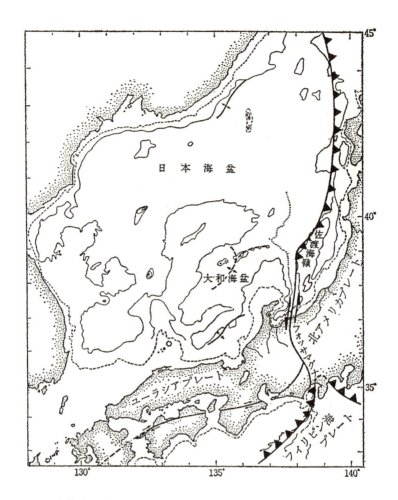

図6-8 小林洋二が提唱した北米プレートとユーラシアプレートの境界
糸魚川-静岡構造線（図ではフォッサマグナ）から北に延び，佐渡島の西を通って北海道・奥尻島の西に抜ける．
（小林洋二「プレート"沈み込み"の始まり」『月刊地球』5巻（1983年），513頁より）

界は200万-100万年前頃から日本海東縁部に移動し，ここでユーラシアプレートが北米プレートの下に沈み込みを始め，糸魚川-静岡構造線付近では，両プレートが衝突している，と主張した．日本海中部地震の起きたメカニズムや断層モデルは，「日本海東縁部＝プレート境界」説を強く支持するもの

であった．1993年に北海道南西沖地震が起きると，「日本海東縁部＝プレート境界」説はさらにその支持を広げることになる．

1984年5月30日には，兵庫県南西部の山崎断層帯のほぼ中央部を震源とするM5.6の地震があった．震源の深さは約17 kmで，山崎断層の一部が左横ずれを起こした地震であった．姫路市で震度4を観測したが，被害はなかった[224]．

山崎断層帯は岡山県東部から兵庫県南東部に延びる長さ約100 kmの断層帯で，868年の播磨の国の地震を起こしたとされる．1978年から地震予知計画の一環として「山崎断層テストフィールド総合観測」が10年計画で始まり，京都大学防災研究所が中心になって断層付近で各種の観測計器を置き，観測を続けていた．84年5月の地震は，この総合観測期間中に起きた最大の地震であり，震央から約3 kmの地点には約100 mの観測坑が掘られていた[225]．

研究グループでは，比抵抗の観測の一部や自然電位，全磁力，温泉中の塩素イオン濃度などに地震の前兆と見られる変化を観測できたと報告した[226]．しかし，それらはいずれも5月に地震が起きた後でデータを再検討して，発見されたものであった[227]．観測坑には伸縮計12台が置かれていたが，前兆と見られる明瞭な地殻変動は観測されなかった．

山崎断層帯の地震から4カ月もたたない1984年9月14日には，長野県木曾郡王滝村を震央とするM6.8の地震が起きた．震源の深さは約2 kmと浅く，長野県飯田市，諏訪市などで震度4を観測した．地震によって震央に近い御嶽山（標高3067 m）の8合目付近の南斜面で大規模な土砂崩れ（山体崩壊）が発生し，この土石流などによって29人が亡くなった．気象庁はこの地震を「長野県西部地震」と命名した．

長野県西部地震は，北西―南東方向の圧縮力によって，東北東―西南西方向に延びる長さ12 km，幅9 km程度の断層面が右横にずれた地震であった[228]．震央付近では1976年ごろから群発地震が起き，1979年10月には御嶽山が噴火し，以降も噴気活動と群発地震が続いていた．1978年8月には地震予知連絡会が「長野県西部と岐阜県東部」を特定観測地域に指定していた．このため名古屋大学が中心になって，周辺に微小地震の観測点を置く

など観測を強化していた．震央付近では活断層の存在は知られておらず，地震後の調査でも地表には地震断層は見付からなかった(229)．

　この地震の前兆ではないかと報告されたのは，いずれも地下のガスの観測によるものであった．名古屋大学の杉崎隆一らは，震央から南西に約 50 km 離れた白狐温泉から出る噴気中のガスの成分を 1979 年から観測していた．すると，1984 年 8 月から水素ガスが検出されるようになり，その量が 8 月下旬から 9 月上旬にかけてピークに達した後，長野県西部地震が起きた．5 年余の観測では水素ガスが観測された例はなかったので，水素が観測されたのは地震の前兆と見なすことができる，と主張した(230)．富山大学の宇井啓高らは震央から北に約 70 km 離れた跡津川断層付近の 5 地点でラドンの濃度の観測を 1980 年から続けていた．1984 年 8 月末からラドンの濃度が異常に増加した後で，長野県西部地震が起きたと報告した(231)．また，地質調査所のグループも震央から約 100 km 離れた長野県松代町で松代の群発地震の際に地表に現れた地震断層に沿って地中のラドン濃度の観測をしていたところ，1984 年 7 月にラドン濃度が著しく減少した後，9 月になってやや回復した直後に長野県西部地震が起きたという(232)．

　一方，地殻変動の連続観測では長野県西部地震の前には，異常は見付からなかった．震央の北約 60 km には京都大学防災研究所の上宝観測所があり，ここでは 3 成分歪計と水管傾斜計での観測が行われていたが，地震に伴った地殻変動は観測されたものの，地震直前の変動は認められなかった(233)．震央から南西約 60 km にも名古屋大学犬山地殻変動観測所があり，ここでは水管傾斜計と石本式傾斜計での観測が行われていたが，事前の異常はなかったようである(234)．震央から約 100 km 以上離れるが，松代地震観測所の水管傾斜計や伸縮計，それに東海地震に備えた東海地区の体積歪計の観測網でも，地震の前の異常な変化は検出されなかった(235)．

　1987 年 12 月 17 日午前には，千葉県長生郡一宮町付近の九十九里海岸の沖約 10 km を震央に，M 6.7 の地震が起きた．震源の深さは約 60 km と深かったが，千葉県銚子市，勝浦町，千葉市などで震度 5 を観測したほか，東京などでも震度 4 になった．この地震では，千葉県を中心に死者 2 人，負傷者 135 人が出た．全半壊した建物が約 100 棟，一部が破損した建物は 6 万棟

以上あった(236). 東京湾沿いの埋立地や九十九里浜沿岸の砂丘地帯，利根川沿いの沖積低地など広い範囲で地盤の液状化が起き，道路や橋，ガス，水道，電話などのライフラインにも大きな被害が出た(237). この地震は「千葉県東方沖地震」と呼ばれる.

千葉県東方沖地震は，関東地方の下に沈み込んでいるフィリピン海プレートの先端部分が，長さ，幅いずれも 20 km，傾斜角 70 度の断層面を境にして右横ずれの断層運動を起こしたために起きた，と推定された．この地震の 10 数秒前に小さな前震があった(238). 震源域のほぼ真上には気象庁の体積歪計があり，地震直後には大きなステップ状の変化を記録したが，いずれの歪計にも直前の前兆と見られるような変化は検知されなかった(239). 地震予知連絡会では「今回の地震に関して前兆と考えられる現象は報告されなかった．この地震が中規模であり，深さがかなり深かったためと思われる」とのコメントを発表した(240).

1989 年 7 月には，伊豆半島東方沖の群発地震が活発化し，海底噴火につながった．伊豆半島東方沖の群発地震は 1930 年代の活動の後，40 年あまり静かであったが，1978 年 1 月の伊豆大島近海地震の後，静岡県伊東市川奈崎沖を中心に活動が再開して以来，断続的に続いていた(241). 1989 年 6 月 30 日から再開した群発地震活動は 7 月 4 日からは人体に感じられるようになり，気象庁が伊東市鎌田に設置した地震計ではこの日 1 日だけで 4400 回以上の地震が観測された．7 月 7 日には M 5.2，9 日には M 5.5 の地震が起きた．11 日からは鎌田での地震回数は 1 日 500 回程度に減るとともに，火山性の微動が観測されるようになり，13 日夕には川奈崎沖北約 4 km の海底で噴火するのが目撃された(242).

噴火の前後に音響測深機を使って海底地形を調べた海上保安庁水路部の報告によると，噴火直前の観測では，噴火地点に高さ 25 m 程度の円錐形の丘が認められた．この丘は噴火直後には直径約 450 m，高さ約 10 m に成長し，丘の中心部には直径約 200 m，深さ 30 m の窪み（火口）があった．海上保安庁ではこの海底火山を手石海丘と命名した(243).

伊豆半島東方沖群発地震と海底噴火は，地下からのマグマの上昇によって引き起こされた．1982 年から 1988 年までの 6 年間で川奈崎から伊東市富戸

を中心に最大 17 cm の隆起が観測されたほか(244)，気象庁の体積歪計や国立防災科学技術センターが設置した傾斜計などにも大きな変化が観測され，マグマが上昇したことを裏付けた．国立防災科学技術センターの岡田義光らはこうした観測データを説明するために，深さ 10 km 以深にあったマグマが 1989 年 5 月から 7 月にかけて 3 段階にわたって下から地殻にクサビを打ち込むような形で上昇し，地殻に長さ 3 km 程度の切れ目を形成したとするモデルを提出した(245)．しかしながら，地震予知連絡会も火山噴火予知連絡会も 7 月 13 日の海底噴火を事前に予測できたわけではなかった(246)．

　以上に紹介したように，観測網が比較的よく整備された地域で起きた地震であっても，前兆と思われる現象が観測された例は多くはなかった．とはいえ，地震予知計画に従って各種の観測点が増加するにつれ，報告される「前兆」の数は急速に増えていった．たとえば国立防災科学技術センターの浜田和郎によると，日本で起きた 14 世紀からの地震 420 について前兆現象と報告された事例は 790 にのぼるが，そのうち 1976 年から 1985 年までの 10 年間に報告された「前兆」が 160 を占めた．そのうち伊豆大島近海地震（1978 年），宮城県沖地震（同），日本海中部地震（1983 年），長野県西部地震（1984 年）など 10 の被害地震に関連して報告された「前兆」は計 89 を数えた．浜田は「『地震の前兆はめったに表れるものではなく，前兆を伴う地震はまだまだほんの一部にすぎない』というのは昔の話であって，地震予知計画が効果をあげてきた最近の 10 年間は違ってきたのである」と前向きな評価を下した(247)．

　しかし，「前兆」報告数の増加に伴って問題も浮かび上がってきた．1 つは，「前兆」報告の信頼度である．言い換えれば，地震の後で研究者が異常と感じた現象は何でも「前兆」と報告される傾向があることである．その異常は，普段の観測でも見られる程度の異常（観測誤差）ではないのか，降水や気温，気圧など気象条件や潮汐，人間活動などの影響ではないのかなどの点を十分に吟味することなしに，報告された例が多いのである．

　気象庁気象研究所は 1990 年に，世界で地震の「前兆」と報告された事例約 1100 件のデータベースを作成した．このデータベースには，研究者が「前兆」と報告した事例を原則としてそのまま収録してある．気象研究所の

研究グループは，報告された「前兆」を①長期間にわたって観測記録が取られているか，②報告された異常な現象は観測誤差の範囲を超えているか，③地震発生との間に因果関係が考えられるか，などさまざまな角度から検討し，その信頼度に応じて，Ⅰ．前兆として明確なもの，Ⅲ．前兆として不明確なもの，Ⅱ．ⅠとⅢの中間的なもの，の3段階にランク付けした．その結果，Ⅰにランク付けできたのは全体の8％しかなく，そのうちの半分は前震に関連した報告であった(248)．

さらに，報告された前兆現象は千差万別で，その中から「前兆」発現の普遍性や規則性を見つけ出すのは難しい．たとえば，ソ連のタシケント地震（1966年）で脚光を浴び，1970年代からは日本での観測も強化されたラドン濃度の変化について見てみよう．ラドンの濃度の異常が出現した時期は，地震発生のかなり前から地震発生の直前，地震発生を含んだ期間と，バラバラである．日本ではラドンの濃度が地震の前には減少した，という報告が4分の3を占めるのに対して，外国の報告ではラドン濃度が増加したという報告が4分の3を占める．震源域に近いほど，ラドン濃度の変化が大きいというような傾向も見られない．地震の直後にラドン濃度の変化が観測された例もほとんどなく，信頼度の上からもⅠにランク付けできる報告は1つもなかった(249)．

前兆かどうか客観的に判定できる前震についても，同じ地域によってさえ，地震ごとに前震があったりなかったりする．伊豆半島とその周辺は最も前震が起こりやすい場所とされており(250)，たとえば1930年の北伊豆地震や1978年の伊豆大島近海地震では，顕著な前震活動があった．しかし，1974年の伊豆半島沖地震や，1978年の伊豆大島近海地震とほぼ同じ場所で1990年2月に起きた地震では前震は観測されなかった(251)．

地震予知連絡会の会長であった浅田敏も1989年に「第4次〔地震予知〕計画の進捗により，地震予知の実用化に向けて明るい見通しが得られるようになったが，その一方で，前兆現象の出現様式が従来考えられていたよりも複雑多岐であることが一層明確となった」と回顧している(252)．「前兆」報告の増加を積極的に評価していた浜田和郎さえ「これが前兆かも知れないと言う観測者の判断をそのまま採用するだけでは進歩がない」と述べ，「前兆」

と判断する客観的な基準を定めることを提案した(253).

第1次から第6次地震予知計画では，観測網の整備強化に力が入れられた．第3次以降の計画では，地震の直前予知の決め手になるのではないかと考えられた「前兆」の検出に重点が置かれた．ところが，報告された「前兆」は複雑多岐にわたり，どれか1つの「前兆」を頼りに直前予知をすることはきわめて難しい，との認識が深まっていった．信頼すべき「前兆」が発見されない，という問題は1990年代に入って地震予知計画への批判的な議論を巻き起こすことになる．その前に，第1次から第6次地震予知計画がもたらした主な成果について紹介しておこう．

6.7　地震予知計画の主な成果

第1次から第6次までの地震予知計画の成果としてまずあげられたのは，各種の観測体制の整備強化である．それによって得られた研究成果としては，前節で紹介したような「前兆」探しにかかわるような研究よりも，日本列島の下にプレートはどのようにして沈み込んでいるのか，あるいはそこでどのようなメカニズムで地震が起こるのか，などといったプレートテクトニクスや地震学の基礎的な問題にかかわる研究が多い．それらの研究は「地震予知の実用化」を目的とする地震予知計画からすれば，副産物であったが，地震予知計画によって整備された観測網なしには成し遂げられなかった．研究者が地震予知計画を推進してきた狙いの1つは，こうした副産物であった．

地震予知計画により気象庁の地震観測網や大学等の微小地震観測網が整備強化されたことにより，日本列島の陸域とその沿岸部では，M3以上の地震については1980年代末には震源が正確に決められるようになった(254)．大学等の微小地震観測網がある地域ではM1.5以上の地震の震源が正確に決められた(255)．この結果，深発地震面が2層構造をしていることが発見された．

深い地震が起きる場所が日本海溝から40度程度西に傾いたある曲面上にきれいに分布していることは，中央気象台にいた和達清夫が1930年代に発見した．この深発地震が起きる曲面は深発地震面，あるいは和達-ベニオフ面と呼ばれることは第3章で紹介した．深発地震面が2層構造をしているこ

とを最初に指摘したのは，東京大学地震研究所にいた津村建四朗である(256)．津村は1972年に関東地方で起きた約2200個の地震の震源を，地震研究所の微小地震観測点11点の観測データから求め，深さごとに震源を図示した．すると深さ100 km以上の震源は東京の直下では2層構造をしていた．

東北大学の海野徳仁らは東北大学の微小地震観測網を使って，東北地方の深さ50 km以深で起きた中小の地震の震源を求め，やはり震源の深さ別に図示すると，深発地震面が上下2面に明瞭に分かれていることを見付けた．同時に彼らは，上面に位置する地震と下面の地震とでは，地震の起こり方（発震機構）がまったく違うことも明らかにした(257)．すなわち，上面の地震は圧縮力によって起きているのに対し，下面の地震は逆に引っ張る力によって起きているのである．海野らはその後，深発面が2面に分かれていることをさらに明瞭に示し（図6-9），「二重深発地震面」と呼んだ(258)．二重深発地震面の存在は，その後，北海道やアラスカ，トンガ諸島などでも見付かった(259)．深発地震面の上面で起きる地震は，沈み込む海のプレートが陸のプレートの境界部分と押し合うために起きており，深発地震面の下面で起きる地震は，沈み込んだプレートが下方に引っ張る力によってプレート内部で起きていると考えられている(260)．

震源分布の状況や地震の起こるメカニズム（発震機構）を調べることによって，太平洋プレートやフィリピン海プレートが日本列島の下にどのように沈み込んでいるかも明らかになった．たとえば関東地方の下では，東側から太平洋プレートが沈み込み，南側からはフィリピン海プレートが沈み込んでいるが，フィリピン海プレートの厚さは30 km程度と薄く，関東地方北部では沈み込む太平洋プレートの上にフィリピン海プレートが直接接していて，ここが"地震の巣"の1つになっていることが防災科学技術研究所の地震観測網によってわかった．フィリピン海プレートは相模トラフ付近で裂けていて，この裂け目に富士山や箱根などの火山が位置している(261)．

地震波の観測によって，地殻やマントル中のマグマの存在も見えてきた．東北大学の長谷川昭らは，同大学の微小地震観測網で得られた多くの観測データを使い，地震波の速度が場所によってどのように違うかを調べる方法（地震波トモグラフィー）によって，コンピューター断層撮影（CT）のそれ

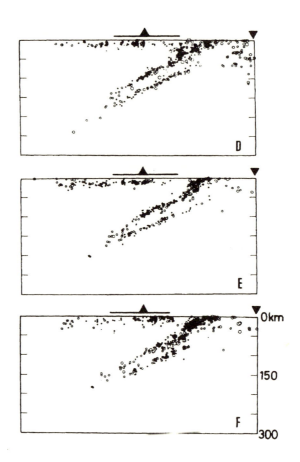

図 6-9　東北地方で 1980 年の 1 年間に観測された微小地震の震源の位置の分布を,東西断面で示した図

　　　D は北緯 39 度付近,F は北緯 40 度付近の断面図.地震がよく起こる面が上下に 2 つある.
　　　　（海野徳仁・長谷川昭「東北日本弧における二重深発地震面と発震機構」『地震』第 2 輯 35 巻 (1982 年),243 頁の図を改変）

によく似た地殻の"断層画像"を作成した(262).深さ 40 km の平面図を見ると,地震波の遅い場所の上には活火山が分布していた.ある緯度で切った断面図で見ると地震波の遅い場所は,約 100 km の深さから沈み込む太平洋プレートの曲面に沿うような形で上昇し,地上の活火山の下に達していることがわかった.長谷川らはこの地震波の遅い場所は,マグマが存在している

場所を示しているものと解釈した．また彼らは，東北日本で起きる浅い地震の震源の98%以上は深さ15 km より浅い地殻で起きることも明らかにした．15 km以上深くなると温度が上がり，岩石が脆性を失うために地震が起きにくくなる，と考えられる．

地震波は性質の異なる物質の境界では反射したり屈折したりする．火薬を爆発させるなどして人工の地震を起こし，この原理を使って深いところまで地殻の構造が調べられた．これによってたとえば，日本海溝付近では東側からP波（縦波）の速度が秒速6 km以上ある物質の層が1度程度傾斜して，P波の速度が秒速2-3 kmしかない陸側の物質の層の下に沈み込んでいる様子が明らかにされた(263)．P波の速度が速い層は太平洋プレートの上部の海洋地殻であり，陸側の層は堆積物である．太平洋プレートの傾斜は徐々に急になり，日本海溝から約100 km 西に行くと7度程度になる．太平洋プレートに接する地殻のP波の速度も秒速6 km近くになる．

第5次地震予知計画から登場した宇宙測地技術によって，プレートの運動も実証された．地球から遠く離れた宇宙には，強い電波を出すクエーサー（準星）という天体がある．地球上の遠く離れた2点に巨大なパラボラアンテナを置き，クエーサーからの電波の到達時間の差を精密に測れば，2点間の距離を測定することができる．これがVLBI（超長基線電波干渉法）の原理である．郵政省電波研究所（1988年から通信総合研究所，2004年からは情報通信機構）では1979年から本格的なVLBIシステムの開発に乗り出した．1984年からは，このシステムを使って米国航空宇宙局（NASA）が主導した地球ダイナミックス計画に参加し，プレート運動の実測を始めた(264)．

その結果1984-85年までの2年近くの観測によって，電波研の直径26 mのパラボラアンテナが置かれた茨城県鹿島とハワイ・カウアイ島との距離は，1年に7.7 cmの割合で短くなっていることがわかった．鹿島とマーシャル諸島クワゼリン島との距離も1年に8.3 cmの割合で短くなっていた．カウアイ島やクワゼリン島は太平洋プレートの上にあり，鹿島は北米プレートの上にある．この距離の短縮の割合は，プレートテクトニクスから予測される太平洋プレートの北米プレートに対する運動速度とその方向から計算した数字とほぼ同じであった(265)．すなわち，長期的な地質学的データから推定さ

れた太平洋プレートの運動が，現在も同じ速度で続いていることが明らかになったのである．その後の継続的な観測によると，カウアイ島は年間 6.35 cm ずつ鹿島に近付いており，プレートテクトニクスが予測する距離の短縮率よりも若干小さい．これは，日本海溝から比較的近い鹿島付近の地殻は，太平洋プレートの沈み込みに伴って沈み込み方向に短縮変形を受けているため，と解釈されている(266)．

　西日本に沈み込むフィリピン海プレートの運動も，やはり VLBI で実証された．国土地理院でも VLBI システムの開発を 1981 年から始め，移動可能な直径 5 m のパラボラアンテナを使った実験を 1986 年から始めた(267)．この実験の一環として 1987 年と 1989 年の 2 回，フィリピン海プレートに位置する小笠原・父島にこのシステムを運び，電波研の鹿島のパラボラアンテナとの間の距離などを精密に測定した．この結果，父島と鹿島の距離は 2 年間で 4.4 cm 短くなっていた．この数値をもとに計算すると，父島は西北西の方向に年間 7.4 cm の速度で動いていることが明らかになった(268)．父島はフィリピン海プレート上にあり，フィリピン海プレートの運動速度が実測されたのは，これが最初であった．1980 年代後半からは，人工衛星からの電波を手がかりにその場所の位置を知ることができる GPS（全地球測位システム）も実験的に使われるようになり，1990 年代に入ると GPS によってもプレート運動が実証された．

　著しく進展したのは，最近の地質時代に繰り返して活動し（地震を起こし），将来も活動すると予測される活断層の研究である．活断層は，山や谷，川などの地形の食い違いを手がかりに，空中写真や地形図で判読し，現地調査で確かめる．1960 年代から研究が盛んになり，1970 年代に入ると日本各地で原子力発電所の建設や稼動が始まって，その安全性をめぐる議論のなかでは活断層が存在するかどうかが争点になった．1974 年に起きた伊豆半島沖地震では，空中写真の判読によって活断層と認定されていた石廊崎断層が活動した．こうしたこともあって，「活断層」という言葉は社会的にも知られるようになった一方，活断層と認定する基準が研究者によって異なるのではないかとの批判も出始めた．このため，全国の活断層研究者が集まって 1975 年に活断層研究会を結成し，活断層を同一の基準で選び出し，全国の

活断層のカタログをつくることを目標に調査研究を進めた(269).

その成果は1980年に活断層研究会編『日本の活断層』として出版された(270). この本では，日本各地（北方領土など一部を除く）の陸上にある断層1400あまりを活断層と認定し，それぞれの位置を20万分の1の地形図上に示してある．それを活断層と認定した根拠を示すとともに，その存在の確かさ（確実度）に応じてⅠ，Ⅱ，Ⅲの3段階にランク付けしている．同時に，活断層による地形の食い違いがいつの時代に形成されたのかを放射性炭素年代測定法などによって調べ，その年代と地形の食い違い量から活断層の平均変位速度（活動度）を割り出し，その大きなものから順にA，B，Cの3段階に分けている．過去に起こした地震がはっきりしている場合には，その年代も示している．また，海上保安庁が行った音波探査の記録や海底地形図などをもとに，日本列島周辺の海域に存在する海底の大きな断層についても，それが活断層であるかどうかを認定し，その結果を50万分の1の地形図上に示してある．

日本の活断層のカタログづくりはその後も続き，1991年には『日本の活断層』は大幅に増補・改訂され，活断層研究会編『新編・日本の活断層』として出版された(271). この本では，新たに見付かった活断層が増えたため，収録されている活断層は陸上で約2100にのぼる．海底の活断層も大幅に増えた．

こうした研究成果をもとに東京大学地震研究所の松田時彦は，日本の内陸部で過去に起きた大きな地震の規模（マグニチュード）と地表に現れた地震断層の長さの関係を調べ，活断層の長さが長くなるほどそれが起こす地震の規模も大きくなるという一定の関係式が成り立つことを見付けた(272). この式は「松田式」と呼ばれ，この式によってその地域に存在する活断層が引き起こす最大の地震の規模を見積もることができるので，原子力発電所などの耐震設計などに使われるようになった．さらに松田は，活断層が地震時に1回でずれ動いた量と活断層の平均変位速度から，活断層が地震を起こす平均繰り返し間隔が推定できることも示した．

1970年代末からは活断層のトレンチ発掘調査が始まった．トレンチ発掘調査では，活断層をまたぐようにして大きな溝（トレンチ）を掘って人工的

に断層の露頭をつくり，そこで観察される地層の食い違いの状況などをもとに，その活断層が過去に活動した際にずれ動いた量やその年代，地震を起こした回数などを推定する．1943 年の鳥取地震で地表に現れた鹿野断層で，1978 年 11 月から行われた発掘調査が日本での調査の最初とされる(273)．この調査では鳥取地震とその数千年前の地震の痕跡が識別された．1993 年までに 25 の断層の計 67 カ所で掘削が行われた(274)．

その結果，たとえば 1980 年から 1982 年にかけて行われた北伊豆断層系の中心部・丹那断層の調査では，丹那断層は過去 6000-7000 年の間に，1930 年の北伊豆地震を含めて 9 回の大地震を起こしており，それらの活動間隔は 700-1000 年で比較的規則正しく活動していることが判明した(275)．こうしたデータをもとに松田時彦は，活断層は同じ規模の地震をほぼ一定の時間間隔ごとに繰り返し起こしている，と考えた(276)．こうした考え方は固有地震モデルと呼ばれる．

一方，丹那断層から南にある浮橋中央断層の調査の結果では，1930 年北伊豆地震の前の活動は約 3000 年前であった(277)．また浮橋中央断層よりも南の姫ノ湯断層でも 1983 年に調査が行われたが，1930 年の活動の前には活動した形跡が見付からなかった(278)．これらの結果から地質調査所にいた山崎晴雄は，1 つの断層系ではすべての断層が地震時に同時に活動するわけではなく，いつも活動する主断層と，そのときどきに応じてお付き合いして動く付随的な断層がある，との考えを提案した(279)．

内陸部の活断層を考慮した地震危険度地図の試作も始まった．地震危険度地図としては 4.5 節で紹介した「河角マップ」がよく知られていた．その「河角マップ」で地震危険度が全国で最も低いレベルにあった新潟県北部で 1964 年に新潟地震が起きたことから，「河角マップ」の限界が明らかになったからである．

地震研究所の松田時彦や島崎邦彦らは，内陸部の活断層が起こす地震と，太平洋岸で起きるプレート境界型地震の 2 つに分けて，全国の地震危険度を推定した(280)．活断層が起こす地震については，『日本の活断層』に記載されている活断層の長さやその平均変位速度などから，その活断層が起こす最大の地震と平均繰り返し間隔を推定し，これをもとに日本列島の 10 km メ

ッシュごとに震度5以上の地震に見舞われる平均再来期間を算出した．これによると，震度5以上の地震に見舞われる平均間隔が25年以下と全国で地震危険度が最も高いのは，活断層が多い長野県や岐阜県になった．

　松田らは，太平洋岸で起きるプレート境界型地震についても，歴史地震のカタログをもとに平均繰り返し間隔や各地の震度分布を推定し，やはり震度5以上の地震に見舞われる平均再来期間を算出した．内陸部の活断層が起こす地震とプレート境界型地震による危険度を足し合わせたものが，実際の地震危険度である．図6-10を見ても，長野県を中心とした中部地方は，太平洋岸の各地と同様かそれ以上に地震危険度が高いことがわかる．

　広島大学の前杢英明も，陸の活断層が起こす地震による地震危険度を推定した(281)．前杢は『日本の活断層』に記載されている活断層のうち確実度がⅠのものだけを取り出し，松田らと同様の手法で，日本列島の経度・緯度とも1度のメッシュごとに，今後1300年間に震度6以上の地震に見舞われる回数（A）を計算した．一方，歴史地震のカタログから過去1300年間に起きた内陸の地震を選び出し，この地震によって震度6以上になった回数（B）も地点ごとに計算した．前杢は2A－Bを今後将来1300年間に各地点で震度6以上の地震に遭遇する実際の回数と考えた．この引き算によって，過去1300年間に活動したかも知れない活断層については，将来起こるかも知れない地震から除外するのである．この方法によっても，地震危険度が最も高いのは中部地方になる．このようにして試作された地震危険度地図は，1995年の阪神・淡路大震災以降，政府の地震調査研究推進本部がその作成に取り

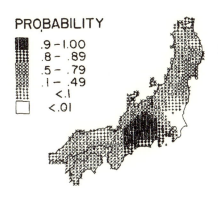

図6-10　松田時彦や島崎邦彦らによって推定された日本列島の地震危険度
　日本列島各地が今後20年以内に震度5以上の揺れに見舞われる確率が示されている．
　（S. G. Wesnousky, C. H. Scholz, K. Shimazaki and T. Matsuda, "Integration of Geological and Seismological Data for the Analysis of Seismic Hazard: A Case Study of Japan," *BSSA*, **74** (1984), pp.704 の図を改変）

6.7　地震予知計画の主な成果　　375

組む「全国を概観した地震動予測地図」の原型になった.

　太平洋岸で起きるプレート境界型の大地震については，同じような地域を震源域にして繰り返し起きていることが今村明恒らの研究でわかっている．地震研究所の島崎邦彦と東北大学にいた中田高は，その繰り返し方には法則性があり，前回の大地震によってずれ動いた量がわかれば，次の大地震が起きる時期を予測できる，と報告した(282).

　房総半島の南端部には，プレート境界型の大地震の際に隆起したために生じたと考えられる海岸段丘が4段にわたってできている．一番低い約6mの段丘面が1703年の元禄地震の際に隆起したものであり，最も高い段丘面は約6000年前に形成されたことが，放射性炭素年代測定法などによってわかっている．鹿児島県喜界島にも約6000年前に隆起したさんご礁を最高面とする4段の段丘面がある．島崎らはこれらの段丘が形成された年代を横軸に，段丘の高さを縦軸に取ってそれぞれの段丘をプロットすると，図6-11のように階段状のグラフが描けることを示した．階段状のグラフの下は斜めに描いた直線に乗っている．高知県室津で測定された1946年，1854年，1707年の南海地震直後の隆起量も同じように図示すると，やはり階段状グ

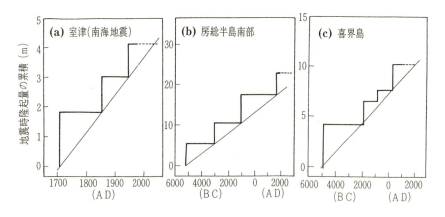

図6-11　過去に繰り返し起きた大地震によって隆起した量と大地震の発生間隔との関係

　　　　階段グラフの下が直線に乗っている．
　　　　　（島崎邦彦「大地震は繰返す」『地殻ダイナミックスと地震発生』朝倉書店，2002年，38頁より）

ラフの下が斜めの直線に乗る．

　すなわちこれらの図は，前回の地震で断層が大きくずれ動く（地震の規模が大きい）ほど，断層面にかかる応力が一定の限界になるまでに時間がかかるので，次の地震までの間隔は長くなる，逆に前回の地震の規模が小さいと，応力の限界に達するまでの時間が短くなるので，次の地震までの間隔も短くなる──ということを意味している．このような法則性が成り立つとすると，前回の地震の隆起量がわかるとそこから水平に直線を延ばし，斜めの直線と交差した点の年代を読むと，それが次回の地震が起きる時期になる．前回に起きた地震の規模から，次回に起きる地震の時期を予測できることから，島崎らはこれを時間予測モデル（time-predictable model）と呼んだ．固有地震モデルや時間予測モデルは，阪神・淡路大震災以降は政府の地震調査研究推進本部の地震の長期予測に使われることになる．

　大地震の際の断層運動は時間的に一様に進むわけではなく，ときに抵抗を受けてスピードを緩めたり，強い地震波を出したりしながら，ギクシャクと進むものであることが，地震波形の解析からわかってきた．このような不規則な運動になるのは，断層面が一様ではなく，応力増加に対する抵抗が強いところや弱いところがあるなど，断層に不均一性（不均質性）があるからである．このように断層面に不均一性があるからこそ，地震の前にさまざまな前兆現象が現れる，との主張も行われた．

　地震研究所の茂木清夫は室内での岩石実験によって，断層面に不均一性がある場合には，前兆的な変化が現れることを示した．茂木の実験は6.1節で紹介した米国の地震学者・ショルツの実験と同じである．すなわち，直方体の花崗岩試料を2つに切断し，これを再び組み合わせて直方体にしたものに，上下，左右から力を加えてゆくと，断層面を境に地震が起こるように，2つの花崗岩片は間欠的に大きくすべる．実験を始める前に，断層面をグラインダーで磨いて滑らか（均一）にしておくと，大きくすべる前には何の変化も見られない．ところが，同じ断層面の一部にグリースを薄く塗ってから実験すると，大きくすべる前にグリースを塗った部分を中心に異常な変形が観測された．こうした実験結果から茂木は「力学的前兆現象の出現の有無やその大きさは，断層の力学的不均一度に強く依存する」と主張した[283]．

カリフォルニア工科大学の金森博雄は，断層面はアスペリティ（凸凹した部分）と呼ぶ強度の高い部分と，強度の低い部分から成り立っていると考えて，前震や余震などの地震活動全体を説明しようと試みた(284)．金森は，断層面が1つのアスペリティとその周りの弱い部分からなる，最も単純な場合を考えた．アスペリティもその周りの弱い部分も，一様の強度をもつわけではなく，その強度は平均値の周りにある幅をもって分布している．もちろんアスペリティの平均強度は，弱い部分の平均強度よりも高い．そのような状態で断層の応力が高まっていくと，アスペリティの周りの弱い部分のなかの最も弱い部分がすべり（破壊）始め，破壊は徐々に進行していく．これが通常に観測される地震活動である．やがてアスペリティの周りの弱い部分が全部すべってしまうと，しばらくは地震が起こらなくなる．これが第2種の地震空白域と呼ばれる現象である．さらに応力が高まると，アスペリティの一部がすべり始める．これが前震活動である．さらにアスペリティの大部分が破壊すると，本震になる．アスペリティの最も強度の高い部分が破壊するのが余震である．

　金森はこのモデルで，アスペリティとその周りの弱い部分の平均強度とそのばらつきの幅を変えると，前震が現れない場合，現れる場合，第2種地震空白域が現れる場合，現れない場合などさまざまな地震活動のパターンが再現できることを簡単な数値シミュレーションで示した．そしてこれをアスペリティモデルと呼び，このモデルを支持する若干の観測事実も示した(285)．アスペリティモデルでは，アスペリティの大小が地震の大小を決めることになる．このため，本震の震源や前震の発生した領域，強い地震波を出した部分などを手がかりに，アスペリティの位置やその大小を推定する研究が盛んになった．

　一方，マサチューセッツ工科大学にいた安芸敬一らは，断層面の強い部分をバリアと呼んだ．安芸によれば，断層運動は断層面の弱い部分から起こり，バリアにぶつかると破壊の進行がスムースに行かなくなり，破壊がその部分をジャンプしたり，そこで断層運動が停止したりする．安芸はバリアとして，断層が曲がっている部分やプレート境界で海山の沈み込んでいる部分，火山地帯で温度が高い場所などをあげている(286)．このモデルはバリアモデルと

呼ばれ，地震の大小を決めるのはバリアの存在とそのときの応力状態に依存する，と考える点に特徴がある．

アスペリティモデルとバリアモデルは，本震が起こる場所を強い部分の破壊（アスペリティモデル）と考えるか，弱い部分の破壊（バリアモデル）と考えるかで，真っ向から対立する．東京大学地震研究所にいた菊地正幸によると，その後の研究の進展に伴い 2000 年代に入ると，地震時に大きくすべる領域をアスペリティと呼び，破壊の進行がスムースにいかない場所をバリアと呼ぶのが一般的になった(287)．

明治時代以前に起きた地震について記録した地震史料（古文書）の収集・解読・分析も進んだ．日本の地震史料の収集は，武者金吉による『日本地震史料』が 1951 年に刊行されて以来，しばらく途絶えていたが，1970 年代に入って東京大学地震研究所の宇佐美龍夫らによって史料の収集が再開された．1979 年から始まる第 4 次地震予知計画からは，「史料地震学的調査」が研究計画の 1 つに加えられた．宇佐美らは同大学の史料編纂所の協力も得て，新たに発見された膨大な史料をまとめた．この成果は『新収日本地震史料』として 1981 年から順次刊行が始まり(288)，1994 年までに 21 冊が発刊された．古代から 1872 年の浜田地震までの地震に関する記録のうち，『日本地震史料』には収録されていない文書が収められている．

6.8 地震予知計画への批判

以上のような成果があったものの，1990 年代に入ると地震予知研究について楽観的に考える傾向は次第に薄れ，悲観主義が台頭するようになった．1970 年代末に米国の地震学界が迎えたのと同じような状況である．地震予知にすぐに役に立つような前兆は見付からず，地震予知の実現は 30 年前の「ブループリント」時代に考えられたほど容易ではないことが明らかになったことに加えて，"東海地震予知体制"の下での観測・研究は業務的なものになり，研究としての魅力が薄れたからでもあった．

地震予知や予知計画をテーマに毎年のように地震学会などの主催でシンポジウムが開かれ，マンネリ化した状況を打開するための方策が話し合われた．

そこでは，地震予知への夢が失われたことが嘆かれ，そもそも地震予知は不可能ではないのか，もっと基礎的な研究が必要である，などと地震予知計画に対する厳しい批判も噴出した．しかしながら，こうしたシンポジウムなども"ガス抜き"の役割を果たしただけで，"東海地震予知体制"には結局何の変更もなかった．批判が現実に生かされるには，1995年の阪神・淡路大震災を待たねばならなかった．

　1990年代初頭に，地震予知計画が大学にいた地震学の研究者からどのように見られていたかを端的に示す文章がある．東京大学地震研究所の所内向け広報誌『震研ニュース』創刊号の巻頭に掲載された「求心力とダイナミズム」と題した一文である．当時，地震研究所では全国の大学の共同利用研究所として改組する計画が浮上し，改組を具体的に検討するために組織された将来計画委員会が1992年11月末から刊行を始めたのが『震研ニュース』である．「求心力とダイナミズム」の著者は，「将来計画委員会・委員S」である．以下にその一部を引用する(289)．

　　「地震予知計画は開始以来30年を経過し，その成果に対する批判を生じている．これは研究組織のみならず，学問としても，地震予知研究がその求心力を失ったためである．このため，固定化，マンネリ化を生じダイナミズムが失われてしまった．この兆候は，学問として若い人が魅力を感じない，地震予知予算に占める固定経費が増大した，地震予知研究グループと他の地球科学研究グループとの共同研究が行われにくい，など様々な局面に現れている．地震予知研究が他分野の研究者を引きつけないだけでなく，地震予知研究グループ内でさえ，異なる分野間で十分な意見交換，相互批判が行われていない」

　地震研究所の将来計画委員会には，当然のことながら当時の地震研究所の所長も加わっていた．『震研ニュース』の"刊行の辞"は所長が書いており，所長は"刊行の辞"に続く「求心力とダイナミズム」の一文にも事前に目を通していたと考えられる．にもかかわらず，地震学界内部から地震予知計画にこれほど厳しい批判の言葉が投げかけられているのにわれわれは驚かされるのである．

　日本の地震予知計画への批判が高まるきっかけをつくったのは，東京大学理学部の助教授であったロバート・ゲラー（Robert J. Geller）である．ゲラ

ーはカリフォルニア工科大学で博士号を取得し，スタンフォード大学の助教授から，初めての任期なし外国人教官として1984年に東京大学に採用された．日本語も堪能である．ゲラーが英国の科学雑誌 Nature に投稿した「地震予知計画の大変革を（Shake-up for earthquake prediction）」と題する論評は1991年7月25日号に掲載された[290]．

ゲラーはこの一文で，日本の地震予知計画は1962年の「ブループリント」以降，地震の前に現れるのではないかと考えられた前兆を探すことに精力が費やされたが，地震予知に役立つような前兆は見付からなかったことを紹介した．そして，このような「経験的方法」では地震予知は不可能であり，地震予知が可能かどうかを調べるためにも，地震予知計画を再編し，地震の発生過程などの基礎的な研究に重点を置くべきであると主張した．

さらにゲラーは測地学審議会の建議のあり方にも苦言を呈した．いわく，地震予知計画は5年ごとにレビュー（評価・再検討）されているが，レビューする委員会のメンバーの大半が地震予知研究の関係者であり，形式的なものになっている．この状況を改善するために，異分野や外国の専門家も入れた開かれた十分なレビューを行うべきである．地震予知計画で収集された観測データが速やかに公開される体制になっていない現実に対しても，ゲラーは改善を求めた．

ゲラーはまた，1978年には東海地震が予知できることを前提にした大震法が成立し，気象庁が観測データを監視していることがよく知られるようになったため，一般の人は東海地震以外の地震も日常的に予知できるとの誤解を生んでいる，とも述べた．そして，地震予知は現在では不可能であることを，政府や一般の人は知るべきである，と主張した．

ゲラー論文に対して，防災科学技術研究所の浜田和郎が Nature に反論を投稿し，1991年10月17日号にゲラーのコメントと一緒に掲載された[291]．浜田は「日本の地震予知計画が始まって以来，地震予知技術の発展と地震研究には重要な進展があった」と主張し，1978年の伊豆大島近海地震（M7.0）では気象庁は地震の1時間半前に直前予知に成功したと主張した．さらに伊豆大島近海地震では，10種類もの前兆が検出された，とも述べ，「地震予知技術の進展を加速させるにはさらに観測網を強化し，前兆事例を増や

すことが重要である」と，従来通りの地震予知計画の継続を主張した．

伊豆大島近海地震は 6.3 節でも紹介したように，激しい群発地震に続いて本震が起きた．気象庁は本震の約 1 時間半前に地震情報を出したが，その内容は「今回の群発地震はやや大きいので注意が必要」というもので，群発地震が M 7 の地震の前震であることを見抜いたものではなかった．ゲラーは浜田のこの誤りを指摘するとともに，伊豆大島近海地震で検出されたといわれる"前兆"は，地震時の変化よりも"前兆"の変化量の方が大きいなどの点で，本当の前兆であるかどうか疑問がある，などと反論した(292)．

ゲラーの論評をきっかけに，これまで口にしにくかった地震予知研究や地震予知計画への批判が大っぴらに行われるようになった．ゲラーの論評が Nature に掲載された 1 カ月後に開かれた日本学術会議地震学研究連絡委員会でも話題になり，議事録には「ゲラーの論文は氷山の一角であり，現在のような地震予知計画の進め方には問題があると思っている人が多いようである」と書かれている(293)．当時の雰囲気を防災科学技術研究所の岡田義光は「そろそろ第 7 次地震予知計画を策定すべき時期が迫ってきた．…マンネリ化への批判も多く，甚だしい場合には，地震予知を口にすることは"まともな"地震学者のすることではないとする意見まで聞く」などと伝えている(294)．

地震学会や日本火山学会，日本地質学会など地球科学に関連する学会は 1990 年春から，各学会が合同して地球惑星科学関連合同学会を開くようになった．1991 年の合同学会では「地震前兆は何を意味するか？」，92 年には「地震予知実現に向けて」，93 年には「地震予知から地震予測へ」をテーマにシンポジウムが開かれた．1994 年 6 月には，日本学術会議地震学研究連絡委員会と日本地震学会の主催で，「地震予知研究シンポジウム」が 2 日間を費やして開かれた．このシンポジウムでは講演を公募するなど，地震予知関係者以外の意見も広く聞かれた．

こうしたシンポジウムで地震予知計画を批判したのは，主に大学に所属する研究者たちであった．地震予知計画が 30 年も続く間に，大学の地震予知研究グループのメンバーは固定化した．その限られたメンバーが測地学審議会の地震予知特別委員会の委員になり，計画のレビューと次期計画策定を担

当した．大学関係には年間20億円近い予知計画予算が配分されたが，そのほとんどは微小地震や地殻変動などの観測網を維持するための経費に使われた．観測・調査を伴わない基礎的な研究に回す余裕はほとんどなかった．基礎的な研究を行うために科学研究費を申請しても，「地震研究は地震予知計画の予算がある」などといわれて，なかなか採択されなかった．地震予知計画予算によって得られた観測データが公開されるのにも時間がかかった．地震予知研究グループに入れてもらえない大学や研究者にとっては，予知研究グループは閉鎖的な"ムラ"に映ったのである．

とはいえ，地震予知研究"ムラ"に所属する研究者がハッピーな状況であったわけではない．10数年前には先端的であったテレメーター観測は業務的色彩が濃いものになり，若い人ほど，観測網の維持作業や観測データのルーチン処理に追われて，研究論文を書く時間がない，という不満を抱えていた．関東地区では東京大学地震研究所と防災科学技術研究所が，同じ地域で別々の微小地震観測網を維持していた[295]．地震予知への議論が高まった背景には，こうした構造的な問題もあった．文部省で主任学術調査官などを務め，地震予知計画の建議にも関係した飯田益雄も，身内だけでなく周辺領域の研究者や学識経験者等，外部の人を入れて地震予知計画のレビューを行うべきである，と主張するとともに「大学の研究が他省庁の業務的観測研究と対比してどこに独自性があるのかを明確にし」「大学の特色を鮮明に打ち出す研究推進方策を樹立すること」などを提言した[296]．

これらのシンポジウムでは，地震予知計画がスタートして30年も経過するのに，直前予知の実現にはほど遠い現状を前に，さまざまな論点から議論が行われた．その1つは，そもそも地震を予知することは可能か，という問題である．これは寺田寅彦以来議論されてきたが，新しい観測事実をもとに名古屋大学にいた深尾良夫らが展開した[297]．

深尾らによると，地震は小さな破壊が次々と大きく成長・発展していく現象であり，小さな破壊が起きた時点では，破壊がどこで停止するかはわからない．すなわち「地震は起きる時には自分の大きさを知らない」というのである．これはよく，小さな砂粒を同じ位置から次々と床に落としていく実験にたとえられる．砂粒は少しずつたまり砂山ができる．砂山は砂崩れを起こ

しながら大きくなっていくが，それがある程度以上に成長すると，落とした砂の量と砂崩れでこぼれ落ちた砂の量との間のバランスが取れ，成長が止まる．この段階で，次に砂粒を1つ落とすと大きな砂崩れが起きるのか，小さな砂崩れしか起きないのか，予測するのは難しい(298)．

深尾らがこう主張する根拠は，大きな地震の波形も，小さな地震の波形も，始まりは同じ形をしている，という事実である．地震波の解析によって，断層のすべりがどのように拡大していくかを示す震源時間関数を調べてみても，小さな地震も大きな地震も，最初は同じ程度の断層のすべりから始まっている．小さな地震のままで終わるか，次の階層へと破壊が進むかは，われわれには偶然としかいいようのない状況に左右されているらしいのである．地震の開始時点でその最終的な大きさがわからないとすると，数多く起こる小さな地震と大きな地震を区別できないので，大きな地震を直前に予知するのは困難になる．

これに対して，東京大学理学部の松浦充宏らは「地震の大きさは予め決まっているので，地震予知は可能である」と主張した．松浦らが根拠にしたのは，室内での岩石のすべり実験である．岩石のすべり実験では岩石に力を加えてゆくと，大きなすべりが起きる直前にゆっくりしたすべり（プレスリップ）が起きる．このゆっくりしたすべりの起こる領域を松浦らは破壊核と呼び，破壊核が大きいほど，大きなすべり（地震）が起こることを明らかにした．現実の地震でも，地震の大きさに応じて破壊核の大きさも違っているならば，破壊核の形成に伴って現れる前兆現象も地震が大きいほど顕著に出現することが期待できる．したがって，地震予知は可能である，ということになる(299)．

最も多く出た意見は，前兆の検出に力を入れてきた研究の方向を転換すべきである，というものである．たとえば，東京大学地震研究所の大中康誉は「蓄積されたデータからは，どの地震にも共通して先行する必然的，普遍的な前兆現象が存在するのかしないのか，或いはどのような条件が満たされたとき個々の前兆項目が発現するのかといった『地震前兆現象』の発現条件や因果関係にかかわる基本的問題についての答えを得るのは難しい現状である．以上の疑問に答えるには，地震発生過程の物理を確立することが最もオーソ

ドックスな方法である」などと述べ，物理法則に基づいた予知理論の研究に力を入れるべきである，と説いた(300). 大中はそのなかでも特に，地震は力学的弱面に沿ってすべりが伝播してゆくすべり破壊過程であり，そのすべり破壊過程を支配する物理法則を明らかにすることが重要である，と主張した.

地殻活動を予測する物理モデルを組み立て，それに基づいてシミュレーションを行い，実際との比較を行うことによって，モデルを改善してゆくべきである，との主張も多かった. この主張の念頭には，天気予報の歴史があった. 天気予報も昔は予報官の経験と勘に頼っていたが，コンピューターを使った数値予報が登場してから，予報の精度が向上した. 1993年に地球科学惑星科学関連合同大会で開かれた「地震予知から地震予測へ」と題するシンポジウムは，こうした発想の延長線上にあった. シンポジウムの発起人の一人であった東京大学理学部の浜野洋三は「地震予知を早急に実現するためには，地震予測という言葉で表した地殻活動の物理モデルの構築という立場の研究を一日も早く始めるべきである」などと訴えた(301).

大学が業務的な観測を続けている点についても，「本来基礎研究に取組むべき大学が，すでに軌道に乗った大規模な業務的観測に携わることは望ましいことではない」などとの意見も多かった. 東北大学理学部の大竹政和は「全国地震観測網の一層の効果的な発展を図るために，定常的微小地震観測を然るべき現業機関に移行することを真剣に検討すべき時にきている」と主張した(302). 東京大学地震研究所の卜部卓も「定常観測網の全国的かつ省庁間の統合・一元化を行って無駄をなくすことと，定常観測を大学から切り離して専門機関に任せることが必要である. こうすることによって初めて，データの完全な公開利用と長期にわたる継続的な観測データの蓄積が保証されるはずである」と述べた(303).

建設省建築研究所にいた石橋克彦は「"地震予知"は『地震現象の科学』という学問的問題と地震災害軽減という社会的課題の両方に深くかかわっている」と主張した. その上で，現在の地震予知計画は本来の地震予知研究以外の部分を背負い込みすぎているとして，地震予知計画を解体して，新しく「地震災害軽減計画」を創設することを提案した(304).「地震災害軽減計画」には，全国的な測地測量，地殻変動観測，地震観測などの基本的な観測や，

都市や農村部での震災対策・津波対策などを入れ，地震発生過程の解明など直前予知にしぼった研究を中心に新たに「地震予知研究計画」を作成し，「地震予知研究計画」の推進も「地震災害軽減計画」に含める，という提案であった．石橋が提案した「地震災害軽減計画」は，1970年代から米国で始まった地震災害軽減計画とよく似ていた．

　これに対して地震予知計画を推進してきた研究者からは，前兆現象の観測を中心にした地震予知計画を擁護する発言も多かった．「確たる前兆現象が発見されなかったのは，この30年間は日本の地震活動が比較的静かな期間で，大きな地震が少なかったためであり，データの蓄積の中からこそ法則は生まれてくる．たった30年であきらめてしまってはいけない，地道な観測の継続が必要である」「大規模地震対策特別措置法の制定は，地震予知の実用化に踏み切った第一歩といってもよいのではないか」—などというものであった[305]．「予知研究が始まってから，地震予知はまだ成功もしていないが，同時に一度も失敗もしていない」と主張した人もいた[306]．

　地震予知計画に対するこのような批判が無視できなかったのであろう．測地学審議会の地震予知特別委員会では1992年5月，自分たちが作成した「第6次地震予知計画（1989年〜1993年度）の進捗状況について」と題する評価報告書について，初めて外部の有識者6人の意見を聞いた．有識者からどのような意見が出されたかは明らかではない[307]．

　測地学審議会は1993年7月，「第7次地震予知計画の推進について」を建議した[308]．新たに「地震発生のポテンシャル評価のための特別観測研究の実施」が加えられたものの，従来の観測重視の計画に基本的な変更はなかった．建議の約2週間前には，後に詳述するように北海道南西沖地震が起き，200人を超える犠牲者が出た．この地震の後，社会では地震予知研究への期待が高まったことが，第7次地震予知計画の建議の追い風になった．

　「地震発生のポテンシャル評価」とは，地殻の歪の蓄積が，地震発生にいたる過程でどんな段階にあるのかを明らかにする研究である．これは，各種のシンポジウムでも支持が多かった「基礎的な研究に重点を移すべきだ」との意見を多少取り入れたと考えられる．

　日本の地震予知計画が多くの問題を抱えていることは，英国の *Nature* や

米国の *Science* でもしばしば取り上げられた(309). 第 7 次地震予知計画がこれまでと大きな変更なしに建議されたことに対しては, 「日本の地震予知計画のリーダーたちは, 地震予知がまもなく可能になると言い張っている」などと批判的に報道した(310). *Nature* や *Science* が日本の地震予知計画に批判的な報道をしたのは, 米国カリフォルニア州のパークフィールドでの地震予知実験が失敗したことも関係していた.

サンフランシスコとロサンゼルスのほぼ中間に位置する米国カリフォルニア州のパークフィールドの近くには, 1989 年 10 月のロマプリータ地震などを起こしたサンアンドレアス断層が通っている. サンアンドレアス断層のこの部分では, 記録が残る 1857 年以来, 1881 年, 1901 年, 1922 年, 1934 年, 1968 年とほぼ 22 年おきに, M 6 程度の地震が繰り返して起きている. 地震の規模ばかりでなく, 震源もほぼ同じ場所で, 地震計で記録された地震の波形もほぼ同じ, 本震の前には M 5 程度の前震が起きる, という"前兆"も共通しているとされた.

米国地質調査所の研究者は 1985 年, ここでは毎回同じ規模の地震が規則正しく繰り返す「固有地震モデル」が当てはまると考え, 次の M 6 の地震は 95 ％ の確率で 1992 年末までに起こると予測した(311). 地震予測が正しいかどうかを評価するために 1979 年に設立された米国地震予知評議会もこの予測を妥当と認め, 1985 年からパークフィールドでの地震予知実験が始まった. 地震計をはじめ, GPS, 体積歪計, 磁力計, 地電流など 20 数種類の観測装置を長さ 20 km あまりの地域に集中して配置して, 地震の前に現れる前兆を検出する計画である(312). 実験には 20 億円を超える予算が出された(313). 地震活動や断層のずれ, 地下水の水位などの異常が予め決められたレベルを超えると, カリフォルニア州非常事態局が州民に対して地震警報を出すという仕組みも整えられた.

観測の結果, 1986 年頃からこの区間で起きる地震の数が少なくなったことから, ある研究グループは大地震の前に現れる第 2 種の地震空白域が見られるとして, 「次の地震は 1991 年 3 月を中心に前後 1 年以内には起きる」との予測を発表した(314). しかし, 1990 年夏頃からは逆に地震の数が増え始めた. 1992 年に入ると地震の数は元通りの状態に戻った. ところが同年 10

6.8 地震予知計画への批判 387

月20日にM4.7の地震が起きた．この地震がM6の地震の前震である可能性があったため，米国地質調査所とカリフォルニア州非常事態局は直後に「M6の地震が72時間以内に起きる確率が37％に高まった」との地震警報を発表した．3日間たっても地震は起きなかったために，警報は取り消された(315)．

地震警報は1993年11月にも再び出された．11月14日にサンアンドレアス断層でM4.8の地震が起きたため，やはり「M6の地震が72時間以内に起こる確率が37％に高まった」との警報が出された．この警報も空振りであった(316)．パークフィールドでM6の地震が起きたのは2004年9月末であった．これについては，次章で詳述する．

パークフィールドでの1回目の地震警報が空振りに終わって間もない1992年10月29日，東海地域判定会（地震防災対策強化地域判定会）の定例の委員打ち合わせ会が開かれた．この席で1991年4月に会長に就任した茂木清夫は，警戒宣言よりも1ランク下の「注意報」を導入することを提案した．委員の賛同を得たので，打ち合わせ会後の記者会見で「注意報などを導入する方針を固めた」と発表された(317)．茂木は1987年に行われた地震予知シンポジウムでも「大地震に結びつくと思われる明瞭な前兆現象が認められた場合に警報を発するわけであるが，やや不明瞭ではあるけれども気になる前兆的変化が認められる場合もあるであろう．また，警報を解除したが，さらにある程度の警戒を続けることが必要な場合もあるであろう．そのような場合は注意報ともいうべきものを出すのがよいのではなかろうか」などと述べ，注意報の必要性を訴えていた(318)．判定会の委員が茂木の考えに賛同したのは，東海地震予知よりも予知が容易と見えたパークフィールドでも，予知が失敗したことが大きく影響したと考えられる．

しかし，「注意報の導入」が新聞で報道されると，大震法を所管する国土庁は，気象庁に抗議し，気象庁は記者会見を開いて発表を取り消した(319)．大震法の制定の過程では，国土庁では地震予知はまだ実用のレベルには達していないとして，警戒宣言を出すことには消極的であった．ところが，気象庁の責任者が東海地震の予知はかなりの確度で可能であることを明言したことで，警戒宣言を大震法に取り入れた経緯があった．「今になって白か黒か

判定できない場合がある，といわれても」「注意報導入が妥当かどうかを決定する権限は気象庁にはない」などと，国土庁の担当者が困惑するのも当然であった．注意報問題は，阪神・淡路大震災以降も尾を引くことになる．

地震予知をめぐるこのような論争の一方で，1993年から1994年にかけては，北日本を中心に被害を伴った地震が続いて起きた．それまでの常識では考えにくい地震であった．

1993年1月15日夜，北海道・釧路沖約10 kmの太平洋を震央に起きた釧路沖地震もその1つである．震源の深さは約100 kmで，M 7.8．釧路で震度6，帯広，浦河などで震度5を観測したのをはじめ，中部地方まで広い範囲で有感になった．この地震で住宅53棟が全壊したほか，1万棟を超える建物が被害を受け，死者2人，重軽傷者約1000人が出た．崖崩れや地盤の液状化に伴ってガスや水道設備の被害も大きく，釧路町では地盤の液状化によって歩道部分のマンホールが1.5 mも浮き上がった．震源域の直上に位置する釧路地方気象台で観測された最大加速度は920ガルで，これまでの最高値を記録した(320)．

この地震は北海道の下に沈み込む太平洋プレートの内部で起きた地震であり，断層面は水平であった．地震波の解析によって，長さ約45 km，幅約30 kmの断層面を境にプレートの上側が北方向に最大で約10 mずれ動いたと推定された(321)．

沈み込んだプレートはスラブとも呼ばれる．スラブ内地震では垂直方向に断層ができるのが普通だが，釧路沖地震のように水平な断層面が確定されたのは初めてであった．これほど規模が大きいスラブ内地震が起きたのも珍しかった．沈み込んだプレートの深さが100 km程度に達した場所の真上に東日本の大都市は位置しており，スラブ内地震は都市の地震防災を考える上では重要であることを釧路沖地震は示した(322)．

釧路沖地震から1カ月も経たない1993年2月7日夜には，石川県能登半島沖約10 kmの日本海を震央にした能登半島沖地震が起きた．気象庁は，震源の深さは約25 km，M 6.6と発表した．石川県輪島で震度5，金沢などで震度4を観測した．この地震で倒れた家具の下敷きになるなどして，石川県を中心に計30人が重軽傷を負った(323)．

京都大学防災研究所の調査によると，本震の震源の深さは約 10 km で，気象庁発表よりはるかに浅く，地殻内部で起きた地震であった．地震波の解析によると，この地震は地殻がほぼ東西方向に圧縮された結果，東北東―西南西に延びる西落ちの長さ・幅ともに 20 km 程度の断層面を生じ，上盤側が東方向に最大 1 m 程度ずれ動いた，と推定された(324)．

　能登半島沖は，地震予知連絡会が決めた特定観測地域には含まれていなかった．石川県では 1970 年以降の有感地震の数が全国で最も少なかったことを根拠に「日本で一番地震の少ない県」であることを PR していた(325)．5 カ月後に北海道南西沖地震が起きてみると，日本海東縁部はユーラシアプレートと北米プレートの境界が形成されつつあるところ，との仮説に改めて注意が向けられるようになる．

　この地震では名古屋や高山で震度3，津でも震度2を観測したのに，岐阜では無感であったことも問題になった．名古屋や津では計測震度計で観測されていたのに対し，岐阜地方気象台にはまだ計測震度計が配備されておらず，体感で観測していた．気象庁は 1988 年頃から計測震度計を全国の気象官署に順次配備してきたが，当時は計測震度計を備えた気象台はまだ半分程度であった(326)．

　北海道南西沖地震は 1993 年 7 月 12 日夜に起きた．震央は北海道・奥尻島の北北西約 70 km の日本海で，震源の深さは 35 km，M 7.8 と推定された．小樽や寿都，江差で震度5を観測し，奥尻島では地震発生から 3-4 分後に高さ 5 m 以上の津波が襲った．札幌管区気象台では地震から約 5 分後に津波警報を出したが，奥尻島では警報は間に合わず，逃げ遅れた多くの住民が津波に巻き込まれ，海に流された．津波は日本海沿岸の各地にも伝わり，韓国やロシアでも漁船が転覆・流出するなどの被害が出た．

　奥尻島青苗地区では地震直後に火災が発生し，津波の被害を免れた家屋も全焼した．奥尻島藻内地区では津波は 29 m の高さまで駆け上がった．この地震の死者・行方不明者は計 229 人で，うち 198 人が奥尻島で地震に遭遇した人であった．人的被害としては戦後では，福井地震，南海地震に次いで3番目に多かった(327)．

　余震の分布などから推定される北海道南西沖地震の震源域は，南北に長さ

150km, 東西に50kmにも広がっており, 奥尻島のすぐ南西に延びていた. 各地で観測された地震波や津波, 地殻変動データの解析から, 地震は東西方向の圧縮力によって逆断層が生じた地震であることがわかった. しかし, その断層の形状は南北方向に「く」の字型に折れ曲がっており, 5つ程度の断層セグメントに分けられる. 破壊は北側から南に伝わり, 20-30 km の断層セグメントを順に形成していったが, 北側の断層セグメントは西側に緩く傾斜しており, 南側の断層は西側に急傾斜していると推定された(328).

北海道南西沖地震は, 1940年に起きた積丹半島沖地震 (M 7.5, 死者10人) と1983年に起きた日本海中部地震の震源域の間を埋める形で起きたことも注目された. 日本海中部地震の後, 日本海東縁部はユーラシアプレートと北米プレートの境界が形成されつつある場所との認識が広がったが, 北海道南西沖地震の断層面が複雑なのも, プレート境界が定まっていないことに関係するのではないか, と解釈された(329).

北海道南西部は地震予知連絡会の特定観測地域には指定されていなかった. 奥尻島には地震計などの観測計器はまったくなく, 奥尻島での震度もはっきりしない. 奥尻島では, 地震によって島の南部で約80cm, 北部で約30cmそれぞれ沈降していることが確認されたが, それらは磯に生息している生物の調査や海岸地形調査によるものであった(330). 地震予知連絡会の副会長の宇津徳治は, 北海道南西沖地震が指定地域以外で起きたことについて,「日本海側は太平洋側に比べ, 地震活動が低く, 過去に選定した際の基準に合わなかった」と記者会見で釈明し, 特定観測地域を見直すことも示唆した(331).

新聞などでは北海道南西沖地震は"地震予知の空白域"で起きたと伝えられ, 新聞紙上には「地震予知の研究に思い切った人材と予算を投入すべきだ」などとする社説や読者の声が多数掲載された(332). 参議院の災害対策特別委員会でも野党議員の一人が「今度の地震を教訓に観測網の強化と地震予知, 発生のメカニズムの基礎研究というのをぜひとも, …文字通り格段の拡充をしていくべきだ」などと, 政府を追及した(333).

北海道南西沖地震から1年余経った1994年10月4日夜, 北方領土・色丹島の南東約80 km の太平洋を震央とする地震が発生した. 気象庁の発表によると震源の深さは約30 km で, M 8.1 (2001年に8.2と修正) であった. 釧

路と厚岸で震度6を観測したのをはじめ，根室などで震度5を観測した．気象庁はこの地震を「北海道東方沖地震」と命名した(334)．ロシアでは色丹地震と呼ばれ，北方領土の被害が大きかった．

　この地震が発生した約5分後に，札幌管区気象台は北海道の太平洋沿岸などに津波警報を出した．津波の高さは色丹島では最大 15.8 m に達したのをはじめ，国後島でも 10 m 程度の津波が襲った(335)．根室半島の花咲港でも高さ 1.7 m になったのをはじめ，太平洋，オホーツク海沿岸の各地で 1 m 前後の津波が観測された．

　この地震で択捉島のロシア軍基地の病院が倒壊するなどして北方4島で計11人が死亡した(336)．北海道でも根室支庁，釧路支庁を中心に倒壊した建物もあり，倒れた家具などの下敷きになるなどして 12 人が重傷を負い，331人が軽傷を負った．また，1993 年の釧路沖地震と同様に地盤の液状化による被害も目立った(337)．震度5と発表された根室での被害が，震度6と発表された釧路の被害よりも大きかった(338)．

　北海道東方沖地震が起きた直後には，この地震もプレート境界型地震の1つではないかと見られていた．だが，ほぼ同じ場所を震源に 1969 年には M 7.8 のプレート境界型地震が起きており，それから 25 年後に再びプレート境界型地震が起きたとするなら，発生間隔が短すぎる．地震波を詳しく解析したところ，この地震も千島海溝に沈み込む太平洋プレートの内部が破壊したスラブ内地震であったことが判明した．横浜市立大学にいた菊地正幸らの研究によると，断層面は海溝に平行する方向に長さ約 120 km，幅 60 km 程度で，水平面に対して 75 度程度傾いており，海側のスラブが陸側のスラブに対して 5.6 m 程度ずり上がったと推定された(339)．

　ウルップ島から十勝沖にかけての千島海溝沿いでは，M8クラスの地震の震源域はブロック状に分かれており，それぞれのブロックで 80-100 年ごとに地震が繰り返し起きると考えられていた(340)．しかし，1993 年の釧路沖地震に続いて北海道東方沖地震もスラブ内地震であったことから，過去に起きたM8クラスの地震の一部にも，スラブ内地震が含まれている可能性が否定できなくなった．プレート境界型地震は同じ震源域で繰り返し発生する，とする単純な考え方を見直す必要があるのではないか，との見方も北海道東

方沖地震をきっかけに現れた(341).

　北海道東方沖地震の前兆現象ではないかとして，地震の前日あるいは数時間前から，屈斜路カルデラ，阿寒カルデラ，雌阿寒岳周辺で群発地震活動が活発になった，との報告があった(342).

　1994年12月28日夜には，青森県八戸市の東方約180 kmの太平洋を震央とする三陸はるか沖地震が発生した．震源の深さはごく浅く，M 7.5（2001年に7.6と修正）と発表された．この地震では八戸で震度6，青森県むつ市や青森市などで震度5を観測した(343)．仙台管区気象台は地震発生の約4分後に東北地方の太平洋沿岸に津波警報を出したが，観測された津波は岩手県宮古での55 cmが最高であった(344).

　震源が遠い割には地震動の被害が大きく，八戸市を中心に倒壊した住宅や建物は100棟近くを数え，八戸市内のパチンコ店が倒壊して客2人が死亡した．この地震での死者は計3人，負傷者は約800人にのぼった．また1月7日にはM 6.9の余震が起き，この余震でも家屋が倒壊するなどの被害があった(345).

　この地震は太平洋プレートの沈み込みに伴うプレート境界型地震で，震源域は南北に約50 km，東西に約150 kmにも広がっていた．この地震では断層面の破壊は海溝に近い東側の浅い部分から始まり，それがプレートの境界に沿って西側の深い部分へと伝わり，約1分後に破壊が終わった，と推定された(346)．八戸での地震動が強くなったのは，破壊が東から西へと伝わったことが大きく関係していた．

　三陸はるか沖地震の震源は1968年に起きた十勝沖地震とほぼ同じであった．三陸はるか沖地震の余震域も十勝沖地震の余震域の南部とほぼ重なっていた．したがって，三陸沖は約100年おきに大地震を繰り返す千島海溝沿いとは違い，約30年おきにM 7-8の地震が繰り返し起きているのではないかと解釈された(347).

　北海道・東北地方で相次いで地震が起きたことを受け，運輸大臣であった亀井静香は1995年1月10日，所管する気象庁に対して日本列島全体の地震予知態勢についての研究を進めるよう指示した(348)．気象庁長官であった二宮洸三は1月12日に亀井に会い，「東海地震に関しては，予知の可能性があ

るとみて観測体制を整えているが，北海道や東北地方の地震は震源が陸地から遠いうえ，発生メカニズムもよく把握されておらず，現状では予知は難しい」と説明した(349)．阪神・淡路大震災をもたらした兵庫県南部地震が突発したのは，その5日後であった．予知はできなかった．

第7章 阪神・淡路大震災と地震調査研究推進本部の設立

　1980年代末から1990年代初めにかけては政治・経済ともに激変の時代であった．1989年11月には，ベルリンを東西に隔てた壁が打ち壊された．米国大統領のブッシュ（父親の方）とソ連最高会議議長のゴルバチョフは同年12月，地中海に浮かぶマルタ島で会談し，長く続いた東西両陣営の冷戦が終わったことを確認した．1991年にはソ連邦が崩壊し，東欧社会主義国とともに市場経済体制に移行した．日本では1991年に，地価高騰に代表されるバブル経済がはじけ，20年も続くことになる極端な低成長の時代に入った．1993年8月には，日本新党代表の細川護熙を首相とする連合政権が誕生し，長い間政権の座にあった自民党が野党に転落した．その連合政権も長くは続かず，1994年6月末には自民党と社会党などが連合を組み，社会党委員長の村山富市を首相とする政権が誕生した．そんななかで起きたのが，兵庫県南部地震である．1995年1月17日早朝であった．

　兵庫県南部地震の震源域は神戸市などの都市の直下に広がっていた．住宅やビル，新幹線の橋梁，高速道路などがもろくも倒壊し，電気，ガス，上下水道などのライフラインも大きな被害を受けた．地震による直接の死者だけで5000人を超え，戦後では最大となった．この地震災害を政府は阪神・淡路大震災と呼んだ．地震予知連絡会によって特定観測地域に指定され，観測網がよく整った地域で起きたのに，なぜ予知できなかったのかと批判された．東海地震の予知に偏った国の地震防災対策の不十分さも明らかになった．

　政府と国会は阪神・淡路大震災の後，地震防災対策の見直しに着手した．地震学の成果を防災に生かすことを目的に地震調査研究推進本部が設けられたのもその1つである．第7次まで続いた地震予知計画も衣替えを迫られた．

その結果，世界でも例を見ないほど密な地震観測網や地殻変動観測網ができ上がった．整備された観測網によって，地震学に新しい知見がいくつか加わった．地震調査研究推進本部は，全国のどこでどのくらい地震が起こりやすいかを示す地震動予測地図を完成させるなど，地震の長期発生予測に力を入れた．だが，そうした成果が十分生かされない間に次の大震災が起きるのである．

7.1 兵庫県南部地震とその被害

　1995年1月17日午前5時46分．土曜，成人の日，その振替休日と続いた連休明けの早朝であった．兵庫県明石海峡付近を震央として，M7.2（2001年に7.3と修正）の地震が起きた．震源の深さは16 kmと浅く，いわゆる都市直下型の地震であった．神戸，洲本で震度6を観測したのをはじめ，京都，彦根，豊岡で震度5を観測した．神戸海洋気象台で記録された加速度は最大818ガルに達した．気象庁はこの地震を兵庫県南部地震と命名した．気象庁が地震後行った現地調査によって，淡路島と神戸市須磨区から長田区，兵庫区，中央区，灘区，東灘区，芦屋市，西宮市，それに宝塚市の一部では建物の全壊率が30％を超えており，震度7であったことがわかった(1)．震度7の地域は，ほぼ東西に長さ約30 km，幅はJR神戸線と阪神電車間の幅2 km足らずの帯状の地域に広がっていた（図7-1）．被害のひどい地域は，「震災の帯」とも呼ばれた．震度7を記録したのは，1948年の福井地震の後に震度7が設けられて以来初めてであった．

　地震が起きたとき，大部分の人はまだ就寝中であった．この地震によって木造などの住宅の多くが倒壊した．1995年5月7日現在の死者5502人の約88％に当たる4823人は，倒壊した家屋や家具などの下敷きになったために呼吸ができなくなったり，頭部や内臓を損傷したりなどした「圧死」であった．焼死体で見付かった人も550人にのぼったが，そのなかにも火災が発生したときにはすでに死亡していた人が相当数含まれると考えられる．

　死者の数が最も多かったのは神戸市で，3897人に達した．次いで西宮市の999人，芦屋市の396人，宝塚市の83人と続き，淡路島4市町での死者

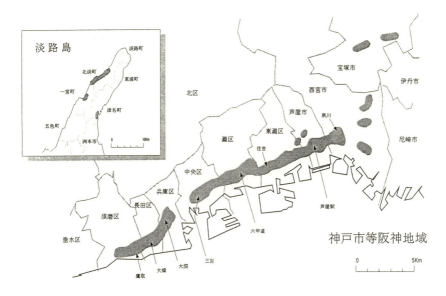

図7-1 兵庫県南部地震の後,気象庁の現地調査で「震度7」と認定された地域(網目の領域)
神戸市須磨区から西宮市にかけての帯状の地域に集中している.
(気象庁「平成7年(1995年)兵庫県南部地震調査報告」『気象庁技報』119号(1997年),60頁の図を一部改変)

は57人であった.大阪府でも死者21人,京都府でも死者1人が出た.性別では女性が死者の約6割を占め,年齢別では60代以上が死者の半分以上を占めた.負傷者も4万1521人を数えた[2].

神戸市内の死者のうち3658人の死体検案書を調査した結果によると,死亡時刻が「午前5時50分頃」とされているものが圧倒的に多く,午前6時までに死亡した人が2944人と80％以上を占めた.死亡時刻が記載されていない死者も含めると,全体の97％を占める3547人が1月17日に死亡していた.全体の9割近い人は自宅で死亡しており,死亡場所が病院であったのは140人に過ぎなかった[3].地震後,政府や兵庫県などの救出・救援態勢の遅れが厳しく批判されたが,死者のほとんどは自宅の倒壊によって即死に近い状態で亡くなったことがわかる.なお,阪神・淡路大震災の死者としては,1995年5月以降に病院や避難所,仮設住宅などで死亡した人も震災関

連死として扱われており，全体の死者の数は6434人，負傷者は4万3792人とされる(4)．

地震の直後には，兵庫県，大阪府の11市町の93カ所から出火した．このうち神戸市内では60カ所から同時出火したことや，倒壊した建物が道路をふさいで消防車の通行に支障が出たこと，水道水が断水したために消火活動が十分にできなかったなどで，40カ所で本格的な火災になった．季節風はこの時期にしては弱かったが，長田区，兵庫区，須磨区，灘区の計12カ所で1万平方m以上が燃える大規模火災になった．長田区の火災は18日午後2時過ぎに，灘区の火災は18日午後5時にやっと消えた(5)．黒煙を空高く上げながら燃え広がる火災はテレビで全国に放映され，地震の恐ろしさを人々の胸に刻み込んだ．

出火原因としては，使用中の石油ストーブ，ガスストーブ，ガスコンロなどの火が地震によって落下してきた可燃物に着火したケースが最も多かったが，ガス管から漏洩したガスに引火したケースも少なくなかった．地震発生後，しばらく経ってからの出火が多かったのもこの地震の特徴であった．神戸市では17日の失火件数109件のうち，4割近い39件は午前7時以降の出火であった．これらの出火原因のほとんどは，電気に関係していた．電源コンセントを入れっぱなしにしてあった電気ストーブやテレビなどの電気器具やその配線が，地震による落下物によって損傷し，電気の送電再開によってそれがショートして発熱・発火した例が多かった(6)．

家族の安全を確認できた被災者たちは，倒壊した家屋の下敷きになった人々の救出や消火活動に協力した．ある調査によると，被災者の4人に1人が救出や消火活動に加わったという．たとえば，東灘区の神戸商船大学白鷗寮にいた学生約250人は，地震直後から協力して寮の周辺で救出活動を展開し，倒壊家屋の下敷きになった100人以上を救い出した．淡路島の北淡町では，約3700世帯の約6割の家屋が全半壊したが，町内会と消防団が協力して倒壊家屋の下から約300人を救出した．このような住民たちの自主的な行動によって救出された人が少なくない．消防や自衛隊などの組織的な救助活動によって救出されたのは生存者1387人，死亡者1600人であった(7)．

地震によってどのくらいの建物が壊れたのか，さまざまな調査が行われた

ものの判然とはしない．自治省消防庁では 1995 年 5 月 22 日現在の集計として，全壊した住家が約 10 万 300 棟，半壊した住家が約 10 万 8400 棟，一部破損した住家が約 18 万 5800 棟との数字をあげている．平成 7 年版の『防災白書』も消防庁の 5 月 8 日現在の数字を掲載している．しかし，この数字がどのような調査に基づいたものなのか，などの記載はない(8)．

　最も信頼が置けそうなのが，建設省建築研究所の調査報告書に記載された数字である．この調査は，日本建築学会近畿支部，日本都市計画学会関西支部が共同で，被害のひどかった神戸市の 7 区と芦屋市，西宮市など 6 市の建物の悉皆調査を目標に，主に学生ボランティアによって行われた．その後，兵庫県都市住宅部の職員や建築研究所の技官らが未調査地域の一部などを補充調査した．調査対象地域には，地震の前に 2 階以下の低層建築が約 49 万棟，3 階以上の中高層建築が約 4 万 9000 棟あったが，そのうち調査できたのは低層建築の約 8 割に当たる約 39 万棟，中高層建築の約 9 割に当たる 4 万 3000 棟であった．低層建築の用途の約 8 割は，個人住宅とアパート（集合住宅）であり，中高層建築の約 5 割はマンション（集合住宅）と個人住宅で，2 割以上が業務用ビルである．

　この調査によると，全壊または大破した低層建築は全体の約 12% に当たる 4 万 6000 棟，中高層建築は全体の約 7% に当たる約 3100 棟にのぼった．中程度の損傷を受けた低層建築は約 4 万 2200 棟，中高層建築は約 3300 棟あった．外観上被害が見られなかった低層建築も全体の約半分の約 19 万 2000 棟，中高層建築では全体の約 3 分の 2 の約 2 万 7800 棟あった．残りは軽微な損傷を受けた建築である．

　低層建築の全壊・大破率が最も高かったのは東灘区で 35% を超えた．中高層建築の全壊・大破率が高かったのは長田区で 16.5% であった．低層建築のほとんどは木造であり，中高層建築のほとんどは鉄筋コンクリート造などで，木造の建物の方が全壊・大破率が高かったといえる．低層住宅の用途別で全壊・大破率が最も高かったのはアパートで約 30% に達した．中高層のマンションの全壊・大破率は特に高いとはいえないが，全壊・大破したマンションは 1074 棟にのぼった(9)．中高層建築では，高層になるほど被害が大きくなる傾向が見られた(10)．なかでも神戸の繁華街・JR 三ノ宮駅前周辺の

ビルは軒並み大きな被害を受け，全壊・大破率は約 30％に達した(11)．

　兵庫県南部地震では，大きな被害を受けた公共建築物も多数にのぼり，被災者の支援や復旧・復興に大きな支障が出た．神戸市中央区にある神戸市役所 2 号館は，地上 8 階建の 6 階部分が完全につぶれ，清掃中だった作業員が亡くなった．6 階部分は市の水道局が使っており，市内全域の水道の配管を示す地図が埋もれてしまった．5 階部分は下水道局が使っており，下水道の配管地図が取り出せず，上下水道の復旧作業に支障が出た(12)．神戸市長田区の同市立西市民病院の本館（8 階建）では 5 階部分がつぶれた．5 階にいた入院患者 44 人と看護師 3 人は生き埋め状態になり，2 人は亡くなったが，45 人は無事に助け出された．崩れ落ちた天井がベッドの鉄枠で支えられて隙間ができたのが幸いした(13)．兵庫県警兵庫警察署でも 4 階建の 1 階部分がつぶれ，当直の署員 1 人が亡くなった．神戸市消防局の生田消防署，葺合消防署，水上消防署などの建物も大破し，使えなくなった(14)．

　ほかにも西宮市庁舎，芦屋市市民センターなども大破し，兵庫県内被災地域の公共建築 972 棟のうち大破以上の被害を受けたのは計 45 棟にのぼった．学校建築の被害も目立ち，兵庫県内の被災地域の 832 棟の調査では，大破以上の被害があった建物が 76 棟あり，一般の建物の全壊・大破率を上回っていた(15)．病院など医療機関の被害も大きかった．

　建物の耐震基準は 1971 年と 1981 年に改正されていた．1971 年の改正では鉄筋コンクリートの柱の帯筋の間隔を狭くするなどの規定が加わった．1981 年の改正は，いわゆる「新耐震」の考え方が取り入れられ，震度 6 程度の地震では建物は壊れても倒壊はしない，という設計が義務付けられた．ここでは 1971 年以前に設計された建物を第 1 世代，1972-1981 年に設計された建物を第 2 世代，1982 年以降に設計された建物を第 3 世代とそれぞれ呼ぶことにする．

　耐震基準の違いが建物の被害とどのように関係していたかについて，さまざまな調査が行われた．だが，信頼できる調査は多くはない．先に紹介した兵庫県内の学校建築 832 棟の調査では，第 3 世代の建物で大破・倒壊したものはなかった(16)．日本建築学会近畿支部は，神戸市灘区と東灘区の震度 7 地域ですべての建物を調査した．それによると，調査地域には鉄筋コンクリ

ートや鉄骨造の建物が計 3938 棟あった．このうち第 1 世代は 618 棟（15.7％），第 2 世代は 1365 棟（34.7％），第 3 世代が 1955 棟（49.6％）を占めた．このうち倒壊・大破した建物は第 1 世代で 50 棟（8.1％），第 2 世代では 67 棟（4.9％），第 3 世代では 25 棟（1.3％）で，世代を追うごとに倒壊・大破率は低くなっている(17)．

　「新耐震」は震度 6 までは想定していたが，震度 7 は想定外であった．当然のことながら，「新耐震」で設計された建物のなかにも倒壊したものが少なくない．建設省は 1995 年 1 月末，建物の被害状況などを調べるために，建築の専門家を集めて建築震災調査委員会を設けた．この委員会の中間報告書では，「新耐震」で設計された建物で倒壊・大破した鉄筋コンクリート造と鉄骨造の建物が計 41 棟あげられている(18)．これ以外にも倒壊・大破した建物はあったが，全数調査はなされてはいない．

　阪神・淡路大震災の後，建設省は「新耐震」でつくられた建物には被害が少なかった，として建物の耐震基準を改定しなかった．その最大の論拠になったのが，灘区，東灘区での調査結果である．しかし，この調査は震度 7 地域で行われたにもかかわらず，すべての世代を含めた建物の倒壊・大破率が 3.6％と低い．先に紹介した被災地域全体で行われた調査結果では，灘区，東灘区での中高層建築の全壊・大破率は約 10％であり，数字の開きが大きすぎる．また，灘区，東灘区は住宅地が中心で，比較的低層の建物が多い．「新耐震」でつくられた建物についても，高層の建物ほど被害がひどいという結果が出ていることも考え合わせると，灘区，東灘区での調査結果がどれほど信頼できるか疑問である．

　建物以外の構造物も，震度 7 を想定した設計にはなっていなかった．その脆さを象徴したのが，「震災の帯」の中央部を走る阪神高速道路神戸線だった．神戸市東灘区深江付近では国道 43 号の上に設けられた高架橋が，635 m にわたって横倒しになった．橋げたを支えるピルツと呼ばれる一本足の橋脚の多くが破壊し，支えをなくした橋げたが北側に倒れた．阪神高速道路はほかの場所でも橋げたが落ち，武庫川以西の神戸線と湾岸線の計 6 カ所での橋げた落下で計 16 人が亡くなった．名神高速道路や中国自動車道の高架橋でも橋げたが落ちるなどの被害があった(19)．

1994年1月17日に米国ロサンゼルス近郊のノースリッジ付近を震央にM6.6の地震があり，高速道路の高架橋があちこちで崩れた．これを見た日本の専門家の多くは「日本の高速道路では，こうした被害はまず考えられない」と語っていた(20)．

　新幹線も同様に脆かった．一部「震災の帯」を走る山陽新幹線は，新大阪―新明石間の計8カ所で橋脚が破壊するなどして橋げたが落下した．地震が起きたのは新幹線の始発前の時間帯であったので，乗客らに被害はなかった．しかし，復旧までには約3カ月かかった．東海道新幹線も高架橋の橋脚にひびがはいるなどの被害があり，新大阪―京都間が不通になったが，1月20日には運転を再開した．

　在来線のJR神戸線，阪急電車神戸線，阪神電車，山陽電鉄，神戸電鉄でも駅舎が倒壊したり，高架橋の橋脚が崩れて橋げたが落下したり，レールが折れ曲がったり，車庫の倒壊で車両が壊れたりするなどの被害が出た．地震発生時には，いずれの鉄道も運転を始めており，JR神戸線だけでも計9編成の車両の一部が脱線したが，乗客らにはけがはなかった．JR神戸線は4月1日に全線で運転を再開したが，阪急電車神戸線や阪神電車が全線開通したのは6月に入ってからであった(21)．

　兵庫県南部地震では「地震に強い」とされていた地下鉄も大きな被害を受け，関係者を驚かせた．神戸市街地西部の地下を走る神戸高速鉄道の大開駅（兵庫区）では，駅構内のトンネルを支える鉄筋コンクリートの柱約40本が押しつぶされ，天井が120mにわたって落下した．上を通る国道28号も大きく陥没した．神戸市営地下鉄でも三宮駅，上沢駅，新長田駅の周辺で，やはりトンネルを支える鉄筋コンクリートの柱が計233本折れるなどの被害が出た(22)．被害にあった地下鉄は，地上から開削してトンネル部分を構築した後に埋め戻す開削工法で施工されている点が共通していた(23)．

　大阪湾の沿岸部では地盤の液状化が起きた．とりわけ被害が大きかったのは，海を埋め立てて造成した人工島であった．神戸市の六甲アイランドやポートアイランドでは，岸壁が海側に2m近くも押し出され，このために大きなひび割れと深さ最大3mもあるくぼみができた．この変動によって大型クレーンが股裂きになり壊れた(24)．人工島の内陸部でも液状化によって

地面が30-50 cm沈下し，杭に支えられた高層ビルやマンションがその分だけ地面から浮き上がる形になった．液状化の被害は大阪湾に沿って大阪府高石市付近まで広がり，港湾機能の停止やライフラインの被害の大きな要因にもなった(25)．

ガス，上下水道，電力，電話などのライフラインも大きな被害を受けた．阪神地域に都市ガスを供給していた大阪ガスでは，中圧導管，低圧導管の継ぎ手の部分を中心に2万6000カ所に被害が出て，ピーク時には約86万世帯への供給がストップした．上水道は配水管が各所で破損するなどしたほか，浄水場，配水場，送水施設にも被害があり，ピーク時には約129万世帯が断水した．下水道も各市の下水処理場と下水管を中心に被害が出た．阪神地域に電力を供給している関西電力では，配電線や送電線，変電所が大きな被害を受けた．火力発電所の被害は比較的軽かった．それでもピーク時には約260万世帯で停電した．電話は交換機に被害が出て，一時は約30万回線が不通になった(26)．

全面復旧したのは電力が最も早く，1月23日午後には停電が解消した．電話も1月31日には復旧した．これに対して水道とガスの復旧には時間がかかった．水道は2月末までには断水率が3％程度までには回復したが，最後に残った神戸市で断水が解消したのは，4月17日であった．一方，ガスは2月末になっても復旧したのは6割程度で，最後に残されていた芦屋市と西宮市で復旧したのは4月11日であった(27)．

自分の家屋が倒壊したり大破したりするなどの被害を受け，住む場所がなくなった住民の多くは，地域の学校や公民館などに設けられた避難所に身を寄せた．余震への恐怖やライフラインの途絶が，さらに多くの住民を避難生活に追いやった．1239カ所の避難所で暮らした人は1月23日のピーク時で約32万人にのぼった．このほか，テントなどで野宿した人も約5000人あった．親戚や知人などを頼って，被災地から逃れた人も多かった(28)．

兵庫県南部地震では，以上のように都市を支えるインフラの多くが破壊され，現代都市の脆弱性が明らかになった．発生時刻が早朝であったために，高速道路や新幹線，百貨店，業務用ビル，地下街などでの大惨事は避けられた．発生時刻がもう数時間遅れていたなら，震災はまったく別な様相を呈し

たことは間違いない(29).

　地震波の解析と余震の分布によって，兵庫県南部地震は，東西方向に圧縮する力が加わったために，北東―南西に延びる断層が右横ずれ運動を起こしたものとわかった．余震は本震の震央から北東と南西の方向に直線的に広がり，長さ約 50 km，深さ 20 km までの範囲にほぼ鉛直に分布していた(30).
国土地理院の地震後の測量の結果，淡路島北端の三角点は南西に約 1 m，神戸側の六甲山北側の三角点は北東に数十 cm それぞれ移動していた．国土地理院が海岸沿いに行った水準測量の結果では，六甲断層系の 1 つ須磨断層付近で 19 cm 隆起しているのが見付かった(31)．明石海峡をまたいで建設中であった明石大橋では，海底に基礎を置く 2 本の主塔のうち，淡路島側のものは南西へ約 0.9 m，神戸側のものは東へ約 0.2 m それぞれ移動していた(32).

　淡路島では明瞭な地震断層が地表に現れた．地震断層は淡路島北西岸の江崎灯台付近から南西に富島付近まで約 10 km にわたって追跡できた．途中，墓浦付近で 2 本に分岐する．東に分岐した断層は約 1 km いったところで消滅するが，西に分岐した断層は，約 3 km 続く．いずれの地点でも地形が右方向に食い違っており，平林地区では最大 2.1 m ずれていた．また，上下方向にも地形の食い違いが見られ，ほとんどの地点では断層の東側が隆起していた．最大の隆起が見られたのはやはり平林地区で，最大 1.4 m あった(33)．神戸側でも六甲断層系の活断層に沿って地形の食い違いが見られたとする報告もあったが，明瞭な地震断層といえるものは見付からなかった．

　地表に現れた地震断層の位置は，活断層として知られていた野島断層の位置と一致した．野島断層は平林地区での段丘の食い違い量から，その平均変位速度は右横ずれで 1000 年間に 0.9-1.0 m と見積られていた．兵庫県南部地震での平林地区での右ずれ量 2.1 m をこの平均変位速度で割ることによって，野島断層の平均活動間隔は 2000 年程度と推定できる(34)．一方，地質調査所は兵庫県南部地震の後，野島断層の発掘調査（トレンチ調査）を 5 地点で行った．その結果，野島断層は今から約 2000 年前にも地震を起こしたことがわかった(35)．これは，上記の見積りと一致する結果であった．

　兵庫県南部地震は，野島断層だけが活動したものではなかった．横浜市立大学にいた菊地正幸が世界各地で観測された地震波を解析した結果によると，

断層面の破壊は明石海峡の中央部の地下十数 km から始まり，北東—南西方向の両側に進んだ．これによって長さ 24 km，幅 12 km 程度の断層面に 2 m ほどの右横ずれが生じたが，破壊はこれだけで終わらなかった．約 5 秒後には断層面の北東側（神戸側）の別の断層に乗り移った．2 番目の断層は北側が隆起する逆断層型で，断層の長さは 9 km，幅は 5 km 程度で，ずれの量も 1.7 m 程度と小さい．それから 2, 3 秒後には 3 番目の断層の破壊が始まった．3 番目の断層は，右横ずれ型で，長さは 12 km，幅は 6 km 程度で，2.6 m 程度ずれたところで破壊が止まった．地震が起こり始めて約 10 秒後であった[36]．

　神戸側の 2 つの断層の面積は小さかったので，断層は地表まで達しなかったと推定される．地震の破壊は北東と南西方向に進んだので，放出された波動エネルギーを計算すると，震央の北東方向が最大で，次に南西方向が大きくなる．これに対して断層に垂直な方向には波動エネルギーはあまり伝わらなかった．震央からかなり東北東に離れた西宮市や宝塚市の一部が震度 7 になったのは，これによって説明できる．

　兵庫県南部地震で活動したと考えられる神戸側の断層の位置は，活断層として知られる六甲断層系と重なったが，震度 7 と認定された「震災の帯」よりも 1 km 以上北側であった．活動した断層の真上での被害がひどかったわけではなかった．それでは「震災の帯」はどうしてできたのか．さまざまな研究が行われ，論争が繰り広げられた．

　最初に唱えられたのは，「震災の帯」の直下には地表まで現れない活断層が隠れていて，この活断層が活動したのではないかとする「伏在断層説」である[37]．しかし，兵庫県南部地震の余震は，それまで知られた六甲断層系に沿って起きていた．兵庫県が組織した「阪神地域活断層調査委員会」が 4 測線で行った地下構造探査の結果では，これまで知られていなかった活断層がいくつか見付かった．ただ，これらの伏在活断層は必ずしも「震災の帯」の直下に位置するわけではなく，山側にずれている場合が多かった[38]．

　次いで登場したのは，「震災の帯」は表層の地盤が軟弱な地域と重なっており，地震波の振幅がこの軟弱な地盤で増幅されたとする「表層地盤増幅説」である．神戸市の北側に位置する六甲山地は，今から 50 万年前頃から

隆起が急になり始めたため，山側では基盤岩の花崗岩が露出する一方，海側では厚さ1kmの堆積層が基盤岩を覆っている．六甲山地の麓では，芦屋川，住吉川などの急流河川が運ぶ砂礫で，いくつもの扇状地が形成され，その海側には後背湿地が形成されている．そのさらに海側には，海流によって運ばれた砂が堆積した砂州が見られる．「震災の帯」はこの後背湿地の部分にほぼ重なった(39)．しかし，後背湿地のなかでも海寄りの軟弱地盤のさらに厚い地域の方の被害は比較的軽かった．表層地盤増幅説だけでは，この事実がうまく説明できなかった(40)．

　最も説得力をもっているのは，独特の地下構造の存在によって地震波が重なり合う場所ができたとする「深部地下構造説」である．神戸の街の北側にそびえる六甲山地は約50万年前から活発になった「六甲変動」と呼ばれる断層運動によって形成された．六甲山地では花崗岩が露出する一方，海側では厚さ1km以上の堆積層が基盤岩を覆っている．この間には，いくつかの断層崖が堆積層に埋もれている（図7-2）．このように岩盤が切り立った構造になっていると，地震波の伝わる速度が堆積層では基盤岩に比べて遅いために，①基盤岩を通って表面に達した後，堆積層の表面を伝わる地震波と，②基盤岩から堆積層に入り，堆積層の表面に達した地震波が，ある場所で重

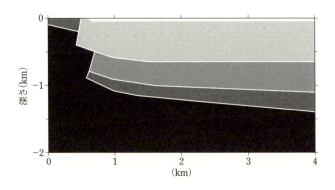

図7-2　神戸市東灘区付近の地下構造（北北西―南南東の断面図）
　　　色の濃淡は，地震波速度の大小を示す．切り立った断層崖の上に堆積層が積っている．
　　　　（入倉孝次郎「"震災の帯"をもたらした強震動」『科学』66巻（1996年），90頁の図を一部改変）

なり合い，振幅が増幅されることが，いくつかの研究グループのシミュレーションによって示された(41)．この「深部地下構造説」でも，表層地盤による増幅の効果も考えないと，「震災の帯」で地震波が何倍にも増幅された事実を説明できない．

ほかにも，「震災の帯」には古い木造住宅が密集していたとする「社会的要因説」もある．地震の前に兵庫県が作成した兵庫県地域防災計画によると，阪神間の「木造建築物密集地域」はやはり東西方向に帯状に連なっており，「震災の帯」と比較的よく一致している．神戸，芦屋，西宮の町そのものが，六甲山地と海岸線との間の狭い土地に沿って帯状に発展したのだから，被害集中地域が帯状に連なるのも当然といえるかも知れない(42)．

兵庫県南部地震でも地震が起きた後，前兆ではないかと見られる現象がいくつか報告された．1つは，本震前日の1月16日夜にあった前震である．午後6時28分にM 3.6の地震があった．この地震は神戸では震度1であり，人体にも感じられた．続いて気象庁の観測網では午後6時49分にはM 2.6，午後11時49分にはM 2.0の地震を観測した．京都大学防災研究所の観測網では午後6時55分にもM 1.5の地震があった．震源はいずれも本震の震源付近で，地震の起こり方も本震と同じ横ずれ断層型であった．過去16年間の明石海峡付近の地震活動を調べてみると，1日に3個以上の地震が発生した例はなかったが(43)，この事実だけから前震と判定するのは難しかった(44)．

1994年には震源域周辺の地震活動が活発になっていたことも，地震の後になって注目された．同年6月末には本震の震源域の北東延長に当たる京都・丹波高原でM 4.6の地震が起き，京都では20年ぶりに震度4になった．さらに同年7月と11月にはやはり本震の震源域の北東延長に当たる兵庫県猪名川町で群発地震が起きていた(45)．この群発地震と同時期に，本震の震源域でも微小地震の数が増えていた(46)．

一方では，震源域付近では地震活動の第2種空白域ができていた，との報告もあった．1966-1994年に近畿中部で起きたM 4以上の浅い地震を図示（図7-3）すると，神戸から淡路島付近にかけてはまったく地震が起きていないのがわかる．一方，その前の1935-1965年の同様の図では，12個の地

1935 – 1965
1966 – 1994

図 7-3　阪神地域を中心としたM 4.0 以上の浅い地震の分布
　　　　左図は 1935-1965 年の期間，右図は 1966-1994 年までの期間．右図では兵庫県南部地震の震源域を含む領域では地震が起きていない．
　　　　　（茂木清夫「1995年兵庫県南部地震前後の地震活動」『地震予知連会報』54 巻（1995年），595 頁の図を一部改変）

震が起きている．ただし，M 3 以上の地震について議論すると，地震空白域は見えなくなる(47)．

　震源域の直上には京都大学の六甲高雄観測室があり，六甲山を掘り抜いたトンネルのなかに，伸縮計，歪計，水管傾斜計など計 12 の地殻変動観測装置が動いていた．しかし，地震直前には明瞭な変化は認められなかった．ただ，トンネルに湧き出す水の量が 1994 年 11 月頃から増加し，地震前に 7 %増えた．地震直後には湧水量は 10 倍になった(48)．

　六甲山系の地下水の化学組成が地震前に変化していたとの報告もあった．六甲山麓の深さ 100 m の井戸から汲み上げた水は，ミネラルウォータとして市販されている．この水に含まれる塩素イオン濃度を調べたところ，1994 年 8 月頃から塩素イオン濃度が増え始め，1995 年 1 月 13 日には 1993 年 6 月～1994 年 7 月に比べて約 10 %増加していた(49)．

　空が光る発光現象もさまざまな人が目撃した．光の色は，青やオレンジ色，赤，白などで，形も稲妻状や扇型などさまざまである．空が光るのを地震の前に見たという人もあれば，地鳴りを聞いてからという人も多かった(50)．また，電波の雑音が 1 月 17 日午前 5 時頃から急に増え始めたという報告も

ある(51).

7.2 阪神・淡路大震災後の言説と行政の対応

　兵庫県南部地震で動いた断層面は，大きく見積もっても長さ約50 km，幅20 km程度で，1891年の濃尾地震（M 8.0）や1896年の明治三陸地震（M 8.2），1923年の関東地震（M 7.9），1933年の昭和三陸地震（M 8.1），1946年の南海地震（M 8.0）などで動いた断層面の大きさの10分の1程度にすぎない．にもかかわらず，多くの犠牲者を出したのはなぜなのかをめぐって，大震災後さまざまな言説が飛び交った．

　最も早く噴出したのは，「自衛隊がもっと早く出動していたら，これほどの死者は出なかったのではないか」という素朴な市民感情であった．1月20日に召集された第132回通常国会の焦点になったのも，この自衛隊の出動の遅れと政府の初期対応のまずさであった．

　大震災当時，首相の座にあったのは日本社会党委員長の村山富市であった．村山が首相になるまでの経緯と当時の政治状況を簡単に振り返っておこう．

　1993年6月，首相であった宮沢喜一は衆議院を解散した．「政治改革」をめぐる対立から自民党から多くの離党者が出たために，宮沢内閣の不信任案が衆議院で可決されたからであった．7月の総選挙の結果，自民党の議席は過半数に達せず，8月には自民党からの離党者を中心に結成された新生党と新党さきがけ，それに日本新党，社会党，民社党，公明党，社民連の7党による連立政権が樹立され，日本新党の細川護煕が首相に就任した．この結果，自民党が38年間にわたる政権の座を降りることになった．細川政権は衆議院選挙を中選挙区制から小選挙区比例区並列制にする公職選挙法改正案を成立させたが，1994年4月に総辞職．代わって新生党の羽田孜が首相の座に就いた．その羽田政権も，さきがけと社会党が連立から離脱したため苦境に立たされ，2カ月余で総辞職した．その次は，東西冷戦体制の下で対立していた自民党と社会党が手を組み，さきがけを加えた3党による連立によって，1994年6月に成立したのが村山政権であった．野党に転落した新生党や日本新党，民社党，公明党は1994年12月に，衆参両院議員214人で新進党を

結成した．新進党の，最初の大舞台となったのが第132通常国会であった(52)．

1月20日に開会した衆議院本会議では，国土庁長官の小沢潔が兵庫県南部地震の災害状況について報告した後，新進党を代表して二階俊博が質問に立った．二階は「〔首相が〕当初これほど大きな災害に及ぶという認識に欠けていたのではないか」「自衛隊の最高指揮官としての村山総理は，救援の初動活動において，人命救助最優先の立場からもう少し積極的なしかも迅速な指揮がとれなかったのか，悔やまれてならないのであります」などと村山の政治責任を追及した．

これに対して村山は「私は，この地震災害の発生直後の午前6時過ぎのテレビでまず第一に知りました．直ちに秘書官に連絡をいたしまして国土庁等からの情報収集を命じながら，午前7時30分ごろには第1回目の報告がございまして，甚大な被害に大きく発展する可能性があるということを承りました．この報告を受けまして，さらに被害状況の的確な把握をして連絡をしてほしいということを要請するとともに，何よりも人命救助を最優先に取り組んでくれ，同時に，火災も起こっておりますから，消火に全力を尽くせということも指示をいたしたところでございます．午前10時からの閣議におきましても非常災害対策本部を設置いたしまして，政府調査団の派遣を決めるなど，万全の対応をとってきたつもりでございます」などと答えた(53)．しかし，新進党はこうした答弁に納得せず，その後の衆参両院の本会議，予算委員会で再三にわたってこの問題を取り上げ，「自衛隊を憲法違反とする過去の社会党の態度が，自衛隊との連絡に支障を生じさせたのではないか」などと論難し，村山が首相としてのリーダーシップに欠けている，などとも批判した．

自衛隊法では災害時に自衛隊の派遣を要請できるのは，都道府県知事である．防衛庁長官の玉沢徳一郎の国会での答弁によると，兵庫県知事の貝原俊民が姫路の陸上自衛隊第三特科連隊に隊員の派遣を要請したのは，1月17日午前10時であった．午前8時10分に，第三特科連隊から電話で兵庫県庁に自衛隊の出動を要請するよう促したが，県の担当者は「まだ災害の状況がわからないので何ともいえない」と返答した．この時，貝原はまだ兵庫県庁

には登庁していなかった．1993年の北海道南西沖地震のときには，18分後に北海道知事から派遣要請があった．ほかの大地震でも30分から1時間以内には派遣要請があるのが通例であった．玉沢は「そういうケースと比べてみますと，たとえ県庁にたどり着くのに時間がかかったとしましても，県知事さんが要請者でありますから，電話でこれは連絡をとり得たのではないか」と述べている(54)．

　一方，首相官邸に十分な情報が届かず，重大な被害が出ていることを早い時点で認識できなかったのは事実であった．当時の災害時の情報伝達ルールでは，気象庁，消防庁，警察庁が得た情報は，主務官庁の国土庁に上げられ，そこで集約されて秘書官を通じて首相に報告される．ところが，国土庁には宿直制度がなく，気象庁などからのファックス連絡を受け取ったのは警備会社から派遣された「情報連絡要員」であった．防衛庁や海上保安庁の得た情報は，国土庁や官邸に報告するルートがなかった(55)．陸上自衛隊は17日午前7時14分に大阪・八尾駐屯地から偵察用ヘリコプター1機を発進させ，神戸付近では20カ所から煙が上がっていること，高速道路が倒壊していること，淡路島北部で家屋の倒壊が著しいことなどを目視によって確認し，中部方面総監部（兵庫県伊丹市）に報告していた(56)．こうした情報は首相官邸には届かなかった．

　大震災の発生当初，官邸に情報が集まらなかったことへの反省から，政府は1995年2月21日の閣議で，震度6（首都圏については震度5）以上の地震が発生すると，関係省庁の担当局長が首相官邸に参集し，官房副長官，内閣情報室長のもとで対策を検討することを決めた(57)．1998年4月からは，官邸に官房副長官級の危機管理監を置いた(58)．

　気象庁も，計測震度計の観測点をこれまでの全国約300点から約600点に拡充することになった．1996年4月からはそれまで人体での観測を中心にしていた震度観測を，計測震度計によって自動的に観測できるようにした．さらに同年10月からは，一層きめ細かな防災対応ができるようにするため，震度0から震度7までの8階級からなっていた震度階級を10階級に変更した．すなわち「震度5」と「震度6」をそれぞれ「震度5弱」「震度5強」，「震度6弱」「震度6強」に分割し，ある震度が観測された際にその場所でど

のような被害が出るかなどを示した「気象庁震度階級解説表」もつくった(59).

　被害情報を十分に収集できなかった国土庁防災局も，防災情報システムの整備に乗り出した．このうち，気象庁から送られてくる震度情報と各市町村別に整備した地盤，建物，人口情報などをもとに，震度4以上の地震が発生した直後に建物の倒壊棟数や死傷者を推計する「地震被害早期評価システム」は，1996年4月から動き出した(60).

　戦後最大の被害を出した主要な原因を，「震度7」を想定した対策がなかったことに求める言説も多かった(61).たとえば，犠牲者の7割以上を出した神戸市が1986年に作成した地域防災計画の地震対策編では，神戸市で想定する最大の震度は5であった．これは，過去1400年間の歴史をたどると，神戸で体験された震度は最大でも5であったことを根拠にしていた．作成に当たった神戸市防災会議地震対策部会の委員を務めた地震の専門家からは，神戸市内やその周辺には六甲断層系が走っており，これが活動すれば震度6以上になるとの指摘があった．このため，震度6の場合に神戸市内で発生する被害を試算した．この結果，震度6を想定すると，震度5に比べて地震直後の出火件数が3倍にも増え，防火水槽の大幅な増設や広域避難場所，避難道路の確保などに莫大な予算が必要なことなどから，「震度6想定は現実的ではない」として退けられたという(62).

　想定震度が最大5の神戸市地域防災計画では，神戸市内では全壊する木造家屋は約3000棟，地震が冬の夕方という最も厳しい条件下で，出火件数は110件と想定していた(63).死者や負傷者が出ることは想定していなかった(64).震度5では水道管の破損はほとんどない．したがって，消火栓が使えることを前提にして計画は立てられていた．このため，防火水槽の整備は進まず，神戸市内に設けられた防火水槽の数は一般と耐震合わせて1278であった(65).震度6以上を想定して防火水槽の整備を進めていた東京都や神奈川県，静岡県などに比べると，神戸市の防火水槽の数は少なく，面積比では東京23区の10分の1程度であった．約3700棟，44万平方mが灰になった長田区では自治省消防庁の防火水槽の整備基準を満たしていなかった(66).兵庫県南部地震の際には，神戸市内では消火栓は使えず，防火水槽

の水もすぐに底を尽き，消火活動はままならなかった．

　神戸市で必要な避難所の数は約300と想定されていた．地震の後で設けられた避難所の数は約600であった(67)．食料などの備蓄も神戸市にはなかった．炊き出しの米などは「コープこうべ」など協定を結んだ業者から調達する計画であった．しかし現実には，協定業者の多くも被災し，避難所への食料や水の提供も滞った(68)．

　兵庫県の地域防災計画でも，やはり過去に兵庫県に影響を与えた1925年の但馬地震，1946年の南海地震などを想定していた（最大の震度は6）だけで，神戸付近で直下型地震が起きることは考えていなかった(69)．震度5以上の揺れで被害が大きい場合には，県庁の全職員約3300人が災害対策に当たることになっていたが，1月17日に県庁に参集できた職員は2割程度であった(70)．

　地震に対する住民の関心も低かった．たとえば，東京大学社会情報研究所の廣井脩が1995年8月に被害の大きかった神戸市と西宮市の住民計1200人に対して行ったアンケートの結果を見ると，「何も防災対策をしていなかった」と答えた人が神戸市で68％，西宮市で67％もあった．「懐中電灯を用意していた」と答えた人が全体の約4分の1，「非常持ち出し品を用意していた」と答えた人は神戸市で4.4％，西宮市で3.4％であった．「建物・塀などを補強・改修していた」と答えた人は，全体で1％にも満たなかった(71)．総理府が1990年に発表した「防災に関する世論調査」の結果では，「（大地震が起きた場合に備えて）特に何もしていない」と答えた人が全国平均で30.4％であった(72)のに比べると，神戸や西宮の住民の地震防災意識がいかに遅れていたかがわかる．

　「何も対策をしていなかった」と答えた人が3分の2以上を占めたのは，「関西には地震がない」という風説が流布していたからである(73)．東京大学社会情報研究所の同じ調査では「関西に大地震がくると思っていたか」との問いに対して，「地震のことなど考えたことはなかった」と答えた人が全体の62.7％を占めた．「被害が出るような地震はこないと思っていた」が17.4％，「小さな被害が出る地震ならくるが大きな地震はこないと思っていた」が13.2％と続き，「いつか大きな地震がくると思っていた」と答えたの

は 5.3％であった(74). 先に引用した総理府の「防災に関する世論調査」でも「今後 10 年以内に大地震が起こる可能性」について尋ねたところ，近畿地方では「起こる」「可能性が高い」を合わせても 11.5％で，東海地方の 40.4％，関東地方の 38.4％に比べると低かった.

しかしながら，歴史をさかのぼると近畿地方はたびたび大地震に見舞われてきており，子供のときに大地震を経験した人は少なくなかった. 1970 年には地震予知連絡会が阪神地域を全国 8 カ所の特定観測地域の 1 つに指定した. 1970 年代に入ると，関西の新聞などでも地震は断層運動であり，近畿地方や中部地方には活断層が多いので，大地震が起こる可能性が高い，との報道がしばしば行われてきた. たとえば，関東大震災から 50 周年に当たる 1973 年には，神戸市灘区の六甲山中腹に神戸市住宅供給公社が開発した鶴甲団地で，活断層をまたいでつくられた鉄筋 5 階建の分譲住宅や道路に長さ 150 m にわたって大きなひびが入り，日々拡大していることが報道されている. ひびが入ったのは断層が上下運動を続けているためであり，この断層がいつか大きくずれ動いて大地震を起こす可能性がある，との内容であった(75).

翌 1974 年 6 月に『神戸新聞』は，神戸市から依頼を受けた大阪市立大学理学部表層地質研究会が，六甲山周辺で都市直下型の大地震が発生する恐れがある，などとする調査報告書をまとめたと報道した. 報告書は，六甲断層系に沿って人体に感じない微小地震が発生していることなどを根拠に，将来大地震が起こる可能性を警告した(76). この記事にはただ，「地質関係者は 10 万年単位で警告を発するが，人間の一生の百年のサイクルから考えれば，大地震も心配することはない」との神戸大学工学部長の話が付けられていた.

1980 年には活断層研究会が『日本の活断層』を発行した. この本を見れば，神戸市街には大月断層，五助橋断層，諏訪山断層，会下山断層など多くの活断層が存在することが一目瞭然であった. 1992 年には京都大学教授の尾池和夫が，過去 31 年間に近畿地方内陸部で起きた地震の震央の分布は，活断層の分布と重なることを示した「地震図」を公表し，「私たちがどれだけ地震の多いところに住んでいるかを知ってほしい」と訴えたこともある(77). 1993 年から 94 年にかけて釧路沖地震，北海道南西沖地震，米国のノースリ

ッジ地震などが起きると，近畿地方には活断層が多いので地震の恐れは他所事ではない，と読者の注意を促す記事が関西の新聞にはしばしば掲載された(78)．1994年11月に兵庫県猪名川町付近を震央に群発地震が起きた直後にも，近畿地方の主な活断層の場所を示す図とともに，近畿地方を襲った過去の大地震を紹介した記事を掲載した新聞もあった(79)．

　兵庫県南部地震後，地震の専門家が「神戸には活断層が多いので，大地震がいつ起こってもおかしくなかった」などとテレビで解説すると，「それならば，なぜ平常からもっと声を大にして警告しなかったのか」などとの怨嗟の声があがった(80)．

　なぜ「関西には大地震が起こらない」という"安全神話"が形成されたのであろうか．その理由の1つとして東京大学社会情報研究所の廣井脩は，関西では有感地震が少ない上に，1952年の奈良県・吉野地震以降は死者が出るような地震がなかったことをあげた．1963年から30年間に神戸海洋気象台で観測された有感地震の数は計92個であり，うち震度3以上になったのは9個にすぎない．一方，同じ期間の東京で観測された有感地震の数は1034個で，震度3以上は181個であった．このように有感地震が少ないことから，大地震も少ないだろう，という誤解が生まれたのではなかろうか．

　廣井はもう1つの理由として，"東海地震予知体制"下でのマスメディアの報道をあげた．関西の新聞などでも地震といえば東海地震や首都直下地震に関する報道が圧倒的に多かったために，「地震は関西にとっても他所事ではない」との報道は東海地震などの報道に埋もれてしまい，「関西でも大地震が起こる可能性は高い」との地震学者たちの警告が，行政や住民に浸透しなかったというのである(81)．

　東海地震に関しては，地震予知ができるとの前提で大規模地震対策特別措置法（大震法）が制定され，警戒宣言が出た場合にどう対応するかについての報道が多かった．こうした報道によって，大地震の前には何らかの予告があるかのような印象が広まったことが，大地震への警戒を怠らせたのではないか，という別の指摘もあった(82)．さらに，人間は危険情報を入手しても，その危険が自分の対応能力を超えるほど大きく，他方それがあいまいさを含む場合には危険度を過小に評価する傾向がある．災害心理学の分野では

normalcy bias (「正常化の偏見」などと訳される) と呼ばれる(83).「関西でも大地震が起こる可能性は高い」という警告に対しても,この「正常化の偏見」が働いた可能性もある.

とはいえ,1993年の釧路沖地震,北海道南西沖地震,1994年に北海道東方沖地震,三陸はるか沖地震,そして1995年に兵庫県南部地震と続いたことで,地震といえば東海地方と首都圏だけの問題というそれまでの認識は修正を迫られた.石川県選出の自民党衆議院議員・森喜朗は地震直後に開かれた衆議院本会議で「今回の地震が教えてくれたことは,日本列島はどこでもいつでも大地震が起こり得るということであり,この際,新たな視点に立って,総合的な都市型地震対策を早急に確立するとともに,日本列島全体に地震予知・観測体制を整備するなど,地震対策に万全を期すべきであります」などと述べた(84).千葉県選出の自民党参議院議員・倉田寛之も参議院本会議で,森とほとんど同じ意見を述べた(85).以降,「日本ではどこでも大きな地震が起こりうる」という認識が,大震災以後の地震対策を考える上での基調になった.

阪神・淡路大震災の後,神戸市や兵庫県はともに地域防災計画を見直し,神戸市周辺の活断層の活動によって震度7になることを想定したものに改定した(86).全国的にも地域防災計画の見直しが進められ,地域の活断層が動いて地震を起こすことを想定した計画へと改定する自治体が増えた.阪神・淡路大震災以前には直下型地震の被害を想定していた自治体は愛知県,福井県,京都府など11府県だけだったが,1996年8月末現在で47都道府県のうち40都道府県と,12政令指定都市のうち9市が直下型地震を想定した計画に改定した(87).

兵庫県南部地震の揺れは"想定外"であったという言説も,工学関係者によって当初流布された.建設省の現地調査団が震災から約1週間後の1月23日,「倒壊した阪神高速道路神戸線の深江地区などで観測された地盤の揺れは,関東大震災の2倍以上もあった」と発表した(88)のは,その典型といえる.建設省などの高速道路関係者は「日本の高速道路は関東大震災級の地震にも耐えられる」と豪語していたが,その"安全神話"が崩壊した.被害を受けた橋では考慮していた以上の地震力が作用したのだから,高速道路橋

が倒壊したのもやむを得なかった―との弁明であった．

　この弁明には注釈が必要であろう．兵庫県南部地震では，神戸海洋気象台で818ガル，阪神高速道路の近傍でも792-833ガルの横揺れが観測された．これを関東大震災の際に東京・本郷の東京帝国大学で記録された地震の揺れ300-400ガルと比べると，2倍以上に当たる．しかし，関東大震災では震源に近い神奈川県小田原などでは，もっと強い揺れが襲ったと推定されている．したがって，震源から約100km離れた東京・本郷での揺れ300-400ガルを関東地震での代表的な揺れと見なすのは正しくない．

　ところが，東京・本郷でのこの揺れが関東地震の揺れとして一人歩きするようになった．1980年代に入って建築物や土木構造物の耐震設計に，震度5程度の中地震では大きな損傷を生じず，震度6程度の大地震では倒壊を防いで死者は出さない―との2段階設計の考え方が取り入れられるようになると，大地震の地震動の目安として300-400ガルが考えられるようになった．そして，この揺れに耐えられれば「関東地震の揺れに耐えられる」との誤解が生まれ，この誤解が専門家の間でも広く信じられていたのである[89]．

　その後，強い地震動まで記録できる強震計の観測網が密になるに伴って，震源域周辺ではかつて考えられた以上の揺れに見舞われることが明らかになりつつある．1993年1月の釧路沖地震では釧路気象台で920ガル，1994年1月の米国カリフォルニア州ノースリッジ地震では最大1780ガルが観測されていた[90]．兵庫県南部地震で観測された800ガルを超す加速度が，特段に大きなものであったわけではない．

　兵庫県南部地震の地震動が大きすぎたというよりも，当時の耐震基準では震度7は"想定外"だったのである．国会でも「耐震基準を見直すべきだ」との主張が相次いだ．たとえば，共産党の不破哲三は衆議院本会議で「激震〔震度7〕が現に起こることを前提にして耐震基準を見直すこと，その新しい基準を今後の建設の指針とするだけでなく，既存の建設物，構造物の耐震性をそれによって点検することが不可欠です」と主張した[91]．

　こうした主張に対して政府側の答弁は省庁ごとにバラバラであった．たとえば，新幹線などを監督する運輸大臣の亀井静香は，鉄道は震度7に耐えられるレベルで復興工事を進める，と明確に答えた．建設大臣の野坂浩賢は

「やっぱり為政者としては金より今，まず人命尊重ということが最優先するだろうと思います．従いまして，コストが高くかかるということは否定できないと思います．基準が見直されれば」と答えた．これに対して国土庁長官の小沢潔は「すべてのインフラやライフライン等が震度7に耐えられるようにすることは理想でありますが，先生御指摘のように膨大な費用がかかることもこれあり，いかなる施設等が震度7に耐えられるかということについて検討を考えているところでございます」などと答弁した(92).

　高速道路の"安全神話"が崩壊したことから，原子力発電所の"安全神話"は大丈夫なのかという疑問の声も上がった．東海地震の震源域の真上の静岡県浜岡町では，原発が増設されているほか，運転中の49基の原発の25基までが地震の危険度の高い特定観測地域などに設置されていた．多くの原発では最大の地震力として400ガル程度が想定されていたが，兵庫県南部地震では800ガル以上の揺れが観測されたことなどが，その不安の背景にあった．国会でも，与党を含めた多くの議員がこの問題を取り上げ，原発の耐震基準の見直しを主張した．なかでも共産党の吉井英勝は，神戸で観測された揺れの2分の1以下で設計されている原発が35基，3分の1以下で設計されている原発が12基もあるなどと具体的な数字をあげて，政府を追及した(93)．これに対して，科学技術庁は原発の耐震基準に問題はないか，チェックする検討会を設けて研究している，との答弁でしのいだ．原発の耐震基準が改定されたのは2006年9月になってからである．

　耐震基準の改定は，政府側の答弁に見られたように，それぞれの土木構造物を所管する省庁の各部局ごとに別々に進められた．たとえば，高速道路などの道路橋は建設省道路局，高架橋を含む鉄道施設は運輸省鉄道局，河川堤防は建設省河川局，港湾施設は運輸省港湾局，石油タンクは消防庁，高圧ガスや電気，ガス設備は通産省，水道施設は厚生省，下水道施設は建設省都市局下水道部が担当した．縦割り行政の弊害である．見直しの結果，鉄道施設，下水道，道路橋，水道施設などは阪神・淡路大震災で観測された800ガルを最大の加速度として想定する（震度7近い揺れに耐えられる）よう改定された．これまで耐震基準がなかった河川堤防にも耐震基準が設けられたが，想定されている最大加速度は150ガルときわめて小さい．一方，最大加速度

400ガル（震度6に耐えられる）を想定している建築物の耐震基準は，7.1節で述べたような理由で改定されなかった．最大加速度として150ガルを想定した電気設備やガス設備の耐震基準も改定されなかった(94)．

耐震基準が土木構造物ごとに異なっている理由について，国土庁は構造物によって機能や構造，材料，建設される場所などが異なっているからである，と説明している(95)．しかし，たとえば，石油タンクや高圧ガス設備施設は同じような場所に建てられ，機能もよく似ているが，石油タンクの耐震基準は最大加速度450ガルであるのに，高圧ガス設備の耐震基準は最大加速度600ガルである．以上のように，構造物の耐震基準がこうもバラバラでは，都市機能全体の耐震性という点で問題がある．

全国の新幹線，鉄道，高速道路では耐震基準の改定を待たずに，緊急の耐震補強工事が始まった．建設省では1995年7月，1980年以前の基準で建設された高速道路（首都高速，阪神高速ではほぼ全線，東名高速や名神高速など全国の高速道路では全体の1割程度）の橋脚計約2万基に厚さ1cmの鉄板を巻くなどして補強する3年計画を発表した(96)．運輸省も同年8月，仙台，南関東，東海，名古屋，京阪神の5地域にある新幹線と在来線，地下鉄のうち利用客の多い路線の高架橋や地下トンネルの柱にやはり鉄板を巻いて補強する緊急耐震補強5年計画を発表した．補強の対象になる柱は計約5万本にのぼり，2001年3月末までに完成させる(97)．この耐震補強によって，旧基準でつくられた高速道路，新幹線，主要な鉄道は，震度7に耐えられるようになる，という計画であった．

一方，耐震基準を改定しなかった建築物については，1981年以前の基準で建てられた建物の耐震補強を進めるために，耐震改修促進法が制定され，1995年12月から施行された．不特定多数が利用する百貨店，ホテル，劇場，病院などの建物の所有者に，耐震診断や耐震改修の努力義務を課している．しかし，罰則もないため，耐震改修はほとんど進まなかった(98)．

地震予知についても多様な言説が飛び交った．新聞報道では，地震予知研究者は後講釈しかできないという批判(99)や，地震予知に頼らぬ地震対策を進めるべきである，との主張(100)と同時に，地震予知研究のために国は惜しみなく予算を出してほしい，などと予知に期待を寄せる声(101)も強かった．

地震研究者からの発言も少なくなかった．たとえば，「地震予知は不可能なのだから，地震予知計画は廃止し，その予算は地震災害軽減計画に向けるべきである」との主張(102)や「地震予知を研究すると同時に，地震科学を災害軽減に役立てるために総合的な地震災害軽減計画をつくるべきである」との提案(103)，「粘り強く地震予知研究を進めれば，世界にも貢献できる」などといった主張(104)などさまざまであった．それは，1994 年 6 月に行われた「地震予知研究シンポジウム」で行われた議論とほとんど同じであった．こうした相反する言説の間で妥協点を見出し，新たな対応策を打ち出したのが，次節で紹介する超党派の「日本を地震から守る国会議員の会」であった．

7.3 地震防災対策特別措置法の成立

　第 132 通常国会の開幕当初は，地震予知を地震対策の切札とみなす従来の考え方が優位を占めた．たとえば，首相の村山富市は 1 月 24 日の衆議院本会議で，共産党の不破哲三の質問に「地震災害の防止，軽減を図る上で，地震観測・予知体制の充実は極めて重要な課題の一つでございます．…今回の経験にもかんがみ，関係省庁と密接な連携のもと，観測・監視体制の充実についてさらに検討を進めてまいる所存でございます」と答えている(105)．後には地震予知連絡会などに対して批判的な発言をするようになる科学技術庁長官の田中真紀子も，1 月 25 日の参議院本会議では，新緑風会の星川保松の「この科学の発達した時代に，地震の何分か前でも発生を知ることができたら，どれほどの人々が助かったかとたれしもが思うところであります」などとの質問に対し，「地震の予知の推進ということは極めて重要な事柄でございますので，関係省庁と連絡を緊密にとりまして，…観測及び研究を充実してまいります」と答えている(106)．

　ただし，地震予知研究を推進するにしても，東海地震の予知は気象庁，地震予知連絡会は建設省国土地理院，地震予知計画を建議するのは文部省の測地学審議会，地震予知推進本部の事務局は科学技術庁が担当するなど地震予知に関係する省庁は数多く，こうしたばらばらの体制では政府として予知と防災に一体的に取り組めない，などとして地震予知体制の再編を求める意見

も多かった(107).

　こうした国会での審議の流れに大きな影響を与えたのは科学技術庁長官の田中であった．田中は2月10日，地震予知推進本部長として会合を開き，その場に測地学審議会会長の古在由秀，地震予知連絡会会長の茂木清夫，日本地震学会会長の深尾良夫，九州大学教授の松田時彦の4人を呼び，勉強会を開いた．そこで，古在は「行政や国民に向けて，予知研究の情報提供が足りなかったのではないか」と切り出した．そして，4人は東海地震については予知できるかも知れないが，一般の地震については，いつどの程度の規模で起こるかを正確に予知することは難しい，と語った(108)．この会議によって，田中は地震予知に対するこれまでの認識を変えた．田中は2月15日に開かれた衆議院科学技術委員会で次のように発言している(109)．

　「私ども，地震予知というものに対しまして，今回の阪神・淡路大震災が起こる前と後では随分認識が変わったのではないかというふうに思います．…結局は，予知というものは，いろいろの専門家の話を聞いてもなかなか難しいということだと思いますね．…予知は予知でもって研究していただくことは，それはいいかも知れませんが，それをみんなが口をあけて待っているのではなくて，むしろ防災とか避難訓練でありますとか，それからその地域〔大地震が起こりやすい地域〕がある程度わかっているのであれば，それがたとえ千年スパンであったにいたしましても，耐震構造物をつくるとか避難道を優先的につくるとか，そういう現実的な対応をするように，私，とにかく今回のことを奇貨として，…認識を変えていくことが自分たちを結果的に守ることであろうというふうに考えております」

　田中は，地震予知関連情報の一元化に向けても動いた．2月17日の記者会見で田中は「地震研究者は予知の研究成果を公表しようとしても，その社会的影響まで考えてしまうため，現状では情報を公開しにくい．研究を防災に生かすには，情報を社会に提供することが必要．行政が予知についての責任をとるシステムがいる．科学技術庁が一本化の主導をとってもよい」などと語った(110)．次いで2月21日の閣議後の閣僚会議で，地震予知推進本部が中心になって，地震予知関連の情報を一元化していくことを提案し，各閣僚の了解を取り付けた(111)．

田中の考え方は，現状では地震の直前予知は難しいけれども，これまでの研究の成果によって全国のどこで地震が起こりやすいかについては，ある程度の予測ができる．そうした情報を国の機関が一元的に発信することによって，防災対策につなげてゆこう，というものであった．阪神・淡路大震災の前から地震研究者の多くは，神戸には活断層が多いので大地震が起こりうると考えていたのに，その情報が地方自治体や住民には十分に伝わらず，大きな被害を招いた，という反省に裏付けられていた．

　国会では，田中のこうした考え方に賛意を示す意見も多かったが，一方では「地震の予知は人類の悲願である」「地震国である日本が地震予知研究のイニシアチブをとっていく必要がある」「阪神大震災を予知できなかったから地震予知は不可能だという立場に立つべきではない」(112)などと地震予知研究に期待を寄せる声も強かった．なかでも日本共産党は地震予知研究や観測体制を強化するために予算の増額を要求した(113)．

　田中の地震情報の一元化の方針に対しては，文部省や気象庁などから抵抗があった(114)．地震予知推進本部は関係8省庁による幹事会を開いて情報一元化について話し合ったが，全国の大学の微小地震観測網で観測されたデータを気象庁に集めて集中監視する方針が決まっただけで，大きな進展はなかった(115)．田中は3月10日に開かれた参議院科学技術特別委員会で，一元化について質問を受け「私もこの間一度〔地震予知推進本部の〕会議に出て，これはもう大変動きの悪い重たい組織といいますか…これを本当に機能させていかなければいけないという必然性を余り感じないで長年来ておられたんじゃないかという感じがします」などと愚痴をこぼした(116)．

　3月23日には，自民党，社会党，新党さきがけの与党3党を中心とした国会議員82人によって「日本を地震から守る国会議員の会」（会長・後藤田正晴）が結成された．設立の目的は，再び阪神・淡路大震災のような大災害を引き起こさないように地震防災対策を推進するための立法を検討することであった．その重点検討課題には，①現在の地震予知の責任体制はバラバラで，観測情報を集めて判断を下し，行政施策に直結させるシステムが確立していないこと，②地震が起きる可能性が高い地域に対する防災対策を強化する必要があること，などが掲げられていた(117)．こうした方針は田中の考え

ときわめて近く，田中は「国会議員の会」の有力メンバーの原田昇左右らと相談することも多かった(118)．

田中は4月4日の閣議で，地震予知情報の一元化を進めるために関係各大臣に改めて協力を要請した(119)．4月20日には地震予知推進本部の会合を開いて，田中は出席した8省庁の責任者に対し「気象庁に地震の観測情報を一本化することは決まっているが，なかなか前に進まない．来週の閣議で結果を報告したいので，一本化方策を今週中にまとめてほしい」と強く指示した(120)．

田中の意向に沿って地震予知推進本部は4月25日に本会議を開き，全国の地震の発生状況を監視し，予測につなげる「観測結果評価委員会」と，観測研究体制などを審議する「政策委員会」を設けることを決めた．観測結果評価委員会は，気象庁に集まった全国の地震観測データなどを常時監視し，全国の地震や地殻活動の評価をすると同時に，中・長期的な地震の発生の可能性についての情報を発信することを目的にしている．同様な組織として地震予知連絡会があるが，「予知連はボランティア組織であり，観測結果評価委員会は，政府機関として国民に責任を持つ」と事務局の科学技術庁の責任者は説明した(121)．

しかしながら，地震予知推進本部とて法律に基づいた組織ではない．「国民に責任をもつ」というからには，法的な裏付けがほしい．しかし，法案を政府が提出するとなると，各省庁との調整に時間がかかりすぎる．こうした状況で「日本を地震から守る国会議員の会」は5月22日の総会で，「地震防災対策特別措置法」を議員立法として国会に提出することを決めた(122)．この法案作成に際して「国会議員の会」では，各省庁の行政担当者，付属の研究機関の研究者からはもちろん，九州大学理学部の松田時彦，東京大学地震研究所の島崎邦彦の2人から考えを聞いた(123)．

地震防災対策特別措置法は，地震の直前予知には頼らず，地震は突然やってくることを前提にして，地震防災対策と地震調査研究を推進する，という精神に貫かれている．第1の柱の地震防災対策は，都道府県知事は，地震によって著しい被害が生じる恐れのある地区について，避難路の整備や学校や医療機関の耐震化，地域防災拠点の整備などを盛り込んだ地震防災緊急事業

5カ年計画を作成することができる，計画に盛り込まれた地震防災事業に対して国は補助率を引き上げ，地方債についても特別の配慮を行う，という規定が中心になっている．これは，大地震は全国どこででも起こりうるので，それに備えて防災対策事業を全国的に進める必要がある，との阪神・淡路大震災後の共通認識に基づいていた．

　もう1つの柱である地震調査研究については，地震に関する調査および研究の推進を図るため，総理府に地震調査研究推進本部を置く，と規定されている．地震調査研究推進本部には，地震に関する総合的な観測計画を立案し，予算などの調整を行うために政策委員会を，また，関係機関からの観測データを収集・整理・分析し，これに基づいて総合的な評価をし，広報するために，地震調査委員会をそれぞれ設ける．こうした条項は，阪神地区には活断層が多いので大地震が起こりうるというのが地震研究者の共通認識であったのに，社会には情報が伝わっていなかったために大被害を招いた，との反省に基づいていた．

　政策委員会と地震調査委員会の役割は，4月末に地震予知推進本部内に発足した政策委員会と観測結果評価委員会とまったく同じであった．「国会議員の会」と田中が連携を取り合っていたことがよくわかる．

　地震防災対策特別措置法では，「地震予知研究も必要である」との意見に配慮して，最後の13条に「国は，地震に関する観測，測量，調査及び研究のための体制の整備に努めるとともに，地震防災に関する科学技術の振興を図るため必要な研究開発をしなければならない」などと書かれている．しかし，「予知」という言葉は一言も登場しない．

　地震防災対策特別措置法が政治主導で作成されたことに対して，地震予知連絡会会長の茂木清夫らは「予知連に何の相談もなく，別の組織を急につくることには賛成できない」などと不快感をあらわにした[124]．

　地震防災対策特別措置法は，その後各党との協議にかけられ，全会派の賛成が得られた．このため，6月8日の衆議院災害対策特別委員会では委員長の日野市朗が提案説明を行い，各会派の賛成演説の後，全員の起立によって可決された[125]．同日の衆議院本会議を経て，翌6月9日には参議院災害対策特別委員会にかけられた．

同委員会では「法案作成に当たって地震予知連絡会関係者の意見はどのように反映されているのか」などという質問が出た．これに対して提案者を代表して日野は「予知連の先生方のご経験，学識，こういったものを無視しようなどとは思っておりませんで，これはまた新しい組織の中で十分に生かされると，このように思っています」などと答えた．また，地震調査研究推進本部が策定する調査観測計画と，測地学審議会が建議する地震予知計画との関係についても質問が出た．これに対して，文部省の担当課長は「地震調査研究推進本部におきましても地震に関する調査観測計画の策定がなされる際にも，測地学審議会の建議を踏まえた検討がなされるものと考えております」と答えている(126)．

　地震防災対策特別措置法はこの後，参議院災害対策特別委員会で全会一致で採択され，同日の参議院本会議で可決，成立した．

　1891年の濃尾地震の後，政府に設けられた震災予防調査会や1923年の関東大震災の後に設立された地震研究所，1965年から始まった地震予知研究計画，1978年に制定された大規模地震対策特別措置法などは，いずれも地震研究者の発案に基づいて政治や行政が動いたことによって実現した．これに対して地震防災対策特別措置法は，政治主導によって成立した．阪神・淡路大震災という戦後最大の災害に直面しながら，地震学界からは地震研究のあり方について，具体的な提案がなかったからでもある．科学技術庁長官であった田中真紀子は，地震防災対策特別措置法が衆議院災害対策特別委員会を通過した直後に「まことに速やかに政治が機能していることは大変ありがたいうれしいことであるというふうに思っております」と述べた(127)．

　その田中は1995年8月の村山内閣改造に伴って，科学技術庁から去った．政治の世界では，阪神・淡路大震災に対する関心は長続きしなかった．政治主導の時代は短期間で終わり，地震研究は行政主導とでもいうべき，新しい時代に入るのである．

7.4　地震調査研究推進本部の事業

　地震防災対策特別措置法は1995年7月18日施行され，総理府に地震調査

研究推進本部が発足した．地震調査研究の成果を地震災害の軽減に生かそうという地震調査研究推進本部の理念は，1891年の濃尾地震の後に文部省に置かれた震災予防調査会の理念と通じるところがあった．震災予防調査会が軍備拡張のあおりを受けて予算面で先細りになったのに比べると，地震調査研究推進本部には潤沢な予算があり，「全国を概観した地震動予測地図」の作成など，後述するようなさまざまな事業を展開した．しかしその成果が，地震災害の軽減のために十分役立てられたとはいい難い．その理由の第1は，地震を予測することが難しいという事実であり，第2は震災予防調査会時代に比べると，防災に関連する省庁が細分化され，各省庁の縄張り意識がより強固になっていたからである．

　地震調査研究推進本部には地震防災対策特別措置法に従って，政策委員会と地震調査委員会という2つの委員会が設けられた．政策委員会の任務は，地震の研究の推進や調査・観測について基本的な計画を策定することであった．調査委員会の任務は，各機関の観測・研究結果を取りまとめ，地震活動について評価・予測することであった．このうち，政策委員会の仕事は当初，地震予知の実現を目指すこれまでの地震予知推進路線の影響を大きく受けた．地震調査研究推進本部が発足する以前に，政府の1995年度補正予算で「地震観測・予知体制の充実」のためのプロジェクトが多数動き出していたからでもある．

　阪神・淡路大震災が起きた当時，すでに1995年度の政府予算案は編成されていたため，政府は震災対策・復興対策などは補正予算で対応した．補正予算の総額は第1次，第2次合わせて約7兆円にのぼった．「地震観測・予知体制充実」のための補正予算は第1次，第2次合わせて635億円にもなった．1995年度の地震予知関係予算は108億円だったから，各省庁が要求するままに"大盤振る舞い"が行われたのである．

　この結果，科学技術庁の防災科学技術研究所では，微小地震を観測する高感度地震計の観測網を全国に広げる計画や，広帯域の地震計の観測網を広げる計画が動き出した．建設省国土地理院では，1992年度から始めたGPSによる地殻変動観測網を大幅に拡張し，全国に約1000のGPS観測点を設けるGEONET計画が動き出した．郵政省通信総合研究所では，VLBIなどを使

った首都圏の地殻変動観測網をつくり始めた．通産省地質調査所では，近畿地方を中心に大規模な活断層の調査を行う計画が始まった．同時に四国・近畿地方の5カ所に深井戸を掘り，地下水位や水温，ラドン濃度などを監視して地震予知につなげようという計画も開始された(128)．文部省の測地学審議会は1995年4月に，1994年度から始まった第7次地震予知計画を見直し，「地震予知の基本となる観測研究の推進」などを建議した．補正予算はこの路線に沿ったものであった．

補正予算ではこのほか，強い地震の揺れを測ることができる強震計を25 km間隔で全国の約1000カ所に置く強震観測網をつくるための費用（約47億円）や，実物に近い建物や土木構造物の模型を3方向から揺らして耐震性能をテストする大型震動台を，兵庫県三木市に建設するための費用の一部なども盛り込まれていた．これらはいずれも防災科学技術研究所が計画したものであったが，当時の地震予知推進本部ではこの予算は「地震観測・予知体制充実」のための予算635億円には含めていなかった．

政策委員会の実質的な初仕事は，1996年度予算の概算要求であった．各省庁から上がってきた予算要求には，補正予算で認められた計画の継続費用が多く含まれていた．それ以外にも，科学技術庁の理化学研究所は，地電流を観測することによって地震の前兆を検出するという地震国際フロンティア研究予算を，宇宙開発事業団は電離層観測衛星によって電磁気的な地震の前兆をとらえるという地震リモートセンシングフロンティア研究予算をそれぞれ要求していた．また，科学技術庁では，活断層を調査する都道府県などに必要な金額を支給する地震調査研究交付金などを要求し，要求予算の総額は157億円にのぼった(129)．取りまとめに当たる政策委員会のメンバーは，当惑したに違いない．各省庁からの要求を事務的に取りまとめるだけでは，これまでの地震予知推進本部と変わりがない．さりとて，どの調査観測計画を優先し，どのような計画は止めるべきなのか，地震調査研究推進本部としての計画があるわけではない．概算要求を取りまとめた8月28日の政策委員会では，調査観測計画を早急に策定する必要があるとの認識で一致し，そのために調査観測計画部会を設置することを決めた(130)．

政策委員会調査観測計画部会は1996年1月10日，「当面推進すべき地震

に関する調査観測について」との報告書をまとめた．この報告書では，地震活動を客観的に把握するためには，全国くまなく均一の密度で調査観測を継続することが必要であるとして，これを「基盤的調査観測」と名付けた．そして，基盤的調査観測として，①高感度地震〔微小地震〕観測点を 15-20 km 間隔を目安として全国に置く，② GPS 連続観測点を 20-25 km 間隔で全国に置く，③発生が予測される地震の規模が大きく，活動度が高い活断層を中心に全国の活断層の詳細な調査を行う，の 3 本の柱をあげた(131)．①は防災科学技術研究所で動き出した高感度地震観測網の全国展開を，②は国土地理院の GEONET 計画をそれぞれ受けたものであり，③は地質調査所の活断層調査や科学技術庁の地震調査研究交付金の事後承認であった．

　こうした政策委員会の計画には批判が出た．1 つは，強い地震の揺れを研究する強震動の研究者からである．微小地震計など普通の地震計では，兵庫県南部地震のような大地震では，地震計の記録が振り切れてしまう．大地震の震源の近傍でも，地震動の完全な記録を得ることができる地震計を強震計という．建物や土木構造物の被害や耐震性を調べるには，強震計の記録が不可欠である．ところが，兵庫県南部地震の震度 7 の「震災の帯」の中には強震計は 1 台もなく，震度 6 の区域でも記録が満足に取れたのは神戸海洋気象台など 10 カ所にも満たなかった．また，強震計の多くは民間の建物などに付置されているため，観測データが公開されるケースが少ないという問題もあった．このため，日本学術会議が設けた阪神・淡路大震災調査特別委員会は，1995 年 10 月に出した第 1 次報告書で「震災を軽減するためには，強震観測網をさらに充実し，強震動の研究の発展をはかることが急務である」と提言していた(132)．

　ところが，政策委員会の計画には強震観測についてはまったく触れられていなかった．このため，「強震動の研究が重要だという今回の大地震の教訓が生かされていない」「地震調査研究推進本部は，地震予知に頼らないで地震災害を軽減することを目指してつくられたはずなのに，これでは従来の地震予知推進路線と変わらない」などといった批判が出た(133)．

　政策委員会の計画では，世界では標準的な地震計になりつつあった広帯域地震計についても触れていなかった．普通の地震計が短い周期の地震波の観

測に焦点を絞っているのに対し，広帯域地震計は周期0.1秒以下という短周期から数百秒という長い周期の地震波まで幅広く観測でき，地震がどのような断層運動によって起きたのかを解明するのに役立った．このため，広帯域地震計による観測についても「基盤的調査観測」に入れるよう，要求が出たのであった(134)．

　地震調査研究推進本部が1997年8月に決めた「地震に関する基盤的調査観測計画」では，以上のような批判が取り入れられて，計画の大幅な修正が行われた．従来の地震予知計画に基づいた調査観測との違いを強調しているのが特徴である．これまでの地震調査観測の問題点として，①地震発生直前の前兆現象を観測することに重点が置かれて，地震発生サイクル全体にわたる観測が十分でなかった，②稠密な地震観測網があるところは特定の地域に限られており，全国的な観測が不十分であった，③観測データの公開・流通体制が不備であったために，観測データの活用が不十分であった，などをあげている．

　基盤的観測の内容も，全国的な高感度地震観測網，GPS観測網のほかに，強震観測網と広帯域地震観測網を整備することも加えられた．強震観測網は，高感度地震観測点の地下と地表の両方に強震計も設置することになった．広帯域地震計の観測点は，100 kmの三角網を目安に全国に約100点を置くことになった．また，基盤的調査観測対象の活断層として，長さが20 km以上であることなどの基準をもとに全国から98の活断層（図7-4）を選び出し，過去の活動時期やその活動間隔，1回の地震に伴う断層の変位量などを調査することになった．また，海域の活断層についても調査を行うことや，「震災の帯」をつくり出す原因ともなった堆積平野の地下構造の調査を行うこと，ケーブル式の海底地震計による観測をさらに広げることも，新たに計画に加えられた(135)．

　「基盤的調査観測計画」は全国98の主要な活断層の調査も含めて，着実に実行に移された．高感度地震観測網は，防災科学技術研究所によって整備され，阪神・淡路大震災後に696の観測点が新たにつくられた．観測点のほとんどは100-200 mの井戸を掘り，その底に高感度地震計が設置されている．大震災前からあった気象庁の観測点188，大学の微小地震観測点274，防災

図7-4 地震調査研究推進本部の基盤的調査観測の対象となった98の活断層の位置図
(地震調査委員会編『日本の地震活動』1997年,379頁より)

科学技術研究所の観測点89を加えると，2003年3月までに高感度地震観測網の観測点は約1250に増え，「Hi（ハイ）ネット」と呼ばれるようになった(136)．Hiネットでの観測データは1997年10月から気象庁に送られ，気象庁はこの観測データを含めて地震の震源を決めるようになった．これによって気象庁が震源を決める地震の数は，大震災前の年間約5000個から，年間約1万個に倍増し，内陸部で起きた地震であればM1以上の地震の震源の位置はほとんど決められるようになった(137)．

広帯域地震観測網も防災科学技術研究所によって71の観測点が整備された．各観測点には強震計も置かれている．2003年3月には，大震災前に整備されていた大学の観測点も含めて観測点は約90になった(138)．広帯域地震観測網は「Fネット」と呼ばれる．

Hiネットの観測点に併設された強震観測網は，観測井戸の底と地表との2カ所に強震計が置かれているのが特徴である．地下に強震計が置かれている観測網は，日本では初めてである．659の観測点からなるこの強震観測網は「KiKネット」と呼ばれる．「KiK」の「Ki」は「基盤的調査観測」の，「K」は「強震」の略称である(139)．

これに対して1995年度補正予算によって防災科学技術研究所がつくった強震観測網は，「Kネット」と呼ばれる．観測点はいずれも地表にあり，市役所や学校など公共施設の敷地内に強震計が置かれている．約1000の観測点からなる観測網は1996年6月から動き始めた(140)．「基盤的調査観測計画」がつくられる前に完成していたためであろう，Kネットは「基盤的調査観測計画」には含まれていなかった．

GPSを使って地殻変動を監視する国土地理院のGEONETの観測点の増設も進み，2004年3月には，南鳥島や沖ノ鳥島といった離島を含めて全国1224点に増えた(141)．

観測データの公開については紆余曲折したものの，ほとんどの観測データの公開が実現した．GEONETの観測データは，1999年8月からインターネットで公開されるようになった(142)．HiネットとKiKネットの観測データも2000年10月から，防災科学技術研究所のホームページで公開されるようになった(143)．Fネットの観測データもやはり防災科学技術研究所のホーム

ページで公開されている(144).

　こうして「基盤的調査観測計画」によって 2003 年頃には世界でもまれに見る高密度な地震・地殻変動観測網が完成した．その観測データは世界中の研究者に公開され，自由に使えるようになった．この結果，プレートの沈み込み帯での低周波地震の発見など，新しい知見が次々に報告されるようになった．これについては 7.7 節で紹介する．

　地震調査研究推進本部に設けられた地震調査委員会の実質的な初仕事は，伊豆半島東方沖で 1995 年 9 月 29 日から始まった群発地震についての見解（評価）を発表することであった．この群発地震では，静岡県伊東市で 9 月 29 日から 10 月 3 日午前までに 100 回の有感地震（うち震度 4 が 2 回）が観測されていた．地震調査委員会は 10 月 3 日に臨時会を開き「群発地震活動はマグマの上昇が原因と考えられる．…震源が浅くなってきていること，地殻変動が進行していること等から今後の推移を注意深く監視してゆく」とのコメントを発表した(145)．地震調査委員会は 11 日には「地殻変動も次第に鈍化していることなどから，今回の群発地震活動は終息に向かう可能性が高い」と発表した(146)．

　地震調査委員会は 1995 年 10 月以降，毎月 1 回の定例会のほかに，社会的に注目される地震が起こるたびに委員会を開いて，起きた地震について解説すると同時に今後の活動の見通しなどについて見解を発表した．委員会の翌日には地方自治体の防災担当者を集めて，説明会を開くのが恒例になった．

　地震調査委員会の存在を社会に強く印象付けたのは，全国 98 の主要な活断層などが長期的に見てどの程度の規模の地震を，どの程度の確率で起こすかを評価する長期評価である．地震調査委員会は 1995 年 10 月 11 日の委員会で，長期評価を行うために長期評価部会を設置することを決めた(147)．

　地震調査委員会は長期評価部会が中心になって 1997 年 10 月，地方自治体の防災担当者などを対象にした『日本の地震活動』を出版した(148)．この本は，地震はなぜ起きるかなどの基礎知識や，日本周辺で起きる地震の特徴などを紹介した後，各都道府県別に過去に起きた主な被害地震を詳しく紹介している．カラーの図表を豊富に使い，地域ごとに将来被害を受ける地震としてどのようなものを考えればよいか，をわかりやすく示しているのが特徴で

ある.『日本の地震活動』はその後追補・改訂され, 1999 年には追補版が, 2009 年には第 2 版がそれぞれ出版された.

　98 の活断層についての最初の長期評価は, 日本列島のほぼ中央部に位置する糸魚川-静岡構造線活断層帯についてであった. 同活断層帯は, 長野県小谷村付近から山梨県の甲府盆地西部の櫛形町まで延び, その全長は約 150 km ある. 北部では東側が隆起する逆断層であり, 牛伏寺断層（松本市）を含む中部では左横ずれ断層, 南部では西側が隆起する逆断層になっている. 1980 年代後半から断層帯の各地でトレンチ調査が行われ, これらの調査結果をまとめる形で, 地震調査委員会は 1996 年 9 月に長期評価結果を公表した. それによると, 断層帯の活動間隔は北部で約 2000 年, 牛伏寺断層では約 1000 年, 牛伏寺断層以外の中部では約 3000-5000 年, 南部は不明とされた. 約 1200 年前には長野県白馬村から山梨県小淵沢町まで約 100 km の区間が地震を起こしたと推定され, 歴史記録にある 762 年の美濃・飛騨・信濃の地震が, この地震に該当する可能性が高い. こうした事実を根拠に地震調査委員会は「牛伏寺断層を含む区間では, 今後数百年以内に, マグニチュード 8 程度の地震が発生する可能性が高い」と評価した[149].

　続いて長期評価の対象になったのは, 神奈川県の丹沢山地の南縁から相模湾にいたる神縄・国府津-松田断層帯であった. 同断層帯はフィリピン海プレートが陸のプレートと衝突する境界に位置し, 全長は約 25 km. 北東側の大磯丘陵を隆起させ, 南西側の足柄平野を沈降させてきた逆断層である. 1980 年代からトレンチ調査が行われ, 平均活動間隔は約 3000 年, 最新の活動は約 3000 年前で, そのときには 10 m 程度も断層が動いたことなどが判明していた. 地震調査委員会はこれらの調査結果をまとめて, 1997 年 8 月に「今後数百年以内にマグニチュード 8 程度の地震が発生する可能性がある」と公表した[150].

　3 番目に評価されたのは, 富士川河口断層帯であった. 同断層帯は, 富士山南西山麓から富士川の河口にほぼ南北に延びる長さ約 20 km の断層帯で, フィリピン海プレートと陸のプレートの境界に位置しており, 南側は駿河湾内のプレート境界断層に続いている. 通産省地質調査所や静岡県によって 1995 年にトレンチ調査やボーリング調査が行われた. その結果, 富士川河

口断層帯の平均変位速度は 1000 年間に 7 m もあり，活動度は日本の活断層の中では最大級であることがわかった．断層帯は平均千数百年間隔で活動し，最新の活動は 1000 年以上前と推定された．地震調査委員会はこれらの事実をもとに 1998 年 10 月，この断層帯が活動すると M 8 程度の地震を起こし，震源域は駿河湾内にまで及ぶと評価し，「その時期は今後数百年以内の比較的近い将来である可能性がある」と述べた(151)．

しかし，こうした長期評価結果に対しては，地元自治体の防災担当者からの反応は芳しくなかった．「今後数百年以内に大地震が発生する可能性が高い」と「今後数百年以内に大地震が発生する可能性がある」，「大地震の発生時期は，今後数百年以内の比較的近い将来である可能性がある」は，どこがどう違うのか，表現があいまいな上に，「今後数百年以内といわれても防災対策に反映させにくい」などといった不満が出た(152)．

このため地震調査委員会では，大地震の発生する可能性を確率という数字で表現することになった．地震調査委員会は 1998 年 5 月に，どのような方法で確率を計算するかを示した「長期的な地震発生確率の評価手法」の試案をまとめ，発表した．

この確率計算方法は，トレンチ調査などによって活動時期（地震発生時期）がわかっている活断層については，ほぼ一定の活動間隔で地震を繰り返すという固有地震の考え方を基本にしている．活動間隔が短く，前回の地震から時間が経っている断層ほど，ある時間の地震の発生確率は高くなる．専門的には，地震発生の確率密度関数は，時間軸を横軸にして，平均活動間隔（年）と一定のばらつきをもった対数正規分布(153)をすると仮定する．その上で，最新の活動からの経過時間を考慮して，条件付き確率によって現在から一定期間内に地震が起こる確率を計算する．地震発生時期がわからない場合には，活断層の平均ずれ速度などから平均活動間隔を推定し，地震の発生確率は時間的に不変として現在から一定期間内に地震が起こる確率を計算する．

この方法で，糸魚川-静岡構造線活断層帯の牛伏寺断層が今後 30 年以内に大地震を発生する確率を計算すると 14% になる．兵庫県南部地震を起こした野島断層について 1995 年の地震直前の時点で今後 30 年以内に地震を起

こす確率を計算すると 4-9％になる．試案では，いくつかのプレート境界型地震についても今後 30 年以内に地震を発生する確率を試算した．それによると東海地震は 36％，宮城県沖地震は 65％となった(154)．

　地震調査委員会はこの試案について一般からの意見を聞くなどして検討した．その結果，2001 年 6 月に「長期的な地震発生確率の手法について」の成案を決定した．試案では，地震発生の確率密度関数が対数正規分布になると仮定して確率を計算していたのに対し，成案では BPT 分布(155)になると仮定して計算することになった．この手法によって，すでに評価が公表された活断層について今後 30 年以内に地震を起こす確率を計算すると，牛伏寺断層は試案と変わらない 14％，神縄・国府津-松田断層帯は 3.6％，富士川河口断層帯は 0.2-11％となった(156)．富士川河口断層帯の確率に幅があるのは，平均活動間隔と最新の活動時期とも「千数百年」という幅があるからである．

　この評価手法は 2001 年 5 月の生駒断層帯（大阪府枚方市から羽曳野市までの全長約 38 km）の長期評価以降，各活断層が起こす地震や海域の地震の発生確率の計算に適用されるようになった．生駒断層帯では，今後 30 年以内に M 7-7.5 程度の地震を起こす確率は 0-0.1％と発表された(157)．

　地震調査委員会では活断層の地震発生確率発表と同時に，活断層の危険度を 3 段階で表示することも始めた．すなわち，今後 30 年間の地震発生確率の最大値が，① 3％以上の活断層を「地震発生の可能性が高い」グループに，② 0.1-3％未満の活断層を「地震発生の可能性がやや高い」グループに，③ 0.1％未満の活断層を「それ以外のグループ」と表示し，特に①と②について，防災担当者の注意を促すことにした．これに従って，生駒断層帯は「地震発生の可能性がやや高いグループ」とされた(158)．

　地震調査委員会はまた，活断層の位置や長さ，平均的なずれの速度，平均活動間隔，最新の活動時期，それに将来起こす地震の規模など各項目と，地震発生確率について，その信頼度も表示するようになった．信頼度表示は 2000 年 8 月の鈴鹿東縁断層帯の長期評価から採用され，各項目についてどの程度信頼できるデータが揃っているかをもとに，「信頼度が高い」「中程度」「低い」「非常に低い」の 4 段階に分類，表示された(159)．

また防災関係者からの「活断層が地震を起こすと，その周辺ではどの程度の強い揺れに襲われるかも知りたい」との要望に応えて，地震調査委員会は将来活断層が地震を起こした場合の強震動を推定し，公表することになり，1999年8月に強震動評価部会を設置した．同部会は強震動計算手法も開発するとともに，この手法を糸魚川-静岡構造線活断層帯に適用した結果について2001年5月に公表した．それによると，松本市を通る同断層帯から東に約5km離れた地点でも震度7になり，兵庫県南部地震の際に神戸海洋気象台で観測された以上の強い揺れに見舞われることが明らかになった(160)．その後この手法は，地震発生危険度が高い神縄・国府津-松田断層帯など多くの活断層と，南海トラフなどの海域のいくつかの地震についても適用され，その計算結果が続々と公表された．

　地震調査委員会では2005年4月を最後に，全国の主要な98の活断層の長期評価をひとまず終えた．このなかには，東京湾北縁断層や岐阜-一宮断層帯など「活断層ではない」とされたものもいくつかある．また，トレンチ調査などによって過去の活動についての資料が十分に得られなかったために，北海道・標津断層帯などのように「地震発生確率は不明」とされた活断層も10以上あり，今後のさらなる調査が必要とされた(161)．

　こうした活断層の長期評価と強震動の評価を参考にして，長野県や奈良県，和歌山県，滋賀県，山口県，山形県など多くの地方自治体が，地震の被害想定や地域防災計画を見直した(162)．

　政策委員会の調査観測計画部会は2005年7月に「今後の重点的観測について」との報告書をまとめ，地震調査研究推進本部会議で了承された．これによって，「地震発生確率は不明」とされたり，今後30年間の地震発生確率の最大値が3％以上とされたりした活断層についてさらに詳細な調査が行われることになった．さらに新たに福岡市の警固断層帯，新潟県の六日町断層帯など12の活断層についても，98断層に追加してトレンチ調査を行うことになった(163)．新たな調査によって，いくつかの断層では地震発生確率が改訂された．たとえば，富士川河口断層帯では，今後30年間の地震発生確率は0.2-11％であったのが，2010年に2-18％と上方修正され，「近い将来に起きることが想定されている想定東海地震と同時に活動する可能性もある」

とされた(164).今後30年以内の地震発生確率の最大値が3%以上とされた断層帯は表7-1に示すように29ある.

　地震調査委員会はまた,プレートの沈み込みに伴って起きる海域の地震についても長期評価を行い,地震の発生確率を公表した.この確率の計算手法も,活断層の長期評価に使われた方法と同じで,やはり固有地震の考え方が

表7-1　2015年1月1日から30年以内の地震発生確率が3%以上と評価された活断層帯
　　　断層帯がいくつかに分けられている場合は,発生確率が最も高い区間のみを示す.富士川河口断層帯は2つの評価がある.
　　　(地震調査研究推進本部ホームページ http://www.jishin.go.jp/main/choukihyoka/katsu.htm より)

断層帯名(活動区間)	予想される地震のM	30年以内の発生確率(%)	最新活動時期
富士川河口(ケースa)	8.0程度	10-18	13世紀後半-18世紀前半
神縄・国府津-松田	7.5程度	0.2-16	12世紀-14世紀前半
日奈久(八代海区間)	7.3程度	ほぼ0-17	約1700-900年前
糸魚川-静岡構造線(牛伏寺断層を含む区間)	8程度	14	約1200年前
中央構造線(和泉山脈南縁)	7.6-7.7程度	0.07-14	7-9世紀
境峠・神谷(主部)	7.6程度	0.02-13	約4900-2500年前
阿寺(主部・北部)	6.9程度	6-11	約3400-3000年前
三浦半島(武山断層帯)	6.6程度	6-11	約2300-1900年前
富士川河口(ケースb)	8.0程度	2-11以下	6-9世紀
安芸灘(主部)	7.0程度	0.1-10	約5600-3600年前
森本・富樫	7.2程度	2-8	約2000年前-4世紀
山形盆地(北部)	7.3程度	0.003-8	約3900-1600年前
高田平野東縁	7.2程度	ほぼ0-8	約3500年前-19世紀
警固(南東部)	7.2程度	0.3-6	約4300-3400年前
砺波平野(東部)	7.0程度	0.04-6	約4300-3600年前
庄内平野東縁(南部)	6.9程度	ほぼ0-6	約3000年前-18世紀
新庄盆地(東部)	7.1程度	5以下	約6200年前以後
黒松内低地	7.3程度以上	2-5以下	約5900-4900年前
櫛形山脈	6.8程度	0.3-5	約3200-2600年前
奈良盆地東縁	7.4程度	ほぼ0-5	約11000-1200年前
呉羽山	7.2程度	ほぼ0-5	約3500年前-7世紀
高山・大原(国府)	7.2程度	ほぼ0-5	約4700-300年前
サロベツ	7.6程度	4以下	約5100年前以後
周防灘(主部)	7.6程度	2-4	約11000-10000年前
大分平野-由布院(西部)	6.7程度	2-4	約2000年前-18世紀初頭
雲仙(南西部・北部)	7.3程度	ほぼ0-4	約2400年前-11世紀
木曽山脈西縁(主部・南部)	6.3程度	ほぼ0-4	約6500-3800年前
上町	7.5程度	2-3	約28000-9000年前
琵琶湖西岸(北部)	7.1程度	1-3	約2800-2400年前
十日町(西部)	7.4程度	3以上	約3100年前以後

基本になっている．

　最初に長期評価が発表されたのは2000年11月，宮城県沖地震についてであった．それによると，宮城県の牡鹿半島沖では太平洋プレートが陸側のプレートの下に沈み込むことに伴って，1793年から1978年までに6回も，M7.5前後からM8前後の地震が平均37年ごとに繰り返し起きている．1978年の地震から20年以上経過していることから，今後20年以内に宮城県沖地震が発生する可能性が高く，今後30年以内の地震発生確率は90％以上になる．地震の規模は陸側の震源域だけが動く場合には，M7.5前後になるが，海溝寄りの震源域も同時に動く場合にはM8前後になる[165]．

　2001年9月には，南海，東南海地震についての長期評価結果が公表された．それによると，静岡県の浜名湖沖から紀伊半島南東沖にかけては，フィリピン海プレートが陸のプレートの下に沈み込むことに伴って，1498年から1944年までに平均111年間隔でM8.2前後の東南海地震が繰り返してきた．一方，和歌山県の潮岬沖から高知県の足摺岬沖でも1605年から1946年までに平均114年間隔でM8.2前後の南海地震が繰り返し起きており，1707年には2つの地震はほとんど同時に起きた．第6章で紹介した時間予測モデルを適用すると，1944年の東南海地震と1946年の南海地震の規模は比較的小さかったために，次回の地震までの間隔は平均より短くなり，東南海地震は2031年頃に，南海地震は2037年頃に発生する可能性が最も高くなる．これをもとに東南海地震が今後30年以内に発生する確率を計算すると約50％，南海地震は40％になる．それぞれの地震が単独で発生した場合には，東南海地震はM8.1前後，南海地震はM8.4前後になる．2つの地震が同時に発生する可能性もあり，その場合はM8.5前後になる[166]．

　地震調査委員会では2002年7月に，三陸沖から房総沖にかけての海域について[167]，2003年3月に千島海溝沿いの海域について[168]，同年6月には日本海東縁部について[169]，2004年2月には日向灘および南西諸島周辺の海域について[170]，同年8月には相模トラフ沿いの地震について[171]，それぞれ長期評価の結果を発表した．いずれも震源域をいくつかのブロックに分けて，各震源域で起きる地震の最大のマグニチュードと今後30年間に起きる地震の発生確率を示している（図7-5）．

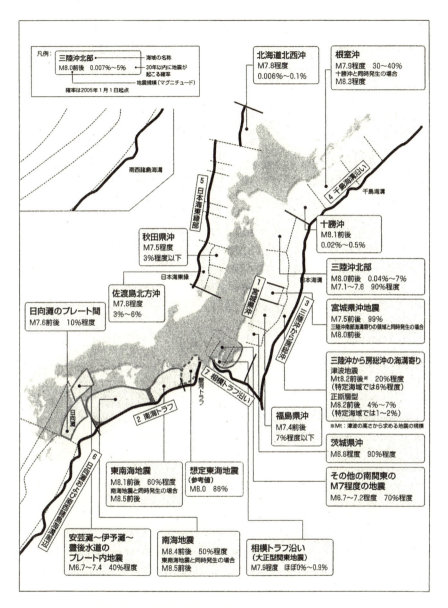

図7-5 地震調査研究推進本部地震調査委員会による日本周辺の海域の地震についての長期評価結果（2005年1月1日現在）
（笠原稔「日本周辺の海溝型地震の長期評価 2003年十勝沖地震は予測の範囲か？」『サイスモ』2005年9月号，10頁より）

このうち北海道・十勝沖では，平均約77年±24年の間隔でM 8.1前後の地震が繰り返し起きている．前回の1952年の地震から50年余が経過しているので，今後30年以内に十勝沖地震が起こる確率は60％程度，と予測した．また，三陸沖から房総沖にかけては大津波を起こす津波地震がどこでも起こり得ると予測し，今後30年以内に津波マグニチュード（M_t）(172)で最大8.2の津波地震が起こる確率は20％程度と見積った．

フィリピン海プレートが相模トラフに沈み込んでいることに伴って起きる関東地震については，1923年の大正型（M 7.9程度）と，1703年に起きた元禄型（M 8.1前後）と2つのタイプがあると考え，大正型の平均発生間隔を200-400年，元禄型の平均発生間隔は2300年程度と推定した．このため，今後30年以内に関東地震が起こる確率はほぼ0％になった．一方，南関東で起こるM 7程度のいわゆる首都直下地震については，平均24年の間隔で繰り返し起こると推定し，今後30年以内に起こる確率は70％と見積った．また，図では省略したが，沖縄・与那国島周辺ではM 7.8程度の地震が100年に1回くらい起きているとして，今後30年以内のこの地震の発生確率を30％と予測した．

地震調査委員会は2005年3月には，日本列島各地でどれほどの強い地震動に襲われる可能性があるかを示した「地震動予測地図」を作成し，公表した．全国的な地震危険度を示した地図をつくることは，地震調査委員会が活断層などの長期評価に取り組み始めた当初からの目標になっていた．地震調査研究推進本部が1999年4月に策定した「地震調査研究に関する総合的かつ基本的な施策」では，「当面推進すべき地震調査研究」の第1に「地震動予測地図の作成」があげられていた(173)．「地震動予測地図」は地震調査委員会が10年間取り組んできた98の活断層と海域の地震についての長期評価を集大成したものであった．

地震動予測地図は，「確率論的地震動予測地図」と，「震源断層を特定した地震動予測地図」の2種類ある．確率論的地震動予測地図は，日本列島を1km四方に区切り，それを「今後30年以内に震度6弱以上（あるいは震度5弱以上）の揺れに見舞われる確率」別に5段階で色分けしたものである．一般的にはこれを地震動予測地図と呼ぶことが多い．一方，震源断層を特定

した地震動予測地図は，糸魚川-静岡構造線活断層帯など特定の活断層が地震を起こした場合に，活断層周辺ではどのくらいの強い揺れに見舞われるかを計算し，震度別に色分けしたものである．12の地震について公表された．

　確率論的地震動予測地図（以下，地震動予測地図と略称）は，対象とする個々の地震の発生確率と，その地震によってある場所の揺れの強さ（震度）を掛け合わせ，その結果をすべての地震について足し合わせてつくられた．ある地震によってある場所がどれくらい揺れるかは，地震のマグニチュードと震源からの距離，それにその場所の地盤の良し悪しで決まる．ある場所の揺れと地震のマグニチュード，および震源からの距離の間にはある経験式が成り立つ．この経験式には統計的なばらつきがあるので，このばらつきを考慮して震度6弱を上回る確率を計算した．地盤の悪い場所と良い場所では地震の揺れは数倍以上も違うが，これも計算に入っている．

　個々の地震のマグニチュードと発生確率は，98の活断層が起こす地震と海域の大きな地震については，地震調査委員会の長期評価結果を使った．長期評価の対象にはならなかった178の活断層（長さ10 km以上20 km未満）が起こす地震についても，長期評価に使われたのと同じ方法で地震発生確率を評価して，計算した．プレート境界で起こる大地震以外の地震や沈み込むプレートの内部で起こる地震，それに活断層が特定されていない陸域で起こる地震などについても，ここ数十年の地震観測結果などを参考にして，それぞれの地震発生確率を計算して，予測地図に反映させた[174]．

　このようにしてつくられた「今後30年以内に震度6弱以上の揺れに見舞われる確率の分布図」では，その確率が26%（今後100年に1回）以上になった地域は，北海道の根室地方，静岡県から愛知県，三重県，和歌山県，それに四国南部に広がっている．これは主に，南海トラフの巨大地震の発生が近いと予測されているためである．6-26%の地域は26%以上の地域の外側を取り囲むように，北海道の太平洋岸の一部，近畿南部，四国北部などに広がっている．これは南海トラフの地震に加えて，地域の活断層，それに地盤の悪さも影響している．6-26%の地域は，ほかにも宮城県の一部，長野県中央部などにもあり，これらは宮城県沖地震や糸魚川-静岡構造線活断層帯が起こす地震と関係している．

一方,「今後30年以内に震度5弱以上の揺れに見舞われる確率の分布図」では, その確率が26％以上の地域が日本全体の4分の3以上を占め, 0.1-3％までの地域は北海道の北部に限られる. すなわち, 震度5弱以上の揺れに見舞われる可能性は日本全国どこでも高いということを示している.
　また, 地震動予測地図には参考のために「今後30年以内に3％の確率で（平均して約1000年に1回）一定の震度以上の揺れに見舞われる領域図」なども付けられている. これを見ると, 震度6強以上の揺れに見舞われる地域は, 静岡県から愛知県, 三重県, 和歌山県, 徳島県, 高知県の太平洋岸に広がっており,「今後30年以内に震度6弱以上の揺れに見舞われる確率の分布図」とよく似たパターンになっている.
　全国の地震危険度地図としては, 1951年に作成された「河角マップ」(4.5節参照) が知られていた. 地震動予測地図を「河角マップ」と比較すると,「河角マップ」では地震危険度が最も高い地域は, 南関東から東海, 近畿地方東部にかけてであったのに対し, 地震動予測地図では, 以上に加えて北海道東部の太平洋岸, 四国南部も最も危険度の高い地域になっている. また,「河角マップ」では内陸部は全般的に地震危険度の低い地域になっているのに対し, 地震動予測地図では糸魚川-静岡構造線活断層帯など活動度の高い活断層沿いでは, 危険度が高くなっているのが特徴である. 地震動予測地図と「河角マップ」に大きな違いがあるのは,「河角マップ」は過去の大地震の記録を集めてそれを確率的に処理しただけに過ぎないからである. 地震動予測地図は毎年改定されるのも特徴である.
　では, 地震調査委員会が公表した長期評価や地震動予測地図は, 予測という意味でどの程度正しかったのであろうか. 長期評価が始まった1996年以降2010年末までに, M7前後の陸域の浅い地震が各地で起きた. 2000年10月の鳥取県西部地震 (M 7.3, 死者0人), 2004年10月の新潟県中越地震 (M 6.8, 死者68人), 2005年3月の福岡県西方沖地震 (M 7.0, 死者1人), 2007年3月の能登半島地震 (M 6.9, 死者1人), 同年7月の新潟県中越沖地震 (M 6.8, 死者15人), 2008年6月の岩手・宮城内陸地震 (M 7.2, 死者17人) などである. いずれも活断層の活動によるものであったが, 震源となった活断層は『新編・日本の活断層』には掲載されておらず, 地震調査

委員会の長期評価の対象にもなっていなかった．このため，活断層に基づく地震発生予測がどこまで信頼できるのかなどについて議論が起こった．

　地震調査委員会は長さ 20 km 以上の活断層を長期評価の対象にしていた．これは活断層の長さと地震の規模との関係式に当てはめると，M 7 以上の地震を起こす活断層に相当した．したがって，鳥取県西部地震，福岡県西方沖地震，岩手・宮城内陸地震の 3 つの地震については，地震調査委員会は予測できなかったことになる．

　鳥取県西部地震は，北西—南東方向に走る長さ 30 km 程度の断層が左横ずれ運動を起こしたと考えられるが，地震の後でも顕著な地表地震断層は現れなかった(175)．地形をもとにこうした活断層を見付けるのは難しく，これまでの活断層調査の方法には限界があることが明らかになった．陸域の大地震の震源断層は地殻の弱面上にあると考えられるので，重力分布図や地質図によって，こうした弱面を見付け出す方法が提案された(176)．

　福岡県西方沖地震は，北西—南東方向に走る長さ 30 km 程度の断層が左横ずれ運動を起こしたと考えられる(177)．震源断層の南東延長には，福岡市内を通る警固断層がある．しかし，地震後に震源域一帯で海上保安庁が行った調査では，断層地形などは確認されず(178)，海域の活断層調査の難しさが再認識された．

　岩手・宮城内陸地震は，北北東—南南西に走る長さ 30 km ほどの断層が西側を隆起させるような逆断層運動を起こしたと考えられるが，周辺では活断層は確認されていなかった．ところが，地震の後に改めて空中写真や地表変位地形を調べると，長さ 3-4 km の断層地形が確認できた．したがって，地震前に詳しい調査が行われていれば，事前に活断層であることがわかった可能性がある．しかし，地上に現れた活断層の長さは短く，断層の長さから地震の規模を求めるこれまでの式を使うと，この断層が起こす地震の規模は M 6.5 以下になってしまう．したがって，短い断層が起こす地震の規模を適切に推定することが重要になる(179)．それと同時に，これまでの長期評価では地震発生確率が過小評価されている可能性が高いと考えられた(180)．

　一方，新潟県中越地震では北北東—南南西に走る長さ 20 km あまりの逆断層が活動したと考えられた(181)．1991 年発行の『新編・日本の活断層』

には震源域周辺に活断層は記載されていなかった．しかし，国土地理院が2001年に発行した『都市圏活断層図・十日町』『同・小千谷』では，「小平尾断層」と「六日町盆地西縁断層」の2つの活断層の存在が明記されていた．地震後の調査でも，この2つの活断層に沿って地表の変位が確認され，この2つの活断層は地下深くではつながっている，と推定された[182]．

能登半島地震では，北東—南西に走る長さ30km程度の断層が活動したが，震源域は海域と陸域にまたがっていた[183]．震源域の海域では，北陸電力が志賀原子力発電所の建設準備のため1985年から翌年にかけて，音波探査を中心にした詳しい調査を実施していた．その結果，長さ10km余の活断層が3つ存在することが確かめられていた[184]．能登半島地震では，このうちの2つが同時に動いたものと考えられた[185]．

中越沖地震では北東—南西に走る長さ30km程度の海域の逆断層が活動した[186]．この地震によって，震源から約8km南に離れた東京電力柏崎刈羽原子力発電所では，3号機のタービン建屋の1階で東西方向に2058ガルの地震動を記録するなど，設計時に想定されていた揺れを2倍以上も上回る地震動が観測された．東京電力は柏崎刈羽原発の建設準備のため，震源域周辺で音波探査を行い，4つの活断層があるのを見付けていたが，その長さはいずれも10km以下だとしていた．したがって，1978年の原発の耐震基準に従えば，最大の地震としてはM6.5を想定すれば十分であった[187]．M6.5しか想定していないところに，M6.8の地震が襲ったのであるから，想定以上の地震動が観測されたのは当然ともいえた．ところが地震の後，活断層の研究者が音波探査資料を調べると，活断層は長さ30km以上あったのに，長さが過小評価されていたことがわかった[188]．この地震は，原発の耐震基準と安全審査がいかにずさんなものであるかも明らかにした，といえる．

以上のような事実を見ると，活断層の存在が確かめられていれば，それは地震に結び付く可能性があることが明確になった一方で，地表の調査だけでは発見できない活断層もかなり多く，活断層調査と長期評価にはさらなる工夫が必要であることが明確になったといえよう．このため地震調査委員会では2010年11月，活断層の調査対象や長期評価の方法を見直すことを決めた[189]．見直しの主な点は，①これまでは個々の活断層ごとに長期評価を行

っていたが，今後は全国を10数カ所の「評価地域」に分割し，そこで起きる最大の地震の規模や地震発生確率を公表する，②これまではM 7.0以上の地震を起こす活断層を長期評価していたが，今後はM 6.8以上の地震を起こす活断層を評価の対象にする，③地表部分が短い活断層については，今後は地質構造や重力分布などの情報も参考にして，地下の震源断層の長さや位置などを検討する，の3点である．

他方，プレート境界で起きる海域の大地震についての長期評価は，どの程度正しかったといえるのだろうか．

2003年9月26日未明に，北海道・襟裳岬の南東約80 kmを震央とする十勝沖地震（M 8.0）が起こった．この地震では北海道静内町，浦河町などで震度6弱を観測，最大高さ4 mの津波が北海道などの太平洋岸を襲い，行方不明者2人が出た．この地震は，沈み込む太平洋プレートと陸側のプレートの境界で起きたもので，長さ・幅とも約100 kmの断層面が最大で7 mずれ動いた．1952年の十勝沖地震とほぼ同じ震源域が地震を起こしたと考えられた[190]．地震調査委員会は9月26日に，「今回の地震は，地震調査委員会が想定している十勝沖地震であると考えられる」と発表した[191]．

地震調査委員会が同年3月に公表した千島海溝沿いの地震の長期評価では，十勝沖でM 8.1前後の地震が起こる確率は，今後10年以内で10-20％，30年以内では60％程度になる，としていた．それから半年後に十勝沖地震は起きた．このため「長期評価の画期的な成功」と見る専門家も少なくなかった[192]．一方で，「発生時期がやはり早かったというべきである」という見方もあった[193]．長期予測は「発生確率」で発表されるため，予測が当たったか，外れたかの2元論では議論ができない．

今後30年以内の地震発生確率が90％以上と発表されていた宮城県沖でも，M 7クラスの地震が相次いだ．2003年5月26日には宮城県沖の深さ70 kmを震源とするM 7.1の地震が起き，宮城県や岩手県で最大震度6弱を観測した．この地震は沈み込む太平洋プレートの内部で起きた地震であったため，地震調査委員会は地震の翌日に「想定している宮城県沖地震とは異なる」と発表した[194]．

2005年8月16日にも宮城県沖の深さ40 kmを震源とするM 7.2の地震が

起き，宮城県や岩手県で最大震度6弱になり，小規模な津波も観測された．この地震は太平洋プレートと陸のプレートの境界で発生したものであり，震源の位置も1978年の宮城県沖地震のそれに近かった．しかし，地震調査委員会では想定の地震（M 7.5前後）よりも規模が小さく，破壊領域が想定震源域全体には及んでいないことを理由に，「想定している宮城県沖地震ではない」と発表した(195)．

　地震動予測地図については，いくつかの手法で検証が行われた．清水建設技術研究所の石川裕らは，地震調査委員会が地震動予測地図を作成したのと同じ方法で，過去の4つの時点（1890年，1920年，1950年，1980年）での地震動予測地図を作成して，その後の30年間に起きた地震の記録と比較した(196)．その結果，地震動予測地図の予測は全国平均で見ると，地震の実績と比較的よく一致していた．具体的には，地震動予測地図で震度6弱以上になる確率が高い地域ほど，震度6弱以上を経験した地域の面積も大きかった．1890年からの30年間，1920年からの30年間は，1950年からの60年間に比べると，はるかに全国の地震活動は活発であったが，地震動予測地図では，これも予測できていた．どの場所で震度6弱以上になるかとの予測と実績とを比較すると，プレート境界型地震の影響を受ける地域では，予測と実績は比較的合っていた．しかしながら，内陸部の活断層が起こす地震の影響を主に受ける地域では，予測はほとんど当たらなかった．震度6弱以上の地震が起こる確率は低いと予測された地域で，震度6弱以上の地震が起こったり，逆に確率が高いと予測された地域で，地震が起こらなかったりした地域が多数あった．

　要約すると地震動予測地図での予測は，プレート境界型地震についてはまずまず信頼できるが，内陸部の活断層が起こす地震については，30年程度の期間を対象とする限りほとんど無意味である，とまとめられよう．しかしながら，2011年3月に起きた東北地方太平洋沖地震は，こうした検証結果も否定するものであった．

　地震調査研究推進本部や地震調査委員会が設置された目的の1つは，地震調査研究の成果を地震災害の軽減のために役立てることであった．それでは，地震調査委員会の長期評価や地震動予測地図は，地震災害の軽減という点で

どのように役立ったのであろうか．

　活断層の長期評価についての一般市民の反応は芳しくなかった．地震調査委員会は，活断層が地震を起こす危険性を「今後30年以内の地震発生確率」として表示した．しかし，一般市民にはその確率の意味を理解するのが難しい上に，今後30年以内に特定の活断層が地震を発生する確率は一般的には低いので，安心情報として伝わってしまう，という点がしばしば批判された．たとえば，京都市消防局の幹部は「地震調査委員会が公表する地震発生確率は今のところ市民啓発には使用していない」と地震調査研究推進本部が監修する雑誌『サイスモ』に書いている(197)．

　しかしながら，長期評価はもともと一般市民を対象にしたというよりも，行政や企業などが種々の防災対策をとるための参考資料といえる．30年以上の期間を見すえた対応策として個人にできることは限られている．どこに住まうかの選択はできるが，だれもがその選択権を行使できるわけではない．長期的な対応策は個人に任せるよりも，国や地方自治体などが法律・条例・規則・計画などを改廃・新設するなど，何らかの制度上の措置によって対応した方が効果的である，と考えられる．

　そうした制度上の措置がとられた例として，活断層の長期評価や強震動評価を参考にして，多くの地方自治体が地域防災計画や被害想定を変更したことはすでに述べた．南海地震など海域の地震についての長期評価も，関係地域選出の国会議員を動かし，地震防災対策を進める法律の制定に結び付いた．すなわち2002年7月には「東南海・南海地震に係る地震防災対策の推進に関する特別措置法」が，2004年4月には「日本海溝・千島海溝周辺海溝型地震に係る地震防災対策の推進に関する特別措置法」がそれぞれ議員立法によってつくられた(198)．2つの法律では，南海地震や日本海溝沿いで起きる大地震による強い揺れや高い津波に伴って，大きな被害が予想される地域を「地震防災対策推進地域」として国が指定し，津波からの避難対策などを含めた防災計画を策定するよう国や自治体に義務付けると同時に，地震防災上必要な施設を整備することなどを規定している．また観測施設などの整備を進めると同時に，地震予知が可能になった場合には，東海地震と同様に大規模地震対策特別措置法を適用することも盛り込まれている．

2007年10月には，地震動予測地図を参考にして地震保険の保険料率の改定が実施された(199)．1966年から始まった日本の地震保険の保険料率は，全国の都道府県を地震危険度別に4つに分けた都道府県別料率と，建物の構造別（木造，非木造）料率の2つが基本になって決められている．このうち都道府県別料率は，『理科年表』に掲載された1494年以降の375個の被害地震のデータをもとに算出されていた．この算出方法は「河角マップ」の作成手法とほぼ同じであり，したがってその結果もよく似ていた．たとえば，地震危険度が最も高い4等地は東京，神奈川，静岡の3都県だけであった．3等地はその周辺に広がる埼玉，千葉，愛知，三重，和歌山，岐阜，滋賀，京都，大阪，奈良，兵庫，長野，福井の13府県で，南海トラフ地震の危険が大きい高知や徳島などは2等地とされていた．

　地震保険料率を決める損害保険料率算出機構では，地震動予測地図の作成に使われた手法の方が，『理科年表』をもとにした従来の算出手法よりも優れていると判断して，都道府県別料率の地域区分を見直した(200)．これによって，地震動予測地図によって震度6弱以上の揺れに見舞われる確率が高いとされている千葉，東京，神奈川，静岡，愛知，三重，和歌山，徳島，高知の9都県が4等地になった．3等地は4等地の周辺に広がる茨城，埼玉，山梨，大阪，香川，愛媛の6府県で，後の道府県は2等地か1等地になった．これまで3等地であった福井県は1等地に，3等地であった兵庫県も2等地になったが，これは福井地震や兵庫県南部地震がすでに起きたことが影響している．

　また，国の中央防災会議は7.6節で紹介するように，東海地震対策を見直したが，この見直しなどにも地震調査委員会が公表した強震動評価手法が使われた．地震調査研究推進本部も2005年7月に，地震動予測地図で強い揺れに見舞われる可能性が高いとされた糸魚川-静岡構造線活断層帯や富士川河口断層帯，中央構造線断層帯，南海トラフ，日本海溝・千島海溝周辺などでの調査観測を強化する方針を打ち出した(201)．

　しかしながら，建築物などの耐震基準の一部である地域係数は変更されなかった．耐震基準には地域的な差が設けられており，この差が地域係数である．たとえば，東京都や神奈川県などでは地域係数が1であるのに対し，秋

田県，新潟県などは 0.9，つまり東京の 9 割の地震力しか考えなくてよい．建設省が 1980 年に，「河角マップ」をもとにした 1952 年告示を改定したことによって，岩手県や宮城県，福島県や北海道の太平洋岸の地域は 0.9 から 1 に変更された．しかし，南海トラフ地震の影響が大きい高知県や愛媛県などが 0.9 になっていたり，福岡県などは 0.8，沖縄県は 0.7 になっていたりするなど，地震動予測地図と見比べると違いが大きい．このため地域係数の見直しや撤廃を求める声が強まった(202)にもかかわらず，国土交通省は動かなかった．

　地震調査研究推進本部の事業の成果が，防災行政に十分に生かされなかった大きな原因は，地震防災対策と地震調査研究との関係が明確にされないままに，地震調査研究推進本部が設けられたからである．地震調査研究推進本部が 2009 年に策定した「新総合基本施策」の立案の中心になった東北大学名誉教授の長谷川昭は，新総合基本施策の審議を振り返って，「本来は，国の地震防災・減災対策の中に地震調査研究と地震防災研究がきちんと位置付けられ，それらを含め一体として地震防災対策を策定すべきです．現状は形式的には一応それに近い構図になっているとはいうものの，実際には，地震本部の総合基本施策はあくまでも地震調査研究の方針を示すものであります．そのため，調査研究の成果が被害軽減に有効に活かされるという点が課題になっていました」などと，問題の所在を率直に語っている(203)．地震調査研究推進本部は地震調査研究を行うだけ，その成果をどのように活用するかは，防災担当各省庁が決める，というのが霞が関の論理だったのである．

　特にギクシャクしたのは，地震調査研究推進本部と中央防災会議との関係である．2001 年 1 月には建設省と運輸省などを合併して国土交通省が誕生するなど，中央省庁の再編が実施された．この中央省庁再編によって，国土庁防災局は内閣府防災担当に移り，防災担当大臣が新設された．これに伴って中央防災会議の事務局も国土庁から内閣府に移った．一方，従来総理府に所属していた地震調査研究推進本部は，文部省と科学技術庁が合併してできた文部科学省に所属することになった．これによって地震調査研究推進本部と中央防災会議の行政上の力関係は変わり，中央防災会議の事務局を担当する内閣府防災担当は，地震調査研究推進本部が防災対策にかかわることにつ

いて極端なまでに反発した．

　たとえば内閣府の防災担当部局は，地震調査委員会が長期評価結果を発表するたびにマスコミ各社やその活断層を抱える地方自治体宛に，「活断層の長期評価は学問的な成果ではあるが，防災対策の基礎とするようなものではない」とのファックスを送り続けた．地震調査委員会が公表した活断層の地震発生確率は無視し，内陸型の地震は全国どこにでも起きるという考え方を貫いた(204)．

　内閣府が2006年に刊行した『平成18年版防災白書』では，国の震災対策が90頁にわたって紹介されているが，地震調査研究推進本部についての記述は約3分の1頁，16行にすぎない．前年に地震調査委員会が公表した地震動予測地図についても，「地震防災対策に役立てるため，地震発生の可能性の長期的な評価と強震動の予測を組み合わせ，全国を概観した地震動予測地図を平成17年3月に作成，公表した」と述べただけである(205)．代わって内閣府が2006年に作成・公表した表層地盤の揺れやすさの全国マップを1頁の図とともに詳しく紹介している(206)．

　地震調査研究推進本部を所管する文部科学省は，内閣府防災担当に対抗するように2002年度から「大都市大震災軽減化特別プロジェクト」を始めた．東京など大都市の防災対策を研究しようというもので，5年間で約150億円の研究費が投じられた．このプロジェクトが終わると「首都直下地震防災・減災特別プロジェクト」，さらに「都市の脆弱性が引き起こす激甚災害の軽減化プロジェクト」と防災関連の大きなプロジェクトが続けられた．

　地震調査研究推進本部と中央防災会議の双方に関係していた東京大学情報学環教授・廣井脩は，推進本部が発足して10年になるのを機に開かれた座談会で，「本当は地震動予測地図を中央防災会議が防災対策をする上でのデータとして扱うことが望ましいことです．…推本と防災機関がもう少し連携を取る必要があるというのが現状だと思います．ただ，どういう形でしっかり連携させることができるのか，私にはよくわかりません」と嘆くばかりであった(207)．

7.5 地震予知計画の見直し

　阪神・淡路大震災の後に制定された地震防災対策特別措置法は，地震の直前予知が難しいという現実を踏まえ，地震予知には頼らないで地震防災対策を進めてゆくことを基本にしていた．同法に基づいて発足した地震調査研究推進本部の役割の1つは，地震に関する総合的な調査観測計画を策定することであり，行政の整合性という点からも，1965年から続く地震予知計画をそのまま継続することには問題があった．地震予知計画は，新しく動き出した地震調査研究推進本部体制の下で，軌道修正がはかられた．かくして地震予知計画は1999年から「地震予知のための新たな観測研究計画」として再スタートすることになった．新予知計画では，従来計画では枠外とされた基礎的な研究や強震動研究などにも研究費が出るようになり，"地震予知ムラ"の人口は大幅に増えることになった．

　地震防災対策特別措置法に伴って地震調査研究推進本部が発足すると同時に，従来の地震予知推進本部は廃止された．その事務局である科学技術庁では，「地震予知」と名の付く組織を「地震調査研究」などと名が付く組織に変えるよう指示した．たとえば，防災科学技術研究所の「地震予知研究センター」は1996年から「地震調査研究センター」に，「直下型地震予知研究室」と「海溝型地震予知研究室」も，「直下型地震調査研究室」，「海溝型地震調査研究室」にそれぞれ変更された．「地震前兆解析研究室」も「高度震源解析研究室」になった[208]．名称変更は「地震予知に対する社会的要請と期待は大変に強いものがあり，地震予知の名称を安易に用いることは，その実現が間近いとの誤解を一般の人々に与えかねない」との考えからであった[209]．1981年に設立された財団法人・地震予知総合研究振興会にも，主管官庁である科学技術庁は「地震予知」の名称を変更するよう迫った[210]．

　地震調査研究推進本部は，政治・行政主導でできた組織であった．地震研究者のなかには，地震調査研究体制が行政主導で変えられていくことへの反発や危機感があった．日本学術会議地震学研究連絡委員会のなかにつくられた地震予知小委員会（委員長＝名古屋大学教授・平原和朗）は1997年1月，約2年間にわたる議論をもとに「地震予知研究への提言」を公表した．その

提言の初めにも「行政機関を中心に地震予知研究体制の急速な見直しがなされている．しかしながら，これまで研究者を中心に進められてきた議論が行政機関からの計画の見直しに生かされていないとの意見も見受けられる」と書かれている(211)．地震予知計画は1994年度からの5カ年とする第7次計画が進行していた．この提言には，地震研究者が動かなければ，地震予知計画も行政主導によって廃止される可能性があるのではないか，との危機感がうかがわれる．

　日本地震学会が1997年3月に開いた「大地震の長期予測はどこまで可能か？」と題するシンポジウムも地震調査研究推進本部を意識したものであった．推進本部は1996年9月に糸魚川-静岡構造線活断層帯の長期評価結果を公表するなど，本格的に長期評価に取り組み始めた．シンポジウムでは，長期評価の取り組みを積極的に評価する講演も多かったが，糸魚川-静岡構造線活断層帯の長期評価結果に対しては，曖昧であり，検証するのも難しい，科学的根拠が示されていない，などとの批判的な意見も述べられた(212)．

　「地震予知研究への提言」は，1990年代の初め以来研究者の間で湧き上がった地震予知計画への批判的な意見を踏まえ，予知計画の見直しを迫るものであった．すなわち，従来の地震予知研究はさまざまな前兆現象をとらえることによって経験的に地震予知を行おうとする研究が主であった．そうした研究手法は縦割りの観測・研究体制を生み出し，観測によって得られたデータを総合的に研究することを難しくしているなどと批判した上で，新たな研究手法と研究体制を提案している．新たな地震予知研究は「地震発生の物理の解明という側面を強く出し，種々の方法により多くの地震発生のモデルをたて，それから予測される諸現象を観測し，予測値と観測値を比べることによって，…地震発生の予測に迫ろうというものである」とされているように，地震発生の物理・予測モデルをつくることを最大の目標としていた．新たな研究体制については「機関の壁を越えて互いに自由に批判しあい，競争するという研究体制を構築する必要がある」などと述べられている(213)．

　「地震予知研究の提言」は1997年3月に日本地震学会との共催で開かれた「地震予知研究シンポジウム」で説明され，一般の参加者も交えて議論が行われた．参加者からは「地震予知研究というよりは，地震発生の解明計画へ

の提言といえる」「地震予知研究への提言というからには，もっと具体的な研究戦略を述べるべきである」など，批判的な意見の方が多かったように見受けられる(214). しかしながら，「地震予知研究への提言」はその後の地震予知計画についての議論に強い影響を及ぼすことになる.

1997年6月には，測地学審議会地震火山部会（部会長＝東北大学教授・平澤朋郎）が，「地震予知計画の実施状況等のレビューについて」と題する報告書を公表した(215). この「レビュー」は，地震予知計画が始まって30年以上も経つのに，当初目標とした「地震予知の実用化」は達成されていない一方で，地震調査研究推進本部が設置されるなど地震予知計画を取り巻く状況が大きく変化した，として第1次計画から第7次計画までを批判的に総点検したものである.

「レビュー」では，前兆現象を検出することによって地震を直前予知しようという方法が適切ではなかったことを指摘すると同時に，観測網の整備が進み，地震がどのようにして起こるかという点についての理解が進んだことは計画の大きな成果である，と評価もしている．その上で，今後の計画について「『地震予知の実用化』を将来の課題として掲げつつ，到達度の評価が可能な目標を設定し，それに向かって逐次的に計画を推進することが必要である」「地震予知の実現に向けて，地殻全体の応力・歪状態を常時把握して地震の発生予測につなげる総合的プロジェクトを発足させ，その過程で『いつ』，『どこで』，『どの程度の規模』の3要素のそれぞれの予測誤差を小さくすることによって地震災害の軽減に寄与することを目指す」などと提言している．こうした考え方は先に紹介した「地震予知研究への提言」とよく似ていた．

「レビュー」はまた，地震予知に対する社会の認識と実際の研究レベルとの間には大きなギャップがある，とも指摘し，「『地震予知の実用化』が困難な現状を広く社会に伝えるとともに，その現状を前提とした総合的な地震災害の軽減策を検討することが望まれる」とも訴えている．そして，地震警報発令を前提とした大規模地震対策特別措置法（大震法）や東海地域判定会が設置されたことなどが，社会に「実用化」近しとの印象を与えた面も否定できないと述べ(216)，東海地震の直前予知の可能性についても1節を設けて，

社会の誤解を解くことを目的とした解説を加えているのも，この報告書のユニークな点である．

それによると，東海地震の発生時期については「いつ起こってもおかしくないとする説から，東海地域単独での発生例はこれまでないので，次の東南海／南海道地震発生時まで起こらないとする説まで」「一致した見解はない」．

東海地震の警戒宣言が出せるとする科学的な根拠は，1944年の東南海地震の直前に静岡県掛川付近の水準測量でとらえられたとされる異常な地殻変動である．1970年代の時点では海外でも，大地震の直前に断層面の深部延長部などでゆっくりしたすべり〔プレスリップ〕が生じることを示唆する観測事実などが報告され，大地震の前の異常な地殻変動はかなり普遍的な現象である，との印象もあった．しかしその後は，大地震の前に先行するゆっくりしたすべりが確実にとらえられたという報告はない．また，岩石実験などの結果では，ゆっくりしたすべりは震源の近傍で起こると考えられている．一方，異常な地殻変動が観測されたという掛川は，東南海地震の震源の紀伊半島東方沖とは200km程度も離れている—などと「レビュー」は述べ，東南海地震の前に観測されたという地殻変動に疑問を呈している．

その上で「レビュー」は，「東海地震」の直前にも，東南海地震直前の水準測量でとらえられたと考える程度の地殻変動が同じような時間経過で起こる場合には，現在の観測網でとらえることが可能で，その場合には「東海地震」の予知が可能である，という．しかし，「前兆現象の複雑多岐性を考えると，同じ現象が『東海地震』で繰り返されるという保証は必ずしもない．地震に至る過程が上記と時間的経過が著しく異なる場合，或いは地殻変動の振幅が小さい場合，『東海地震』の予知は困難である」と明快に述べている(217)．

この「レビュー」は原案の段階で，物理学者や建築学者，社会情報学者ら6人からなる外部評価委員会に諮られ，意見が聞かれた．外部評価委員会では「今回のレビュー案では，『地震予知の実用化』を将来の課題として，現時点での重点を予測のための基盤調査観測の整備と予知実現のための基礎的研究の充実に移したのは正しいものと評価する」とされたが，「レビュー」原案では地震予知計画への見方が厳しすぎる，との意見が相次いだ(218)．

たとえば，「これまでの地震予知計画が，予知の実用化を強調しすぎて種々の弊害を招いたことは確かである．しかし，その反省として，予知の実用化からの一時的撤退と受け取られるようなことがあってはならない」「直前予知は予知計画に課せられた社会の要請であり，研究者のロマンである」「『地震予知の実用化は困難』とされたとき，東海地震に関わる防災機関はどのように受け止めたらいいのか，おそらく混乱するものと思われる．…地震予知が可能であるケースもあるし，そうでないケースもあることをもっと強調すべきではないか」などである．地震研究者と一般有識者との間の「ギャップ」がいかに大きいかが，浮き彫りになったともいえる．外部評価委員会の報告書を受けて，「レビュー」原案は各所で修正され，地震予知計画を評価する表現が増えた．

　公表された「レビュー」についてマスコミ各社は，好意的に報道した．たとえば『朝日新聞』は社説で，「研究者の立場からの敗北宣言である．…敗北宣言は残念だが，測地審の公開姿勢はよかった」などと述べた[219]．『読売新聞』もやはり社説で「地震研究の転換を自ら課したものとして大きな意味がある」などと述べ，「予知の在り方が変わったことで，大規模地震対策特別措置法や判定会も見直す必要がある」と主張した[220]．

　地震研究者の間では「レビュー」公表の後，1998年度で終了する第7次地震予知計画の次の計画に自分たちの意見を反映させようとする動きが起きた．1997年7月には東京大学地震研究所で研究者約50人が集まって，次期計画はどうあるべきかについて議論した．9月には2日間にわたり約180人が参加して地震予知研究課題ワークショップが開かれ，62にのぼる研究課題が提案された[221]．次期計画についての議論では，「直前予知を将来の目標に置きつつ，地震発生の全過程を理解するための基礎研究に重点を移すべきだ」との「レビュー」を支持する意見と，「前兆現象への取り組みが不十分であったために，実用化が達成できなかった．一層，真剣に前兆を探すべきだ」などとの意見に分かれ，両者の溝は埋まるようには見えなかった[222]．

　ワークショップに参加した研究者たちは，その後はメールなどを通じて討論を続け，1998年5月には「地震予知研究を推進する有志の会」（世話役代表＝東京大学教授・浜野洋三）として「新地震予知研究計画」を発表した[223]．

新地震予知研究計画は，大地震の発生を予測する地震発生総合予測システムの開発を目指し，そのために，地震発生にいたる地殻活動の全過程を理解するための観測と総合的な研究を行う，というものである．地震発生総合予測システムは，日本列島とその周辺で大地震の発生準備の最終段階にある場所を10年程度の予測幅で見付け出し，地震が発生した場合の強震動を予測することが目標に掲げられている．計画の大筋は「レビュー」路線に沿っているが，「地震直前過程の解明」という研究項目も入れ，前兆現象の研究を強く主張するグループへの配慮も見られる．

　1998年8月に文部省の測地学審議会が建議した「地震予知のための新たな観測研究計画の推進について」は，「レビュー」や「新地震予知研究計画」の考え方をほとんどそのまま採用したものであった(224)．建議の原案を起草した同審議会地震火山部会地震予知特別委員会（委員長＝東京大学教授・深尾良夫）の委員32人の半数以上は「地震予知研究を推進する有志の会」のメンバーであり，「レビュー」を起草した小委員会の委員7人全員も地震予知特別委員会の委員に入っていたからである．

　建議によると，第7次までの計画は地震直前の現象をとらえて地震がいつ起こるかを予測しようとする短期的予知の手法の確立に重点を置いてきたが，新たな計画では，地震の発生とそれにいたる過程を理解するための基礎的な研究を進めるとともに，地震発生にいたる過程を定量的に予測するための「総合予測システム」の構築を目標とする．すなわち，地震予知の実用化を目指したそれまでの方針を改め，基礎的な研究に重点を移したのである．こうした新しい考え方を表現するため，計画も「地震予知のための新たな観測研究計画」と名付けることになった．「総合予測システム」の構築のためにはまず，プレート運動によって日本列島周辺のどこに歪が蓄積しつつあるかを監視する「地殻活動モニタリングシステム」を整備することが重要である．その上で，地殻の現在の状態をもとに将来の地震発生を予測するシミュレーションモデルを開発する必要がある，と建議は述べている．

　総務庁行政監察局は1998年1月，震災対策に関する行政監察の結果に基づき，関係省庁に勧告を行った．このなかには，阪神・淡路大震災後，政府に地震調査研究推進本部がつくられ，地震に関する総合的な調査観測計画を

策定することになっているのに，いまだに計画が策定されていない現状を指摘し，早期の計画作成を求める勧告も含まれていた．同時に，総合的な調査観測計画の策定は推進本部の役割なので，「地震予知計画については，従来この点で果たしてきた役割は終えており，計画内容の見直しが必要になっている」とも指摘した(225)．新計画が第8次地震予知計画ではなく，「地震予知のための新たな観測研究計画」となった背景には，行政監察局の勧告への配慮もあったと考えられる．

　行政監察局の勧告に従って地震調査研究推進本部が1999年4月に策定した「地震調査研究に関する総合的かつ基本的な施策」では，「当面推進すべき地震調査研究」の1つとして「地震予知のための観測研究の推進」が掲げられ，「地震予知のための新たな観測研究計画」の建議を具体化してゆくことが確認された(226)．この建議に基づいて新地震予知研究計画は1999年度から5カ年計画として再スタートし，地震調査研究推進本部体制の下に組み込まれたのであった．2001年1月からの中央省庁の再編によって，推進本部の事務局である科学技術庁と測地学審議会の事務局の文部省が文部科学省に統合されたこともあって，地震調査研究関連予算は新地震予知研究計画関連予算と合わせた形で発表されるようになり，予算の上では地震調査研究と新地震予知研究計画を区別するのは難しくなった．

　新地震予知研究計画は2003年度で終わり，2004年度からは科学技術・学術審議会(227)の建議に基づき，第2次の新地震予知研究計画が始まった．第1次計画では「地殻活動モニタリングシステム」が，地震調査研究推進本部が進める基盤的調査観測網の整備によって大きく前進したので，第2次計画では物理モデルに基づいて，地殻活動の推移の予測を目的とした地殻活動予測シミュレーションの開発を目指すことが中心課題になった(228)．

　2009年度からは，地震予知と火山噴火予知を統合した「地震及び火山噴火予知のための観測研究計画」が始まった．「地震及び火山噴火予知のための観測研究計画の推進について」の建議は，第2次の新地震予知研究計画によって，プレート境界型地震については，地震発生とその準備過程についての理解とモデル化が進み，予測シミュレーションモデルの原型は完成したとし，「その結果，地震発生場所と地震の規模の予測に一定の見通しが得られ

た」と述べている．しかし，リアルタイムの地殻活動モニタリングシステムのデータを使って地震の発生を予測するモデルの構築にはいたっておらず，発生時期の予測に関しては統計的モデルに基づく長期予測の段階にある—などと現状を評価し，新計画では「予測システムの開発」をより明瞭に志向した研究に重点を置くことを掲げている(229)．

　建議はその一方で，「短期予知を実現するためには，地震発生の直前に発生する不可逆的な物理・化学過程（直前過程）を理解して，…直前過程に伴う現象を的確に捕捉して活動の推移を予測する必要がある」などとして，前兆現象（建議では「地震発生先行現象」）の研究や統計モデルの研究も進めてゆくことも盛り込み，これまでの物理モデル一辺倒の方針を改め，第7次までの地震予知計画に立ち戻るような表現も見受けられる．新地震予知研究計画でどのような成果があがったかについては，7.7節で紹介する．

7.6　東海地震対策の見直しと中央防災会議

　東海地震の直前予知を前提にしていた東海地震対策も見直された．兵庫県南部地震が突然起きた上に，大震法が制定された1978年当時に比べて，地震の直前予知は容易ではないという考え方が研究者の間で支配的になっていたからである．2001年の中央省庁再編で誕生した防災担当大臣や内閣府防災担当の官僚たちの思惑もあった．彼らは，地震調査研究推進本部の陰に隠れがちであった中央防災会議の存在感を高めたい，と考えたのである．かくして，東海地震の想定震源域が初めて見直され，それに伴って警戒宣言時には避難などの対象になる地震防災対策強化地域も名古屋など西に広がった．新たに中央防災会議がつくった東海地震対策大綱では，地震予知を中心にしていた従来の対策を転換し，突発的に発生した場合でも建物倒壊による死者を4分の1程度に減らすために建物の耐震化を進めることなどが盛り込まれた．しかし，「東海地震は唯一，直前予知の可能性のある地震」とされ，大震法自体には何の修正も加えられなかった．

　東海地震対策見直しが具体化したきっかけの1つは，1996年3月，東海地域判定会が1977年に発足して以来の委員であり，1991年からは会長を務

めていた日本大学教授の茂木清夫が会長と委員の職を辞したことである．6.8節でも紹介したように茂木は以前から，東海地震の前には明確な前兆が出るとは限らないので，その場合に備えて警戒宣言に結び付く「地震予知情報」よりも，1ランク緩い「注意報」の導入を提唱していた．

大震法では，判定会の「地震予知情報」に基づいて首相が警戒宣言を出すと，地震防災対策強化地域内では新幹線を含めた鉄道をストップさせ，東名高速道路を含めた道路を閉鎖し，銀行・郵便局をはじめ百貨店，スーパーなども店を閉めるなどの対策が取られるため，経済活動はほとんどストップする．警戒宣言による社会的損失は1日当たり約7000億円に達するという試算もあり(230)，警戒宣言が「空振り」に終われば膨大な損失につながる．東海地震の前に明確な前兆が現れた場合には「地震予知情報」を出すが，明瞭ではないが気になる変化がある場合には「注意報」を出す．そのときには，新幹線や高速道路などはストップさせず，徐行運転することにすれば，「見逃し」「空振り」も少なくでき，社会的損失も少なくできる，というのが茂木の考えであった．

茂木は，国会や判定会の委員打ち合わせ会でこうした考え方をしばしば説明し，「注意報」の必要性を訴えていた．茂木によると，この考えに理解を示す気象庁長官や判定会委員もいたが，国土庁や気象庁は「大震法の下では注意報は設けられない」などとし，「注意報」を取り入れなかった．そのため，こうした事情を世に訴えるために会長を辞任した(231)．

茂木の判定会会長辞任は新聞などでは大きく報道され，「注意報」問題は社会的な注目を集めた．茂木が辞任した直後の判定会委員打ち合わせ会では，委員の一人が『今日の気象業務』（気象白書に相当する）などに掲載されている「異常発見から警戒宣言までの手順」の図（図7-6上）を書き改めるよう要求する事件があった(232)．当時，薬害エイズ事件で，厚生省のエイズ研究班の責任が問題になっていた．

判定会は気象庁長官の私的諮問機関に過ぎず，大震法で規定された組織ではない．だが，実質的にはその判断が，首相が警戒宣言を出す判断に直結する．1995年度版までの『今日の気象業務』に掲載の「手順」図では，この実態を反映する形で，判定会が「異常発見」から「警戒宣言」までの線上に

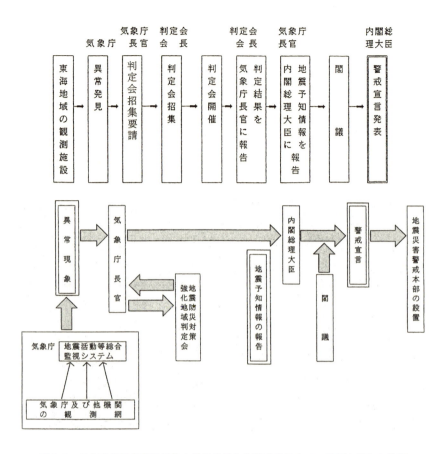

図7-6 気象庁が想定東海地震の異常発見から警戒宣言までの手順を示した説明図

1995年版までの上図が，1996年版以降は下図のように改められた．
（気象庁『今日の気象業務』1995年版125頁の図と1996年版80頁の図を一部改変）

直結されていた．「これでは，判定会も行政的な責任を負っているよう誤解されてしまう」というのが委員の指摘であった．気象庁長官の小野俊行は「行政的な責任は私にある」と明言し，「手順」図の改訂を約束した．「手順」図は，判定会が気象庁長官の諮問機関であることがわかるような形で書き改められ，1996年版『今日の気象業務』などからは新しい「手順」図（図7-6下）が掲載されるようになった．

茂木の後任の会長には東京大学教授の溝上恵が就任した．溝上は1996年11月に静岡市で開かれた東海地震のシンポジウムで参加者から「注意報」問題について質問を受け，「〔地震発生の〕危険度について段階的に発表できないか検討していきたい」と答えた(233)．気象庁も，東海地震の予知の不確実性に対してようやく対応策に乗り出したのである．
　気象庁は1997年4月，東海地震の想定震源域で気になる異常が検出された場合には，その情報を積極的に公表する方針を発表した(234)．「注意報」問題への対応策であった．ところが，国土庁などからは「その現象が東海地震とどう関連するか，意味付けがはっきりしないと，対応が混乱する」などとの注文がついたため，気象庁は1998年12月からは，情報を「解説情報」と「観測情報」に分けることにした．「解説情報」は，東海地震の前兆現象とは直接関係しないと判断される場合に出す．「観測情報」は観測データに異常が現れ，その推移を見守る必要がある場合に出す(235)．「観測情報」は大震法に基づくものではないが，「注意報」に近いものであった．「解説情報」は1999年5月に静岡県中部でM 4.7の地震が起き，静岡市などで震度3を観測した際に初めて出された(236)．
　気象庁は1998年4月には，これまでよりも小さな異常が観測された段階で判定会を招集できるよう，判定会招集基準を改正した．
　東海地震の予知ができるとされる根拠は，1944年の東南海地震直前の水準測量によって見付かったとされる異常な地殻変動である．この地殻変動は断層の深部延長でゆっくりしたすべり（前兆すべり，プレスリップ）が起きたためであると解釈されている．1970年代末から1980年代初めにかけては，こうした前兆すべりは普遍的な現象であり，体積歪計を配置さえすれば容易に検出できると考えられていた．しかし，その後の岩石実験やそれに基づく数値シミュレーション研究によると，前兆すべりは以前に期待されていたほど大きなものではない可能性が高くなった．
　気象庁のシミュレーションでは，前兆すべりの規模がM 6.5でも，異常が従来の基準に達するまで判定会の招集を待っていては，地震発生までにほとんど時間の余裕がないか，地震が起きた後になってしまうことがわかった．このため，気象庁は招集基準を「体積歪計の観測点のうち，3カ所以上でそ

れぞれの観測点での検出可能レベルの変化が観測された場合」に改正した．各観測点の歪の検出可能レベルはノイズレベルの2倍程度に設定され，その平均は，3時間当たり1億分の4程度の変化に相当する．すなわち，従来の基準に比べ10分の1程度の小さな異常で判定会が招集されることになった．

当時地震予知情報課長として招集基準の改正を担当した吉田明夫は後年，「ノイズレベルに近い変化まで検出しようというのは，監視する立場から見れば厳しいが，予知が難しいことを念頭にとにかく最善を尽くそうという意志を表したものと言える」と書いている(237)．判定会の招集基準をこのように厳しくしても，前兆すべりの規模が小さいか，それが起きる場所によっては，異常が検出されない場合もありうる．また，従来の基準では群発地震が発生した場合にも判定会を招集するとの規定があったが，地震活動の推移をもとに大地震が起こるかどうかを判断するのは難しいとして，この規定は削除された．

こうした状況を受けて中央防災会議も1999年7月，警戒宣言が出された場合の対応策などを決めた国の地震防災基本計画を20年ぶりに見直した(238)．各省庁や自治体，JR，NTTなど関係防災機関の担当職員は，判定会が招集されると同時に緊急参集することが明記され，初動態勢が強化された．異常検出から地震発生まで，時間的な余裕がない場合も多いことが明らかになったことが見直しの背景にあった．高齢化の進行や耐震性の高い建物が増えたことなどに伴って，これまで警戒宣言時には原則として屋外に避難することになっていたのを改め，高齢者や病人は屋内避難もできるようにした．また銀行の現金自動支払機や食料品などを扱う小売店の営業は警戒宣言時も認めることになった．

中央防災会議は2001年になると，東海地震の想定震源域や地震防災対策強化地域の見直しへと進んだ．想定震源域などの見直しは，同年1月に実施された中央省庁再編と関係していた．これに伴って，防災担当大臣が新しくつくられ，それまで中央防災会議の事務局を担当していた国土庁防災局は内閣府防災担当になった．東海地震対策の見直しは，新しく誕生した組織の存在を社会にアピールするための話題づくりという側面もあった．

中央省庁再編後初の中央防災会議は2001年1月に開かれ，東海地震の想

定震源域を検討するために「東海地震に関する専門調査会」を設置することが決まった．大震法の成立以来 20 年以上が経過し，その間に観測データが蓄積され，新たな学術的知見が得られている，というのがその理由であった(239)．なかでも国土地理院の GPS 観測網で得られた東海地域の地殻変動のデータは，従来の東海地震の想定震源域に疑問を投げかけていた．国土地理院の鷺谷威は，1997 年 1 年間の地殻変動データをもとに，フィリピン海プレートの沈み込みによって陸のプレートがどのくらい引きずり込まれているか（バックスリップ），すなわちプレートの境界にどのくらい歪がたまっているかを計算してみた（図 7-7）．その結果，駿河湾ではバックスリップが年間 3 cm 以下であるのに対し，遠州灘ではバックスリップが年間 4 cm

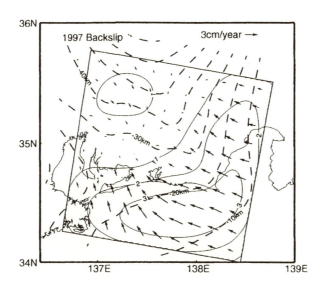

図 7-7 鷺谷威が，1997 年 1 年間の GEONET 観測データをもとに，陸のプレートがフィリピン海プレートによってどのくらい引きずり込まれているか（バックスリップの量）を推定した図

←はバックスリップの方向と大きさを，実線のコンターはバックスリップの量（数字の単位は cm）を，鎖線のコンターはフィリピン海の上面の深さをそれぞれ示す．

（鷺谷威「GPS 連続データから推定されるフィリピン海プレート北端部におけるプレート間相互作用とテクトニクス」『震研彙報』73 巻（1998 年），282 頁より）

と大きいことから，鷺谷は論文(240)などで「将来の東海地震の震源域の中心になるのは，遠州灘であることが示唆される」と述べていたからである．

「東海地震に関する専門調査会」は 2001 年 3 月に初会合を開き，座長に東大名誉教授の溝上恵を選んだ．調査会では，東海地震と連動して起きる東南海地震や南海地震も合わせて考えるべきだとの意見も出た．しかし，東南海地震と南海地震については，別に専門調査会をつくって議論することになった．ただし，東海地震が単独で今後 10 年程度起きなかった場合には，東南海地震と南海地震との同時発生の可能性が出てくるので，その時点で再検討する必要があることが確認された(241)．

専門調査会では，東海地震の想定震源域としては従来通り，1854 年の安政東海地震の破壊域で，1944 年の東南海地震では破壊されずに残った領域を考えることになった．そして 2001 年 12 月，図 7-8 のような新たな想定震源域を中央防災会議に報告した．この想定震源域の策定に当たっては，沈み込んだフィリピン海プレート境界が深さ 10-30 km の部分で地震を起こす

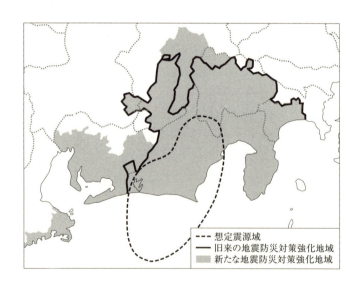

図 7-8 「東海地震に関する専門調査会」が 2001 年に決めた想定東海地震の震源域（太線で囲まれた卵形の領域）と地震防災対策強化地域
（内閣府『平成 14 年版防災白書』2002 年，82 頁の図と中央防災会議「東海地震対策大綱」2003 年，30 頁の図をもとに作成）

という考え方を採用している.想定震源域の西端は,1944年の東南海地震の震源域は浜名湖より東には及ばなかったという最新の研究結果を採用して,浜名湖付近とし,北端は静岡県と山梨県の県境付近にとった(242).この結果,新しい想定震源域は,従来の想定震源域よりも西側に約50km広がり,面積も2割以上大きくなり,鷺谷の示したバックスリップが大きい領域はほとんど含まれることになった.

専門調査会は新たに策定した想定震源域で想定東海地震が起きた場合の各地の震度や津波の高さも計算し,公表した.それによると,震度6弱以上になる地域も西に広がり,名古屋市など愛知県西部と岡谷市や諏訪市など長野県中南部も震度6弱になることがわかった.また,3m以上の津波が襲う地域も西に広がり,三重県志摩半島や紀伊半島東部,それに伊豆諸島の三宅島,神津島などでも高い津波に見舞われることが予測された.

中央防災会議は2002年4月,こうした予測結果をもとに,①震度6弱以上の地域,②沿岸での津波の高さが3m以上になる恐れがある地域などを,新たに東海地震の地震防災対策強化地域に編入することを決めた.これによって,新たに名古屋市など96市町村が強化地域に指定され,従来の強化地域と合わせると強化地域内の自治体の数は8都県にまたがる263市町村になり,地域内の人口は約1200万人へとほぼ倍増した(243).

東海地震対策のあり方を検討するために中央防災会議のなかにつくられた「東海地震対策専門調査会」(座長=日本建築防災協会理事長・岡田恒男)は2003年5月に,警戒宣言が出された場合を中心にした従来の国の東海地震対策を見直し,建物の耐震補強などの予防対策から,警戒宣言時,地震発生時,復旧・復興対策のすべてを含んだ対策を立てるべきであるとする報告書を提出した(244).

同専門調査会では,東海地震が起きた場合の全都県の被害を初めて試算した.それによると,人的被害が最も大きくなるのは午前5時頃に突然発生した場合で,建物倒壊による死者が約6700人,津波による死者は約400-1400人,火災による死者が約200-600人,がけ崩れによる死者が約700人で,合計では約7900-9200人になる.事前に予知され,警戒宣言が出された場合には,事前の避難などにより死者は約2300人程度に減らせるという.一

方，1980年以前の古い耐震基準でつくられた建物がすべて耐震補強され，その耐震性が1981年以降の建物と同レベルにできたとすると，突然地震が起きても建物倒壊数が約17万棟から約6万棟に減るため，建物倒壊による死者は約6700人から1700人に減らせる．津波による死者も，沿岸地域の住民が早く避難を開始すれば，約400人に減らせるという．直接被害・間接被害を含めた経済的な被害は突然地震が起こった場合には約37兆円，予知された場合でも31兆円に達する．こうした数字をあげて報告書は，耐震補強や住民・企業の防災意識の啓発などの予防対策の重要性を強調した．

　この報告書を受けて中央防災会議は2003年5月，事前の予防対策から，警戒宣言時，地震発生後の救援対策，復旧・復興対策までを盛り込んだ「東海地震対策大綱」を決定した(245)．従来の国の地震防災基本計画は警戒宣言が出されることを前提にしていたのに対し，「大綱」は突然に東海地震が起きる場合もあることを想定し，被害を減らすために住宅や公共施設，ライフラインなどの耐震化や地域における災害対応力の強化を第1に掲げているのが特徴である．「大綱」は，前兆すべりが現れない場合は東海地震を予知することが難しいことを明記し，地震予知についての正確な知識を普及させることも課題にあげている．そして，東海地域の観測データの変化についての情報とその発表の仕方を見直し，警戒宣言が出ない段階でも，防災機関の職員が参集するなどの防災対応をとる，ともしている．

　中央防災会議は「大綱」を受けて2003年7月には地震防災基本計画を見直し，気象庁は地震発生の切迫度に応じて「観測情報」「注意情報」「予知情報」の3段階の地震情報を発表することを決めた．「観測情報」は東海地域の19カ所に設置された体積歪計が1カ所で東海地震の前兆の可能性がある異常を観測した場合に出され，その異常が2カ所に増えた段階では「注意情報」が出される．異常が3カ所以上になると，東海地域判定会が開かれ，同会が「発生の可能性がある」と判定すると「予知情報」を出し，首相が警戒宣言を出すかどうかを閣議にはかる(246)．

　改定された防災基本計画ではまた，「観測情報」など3段階の情報ごとに，各省庁や自治体など防災機関がどのような防災対応を取るかも明記した．すなわち，「観測情報」の段階では情報の収集や連絡体制を強化し，「注意情

報」の段階では救助・救急や消防，医療関係者の派遣準備を行い，学校では児童を帰宅させ，旅行の自粛などを呼びかける．従来は判定会が招集された段階で防災機関の職員を緊急に集めることになっていたが，東海地震の予知が難しいという実情に合わせて，防災対応を取る時期を一段と早めた(247)．

東海地震に関連する情報を気象庁が「観測情報」「注意情報」「予知情報」の3段階に分けて発表する制度は，2004年1月5日から実施された(248)．判定会会長を辞任した茂木が主張した「注意報」が，辞任から約8年を経て曲りなりにも実現したのであった．

中央防災会議は，東南海地震と南海地震対策を検討するための「東南海・南海地震等に関する専門調査会」も設けた．これは，「東海地震に関する専門調査会」の議論の過程で「東南海地震，南海地震は21世紀前半にもその発生の恐れがあり，大きな被害が予想される」などとの指摘があったためである．同専門調査会は2001年10月に初会合を開き，座長に立命館大学教授の土岐憲三を選んだ．同専門調査会は2003年12月に，東南海・南海地震の想定震源域や地震が発生した場合の被害想定，被害を少なくするための対策などを盛り込んだ報告書を公表した(249)．

報告書によると，東南海地震と南海地震の想定震源域を策定するに当たっては，想定東海地震と同様に，沈み込んだフィリピン海プレート境界が深さ10-30 kmの部分で地震を起こすという考え方を採用し，2つの地震の震源域の境界を紀伊半島の突端よりやや東側に設定した（図7-9）．東南海地震の震源域の東端は浜名湖のやや東側に，南海地震の震源域の西端は，四国・足摺岬のやや西側まで延びると考えた．その上で，東南海地震と南海地震はそれぞれ単独で発生する場合と，2つの地震が同時に発生する場合があると考え，それに応じて3通りの被害想定などを試算した．

東南海地震と南海地震が同時に発生する場合には，静岡県西部や伊勢湾周辺，紀伊半島南部，四国の太平洋側などで震度6強以上になり，名古屋市や大阪府の一部，滋賀県の一部，宮崎県の一部などでも震度6弱になる．津波は満潮時の場合には，紀伊半島や四国の太平洋岸では10 mを超えるところもある．静岡県や愛知県，宮崎県，大阪湾のそれぞれ一部などでも3-5 mになる．人的被害が最も大きくなるのは午前5時頃に同時発生した場合で，

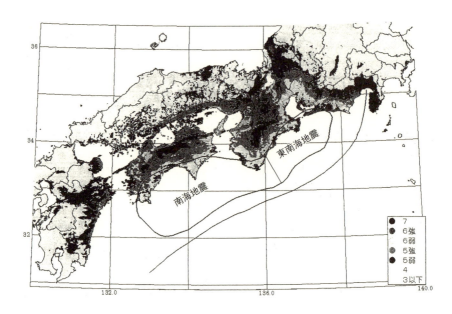

図7-9 「東南海・南海地震等に関する専門調査会」が2003年に決めた東南海地震と南海地震の想定震源域
(内閣府『平成16年版防災白書』2004年, 145頁の図を一部改変)

建物倒壊による死者が約6600人, 津波による死者は約3300-8600人, 火災による死者は約100-500人, がけ崩れによる死者が約2100人で, 合計では約1万2100-1万7800人になる. 経済的な被害は直接・間接を合わせて約57兆円にのぼる.

中央防災会議はこの報告書をもとに, 東南海地震と南海地震が同時に発生した場合に, ①震度6弱以上の揺れに見舞われる地域, ②高さ3m以上の津波に襲われる地域, などを「東南海・南海地震に係る地震防災対策の推進に関する特別措置法」の「防災対策推進地域」に指定することを決めた. これに伴って2003年12月, 東は東京都小笠原村から西は宮崎県日南市までの1都2府18県にまたがる652市町村が推進地域に指定された. 同時に, 中央防災会議は津波防災体制の確立, 広域防災体制の確立などを柱とした「東南海・南海地震対策大綱」を策定し, 対策に乗り出した(250).

中央防災会議は東京直下の地震の対策の見直しにも乗り出した. このため

に設けられた「首都直下地震対策専門調査会」(座長=財団法人都市防災研究所所長・伊藤滋) は 2005 年 7 月，首都直下地震が起きた場合には最悪 1 万 1000 人の死者と約 112 兆円に及ぶ経済的被害が出るなどとする報告書を公表した(251)．同専門調査会では，首都圏で今後 100 年程度の間に起きる可能性がある 18 の地震について検討した結果，首都機能に最も大きな影響を与える地震として東京湾北部地震を考え，この地震を中心に被害想定と対策を検討した．震央の位置に基づいて東京湾北部地震と名付けられたこの地震は，首都圏の下に南から沈みこんでいるフィリピン海プレートと陸のプレートとの境界で起きる仮想的なもので，その規模は M 7.3 とされた．

東京湾北部地震が発生すると東京の都心の一部では震度 7 になる．最悪の被害が出るのは，午後 6 時に関東大震災と同じ風速毎秒 15 m 下で起きた場合で，大規模な火災によって約 6200 人が死亡，建物の倒壊などによるものと合わせると，死者は計 1 万 1000 人になる．建造物の損壊などによる直接的な被害は 66.6 兆円，生産額の減少などの間接的な被害は 45.2 兆円と試算された．この報告書を受けて中央防災会議では 2005 年 9 月，首都中枢機能の継続性確保や，耐震対策の強化などを柱とした「首都直下地震対策大綱」を決めた(252)．

中央防災会議はまた，千島海溝や日本海溝沿いで起きる地震対策を検討するために「日本海溝・千島海溝周辺海溝型地震に関する専門調査会」(座長=東京大学名誉教授・溝上恵) を設置した．同専門調査会は 2006 年 1 月，防災対策の上で考えるべき地震を整理し，被害想定や被害軽減のための対策などを提言した報告書を公表した(253)．

報告書では，防災対策の対象とすべき地震として，①択捉島沖の地震 ($M_t 8.4$)，②色丹島沖の地震 ($M_t 8.3$)，③根室沖・釧路沖の地震 ($M_t 8.3$)，④十勝沖・釧路沖地震 ($M_t 8.2$)，⑤根室沖から十勝沖にかけて約 500 年間隔で繰り返す地震 ($M_t 8.6$)，⑥三陸沖北部の地震 ($M_t 8.4$)，⑦宮城県沖の地震 (最大 $M_t 8.2$)，⑧明治三陸タイプ地震 ($M_t 8.6$)，の 8 つをあげた．仙台平野で津波による多くの死者を出した 869 年の貞観地震については「発生間隔が長く，近い将来発生する可能性が低い」として検討対象から除外されている．地震調査委員会が 2002 年に出した「日本海溝沿いではどこでも $M_t 8.2$ 程度

の津波地震が起こり得る」との長期評価結果も無視された.

　このうち，最も多くの人的被害が予測されるのは明治三陸地震タイプである．この地震が発生すると，岩手県では20mを超える津波に襲われる．1896年の明治三陸地震津波では約2万2000人の死者が出たが，その後に津波に備える堤防などが整備され，津波警報によって避難が可能になったことを考慮した結果，死者は約2700人になると想定した．2番目に死者が多いのは，根室沖から十勝沖にかけて起こる500年間隔地震（次節で詳述）で，襟裳岬付近では20mを超える津波が想定され，死者は約880人になる．次いで死者が多いのは，三陸沖北部の地震の約430人，十勝沖・釧路沖地震が約310人，宮城県沖地震が約295人などと続いている．2011年の東北地方太平洋沖地震が発生した後になってみれば，こうした被害想定がいかに過小なものであったかに驚かされる．

　中央防災会議ではこれら8つの地震のいずれかで，①震度6弱以上になる地域，②高さ3m以上の津波に襲われる地域などを，「日本海溝・千島海溝周辺海溝型地震に係る地震防災対策の推進に関する特別措置法」の「防災対策推進地域」にすることを決め，2006年2月に北海道，青森県，岩手県，宮城県，福島県の計130市町村が推進地域に指定された．同時に，津波防災対策の推進，揺れに強いまちづくりの推進などを柱とした「日本海溝・千島海溝周辺海溝型地震対策大綱」を決め，対策に乗り出した[254]．

7.7　地震予知研究の主な成果

　阪神・淡路大震災以降の地震予知研究は，前兆現象を発見して直前予知につなげるという方針から，地震発生サイクル全体の理解を進めるという方向に転換し，基礎的な研究が重視されるようになった．大きな力になったのは，地震調査研究推進本部が整備を進めた基盤的調査観測網である．世界でまれなほど高密度で展開された地殻変動・地震観測網によって，プレートの境界ではスロースリップなどと呼ばれるさまざまな非地震性のすべりが起きていることが次々に明らかになった．地震現象をコンピューター上で再現するシミュレーションの研究も進んだ．プレート境界での地震の発生を説明するア

スペリティモデルをもとに，大地震の発生時期とその規模については，ある程度予測が可能である，と多くの研究者が考えるようになった(255)．短期的予知を実現しようとする努力も続けられ，東海地震の発生時期に関してさまざまな"予言"が発表された．こうした研究とは別に，緊急地震速報に代表される「リアルタイム地震学」の研究も進められ，その一部は実用化された．

プレート境界は突然すべって地震を起こすだけでなく，地震動を起こさないほどゆっくりすべるスローアースクウェイク（ゆっくり地震）が存在することは，阪神・淡路大震災前から知られていた．米国カリフォルニア州のサンアンドレアス断層でしばしば観測されるクリープは，5.5節で紹介した．ほかにもその例は多い．たとえば，1992年7月18日に宮城県宮古の沖約130 kmの太平洋を震央にM 6.9の地震が起きた．この地震の後，震源域周辺では約1日がかりでプレート境界がすべり，M 7.5前後の地震に匹敵するエネルギーを放出したことを，富山大学にいた川崎一朗らが国立天文台や東北大学などの伸縮計などの記録をもとに報告している(256)．このゆっくり地震は，広い意味での余震に当たり，地震の後の余効変動と呼ばれる．こうした余効変動とは別に，プレート境界は感知できるような地震動を出すことなくときどきすべっていることが，基盤的調査観測網によって見付かったのである．サイレント地震などと呼ばれた．

サイレント地震は最初，房総半島の東沖で発見された．房総半島沖では太平洋プレートが東から沈み込むために，房総半島にある国土地理院のGPS観測点は年間5 cm程度西北西に移動する．ところが，1996年5月16日から20日にかけてGPS観測点のいくつかが逆の南東方向に動いたのである．移動量は約1週間で最大1.5 cmにも達した．国土地理院にいた鷺谷威が，防災科学技術研究所のHiネットに付設してある傾斜計のデータを調べてみると，GPSの異常と同じ時期に傾斜計にも異常が現れ，西側に傾斜していた．鷺谷はこれらのデータから，フィリピン海プレートの上面境界が数日間かけてゆっくりすべったために，これらの異常が現れたと解釈した(257)．後の解析によると，このサイレント地震では，陸のプレートがプレート境界に沿って約10 cm南東方向にせり上がったとわかった．一度にすべって地震を起こしたとすると，その規模はM 6.4に相当した(258)．

サイレント地震は日向灘でも起きていた．名古屋大学にいた広瀬仁らが九州や四国の GEONET 観測点の変動を調べたところ，1997 年に異常な動きがあるのを見付けた．詳しい解析の結果，この異常は 1997 年 3 月から 12 月にかけてフィリピン海プレートの境界が深さ 20-40 km 付近でゆっくりすべったのが原因であることがわかった．すべったのは長さ・幅ともに約 60 km の領域で，陸側のプレートが最大 18 cm 東方向にせり上がり，一度に地震を起こしたとするとM 6.6 の地震に相当した[259]．広瀬らは，こうした現象を「スロー・スラスト・スリップ」と呼んだ．しばらくすると「スロースリップ」の名前の方がよく使われるようになった．

　スロースリップを有名にしたのは，東海地震の想定震源域近くで 2000 年から 2005 年にかけて起きたスロースリップである．2000 年夏には，伊豆諸島の三宅島が噴火する一方，神津島付近では群発地震が起きた．三宅島近海の地殻にマグマが貫入したためであった．これに伴う地殻変動が一段落した後，愛知県と静岡県の境界の浜名湖付近の GEONET 観測点の観測データに異常が見付かった．観測点は普段は，東南方向からフィリピン海プレートが沈み込んでいるため，西北西方向に年間 2-3 cm 程度移動している．ところが，この移動速度が年間 1 cm 程度に減速したのである．国土地理院が 2001 年夏に，異常が起きていることを発表し，東海地震につながるのではないかと一部では心配された[260]．

　間もなく，こうした異常は浜名湖やその北東部の深さ 30 km 付近のプレート境界がすべり，陸側のプレートがゆっくりと東南方向にせり上がったためであることがわかった．同じようなスロースリップは，1970 年代や 1980 年代に起きていたらしいことが，過去の測量結果などから推定された．スロースリップは 2005 年 7 月頃には沈静化したが，約 5 年間に起きたすべりの量は 20-30 cm に及び，一度にすべって地震を起こしたとすると，M 7.1 以上の地震に相当した[261]．

　フィリピン海プレートが沈み込む場所では，別のタイプのスロースリップも見付かった．そのきっかけは，気象庁が 1997 年 10 月から防災科学技術研究所や各大学の微小地震観測網のデータを集め，気象庁のデータと合わせて震源の位置などを決めるようになったことである．この結果，火山付近に特

有のものと思われてきた低周波地震や微動が，火山とは関係のない深さ30 km 付近で多数起きているのが見付かった．これらの低周波地震や微動は，火山性のものより一般に規模が小さく，波形も複雑で，始まると数時間から数日も続く．気象庁では 1999 年 9 月から，この微動のなかから震源の位置が決められたものを低周波地震として，毎月発行する地震カタログに掲載するようになった(262)．

防災科学技術研究所の小原一成らは，こうした非火山性の微動がどこで起きているのかを，Hi ネットのデータを使って詳しく調べた．その結果，フィリピン海プレートの沈み込みが深さ約 30 km に達するあたりの，東は長野県南部から西は豊後水道にかけて，長さ約 600 km，幅約 50 km の帯状の部分に多発していることが明らかになった．微動は，起きる場所を次々移動していき，微動がいったん治まると数カ月静かになるが，近くで大きな地震が起きると微動が誘発されるなどの特徴をもつこともわかった(263)．

小原らがその後，Hi ネットに付設されている傾斜計のデータを調べたところ，こうした深部低周波微動の際には，付近の傾斜計のデータも同時に変化している例が多いのに気が付いた．解析の結果，傾斜計の変化はプレートの境界で陸側のプレートが 0.7-3 cm 東南方向にせり上がったことを示していた．これらの事実をもとに小原らは，ふだんは固着しているプレートの境界が間歇的にスロースリップを起こすために，それに伴って深部低周波微動や低周波地震が観測される，と解釈した(264)．深部低周波微動を伴うスロースリップの継続時間は，1 日から 10 日程度と短く，日向灘や東海地方で観測された数百日～数年のスロースリップと区別するため，短期的スロースリップと呼ばれることも多い．

短期的スロースリップと深部低周波微動は，ファンデフカプレートの沈み込むカナダ・ブリティシュコロンビア州から米国カリフォルニア州北部にかけてのカスケード地方や，ココスプレートが沈み込むメキシコやコスタリカ，太平洋プレートが沈み込むアラスカなどでも観測されている(265)．

低周波地震は南海トラフの深さ 10 km 未満の付加体(266)のなかでも頻発していることが，防災科学技術研究所の Hi ネットによって見付かった．こちらは浅部低周波地震と呼ばれる．浅部低周波地震は付加体のなかの逆断層

が動くために起きている(267).深部低周波微動や地震,浅部低周波地震の発生には水などの流体が関与していると考えられている.

さまざまなスロースリップの発見に加え,この時期の最も大きな成果とされたのが,「アスペリティモデル」である.たとえば,日本地震学会の地震予知検討委員会が2007年に出版した『地震予知の科学』では,「この10年間の地震予知研究の最大の進歩のひとつは,地震の発生がこのアスペリティモデルによって統一的に理解されるようになってきたことである」(77頁)と書いている.しかしながら,「アスペリティモデル」は研究者によってさまざまな意味に解釈されていた(268).

「アスペリティモデル」は,カリフォルニア工科大の金森博雄が1980年代初めに,前震—本震—余震にいたる地震活動全体を説明するために提案した.金森は断層面の凸凹した強度の強い部分を「アスペリティ」と呼んだことは,6.7節で紹介した.金森らは続く論文では,世界各地のプレートの沈み込み帯で地震の起こり方がなぜ違うかを説明するために,「アスペリティモデル」を使った(269).彼らはこの論文では,普段はプレート同士が強く固着していて,地震の際に大きくずれ動いて強い地震波を放出する領域を「アスペリティ」と呼んだ.「アスペリティ」以外の領域は地震波を出すことなくすべっている.

金森らによると,世界のプレート沈み込み帯で地震の起こり方が違うのは,アスペリティの分布の仕方が違うからである(図7-10).すなわち,チリ海溝などで大地震が起こるのはプレート境界がほとんど全部アスペリティであるからであり,アリューシャン列島では1つのブロックに比較的大きなアスペリティが存在する.千島列島では,1つのブロックにいくつかのアスペリティが存在し,これらのアスペリティが単独またはいくつかを巻き込んで地震を起こす.マリアナ海溝などで大地震が起こらないのはアスペリティが存在しないからである—などと彼らは説いた.沈み込み帯によって,地震の発生の仕方が異なることを研究する分野は,後になって「比較沈み込み学」と呼ばれるようになった.

これに対して,コロンビア大学のショルツ(Christopher H. Scholz)は,室内での岩石実験で得られた経験則をもとにアスペリティモデルを再構成し

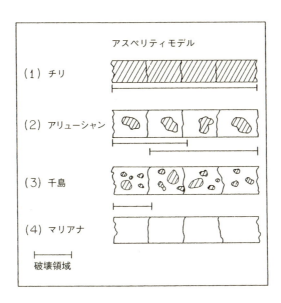

図 7-10 金森博雄らが提唱したアスペリティモデル
斜線の部分がアスペリティに相当する.
(Thorne Lay, Hiroo Kanamori, and Larry Ruff, "The Asperity Model and the Nature of Large Subduction Zone Earthquakes," *Earthquake Prediction Research*, 1 (1983), p.56 の図を改変)

た. さまざまな岩石試料を使って"断層"をすべらせる実験をすると, いつもずるずるとすべる場合（安定すべり）や, 急激に大きくすべる場合（不安定すべり）, 間歇的にゆっくりしたすべりが起きる場合（準安定すべり）などが再現できる. 不安定すべり, すなわち"地震"が起きるのは, すべり速度が大きくなると断層の摩擦力が急激に減少する（速度弱化）場合である. 安定すべりが起きるのは, すべり速度が大きくなると断層の摩擦力が大きくなる（速度強化）場合である. こうした室内実験をもとに, すべりが安定になったり, 不安定になったりするのは, 断層の摩擦力がすべりの速度と岩石の状態の変化に応じて変わるからであることが示された.

断層の摩擦力と, すべり速度やすべりの量, 岩石の状態の変化との関係を記述する実験式（摩擦構成則）は, 1980年代初め以来いくつか提案された. しかし室内実験で得られたこうした摩擦構成則が, 本当の地震の場合にも当

7.7 地震予知研究の主な成果　　475

てはまるのかどうか，その保証はない(270)．

　ショルツはこうした経験則をもとに，プレート境界を，①安定すべりを起こす領域（速度強化摩擦域），②不安定すべりを起こす領域（速度弱化摩擦域），③ふだんは安定すべりを起こしているが，条件次第で不安定すべりを起こす領域（わずかに速度弱化摩擦域），の3種類に分類した．②の不安定すべりを起こす領域が「アスペリティ」であり，③が余震を起こす領域になる(271)．

　米国地質調査所のボートライト（John Boatwright）らは，ショルツが考えた3種類の領域にさらに，④わずかに速度強化になる領域を追加したアスペリティモデルを提案した(272)．大地震後に見られる余効変動は④の領域で起こる，などと解釈したのが特徴である．

　日本でも「アスペリティモデル」はさまざまな意味で使われた．先に紹介した『地震予知の科学』では，「アスペリティモデルとは，沈み込むプレートと陸側のプレートとが接している部分が，アスペリティとゆっくりすべり域に分けられるという単純なモデルである」と記している（77頁）．これは金森ら2番目の論文での意味に近い．文部科学省の科学技術・学術審議会の2008年の建議『地震火山及び火山噴火予知のための観測研究計画の推進について』では，「プレート境界では，非地震性滑りの進行により固着領域（アスペリティ）に応力が集中し，やがて地震発生に至るというモデル（アスペリティモデル）が提唱された」（3頁）と記されている．ここでは，地震発生に至るメカニズムに力点が置かれている．もちろん，ショルツあるいはボートライト流の意味で使用していた研究者もいた．

　「アスペリティモデル」の妥当性を示すと思われた観測事実がいくつかあった．その1つは2003年9月に起きた十勝沖地震である．この地震は，沈み込む太平洋プレートと陸側のプレートの境界で起きたもので，長さ・幅とも約100 kmの断層面が最大で7 mずれ動いたことは，7.4節で紹介した．このとき大きくずれ動いた領域を東京大学地震研究所にいた山中佳子らが詳しく調べたところ，1952年の十勝沖地震で大きくずれ動いた場所とほぼ重なっており，この領域では太平洋プレートと陸のプレートが完全に固着していることがわかった(273)．すなわち，同じアスペリティが繰り返し地震を起

こすらしいことが明らかになったのであった.

　十勝沖地震に伴って襟裳岬など陸側のプレートは1m以上も南東方向に動いた. 地震の後も襟裳岬などが東南東に移動する地殻変動が2004年3月頃まで続き, その変動量は最大で10cmにもなった. GEONETなどの観測データをもとに, 地震後の地殻変動（余効変動）の原因となったプレート境界のすべりがどこで起きたかを解析した結果, 地震時に大きくすべった断層面を取り囲むようなドーナツ状の領域でそれは起きており, その全体のすべり量はM 7.8と本震の規模に近いことが明らかになった(274). また余震も, 地震時に大きくすべった領域では少なく, これよりも浅いプレート境界面で主に起きていた(275). すなわち, 地震時に大きくすべるプレート境界面と, 余震や余効変動を起こす境界面は, アスペリティモデルでいうように別々に存在していることがわかったのである.

　建築研究所にいた八木勇治らが, 過去に日向灘で起きた地震と長期的なスロースリップ, 1994年の三陸はるか沖地震とその後の余効変動について, すべった領域をそれぞれ調べた研究でも, 地震で大きくすべったプレート境界面と非地震性のすべりを起こした境界面とは, やはり明瞭に区分できた(276).

　三陸沖の同じ場所で, ほぼ同間隔で, 同じような規模の地震が繰り返して起きているのが見付かったことも, アスペリティモデルの永続性を保証しているように思われた.

　繰り返し地震が最初に発見されたのは, 岩手県の釜石から沖に約10km, 深さ約50kmのプレート境界である. 東北大学の松澤暢らは気象庁や東北大学の地震カタログをもとに, この場所で1957年9月から2001年11月までにM 4.8-4.9の地震が9回, 約5.35年おきに繰り返し起きているのを見付けた. これらの地震で観測された波形は同じであった. 地震波の解析から, いずれも直径1kmほどのプレート境界が, 地震のたびに23-46cmすべっていることがわかった. 松澤らは, この1kmほどの領域をプレート同士が固着しているアスペリティと見なした. そしてアスペリティの周りの領域はプレート運動と同じ速度ですべっているために, アスペリティにかかる力が次第に大きくなり, それに耐え切れないでアスペリティが大きくすべる, と

考えた(277).

　松澤らは発生間隔の規則性に基づいて，次の地震が2007年5月を中心にした前後21カ月以内に起きる確率は99％と予測した．2008年1月に同じ場所でM 4.7の地震が起きた．これが松澤らの予測した地震であった(278).

　松澤ら東北大学の研究グループは，釜石沖以外でも同じように繰り返し地震が多数起きているのを見付けた．五十嵐俊博らが1992年から8年間に東北沖で起きたM 3以上の地震約8000個について調べたところ，同じ波形の地震を繰り返している場所が，321カ所あった．繰り返し地震を起こしている場所は，GEONETデータからプレートの固着がルーズであると推定される場所に集中していた．こうした事実から彼らは，繰り返し地震を起こす領域は小さなアスペリティがあるだけで，その周囲は地震を起こすことなくゆっくりすべっている領域である，と解釈した(279).

　過去の地震の記録をもとに，プレート境界のどこにアスペリティが存在するかを推定する研究も盛んに行われた．その結果，アスペリティの空間分布とその破壊の仕方はそれほど単純ではない，ということも明らかになった．

　たとえば，1968年に三陸沖を震央にして起きた十勝沖地震（M 7.9）で大きくすべったアスペリティは，北から順にA，B，Cの3つの領域に分けられる（図7-11）．1968年の地震では，この3つのアスペリティが同時にすべった．1994年に起きた三陸はるか沖地震（M 7.6）では，このうちBだけがすべった．1931年の地震でもやはりBだけがすべった．一方，Cの領域は1960年と1989年に地震を起こしたと考えられた(280).

　1978年に起きた宮城県沖地震（M 7.4）では，図7-12のように北側（N）と東側（E），それに西側（W）の3つのアスペリティが同時にすべった(281)．ところが，2005年8月の宮城県沖地震（M 7.2）ではEだけがすべった．1933年に起きた宮城県沖地震ではEがまずすべり，1936年にNが，1937年にWがそれぞれすべったと考えられた(282)．あるときはその一部が動き，あるときにはその全体が動いて地震を起こす場合があるのは，内陸部の活断層とよく似ている．

　「アスペリティモデル」が多くの研究者を魅了したもう1つの理由は，このモデルと摩擦構成則を使うことによって，数値シミュレーションが可能に

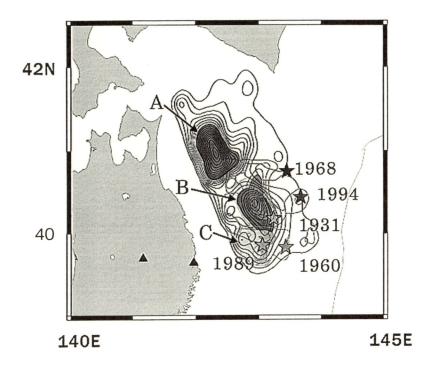

図7-11　山中佳子らが推定した十勝沖から三陸沖にかけてのアスペリティの分布

　1968年の地震ではA，B，Cの領域が同時にすべったが，1994年にはB領域だけがすべった．C領域は1960年と1989年に地震を起こした．

　(Yoshiko Yamanaka and Masayuki Kikuchi, "Asperity Map along the Subduction Zone in Northeastern Japan Inferred from Regional Seismic Data," JGR, 109 (2004), Fig. 6 を一部改変)

なり，さまざまな地震をコンピューター上で起こすことができるようになったからである．地震の発生を支配すると考えられるさまざまな条件を変えてやると，地震の発生の仕方も変わってくる．こうすることによって，過去に起きたいくつかの地震の発生の仕方の一部が再現できた．

　たとえば，海洋研究開発機構の堀高峰らは，フィリピン海プレートが沈み込んでいる相模湾から豊後水道までの東西約700 km，幅300 kmを計算領域にして，ここで起きる大地震の再現を試みた(283)．彼らは，断層面の強度など摩擦構成則にとって重要な2つのパラメーターを，深さ方向に変化させ

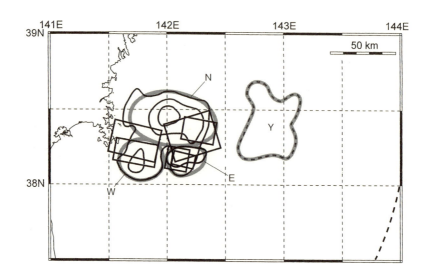

図7-12　海野徳仁らが推定した宮城県沖のアスペリティの分布
　　1978年の地震ではN，E，Wの領域が同時にすべったが，2005年と1933年にはE領域だけがすべった．N領域は1936年に，W領域は1937年にもすべった．Y領域は1981年に地震を起こした．
　　　（海野徳仁ら「1930年代に発生したM7クラスの宮城県沖地震の震源再決定」『地震』第2輯59巻（2007年），335頁の図を改変）

と同時に，海山や海嶺が沈み込んでいるところなどでは水平方向にも変化させた．さまざまなパラメターの組み合わせを変えて数多くの計算を行い，平均約110年ごとに南海地震が繰り返すケース（地震発生サイクル）があるのを見付けた．

　この地震発生サイクルでは，いずれの場合も紀伊半島沖で前兆すべりが起き，それが東に広がり，東南海地震が起こる．6回のうち2回は震源域がさらに東に広がり，東海地震も起こる．東南海地震が起きてしばらくしてから，東南海地震の後でのスロースリップが西に伝わり，南海地震を引き起こす．6回のうち2回は東南海地震と同時に南海地震が起きる．しかし，東海地震が単独で起きることはない．この地震発生サイクルは，歴史から再現された南海地震などの発生の仕方を定性的には再現している．

　気象庁気象研究所の弘瀬冬樹らは，堀らが行ったのとほぼ同じ領域で3次

元的なシミュレーションを行い，2000年から2005年にかけて東海地方で観測された長期的スロースリップなどの再現を試みた(284)．

彼らはフィリピン海プレートの深さ10-30 kmの範囲が地震（不安定すべり）を起こせるように摩擦構成則に関係するパラメターを設定すると同時に，断層面の粗さなどに関係するパラメターを，海嶺の沈み込む東海地方では大きく設定した．やはりさまざまなパラメターの組み合わせに応じて約20通りの計算を行い，平均約113年間隔で東南海地震と南海地震が同時に起きるケースを数多く見付けた．いずれの場合も地震はまず，紀伊半島沖から始まるが，東海地域まで震源域が広がるのは2回に1回だけである．東海地震だけが単独で起こることはない．浜名湖付近のプレート境界では鉱物の相転位によって脱水した水が多く存在すると仮定した場合には，地震の前に浜名湖付近を中心にして間欠的に数回，長期的スロースリップが起きるのを再現することができた．

三陸沖の地震の発生の仕方についても，東京大学地震研究所の加藤尚之が再現を試みた(285)．加藤は，三陸沖で1968年に起きた十勝沖地震と，1994年に起きた三陸はるか沖地震の震源域を想定し，プレート境界面に大小2つずつ計4個のアスペリティを設定した．各アスペリティの周りは，弱い不安定すべり領域から強い安定すべり領域に段階的に移り変わるように摩擦パラメターを決め，大小各1つのアスペリティでは断層面の粗さなどを表すパラメターを大きくした．加藤はパラメターの組み合わせをいろいろ変えて，100通り以上も計算を行った．この結果，全部のアスペリティが破壊して大地震が起きてから43年後に，大きなアスペリティの1つだけが地震を起こし，数日から数年後に小さなアスペリティが余震を起こすケースを見付けた．これは1968年の十勝沖地震で3つのアスペリティが同時に破壊した後，1つのアスペリティだけが1994年に三陸はるか沖地震を起こし，その余震域周辺で大きな余効変動が観測された事例とよく似ていた．

こうした数値シミュレーションは，想定東海地震の前にどのような現象が起こるかの予測にも使われた．たとえば，想定東海地震のシミュレーションによると，地震が起きる前に前兆すべりが起きるので，それを観測するのは難しくないとされた(286)．しかし，こうした数値シミュレーションが現実の

地震発生過程をどの程度正確に再現しているかは未知数である．したがってそれに基づいた予測がどの程度信頼できるかもよくわからない．2003 年に起きた十勝沖地震では，震源域の北端の上に位置する北海道大学襟裳観測所の体積歪計と傾斜計には，特に目立った変化は観測されなかった．この事実から，震源域ではM 6.5 以上の前兆すべりは起きなかったと断定された(287)．

「アスペリティモデル」は，プレート境界型地震の長期予測の基礎になった(288)．アスペリティは永続的で，繰り返し地震を起こすと考えられた．同じ場所で同じような規模の地震が同じような時間間隔で繰り返して起こるという固有地震説と一体化してしまったのである．モデルは単純化され，大きな地震を起こしたことが明らかなプレート境界がアスペリティであり，それ以外のプレート境界は地震を起こさずゆっくりすべっているので，プレートの沈み込みに伴う歪は解消されていて，大きな地震を起こすことはない，と解釈された．たとえば，フィリピン海プレートが沈み込む南海トラフは，ほぼ100％アスペリティで占められるが，太平洋プレートが沈み込む北海道沖や三陸沖では，アスペリティの占める割合が30-40％程度，北緯39度（岩手県と宮城県の境界付近）以南の日本海溝付近では，アスペリティの占める割合は 5％程度と見積られた(289)．

1つのアスペリティだけが存在する場合には，釜石沖の繰り返し地震のように，長期予測が可能になる．あるときは 1つのアスペリティが単独で地震を起こし，あるときはすべてのアスペリティが連動して地震を起こすとなると，長期予測は単純にはいかないが，最大の地震の規模と場所についての予測はできる．こうした理解のもとに，文部省の科学技術・学術審議会では「プレート境界地震の発生場所と規模の予測については一定の見通しが得られた」としたのであった(290)．

もっとも，こうした考え方と矛盾する事実もいくつかあった．たとえば，国土地理院の GEONET の 1995 年から 2002 年の観測データによると，宮城県沖や福島県沖ではプレート境界がほぼ100％固着していると考えられる，との報告が少なくとも 3つの研究グループから別々に出されていた(291)．次に紹介するように 869 年に起きた貞観地震では，仙台平野の広い範囲が津波に襲われたことが明らかになっていた．すなわち，宮城県沖で想定されてい

る以上の大きな規模の地震が過去には存在したのである．しかしながら，このような「アスペリティモデル」に反する事実に目を向ける研究者は少なかった．

阪神・淡路大震災後，地震発生の長期的な予測の基礎資料を得るために，活断層の調査が盛んに行われたことは 7.4 節で紹介した．同時に，津波によって運ばれてきた土砂や礫，貝殻などが地表に積もった津波堆積物の調査も盛んになった．津波堆積物の本格的な調査が始まったのは 1980 年代後半からである[292]．

1990 年には津波堆積物の調査に基づいて，869 年の貞観地震に伴う津波の高さを推定した結果が発表されている．貞観地震の記録は『日本三代実録』にある．それによると，貞観 11 年 5 月 26 日に陸奥の国で大地震があり，多くの人が建物の下敷きになって圧死したほか，津波が国府の多賀城（現在の宮城県多賀城市）近くにまで押し寄せ，約 1000 人の溺死者が出たなどと記載されている．東北電力女川原子力発電所建設所の阿部壽らは，仙台平野の 3 カ所でトレンチ調査を行い，深さ 30 cm 付近で砂層に富んだ津波堆積物と考えられる層を見付けた．年代測定の結果に基づき，海岸線に近い 2 カ所の層が貞観地震津波による堆積物であると推定し，津波の高さは 3 m 程度で，海岸線から 3 km までの範囲が浸水したと報告した[293]．

貞観地震の津波堆積物は 21 世紀に入ってから，産業技術総合研究所活断層研究センターによって組織的な調査が行われた．この結果，仙台平野と石巻平野では現在の海岸線から 4 km 程度まで津波が侵入したことが判明した[294]．また，貞観地震津波や 1611 年の慶長地震津波の前にも 500-1000 年間隔で 3 回の大津波が襲来したと考えられる堆積物が見付かり，想定されている宮城県沖地震よりもはるかに長い間隔で大地震が繰り返しているのがわかった．津波の数値シミュレーションの結果，日本海溝軸に沿って長さ約 200 km，幅約 100 km の断層が 7 m 以上ずれ動いたとすれば，貞観地震に伴う広大な津波の浸水域を説明できることも判明した．地震の規模は M 8.1-8.4 と推定された[295]．

よく知られていたのは，北海道東部の太平洋岸の湿原や沼などで行われた津波堆積物の調査であった．1990 年代後半から北海道大学を中心にした多

くの研究者によって調査が行われ，海岸から数 km 離れた地点でも津波堆積物が見付かり，津波の高さはところによっては 10 m に達したことがわかった．多くの調査結果を総合すると，北海道東部の太平洋岸には過去 7000 年間に平均約 500 年程度の間隔で大津波が襲来し，最近の大津波は 1650 年頃に起きたことがわかった(296)．

1650 年頃に起きた大地震について数値シミュレーションした結果，この大津波を起こした地震は，1952 年の十勝沖地震の震源域と 1973 年の根室半島沖地震の震源域を合わせた震源域が同時に動き，M 8.5 程度であったとすると，北海道側の津波の高さをよく説明できることがわかった(297)．北海道東部太平洋岸に約 500 年間隔で繰り返して起きる地震は 500 年間隔地震と呼ばれ，中央防災会議の「日本海溝・千島海溝周辺海溝型地震に関する専門調査会」でも取り上げられた．

津波堆積物の調査研究は関東地方以南の太平洋岸でも行われた．その結果，南関東では過去 8000 年間に 100-300 年おきに地震が繰り返したこと，南海・駿河トラフでは過去 3000 年間に最短 100-200 年おきに大津波が発生してきたことなどがわかった(298)．

阪神・淡路大震災以降の地震予知研究は，地震発生過程を理解することに重点が置かれたが，中期的・短期的に地震の発生時期を予測する研究も行われた．東海地域では長期的なスロースリップに伴う異常な地殻変動が観測されたこともあり，東海地震の発生時期を予測した研究がいくつか発表されたが，いずれも予測は外れた．

たとえば，防災科学技術研究所にいた松村正三は，東海地域で起きる小さな地震の数が 1999 年 8 月頃から少なくなってきたことに注目した．これは想定東海地震のアスペリティ周辺で，固着していたプレート境界がはがれ出したことが原因ではないかと考えた．そして，アスペリティが最後の大破壊まで耐えられる時間を独自のモデルによって推定し，約 7 年後には東海地震が起きる，と予測した(299)．

東京大学理学部にいた五十嵐丈二は，国土地理院が静岡県御前崎周辺で年 4 回行っている水準測量のデータに着目した．御前崎は平均すると年間約 5 mm のペースで沈降を続けているが，1980 年代後半から沈降が加速したり

緩くなったりしており，その周期がしだいに短くなっている．これは，物質が相転位を起こす臨界点に近付く前の曲線によく似ている．五十嵐は地震も1つの相転位現象と考え，御前崎の沈降曲線を相転位曲線に当てはめることによって，東海地震の発生時期を2004.7年±1.7年と予測した(300)．

　名古屋大学の山岡耕春らは，国土地理院のGEONETでの東海地方の観測データに2001年春ごろから異常が出始めたのに注目した．浜松での地殻変動データに五十嵐とよく似た考え方を適用し，東海地震の発生時期を2002年中頃と予測した(301)．

　一方，静岡県伊東沖でしばしば繰り返されてきた伊豆半島東方沖の群発地震については，ある程度の予測ができる見通しがついた，と地震調査委員会が2010年に発表した(302)．この群発地震は，地下のマグマが地殻の裂け目を通じて上昇してくるために起こる．マグマが深さ7-8km程度まで上昇すると地震が起こり始め，さらに上昇すると地震が活発になる．過去の観測によって，気象庁が静岡県東伊豆町奈良本に設置した体積歪計の縮みの変化から，上昇してきたマグマの量が推定できることがわかり，上昇してきたマグマの量から，最大規模の地震のマグニチュードや震度1以上の地震の数，それに活動期間の長さを予測できるようになった．これに伴って気象庁はホームページに「伊豆東部の地殻活動」のコーナーを設け，奈良本観測点での観測データなどを公開するようになった．

　過去の地震活動の統計をもとに将来の地震活動を予測する国際共同実験も，2008年から始まった．国際共同実験には日本のほか，米国やイタリア，ニュージーランドなどが参加．それぞれの研究者が独自に開発した地震発生予測モデルを使って，将来の地震の発生個数や大きさ，その空間分布などを予測し，モデルの予測能力の良し悪しを，同じ舞台で，同じ過去の地震統計をもとに競い合う．

　予測モデルのなかで最もよく知られているのは，統計数理研究所の尾形良彦が開発したETAS (Epidemic Type Aftershock Sequence) モデルである．このモデルは，1つ地震が起こるとそれが"伝染"して次の地震を起こすという考え方に従って，ある地域の地震活動の時間経過を記述する数式である(303)．余震の数は本震からの時間に逆比例して減少するという大森の余震

公式を改良した式と，地震の規模が大きくなるにつれて地震の数は指数関数的に減少するというグーテンベルグ・リヒターの式を組み合わせた形になっている．ほかにも，地震が発生したことによって歪がどこにしわ寄せされるかを予測する計算式などをもとに開発されたモデルなどもある．

　日本を舞台にした実験は東京大学地震研究所が中心になり，2009年11月から始まった．予測対象領域は日本全域，日本の内陸部，関東地方の3つに分かれ，予測期間も1日，3カ月，1年，3年の4つに分けられた．このうち，2009年11月1日から2010年1月31日までの3カ月間を予測期間にした最初の実験には，全部で25のモデルが参加した[304]．

　ギリシャで行われているVAN法も阪神・淡路大震災後，社会的な注目を集めた．VAN法は，開発したギリシャの科学者バロトゥソス（Panayotis Varotsos），アレクソプロス（Caesar Alexopoulos），ノミコス（Kostas Nomikos）の3人の頭文字を取ってVAN法と呼ばれるようになった．金属の電極を複数個地中に埋め，その間の電位差を測定し，その異常から地震の直前予知を行うというもので，その方法自体は19世紀後半から地電流の観測として多くの研究者によって試みられてきた．関東大震災後には日本でも盛んに行われたことは3.6節で紹介した．

　バロトゥソスらは，電極には鉛板を使い，それを深さ2mの地中に埋めた．彼らは，南北方向，東西方向にそれぞれ数十mから数百m離れた短い測線と，数km離れた長い測線を平行に複数個設け，それぞれの測線で2地点間の電位差を測定した．短い測線と長い測線を設けて人工的な雑音などを取り除く方法は，3.6節で紹介した柿岡地磁気観測所の吉松隆三郎らのものと同じである．彼らはこうした観測施設をギリシャ全土の10数カ所に設けて，1980年代初めから観測を始めた．そして，ある観測施設で地電位に異常が現れるとその2，3週間以内に特定の地域で地震が起きる，という規則性があるのを発見した．地電位の変化が大きいと，起きる地震の規模も大きいという関係が成り立つこともわかったという．こうした経験則に従って，彼らは地電位の変化を観測すると，地震が予測される地域とその規模についての情報を発信するようになった[305]．

　日本では東京大学地震研究所にいた上田誠也がVAN法を最初に日本に紹

介した(306). 上田らは文部省の科学研究費を得て，1980年代後半からは日本電信電話公社の協力で全国に約20カ所の観測網を設置して，地電流の観測を行った(307).

　阪神・淡路大震災後，日本でVAN法が社会的な注目を集めたのは，ギリシャ西部で1993年3月26日に発生したM5.1の地震の直前予知に成功するなど，高い確率で地震予知に成功していると伝えられたからであった(308). 国会では野党議員がしばしばギリシャの方法を日本でも研究すべきではないかと政府に迫った(309). このため，気象庁と科学技術庁は1996年から別々にVAN法の検証実験に乗り出した．

　気象庁の実験には，1995年度の第1次補正予算で約2億円の予算がついた．地磁気観測所が中心になって，淡路島の野島断層の周辺21地点の深さ3mに銅版の電極を埋め，2-20kmの測線20を設けて地電位差を観測した．実験地として淡路島が選ばれたのは，兵庫県南部地震の余震が起きることが予想された上，淡路島には電車が通っていないので人工的な雑音が比較的少ないと考えられたからである．

　観測は1996年4月から2001年3月末まで5年間にわたって続けられた．観測データから磁気嵐の影響や人工的な雑音などを取り除き，地震に関係すると思われる信号を検出するためにさまざまな方法が試みられた．5年間の観測期間中に淡路島ではM3以上の地震が11回起きた．しかしながら，地震に関係すると思われる地電位の変化や地磁気の変化は見付け出せなかった．淡路島で起きた余震は最大でもM4.1と小さかったことが関係したのかも知れない．2000年10月に起きた鳥取県西部地震の直後には，各観測点で地電位の変化が観測された．この変化は，対岸の本州側で地震に伴って電車の運行が停止したり，停電したりしたための影響だと推定されている(310).

　科学技術庁のVAN法の研究は，理化学研究所の地震国際フロンティア研究として1996年10月から始まった．静岡県清水市にある東海大学地震予知研究センター内に本拠地を置き，研究チーム長にはVAN法を日本に紹介した上田誠也が就任した．

　研究チームでは，国内外に40カ所以上の観測点をつくった．各観測点には，ギリシャと同様，短い測線と長い測線が複数個設置され，多くの観測点

では地磁気の観測も同時に行われた．研究期間中の約5年半の間に，観測点から20km以内を震央とするM5クラス以上の地震が6回起きた．このうち，伊豆諸島の神津島付近で1997年5月22日に起きたM5.1の地震，岩手県岩手山近くで1998年9月3日に起きたM6.1の地震，神津島付近で1999年3月14日に起きたM4.7の地震では，いずれも14-1日前に継続時間数分程度の異常な地電位の変化が観測された．しかし，岐阜県養老断層系で1998年4月14日に起きたM5.4の地震や，静岡県伊東市付近で1998年5月3日に起きたM5.7の地震，神津島付近で1999年3月28日に起きたM5.0の地震では，近くに観測点があったにもかかわらず異常は検出できなかった(311)．地震国際フロンティア研究には，12億円以上の国の予算が投入されたが，「地震予知について明確な回答を得るまでには至らなかった」として2002年3月で研究は中止になった(312)．

　VAN法については，多くの研究者から「地震の前に地電位差が観測されるメカニズムが明らかではない」「異常変化とされるものは，人工的な雑音ではないのか」「彼らが予知成功の基準としている①震央の位置の誤差100km以下，②Mの誤差0.7以下，③地震発生は前兆検知後1ヵ月程度，は誤差が大きすぎ実用的な価値がない」などとの疑問や批判が出され，国際的にも大きな議論になっている．これまで，批判派と支持派が議論する場がいくつか設けられたが，コンセンサスは得られていない(313)．

　VAN法と並んで阪神・淡路大震災後に社会的に大きな注目を浴びたのは，地震観測データをリアルタイムで解析し，その情報を発信して地震防災に役立てようというリアルタイム地震防災システムである．地震予知に頼らなくても地震学を防災に生かす方法はある，との考え方が基礎になっている．1992年から東海道新幹線で実用化された「ユレダス」がその代表である．「ユレダス」は，鉄道総合技術研究所によって開発された．地震波のうち最初に到達する縦波（P波）の最大振幅と卓越周期から，地震の規模と震央までの距離を推定して，大きな揺れ（S波など）がくるまでに送電を停止させて，新幹線を止める．同研究所は，「ユレダス」と組み合わせて地震の直後に，どこで被害が起きた可能性があるかを予測する「ヘラス」というシステムも開発していた(314)．

リアルタイム地震防災システムが阪神・淡路大震災後に脚光を浴びたのは，米国カリフォルニア州で実験が始まっていたCUBE（Caltech USGS Broadcast of Earthquakes）が日本に紹介されたからである．CUBEはカリフォルニア工科大学と米国地質調査所が，カリフォルニア州南部の交通機関や電気，ガス，水道などの供給機関，それに州の災害対策本部などを結んで1990年から実験を始めた．地震が起きると，各地に配置された地震計の観測データをもとに震源の位置や地震の規模，最大の加速度などを地震発生後数分以内に通報する．システムに加盟する会社は，どこが被害を受けた可能性が高いかを判断して，救助や復旧作業に役立てる(315)．

　こうしたシステムを参考にして，国土庁防災局も1996年から震度4以上の地震が発生すると死傷者数などを推計する「地震被害早期評価システム」を導入したことは，7.2節で紹介した．自治体レベルでも被害予測システムを導入するところが続出した．たとえば，横浜市では市内150カ所に強震計を新たに設置し，リアルタイム地震被害推定システムをつくった(316)．東京都，名古屋市，京都市などでも独自の地震計ネットワークをつくり，被害の早期予測に役立てるなどしている(317)．

　気象庁は，一般向けの「ユレダス」に相当する緊急地震速報の開発に取り組んだ．緊急地震速報は，震源近くでの観測点のデータをもとに震源の位置とそのマグニチュードを推定し，強い揺れが何分後にやってくるかなどを予測し，列車やエレベータの運行，屋外工事の安全対策などに役立ててもらう．最初はP波の立ち上がりの勾配の大きさから地震の規模を推定し，各地の震度を予測するが，次々に観測データが加わるのに応じて，予測を順次修正していくのが特徴である．2004年2月から一部の地域で試験的な情報提供が始まり，2007年10月1日から本格運用が始まった(318)．

　NHKなど一般向けに流される緊急地震警報は，最大震度が5弱以上になると推定される地震が起きた場合に，震度4以上になる地域に出される(319)．初めての緊急地震警報は2008年4月28日未明に沖縄県宮古島近海でM5.2の地震が起きた16秒後に出された．宮古島ではその4-6秒前にS波が到着しており，震度も最大4であった(320)．

　気象庁は2007年10月1日から2008年12月までに，警報を計9回出した．

うち実際に震度5弱以上が観測されたのは6回で，主要動の到達に間に合ったのは1回だけであった．震度5弱以上と予測されたのに，最大の震度が4であったのが3回あった．一方，最大震度が5弱になったのに，緊急地震警報が発表されなかった例も2回あった．ほかにも，雷などによる雑音のために誤報を出し，取り消した例もあった．このため，気象庁は緊急地震速報の精度向上が必要であるとして，そのための研究に力を入れた[321]．

第8章 東日本大震災と地震学

 2009年は「チェンジ」の年といわれた．同年1月に米国ではオバマがアフリカ系では史上初となる大統領に就任し，8月に行われた日本の衆議院選挙では民主党の大勝によって政権交代が実現し，民主党政権が誕生した．冷戦終結により市場経済体制がより一層グローバル化し，市場原理を優先する政策が進行したことに伴って，日米ともにもてる者ともたざる者との格差が拡大し，それへの不満が高まった結果であった(1)．しかし，日米の民主党政権に「チェンジ」を求めた無数の人たちの期待は，しだいに失望に変わっていった．2010年7月に行われた日本の参議院選挙では民主党は敗れ，参議院では野党議員の方が与党を上回る「ねじれ国会」に戻った．

 そんななかで2011年3月11日午後，日本の地震観測史上最大の東北地方太平洋沖地震が起きた．東北から関東地方の沿岸を高さ10m以上の津波が襲い，死者・行方不明者は約2万人を数えた．日本周辺でこれほど大規模な地震が起きると考えていた研究者はいなかった．地震予知研究の結果「プレート境界地震の発生場所と規模の予測については一定の見通しが得られた」(2)という見解は，"思い込み"に過ぎなかったことが明らかになった．この大地震で気象庁は，地震の規模や津波の高さを過小評価し，それが避難の遅れにつながった．地震予知研究や地震学の存在意義が厳しく問われても仕方がない事態であった．

 しかしながら，世の中はそれどころではなかった．大地震と大津波が引き金になって東京電力福島第一原子力発電所が炉心溶融事故を起こし，大量の放射能が広範囲に撒き散らされるという事態が生じたのである．原子力発電所はいかなる事態にも安全であるという，原子力の安全神話が崩壊した．世

の関心や批判は主に原発事故に向けられ，地震学は社会の大きな批判を免れたのであった．この結果，地震予知研究や地震学研究の制度的な枠組みは東日本大震災後もほとんど変わることがなかった．地震火山予知観測研究計画から「予知」の文字が消え，「災害の軽減」に変わった程度である．それどころか，地震や津波観測のための予算はまたしても増加した．

8.1 東北地方太平洋沖地震とその被害

　2011 年 3 月 11 日午後 2 時 46 分，宮城県・牡鹿半島の東南東約 130 km，深さ 24 km を震源とする地震が起きた(3)．宮城県石巻市の観測点で最初の地震波を観測した 8.6 秒後に，気象庁は青森県を除く東北地方に緊急地震警報を出した．その時点での地震の規模は M 7.2 であった．同 2 時 49 分に気象庁が発表した震源情報では，M 7.9 と修正された．さらに同 4 時には M 8.4，同 5 時 42 分には 8.8 と更新された．$M_w 9.0$ と発表されたのは，3 月 13 日午後 1 時前で，地震発生から 45 時間以上が経過していた(4)．

　この地震によって震央から西北西に約 174 km 離れた宮城県栗原市築館で震度 7 の揺れが観測されたほか，宮城県，福島県，茨城県，栃木県の一部で震度 6 強，岩手県，宮城県，福島県，茨城県，栃木県，群馬県，埼玉県，千葉県の一部で震度 6 弱が観測された．東京の都心でも震度 5 強になり，17 都県で震度 5 弱以上が観測された．宮崎県と沖縄県を除いた 45 都道府県で震度 1 以上が観測されており，この地震は日本列島全体を揺すぶった．気象庁はこの地震を「平成 23 年（2011 年）東北地方太平洋沖地震」と命名した．この地震による災害について新聞などは地震直後から「東日本大震災」と報道したが，政府が正式に「東日本大震災」と呼ぶことにしたのは 2011 年 4 月 1 日になってからである．

　この地震は，東から沈み込む太平洋プレートと陸のプレートの境界で起きた地震であった．震源域はほぼ南北に長さ約 450 km，幅約 200 km に広がり，断層のずれが終わるまでに約 160 秒もかかった(5)．たまたま震央（日本海溝の海溝軸から約 80 km 西）付近に置いてあった海上保安庁の海底地殻変動観測点は，地震後の観測では東南東に約 24 m 移動し，約 3 m 隆起してい

た(6)．海溝軸から 50 km 離れた場所にあった東北大学理学部の海底地殻変動観測点は，地震後の観測では 31 m 東南東に移動し，約 4 m 隆起していた(7)．国土地理院の GPS 観測網（GEONET）でも，牡鹿半島は地震によって東北東に 5.4 m 移動し，1.07 m 沈下した．地震による地殻変動は日本全国に及び，東京では約 50 cm 東に移動した(8)．

　各地で観測された地震波や地殻変動，津波のデータをもとに，プレート境界面がどこでどの程度すべったかが，さまざまな研究者によって解析された．どのような観測データを使ったかによって結果は微妙に異なっている．しかし，海底地殻変動の観測結果にも現れているように，震央から東側の海溝軸に近い領域に大きなすべりが集中した，とする点ではほぼ一致し，そのすべり量は約 50 m を超える(9)．

　東日本大震災の被害を大きくしたのは地震の揺れではなく，太平洋沿岸を襲った津波であった．巨大な津波が数万人の人々と 10 万棟を超える建物，多くの橋，道路，鉄道施設，自動車などを押し流した．各大学や研究機関が合同で行った調査（事務局・京都大学防災研究所）によると，岩手県宮古市の姉吉地区では津波が 40.4 m の地点まで駆け上がったことが確認された．津波の駆け上がった高さは遡上高と呼ばれる．遡上高が 20 m を超えた海岸線は，三陸海岸から仙台平野にかけての南北約 290 km に及んだ（図 8-1）．遡上高が 10 m を超えた海岸線は，青森県南部から茨城県までの南北約 425 km に広がっていた(10)．津波は太平洋を越えて，ハワイや米国，メキシコ，エクアドル，チリなどの海岸にも達し，カリフォルニア州クレセントシティでは高さ約 2.5 m の津波が観測された(11)．

　地震発生から津波が襲来するまで，ほとんどの場所で 30 分以上の時間があった．しかしながら，避難できなかった人や避難しなかった人，避難したものの貴重品などを家に取りに帰った人，それに防潮堤の水門を閉鎖したり，住民に避難を呼びかけたりしていた消防団員らが，津波に巻き込まれて命を落した．

　警察庁によると，東日本大震災による直接の死者は，その後の余震による死者を含めて計 1 万 5889 人（2014 年 12 月 10 日現在）．行方不明者は 2643 人．死者が最も多かったのは宮城県で 9538 人，次いで岩手県が 4673 人，福島県

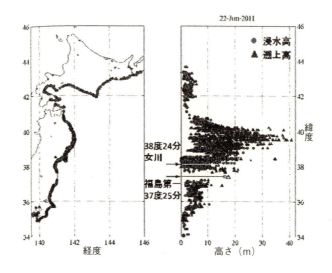

図8-1　東北地方太平洋沖地震の際に各地を襲った津波の高さ（遡上高，浸水高）
　　　北緯37度30分付近が抜けているのは，福島第一原発事故の影響で調査ができなかったため．
　　　（東北地方太平洋沖地震津波合同調査グループ『東北地方太平洋沖地震津波に関する合同調査報告会・予稿・講演資料集』83頁の図を一部改変）

が1611人と続く．全壊した建物は約12万7000戸にのぼるのに，重軽傷者は計6152人にすぎない(12)．

　地震発生から1カ月間に東北3県で検視された死者1万3135人のうち，92.4%に当たる1万2143人の死因は溺死であった．兵庫県南部地震では死者の9割以上が建物倒壊などによる圧死であった．圧死は4.4%の578人で，焼死した人も148人（1.1%）あった(13)．このほかに，震災による負傷や避難生活が長引くなどしたために死亡した，いわゆる震災関連死による死者も2014年3月末までに3078人を数えた(14)．

　津波による死者がこれほど大きかった理由の1つとして，気象庁が出した津波警報の津波の高さが，実際の津波の高さよりも著しく小さかったことがあげられる．気象庁は地震発生から3分後の午後2時49分，岩手県，宮城県，福島県の沿岸に大津波警報を，それ以外の北海道の太平洋沿岸中部から伊豆諸島までの範囲に津波警報を出した．予想される津波の高さは宮城県で

は6m，岩手県と福島県では3mと発表した(15)．

　岩手県では，1896年の明治三陸地震津波や1933年の昭和三陸地震津波で大量の犠牲者を出した教訓から，海岸に5m以上の防潮堤が築かれていた地域が多かった．たとえば，明治の津波で約2000人，昭和の津波でも1000人近い死者を出した宮古市田老地区には，高さ10mの防潮堤があった．田老漁業組合の一人は「ラジオでは津波の高さが3mと伝えていたので，10mの防潮堤があるため大丈夫だと思って，防潮堤に上がって沖を眺めていた．引き波の後に，沖に波しぶきを見つけて，危険だと思って堤を降りて漁協のビルに避難した．津波が近づいていることを知らない堤の下の人にも走れと声をかけた」と証言している(16)．内閣府が岩手県と宮城県，福島県の仮設住宅などで暮す870人を対象に2011年夏に行った面接調査では，岩手県では津波警報を聞いた人のうち31.2%が「避難は必要ないと思った」と回答しており，宮城県の14.6%とはかなり開きがあった(17)．岩手県については3mという津波の高さの予測が，住民の避難を遅らせたことは確かであろう．

　気象庁では，地震情報や津波情報の発信を，東京の本庁と大阪管区気象台の2カ所で月替わりで分担していた．2011年3月の担当は大阪であった(18)．以前は札幌，仙台，東京，大阪，福岡の各管区気象台が分担して地震・津波情報を出していた．ところが，気象庁の人員合理化のあおりで2009年からは地震・津波情報を出すのは東京と大阪の2カ所に縮小され，この2カ所が月替わりで交代して出すシステムに変わった．

　大阪管区気象台では，各地の地震計で記録された地震動の最大振幅から，この地震の規模をM7.9と推定した．この規模と震源の位置は，政府の地震調査研究推進本部の地震調査委員会が長期評価していた三陸沖南部海溝寄りと連動した宮城県沖地震（M8.0前後）とよく一致していた．このために，大阪の担当者は想定されていた連動型の宮城県沖地震が発生したものと思い込んだ(19)．

　気象庁では日本近海で起きる地震について，震源の位置と規模を入力すれば，その地震によって各地に到達する津波の高さがどれほどになるかを表示するデータベースをもっている．担当者はこのデータベースに震源の位置と

M 7.9 を入力し，予想される津波の高さを 3-6 m と推定した．これに基づいて地震発生から 3 分後に，津波警報の第 1 報（津波の高さの予想，宮城県で 6 m，岩手県と宮城県で 3 m）を発表したのであった．M が 8 を超えるような大地震では，気象庁の計算方式ではマグニチュードが過小評価されることがわかっていた．ところが，大阪の担当者は連動型の宮城県沖地震が起きたと思い込んでいたために，マグニチュードを大幅に過小評価していることに気が付かなかったのである．もし津波警報発信の担当が東京の本庁であったなら，あるいは以前のように仙台管区気象台が津波警報を出す仕組みであったなら，異様に長く続いた強烈な揺れに「宮城県沖地震にしては大きすぎる」と担当者は考え，違った情報が出されていたかも知れない．

　M が 8 を超えるような大地震に備えて，気象庁では日本国内の広帯域地震計のデータをもとに，ずれ動いた断層の大きさやずれ動いた量を計算し，それに基づいてマグニチュード（M_w）を決めるシステムももっていた．ところが，東北地方太平洋沖地震では国内の広帯域地震計のほぼすべてが振り切れてしまい，この計算ができなかった．このため，海外の広帯域地震計のデータをもとに計算することになったが，これに時間がかかった．M_w が 8.8 と計算できたのは，地震発生から 50 分後であった[20]．米国地質調査所は午後 3 時 20 分には M_w8.9，約 6 時間後には M_w9.0 と発表していた．気象庁では，この地震の規模が大きく長周期の地震波が多いことなどを考慮して再計算した．その結果，米国地質調査所が算出した値に一致する M_w9.0 が計算できたのは，地震発生から 2 日後であった[21]．

　津波警報のその後の更新状況に話を戻そう．気象庁は地震発生から 13 分後に，沿岸に設置されている検潮所での津波の観測データをもとに，岩手県大船渡で第 1 波の引き波・高さ 0.2 m を観測した，と発表した．この情報も「安心情報」として伝わり，避難の遅れや中断につながった例があったと考えられる[22]．ところが，国土交通省が岩手県釜石沖約 20 km，水深約 200 m の海上に敷設していた GPS 波浪計は 11 日午後 3 時 12 分頃，6.7 m の津波を観測した．この高さの津波は水深 15 m 程度と浅い沿岸では高さ 13 m 程度になる[23]．GPS 波浪計というのは，沖合いに浮かべたブイに GPS を装備し，波浪や潮汐などによる海面の上下変動を GPS によって観測する装

置である．この観測データは，リアルタイムで気象庁にも送られていた．

　釜石沖の GPS 波浪計のデータを見て，気象庁では同 3 時 14 分，予想される津波の高さを，宮城県で 10 m 以上，岩手県と福島県で 6 m にそれぞれ引き上げた．同時に，青森県太平洋岸，茨城県，千葉県の太平洋岸の津波警報を大津波警報に切り替えた(24)．しかし，現地ではすでに停電したために，新たな情報を入手できない人が多かった．たとえば岩手県釜石市では，停電のために新たな情報を入手できず，「3 m の津波がきます」と防災行政無線の放送を繰り返した．このため，2 階建の鵜住居地区防災センターに避難した約 100 人のうち約 70 人が死亡した(25)．気象庁はさらに同 3 時 30 分，岩手県から千葉県の太平洋岸で予想される津波の高さをいずれも 10 m 以上に引き上げた(26)．この時点では釜石市や宮古市などではすでに最初の大津波が到達していた．

　釜石沖には東京大学のケーブル式の海底地震観測システムもあった．沖合い 40 km 地点と 70 km 地点には，地震計と合わせて海底水圧計が設置されていた．海底水圧計では，海底での圧力の変化から海面の上下変動を知ることができる．沖合い 70 km 地点の水圧計（TM1）は，地震直後から海面が徐々に上昇し，午後 3 時頃には 5 m も上昇したのを観測していた（図 8-2）．沖合い 40 km 地点の水圧計（TM2）も，TM1 より約 3 分遅れで，TM1 と同じような海面上昇カーブを描いた(27)．

　この観測データも気象庁にリアルタイムで送られていたが，津波警報の更新には生かされなかった．海底水圧計は，地震動そのものの影響や海水温の変化を受けるので，観測誤差の取り扱いが難しいことや，沖合いでの津波の高さから沿岸での津波の高さを推定した経験が少ないなどの理由で，水圧計のデータは津波の発生や到達したことを確認するためにだけ，使われていたからである(28)．

　津波により死者がこれほど大きかったもう 1 つの理由として，阪神・淡路大震災の後に設けられた地震調査研究推進本部が，このような巨大地震の発生を予測できなかったことや，中央防災会議による津波の被害想定が著しく過小であったことがあげられる．

　地震調査研究推進本部の地震調査委員会は 2002 年 7 月，三陸沖から房総

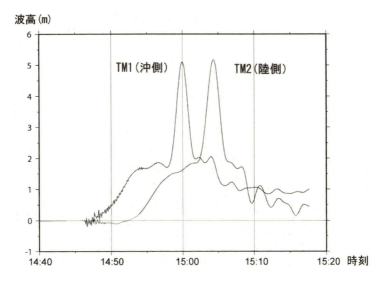

図 8-2　東京大学地震研究所の釜石沖の海底ケーブル式海底水圧計で観測された東北地方太平洋沖地震に伴う海面変動の記録
　TM1 は午後 3 時頃，TM2 は午後 3 時 3 分頃に海面が約 5 m 上昇したことを示している．
　（東京大学地震研究所のホームページ http://outreach.eri.u-tokyo.ac.jp/wordpress/wp-content/uploads/2011/03/TsunamiKamaishiMeter より）

沖にかけて起きる大地震の長期評価結果を公表した．この長期評価では，大地震の震源域として三陸沖北部から房総沖までの海域を 8 ブロックに分け，そこで起きうる地震と将来の発生確率を示していた（図 7-5）．それによると，予測される地震として最も大きいのは，三陸沖から房総沖の日本海溝沿いで起きる津波地震である．1611 年，1677 年，1896 年（明治三陸地震津波）に起きており，その規模は津波マグニチュード（M_t）8.2 前後である．今後 30 年以内の発生確率は 20% としていた．また，三陸沖から房総沖にかけての日本海溝の外側でも 1933 年の昭和三陸地震津波のような正断層型の大地震が起こる可能性があり，その規模もやはり M 8.2 前後で今後 30 年以内の発生確率は 4-7% と見積った．

　その後，869 年に仙台平野を襲い 1000 人が溺れ死んだという貞観地震による津波堆積物の調査が進み，宮城県中南部から福島県中部にかけての沿岸

では，貞観地震のような巨大な地震が過去2500年間に4回繰り返したことが判明した．このため地震調査委員会では，三陸沖から房総沖にかけての長期評価結果を改訂すべく審議を進めていたが，その公表直前に東北地方太平洋沖地震が起きた(29)．

東北地方太平洋沖地震は，長期予測で最も発生確率が高いとされた宮城県沖の「三陸沖南部海溝寄り」から始まり，プレート境界面の破壊は「宮城県沖」「三陸沖北部から房総沖の海溝寄り」「三陸沖中部」「福島県沖」「茨城県沖」までの6つのブロックに広がった(30)．地震の規模も $M_w 9.0$ と巨大であった．地震調査委員会の長期評価は，多数のブロックが同時に震源域になるような巨大地震を予測していなかった．東北地方太平洋沖地震まで支配的であったアスペリティモデルでは，大きな地震を起こすアスペリティの割合は三陸沖では30-40％，北緯39度（岩手県と宮城県の境界付近）以南では5％程度で，アスペリティ以外のところは小さな地震しか起こさないか，地震を起こさずゆっくりすべると考えられていたからである．この問題については大震災後，学界でも「地震学の限界」などとしてさまざまな議論が行われた．これについては次節で改めて紹介する．

一方，中央防災会議の津波の被害想定が過小になったのは，行政的な判断の誤りといえよう．中央防災会議は7.6節で紹介したように，2006年2月に「日本海溝・千島海溝周辺海溝型地震対策大綱」を決め，津波防災対策などに乗り出していた．東北地方から関東地方にかけてこの「大綱」で想定された地震は，三陸沖北部の地震（$M_t 8.4$），明治三陸地震（$M_t 8.6$），宮城県沖の地震（$M_t 8.2$）の3つだけであった．地震調査委員会の「三陸沖から房総沖にかけてはどこでも $M_t 8.2$ 前後の津波地震や正断層型の地震が起こり得る」との長期評価の結果は無視された．この頃になると，貞観地震による津波堆積物の調査も進んでいたが，「大綱」のもとになった専門調査会の報告書では貞観地震については「地域において防災対策の検討を行なうに当たっては，このことに留意する必要がある」との「留意事項」に留められた(31)．

この結果，「大綱」が想定する津波の高さの最大値は，岩手県と宮城県の北部（ごく一部）では10m以上，宮城県の北部（大部分）では5m以上とされた．一方，宮城県の牡鹿半島以南と福島県では3-5m，茨城県や千葉県

の太平洋岸で1-3mであった(32)．すなわち10m以上の大津波に襲われるのは岩手県と宮城県のごく一部だけであるとして，津波堤防の整備などの津波防災対策が進められたのである．

東北地方太平洋沖地震は，明治三陸地震のように海溝付近のプレート境界が大きくすべる津波地震と，より深いプレート境界がすべる貞観地震のような2つのタイプの特徴を併せ持っていた．津波地震は，波高が高く波長の短い津波を起こすために，海岸付近での津波が高くなる．これに対し，貞観地震タイプでは，波高はそれほどでもないが，波長の長い津波を起こすために，平野部深くまで浸水する(33)．

2つの地震の特徴を併せもったこの地震によって，岩手県南部や宮城県，福島県，茨城県，千葉県では中央防災会議の想定の2倍以上の津波に襲われた．市町村別で最も多い死者・行方不明者を出したのは宮城県石巻市（2013年12月末現在の死者3710人）であり，人口比で犠牲者の割合が最も高かったのは宮城県女川町（9.6％）である(34)．いずれも宮城県の牡鹿半島以南に位置する市町である．後に述べるように，宮城県では自治体の指定した避難場所に避難した人にもかなりの死者が出たのである．津波が最も高かったのは岩手県中部であったが，犠牲者の78％は津波の被害想定が甘かった岩手県陸前高田市以南の市町村で発生したともいわれる(35)．

中央防災会議の被害想定で津波が過小評価されたのは，「防災対策を立案するに際しては過去に起きた最大の規模の災害を想定する」との考え方が，中央防災会議では支配的であったためである．こうした考え方は防災対策に当たる工学の専門家の間で根強かった．兵庫県南部地震の後の土木構造物の耐震基準の改定でも，想定する最大の地震動として兵庫県南部地震の際に神戸海洋気象台で観測された地震動に引き上げる例が多かったことは，7.2節でも紹介した．土木学会の原子力土木委員会（委員長＝加藤正進・電力中央研究所理事）は，地震調査委員会が三陸沖から房総沖にかけての長期評価結果を発表する約2カ月前の2002年2月，『原子力発電所の津波評価技術』を公表した．このなかでも原子力発電所の設計の際に想定する最大の津波の高さは，過去に起きた大津波を基本とするよう勧告している(36)．この評価手法に基づいて，東京電力福島第一原子力発電所の設計津波水位は5.7mとなっ

た．東北地方太平洋沖地震によって東電福島第一原発に押し寄せた津波の高さは 11.5-15.5 m であった[37]．

　地震調査委員会の「三陸沖から房総沖にかけてはどこでも M,8.2 前後の津波地震や正断層型の地震が起こり得る」との長期評価結果は，「既往最大」を考える防災関係者との間で摩擦を引き起こした．地震調査委員会の長期評価の責任者であった東京大学地震研究所教授の島崎邦彦は，中央防災会議の「日本海溝・千島海溝周辺海溝型地震に関する専門調査会」で，長期評価結果と同じように，日本海溝付近では明治三陸地震級の津波地震がどこでも発生することを被害想定に含めるように主張した．しかし，委員の間からは「福島，茨城での巨大津波は過去に経験がなく，防災対策をしていない地元に対し，具体的な対策をするようにとは，とうてい言えない」との反対意見が大勢を占め，長期評価結果は津波防災対策には生かされなかった[38]．7.4 節で紹介した地震調査研究推進本部と中央防災会議とのギクシャクした関係が，ここでも災いしたのである．

　津波の高さは岩手県が一番高かったのに，死者・行方不明者の数は宮城県の約半分であったのは，岩手県では明治三陸地震や昭和三陸地震の大津波を教訓に，津波防災対策が進んでいたからである．明治や昭和の津波の大被害を受けて，高所移転した集落は，大きな被害を免れた．たとえば，岩手県大船渡市の吉浜地区は，明治三陸地震で 20 m を超える津波に襲われ，200 人を超える死者が出た．生き残った住民は，当時の村長の提案によって集落を海抜 20 m ほどの高台に移転させた．東北地方太平洋沖地震では，海岸に築かれた高さ 8.2 m の防潮堤や防潮林も破壊されたが，全壊した家屋は 4 棟にとどまり，人口約 1400 人のうち行方不明者が 1 人出ただけであった[39]．

　岩手県宮古市の姉吉地区も，明治と昭和の大津波で，生存者はそれぞれ，2 人，4 人という壊滅的な被害を受けた．昭和の大津波で生き残った住民が海抜 60 m のところに「此処より下に家を建てるな」という石碑を建て，集落をこの石碑より高い場所に再建した．東北地方太平洋沖地震では津波が約 40 m の高さまで駆け上がったが，石碑の約 50 m 手前で止まった．このため，12 世帯の住む家屋には被害がなかったが，住民約 40 人のうち隣の地区に行っていた 4 人が犠牲になった[40]．

明治三陸地震津波で死者302人を出した岩手県普代村には，高さ15.5m，総延長約360mの防潮堤と水門が1984年までに築かれていた．東北地方太平洋沖地震では高さ15mを超える津波が押し寄せ，防潮堤や水門の外にあった漁港の施設は壊滅的な被害を受けた．巨大な津波は水門を超え，小学校の体育館近くまで浸水した．しかし，住家には被害はなく，村民約3000人のうち津波の犠牲になったのは，船を見に行った1人だけであった[41].

　岩手県宮古市田老地区でも，高さ10m，総延長2.5kmの防潮堤が二重に整備されていた．ところが，高さ20mを超える津波が押し寄せたために，外側の防潮堤は壊され，内側の防潮堤をも乗り越えて，街の大部分が浸水した．しかし，津波の高さと流速を低減させるなどの効果が見られ[42]，津波による犠牲者は昭和三陸地震津波のときの約5分の1の161人であった．岩手県釜石港の湾口の深さ63mの海底には，海面からの高さ6m，延長約2kmの津波防波堤が2008年に完成していた．内側にある高さ4mの防潮堤とセットで津波被害を防ぐ計画であった．東北地方太平洋沖地震では，この津波防波堤は見る影もないほどに壊されたが，津波が防潮堤を超える時間を数分間遅らせ，津波が駆け上がる高さを10m程度低くする効果はあった[43].

　適切な避難行動がとれたかどうかも，生死を分けた．岩手県釜石市では2004年から小中学校の津波防災教育に力を入れていた．「自分の命は自分で守ることのできるチカラ」をつけることを目標に掲げ，2010年には市の防災・危機管理アドバイザーを務める群馬大学教授の片田敏孝らの協力で約90頁もの教員向けの『手引き』をつくり，各学年とも年間10時間程度を津波教育に充てた．教室では地震や津波の知識と同時に，大地震だと思ったら，まず高台に逃げること，状況を見て自分で判断することなどが強調されていた[44]．東北地方太平洋沖地震では，人口約4万人の釜石市でも約1100人が津波の犠牲になった．しかし，市内の小中学生約3000人のほとんどは，自分たちの判断で指定避難場所よりもさらに高台へ駆け上がるなどして無事避難した．犠牲になったのは学校を休んでいた4人と，避難後に家族と合流した1人の計5人だけであった[45].

　一方，北上川の河口から約4kmにある宮城県石巻市の大川小学校では全

校児童108人のうち74人と，教職員13人のうち10人が避難中に犠牲になった．地震発生から間もなく，児童たちは校庭に整列したが，避難場所をどこにするかについての教職員の話し合いが長引き，北上川の川沿いの空き地を目指して避難誘導が始まったのは午後3時半頃になった．同3時37分頃には目指した避難場所付近にも津波が押し寄せ，避難中の児童78人と教職員11人のほぼ全員が津波に巻き込まれた．うち，児童4人と教員1人が津波で近くの山に運ばれるなどしたために助かった．大川小の避難マニュアルには「近隣の空き地・公園等」とあるだけで，具体的な避難場所の記載はなかった(46)．校庭のすぐ隣は山であり，「なぜ山に逃げなかったのか」と学校や市教委への不信の声が出て，遺族の一部は宮城県と石巻市を相手に損害賠償を求める訴訟を起こした(47)．

　津波の被害想定が甘かった宮城県では，指定避難場所に避難していた人も大勢死亡した．上記の大川小学校も，市の指定避難場所になっていた．宮城県南三陸町では，町役場のすぐそばに1996年に完成した鉄骨3階建，高さ13 mの防災対策庁舎があった．2階には危機管理課があり，町の防災無線放送はここから発信されていた．地震発生と同時にこの庁舎に約40人の町職員が避難した．屋上に逃げた町長の佐藤仁ら10人は鉄柵やアンテナなどにしがみつき助かったが，防災無線で最後まで避難を呼びかけた職員ら約30人が死亡した．防災対策庁舎は鉄骨の骨組だけが残った(48)．

　宮城県石巻市では，津波に備えて2006年に建てられ，指定避難場所にもなっていた北上総合支所に避難した49人のうち46人が亡くなった．同支所は同市が想定した津波の最高水位5.5 mより1 m高い場所に建てられていたが，2階建の屋根を越える津波が押し寄せて全壊した(49)．

　津波に襲われた地域では，火災があちこちで発生した．消防庁の調べては，延焼面積が1万平方mを超えた火災だけでも11件を数えた．宮城県気仙沼市では気仙沼湾の湾口にあった石油タンク23基のうち，22基が津波で流されるとともに損傷した．このため22基のタンクのなかに入っていた計約1万トンの重油や軽油，ガソリンなどの多くが流れ出し，あちこちで燃え上がった．3月11日夜の気仙沼湾は火の海になった．津波で浸水した場所では，津波で運ばれてきたガレキなどにも燃え移った(50)．気仙沼湾の沖に浮かぶ

大島の山林に燃え移った火は，16日まで消えなかった(51)．

　岩手県山田町のJR山田線・陸中山田駅付近では，出火した家が津波で流され，その火が津波で運ばれてきたガレキに燃え広がり，約400m四方が焼けた．山田町役場の南側でもガレキに何かの火が燃え移り，約300m四方が焼けた．宮城県石巻市の門脇小学校では，津波で流されてきた自動車が校舎にぶつかった後に出火，この火が西風に煽られて東西約750m，南北200mの範囲に延焼した(52)．

　地震動による被害がどれほどであったかは，津波被害との区分けが難しいために明らかではない．海に面していない市町村での死者・行方不明者は87人，全壊家屋は5395棟であり，この数字が地震動による被害の程度をある程度表していると考えられる(53)．

　震度7となった栗原市築館では南北方向で2699.1ガル，東西方向で1268.9ガル，上下方向で1879.8ガルという大きな加速度が観測された．1000ガル以上の加速度が観測された地点は，23ヵ所にのぼった(54)．しかし，震度7の観測点周辺の被害はブロック塀が倒壊したり，建物のタイルがはがれたりする程度であった．栗原市全体では住宅51棟が全壊したが，死者はなかった．木造建物などの倒壊で多くの死者が出た兵庫県南部地震では，周期1-2秒の地震波が強かった．栗原では0.3秒程度の地震波が強かった(55)．

　建物の被害調査を行った日本建築学会東北支部によると，この地震による建物への被害は木造，鉄筋コンクリート造，鉄骨造ともに比較的に少なかった．これは1981年の耐震基準の改定や，その後の耐震補強の効果も大きかったと考えられる．しかし，仙台市内などでは1981年の新しい耐震基準で建てられた建物にも，外壁に亀裂が入るなどの被害があり，マンションの住民からは「1981年以降の建物なのに被害が出るのは困る」との苦情も多かった．建物の被害で目立ったのは，天井板や外壁のパネルが落下するなど非構造部材の被害であった(56)．東京都千代田区の九段会館でも，大ホールのつり天井が落下し，2人が死亡，26人が重軽傷を負った(57)．

　東京や大阪などの高層ビルも大きく揺れ，被害も出た．震央から約800km離れた大阪市の震度は3であった．しかし，住之江区にある高さ256m，地上55階建の大阪府咲洲庁舎では，約10分間も揺れ続けた(58)．

52階では最大約1.4m（片振幅）揺れた．このため51階のスプリンクラーの配管が破損して，ロビーなどが水浸しになった(59)．ほかにも，天井が落下したり，床面に亀裂が見付かったりし，損傷は360カ所に及んだ(60)．

　東京都新宿区の高さ223m，地上54階建の新宿センタービルでは，約13分間にわたって揺れが続き，最上階の揺れは最大で1.08mあった(61)．気象庁が東京都内の高さ60m以上のビル34棟について聞き取り調査したところ，非常階段にひび割れができたビルが30棟，天井が破損したり変形したりしたビルが18棟，エレベーターのロープが損傷したビルが4棟あった．また，上層階の半分以上の人が「はいつくばった」「物につかまっても立っていられなかった」と回答した(62)．

　東北新幹線にも被害が出たが，阪神・淡路大震災のように高架橋が落下したり，倒壊したりする被害はなかった．阪神・淡路大震災後の補強の効果があったといわれる．最も多かったのは，架線を吊すために立てられた柱（電化柱）が折れたり，傾いたりする被害であった．そのために約470カ所で架線が断線した．津波の被害を受けなかった在来線では，やはり電化柱の被害が多かったが，盛り土や切り土部分が崩落するなどの地盤災害も目立った．高速道路でもやはり多かったのは，盛り土路面の崩落や陥没などであった(63)．

　ほかにも地震動によって起きた地盤災害は多かった．福島県須賀川市長沼地区では，農業用のため池「藤沼湖」（湖面面積約20ha）の水をせきとめる高さ18m，長さ133mのダムが崩れた．このため，流れ出た約150トンの水は約1km下流の集落を襲い，19棟を押し流した．このために住民8人が死亡した．このダムは，1949年に土を盛ってつくられ，表面はコンクリートブロックで覆われていた(64)．

　沿岸部や埋立地などでは地盤の液状化もあちこちで起きた．関東地方での被害は，利根川の下流地域と東京湾岸の埋立地に集中した．なかでも1965年以降に埋め立てられた土地が市域の7割以上を占める千葉県浦安市では，埋立地のほとんどが液状化し，道路のあちこちに砂が噴出し，30cm以上もある凹凸ができた．一戸建住宅の多くは沈下したり，傾いたりする被害を受けた．上下水道，ガスなどの地中埋設管も大きな被害を受けた．地盤に液状

化対策が施されていたホテルやマンションなどでは被害は出ていない(65).

　気象庁によると，東北地方太平洋沖地震の地震動は，周期 0.1 秒程度の短周期の波から 10 秒程度の長周期の波まで，ほぼ均等な強さをもっており，2 分以上も揺れが続いた．加速度と同時に地表のずれ（変位）が大きかったことが特徴で，房総半島から東京湾でも 45 cm 以上の変位を示した．これが液状化など地盤災害を大きくしたと考えられる(66).

　製油所や原子力発電所など産業施設の被害によって，その影響が周辺に及ぶようなケースが多かったことも東日本大震災の特徴である．

　宮城県気仙沼市にあった石油タンク 22 基が津波で流され，大規模な火災の原因になったことはすでに述べた．仙台市宮城野区などにある JX 日鉱日石エネルギー仙台製油所では，地震発生から約 1 時間後に襲来した高さ 6-7 m の津波によって，石油タンクやプラントを結ぶ配管が破損し，石油が漏れ出した．自衛消防用の消防車は，津波で使用不能になった．午後 9 時 25 分頃，西地区で漏れ出した石油に何かの火が着き，火災になった．構内にあった LPG タンクの爆発が心配されたため，翌 12 日朝には LPG タンクの周辺 2 km 以内の住民を避難させた．火災は 4 日間燃え続けたが，西地区に石油を供給しているタンクの元栓を閉めたところ小規模になり 15 日午後にようやく鎮火した．同製油所は東北地方唯一の製油所であり，この火災によって被災地でのガソリンや灯油不足を招いた(67).

　千葉県市原市にあるコスモ石油千葉製油所では，3 月 11 日午後 3 時 15 分頃，茨城県沖で起きた余震の直後，LPG の球形タンク 17 基が設置されている地区で，タンク 1 基が地震の揺れによって倒れた．これによって，タンクを結ぶ配管 3 カ所から LPG ガスが漏れ出した．約 30 分後，漏れ出したガスに引火し，あっという間に一面が火の海になった．この火勢によってタンクの中の LPG が暖められ，タンクの圧力が上昇したために，午後 5 時から約 1 時間の間にタンク 4 基が相次いで爆発・破裂した．消火活動によって，ほかのタンクの爆発は避けられたが，ほかにも 3 基のタンクに穴が開き，すべてのタンクが焼けた．火は 20 日間燃え続け，3 月 21 日午前鎮火した(68).

　地震動によって倒れたタンクは，点検のためなかのガスを追い出す目的で水を張った状態にしてあった．ガスよりも重い水が入っていたために，タン

クの支柱がこの重さと揺れを支えきれず破損し，タンクの倒壊を招いた(69)．

　福島県大熊町と双葉町にまたがる東京電力福島第一原子力発電所は，地震動と津波の両方が事故の原因となった．各地で起こされた原発の設置許可の取り消しを求める訴訟で，原告の住民側はこうした大事故が起こりうることを最大の論拠にしていた．被告である国は「原発は何重もの安全装置・設備に守られているので起こり得ない」と一蹴し，ほとんどの裁判所も国の主張を認めてきた．

　福島原発の事故後，国会の議決によってつくられた「東京電力福島原子力発電所事故調査委員会」（委員長・黒川清）はその報告書（「国会事故調の報告書」と呼ばれる）で「今回の事故は『自然災害』ではなくあきらかに『人災』である」と述べている(70)．この報告書に沿って，事故の経過となにゆえ「人災」といえるのかについて，見てみよう．

　東北地方太平洋沖地震の直前，福島第一原発では1号機，2号機，3号機が運転中で，4号機，5号機，6号機は定期検査中であった．運転中の1-3号機は，地震発生直後に自動的に原子炉の炉心に制御棒が挿入され，核分裂は止まった．しかし，炉心の燃料棒中にたまった核分裂生成物は熱を出し続ける．熱の量は，時間が経つにつれて指数関数的に減少していくが，核分裂が停止してから10分後でも運転中の2%の熱が出る．炉心に水を送ってこの熱を除去してやらないと，炉心の温度が上昇し，燃料棒を覆う被覆管や燃料棒が溶けて（炉心損傷），やがては原子炉圧力容器の底に崩れ落ちてしまう．これが炉心溶融と呼ばれる現象である．

　ところが，地震の直後に同原発は停電してしまった．同原発への送電系統は3つあったが，うち2ルートは経由する変電所が地震で故障し，送電線の鉄塔も倒れたため，送電できなくなった．残り1ルートも，地震前からケーブルの不具合で使えなかった(71)．

　停電と同時に非常用ディーゼル発電機が作動し，緊急炉心冷却装置も動き出した．しかし，午後3時37分頃には高さ約15mの津波が同原発を襲った．1-4号機では高さ10m，5号機，6号機では高さ13mに設置してあった非常用ディーゼル発電機も浸水し，6号機の1台を除いた発電機は動かなくなった．一部のディーゼル発電機については，津波の襲来前に破損していた疑

8.1　東北地方太平洋沖地震とその被害　　507

いもある(72). 1号機，2号機，4号機では電源がすべてなくなり，3号機と5号機では蓄電池による直流電源だけが生き残った．このため運転中の1-3号機では緊急炉心冷却装置の大部分も使えなくなり，炉心の冷却が難しくなった．

炉心を冷却するためにさまざまな努力が試みられたが，1号機では11日午後6時50分頃には，燃料棒の被覆管や燃料棒が溶け出し始め，12日未明には原子炉圧力容器が破損した．被覆管と水との反応によって発生した水素ガスは原子炉建屋に流れ込み，12日午後には水素爆発を起こした．3号機でも13日午前には燃料棒が溶け始めた．これによって発生した水素ガスは，3号機の原子炉建屋に流れ込み，14日午前に水素爆発を起こした．この水素ガスは隣の4号機の建屋にも流れ込み，15日朝に水素爆発を起こした．2号機でも14日夕には燃料棒が溶け出し始めた．15日朝には，原子炉格納容器が壊れ，大量の放射性物質を放出した(73)．

1号機では，地震の揺れによって小さな配管が破損して，ここから冷却水が漏れ出し，炉心の損傷を早めた可能性もある．原子炉建屋内で作業していた作業員が地震直後に，洪水のように水が押し寄せたのを目撃していることや，運転員が「シューシュー」という蒸気の噴出音を聞いていることなど，配管の破損を疑うに足る，さまざまな根拠が報告書にはあげられている(74)．

政府の住民に対する避難指示は，原発から3 km 以内から，10 km 以内，20 km 以内と次々に拡大され，政府の避難指示によって避難した住民は約15万人に達した．この事故によって環境中に放出された放射性物質は90京ベクレル（2432万キュリー）(75)にもなり，海水中への放出は現在も続いている．90京ベクレルは，1986年に旧ソ連のチェルノブイリ原発事故によって放出された量の6分の1に相当する．これによって，福島県内の1800平方 km の土地が，年間5ミリシーベルト(76)の放射線を出す可能性のある地域に変わってしまった．原発周辺住民の中には，事故後の4カ月間で一般人の年間被曝線量限度である1ミリシーベルトを超える被曝をした人が数千人以上もいる(77)．

このような大事故を招いたのは，「福島第一原発は，地震にも津波にも耐

えられる保証のない，脆弱な状態であった」からであった(78)．全部の電源が喪失するような事態を想定した対策がなかったことも，事故と被害を拡大させた(79)．

　福島第一原発1号機は，1966年7月に設置の申請がなされた．当時は，原発の耐震設計の基準はなく，東京電力の「敷地付近は，福島県内においても地震活動性の低い地域である」との見解に基づき，設計に当たって想定する最大の地震動の大きさを265ガルとする，との設置許可申請書が鵜呑みにされ，同年12月には設置が許可された．その後相次いで設置許可された2-6号機についても同様であった．

　1978年9月には，原発の耐震設計審査指針がつくられた．それから16年後の1994年になって，東京電力はこの指針に適合させるために，福島第一原発で想定される最大の地震動の大きさを370ガルに引き上げた．

　2006年には，原発の耐震設計指針が改訂された．この新指針策定に当たっては，電力会社からなる電気事業連合会，原子力安全・保安院，原子力安全委員会，学識経験者が非公開の場で，既存の原発にできる限り影響を与えないように話し合い，実質的な指針が形づくられたという．指針が改訂されると原子力安全・保安院は既存の原発についても，改訂指針に適合するかどうかを評価する耐震バックチェックを行うことになった．東京電力は2009年6月までにバックチェックの中間評価結果書を提出した．このなかで東京電力は，想定される最大の地震動を600ガルに引き上げた．これによって，各号機で耐震補強工事が必要になったが，1-3号機では補強工事どころかその計画も決まっていなかった．保安院もこうしたバックチェックの遅れを承知しながら，放置していた(80)．

　こうした状況で東北地方太平洋沖地震が起きた．この地震では2号機の原子炉建屋の基礎部分で最大550ガル（東西方向）が観測された．想定される最大の地震動600ガルに襲われると，2号機の基礎部分では最大438ガルの加速度になると計算されていた．地震動の継続時間も想定の2倍以上も長かった．3号機，5号機で観測された地震動も想定を上回った．東北地方太平洋沖地震の地震動は，福島第一原発の安全上重要な設備を損傷させるに十分な力をもっていたと判断される(81)．

津波への備えもおろそかであった．1号機の設置許可申請書では，最大の津波として1960年のチリ地震津波での高さ3.12 mを想定し，原発は海抜10 mに設置するので心配ないとしていた．2002年には土木学会の原子力土木委員会が『原子力発電所の津波評価技術』を公表した．この評価手法に基づいて，東京電力福島第一原子力発電所の設計津波水位は5.7 mとなったことはすでに述べた．『津波評価技術』の策定に必要な研究費と，土木学会への委託費計約2億円は電力会社が負担していた．策定に関係した委員30人のうち17人は電力業界の関係者で占められ，『津波評価技術』の策定は，公正・公平性に欠けるものであった，と報告書は指摘している[82]．

　2006年には原発の耐震設計指針が改訂され，新たに津波などについても考慮の対象とすることになった．これに伴い東京電力は，想定する最大の津波の高さを6.1 mに引き上げ，それよりも低い位置にあった非常用の海水ポンプをかさ上げするなどの対策を取った．

　その後，①地震調査委員会が2002年の長期評価で，福島第一原発の沖合いを含む日本海溝沿いでは$M_t 8$クラスの津波地震が今後30年以内に起こる確率が20％程度ある，と公表したことや，②2004年12月のスマトラ沖地震津波でインドのマドラス原発の非常用海水ポンプが浸水したこと，③貞観地震で福島にも大きな津波がきていたことが明らかになったことなどを受け，東京電力の土木技術グループでは計算を行い，福島第一原発では最大高さ15.7 mの津波に襲われる可能性があることを認識していた．この計算結果は原子力安全・保安院や東京電力の副社長にも報告されていたが，こうした津波が起こる確率ははなはだしく低いとして，具体的対策は取られなかった[83]．

　原発は，原発訴訟で国が主張したように何重もの安全装置を備えている．しかしそれは，設計で考慮されている事故についてあてはまるだけに過ぎない．たとえば，航空機の墜落など設計の想定を超え，原発が備えている自動機能だけでは対応できない事態が起こることもある．そうした事態によって起こる事故は，過酷事故（シビアーアクシデント）と呼ばれる．欧米では，過酷事故に対する対策も規制の対象になっている．ところが，日本では過酷事故対策は電力会社の自主努力に任され，規制の対象にはなっていなかっ

た(84).

　過酷事故のなかで最も恐れられていたのは，原発のすべての電源がなくなる全電源喪失事故である．米国では，30年以上も前からさまざまな研究が行われていた(85)．日本でも福島第二原発を対象に，研究が行われていた(86)．この研究では，地震によって炉心が損傷するような事故が起こる確率が最も高いのは，外部からの送電が途絶えた場合である，と試算していた．津波については考慮の対象外になっているが，地震動の最大加速度が570ガルになると，非常用ディーゼル発電機が故障して全電源喪失などの事態になるため，炉心損傷を起こす確率は0.1になる，としていた．しかし，こうした研究結果は，送電網の耐震性強化や津波対策には生かされなかった．この点では，福島第一原発の事故は「想定外」ではなく，起こり得べくして起きた事故だったのである．

　東北地方太平洋沖地震による津波は，太平洋岸にあったほかの原発も襲った．福島第一原発から南に約10 km離れた東京電力福島第二原子力発電所では，地震時には1-4号機の4基がすべて運転中であった．津波によって非常用ディーゼル発電機の大半の機能が失われるなどしたが，4回線あった送電線のうち1回線だけが送電機能を維持したため，福島第一原発のような破局的な事態は避けられた(87)．

　茨城県東海村にある日本原子力発電東海第二原子力発電所も運転中であった．地震によって外部からの送電はすべてストップし，津波によって一部の非常用ディーゼル発電機などが機能しなくなったが，無事だった非常用発電機などによって事態を乗り切った(88)．

　宮城県女川町にある東北電力女川原子力発電所でも，1-3号機の3基の原子炉が動いていた．1号機の原子炉建屋地下2階で最大567ガルを観測するなど，多くの観測点で想定していた最大の地震動を上回った．5回線あった外部からの送電ルートのうち4回線は地震動による被害で送電不能になったが，1回線が生き残った．地震発生から43分後に，想定の9.1 mを大幅に超える高さ約13 mの津波が押し寄せた．しかし，同原発は海抜14.8 mの敷地に建設されていたため，一部の機器が影響を受けただけですんだ(89)．

　以上のようにほかの原発でも，地震と津波によってさまざまな被害を受け

ており，被害の状況と事故回避努力が少しでも違っていれば，原子炉の重大な事故にいたった可能性は十分にあった——と国会事故調の報告書は結論している(90)．

東北地方太平洋沖地震には2日前に前震があった．すなわち2011年3月9日の昼前，本震の震央から北東約30 kmを震央にしてM 7.3の地震が起きた．東北地方の一部では震度5弱が観測され，住宅が一部壊れるなどの被害があり，負傷者2人が出た．この地震の余震活動は活発で，9日から10日にかけてM 6以上の地震が7回起きた．いずれも沈み込む太平洋プレートと陸のプレートの境界で起きた地震であった．この付近では2月13日から16日にかけてM 5以上の地震が4回起きるなど，地震活動が活発になっていた(91)．

一連の地震活動の震源域は，政府の地震調査委員会が予測した宮城県沖地震の海溝寄りの震源域に当たっていた．東北大学の松澤暢は，3月9日の地震とその後の余震によって海溝寄りのアスペリティは破壊されたものと考え，新聞記者の取材に応じ「今回の地震発生によって，宮城県沖地震が陸側の震源域と連動する危険性は低くなった」と語った(92)．9日の地震が起きた段階で，これが東北地方太平洋沖地震の前震であると考えた研究者はいなかったのである．

この前震以外には，明瞭な前兆と呼べるようなものは観測されなかった．防災科学技術研究所は地震の後，Hiネット地震観測網に併設されている傾斜計の記録を，東北・関東地方の太平洋岸の32点について詳しく調べた．しかし，本震の前に断層面がゆっくりすべる前兆すべり（プレスリップ）が起きたことをうかがわせる変動は見付からなかった．この結果，M 6.2を超えるようなプレスリップは起きなかったと考えられた(93)．

東北大学の金華山観測点に置かれた体積歪計も，3月9日の前震とその後の余震の余効すべりと見られる変化を記録していただけであった．この結果，やはりM 6.2を超えるようなプレスリップは起きなかったと推定された(94)．

3月9日の前震とその後の余震活動について詳しく調べたところ，余震の震源域が本震の震源に徐々に近付いていたことがわかった．前震活動によるすべりが徐々に拡大してゆき，本震を起こす引き金になったのではないか，

とも考えられた(95)．また，前震の余震活動では，起こった地震の数を規模別に比較すると，大きな地震に比べて小さな地震の割合が少なかった（b 値が小さい，と呼ばれる）ことも報告された(96)．このように大地震の前に b 値が低下したという報告はこれまでにもあるが，逆に b 値が大きくなったという報告も少なくない(97)．2000 年頃から全国的に地震活動が低下していたという報告(98)などもあった．

　一方，北海道大学理学部の日置幸介は，本震の約 40 分前に東北地方上空の電離層の電子数が 8% 程度増加していた，と報告した．電離層の電子数は，国土地理院の GPS 観測網の観測データから計算できる．詳しい計算方法は省略するが，日置が 2004 年に起きたスマトラ沖地震や 2010 年のチリ地震について遡って調べると，やはり地震の直前に電離層の電子数の増加が見られた(99)．日置はこれを大地震の前兆と考えているが，2011 年 3 月 10 日から 12 日にかけては太陽活動の影響で磁気嵐が発生しており，電離層の異常が現れやすい条件にあった(100)．大地震の前になぜ電離層の電子数が増加するのか，そのメカニズムは明らかではない．

　東北地方太平洋沖地震では，余震の数が多かった．3 月 11 日午後 3 時 8 分には岩手県沖のプレート境界で M 7.4 の地震が，同 3 時 15 分には茨城県沖のプレート境界で M 7.6 の地震が起きた．さらに同 3 時 25 分には日本海溝の東側の太平洋プレートの内部で M 7.5 の地震が起きた．気象庁は本震の震源域より一回り大きい南北約 600 km，東西約 350 km の領域で起きた地震をすべて余震として数えているが，この領域内で本震から 24 時間以内に発生した M 6 以上の余震は 46 回もあった．過去 30 年間の統計ではこの領域で M 6 以上の地震が起きるのは 1 年間に 2.8 回であり，いかに余震活動が活発であったかがわかる．

　2011 年 4 月 7 日深夜には宮城県沖の太平洋プレート内部で M 7.2 の地震が起きた．この地震では仙台市などで震度 6 強を観測し，東北地方の広い範囲が停電するなどの被害を受け，死者も 4 人出た．4 月 11 日夕には福島県いわき市の深さ 6 km を震源に M 7.0 の地震が起きた．この地震ではいわき市などで震度 6 弱を観測し，土砂崩れなどで死者が 4 人出た．地震後，活断層図に記載されていた井戸沢断層と湯ノ岳断層に沿って地表地震断層が見付か

った．7月10日午前にも三陸沖の太平洋プレート内部でM 7.3の地震があった(101)．

大きな余震は年が変わってからも続き，2012年12月7日夕には宮城県・牡鹿半島沖約220 km沖の日本海溝東側の太平洋プレート内部でM 7.4の地震が起きた．気象庁は津波警報を出し，宮城県と岩手県の住民2万6000人以上が避難した．宮城県石巻市で高さ1 mの津波が観測された(102)．2013年10月26日未明にも，福島県沖の深さ10 kmを震源とするM 7.1の地震があった．この地震でも高さ55 cmの津波が観測された(103)．

さらに東北地方太平洋沖地震が誘発したと見られる地震も各地で起きた．2011年3月12日未明には，長野県と新潟県の県境付近の深さ8 kmを震源とするM 6.7の地震が起きた．この地震で長野県栄村では震度6強を観測，住宅73棟が全壊するなどし，死者が3人出た．3月15日深夜には静岡県東部の深さ14 kmを震源とするM 6.4の地震が起きた．この地震で静岡県富士宮市では震度6強を観測し，住宅103棟が半壊するなどの被害があった．首都圏直下に沈み込むフィリピン海プレートと陸のプレートの境界や，フィリピン海プレートと太平洋プレートの境界で起きる地震の数も増えた(104)．

東北地方太平洋沖地震の後，活断層周辺で起きる地震も増加した．東京大学地震研究所の調査によると，本震前の1年間に比べて本震後1年間に地震の数が10倍以上増えた活断層は，長野県松本市を通る牛伏寺断層，仙台市を通る長町-利府断層帯，北伊豆断層帯など11を数えた(105)．さらに火山活動も活発になった．福島県の吾妻山では，本震翌日から夜間に火口周辺が赤く見える現象が再三観測された．日本の活火山110のうち，富士山や箱根山など20の火山周辺で地震が増えた(106)．

東日本大震災の被災地の復興が進まず，福島第一原発の事故収束作業もはかどらないなかで，次々に起きる余震や誘発地震は，多くの人々にさらなる災害への不安を抱かせたのであった．

8.2 東日本大震災後の地震研究者の反省

東北地方太平洋沖地震は，地震調査研究推進本部地震調査委員会の長期予

測で最も発生確率が高いとされた「三陸沖南部海溝寄り」から始まった．長期予測では，この地震は「宮城県沖」へと広がることはあっても，その規模はM8程度でおさまる，とされていた．ところが，地震は「三陸沖北部から房総沖の海溝寄り」「三陸沖中部」「福島県沖」「茨城県沖」へと広がった．以上の6つの領域が連動して地震を起こしたとしてその規模を計算すると，M8.3になる(107)．しかし，実際に起きた地震は，M9であった．場所もその規模も予測できなかったのである．地震調査委員会は3月11日夜，「これらすべての領域が連動して発生する地震については想定外であった」との見解を発表した(108)．

　地震調査委員会が長期予測に失敗したことは，地震発生から1カ月半がたって初めて国会で取り上げられた．「みんなの党」の柴田巧が「今回の史上最大規模の地震を予測できなかったということは，地震学者の皆様をはじめ大きなショックを受けているわけでありますが，したがってこういった今までの地震研究の在り方を一度やっぱり大きく反省の上に立って見直していく必要があろうかと思います」と，地震調査研究推進本部を所管する文部科学省の考えを質した(109)．

　これに対して，文部科学大臣の高木義明は「結果的に今回の地震を的確に予測できなかった，このことについては課題として痛感をいたしております．…過去の地震データを用いて，そして将来発生する場所，規模，確率，こういったものを予測しておりますけれども，今回の東北地方太平洋沖地震についてはそのデータが極めて少なかった，こういうことで予測できなかったと，このように考えております」などと答えた．柴田はこれ以上追及することはなく，「地震の専門家に言わせると，既に日本は地震の活動期に入っていると，いつどこでもどういう地震が起きても不思議ではないと言われているわけでありまして，どうぞ政府におかれても，この地震研究，あるいはその研究に基づく防災対策の強化，各方面にわたってしっかりとやっていただきたいと思います」と結び，別の話題に移った．

　その後，この問題は参議院の災害対策委員会でも取り上げられた．自民党の議員が「火山噴火や地震の予測が技術的に未確立であるとすれば，その理由は何なのか」などと質したのに対し，文部科学省の責任者は「発生予測の

精度を向上させるためには，海底観測網の一層の整備，あるいは GPS などを用いた観測技術の一層の高度化」などが重要であると答えている(110)．このやりとりでも，さらなる観測・研究の拡充・強化が必要である，という結論で落ち着いた．

気象庁の出した津波警報が適切でなかった問題が国会で取り上げられたのは，東日本大震災から間もなく 1 年が経とうとする 2012 年 2 月 2 日である．衆議院予算委員会で自民党の小野寺五典（宮城 6 区選出）が「気象庁が津波の高さの予測を大幅に過小評価し，そのために多くの人命が失われたのではないか」などと追及した(111)．気象庁長官の羽鳥光彦は「我々の技術力が十分に及ばなかったということを痛感し，大変申し訳なく思っているところでございます」と率直に謝罪した．

この席で防災担当大臣の平野達男は，2011 年 5 月の中央防災会議の専門家会合で津波警報の出し方が悪かったことが問題になり，「〔私は〕ある意味においては気象庁の存在意義にかかわるぞということまで申し上げた」ことを紹介した．2012 年の 2 月時点では気象庁は，次節で述べるような津波警報の改善策をあらかたまとめ上げていた．

中央防災会議の専門調査会が 2006 年に出した報告書で，東北地方を襲う津波の死者を最大で 2700 人と想定していたことを国会で取り上げた議員はいなかった．東日本大震災では中央防災会議の想定をはるかに上回る津波が襲来した事実を，国会の委員会で紹介したのは，当時内閣府副大臣であった平野達男であった(112)．阪神・淡路大震災の後の国会では，地震予知や地震調査研究，それに基づいた防災対策のあり方などについてさまざまな議論が起き，その結果，議員立法で地震防災対策特別措置法がつくられた．これに比べると東日本大震災直後の国会での論議はお粗末の一語に尽きた．

その理由の 1 つは，東京電力の福島第一原発の事故である．与野党入り乱れて，この事故の初動対応が不適切ではなかったか，と首相であった菅直人らの責任を追及するのに忙しかったからである．さらに，以上にあげたような問題を提起する報道がほとんど見られなかったことである．報道の方も，原発事故を報じるのに忙しかった．このため，国会議員にとっても，問題の所在が見えにくかったのではないかと考えられる．

東北地方太平洋沖地震を予測できなかったことについて，地震研究者たちは次々に自省の言葉を公にした．たとえば，地震調査委員会の長期評価部会長であった東京大学名誉教授の島崎邦彦は，新聞記者のインタビューに答えて「東日本大震災では東北太平洋沖の海溝付近で，断層が 50 m もずれ動いた．それがマグニチュード 9 という地震の正体だ．私たち地震学者は，海溝付近の断層がこれほど大きく滑るとは考えてもいなかった．地震学は未熟だと言われても仕方がない」と，率直に誤りを認めた(113)．地震調査委員会が作成する地震動予測地図の作成に関係していた東京大学地震研究所の纐纈一起は，「東北地震は，本当に想定外だったのでしょうか」との質問に答えて「その通りです．私自身，非常にショックを受けました．科学が敗北したようなものです」と語った(114)．

　宮城県沖の地震の研究を主導してきた東北大学理学部の松澤暢も，2011年 10 月に静岡市で行われた日本地震学会主催のシンポジウム「地震学の今を問う」で，「今回の M 9 の地震の発生可能性を予見できなかったことは，地震予知研究を推進してきた者の一人として大きな責任を感じている」と述べた(115)．

　地震調査委員会の長期評価の基礎になっていたのは，前章で紹介した「比較沈み込み学」と，固有地震説と一体化したアスペリティモデルであった．「比較沈み込み学」の基礎になったのは，カリフォルニア工科大学のラフ (Larry Ruff) と金森博雄が 1980 年に発表した論文である．ラフらは，世界各地の沈み込み帯で起きる地震の規模と，そこに沈み込むプレートの速度，沈み込みプレートが生成された年代などを調べ上げ，この 3 つの間に強い相関関係があることを見出した．すなわち，プレートの沈み込み速度が速く，プレートの生成年代が若いほど大きな地震が起こる，という規則性が見付かった．東北日本（沈み込むプレートの速度が年間約 10 cm，プレートの年代は 1 億 3000 万年）にもこの規則性があてはまるとすると，東北日本で起こる最大の地震は M_w 8.5 以下になる(116)．

　アスペリティモデルは，1990 年代後半から東北地方太平洋沖地震が起きるまで「地震予知研究の進歩」として喧伝された．このモデルによれば，太平洋プレートが沈み込む東北地方の太平洋沖では，大部分のプレート境界は

地震を起こさずにゆっくりすべっているので，プレートの沈み込みに伴う歪の大部分は解消されている．したがってＭ８程度の地震が起こる可能性はあっても，Ｍ９の地震が起こることは考えられなかった．具体的には，プレート境界のうちアスペリティが占める割合は，北緯39度（岩手県と宮城県の境界付近）以北では30-40％程度，それ以南の宮城県，福島県，茨城沖では5％程度と見積られていた．ところが東北地方太平洋沖地震では，地震を起こさずゆっくりすべっている（アスペリティではない）と考えられていた領域も，地震を起こしたのであった．

松澤は「我々はアスペリティモデルで説明できる地震を多数発見したことにより，地震の予測可能性が前進したことを喜んだが，逆にそのために，単純なアスペリティモデルに思考が規定されていた面があったことは否めない」と，アスペリティモデルを単純化しすぎていたことを反省した．そして，① 100年程度の観測データによってどこがアスペリティかを判断できると考えていたこと，②プレート境界を，地震を起こす領域（アスペリティ）と地震を起こさない領域（アスペリティでない領域）の２つに単純化して考えていたこと，③アスペリティは毎回同じように地震を起こすと考えていたこと，の少なくとも１つが誤っていることを東北地方太平洋沖地震は明らかにした，と松澤は述べた(117)．

「アスペリティ」は研究者によってさまざまな意味に使われた．東京大学理学部の井出哲は「厳密に〔『アスペリティ』を〕定義して使う人もいるが，本人すらきちんと説明できないイメージのままで語っているように見受けられる人も多い」と，アスペリティモデルが曖昧なまま使われていたことを問題にした(118)．井出によれば，アスペリティモデルの最大公約数は「なめらかにすれ違う断層面に１カ所，形状か摩擦特性の異なる部分があって，そこは長期間ロックしていて地震発生時に大きくすべる」というものである．井出は「これは何も言っていないのに等しい」と述べ，曖昧な概念であるにもかかわらず，確立した科学的知識のように見なされ，長期評価に使われていたことを批判した．

「アスペリティ」概念の生みの親である米国・カリフォルニア工科大の金森博雄も「アスペリティという概念は世界的にも，多くの研究者が使うよう

になりました．しかし，ほとんどの研究者は特定のアスペリティがいつもそれ自体で全く同じ地震を発生させるとは考えていません．アスペリティの空間的な分布は時間とともにあまり変わらなくても，複数のアスペリティが連動して破壊する仕方は，偶然に左右されて，きわめて多様に変化しうるわけです．日本では，アスペリティの位置だけでなくその破壊様式も固定的に扱われているような印象を受けます」と，日本の研究者たちが日本独自のアスペリティモデルにこだわりすぎたことを批判した[119]．

　長期評価のもう1つの基礎になった，同じ場所で同じような規模の地震がよく似た時間間隔で繰り返して発生するという固有地震説に対する批判もあった．東京大学理学部のロバート・ゲラーは，固有地震説に基づいて地震調査委員会が作成した地震動予測地図では震度6弱以上の揺れに見舞われる確率が比較的低いとされた地域で，東北地方太平洋沖地震をはじめ，2007年7月の新潟県中越沖地震，2008年6月の岩手・宮城内陸地震などが起きたことを指摘し，「地震の起こり方は定期的かつ周期的ではない．固有地震モデルの欠陥は明らかだ」などとして，地震動予測地図の作成をやめるべきである，と主張した[120]．

　地震発生にはある程度の規則性が見られるので予測可能であるという考え方の一方で，地震の発生は複雑であり，予測できないという考え方もある．国家プロジェクトとしてスタートした地震調査委員会は，長期予測を行うために地震発生の規則性を示す固有地震の考え方を採用した．この結果，地震発生の規則性ばかりが強調され，もう一方の地震発生の複雑さという面が忘れられてしまったのではないか，などとの批判もあった[121]．

　7.7節で紹介したように，GPS観測網のデータを解析すると，宮城県沖から福島県沖にかけてはプレート境界が100%近く固着している，との報告が複数あった．にもかかわらず，この報告を無視していたことを反省・批判する声も聞かれた[122]．

　金森らが過去の宮城県沖地震を再調査した論文によれば，宮城県沖ではプレートの沈み込みによって蓄積される歪のうち，70年間に地震によって解放された歪はその4分の1程度にすぎなかった．福島県沖から茨城県沖にかけてのプレート境界でも，過去1400年間大きな被害地震は数少ないので，

歪の収支は宮城県沖と同程度であると考えられた．一方，宮城県沖から福島県沖にかけてのプレート境界は100％近く固着しているというGPS観測網の解析結果が正しいとすると，プレート運動によって蓄積される歪のうち残り4分の3は，①GPSで検知できないようなゆっくりした非地震性のすべりによって解消されているか，②将来，超巨大地震か巨大津波地震，あるいは巨大サイレント地震が起きることによって解消される，のどちらかである，と金森は注意を喚起していた(123)．

金森は東北地方太平洋沖地震の後に「日本に来るたびにこの問題をどう考えているのか関係者に聞きましたが，あまりはっきりした答えは得られませんでした．GPSの観測とその解釈には大きな不確定性があると思っていたのかも知れません．…しかし，これだけの歪が溜まっていたら，なにか起こっているのではないかと，もう少し疑ってもよかったのではないでしょうか」と語っている(124)．

これに対して日本の地震研究者の多くは，GPSの海底観測点が少ないので，宮城県沖から福島県沖にかけて莫大な歪が蓄積されているかどうかはっきりしたことはいえない，と考えていたか，プレート運動によって蓄積された歪の大部分は，ゆっくりした非地震性のすべりで解消されている，と思い込んでいた．海洋研究開発機構の堀高峰らは「仮に海の観測データが十分にあり，すべり欠損分布〔歪の蓄積状況の分布〕がより詳細にわかっていたとしても，東北沖でM9を経験していなかったことや『震源の物理の理解不足』から考えて，すべり欠損を地震性すべりで解消する〔超巨大地震が起こる〕必然性があるという結論を導くことは，やはり難しかったのではないだろうか」と述べている(125)．

日本地震学会は東北地方太平洋沖地震の後，学会としての対応策や提言をまとめるために対応臨時委員会をつくった．その臨時委員会が9カ月間かけてまとめた報告書では，東北地方太平洋沖地震を予測できなかった原因として「震源の物理についての理解不足，つまり〔地震学の〕実力不足が第一であると考える」があげられた(126)．

地震調査委員会の長期評価や，地震動予測地図が確率で発表されることへの批判も出た．「確率は理解しにくい」「地震発生確率が低いと安心情報とし

て受け止められてしまう」などとの指摘は東日本大震災以前からあったが，数百年に1回程度しか起こらない規模の地震が起きたことによって，新たな論点が加わった．すなわち，確率を算出するためには，数多くのデータが必要である．ところが，われわれは歴史上限られた期間に起きた地震しか知らない，それによって次の地震の起きる可能性を予測しようというのは非常に危険なことではないか―との主張である．日本地震学会の対応臨時委員会の報告書も「巨大な災害を防ぐことを第一の目的とするなら，地震の発生確率よりも，その地域で発生し得る最大規模の地震や津波の調査にもっと努力が向けられるべきではないか」と述べている[127]．

　社会が地震学に期待するものと，地震学の実力には埋めがたいギャップがある，との指摘も多かった[128]．社会が最も強く求めているのは，大地震の発生可能性ではなくて，その「切迫度」である．その代表が「直前予知」である．「実力不足の地震学」には残念ながら，現在も近い将来も実用的な直前予知は困難である．しかし，社会には直前予知が可能であるかのごとき幻想が広がっている．信州大学の泉谷恭男らは「幻想を広めてしまったのが地震学者である以上，地震学者はそれを打ち壊す責任がある」などと述べ，地震の直前予知が困難なことを社会に丁寧に説明することの重要性を訴えた[129]．

　直前予知が可能であることを前提につくられた大規模地震対策特別措置法（大震法）や東海地震の予知をどう考えるべきかについても議論になった．大震法は，地震予知の可能性について社会に過大な期待を抱かせる要因になっている．東北地方太平洋沖地震では前節でも述べたように，地震の直前に起きるのではないかと考えられてきたプレスリップは観測されなかった．気象庁が，想定東海地震は予知できる可能性がある，としているのはプレスリップが観測できることに期待しているからであった．しかし，プレスリップは2003年の十勝沖地震でも観測されなかった．プレスリップは起きなかったか，起きていたとしても観測できないほど小さかったかのどちらかである．このため，地震予知ができることを前提にした大震法の科学的根拠は崩れたとして，大震法は見直すか廃止すべきである，との主張も行われた[130]．

　これに対して，地震予知連絡会の会長であった島崎邦彦は「東海沖と東北

沖はプレートの状況が異なる．今回の結果をもって，東海地震の予知ができないということにはならない」と語った(131)．気象庁地震予知情報課長の土井恵治も「前兆すべり〔プレスリップ〕がとらえられなかったことは事実だが，『なかった』と証明されたわけではない．東海地震の予知体制が否定されたわけではなく，今後も見逃さないように観測を続けていく」と述べた(132)．想定東海地震対策に当たる静岡県危機管理部の岩田孝仁も「人命の安全を図るのであれば，地震学の研究の英知を結集し決定論的な地震予知を目指すべきである」などと述べ，大震法体制を擁護した(133)．

こうした論議をまとめた日本地震学会の対応臨時委員会の報告書は，東海地震の予知情報は「経験科学の限界」を越えた情報であり，情報の不確かさに関する理解を徹底させる必要があるとする一方，大震法をどうするかは「科学だけでは答えを出せない問題」と位置付け，防災関係者や当事者との議論を深める必要がある，と述べている(134)．

一方，地震予知に関する社会の誤解を解消するためにも，「地震予知」は直前予知という意味だけに使うべきであり，中期的な予知や長期的な予知は「予測」という言葉を使うべきである，との主張もなされた(135)．また，「わかっていることとわかっていないことの両方を社会に正直に伝える」ことや「わかっていることでも，それがどの程度確かな根拠に基づいているのかを正直に伝える」ことの重要性，「不確かな根拠に基づいた情報を安易に社会に発信すべきでない」ことも，多くの論者によって強調された(136)．

なぜ東北地方太平洋沖でM9の巨大地震が発生したのか．それを説明するために多くの研究者によってさまざまなモデルが提出された．その多くは，摩擦構成則のパラメーターを適当に変えることによって，地震発生の説明を試みたものであった．なかには，海山が海溝に沈み込んでいることを考慮したものや，断層がすべる際に生じる多量の熱の役割を重視したもの，震源断層が海溝軸まで突き抜ける"すべり過ぎ"が生じた効果を取り入れたものなどもあった．しかし，こうした仮定の多くは観測事実を根拠にしたものではなく，現象を説明するための恣意的な仮定であった．いずれのモデルも一長一短で，すべての現象をうまく説明できるような考え方はまだない(137)．

気象庁が出した津波警報や警報システムについても，多くの地震研究者が

批判した．8.1節でも紹介したように，気象庁は東北地方太平洋沖地震の発生直後その規模を過小評価し，これが津波高さの過小評価につながり，多くの命が失われた．気象庁のマグニチュードの計算方式では，M8を超える大地震では過小評価になることは以前から指摘され，こうした事態を避けるためのさまざまな方法が提案されていた．

東北大学の長谷川昭は，気象庁の名前をあげることを控えながらも「津波警報の精度を，社会により役立つレベルにまで上げることは恐らく可能だった．それにも拘らずできなかった．そのことを目標とした組織的・系統的な取組み，例えばMの即時推定…等の努力が足りなかったからである」と批判した(138)．信州大学の泉谷恭男らも「その〔最新の研究成果を津波警報システムに組み込まなかった〕大きな理由は『日本付近ではM8を大きく超える地震は起きない』という誤った思い込みがあり，気象庁マグニチュードを基にした津波警報で十分という考え方があったためと推察される」などと述べた(139)．

中央防災会議の「日本海溝・千島海溝周辺海溝型地震に関する専門調査会」が2006年に出した津波の被害想定が過小であったことも問題になった．地震調査委員会の長期評価部会長であった島崎邦彦は「東北地方太平洋岸の北部にのみ高い津波を想定するという国の行政判断が，巨大津波の多大な犠牲者と原発事故をもたらした」などと主張した(140)．

東北大学の長谷川昭も，869年の貞観地震では仙台平野の内陸部まで津波が遡上して大きな被害をもたらしたことがわかっていたにもかかわらず，専門調査会が津波防災対策の対象とせず，「留意事項」にとどめたことを批判した．そして「『留意する地震』では，沿岸域の予測津波高に反映されず，従って社会にアピールできず，結果として被害軽減のために役に立たなかった．防災計画であれば，繰返し発生したことがはっきりしている地震だけでなく，予想される最大地震も検討対象とすべきである」などと述べた(141)．

中央防災会議もこうした批判を受け止め，「東北地方太平洋沖地震を教訓とした地震・津波対策に関する専門調査会」（座長＝関西大学教授・河田恵昭）を発足させた．同専門調査会が2011年9月に公表した報告書では，貞観地震などを「震度や津波の高さがはっきりしない」として津波対策の対象にし

なかったことを反省し,「今後, 地震・津波の想定を行うにあたっては, あらゆる可能性を考慮した最大クラスの巨大な地震・津波を検討していく」との方針を打ち出した(142). 南海トラフ地震対策が, この新方針に従って見直されたことは, 次節で紹介する.

相次いで起こる余震や誘発地震を前に, 地震研究者たちは「今度は『想定外』を避けなければ」という気持ちが強く働いたのであろう, 今後起こり得る地震の候補をあれこれあげた. 最も強くいわれたのは, 日本海溝の外側で正断層型の大地震が起きる可能性である. これは, プレート境界型の地震の直後に海溝の外側で正断層型の地震が起きる(あるいは, 逆の順番に起きる)例が, 近年しばしば見られたからである. 今回の東北地方太平洋沖地震の震源域の南に当たる房総沖や, 北に当たる青森県東方沖での地震も心配された. 1896 年の明治三陸地震の約 2 カ月後に, 岩手県と秋田県の県境付近を震央に陸羽地震が起きたことから, 内陸部でM 7 程度の地震が起きる可能性も指摘された. さらに, 首都直下の地震にも注意が必要だとされた. 東北地方太平洋沖地震の影響は今後 5-10 年程度続くであろう, と多くの研究者が考えた(143).

政府の地震調査委員会も 2011 年 9 月, ①糸魚川-静岡構造線断層帯の牛伏寺断層(松本市), ②立川断層帯(東京都立川市など), ③双葉断層帯(福島県), ④三浦半島断層群(神奈川県横須賀市など), ⑤阿寺断層帯(岐阜県下呂市など)では, 東北地方太平洋沖地震によって「地震発生確率が高くなっている可能性がある」と発表し, 注意を呼びかけた(144). これらの断層では東北地方太平洋沖地震の後, 日本列島が全体的に東に移動したことに伴い, 断層面にかかる摩擦力が低下したため, 地震前に比べて断層が動きやすくなった可能性がある. しかし, 地震発生確率がどの程度高くなったかは不明である, という.

地震に対する不安感を煽り立てるような報道も, 一部には見られた. その典型が 2012 年 1 月, M 7 級の首都直下地震が起きる切迫度が増している, と報じられた事例である. これを最初に報じた同年 1 月 23 日の『読売新聞』によると, 東京大学地震研究所の研究チームは, 東北地方太平洋沖地震によって首都圏でも地震活動が活発になっている状況を踏まえて, M 7 級の首都

直下地震の発生確率を試算したところ，今後 4 年以内に 70％という数字になった．この発生確率は，政府の地震調査委員会が首都直下地震について予測している「今後 30 年以内に 70％」という確率に比べて高く，「切迫性の高い予測だ」という内容であった(145)．この記事には，研究チームのリーダーである同研究所教授の平田直が「地震活動が活発な状態は数年から 10 年は続くと考えられる」とコメントしていた．この記事が出た後，『毎日新聞』を除いた各新聞やテレビが続々，同じ内容を報じた．

　この記事のもとになったのは，2011 年 9 月の東京大学地震研究所の毎月定例の談話会で，准教授の酒井慎一らが発表した研究であった．それによると，東北地方太平洋沖地震以降，首都直下に沈み込むフィリピン海プレートの境界などでの地震が増えており，大震災以降の 6 カ月間に首都圏で起きた M 3 以上の地震は 347 個で，過去の同じ期間に比べて 6.6 倍にもなった．こうした地震は，東北地方太平洋沖地震に誘発されたものであると考えた酒井らは，誘発地震活動にも①地震の数は時間に逆比例して少なくなるという余震の公式が当てはまると仮定し，かつ②大きな規模の地震の数はその規模に応じて指数関数的に少なくなるというグーテンベルグ・リヒターの式が当てはまると仮定して，今後 30 年以内に首都直下で M 7 以上の地震が起きる確率を試算した．『毎日新聞』は地震研究所談話会での発表直後に，この試算の結果を「今後 30 年以内に 98％」と報じていた(146)．

　『読売新聞』などが報じた「今後 4 年以内に 70％」も，『毎日新聞』の「今後 30 年以内に 98％」も同じ研究から導き出された数字である．『読売新聞』は「今後 4 年以内」に着目したことによって，世間の注目を集めたのである．しかしながら，この確率が試算された時点は，2011 年の 9 月である．2012 年 1 月には，発生する誘発地震の数も減っていた．このため，古い数字を直近の数字であるかのように報じた『読売新聞』などの報道は，研究者などの間で問題になった．京都大学の防災研究所の准教授であった遠田晋次が同じ計算手法で，2012 年 1 月 21 日までのデータをもとに計算すると，首都直下で M 7 以上の地震が起きる確率は「5 年以内に 28％」「30 年以内に 64％」になった(147)．

　東京大学地震研究所の平田らも 2011 年 12 月 31 日までのデータをもとに

計算すると，発生確率は「4年以内に50％以下」に減っていた(148)．さらに2012年1月25日までのデータをもとに計算すると，「5年以内に20％〜60％」へと低くなった(149)．誘発地震の減り方は余震の減り方よりも急激であり，誘発地震の減り方も余震の減り方と同じ式で予測できるという仮定が誤っていたのである．不確かな根拠に基づいて研究発表した地震研究者の側にも問題があった，といえよう．政府の地震調査委員会も2012年2月の委員会で，東京大学地震研究所の研究チームの試算は精度が低い，として「今後30年以内に70％」とした首都直下地震の予測を変更しないことになった(150)．

以上のような報道があったことも影響したのであろう．東日本大震災の後，社会には地震への不安が広がった．たとえば，読売新聞社が2011年9月に全国の3000人を対象に行った世論調査によると，「住んでいるところで大地震が起きるのではないかと不安を感じている」人の割合は78％を占め，2002年以来計4回の調査で最高の数字になった(151)．

内閣府が2013年末に全国の5000人を対象に行った防災に関する世論調査でも，「家族や身近な人と災害が起きたらどうするかなどの話合いをしたことがあるか」との問いに「ある」と答えた人の割合は，62.8％になった．2002年の同じ調査と比べると「ある」と答えた人の割合は27.9％も増えた．具体的にイメージする災害として80.4％の人が「地震」をあげた(152)．

以上に見てきたように，「地震予知の失敗」(153)が国会や一般社会で議論になることは少なかった．世間の批判は，福島第一原発での事故に集中したからである．なぜ予測ができなかったのか，などが語られたのは，主に地震研究者の間に限られた．社会に向けては，新たに起こりそうな大地震について次々に警告が発せられ，観測体制のさらなる拡充・強化が必要である，とのPRがなされたのであった．

8.3　東日本大震災後の行政の対応

東日本大震災の後，地震予知研究を含めた地震研究のあり方が，政治の場で議論されることはほとんどなかった．地震調査研究推進本部の長期予測が

失敗した問題や，気象庁の津波警報が津波の高さを過小評価していた問題，さらには中央防災会議の津波想定も過小であった問題などは，各省庁の対応に任された．この節では，東日本大震災で明らかになった課題に，各省庁や研究機関がどのような改善策を出したかを中心に，東日本大震災後の地震研究を取り巻く状況を紹介しよう．

　地震調査研究推進本部の地震調査委員会が行ってきた長期評価では，東北地方太平洋沖地震のような巨大地震が起きることは「想定外」であった．このため地震調査委員会は 2011 年 6 月，海溝型地震の長期評価方法を今後は見直すことを決めた[154]．新しい評価方法では，より長期間の地震活動を考慮するために津波堆積物調査や海底の活断層調査結果などを活用するほか，海底の地殻変動観測結果などに基づいて地殻の歪の状態を評価に反映させる，などとしている．しかし 2014 年 12 月現在，新しい評価方法はまとまっていない．地震調査委員会は津波の予測も行うために，2013 年 2 月，津波評価部会を設置することも決めた[155]．

　一方，陸域の活断層については，これまで個々の活断層ごとに長期評価する手法を改め，地域単位で複数の活断層を総合的に評価する「地域評価」を行うことになった．この方針は 2010 年に公表されていた．地震調査委員会は「地域評価」の第 1 弾として，九州地域についての評価結果を 2013 年 2 月に公表した[156]．それによると，評価対象になる活断層はこれまでの 9 断層帯から 28 断層帯に増えた．個々の活断層の長期評価結果を積算すると，九州地域全体では今後 30 年以内に M 6.8 以上の地震が起きる確率は 30-42%となった．地域別に見ると，活動度の高い活断層が多い九州中部では地震発生確率が 18-27%と九州北部（約 9%）や九州南部（約 8%）と比べ，高くなっている．

　地震調査委員会が 2005 年以降毎年公表していた地震動予測地図についても，東日本大震災の後，種々の問題点が指摘された．たとえば，東北地方太平洋沖地震では福島県や茨城県北部，栃木県北部でも震度 6 強を観測したのに，地震動予測地図では震度 5 弱程度の揺れしか予測していなかったことなどである[157]．発生間隔が長い活断層によって起こる地震をどのように予測に反映させるかという点は，以前から課題になっていた．このため，地震調

査委員会は 2011 年から地震動予測地図の公表を取りやめ，発生確率の低い大規模な地震を予測地図にどう反映させるかなどについて検討を重ね，2014 年 12 月に「全国地震動予測地図 2014 年版」を公表した．2014 年版では，震源断層が特定しにくい地震について，その規模をこれまでよりも大きくするなどの改訂が加えられている．この結果，「今後 30 年以内に震度 6 弱以上の揺れに見舞われる確率」では，北海道南部や青森県の太平洋側や首都圏などの確率が従来の地図に比べて高くなっている[158]．

地震調査研究推進本部は東日本大震災の反省に基づき，2009 年に策定した「新総合基本施策」を 2012 年 9 月に改訂した[159]．それによると，東北地方太平洋沖地震を予測できなかった原因として，プレート境界にたまった歪の多くは，地震動を発生しないゆっくりしたすべりなどによって解消されると思い込んでいたことなどに加えて，過去の地震発生の履歴や海底の地殻変動の観測データなどが不足していたことをあげている．今後は，巨大地震を評価対象に含められるように長期評価手法を見直すと同時に，歴史地震の研究や津波堆積物の研究をさらに充実させることが必要である，としている．さらに，長期評価の精度向上のためにも，津波予報や緊急地震速報の改善のためにも，海底の地殻変動観測網や海底地震観測網を整備することが重要である，とも述べている．

この「新総合基本施策」の改訂をまたず，海底地震津波観測網の整備は 2011 年度の補正予算案に盛り込まれた．新たな観測網は「日本海溝海底地震津波観測網」と呼ばれる．北海道沖から房総沖までの日本海溝の海溝軸を取り巻く海底の計 154 カ所に地震と津波の観測点を設け，総延長 5000 km 超の海底ケーブルで結んで，観測データをリアルタイムで気象庁などに送り，地震や津波の監視に役立てる[160]．総費用 300 億円を超える大プロジェクトで，うち約 77 億円が 2011 年の第 3 次補正予算に，126 億円が 2012 年の当初予算に計上された．観測網整備は防災科学技術研究所が担当し，2015 年からの運用を目指している．

房総沖と相模湾，遠州灘，熊野灘にはすでに気象庁や海洋研究開発機構などの海底地震観測網があり，紀伊半島沖から四国沖にかけても海洋研究開発機構が大規模な海底地震津波観測網を整備中である．日本海溝海底地震津波

観測網が完成すると，北海道から四国沖までの太平洋岸はすきまなく海底地震観測網で覆われることになる．

気象庁の津波警報の改善への取り組みも早かった．2011年6月に外部の有識者を交えた改善のための勉強会を立ち上げ，同年9月には改善策の方向を打ち出した(161)．2012年2月には別の検討会の結論を得て，具体的な改善策をまとめた(162)．

それによると新しい津波警報では，津波警報を地震発生後3分以内に発信するため，第1報では気象庁マグニチュードに基づいて予想される津波の高さを発表する方式は維持する．しかし，地震の規模が過小評価になっている可能性がある場合には，津波の高さを数値ではなく「巨大」と発表する．大きな揺れでも振り切れない広帯域地震計を全国に整備し，地震後15分程度に地震の正確なマグニチュードに基づいて，より確度の高い情報に更新する．さらに，東北地方の太平洋沖約300 kmにブイ式海底津波計3台を配置し，すでに整備されているGPS波浪計やケーブル式海底水圧計の観測データも合わせて，津波情報の更新に活用する．沖合いでの津波の観測値も公表し，早目の避難を促す．しかし観測値が小さく，発表すると「安心情報」と誤解される恐れがある場合には，観測数値は発表しない．予想される津波の高さに応じて大津波警報（3 m以上），津波警報（1-3 m），津波注意報（1 m以下）と3種類に分ける情報の名称は変えないが，8段階あった予想される津波の高さを5段階に簡略化することになった．新しい津波警報は2013年3月から実施された(163)．

気象庁が2007年10月から本格運用を始めた緊急地震速報も，東日本大震災で新たな課題が明らかになった．緊急地震速報システムは，宮城県石巻市の観測点で東北地方太平洋沖地震の最初の地震動を検知してから約8秒後に，東北地方に警報（震度5弱以上）を出した．東北地方では強い揺れ（S波など）が到着するまでに15秒程度の余裕があった．しかし，関東地方では震度4以下と予測されたため，警報が出なかった．実際には関東地方でも，多くの地点で震度6強や震度6弱が観測された．この過小評価の原因は緊急地震速報システムも，地震計で記録されたP波の最大の振幅から地震の規模を推定していることにあり，M8以上の巨大地震ではマグニチュードを過小評

価してしまうことが以前から指摘されていた．過小評価を避ける方法として，観測された地震動から予測地点の地震動を直接計算する手法を採用することが検討されている(164)．

緊急地震速報は，東北地方太平洋沖地震の後に相次いだ余震や誘発地震にもうまく対応できなかった．2011 年 3 月 11 日の本震から同年 8 月 1 日までに警報が計 114 回出されたが，このうち実際に震度 5 弱以上が観測されたのは 36 回だけで，21 回はどこの地点でも震度 2 以上の地震は観測されなかった．誤報になったのは，違う地点を震源とする複数の地震がほとんど同時に起きたために，地震の規模を過大評価してしまうケースが多かったためである．この問題に対応するため，予報の対象にならないような地震を計算の対象からはずす，などシステムの計算プログラムが変更された(165)．

東日本大震災では長周期地震動の影響で，震度 3 であった大阪市の高層ビルで被害が出るなど，気象庁の発表した震度と高層ビルでの被害との差が表面化した．高さ 45 m 以上の建物や長大な橋，石油タンクなどでは，周期 1.5 秒以上の揺れの影響を強く受ける．これに対して，気象庁の発表する震度は，低層建物が影響を受けやすい周期 1 秒前後の揺れの強さをもとに計算しているからである．このため気象庁は，長周期地震動の影響を受けやすい高層ビルなど向けに，周期 1.5 秒から 8 秒の地震動の強さを表した新たな震度情報を発表することになり，有識者を交えた検討会を発足させた．そこでの検討結果を受け，気象庁では長周期地震動の観測情報を発表することになった(166)．

長周期地震動の観測情報は，4 階級からなる「長周期地震動階級」に従って発表される．階級 1 は「室内にいたほとんどの人が揺れを感じる」，階級 2 は「物につかまらないと歩くことが難しいなど，行動に支障を感じる」，階級 3 は「立っていることが困難になる」，階級 4 は「はわないと動くことができない」などである(167)．「長周期地震動に関する観測情報」は，2013 年 3 月末から気象庁のホームページに試行的に掲載され始めた(168)．気象庁では将来，緊急地震速報のような長周期地震動の予測情報を出すことも検討中で，そのための研究開発を進めている(169)．

地震津波対策の中心をになう中央防災会議や内閣府も，従来の地震津波対

策を大幅に見直した．中央防災会議は「中央防災会議が2006年に出した報告書では，宮城県や福島県での津波の被害想定が過小になり，被害の拡大につながった」との批判を受け止め，2011年5月「東北地方太平洋沖地震を教訓とした地震・津波対策に関する専門調査会」（座長＝関西大学教授・河田恵昭）を発足させた．

同専門調査会が2011年9月に公表した報告書は「今回の津波が想定を上回る浸水域や津波高さなどであったことが，被害の拡大につながったことも否めない」「過去に発生したと考えられる869年貞観地震，1611年慶長三陸沖地震，1677年延宝房総沖地震などを考慮の外においてきたことは，十分反省する必要がある」などと述べた．そして「今後，地震・津波の想定を行うにあたっては，あらゆる可能性を考慮した最大クラスの巨大な地震・津波を検討していく」との方針を打ち出した[170]．

そして今後の津波防災対策は，①最大クラスの津波と，②発生頻度の高い津波の2段階に分けて対応する，との考え方を示した．すなわち，①最大クラスの津波に対しては，住民の避難を中心とした総合的な防災対策で対応するが，市町村の庁舎，警察署，消防署，病院などは最大クラスの津波に際しても機能が維持できるよう立地選定を考える．②発生頻度の高い津波に対しては，防潮堤などの海岸保全施設を整備することによって対応する，などとしている．

「今後は最大クラスの巨大な地震・津波を想定する」との方針は，従来の東海地震対策，東南海・南海地震対策の一本化につながった．フィリピン海プレートが南東から沈み込んでいる南海トラフでは，1707年には想定東海地震や東南海地震，南海地震の震源域が同時に動いた宝永地震が起きている．中央防災会議が2003年につくった「東南海・南海地震対策大綱」では，「今後東海地震が相当期間発生しなかった場合には，東海地震と東南海・南海地震が連動して発生する可能性も生じてくると考えられるため，今後10年程度経過した段階で東海地震が発生していない場合には，東海地震対策と合わせて本大綱を見直すものとする」と書かれていたからでもある．

中央防災会議は2011年8月，南海トラフでの最大クラスの巨大地震はどのようなものになるかを検討するために「南海トラフの巨大地震モデル検討

会」(座長＝東京大学名誉教授・阿部勝征)を設置した．検討会は2011年12月，南海トラフで発生する巨大地震の想定震源域・津波波源域をまとめ，発表した(171)．

それによると，巨大地震の想定震源域・波源域は，東北地方太平洋沖地震では海溝軸近くのごく浅いプレート境界でも大きくすべるなどしたことを踏まえ，従来の想定東海地震，東南海地震，南海地震の震源域を大幅に広げる必要がある(図8-3)．すなわち，従来はプレート境界の深さ10-30 kmの部分で地震や津波が起きると考えてきたのに対し，プレート境界の深さ0-40 kmの部分で地震や津波が起きる，と考える必要がある．震源域の東・北端は従来通り駿河湾に延びる富士川河口断層帯の北端部でよいが，従来四国・足摺岬の西側までとしていた西端部は，震源域が日向灘にまで延びる可能性があるので，鹿児島県・都井岬付近までとする．想定震源域・波源域の

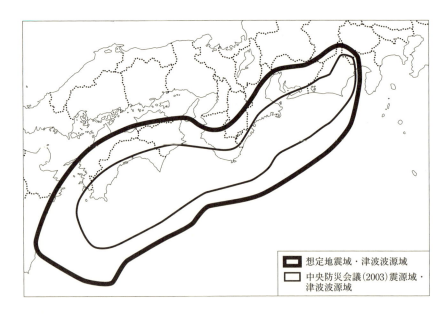

図8-3 「南海トラフの巨大地震モデル検討会」が決めた南海トラフ地震の新しい想定震源域
(南海トラフの巨大地震モデル検討会『南海トラフの巨大地震モデル検討会中間とりまとめ』51頁の図をもとに作成)

面積は約 14 万平方 km となり，これをもとに M_w を試算すると 9.1 になる．

検討会はこの想定震源域・波源域に基づいて，2012 年 3 月には南海トラフ巨大地震が起きた場合の各地の震度分布や津波高さの試算結果を発表した(172)．それによると，想定震源域・波源域のどこで大きなすべりが生じるかなどによって，震度分布では 5 ケース，津波高さでは 11 ケースが考えられる．各ケースで試算した結果の最大値を，最大クラスの震度分布と津波高さと呼び，防災対策の基礎資料とすることになった．

最大クラスの震度分布を見ると，震度 6 弱以上になる地域は神奈川県西部から宮崎県にかけての 24 府県 687 市町村の約 6.9 万平方 km になり，従来の 3 倍以上に広がった．静岡県から宮崎県の太平洋岸の 7 県（大分県を除く）と兵庫県，香川県，愛媛県の計 10 県の一部では震度 7 になる．最大クラスの津波高さが 10 m 以上になる地域は，東京都の伊豆諸島と，静岡県から鹿児島県までの太平洋岸の 11 都県 90 市町村に及び，従来の 2 県 10 市町村から大幅に増えた．伊豆諸島，静岡県，愛知県，三重県，徳島県，高知県の一部では 20 m 以上の津波が想定される．報告書は，こうした最大クラスの地震・津波の発生確率や発生時期を予測することは「現在の科学的知見の下では不可能に近い」と述べている．

南海トラフの巨大地震対策を検討するために，中央防災会議は 2012 年 4 月，「南海トラフ巨大地震対策検討ワーキンググループ」（主査＝関西大学教授・河田恵昭）を設置した．同ワーキンググループは同年 8 月，南海トラフ巨大地震が起きた場合に想定される人的，物的被害の推計結果を発表した(173)．被害は起きる季節や時間，断層面のすべりがどこで大きくなるかなどによって大きく変わるが，死者が最大となるのは避難しにくい冬の深夜に起きた場合で，東海地方に最も大きな被害が出るケースでは死者は約 32 万 3000 人になる．うち津波による死者が約 23 万人，建物の倒壊などによる死者が約 8 万 2000 人に達する．在宅率の低い夏の正午に起きる場には死者が少なくなり，四国や九州で被害が大きくなるケースでは死者は約 3 万 2000 人になる．いずれのケースでも津波警報に従って住民が早期避難をしたり，津波避難ビルを整備したり，建物の耐震化を進めたりすることなどによって死者数は 10 分の 1 程度に減らせる，という．

同ワーキンググループは 2013 年 3 月には，南海トラフ巨大地震が起きた場合に想定される社会・経済的な被害推計を公表した(174)．それによると，東海地方から九州にかけての工場や道路，鉄道，港湾設備のほか，上下水道，電気，電話などのライフラインなどにも大きな被害が出ると予想され，約 950 万人が避難生活を余儀なくされる．直接・間接的な経済的被害は最悪のケースで計 220 兆円に達する．建物などの耐震化を進めることによって，直接的な経済的被害約 170 兆円は，半分程度に減らせる，ともいう．
　中央防災会議はまた，南海トラフで発生する巨大地震の発生時期や規模を予測できるかどうかを調べるために「南海トラフ沿いの大規模地震の予測可能性に関する調査部会」（座長＝名古屋大学教授・山岡耕春）を 2012 年 7 月に設置した．同調査会は 50 歳代以下の地震学者 6 人で構成されている．「予知可能性」ではなく「予測可能性」になったのは，東日本大震災の後に顕著になった，「予知」は「直前予知」の意味でだけ使うべきだ，との批判の声に配慮したためだと考えられる．同調査会は 2013 年 5 月，これまでの地震予知研究の成果をまとめる形で，南海トラフの巨大地震についても「規模や発生時期に関する確度の高い予測は難しい」との報告をまとめ，公表した(175)．
　それによると，気象庁は想定東海地震の直前には，固着していたプレート境界がゆっくりすべり始める前兆すべり（プレスリップ）が起きることを想定し，これを検知するための観測網の整備に力を入れている．しかし，これまでのところ地震の直前に前兆すべりを確実にとらえたと見られる観測例はない．1944 年の東南海地震の前に観測された地殻変動は，前兆すべりによるものではないかと考えられてきたが，現在では前兆すべりによるものとするには疑わしい点がある．国際的にも前兆すべりなどの前兆をもとにした確実性の高い地震予測は困難である，との認識で一致している．報告は「このような状況の中，東海地震に関する情報の発表の根拠や内容及び大規模地震対策特別措置法で定められる警戒宣言が発表された際の地震防災応急対策の内容が，現在の科学の実力に見合っていないという認識が強まっている」と述べている．
　さらに報告書は，南海トラフでは大地震が繰り返し起きているものの，同

じ地震が繰り返し起きているわけではなく，多様性が見られる．したがって，震源域の範囲を事前に高い確度で予測することは難しい．南海トラフでは日本海溝沿いの地震に比べて，前兆すべりを検知し得る可能性が相対的に高いと考えられるが，検知限界を下回るすべりからいきなり地震に発展することや，あるいはすべりが検知されたとしても地震が発生しないことがあり得る——などと南海トラフ巨大地震の発生時期とその規模の予測の困難さを強調している．

同調査会の報告を受けた「南海トラフ巨大地震対策検討ワーキンググループ」は 2013 年 5 月，巨大地震の被害を少なくするための対策をまとめた最終報告を公表した(176)．それによると，最大クラスの津波から「命を守る」ための対策として，避難路や避難階段，津波避難ビルなどの整備を進める一方，各自治体が津波ハザードマップの見直しや作成に取り組み，市町村庁舎や学校，警察署，消防署，病院などの施設を最大クラスの津波がきても浸水しない場所に移転すること，などがあげられている．同時に，建物の耐震化をさらに進めるべきことも強調されている．

報告書は，南海トラフ巨大地震について確度の高い予測は難しいとする一方で，「地震予測は，地震・津波から人命を救う上で重要な技術であり，今後とも研究を進める必要がある」と主張している．また巨大地震の発生頻度がどの程度であるかを明らかにするための調査研究を実施する必要がある，とも述べている．

中央防災会議のこうした動きを受けて，国会では 2013 年 11 月，全会一致で「南海トラフ地震に係る地震防災対策の推進に関する特別措置法」を成立させた(177)．この法律は 2002 年に成立した「東南海・南海地震に係る地震防災対策の推進に関する特別措置法」の一部を改正したものである．南海トラフ地震が発生した場合に著しい被害が生じる恐れのある地域を，国が地震防災対策推進地域に定め，国や地方自治体などはそれぞれ対策計画を作成しなければならない，という規定は変わらない．

その一方で，南海トラフ地震防災対策特別措置法では新たに，著しい津波災害が生じる恐れのある地域を，国が津波避難対策特別強化地域に指定し，この特別強化地域内で津波から避難するための施設を整備する場合には，国

の財政援助を増やすとの条項が加えられた．すなわち，津波避難ビルや避難路，避難階段を整備する場合には，国の補助率を通常の2分の1から3分の2に引き上げる．津波に備えて集落を高台移転する場合には，それに伴って移転する学校や病院など公共施設の用地造成費の4分の3を，国が負担する．

対策推進地域や特別強化地域の指定に当たって内閣総理大臣は「南海トラフ地震として科学的に想定し得る最大規模のものを想定して行なう」との条項も盛り込まれている．東南海・南海地震防災対策特別措置法には，将来，東南海・南海地震の予知が可能になった場合には対策推進地域は大規模地震対策特別措置法の地震防災対策強化地域に移行するとの条項があったが，この条項は削除された．

政府は2014年3月末，南海トラフ巨大地震によって茨城県から沖縄県までの29府県の707市町村では震度6弱以上の揺れが想定されたり，3m以上の津波が想定されたりするとして，地震防災対策推進地域に指定した．うち139市町村では地震発生から30分以内に津波で30cm以上浸水する恐れがあるとして，津波避難対策特別強化地域に指定した[178]．

これとは別に国土交通省は，都道府県知事に最大クラスの津波が襲った場合にどこまで浸水するかを示すハザードマップの作成と公表を義務付けるなどした「津波防災地域づくりに関する法律」を国会に提出し，2011年12月に成立した[179]．これに伴って国土交通省，内閣府，文部科学省は「日本海における大規模地震に関する調査検討会」（座長＝東京大学名誉教授・阿部勝征）をつくり，2014年9月，日本海に面する16道府県が津波浸水深を想定する際に参考となる断層モデルなどを示した[180]．この報告書では，日本海に存在する全部で60の断層について，それぞれどの程度の規模の地震や津波を起こすかを推定し，地震の規模はM 6.8-7.9，津波の高さは2.6-23 mとしている．

「今後は最大クラスの巨大な地震・津波を想定する」との方針を受けて，中央防災会議は首都直下地震対策を見直すために2012年春，「首都直下地震対策検討ワーキンググループ」（座長＝野村総合研究所顧問・増田寛也）と，「首都直下地震モデル検討会」（座長＝東京大学名誉教授・阿部勝征）を相次いで設置した．2005年9月につくられた首都直下地震対策大綱では，M 7ク

ラスの地震しか想定しておらず，相模トラフ沿いなどで起こり得る最大クラスの地震像を検討するのが，地震モデル検討会設置の目的であった．

　地震モデル検討会は，首都直下で起きるM 7クラスの地震19のほかに，相模トラフ沿いで起きる最大クラスの地震についても各地の震度分布や津波の高さを推計し，2013年12月に報告書をまとめた(181)．これによると，相模トラフで起き得る最大クラスの地震は，国府津-松田断層から房総沖に延びる相模トラフ沿いの長さ約250 km，幅約200 kmにわたる断層面を境に平均約8 mすべるもので，Mは8.7になる．この地震が発生すると，神奈川県の広い範囲と東京都心の一部などで震度7の揺れになるほか，東京都，神奈川県，千葉県の大部分と埼玉県と茨城県の約半分は震度6弱以上になる．神奈川県，千葉県の太平洋岸では10 m以上の津波に襲われ，東京湾内でも津波の高さは3 m程度になる．

　これに対して，地震対策検討ワーキンググループが2013年12月にまとめた最終報告では，相模トラフ沿いで起こる最大クラスの地震の発生間隔は2000-3000年で「次に発生するとは考えにくい」として，防災対策の対象とはしないことになった．防災対策の対象として考えられているのは，フィリピン海プレートの内部で起きるM 7.3の地震で，震央が首都中枢機能への影響が大きいと考えられる都心南部にある地震である．この地震が発生すると埋立地のごく一部で震度7になり，都心を中心に半径約50 kmが震度6弱以上になる(182)．震度分布は2005年の首都直下地震対策大綱で想定された東京湾北部地震（M 7.3）とほとんど変わらない．

　地震対策検討ワーキンググループの最終報告では，都心直下南部地震が発生した場合の被害も推計した．それによると，地震発生直後から同時多発火災が起き，木造住宅密集地域を中心に大規模な延焼火災が発生するため，死者は最大約2万3000人になる．約41万棟の建物が焼失し，地震によって倒壊する建物を合わせると，全壊建物は最大61万棟になる．経済的な直接の被害は47兆4000億円にのぼり，間接的な影響は全国に及び，47兆9000億円になる．東京湾北部地震を対象にした2004年の被害想定（死者1万1000人，全壊建物は85万棟，経済的被害約112億円）に比べると，死者が2倍以上に増える一方，建物被害や経済的被害は少なくなる，というちぐはぐな

想定になっている．また，首都直下地震対策の進め方として，2005 年に決まった首都直下地震対策大綱で示された施策に今後も継続的に取り組んでいくことなどがあげられている．

　首都直下地震対策検討グループが，相模トラフ沿いで起こる最大クラスの地震を地震対策の対象からはずした理由は，最大クラスの地震を想定すると首都圏の被害は莫大なものになり，海外企業などの日本離れにつながる，というものであった．この報告に対し「南海トラフ巨大地震対策検討ワーキンググループ」の座長の河田惠昭は「『想定外』をなくすという東日本大震災の教訓が生かされていない」などと批判した(183)．

　国会では 2013 年 11 月 22 日，中央防災会議の「首都直下地震対策検討ワーキンググループ」の最終報告を待つことなく，首都直下地震が発生した場合に首都中枢機能を維持することに重点をおいた首都直下地震対策特別措置法が成立した(184)．この法律は，首都直下地震が起きた場合も首都機能を維持するために，政府が緊急対策推進基本計画などの策定を義務付ける一方，この計画に基づいた事業には建築基準法の規制を緩和することなどが盛り込まれている．政府は 2014 年 3 月末，10 都県の 310 市町村を同法に基づく緊急対策推進区域に指定した(185)．

　2009 年度から始まった「地震及び火山噴火予知のための観測研究計画」も，東北地方太平洋沖地震の発生可能性を指摘できなかった，として見直された(186)．文部科学省の科学技術・学術審議会（会長＝理化学研究所理事長・野依良治）が 2012 年 11 月に出した計画見直しの建議は，東北沖で超巨大地震が起きることを予測できなかった理由として，①単純なアスペリティモデルにとらわれすぎていた，②海溝軸付近での観測データが不足していたために，海溝軸付近はプレート間の固着が弱く，常にずるずるとすべっていると思い込んでいた，③津波堆積物調査などを含む古地震調査の研究成果を取り入れる努力が不足していた，の 3 点をあげた．その上で建議は，地震発生についての基本的考え方であったアスペリティモデルを再検討すると同時に，超巨大地震の現象解明と予測，そのため観測技術の開発を新たに計画に盛り込むことなどを提言した．

　2013 年度で終了する「地震及び火山噴火予知のための観測研究計画」を

どうするかも議論になった．文部科学省は，この点について外部の有識者の意見を聞くために 2012 年 5 月，外部評価委員会（主査 =『ニュートン』編集長・水谷仁）を設けた．外部評価委員会は 4 回会合を開いただけで同年 10 月，「社会の防災・減災に役立つ研究の実施と成果の社会への発信が強く求められている」とする外部評価報告書をまとめ，提出した[187]．報告書は，これまでの研究の進め方について大幅な見直しが必要であることを強調すると同時に，見直しの方向として「本計画の本来の目的は『国民の命を守る実用科学』の推進であることから，今後は，観測研究計画の策定や各個別研究課題を選定する際に，学術的観点のみならず，防災・減災に貢献する実用科学という観点にも配慮する」と述べるなど，「実用科学」という言葉を多用しているのが特徴である．

科学技術・学術審議会も 2013 年 1 月，「東日本大震災を踏まえた今後の科学技術・学術政策の在り方について（建議）」を出した[188]．この建議も，「東日本大震災発生の可能性等を事前に国民に十分伝えられなかったこと及び発生後に適切な措置が十分に取られなかったことが，被害の深刻化を招いたことに鑑み，地震及び防災に関する従来の取組を十分検証する必要がある」と述べ，今後は地震，火山，防災分野だけでなく人文・社会科学も含めた総合的かつ学際的な研究体制を構築し，防災や減災に貢献できるような計画を策定すべきことを強調している．

こうした経緯を踏まえ，科学技術・学術審議会は 2013 年 11 月，「地震及び火山噴火予知のための観測研究計画」の名称を「災害の軽減に貢献するための地震火山観測研究計画」と変え，2014 年度から 5 年計画で実施することを求めた建議を関係各大臣に出した[189]．それによると新計画では，地震と火山噴火の予知を目指すこれまでの方針に加えて，災害を引き起こす地震動や津波，火山灰，溶岩の噴出などの予測にも力を入れ，防災・減災に貢献することを最終的な目標と位置付けている．具体的には，これまでの地震・火山現象の解明・予測のための研究に加えて，新たに「災害誘因予測のための研究」を設け，理学，工学，人文・社会科学など総合的な見地から研究を進める，ことをうたっている．

これによって新計画は，工学や人文科学，社会科学の研究者にも開かれた

ものになり，一層間口の広いものになった．他方，地震災害の軽減に貢献するとの考え方は，阪神・淡路大震災後につくられた地震調査研究推進本部と共通している．このため，「災害の軽減に貢献するための地震火山観測研究計画」と，推進本部が2012年に改訂した「新総合施策（新たな地震調査研究の推進について）」の内容はきわめて類似したものになった．関係者の間では，「地震及び火山噴火予知のための観測研究計画」は研究者からボトムアップされた計画であり，「新総合施策（新たな地震調査研究の推進について）」は政府の施策，と説明されてきたが，「災害の軽減に貢献するための地震火山観測研究計画」が「実用科学」を強く意識したものになったことによって，2つの計画の違いは一層不明瞭になった．

東日本大震災後，地震・津波観測網を拡充・強化するために，政府の地震調査研究予算は大幅に増額された．震災が起きる前に編成された2011年度の政府予算案での地震調査研究関連予算は約135億円であった．それが震災後の補正予算で計約300億円が増額された．2012年度当初予算は356億円にもなり，補正予算でさらに約59億円が増額された．2013年度も当初予算約210億円，補正予算が約57億円もついた．2014年度当初予算は118億円と，従前の額に戻ったが，地震調査研究は焼け太りした，とも言われた．

8.4 東日本大震災後の地震研究

こうした状況下で，地震学はどのように変わっていくのか，まだその姿は見えない．その中で有力になりつつあるのは，リアルタイムの地震・地殻変動・津波などの観測データをもとに，地震や津波が発生した後で従来よりもいち早く，地震動や津波などの大きさを予測する手法の開発である．「リアルタイムモニタリング」などと呼ばれる．これまで「将来発生する地震の予知・予測に関する学術的検討」の場であった地震予知連絡会でも，2014年2月の定例会で重点検討課題として取り上げ，今後も研究を続けることになった[190]．

たとえば，気象庁気象研究所では緊急地震速報の震度の推定に使う新しい手法の研究を進めている[191]．これまでの緊急地震速報では最初に観測され

た縦波（P波）から，その地震の震源とその規模を推定して，各地の震度を予測している．新しい方式は，各地の地震計で観測された地震動の強さと伝播方向から，それがどのように伝わっていくかを方程式によって計算し，各地の震度を推定する．震源まで戻る必要がないので，予測時間が速い上，地震の規模の過小評価という問題も避けられる．

　この手法は津波の予報の改善にも役立つ．すなわち，海底水圧計などによって観測された津波の高さをもとに，その津波がどのように伝わっていくかを直接計算して，各地の津波の高さを予測できるようになる．これまでの津波警報は，起こった地震の規模を推定し，その規模に基づいて予め計算しておいたデータベースに当てはめ，津波の高さを予報する方式をとっていた．新方式では，震源まで戻ることなく津波の高さが予測できるので速くなる上，やはり地震の規模の過小評価などの問題を避けることが可能になる．

　国土地理院は東北大学と共同で，GPS観測網（GEONET）のデータを用いて，地震後3分程度で自動的に地震の規模や断層モデルを推定する方法を開発し，2012年春から試験運用を始めた[192]．この方法は，1秒ごとに更新される全国約1200点の地殻変動データから，地震を起こした断層のずれの量などを求めて，巨大地震の規模を推定する．東北地方太平洋沖地震の後で，この方法で地震の規模を推定したところ，発生から3分10秒後にM 8.7と計算された[193]．気象庁が現在使っている地震計の最大振幅から求める方法よりも，はるかに正確性が高い．将来，気象庁の津波予測システムに組み入れるべく，実用化に向けた研究が進んでいる．

　また，海洋開発研究機構では太平洋側に整備される海底観測網の観測データを使って，プレート境界でのすべりの状態を把握し，それがどのように推移してゆくかを予測するシステムの開発を進めている[194]．

終章 地震予知研究の歴史を振り返って

　日本での地震予知研究の歴史は，1965年の第1次地震予知研究計画とともに始まった，と語られるのが通例である．しかしながら，そうした歴史認識は誤りである．それ以前にも豊富な歴史が存在する．地震を予知することを目指して，組織的・体系的な研究が始まったのは，1880年の日本地震学会の創設までさかのぼることができる．以来，130年以上にわたる歴史を，第1章から第8章で紹介してきた．地震がなぜ起こるのかについての知識は，130年前に比べて格段に増えた．にもかかわらず，地震の起こる場所，その規模，起こる時間を前もって正確に予測するという地震予知研究の目標までの距離はまだ遠い．それどころか，地震予知研究は行ったりきたりの繰り返しのようにも見える．だとすれば，これまでの地震予知の研究は一体何であったのか，なぜ大きな進展が見られなかったのだろうか，などといった疑問が生じる．こうした疑問に答えるとともに，地震予知研究のあるべき姿について具体的な提案を示すのが，この章の役割である．

9.1 地震予知研究の歴史は繰り返しの連続

　日本の地震予知研究の開始時点を，1965年の第1次地震予知研究計画，あるいはその基礎になった1962年の「ブループリント」に求める従来の歴史観では，日本の地震予知研究の歴史はたかだか50年ということになる．50年という時間軸でとらえれば，従来の地震学史が教えてくれるように，それなりに進展してきた，と見ることが可能かもしれない．しかしながら，日本の地震予知研究は130年以上の歴史をもつ．130年という時間軸で歴史

をとらえるとき，50年という時間軸では見えなかったものが見えてくる．それは「繰り返し」である．「歴史は繰り返す」といわれるが，地震予知研究の歴史は，目標に向かって着実に前進しているというよりも，同じことの繰り返しといった方が適切なのである．「繰り返し」の例を以下に詳述しよう．

　1つは，同じようなできごとの「繰り返し」が見られることである．すなわち，大きな地震があるたびに地震予知への関心が高まり，社会的な議論に基づいて新たな制度が整えられ，研究もリセットされる．これに伴って新たな研究者が参入して，予知を目指した研究は活況を呈する．ところが時間が経過するにつれ，研究が容易ならざることなど，さまざまな理由によって研究者の興味と社会の関心は次第に低下してしまう．興味と関心が冷めかけたころ，再び社会を震撼させるような大地震が起こる．すると，地震予知研究のあるべき姿について議論が湧き起こり，研究の制度的枠組みが変わり，再び新たな研究が盛んになるが，その関心も長続きはしない．そして，また大地震が起こる―という「繰り返し」である．研究が「リセット」されると，過去の成果までもが一緒に"消去"されてしまう．この結果，研究も一から出直すという状況がしばしば繰り返されてきた．

　1880年に横浜地震が直接のきっかけになり，日本地震学会が創設された．この学会が主要な舞台になって，本格的な地震予知研究が始まった．歴史上の地震の記録や始まったばかりの地震観測データなどに基づき，地震の前兆といわれたさまざまな現象と地震の関係が研究された．1889年に大日本帝国憲法が発布され，学会の主要なメンバーであったお雇い外国人たちが相次いで帰国して，学会の活動が衰退し始めた頃に起きたのが1891年の濃尾地震である．

　この地震によって，「文明開化」の象徴的存在であったレンガ造の構造物に大きな被害が出た．衝撃を受けた明治政府は，帝国議会の建議に従って，震災軽減の方策を立案するために震災予防調査会をつくった．震災予防調査会では，地震予知研究は耐震構造物の研究と並んで，その事業の2本柱の1つに位置付けられ，国家事業としての地震予知研究が始まった．震災予防調査会では，日本地震学会の時代に蓄積された地震予知研究の成果はほとんど

無視され，ありとあらゆる前兆現象を再び研究の対象にした．予算削減などによって震災予防調査会の活動が低下した状況下で起きたのが1923年の関東大震災であった．

　死者10万人以上を出した関東大震災を予測できなかったことに対して，社会では地震学の研究のあり方について大きな批判が湧き上がった．帝国議会の議決に基づき，1925年に地震研究所が創立された．中央気象台の観測網も充実・強化された．地震研究所設立当初は，大森房吉や今村明恒が開拓した過去の地震活動をもとに将来の地震を予測する研究は，「統計地震学」と批判され，「物理学に基づいた地震学」が重視された．その後，日本が総力戦体制に突入すると，予知研究への関心も低下せざるを得なかった．

　戦中から戦後にかけては，死者1000人以上を出した地震が相次いだ．終戦から1年あまりして起きた南海地震もその1つであった．今村明恒は，この地震が遠からず起こることを予測して，その予知を目指して独自の観測網を建設していたものの，戦争による混乱で観測網は動いていなかった．この事実や戦時中に起きた東南海地震などの被害の実態が知られるようになったことから，再び地震予知への関心が盛り上がった．連合国軍総司令部（GHQ）は，関係機関を集めて地震予知研究連絡委員会を組織することを指示し，同委員会は地震予知研究計画案を作成した．この計画は，予算難を理由に実現は見送られたが，観測網を充実・強化すれば，各種の前兆をとらえることができ，地震予知が可能になるという楽観的な考え方は，次の時代に引き継がれた．

　日本が戦後の復興を終え，高度経済成長の時代に入ると，地震研究者有志が集まって再び地震予知計画案をつくった．1962年の「ブループリント」である．これは前の時代につくられた地震予知研究計画案と大差はなかった．「ブループリント」は1964年に新潟地震が起こると，国会などでも取り上げられ，1965年から地震予知研究計画が始まった．この計画は，それまでの地震予知研究の歴史や成果について全く言及せず，地震予知研究は従来なかった新しい研究であるかのように装われた．この結果，「〔ブループリント以前は〕地震予知ないし地震予知研究は長い間タブー視されていた」(1)などといった誤った歴史観を生んだ．

1976年には,「東海地震」説が脚光を浴びるようになる.観測網を強化すれば,この地震の予知は可能かもしれないという地震研究者の言説を根拠として,地震が予知できることを前提にした世界でも初めての法律・大規模地震対策特別措置法（大震法）が制定された.地震予知研究は,「東海地震」の予知を目標にしたきわめて実務的なものになった.前兆の観測を続けることが,果たして地震予知の実現につながるのか,との疑問が大きく膨らみ始めたときに起きたのが1995年の阪神・淡路大震災であった.

　阪神・淡路大震災の後には,東海地震の直前予知に偏重した国の地震防災対策が批判された.大地震は全国どこででも起こることを想定した地震防災対策特別措置法が制定され,総理府に地震調査研究推進本部が設けられた.同推進本部は,全国の地震や地殻変動観測網を拡充・強化すると同時に,活断層の調査や過去の地震活動に基づいて,どの地域でどの程度の地震が起きやすいかを示した長期地震発生確率や地震動予測地図などの公表に力を注いだ.強化された観測網に基づいて,地震の発生過程についての新たな知見も得られ,長期的な予測については目途がついた―との楽観的な見方が支配的になった.

　ところが,2011年3月に起きた東北地方太平洋沖地震は,こうした見方がまったくの誤りであったことを露呈させた.その規模も場所も,予測とはまったく違っていた.地震学の研究は今まで一体何をしてきたのか.大きな社会的批判が巻き起こっても仕方がない状況であった.ところが,地震直後に東京電力福島第一原子力発電所で炉心溶融事故が起き,大量の放射性物質が環境中に放出された.社会の耳目は原発事故に向けられ,地震学は社会からの大きな批判を免れた.この結果,地震研究の制度的な枠組みはほとんど変わることがなかった.以上,本書の第1章から第8章に述べた通りである.

　第2番目は,地震予知の方法論に見られるある種の「繰り返し」である.すなわち,ある時代には特定の方法論が流行するが,やがてはその方法論はすたれてしまい,別の方法論が台頭する.しかし,新たな方法論もしだいに魅力を失い,いったんすたれた方法論がまた復活するという,「繰り返し」が続いてきた.

　地震予知の方法論は,3つに大別できる.最も古くからあるのは,地震の

前に出現すると考えられる何らかの前兆現象に頼る方法である．ある前兆現象と地震発生の間に，一定の法則性・規則性を見付けることができれば，前兆現象をとらえることによって地震の直前予知が可能になる―という考え方である．

2つ目は，地震活動に基づく予測である．過去に起きた地震の記録を集めて，起きた場所や規模，時間，月・太陽の位置，気圧，気温，降水量などの観測データを整理し，それらの間に統計的な規則性を見付け出して予測につなげよう，という考え方である．統計的方法とも呼ばれる．この方法は，19世紀になって盛んになった．この方法では，地震の起こる場所やその規模を，中・長期的に予測することが中心になる．

3つ目は，物理モデルに基づく予測である．地震がどのようなメカニズムで起こるかを説明する物理モデルを組み立て，実際に観測される物理量をこのモデルに結び付け，観測される物理量の変化に基づいて，地震発生を予測しようという考え方である．19世紀半ば以降に登場した新しい方法である．日本では1880年代に帝国大学理科大学で物理学を教えていたノット（Cargill G. Nott）によって推奨された．第5章で紹介したダイラタンシーモデル（ショルツ理論）などがその典型であり，1990年代以降に盛んになったシミュレーションによる研究もこの1つである．

明治の日本地震学会の時代には，この3つの方法論が共存した．どの方法が優れているか，まだ試行錯誤の時代であったといえよう．

1891年の濃尾地震では，前兆とも見られる現象が多数報告された．1892年に設立された震災予防調査会では，何らかの前兆現象を見付けて地震を予知しようという研究に多額の予算が投入された．この目的で新設された地磁気観測所では1896年の明治三陸地震津波の前などに，地磁気の異常が観測され，注目を集めた．だが1910年代に入ると，地磁気観測所は震災予防調査会の予算難を理由に廃止されるか，測候所に移管された．

代わって主流になったのは，地震活動に基づく予測（統計的方法）である．大森房吉は濃尾地震の後，余震は時間が経つのに反比例して少なくなっていくのを見付けた．続いて大森は，この法則に基づいて大地震から一定時間が経過した後の余震の数を予測できることを示した．さらに大森は，大地震は

地震帯の空白域を埋めるようにして順次起きていくことを見付け，1900年代にはチリ沖などでの大地震の長期予測に成功した．

ところが，大森は1923年の関東地震の発生を予測できなかった．このため関東大震災後には，大森や今村明恒の地震学は「統計地震学」と批判され，地震予知は物理モデルに基づいて行うべきである，との考え方が主流になった．東京帝国大学の長岡半太郎や東北帝国大学に移った日下部四郎太らがその中心である．岩石実験に基づくと，応力が増加すると岩石を伝わる地震波の速度が増加するので，地震波速度が速くなっている場所を調べれば，地震が起こる場所が予知できる，と日下部は主張した．しかし，この方法は当時の観測精度では限界があった．

そこで復活したのは，前兆現象に基づく予知である．今村明恒は関東地震などいくつかの大地震の前には前兆的な地殻変動が見られた，との見解を次々に発表した．地殻の傾斜変動を正確に観測できるシリカ式の傾斜計が開発され，いくつかの地震の前には顕著な傾斜変動が見られたとする報告が相次いだ．地電流（地電位）の観測も盛んに行われた．1946年の南海地震の後には，京都大学や東北大学などの研究者が前兆を検出したとして，「関西地震説」や「新潟地震説」などをとなえ，社会を騒がせた．

これらの"地震予知"が外れたことも影響したのであろう．続いて盛んになったのは，統計的方法である．過去の地震記録をもとに初めて日本全国の地震危険度が算出され，建築基準法の地域係数に取り入れられた．1955年の地震学会秋季大会では「統計地震学」をテーマにしたシンポジウムが開かれた[2]．東京では平均すると69年おきに大地震が起きている，との「関東南部地震69年周期説」も社会の注目を集めた．

1965年から始まった第1次地震予知研究計画では，前兆現象に基づいて地震を予知するとの戦略が採用された．観測網が充実・強化されたのに伴って，地震の前に何らかの異常があった例が数多く見付かり，それらはほとんどすべて「前兆」と報告された．「前兆」をダイラタンシーモデル（物理モデル）と結び付けて解釈することも流行した．ところが，「前兆」報告の数が増えるにつれて，前兆現象の出現の仕方は多種多様で，地震と前兆現象との間に規則性・法則性を見付け出すのは難しい，との認識が広がった．観測

9.1　地震予知研究の歴史は繰り返しの連続　　547

データを睨んで何か異常がないかを見付けるという研究手法の「退屈さ」も問題になり始めた．

　1990年代に入ると，前兆現象に基づいて地震予知を実現するという戦略に対して強い批判が起こり，代わって主張されたのは「物理モデル」の重視であった．なかでも，地震予知をコンピューターによるシミュレーションによって実現しようとの主張が，大きな影響力をもった．気温や気圧，湿度などさまざまな気象データをコンピューターに入れて，一定時間後の大気の状態を計算する数値予報が採用されて以降，天気予報の精度が飛躍的に向上したことが，そのお手本とされた．1999年から始まった新地震予知研究計画では，地殻の現在の状態をもとに将来の地震発生を予測するシミュレーションモデルの開発が中心課題に掲げられ，前兆現象の研究は冷遇されるようになった．

　しかしながら，地震発生を予測するシミュレーションモデルの開発には，時間がかかる．阪神・淡路大震災後に設けられた地震調査研究推進本部が始めた長期評価では，過去の地震活動などをもとにした統計的な方法が採用された．

　2009年度から始まった「地震及び火山噴火予知のための観測研究計画」では，いったん地震予知計画から除外された前兆現象の研究も「地震発生先行現象」と名前を変え，研究項目として復活した．過去の地震活動をもとに将来の地震発生を予測する統計モデルの研究開発も，地震火山観測研究計画に取り上げられた．

　このように，日本の地震予知研究の歴史は3つの方法論の盛衰の繰り返しでもあった．現在は，前兆現象に基づく予知，統計的手法による予測，物理モデルに基づいた予知の3つが並行して研究されている．これは130年前の日本地震学会の時代と同じである．

　地震予知研究には方法論上の進展が見られないことは，ほかの科学と比較すると特異に見える．たとえば，天気予報の方法論を見ると，かつては「観天望気」による経験的方法が主流であったが，やがて気象観測データによって作成した「天気図」をもとに予測する方法がとって代わり，現在ではコンピューターの数値計算による数値予報が中心になっている．「観天望気」は

過去のものになった．

　第 3 番目の「繰り返し」は，研究テーマについてである．そのときどきに注目を集める研究テーマを眺めてみると，ほとんどは過去にも熱心に取り組まれたことがあるものばかりである．新式の傾斜計や微小地震計，海底地震計，GPS など新しい観測装置が登場したり，観測網が整備・稠密化されたりすることによって，それまでの観測ではとらえられなかった事実が見えてくると，それが地震予知への新たな期待を生み，しばらく省みられなかった研究テーマが復活してはまた消えてゆく，ということが繰り返されているのである．

　たとえば，大地震の前に起こるかも知れない地殻変動を見てみよう．1891 年の濃尾地震では根尾谷断層が大きく変動したことが明らかになり，地震の原因は断層運動であるとの考え方が有力になった．ミルンは，地震予知には地殻変動の観測が最も重要であると考え，断層の観察や長距離水管傾斜計の開発などを提案したが，震災予防調査会の事業には取り入れられなかった．

　震災予防調査会の時代に今村明恒は，1793 年の青森県鰺ヶ沢地震，1802 年の佐渡地震，1872 年の島根県・浜田地震では，地震の直前に海岸が隆起したとの伝承や証言が残っていることを報告したが，大きな反響はなかった．地震の前の地殻変動が注目を集めるようになるのは，1923 年の関東地震以降である．今村が，それまで沈降を続けていた神奈川県・三浦半島が 1920 年頃から隆起に転じていた，と報告したのがきっかけになった．東京天文台の構内に設けられた菱形基線の面積変化の曲線も，三浦半島先端の油壺の潮位の変化ときわめて似ていることが確かめられた．1927 年の北丹後地震の直前にも，海岸が隆起したとの報告があった．

　地殻変動を監視すれば直前予知できるかも知れないという考え方が広がり，地殻のわずかな傾斜の変動を観測できる石本式のシリカ式傾斜計が開発された．この傾斜計では，北丹後地震の余震や，1930 年の北伊豆地震の余震，1943 年の鳥取地震の直前に，前兆ではないかと考えられる傾斜変動が観測され，直前予知に明るい見通しが得られたと考えた研究者も少なくなかった．だが，傾斜計の観測は，傾斜計が置かれた点の傾斜を示すにすぎず，広域的な地殻変動を代表していないのではないか，との疑問も強まり，1965 年か

らの第 1 次地震予知研究計画では，三角測量や水準測量，水管傾斜計，伸縮計の観測が重視された．

全国的な三角測量の結果をもとに，地震研究所にいた茂木清夫は 1969 年，今でいう「東海地震」の可能性を最初に指摘した．「東海地震」が社会的な注目を集めると，気象庁は東海地震の予知を目指して体積歪計を導入し，観測点を順次増やしていった．1978 年の伊豆大島近海地震の前には，前兆ではないかと考えられた異常が観測された．

岩石実験の結果もこれを後押しした．実験室で 2 つの岩石資料片をすべらせる実験をすると，断層面で大きな"地震（すべり）"が起こる前には，小さなすべりが起こることが確かめられたからである．これはプレスリップ（前兆すべり）と呼ばれる．1944 年の東南海地震の直前に，たまたま静岡県掛川付近で水準測量をしていた陸軍陸地測量部のチームによって観測された異常な地殻変動は，このプレスリップであった，と解釈された．

1990 年代半ばに入ると気象庁は，「東海地震」の予知戦略をプレスリップ 1 本に絞り，体積歪計の観測網を拡充・強化した．国土地理院の GPS の全国観測網（GEONET）も整備されたが，2003 年の十勝沖地震，2011 年の東北地方太平洋沖地震などでは，期待されるようなプレスリップは観測されなかった．

大地震の前にときどき見られる前震も，大地震が起きるたびに話題になっては忘れられていく代表的な例である．明治の日本地震学会の時代にも，ミルンや関谷清景は大地震の前には，小さな地震が起こる可能性があると考え，観測を続けた．1891 年の濃尾地震では，3 日前から数回の前震があった．1896 年の陸羽地震でも 6 日前から激しい前震が頻発した．地震計を全国に配備すれば，前震の観測によって地震発生を直前に予知できるのではないか，との期待が高まった．ところが，いくつか小さな地震が起きても，大きな地震が起こらないで終わる場合も少なくない．本震が起こる前に，それが前震であるかどうか見分ける方法が見付からないのである．

1915 年に起きた房総半島の群発地震では，新聞記者の取材に答えた今村明恒は，大地震に発展する可能性もないわけではないので十分注意するように，と発言した．この発言が異様に大きく報道されたこともあって，今村の

上司であった大森房吉は「大地震は起こらない」と発言し，社会の沈静化に努めた．これをきっかけに，「前震と群発地震は見分けられるか」をめぐって今村と大森との間で激しい論争が起こった．

その後，1965年から始まった長野県・松代群発地震の観測データをもとに，気象庁の末広重二は「前震ではb値が低い」と報告した．これが確かであるならば，b値を調べることによって，前震か否かを見分けられる．ほかの多くの地震について，その追試が行われたが，結果は「b値が低い場合もあるが，通常と変わらない場合もある」であった．つまり，前震を見分ける方法は依然としてないのである．

外国の例ではあるが，2009年4月にイタリア中部ラクイラ付近で起きた地震では，この事実が無視された．この地震では，1カ月ほど前から顕著な前震活動があった．このため，巷にはさまざまな"地震予知情報"が飛び交い，自主的に避難する住民もあった．こうした"パニック"騒ぎを沈静化するために，イタリア国家市民保護局は地震研究者からなる大災害委員会を招集し，市民保護局の副長官は記者会見で「小さな地震がたくさん起こったことによって地震エネルギーは解放されているので，大地震は起こりにくくなっている」などと市民に対して安全を強調した．それから6日後にM 6.3の地震が起き，住民約300人が犠牲になった．遺族らの告発によって，市民保護局の副長官と大災害委員会の科学者6人の計7人が過失致死罪で起訴された[3]．2012年10月の1審判決では，7人全員に禁固6年の刑が言い渡されたが，2014年11月の2審判決では，市民保護局の副長官だけを禁固2年とし，6人の科学者は無罪となった[4]．前震であるか群発地震で終わるかを判別する方法はない，という地震学の現状が正しく説明されるべきであった．

2011年3月の東北地方太平洋沖地震の2日前にも大きな前震があった．当時，これが前震であると気付いた人はだれもいなかった．それどころか，「これで宮城県沖での大地震の可能性は小さくなった」と公言した研究者もあった．にもかかわらず，「b値の低下」は東北地方太平洋沖地震の後にも報告され，脚光を浴びた．

大地震の起こる前には，その地域では小さな地震の数が通常に比べて少なくなる「地震活動の静穏化」（第2種空白域とも呼ばれる）も，しばしば話

題になった．「地震活動の静穏化」を日本で最初に指摘したのは，大森房吉である．大森は歴史地震の研究に基づいて1907年，大地震の前に「地震活動の静穏化」が見られた例として1596年の慶長伏見地震，1662年の寛文京都地震，1855年の安政江戸地震などをあげ，注意を促した．大森は，地震活動が活発になった地域の知事などから問い合わせがあると，しばしば「地震活動の静穏化」の例を引き，「しばしば地震が起きるのはよい兆し」と公言していた．

ところが，1923年の関東地震の前には関東地方の地震活動は活発化した．震源域周辺では1921年末頃から，M 6-7程度の地震がしばしば起き，被害も出た．大森はこうした事態に対しても「東京で大地震が起きるのはまだ当分先」などと発言し，民心の動揺を防ぐことを優先した．大森の予測ははずれた．大地震の前には，地震活動が活発になる場合もあれば，静かになる場合も，通常とは変わらない場合もあるのである．

こうした歴史も，その後忘れられたのであろう．「地震活動の静穏化」は1960年代から70年代にかけて再び脚光を浴びた．気象庁にいた井上宇胤は1952年の十勝沖地震や1964年の新潟地震の前には，地震活動が静かになっていた，と発表した．北海道大学にいた宇津徳治は1969年から1971年にかけて，根室半島沖では繰り返して起こる大地震がしばらく起きていない（第1種の空白域）上に，最近は小さな地震の数も極端に少なくなっている事実（第2種の空白域）を指摘し，根室半島沖での大地震発生を予測した．根室半島沖では1973年に宇津の予測した数分の一の規模（M 7.4）の地震が起きた．

建築研究所にいた大竹政和も1977年，メキシコの太平洋岸では第1種の空白域と第2種の空白域が同時に見られることを指摘し，M 7.5前後の地震の発生を予測した(5)．翌1978年にM_w7.7のオアハカ地震が起き，予測は的中した．これに刺激されたのか，その後「地震活動の静穏化」を根拠として，大地震の起きる地域を予測する研究が相次いだ．

1995年の兵庫県南部地震の後には，この地震の前には「地震活動の静穏化」が見られたと指摘する研究者と，「地震活動が活発化」していたとする研究者が現れた．地震活動の活発化・静穏化を議論する場合には，議論の対

象とする期間や地域をどのように選ぶか,どの規模以上の地震に着目するかによって(宇津徳治はこれを「選択効果」と呼ぶ),結論はまったく違ったものになる(6).ところが,2011年の東北地方太平洋沖地震の後でも,やはり同地震の前の「地震活動の静穏化」が報告され,話題になった.

「地震波速度の異常」も,話題になっては消えの「繰り返し」であった.地震波の速度の異常を観測することによって,地震を予知できると最初に主張したのは,東京帝国大学にいた日下部四郎太である.日下部は1915年,岩石実験では応力が増加すると地震波の速度が増加するので,地震波速度が増加している場所を観測によって見付け出せば,地震が起こる場所を予報できる,と発表した.

大地震の前に地震波速度の増加が観測された,と初めて報告したのは京都大学の佐々憲三である.佐々は,1943年の鳥取地震や1946年の南海地震の前に起こったいくつかの小さな地震について観測データを集めて解析したところ,震源域を通過する縦波の速度が速くなっていた,と報告した.その後,ほかの研究者によっても,やはり南海地震などの震源域付近の縦波の速度が速くなっていた,との報告が続いた.しかし,地震波速度に異常が見られなかった地震も多く,しばらくすると研究熱は冷めてしまった.

ところが1973年,米国でダイラタンシーモデルが流行すると,日本でも地震波速度の異常についての研究が再びブームになった.ダイラタンシーモデルでは,大地震の起こる前には震源域付近の岩石に小さなひび割れが生じるので,縦波の速度(V_p)が遅くなる,と説いた.大地震の前には縦波の速度が増加する,とのそれまでの説とは逆である.ひび割れ部分はやがて地下水で満たされ,縦波の速度が元の値近くに戻ると,地震が起こるというのである.一方,横波の速度(V_s)は,ひび割れや水の存在に影響を受けない.ダイラタンシーモデルを検証するため,縦波の速度と横波の速度の比の変化が調べられた.

その結果,ダイラタンシーモデルが説くように,V_p/V_sがいったん減少した後,元の値近くに戻ってから地震が起きた,との報告がある一方で,地震波速度の異常が見付からなかった地震も多かった.米国と同様に,地震波速度の異常が検出される場合と,検出されない場合の両方があることがわかっ

たのである．

　地震波速度の研究ブームを下火にしたのは，1974年5月の伊豆半島沖地震（M 6.8）と1978年1月の伊豆大島近海地震（M 7.0）である．この地震の震源域周辺では，地震予知計画の一環として1968年から年1回，伊豆大島で500 kgの火薬を爆発させ，地震波速度に異常が見られないか，精密な観測が行われていた．ところが，地震波速度には何の異常も見られないまま，地震が起きたのである．

　地磁気や地電流などの電磁気学的前兆の研究も，盛衰を繰り返してきた．大地震の前に，大気が電気を帯びていたとか，磁石の磁力が失われたとか，電信線に異常な電流が流れたという話は昔から伝わっており，明治の日本地震学会の時代にも，志田林三郎らによって地電流（地電位）の観測が行われた．

　地磁気の観測が一躍脚光を浴びるようになったのは，1891年の濃尾地震の後，帝国大学が震源域周辺で地磁気測量調査を行った結果，地震の前と比べて地磁気に異常が見られたと報告したのがきっかけである．地磁気の異常が地震の前に現れていたものなら，地磁気の異常を見付けることによって地震の予知が可能になるのではないかとして，震災予防調査会では全国6ヵ所に地磁気観測所を設けて，観測に力を入れた．この結果，1894年の庄内地震，1896年の明治三陸地震津波，同年の陸羽地震などの前には地磁気の異常が見られた，と報告された．しかしその後は"前兆発見"の報告は途絶え，1910年代に入って多くの地磁気観測所は廃止されるか，地方の測候所に移管された．

　1923年の関東大震災の後には，地電流の観測が流行した．東北帝国大学の白鳥勝義が，仙台で地電流の観測を続けていたところ，関東地震が起きる直前に地電流に異常が見付かった，と報告したことがブームのきっかけになった．東北帝国大学，地震研究所，中央気象台地磁気観測所，海軍科学研究所などで地電流の観測が盛んに行われ，いくつかの地震の前に地電流の異常が検出された，との報告も相次いだ．

　戦後，中央気象台がいち早く取り組んだのも，地電流観測施設の建設であった．1946年の南海地震の前には，地電流の異常とともに地磁気の異常も

観測された．東北大学の中村左衛門太郎らは1949年，地磁気に変化が見られることを根拠に，新潟地方に地震発生の可能性を警告し，社会の注目を集めた．しかし，この予測は外れ，研究は尻すぼみになった．

1965年に第1次地震予知研究計画では，電磁気学的前兆現象の研究も計画に取り入れられた．この結果，地震の前後に起きると期待される地磁気の変動は数γ程度と見積もられたのに対し，過去の観測報告にあった地磁気異常はこれに比べると過大であり，信頼性に疑問がある，との否定的な結論が下された．地震予知計画以降は，新たに開発されたプロトン磁力計を使って観測が行われたが，特記するような異常は報告されなかった．

電磁気学的前兆現象が再び注目を集めたのは，1995年の兵庫県南部地震の後である．ギリシャでは地電流の異常を観測することによって，地震予知に高い確率で成功していることが大きく報道されたことがきっかけになった．ギリシャの地電流観測の方法（VAN法）は，日本で行われていた観測方法と大きく異なっていたわけではないが，日本でも気象庁と理化学研究所の2つのグループによって追試が行われた．この結果，いくつかの小地震の前に地電流の異常が観測されたが，異常が観測されない地震もあり，しばらくすると国の研究は打ち切られた．

地震の前後に空が光るとの発光現象も，夕暮れから未明にかけて大きな地震が起こるたびに目撃され，研究が繰り返された．発光現象が目撃された地震は，1896年の明治三陸地震津波，1930年の北伊豆地震，1933年の昭和三陸地震津波，1943年3月に起きた鳥取地震の前震，1945年の三河地震，1946年の南海地震，1975年の大分県中部地震，1993年の北海道南西沖地震，1995年の兵庫県南部地震など数多い．

北伊豆地震では，各地の中学校の教師を対象にアンケートが行われ，伊豆半島を中心に半径約100 kmの広い範囲で発光現象が目撃されたことがわかった．南海地震の際にも発光現象が目撃された地域は，震央に近い和歌山県，徳島県，高知県はもちろん，北は京都府，東は三重県，西は鹿児島県までに及んだ．1965年から始まった長野県・松代群発地震の際には，地震の前後に空が光っているカラー写真が数多く撮影されたことから，発光現象の存在は揺るぎのないものになった．

地震に前後してなぜ空が光るのか，寺田寅彦をはじめさまざまな研究者によって研究された．送電線の接触や断線によるスパーク説で説明可能なものもあったが，送電線のない海上などでの発光は，それでは説明がつかない．大気放電説，摩擦ルミネッセンス説，界面電気現象説，発光プランクトン説，海底下のメタンハイドレートから生じたメタンへの着火説などが唱えられたが，結論は出ないままになっている．また，発光現象は地震の前に現れるのか，地震の後に現れるのかについても，決着はついていない．

　このような「繰り返し」の背景には，新しい観測装置の登場や観測網の整備・精密化といった技術的な発展がある．新しい観測技術が登場すると，それまで知ることのできなかった事実がとらえられるようになり，それによって地震予知の実現に近付いたような"錯覚"が生まれるのである．東京大学の浅田敏らが高感度の電磁式地震計（微小地震計）を開発し，1948年の福井地震の余震観測などで数多くの微小地震を観測できるようになると，小さな地震を観測することによって，大きな地震が発生する頻度もわかる（したがって地震予知につながる），などとして大きな期待がかけられたことは第4章で紹介した．

　1968年の十勝沖（三陸沖）の地震では，東京大学地震研究所で開発試験中の海底地震計がたまたまこの地震の前震と考えられる地震を記録していた．これが「海底地震計を配置すれば地震予知が可能になる」などと報道された．これが大きなきっかけになって，それまでの10年計画の地震予知研究計画は4年で打ち切られ，1969年度からは実用化を目指した地震予知計画が始まったことは，第5章で紹介した．

　阪神・淡路大震災後，高感度地震観測網やGPSの全国観測網が整備されると，「これらの広域的な観測網の整備と研究面での進展により，プレート境界地震については地震の起こるべき場所とその周辺での準備過程（震源域への応力集中過程）の進展状況が把握できる見通しがついた」[7]と楽観した研究者も多かった．しかしながら，東北地方太平洋沖地震の発生は，こうした見通しが誤っていたことを証明した．

　地震予知は不可能であるから，それを目指した研究には意味がない，という議論も繰り返された．濃尾地震の後，震災予防調査会設立の件については，

その設立予算を認めるかどうかをめぐって帝国議会の衆議院と貴族院で意見が分かれた．震災予防調査会設立の予算を認めなかった衆議院では，地震予知は不可能であるから，それに研究費をつぎ込むのは無駄である，という意見が強かった．

大正時代には，地震研究所の教授であった寺田寅彦は，地震は今でいうカオス的な現象なので，決定論的な予知は不可能である，と繰り返し説いた．統計的方法による予測は可能かも知れないが，実用的なものになるかについても疑問を呈した．この指摘は今日のわれわれもしっかりと肝に銘じておくべきであろう．そして，地震の予知よりも，最大の地震に対しても安全なように施設をつくることを優先するように主張した．

戦後，連合国軍総司令部の指示で地震予知研究連絡委員会がつくられた際には，東京大学地球物理学教室教授の坪井忠二が，やはり地震予知不可能論を唱えた．坪井の跡を継いだ竹内均も，しばしば地震予知研究よりも防災対策に研究費を回すべきである，との主張を展開した．1990年代に入って，前兆発見に主力を注ぐ地震予知計画に批判が高まると，地震研究所の深尾良夫，東京大学理学部地球惑星物理学科のロバート・ゲラーらが，地震予知不可能論を唱えた．

以上のような地震予知研究の「繰り返し」の歴史を見てくると，われわれが描く「科学」というイメージとは相容れないところがあるのは否めない．地震予知研究は，130年以上にわたって科学研究として取り組まれてきたのに，大きな進歩が見られない．哲学や音楽などでは時間的に新しいものが優れているとは限らないのに対して，科学の最大の特徴は進歩あるいは進化することである，と考えられているからである[8]．

9.2 科学はなぜ進歩するのか

地震予知研究に大きな進歩が見られないのはなぜなのだろうか．それを考える前に，科学はなぜ進歩（進化）するのか，についてどのように考えられてきたかを紹介しておこう．

「科学者（Scientist）」という言葉がつくられたのは，1830年代英国ケン

ブリッジ大学のヒューエル (William Whewell) によってであったとされる．この時期に科学は専門分化をとげ，科学教育の必要性が社会的な要請となり，職業として科学を教授する人たちの数が急増した．産業への応用に刺激された国家や民間企業も，研究所や試験所を設置するようになり，そこで研究に従事する人たちも現れ始めたからである(9)．

　科学研究を専門職業とする科学者たちはしだいに職能集団を形成するようになり，「学会」の結成へとつながっていった．これらの学会は，専門雑誌を刊行して研究成果を公表し，レフェリー（査読）制度を通じて研究水準の品質管理を行うようになった．以上のような科学の専門分化，科学者の専門職業化，高等教育機関による科学教育，学会組織の整備など，19世紀半ば以降に生じた一連の動向は「科学の制度化」と呼ばれる(10)．

　「科学の制度化」あるいは科学の専門分化に伴って，科学者の活動は専門家集団のなかに閉じ込められるようになった(11)．すなわち，科学者が新たな発見をしたり，新たな仮説を考えついたりすると，彼や彼女は専門雑誌に論文を投稿する．投稿された論文に対しては複数の専門家からなるレフェリーと編集者によって厳しい査読（「ピアレビュー」と呼ばれる）が行われ，査読を通過した論文だけが専門雑誌に掲載され，科学的業績として認められる．他人の科学的業績は自由に使ってよいが，その知的財産を誰から借りたかを示すために引用を明示することが義務付けられた．研究成果をめぐって，誰が一番初めにそれを発見したのか"一番乗り争い"などの論争が生じるが，政治的影響力などをこの論争の決着に使ってはならない，との暗黙のルールも生れた．このような論文の品質保証・知的財産保護の仕組みができあがると，科学者の仕事は自分の研究者仲間だけを意識して行われ，仲間内だけで評価されるようになったのである．

　米国の社会学者マートン (Robert K. Merton) は，このように高度な自律性を備えるようになった科学者共同体は，4つの「エートス (ethos)」をもっている，と主張した．科学者共同体のエートスとは，共同体に所属する個々の科学者の研究を拘束していると考えられる規則，道徳的慣習，信念，価値などの複合体である(12)．4つのエートスとは，①普遍主義，②公有性，③利害の超越，④系統的懐疑主義，である．

普遍主義とは，科学的な言明（仮説）の正しさは，観察やすでに確認ずみの知識と一致しなければならない，という即物的な規則である．したがって，仮説の正しさは，仮説を提出した研究者の人種や国籍，宗教，階級などとは無関係である．公有性とは，科学の知識は社会的協働の所産で，共同体に帰属する，という精神である．したがって，科学者は科学上の新たな発見をした場合には，これを秘密にせず，公表しなければならない．利害の超越とは，科学者は自己の個人的な利害を考慮してはならない，という制度的な要求である．これは，医者や弁護士など他の専門的な職業にも求められている．系統的懐疑主義とは，「事実が手中におかれる」までは判断を差し控えるべきである，という方法論上の要請であり，制度上の指令でもある[13]．

科学者共同体は以上の4つのエートスを行動規範としているので，科学的知識はそれを生み出した科学者の国籍や人種などに関係なく共有され，科学者は利害に囚われることなく公平な判断をするので，科学は合理的な進歩をとげることができる，というのがマートンの主張であった．

マートンは科学者共同体の倫理的な側面から科学の進歩を論じたのに対し，科学理論がつくられる過程に着目して科学の進歩を論じたのは，英国の科学哲学者ポパー（Karl R. Popper）である．ポパーは，科学は推測と反駁による試行錯誤によって進歩する，と説いた[14]．科学的な仮説を提出するのは自由であるが，それは「反証」可能な形で提出する必要がある．「反証」とは，その仮説が誤りであることを証明することである．たとえば，「東海地震は21世紀前半に起こる」という仮説は反証可能であるが，「東海地震は明日起きても不思議ではない」という仮説は反証不可能である．ポパーによれば，反証不可能な仮説には科学的な意味はない．大胆な予測をする仮説ほど，一般的には反証可能性も大きいので好ましい．いったん反証された仮説は科学の舞台から消えてゆき，反証されない仮説だけが生き残る．こうして科学は進んでいく．このようなポパーの科学論はしばしば「反証主義」（Falsificationism）と呼ばれる．

これに対して米国の科学史・科学哲学者クーン（Thomas S. Kuhn）は「科学革命」によって科学は進歩する，と説いた[15]．クーンは，科学の営みとは1つの「パラダイム」のもとで行われる「パズル解き」である，と考

えた．パラダイムとは「研究者の共同体にモデルとなる問題や解法を与える一般に認められた科学的業績」のことである．さまざまな学問分野によって異なったパラダイムが存在し，学生は教科書や実験を通じてそれを身に付けていく．「通常科学」の時期には，パズル解きによってパラダイムが洗練され，発展していく．しかし，解くことが難しい問題（変則例）が増えていくと，やがてそのパラダイムは危機に瀕する．そこに新しいパラダイムが出現し，変則例を解くことに成功すると，しだいに多くの科学者の賛同を得るようになり，これまでのパラダイムは捨てられる．この不連続な変化をクーンは「科学革命」と呼び，科学は革命を通して進歩すると考えた．

　米国の科学哲学者ラウダン（Lary Laudan）は，科学とは問題解決能力を増加するための営みと考え，科学はいくつかの「研究伝統」間の競争によって進歩する，と説いた[16]．問題には経験的な問題と，経験的には決着が付かない世界観や形而上学などから派生する概念的問題の 2 種類があり，経験的問題をより多く解き，概念的問題をより少なくできる研究伝統を科学者は選択する，とラウダンは考えた．「研究伝統」は，クーンの「パラダイム」と似ているが，「パラダイム」は主に経験的問題を解くための前提や一群の理論などを指すのに対し，研究伝統には概念的な問題の発生にかかわる世界観や形而上学といった要素が含まれるのが特徴である．

　以上に紹介したような科学論はいずれも，科学の営みは科学者の集団，ないしは科学者共同体の内部だけで完結される活動と考えていることが特徴である．言い換えればこれらの科学論は，科学者の仕事は自分の研究者仲間だけを意識して行われ，仲間内だけで評価されるということを，暗黙の前提としているのである．

　しかし，現実の科学はそのようなものではない．20 世紀に入ると国家が，軍事力の増強や経済的な発展をはかるため，あるいは外交政策の武器にするため，さらには支配体制を維持するためのイデオロギー政策の一環といった，あらゆるレベルにおいて科学の役割を期待して，科学研究の方向を直接コントロールするようになり始めたからである[17]．第 2 次世界大戦中に，原爆開発のために組織された米国のマンハッタン計画はその典型である．科学研究が大型化・高度化するにつれて，研究活動に必要な費用も膨大になり，国

家や産業界からの支援がなければ，研究活動そのものを続けることが不可能になった，という事情もある．これに伴って，研究テーマが科学者の知的好奇心からというよりも，外部からの要請によって決められることも少なくない．マートンらが前提としていた，自律的な科学者集団の中での自由な営みという「科学像」と，倫理的に振る舞う「科学者像」は再考を迫られるようになったのである(18)．

　このような科学研究の変貌を，科学史家・広重徹は「科学の体制化」と呼んだ(19)．広重は「科学の体制化」に伴って，「科学の研究はもはや個々人の発意によるものでなく」なる結果，「研究機関があり，研究費が支出され，国や企業に雇用される研究者がいるためになされるという，1つのルーティンとなる傾向がある」と主張した．そして「そこでやっている研究が公害を生みだす技術の開発や殺戮兵器とつながるのかどうかというようなことが〔研究者の〕念頭に浮かぶことはない．いずれにしても研究の結果，つまり自分の労働生産物は，自分の手を離れ，他人（研究プロジェクトの長，そのスポンサー，企業，国家）に属するのであるから」などと述べ，科学者の「疎外」という問題にも言及した(20)．

　一方，こうした科学研究の変化を肯定的にとらえたのは，英国の科学論研究者ギボンズ（Michael Gibbons）である．ギボンズは，産業化・情報化社会の進展に伴って「モード1」という研究の様式から「モード2」という新しい知識生産の様式が登場し，それが主流になりつつある，と主張した(21)．

　ギボンズによれば，「モード1」の研究というのはマートンらが描いた「科学」である．すなわち，研究活動は学問分野ごとに形成された規約に従って進められ，研究テーマも自主的に選ばれ，実用的な目的は意図しない．研究成果は，学会や専門雑誌を通じて発表され，研究の価値はその学問分野の知識体系の発展にいかに貢献したかによって決まる．したがって，専門的な教育を受けていない外部の人間が研究にくちばしを入れるのは難しい．

　これに対して「モード2」では，研究テーマは社会的な問題を解決する，という視点で決定され，1つの学問分野ではなく多様な学問分野の研究者，産業界，政府の専門家，さらに必要に応じて市民も参加する．研究拠点は大学だけでなく，企業研究所や政府研究機関，民間の研究機関などにまたがり，

それらの間で密接な連携がとられる．研究成果の公表は学会や学会誌だけでなく，相互のコミュニケーションなど多様な媒体を通してなされる．マスコミに直接発表することもある．研究成果の評価も，社会に役立ったかどうかなど多元的・複合的な視点で行われる．

以上のように，広重やギボンズらが議論の対象にしたのは，20世紀半ば以降に顕著に現れた科学研究の変貌ぶりであった．それを否定的にとらえるか，歴史の必然ととらえるかの差はあるにせよ，ほとんど同一の変化を「体制化した科学」「モード2の科学」と呼んだことは明らかである．「体制化した科学」，あるいは「モード2の科学」では，科学者共同体は自己完結的な専門家集団ではありえず，社会や政治ともかかわり，それからの影響を受けざるを得なくなる(22)．その結果，科学は社会に開かれたものに変わる一方で，科学の内容的な変質・退廃も起こりうる．

科学者共同体の自律性の基礎をなしていたのは，研究テーマや研究成果のピアレビューである．ところが，「モード2の科学」では研究テーマや研究成果の評価が，社会に役立つかなど多元的・複合的な視点で行われる．「社会に役立つか」など科学とは直接関係のない事柄によって研究成果が評価されるようになると，同じ研究成果であっても，どのような社会であるかによって評価は大きく異なる可能性が高い．さらに同僚以外の人々によって評価が行われるようになると，科学者集団の自律性は脅かされる(23)．科学者集団の自律性を前提に構築された「科学の進歩」のモデルはもはや通用しなくなる．

近年，理化学研究所のSTAP細胞の論文捏造事件に代表されるように，実験データの改ざん，論文の盗用などの研究不正が相次いでいる．注目すべきことは，こうした研究不正は「モード2の科学」として推進されている分野で多発していることである．その背景に科学者共同体のエートスの崩壊という問題が存在することは間違いない．

日本の地震予知研究は，社会的な問題を解決することを目的として研究が始まり，1892年に設立された震災予防調査会時代以降は，国家の主導の下に進められてきた．このような歴史的経緯を見ると，日本の地震予知研究は次節で詳述するように，典型的な「モード2の科学」であった，と見なすこ

とが可能である．次節では，「体制化した科学」あるいは「モード2の科学」の下で，「科学」にどのようなゆがみや歪がもたらされるかについて，日本の地震予知研究の歴史という事例を通じて考えてみよう．

9.3 地震予知研究に見る国家プロジェクトの弊害

本書で紹介してきたように日本の地震学は，地震の予知と地震災害の軽減を2本の柱として発展してきた．日本の地震学あるいは地震予知研究はいつから「体制化した科学」あるいは「モード2の科学」として行われるようになった，といえるのであろうか．

1880年の横浜地震の後に創設された日本地震学会は，そのころ続々と設立されつつあった「学会」の1つであった．会員にはアマチュアも含まれていたものの，多くはお雇い外国人を中心にした科学研究を専門の職業とする人たちであった．会長には，文部大臣の森有礼ら日本政界に影響力をもつ人物が座ったが，実質的に学会をとりしきったのは英国人のミルンであった．会員たちはそれぞれの好奇心に従って，自分の研究費や給与の一部分を割いて研究を行い，その成果は月1回の例会と学会誌『日本地震学会欧文紀要』で発表された．初期には地震計の開発に関心が集中したが，しだいに地震予知方法の発見と，構造物をどうすれば耐震的にできるかなどが中心テーマになった．これは国家から要請があったわけではなく，会員個々の関心のあり方と時代の状況に応じたものであった．そこで行われた科学は，「モード1」そのものであった．

1891年の濃尾地震の翌年，貴族院の建議に基づいて震災予防調査会ができた．震災予防調査会の事業の柱は，地震予知方法の発見と震災予防のための具体的方策の立案であった．地震予知と地震学の研究は，国家事業として位置付けられたのである．その研究成果は，地震学の専門家だけではなく，建築学，土木工学，気象学などさまざまな専門家によって構成される震災予防調査会で評価され，成果の発表は主に『震災予防調査会報告』，『震災予防調査会欧文報告』(*Publications of the Earthquake Investigation Committee in Foreign Language*)，『震災予防調査会欧文紀要』(*Bulletin of the*

Imperial Earthquake Investigation Committee）で行われた．これらは事業の報告であると同時に学術論文として扱われた．ピアレビューが行われた形跡はない．

このように見てくると，震災予防調査会時代の地震学と地震予知の研究は「モード2の科学」の特徴を十分に備えていたことがわかる．すなわち，日本の地震学と地震予知の研究は，1892年から「モード2の科学」に変わった，といえる．

1923年の関東大震災では死者10万人以上が出たことから，地震対策についてさまざまな議論が起きた．その結果，新たな地震研究機関を設けるべきである，との建議案が衆議院と貴族院で可決され，地震研究所が設立された．地震研究所の設立の目的は「地震の学理と震災予防に関する研究」であった．地震研究所の研究成果は，月1回開かれる地震研究所談話会と『地震研究所彙報』（*Bulletin of the Earthquake Research Institute*）を通して発表された．関東大震災の後，地震観測網を強化した中央気象台でも，『験震時報』と『中央気象台欧文彙報』（*The Geophysical Magazine*）を出版するようになり，その研究成果を社会や海外に伝えた．

一方，地震学会も1929年につくられたが，現在の学会に近い形式が整えられたのは，1934年になってからである．会長の座は長年，今村明恒が占めていた．地震学会が発行する雑誌『地震』は，社会に地震の知識を普及させることも目的としており，読者としては専門研究者と同時にアマチュアも想定していた．このため，研究論文はまず所属機関の発行する雑誌で発表するのが普通であった．

このような状況を鑑みると，地震研究所の時代の地震学と地震予知研究もまた「モード2の科学」としての性格が強かったことがわかる．

第2次世界大戦後，日本に進駐した連合国軍総司令部（GHQ）は，日本の地震学と地震予知の研究に強い関心を抱き，地震予知研究連絡委員会を組織させるなど，強い影響力を発揮した．一方，地震学会は1947年に会則を改正し，現在の日本地震学会に近いものになった．合わせて『地震』第2輯の発行を始めた．この雑誌は，専門研究者だけを読者に想定した学術雑誌である．地震学や地震予知の研究成果の発表は，この雑誌が主要な舞台になっ

た．この点だけを取り上げると，地震学や地震予知の研究は明治の日本地震学会時代の「モード1」に復帰したようにも見える．しかし，戦後の地震学と地震予知研究はGHQの強い影響下にあったことなどを考えると，「モード2の科学」の特徴も備えていた．

1965年からは，地震予知研究計画が始まった．この計画は，研究者が自主的に立案した「ブループリント」がもとになったとはいえ，1964年の新潟地震を直接の契機として，政府の地震対策の一環として始められた国家事業であった．1969年からは，地震予知の実用化を目指した地震予知計画が始まり，計画の総合調整機関として地震予知連絡会が発足した．地震予知研究の成果は，まず地震予知連絡会の例会と『地震予知連絡会会報』で発表され，続いて地震学会などで発表されるのが慣例になった．

1995年に阪神・淡路大震災が起きると，東海地震の予知に傾斜した政府の地震対策に批判が集まり，超党派の議員連盟が提案した地震防災対策特別措置法が国会で成立した．この法律は，地震の直前予知に頼らずに地震防災対策を進めることを目的としており，総理府に地震調査研究推進本部が設けられた．同推進本部は，全国的に地震観測網・地殻変動観測網を強化・拡充するとともに，全国各地での大地震の長期的な発生確率やそれに基づいた地震動予測地図などを発表するなどの事業を行った．

一方，地震予知計画も1999年からは，前兆発見に主眼を置いたこれまでの計画を改め，基礎的な研究やシミュレーション研究に重点を置いた「新地震予知研究計画」に移行した．2011年に起きた東日本大震災の後の議論を受け，地震予知計画は2014年度からは「災害の軽減に貢献するための地震火山観測研究計画」と名前を変えた．しかし，計画自体はほとんど変わっていない．

以上のように見てくると，1965年に地震予知計画が始まって以降の日本の地震学や地震予知研究もまた「モード2の科学」であることは明らかである．

「体制化された科学」あるいは「モード2の科学」の下で行われた地震予知研究や地震学の研究には，国家プロジェクトとして相当の予算が注ぎ込まれた．それによって観測網が整備され，地震学の進展に寄与したことに間違

いはない．その一方で，「モード2の科学」の下で生じた弊害も少なくない．

　第1にあげられるのは，科学外の事情によって突然「パラダイム」が変更されたことである．これに伴って研究者の自律性が著しく損なわれ，地震予知研究の進展にも障害が出たように見える．「モード1の科学」ではパラダイムが交代するのは，科学革命が起きるか，あるいはある研究伝統が，圧倒的に多くの問題を解くことが鮮明になった場合などである．パラダイムの交代は科学が発展したことを示す証左であった．

　ところが，日本の地震学や地震予知研究に見られたパラダイムの交代は，以上のようなものとはまったく違う．いくつかの大きな地震災害の後で，地震学の研究のあり方について社会的な議論が起こり，その結果，新しい国家プロジェクトが開始される，という経緯を繰り返してきた．新しいプロジェクトが始まることは，パラダイムの交代をも意味した．このパラダイムの交代をもたらしたのは社会的要請という"外圧"であった．研究者がパラダイムを選択したのではない．パラダイム交代の結果，研究はリセットされ，それまでの古い「パラダイム」の時代になされた研究成果は参照されなくなり，過去の観測記録などが散逸していく(24)．この結果，同じ研究を繰り返すという悪循環が生まれる．地震予知研究に進歩が見られないのは，当然ともいえるのである．

　2.2節でも指摘したように，1892年から始まった震災予防調査会の事業では，それ以前にミルンや関谷清景らによって蓄えられた地震予知研究の成果は無視された．この結果，ミルンらが「無駄」と判断した事業に多くの予算が投じられ，大きな成果は乏しかった．

　1965年から10年間の予定で始まった地震予知研究計画も，「リセット」の最たるものであった．この計画は，それまでの地震予知研究の歴史や成果についてまったく言及せず，明治の震災予防調査会の時代と同じく，前兆とおぼしき現象ほとんどすべてを観測研究の対象にした．微小地震や地殻変動などの新たな観測網の建設などを除くと，研究自体は明治時代に立ち戻ったともいえるのである．

　1968年に十勝沖（三陸沖）地震が起きると，地震予知研究計画は4年間で打ち切られ，1969年からは「研究」の2文字を抜いた地震予知計画が政

治・行政主導で始まった．「地震予知が可能かどうかについて研究する計画」が「地震予知を実施する計画」に変わったのである．地震予知の実現について楽観的な見方が強かった時期でもあり，研究者側からの抵抗はほとんどなかった．とはいえ，これ以降，地震予知計画の関係者が「地震予知は困難」と言うことは難しくなった．国家プロジェクトに「失敗」は許されない，という文化が日本にはあるからである[25]．

1978年に東海地震が予知できることを前提にした大震法が制定されると，地震予知計画関係者は以前にも増して「東海地震の予知は可能」と言い続ける必要性に迫られた[26]．未解明なところが多い想定東海地震像についてさえ，研究発表を敬遠する風潮も生まれたのである[27]．

1995年の阪神・淡路大震災の後に設けられた地震調査研究推進本部では，それまでの「直前予知」から「長期予測」へと「パラダイム」が変わった．1999年から始まった新地震予知計画でも，それまでの前兆発見型の研究は否定的に扱われ，基礎研究や数値シミュレーションへと「パラダイム」が変わった．

第2の弊害は，地震予知計画や地震調査研究推進本部などの国家プロジェクトは，「地震学の二重構造」をつくりだし，地震研究者集団の自律性を損なってきたことである[28]．多くの学界では，科学研究費の配分や国家プロジェクトの立案には，その分野を代表する学会が主導的な役割を果たしている．社会に対する公的な窓口も学会が担っている．学会の役員は，学会員の選挙など民主的な手続によって選ばれる．こうして選ばれた役員が，学会が関与する事業や研究費の配分などに大きな影響力をもっている．ところが，地震学界は違う．

地震予知計画の立案には，地震学会が主導的な役割を果たした．ところが，地震予知計画が国家プロジェクトとして50年にわたって継続されるうちに，日本地震学会の役割は低下してしまい，学会の活動は学会（講演会）の開催と学会誌の発行などに限られてしまった．たとえば，その後の地震予知研究を大きく制約することになった大震法や地震防災対策特別措置法の制定に関しては，学会としては何の議論もなかった．

代わって地震学界で大きな影響力をもっているのは，地震予知計画を立案

する科学技術・学術審議会の測地学分科会の委員や，地震調査研究推進本部の各種委員会の委員，中央防災会議の委員，地震予知連絡会の委員，東海地域判定会の委員などである．これらの委員は，国や各省庁によって指名された研究者である．日本地震学会の会員の意思とは無関係であり，各省庁の意に沿わない意見を表明する人は，委員には選ばれない．このようにして選ばれた各種委員が，地震の観測・研究計画の立案や研究費の配分に関与する．

　地震予知計画に参加できるのも，関係各省庁の研究機関と限られた国立大学，それにごく一部の私立大学だけである．「閉鎖的である」との批判に応えて，地震予知計画に参加する研究者は徐々に増やされてはきたが，いまだに機関参加が原則である．地震調査研究推進本部の事業に参加できるのも，文部科学省から選ばれた研究者だけである．

　こうして地震学会の会員のなかにも，①地震予知計画などを管理する研究者，②計画に参加する研究者，③計画に参加できない研究者，の3つの層が形成された．このため，「国策に従う研究者のみが潤沢な資金に恵まれ，その他の科学者は周辺に押しやられる．これによってコミュニティ内に無用な亀裂が作り出される」などとの批判が出ている[29]．

　地震予知計画に関与してきた東京大学地震研究所の宇佐美龍夫も，1979年から始まる第4次地震予知計画を前にして「予知という名目をうたえば，測地学審議会の建議にさえつらなっていれば，予算の獲得が容易になるという事実が徐々に形をあらわしてきた．こうしてだれも彼も同じテーマにとびつくことになり，独創性のない計画が助長されはしなかっただろうか」などを反省点として挙げていた[30]．

　一方で，国家プロジェクト関連の各種委員に就任した研究者も，研究者であり，かつ行政委員でもある，という二重の立場を背負い込むことになった．国家プロジェクトは政治や行政と直結している．各種委員会の場では，政治や行政へそれなりに配慮した対応が求められる．研究者としての良識を，そのまま通せるわけではない．明治の震災予防調査会の幹事や会長代理を務めた大森房吉は，研究者の立場よりも行政官としての立場を優先した発言を続けたために，関東大震災後には困難な立場に追い込まれた．中央防災会議の委員会などの委員を務めたある研究者も「政府・行政のスケジュールに合わ

せることが優先され,十分な議論,根源的な問題の掘り起こしまで至っていないと感じている」と率直にジレンマを打ち明ける(31).

こうした研究者集団としての自立性の欠如や研究者の「階級分化」も,研究者の行動規範に影響を与え,研究の進展を妨げる要因の1つになっていると考えられる.

「体制化した科学」のもう1つの弊害は,プロジェクトの管理者・プロジェクトの参加者の間に,それぞれの研究上の"利益"を尊重し合う文化が形成されることである.地震予知計画などを推進していくために,研究参加者は計画の立案・修正,予算の配分などをめぐって何度も会議を開く.それを通してお互いが顔見知りになり,参加する研究者の間にある種の"仲間意識"が共有される."仲間意識"は,同じ研究目的を有するという学問的なものだけに留まらず,研究予算や研究ポストの配分,研究成果の評価などに関して,お互いの"利益"を尊重し合うという実利的な側面ももっている.こうした"仲間意識"を共有した集団は,社会からは"ムラ"などと揶揄される.

"ムラ"ができてしまうと,研究者同士の競争意識や批判精神は薄くなる.そうなると,科学の進歩に不可欠の存在と考えられてきた「ピアレビュー」制度は,本来とは逆の機能を果たすようになる."仲間"の論文に対しては,厳しい査読が行われなくなる.何か新しい着想や発見がなくても,観測データの取り扱いに少々問題があっても,結論にいたるまでの論理が少々荒っぽくても,"仲間"の論文は査読を通過し,学術雑誌に掲載されるようになる.科学論文の品質管理がおろそかになれば,科学の進歩も止まる.

たとえば日本の地震予知研究では,第6章で見たように,地震が起きた後で研究者が観測データを調べ,地震の前に異常らしきものが見付かると何でも,「前兆」と報告する傾向が見られた.その異常は,普段の観測でも見られる程度の異常（観測誤差）ではないのか,降水や気温,気圧など気象条件や潮汐,人間活動などの影響ではないのかなどが十分に吟味されないまま,論文として掲載された例が多いのである.

日本の「前兆」報告論文の査読がいかに甘いかを示す1つのデータがある.国際地震学・地球内部物理学連合（IASPEI）の地震予知小委員会は1989年,

地震の前兆現象を観測したと思われる例があったら，申請するように世界中の研究者に呼びかけた．確たる前兆現象の観測例があればそれをリストアップして，地震予知研究に役立たせるのが狙いであった．これに対して世界中から 31 の観測例の応募があった．最も多く応募したのは日本の研究者で，次いで中国が続いた．

　地震予知小委員会では応募された観測例について，①観測された異常は，地震の発生メカニズムと関係しているか，②異常は 2 つ以上の観測機器，あるいは 2 地点以上で観測されているか，③異常の大きさは，震源からの距離が近いほど大きいという関係を満たしているか，などを基準にして，査読と同じ要領で約 50 人の研究者が審査に当たった．厳しい審査の過程で 7 例は申請を取り下げた．残る 24 例について審査報告書が出されたが，基準を満たした観測例は 1 つもなかった(32)．1975 年の中国・海城地震の前震や，1978 年の伊豆大島近海地震の際に観測されたラドン濃度の異常など 3 例は，不確実なところがあるものの「前兆」候補にはなりうるとの理由で，暫定的に前兆リストに掲載された．

　報告書に記載された 24 例のうち，15 例は日本人研究者が応募したものであった．この中には，日本では「前兆」とされた 1946 年の南海地震の前の潮位や井戸水の変化，1983 年の日本海中部地震の前の体積歪計や傾斜計の変化，1984 年の兵庫県・山崎断層の地震の前に観測された地電位や地磁気の変化などが含まれていたが，いずれも前兆とは認められないと判定された．こうした「前兆」報告のほとんどは日本地震学会などが発行していた *Journal of Physics of the Earth* や『地震研究所彙報』など日本国内で発行された雑誌に掲載された論文であった．

　日本の地震予知研究関連論文のもう 1 つの特徴は，先行研究についての言及が少ないことである．言い換えれば，先行論文への言及がなくても，査読を通る傾向があり，これが同じ研究が繰り返される原因にもなっている．たとえば，さまざまな「前兆」を観測しても，それを地震の予知に結び付けるのは難しい，という論文はすでに数多く発表されている．にもかかわらず，大きな地震の後で，地震の前に何らかの観測データの異常が見付かると，地震予知につながる大発見であるかのように主張する論文が，数多く掲載され

てきたのである．こうした主張に否定的な先行研究に言及されることはない．

また，以前に学術雑誌に掲載されたのと同じ趣旨の論文が，新しい発見であるかのように掲載されることもある．地震活動と潮汐との関係を論じた論文などが，その代表的なケースである．先行研究に言及されることが少ないのは，大きな地震災害が起きると，地震学と地震予知の研究が「リセット」され，「パラダイム」が交代するために，旧来の「パラダイム」の下での成果は参照されなくなることとも関係している．

地震予知計画や地震調査研究推進本部などの国家プロジェクトは，特異な"天下り"組織をも生み出した．1981年に「地震予知と防災についての総合研究」を掲げて誕生した「地震予知総合研究振興会」である．初代理事長は，地震予知連絡会の会長であった萩原尊禮である．政府の地震調査研究推進本部の発足以降は，その事務局機能の一部や基盤的調査観測網の維持・管理などを担う一方，電力会社などから委託された原子力関連施設の立地調査などのコンサルタント業務も行い，その規模を拡大してきた．大学や文部科学省などを退職した地震予知関係者を受け入れ，約100人の職員がいる．評議員14人のうち，電力関係者が4人を占めている．東日本大震災後は，地震予知振興会と電力会社との密接な関係が社会にも知られるようになり，地震学の「利害の超越」を疑問視する声も聞かれる．

「体制化した科学」では9.2節でも指摘したように，それが長く継続されると研究のルーティン化を招き，創造力や活力が失われる，という弊害もある．

1892年に設けられた震災予防調査会は，設立当初は活発な活動を繰り広げたが，20世紀に入る頃から活力が失われ始めた．震災予防調査会はその末期には予算減少に苦しんだ．見るべき事業や研究が少なくなっていったことも，予算減少に関係したのではなかろうか．

関東大震災後に設立された地震研究所も，設立当初は意欲的な研究が現れたが，寺田寅彦ら設立当初のメンバーが研究所からいなくなると，清新な研究の雰囲気は失われたように感じられる．

1965年から始まった地震予知計画も，当初は長野県・松代地震などもあって，研究は活性化したが，やがて観測網の維持と観測データの整理に追わ

れるようになった．第1次〜第7次までの計画を立案した測地学審議会地震予知部会には，各省庁の研究機関と各大学の代表者が顔をそろえ，それぞれの機関の予算を確保する場になった．こうして地震予知計画自体がルーティン化し，地震予知計画への批判が高まる要因にもなった．

　阪神・淡路大震災後に設けられた地震調査研究推進本部も，設立された当初は盛んな活動を見せたが，2005年に当初の目標であった地震動予測地図が完成すると，その活動は低調になった．

　「モード2の科学」や「体制化した科学」では，その研究を社会がどのように評価するかが重要になる．このことと大きく関連しているのであろう．地震研究では，研究成果の一部を学会誌で発表する前に新聞・雑誌などに発表することもよく行われてきた．

　たとえば，1968年の十勝沖（三陸沖）地震の際に，震源域付近でテスト中であった東京大学地震研究所の海底地震計が，その前震らしきものをとらえた．この事実が新聞で大きく報道されたことがきっかけになって，海底地震計の本格的な開発が始まり，1969年から地震予知の実用化を目指した地震予知計画が開始されることになったことは第5章で紹介した．「東海地震」説が社会の大きな関心を呼び，1978年には大震法の制定につながったのも，マスコミで大きく報道された影響が大きかった．東日本大震災後には，「M7級の首都直下地震の発生確率は，今後4年以内に70%」という研究者の不確実な計算結果が報道され，世間を騒がせた．

　予算獲得を意図したのであろう，研究計画の段階で期待される成果が誇大に宣伝される例も珍しくない．たとえば，1982年には国土地理院が開発中の多波長レーザー測距儀が「地震予知の新兵器」などの見出しで報道された[33]．2地点間の距離を測るのに当時国土地理院が使用していたレーザー測距儀は，単色光を使うために気温や気圧などの影響を受け，50 kmの距離で5 cmの誤差が避けられない．一方，開発中の青色と赤色の2色を使う多波長レーザー測距儀では，この誤差が5分の1程度になり，東海地震などの前兆現象をとらえやすくなる，という内容である．しかし，地殻変動が観測されても，それが地震につながるかどうかを判定するのが難しいことは，1970年代に起きた房総半島の隆起，川崎市の隆起問題などの経験を通して，

国土地理院の関係者はよく認識していたはずである．

「深海の貝で地震予知」との報道もあった(34)．これは科学技術庁・海洋科学技術センターが相模湾の初島沖の海底に，シロウリガイという深海貝の群集の生態を観察するカメラや地震計などを備えた観測ステーションを設置する準備を進めているという話である．「地震予知に有力な手がかりになる」との東京大学地震研究所教授の談話が付けられている．シロウリガイの行動と地震の発生にどのような関連があるのか，明確な説明ができる研究者はいるであろうか．

地震研究者，あるいは研究機関が公にした報道発表の以上のような例はいずれも，地震予知の実現について社会に期待を抱かせる内容になっている．情報提供した側には，地震予知に対する期待が社会にある限り研究費の支援は続く，という思惑と打算があったのではなかろうか．東海地震の直前予知は難しいのにもかかわらず，予知を前提にした大震法が存在することに多くの研究者が何も言わない事実も，この例に加えてもよかろう．さすればこれは，社会が地震研究者に寄せる信頼感や依頼心，それに非専門家の無知を悪用した一種の詐欺的行為といえるのではなかろうか．

米国の社会学者マートンは，科学者共同体では詐欺的行為は少ないが，科学者が非専門家を相手にする場合は別である，と考えていた．科学者が厳格な行動規範を守らねばならないのは，科学者共同体のなかに限られるからである．マートンは「科学者と素人との関係が重要な意味をもつようになればなるほど，科学のモレス〔至上命令〕をくぐろうとする誘因が大きくなってくる」と述べ，科学者が詐欺的行為を働く危険性を警告していた(35)．

以上に述べたように，地震予知研究に進歩が見られないのは，それが「体制化した科学」あるいは「モード2の科学」として行われてきたことと大きく関係していることに間違いはない．にもかかわらず，同じ「体制化された科学」として推進されてきた日本の地震学はそれなりに進歩してきたのは，なぜなのであろうか．

それは，地震学の研究には国際的な競争が存在するからである，と考えられる．日本周辺で20世紀に起きたM7以上の地震は，世界中で起きたM7以上の地震の約1割を占める(36)．地震災害を軽減するための施策の一環と

して，日本では明治時代から地震観測網や地殻変動観測網などの拡充・強化に力を入れてきた．地震予知の研究のあり方については，その時代によって考え方が変わったが，観測網の拡充・強化の方針だけは一貫して貫かれてきた．この結果，日本には世界でもまれに見る密な観測網が整備されている．その地の利を生かして日本の地震研究者は，大森房吉の余震公式，和達清夫の深発地震面の発見など，特に観測地震学の分野で優れた業績をあげてきた．阪神・淡路大震災以降は，日本の地震や地殻変動の観測データが外国の研究者にも，ほとんどリアルタイムで公開されるようになった．このため，外国の研究者との競争は一段と激しくなっている．

　こうした世界的な研究の動向を意識した日本の地震研究者の多くは，その研究成果を国際的な学術雑誌に論文を投稿する．国際的な学術雑誌では，「ピアレビュー」のシステムが健全に機能している．この科学論文の品質管理システムを通して，日本の地震学は進歩している，と考えられる．

　一方，地震予知研究の分野になると，国際的な競争はほとんど見られない．国をあげて長らく地震予知研究を推進してきた国は，日本しかないからである[37]．旧ソ連や中国，米国でも1960年代から70年代にかけて，地震予知研究に力が入れられた．ところが，1976年に中国が唐山地震の予知に失敗したことなどがきっかけになり，"地震予知バブル"ははじけ，多くの国は地震予知よりも地震災害軽減のための研究を重視するようになった．逆に考えれば，日本の地震予知研究が「ガラパゴス化」していることも，地震予知研究の進歩を遅らせ，"地震予知ムラ"の安泰につながっているのではなかろうか．

　地震予知研究には，大きな進展が見られないにもかかわらず，地震予知計画は長期間にわたって国家プロジェクトとして続けられているのはなぜなのであろうか．

　それは，地震予知は地震研究者の願望であるとともに，社会や政府からの強い期待があるからである．序章でも紹介したように，日本では江戸時代から地震予知への期待はあった．社会が豊かになるにつれ，災害に対する社会の脆弱性は高まる．粗末な小屋に住んでいた時代に比べると，いったん大地震が起きると失う物が大きくなったのである．これに比例するように，地震

予知への社会の期待は大きくなっているように見える．

　たとえば，同志社大学などの研究者が2008年2月に行った日本人の「ハザード」意識調査の結果がある．全国の約1200人を対象にしたこの調査では，地球温暖化，原発事故，がん，新たな伝染病，交通事故，飛行機事故，地震，テロなど51種類のハザードそれぞれについて，感じている不安度に従って0-5点までの点数を付けてもらった．それぞれのハザードについての"得点"を合計したところ，最も"得点"が高かったのは地震であった．次いで地球温暖化，がん，新たな伝染病の順で続き，原発事故は19位であった[38]．

　東京大学地震研究所にいた大木聖子らが2009年に行った地震に関する意識調査も参考になる．この調査は，委託したインターネットの調査会社のモニターに登録している1049人を対象に，「あなたが地震の研究者に最も期待することは何ですか」との設問に対して，5つの選択肢から1つを選んでもらった．その結果，「地震発生の予測（地震予知）」と回答した人が52.5％と最も多く，次いで「住んでいる地域の揺れ・被害の予測」が20.8％，「被害の軽減方法の開発」が20.3％と続き，「地震に関する基礎研究」は5.2％，「その他」1.1％であった[39]．

　地震予知への社会の期待のほどは，文部科学省が1971年（当時は科学技術庁）からほぼ5年おきに実施している専門家を対象とした技術予測調査の結果にも表れている．「地震予知技術の実現」は第1回から第8回まで毎回，その実現が日本にとって重要度の高い課題のトップテンに入っていた．興味を引くのはその実現時期である．1971年の第1回調査では，「マグニチュード6以上の地震を1カ月以内に予知する技術」は1996年頃には実現できると予測されていた[40]．1977年の第2回調査では，「マグニチュード6以上の地震を1カ月以内に予知する技術」の実現時期の予測は2001年頃であった[41]．1982年の第3回調査では，同じ地震予知技術の実現時期は2006年頃と予測された[42]．「砂漠の蜃気楼」にたとえるのは乱暴かも知れないが，「地震予知」はいつの調査でも，約25年後には実現するものと期待されながら，一向に実現しないのである．

　以来，同じことの繰り返しで，2005年に発表された第8回の技術予測調

査でも,「マグニチュード7以上の地震を高精度で予測する技術」の実現は2030年頃, と予測された. 2010年に発表された第9回の技術予測調査では,「地震予知技術の実現」の課題は消え, 代わって「地殻活動モニタリング」が登場した[43].「地震予知技術の実現」は今後30年以内には難しい, と判断されたためである.

　こうした地震予知への期待の高さは, 地震予知計画の実施や大震法の施行などを通じて「地震予知は可能である」との言説が振り撒かれたために, これを信じ込んだ人がいかに多かったかということの反映でもある.

　政府が地震対策を考える場合にも, 地震予知への期待が高い現実は無視できない. さらに「地震予知研究の推進」は政策としてわかりやすい.「地震予知研究を推進します」といえば, それに反対する人はいない.「地震予知の可能性」は, 人々が抱く震災への不安を和らげることができるので, 地震対策としてそれなりの説得力をもつのである[44]. それに「地震予知研究の推進」は, 構造物の耐震化などといったハードな地震防災対策に比べるときわめて安上がりである. たとえば,「東海地震」対策のために静岡県下で投じられた公共事業費だけで約1兆円に達するのに対し, 東日本大震災の直後に投入された地震調査研究関連の国の補正予算は約300億円にすぎない. 2012年度, 2013年度の地震調査研究関連の予算も, それぞれ約410億円, 約270億円である. 大学関係の地震予知研究の関連予算は, 観測網の維持管理費を含めて, 17億円程度にすぎない[45].

9.4　地震予知研究をどうするか

　地震予知研究が国家プロジェクトとして続けられてきたために, さまざまな弊害をもたらしてきたことを, 前節では見てきた. 地震予知研究が大きく進展しない原因のいくばくかは, それが国家プロジェクトとして長く続けられてきたことと関係している. この節では, 地震予知研究は純粋な科学の論理だけが支配する「モード1の科学」として進めていくべきことを主張し, そのための具体的な提案を行い, 本書の一応の結論としたい.

　地震研究者の多くにとって, 地震の直前予知は長期的な研究に値するテー

マである[46]．それが実現できれば地震災害軽減に役立つからというよりも，知的好奇心を刺激するからである．研究を続けても地震予知不可能論者のいうように，あるいは永久機関の発明や錬金術の研究と同様に，その目的が達成できないことが判明するだけかも知れない．それでも，その研究の過程で地震学にとって有益な知識を加えられる可能性は少なくない．

　一方，社会的な問題解決という意味では，地震の直前予知を研究する意味はない．地震の直前予知の実現は当面は困難であるからである．いつ実現できるかもわからない地震予知研究を，国家プロジェクトとして行う，すなわち「モード２の科学」として進めていく合理的な理由は見当たらない．地震予知研究が「モード２の科学」として進められてきたために，9.3節で示したようなさまざまな弊害も生んできた．

　したがって，地震予知研究は「モード１の科学」として進めてゆくべきである．それが多くの若い研究者の意見でもある[47]．しかし，地震予知研究を行うには，国の予算に頼らざるを得ないのであるから，国民にも開かれたものにする必要がある．予知研究はどこまで進んだのか，あるいはどの程度までしか進んでいないかを丁寧に説明する場を設ける必要がある．そして，社会に広く蔓延する地震予知実現に対する過剰な期待や誤解を解く責任が，地震予知研究者にはある．

　地震予知実現についての過剰な期待は，地震研究者や行政関係者・政治家が，予算獲得のために「地震予知の実現はそう遠くない」と社会を結果的に欺いてきたためにつくり出されたという側面が大きい．こうした過剰な期待こそが，さほどの進展もない地震予知研究計画を国家プロジェクトとして長い間続けさせた大きな理由である．こうした過剰な期待を解消することが，地震予知研究を純粋な科学として進めていくための前提になる．

　そのためにはまず，「東海地震」が予知できることを前提にした大震法を廃止する必要がある．本書第６章で明らかにしたように，大震法の制定当時も，その科学的な根拠には疑問がもたれていた．当時の主管官庁であった国土庁は，最後まで特別立法をつくるのに消極的だった．大震法に東海地域判定会が出てこないのも，地震予知連絡会会長の萩原尊禮らが反対したからであった．ところが，当時の首相の福田赳夫の一声によって，大震法は制定さ

れた．科学の現実を無視したきわめて政治的な産物であった．

　現在，そもそも「東海地震」なるものの存在に疑問がある上に，もし存在するとしても「東海地震」を予知することは難しい．ところが，大震法が存在するために「東海地震の実用的な予知は可能」という前提で社会全体が動いており，「地震予知こそが地震科学であるという」社会通念がつくり出されてきた(48)．大震法を廃止することによって，「実用的な地震予知は不可能」というメッセージを社会に広く伝え，地震予知への社会の過度な期待を解消する必要がある．東京大学のゲラーがいうように，地震研究を「嘘ベース」ではなく「正直ベース」で進めていくためには，大震法廃止が前提になる(49)．

　その上で，地震防災・研究体制の変革が必要である．国家プロジェクトとしての地震予知計画は2014年度から「災害の軽減に貢献するための地震火山観測研究計画」と名前を変え，「実用科学」を強く意識したものになった．地震科学の研究成果を地震災害の軽減に生かすとの考え方は，阪神・淡路大震災後につくられた地震調査研究推進本部の設立目的と同じであり，推進本部が2012年に改訂した「新総合施策（新たな地震調査研究の推進について）」は「災害の軽減に貢献するための地震火山観測研究計画」ときわめてよく似ている．文部科学省所管のこの2つの国家プロジェクトは合体して，「地震・火山災害の軽減研究計画」に移行させるべきである．

　「地震・火山災害の軽減研究計画」には，地震・火山の観測研究計画と具体的な災害軽減策の研究計画を含める．ただし，純粋な地震予知研究は，「地震・火山の災害軽減研究計画」から分離する．地震予知研究を「モード1の科学」として進めるためである．地震予知研究に必要な観測データのほとんどは，「地震・火山の災害軽減研究計画」で整備された基盤的調査観測網から得られるので，純粋な地震予知研究にはそれほど多額の予算は必要ない．

　さらに「地震・火山の災害軽減研究計画」とこれを推進する地震（火山）調査研究推進本部の所管を，中央防災会議を所管する内閣府に移し，文部科学省は純粋な地震予知研究だけを担当するようにする．これによって，「調査研究は文部科学省」「具体的な対策は内閣府」という日本の地震防災対策

の二重構造を解消することもできる．「地震・火山の災害軽減研究計画」が「実用科学」であるとするなら，その研究成果は具体的な防災対策に生かされるべきだし，防災対策に直接つながらないような研究は，研究する意義が少ないからでもある．

「地震・火山の災害軽減研究計画」には，地震や火山噴火の長期予測の研究も含めてほしい．長期予測は，国民一人ひとりにとっては利用価値が少ないが，国や地方自治体，企業などが長期的な防災対策を構築するためには，必要な情報である．長期的な予測の精度はまだ十分ではないが，地震調査研究推進本部が2002年に出した「日本海溝沿いの太平洋ではどこでもマグニチュード8.2の津波地震が起き得る」との長期評価結果が，中央防災会議が担当した太平洋岸の津波防災対策に取り入れられていれば，東日本大震災の死者ははるかに少なくなったであろうことを想起する必要がある．

純粋な地震予知研究は，従来の国家プロジェクトのような機関参加型ではなく，研究者が個人で自由に参加できる形にすることが望ましい[50]．競争がなくては，斬新なアイデアは出てこない．研究計画は公募制にして，ほかの分野の研究計画と同等の条件で競争して，研究費を獲得する仕組みにする必要がある．

近年，地震学と地震予知学は違う，われわれは地震予知学の樹立を目指すべきである，という主張が盛んに唱えられている[51]．それによると，地震学は地震の発生メカニズムを突き止めたり，地震波を使って地球の構造などを調べたりする学問である．これに対して地震予知学は，地震予知の実現という問題を解決するための学問であり，地震学という狭い範囲だけにとらわれず，電磁気学や地球化学，地下水などもっと広い分野に研究を広げるべきである，という．このような主張の背景には，地震予知計画が長い間継続されてきたために，地震学界のなかに"地震予知ムラ"ともいえる既得権益集団ができ，それが地震予知研究の進展を妨げてきた，という認識がある．こうした認識の当否は別にして，地震予知研究に広い分野の研究者が参加するのは歓迎すべきことである．

しかし，そこで行う研究のテーマ設定には，厳しい選別が必要である．これまでの地震予知研究の歴史を十分に参照し，見込みのない研究を繰り返す

という愚は避けねばならない．私見によれば，地震の直前予知の研究はまだ基礎研究の段階にある．地震の発生メカニズムをさらに追究することに重点を置くことが望ましい．そのためには物理モデルを組み立て，コンピューターを利用した数値シミュレーションの発展に期待したい．地殻運動をシミュレーションすることは，気温，圧力，大気中の水分量，風向，風速などの気象要素がすべて観測可能な天気の数値予報に比べると，条件は格段に厳しい．地殻運動に関係する地殻の応力，断層の摩擦係数などは間接的に推定するほかはないし，地殻運動を支配する確たる方程式もまだ見付かっていない．しかし，年々計算速度が向上しているコンピューターを有効に利用しない手はない．

　何らかの前兆をもとに地震の直前予知を実現するという方法には，限界があることは1990年代末には明らかになった．信頼できる前兆が見付からないからである．いくつかの前兆を組み合わせて，確率的な予測を行うことなどが提案されているが，この方法を信頼できるものにするには，膨大な時間と観測が必要である．したがって，前兆現象の研究は，これまでまったく追究されてこなかったものに限ることが望ましい．

　地震活動をもとにした地震の直前予知も，小さな地震ならともかく，大地震の直前予知には向かない．第3章で紹介したように，このことは寺田寅彦が理論的に証明している．地震活動に基づいた予測が使えるのは，長期的な予測である．したがって，地震活動に基づく長期予測は，「地震・火山の災害軽減研究計画」のなかで行う方が望ましい．

　ともあれ，一定の能力と熱意をもつ研究者ならだれでも地震予知研究に参加できる仕組みをつくり，同時に科学的な淘汰が進むような環境を整えることが最も重要である．そうした環境が整えられたとして，地震予知研究の将来がどうなるかを予測するのは難しい．革命的なアイデアが出て，地震予知の実現という問題が解決されるか，それともその困難さ故に，研究者にとって魅力に乏しいものになり，欧米のようにすたれていくか．科学の論理に任せるほかない．

地震予知関係年表（明治時代以降）

各地震のマグニチュード（M）は『理科年表』（2015年版）に従った．

西暦	地震	出来事
1872年	浜田地震（M7.1）	
1880年	横浜地震（M5.5-6.0）	日本地震学会創設，ミルン講演「日本に於ける地震科学」
		ユーイングが水平振子を使った地震計を考案
1883年		ミルン Earthquakes and Other Earth Movements 出版
		関谷清景「地震学一斑」
1885年		関谷清景「地震ヲ前知スルノ法如何」
1891年	濃尾地震（M8.0）	
1892年		震災予防調査会設立
		ミルン「地震の災害を軽減することに就て」
		田中館愛橘ら，濃尾地震の震源域調査で地磁気の異常を検出
1894年	明治東京地震（M7.0）	
	庄内地震（M7.0）	
1896年	明治三陸地震津波（M8.2）	
	陸羽地震（M7.2）	
1897年		中村精男，三陸津波の前日に仙台の磁力計が異常を観測したと報告
		和田雄治，陸羽地震の前日に仙台などの磁力計が異常を観測したと報告
1904年		『大日本地震史料』完成
1905年	芸予地震（M7¼）	
		今村明恒，雑誌『太陽』で東京大地震の可能性を警告し，震災対策を提言
1906年		大森房吉，今村説を「浮説」などと批判
	サンフランシスコ地震（M8.3）	大森，「地震帯の原理」に基づきチリ沖地震の予測に成功
1909年	江濃（姉川）地震（M6.8）	
1911年	喜界島地震（M8.0）	
1913年		今村明恒，1872年の浜田地震の直前に海岸が隆起した，と報告
1914年	秋田仙北地震（M7.1）	
1915年	房総半島群発地震	大森と今村の間で，群発地震が大地震の前兆か否かで激論
1916年		寺田寅彦，地震は破壊現象なので決定論的予知は不可能，と主張
1918年	大町地震（M6.5）	
1922年	島原（千々石湾）地震（M6.9）	
1923年	関東地震（M7.9）	
1924年		白鳥勝義，関東大震災の直前に地電流の異常が観測された，と報告

年	地震	出来事
1925年		今村，三浦半島が関東大震災の3年ほど前から隆起に転じていた，と報告
	但馬地震（M6.8）	地震研究所創立，震災予防評議会発足
1927年	北丹後地震（M7.3）	
1928年		山崎直方，地震の原因は地塊運動である，と主張
1929年		今村，次の南海地震に備えて観測網の構築を開始
		石本巳四雄，地震の原因は岩漿運動である，と主張
		井上宇胤ら，石本の考案したシリカ傾斜計で，地震の前に大きな傾斜変化を観測
1930年	北伊豆地震（M7.3）	発光現象を目撃したという証言相次ぐ
1931年	西埼玉地震（M6.9）	
1932年		寺田寅彦，伊豆群発地震数と伊豆でのアジの漁獲に強い相関がある，と報告
		畑井新喜司ら，鯰が地震の前に敏感になるのは地電流の変化による，と報告
1933年	昭和三陸地震津波（M8.1）	地震前後に海上に発光現象を多くの人が目撃
		寺田，統計的な方法による地震予知では，大きな誤差が避けられない，と主張
1935年		中村左衛門太郎ら，地磁気伏角の調査により大阪-奈良間での地震発生を予測
1936年	河内大和地震（M6.4）	
1937年		藤原咲平，「椋平虹」の地震予知法を『地震研究所彙報』で紹介
		吉松隆三郎，地震の前の地電位変化の異常から地震予知は可能，と主張
		尋常小学校5年の国語教科書に「稲むらの火」を掲載
1939年	男鹿地震（M6.8）	
1941年		震災予防評議会廃止
1943年	鳥取地震（M7.2）	永田武ら，鹿野断層付近で異常な地電位差を観測
		今村，水準路線を掛川から御前崎まで延長することを提唱
1944年	東南海地震（M7.9）	
		佐々憲三ら，鳥取地震の前に生野鉱山の傾斜計が明瞭な変動を示した，と報告
1945年	三河地震（M6.8）	
1946年		GHQ，「日本は地震の数時間前に予知する設備をもつことになろう」と新聞発表
	南海地震（M8.0）	
1947年		中央気象台長の和達清夫が「観測網さえあれば地震予知は可能」とGHQに書簡
		GHQの指示により地震予知研究連絡委員会設置，地震予知計画案を作成
		佐々憲三，逢坂山観測所の傾斜計，伸縮計の異常を根拠に関西に地震発生の可能性を警告
1948年	福井地震（M7.1）	

年	地震	事項
		井上宇胤が「秩父地方で2カ月以内に地震発生」と発表，その後自説を撤回
		浅田敏ら，高感度の電磁気地震計を開発し，福井地震の余震（微小地震）の観測に成功
		佐々，鳥取地震などの前に地震波の速度の異常が見られた，と報告
1949年		中村左衛門太郎，地磁気の観測に異常が見られるとして，新潟での地震発生を警告
	今市地震（M6.4）	
1952年	十勝沖地震（M8.2）	
1954年		坪井忠二，半年ごとの水準測量と，全国50カ所での傾斜・伸縮計観測を提案
1960年	チリ地震津波（M_w9.5）	
		和達，地震学会総会で，地震予知研究計画作成の小委員会設置を提案
1962年		地震予知計画研究グループ『地震予知—現状とその推進計画』公表
		プレートテクトニクスの前身の海洋底拡大説発表
1964年	新潟地震（M7.5）	
1965年		第1次地震予知研究5カ年計画スタート
	松代群発地震始まる	
1967年		プレートテクトニクス理論が誕生
1968年	えびの地震（M6.1）	
	日向灘地震（M7.5）	
	十勝沖地震（M7.9）	東大地震研の海底地震計が十勝沖地震の前震をとらえる
		「地震予知の推進について」閣議了解
1969年		第2次地震予知推進計画スタート，地震予知連絡会設置
		茂木清夫，遠州灘（東海）地震説を提唱
1970年		地震予知連絡会が全国8カ所の特定観測区域を指定
1971年		宇津徳治が，地震空白域理論に基づき，根室半島沖地震を予測
1973年	根室半島沖地震（M7.4）	
		米国コロンビア大学のショルツがダイラタンシーモデルを発表
		ダイラタンシーモデルのいう「地震波速度の異常」観測報告相次ぐ
1974年	伊豆半島沖地震（M6.9）	
		地震予知連絡会が東海地域を観測強化地域に指定
1975年		中国・海城地震の予知に成功，中国地震考察団が来日
1976年		地震予知連絡会で東海地震説（石橋説）を認知
		政府に地震予知推進本部設置
1977年		地震予知連絡会に「東海地域判定会」設置
1978年	伊豆大島近海地震（M7.0）	各種の前兆現象の報告相次ぐ
		大規模地震対策特別措置法が国会で成立

	宮城県沖地震（M7.4）	
1979年		気象庁に地震防災対策強化地域判定会が発足
1980年		活断層研究会が『日本の活断層』出版
1983年	日本海中部地震（M7.7）	
1984年	長野県西部地震（M6.8）	
1987年	千葉県東方沖地震（M6.7）	
1991年		日本の地震予知計画を批判するゲラーの論評が *Nature* に掲載される
1993年	釧路沖地震（M7.5）	
	北海道南西沖地震（M7.8）	
1994年	北海道東方沖地震（M8.2）	
	三陸はるか沖地震（M7.6）	
1995年	兵庫県南部地震（M7.3）	
		地震防災対策特別措置法成立・施行，総理府に地震調査研究推進本部設置
1996年		地震調査研究推進本部が活断層などについての長期評価の公表を開始
1997年		測地学審議会が「地震予知計画の実施状況等のレビュー」を公表，「地震予知の実用化」は将来の課題とするよう提言
1999年		地震予知のための新たな観測研究計画（新地震予知計画）がスタート
2000年	鳥取県西部地震（M7.3）	
2001年	芸予地震（M6.7）	
		東海地方のスロースリップを検出
2003年		中央防災会議が東海地震対策を見直し，東海地震対策大綱を決定
	十勝沖地震（M8.0）	
		中央防災会議が東南海・南海地震対策大綱を決定
2004年	新潟県中越地震（M6.8）	
2005年	福岡県西方沖地震（M7.0）	
		中央防災会議が首都直下地震対策大綱を決定
		地震調査研究推進本部が全国地震動予測地図を公表
2006年		日本海溝・千島海溝周辺海溝型地震対策大綱を決定
2007年	能登半島地震（M6.9）	
	新潟県中越沖地震（M6.8）	
		気象庁の緊急地震速報の運用開始
2008年	岩手・宮城内陸地震（M7.2）	
2009年		地震および火山噴火予知のための観測研究計画がスタート
2011年	東北地方太平洋沖地震（M9.0）	
2013年		南海トラフ地震防災対策特別措置法が成立
2014年		災害の軽減に貢献するための地震火山観測研究計画がスタート

文献と注

文献名の略記一覧は巻末に掲載した.

まえがき

(1) 日本地震学会理事会「日本地震学会の改革に向けて：行動計画 2012」2012 年 10 月 11 日 http://www.zisin.jp/pdf/SSJapan2012.pdf

序章　地震予知への願望

(1) たとえば, John Milne, *Seismology* (London: Kegan Paul, 1898), pp. 25-27.
(2) 石本巳四雄『地震とその研究』古今書院, 1935 年, 219 頁.
(3) 泉治典・村治能就訳『アリストテレス全集・5』岩波書店, 1969 年, 86-97 頁.
(4) 中野定雄・中野里美・中野美代「プリニウスについて」『プリニウスの博物誌・第 1 巻』雄山閣出版, 1986 年, 1544-1545 頁.
(5) 中野定雄・中野里美・中野美代訳『プリニウスの博物誌・第 1 巻』(注4), 120-122 頁.
(6) 荒木俊馬『西洋占星術』恒星社厚生閣, 1967 年, 21-22 頁.
(7) たとえば, 中山茂『占星術』紀伊国屋新書, 1964 年, 158 頁.
(8) John Milne, *Seismology*, op. cit. (注1), p. 28.
(9) 山田俊弘「地球論の発生と展開」矢島道子・和田純夫編『はじめての地学・天文学史』ベレ出版, 2004 年, 69 頁.
(10) John G. Taylor, *Eighteenth-Century Earthquake Theories* (Michigan: UMI Dissertation Services, 1975), pp. 23-55.
(11) *Ibid.*, pp. 170-184.
(12) *Ibid.*, pp. 91-153.
(13) E. J. Pereira, "The Great Earthquake of Lisbon," *Trans. Seism. Soc. Jpn.*, **12** (1888), pp. 5-19.
(14) 亀井裕訳『カント全集・1 巻』理想社, 1966 年, 235-244 頁. ならびに, 三枝充悳訳『カント全集・15 巻』理想社, 1966 年, 179-192 頁.
(15) 池上良平『震源を求めて』平凡社, 1987 年, 115-132 頁.
(16) Charles Davison, *The Founders of Seismology* (Cambridge: the University Press, 1927), pp. 71-83.
(17) *Ibid.*, pp. 47-64.
(18) *Ibid.*, pp. 87-90.
(19) 石本巳四雄『地震とその研究』(注2), 250-251 頁.
(20) A. M. Celâl Şengör, "Classical Theories of Orogenesis," in Akiho Miyashiro, Keiiti Aki, and A. M. Celâl Şengör, *Orogeny* (Chichester: John Wiley & Sons, 1982), pp. 1-48.
(21) Eduard Suess, translated by Hertha B. C. Sollas, *The Face of the Earth* (Oxford: Clarendon Press, 1904-1924).
(22) Robert Mallet, *Great Neapolitan Earthquake of 1857*, Vol. 2 (London: Chapman and Hall, 1862), p. 377.
(23) たとえば, John Milne, "Seismic Science in Japan," *Trans. Seism. Soc. Jpn.*, **1** (1880), p. 17.
(24) Mallet, op. cit. (注22), pp. 374-375.

(25) 文部省震災予防調査会編『増訂大日本地震史料』1巻，震災予防協会，1943年，4頁．
(26) 同上書，14頁．
(27) 川端善明・荒木浩校注『新日本古典文学大系41・古事談　続古事談』岩波書店，2005年，610頁．
(28) 黒板勝美・丸山二郎校訂『古今著聞集』上巻，岩波書店，1914年，231-232頁．
(29) 戸川芳郎『古代中国の思想』放送大学教育振興会，1985年，64-68頁．
(30) 沢野忠庵・西吉兵衛・向井玄松「乾坤弁説」『文明源流叢書』2巻，図書刊行会，1914年，38頁．
(31) 五十嵐金三郎「大極地震記読解」『江戸科学古典叢書』19巻，恒和出版，1979年，12-15頁．
(32) 橋本万平『地震学事始―開拓者・関谷清景の生涯』朝日新聞社，1983年，11-12頁．
(33) 宇佐美龍夫「解説・地震についての考え方の変遷」『江戸科学古典叢書』19巻（注31），36-37頁．
(34) 楠瀬恂編『随筆文学選集第8』書斎社，1927年，447-448頁．
(35) 石本巳四雄『地震とその研究』（注2），209-210頁．
(36) 楠瀬恂編『随筆文学選集第8』（注34），449-454頁．
(37) 岡田芳朗『暦ものがたり』角川選書，1982年，102-103頁．
(38) 黒田日出男『龍の棲む日本』岩波新書，2003年，207-218頁．
(39) 桑田忠親『太閤書信』地人書館，1943年，226頁．
(40) 一窓庵「地震と芭蕉」『地震』7巻（1935年），496-497頁．
(41) 石本巳四雄『地震とその研究』（注2），208頁．
(42) 宇佐美龍夫「解説・地震についての考え方の変遷」（注33），37頁．
(43) 五十嵐金三郎「大極地震記読解」（注31），18-19頁．
(44) 楠瀬恂編『随筆文学選集第8』（注34），452-453頁．
(45) 三枝博音編『日本科学古典全書』6巻，朝日新聞社，1942年，285-286頁．
(46) 同上書，453-455頁．
(47) 森田晃一「解題」『江戸時代女性文庫・49』大空社，1996年，5頁．
(48) 宇田川興斎訳「地震預防説」『江戸科学古典叢書』19巻（注31），251頁．
(49) 同上書，275-302頁．
(50) 小田東壑「付録・地震劇風災害予防法図説」『江戸科学古典叢書』19巻（注31），415-425頁．
(51) 村山正隆「震雷孝説」『江戸時代女性文庫・49』（注47），頁数なし．
(52) 荒川秀俊『実録・大江戸壊滅の日』教育社，1982年，34-39頁．
(53) 同上書，62-63頁．
(54) 仮名垣魯文・二世一筆『安政見聞誌』東京大学地震研究所所蔵本，1856年，頁数なし．
(55) 橋本万平『地震学事始―開拓者・関谷清景の生涯』（注32），20頁．
(56) 仮名垣魯文・二世一筆『安政見聞誌』（注54），頁数なし．
(57) 山崎美成「地震知前兆説」『江戸時代女性文庫・49』（注47），頁数なし．
(58) 村山正隆「震雷孝説」（注51），頁数なし．
(59) 伊藤和明『地震と火山の災害史』同文書院，1977年，44-45頁．

第1章　明治の日本地震学会と地震予知

(1) 横浜開港資料館・読売新聞社横浜支局編『横浜150年の歴史と現在』明石書店，2010年，64頁．
(2) ケンペルは『日本誌』の第1巻第8章「日本各地の気候および地下資源」のなかに「地震」という項目を設け，「日本の土地は，しばしば地震で揺れる．しかし日本では地震は日常茶飯事であり，ほとんど気に留められていない．たとえばわれわれのところで雷雨を気にしないようなものである」などと書いている（エンゲルベルト・ケンペル，今井正訳『日本誌・上巻』霞ヶ関出版，1973年，218頁）．またケンペルは長崎や江戸で何回か地震に遭遇し，その体験記も『日本誌』に綴っている（同『日本誌・下巻』304頁，360頁，362頁）．

(3) オールコック,山口光朔訳『大君の都―幕末日本滞在記（上）』,岩波文庫,1962 年,282 頁.
(4) A. B. ミットフォード,長岡祥三訳『英国外交官の見た幕末維新―リースデイル卿回想録』講談社学術文庫,1998 年,15-16 頁.
(5) ロバート・フォーチュン,三宅馨訳『幕末日本探訪記―江戸と東京』講談社学術文庫,1997 年,145 頁.
(6) E. Knipping, "Verzeichniss von Erdbeben, Wahrgenommen in Tokio, Japan, in 35°417'N. B., 139°47'0. Lv. G., von September 1872 bis November 1877," *Mitteilungen der Deutschen Gesellschaft für Natur- und Völkerkunds Ostasiens*, 2 (1878), pp. 109-118.
(7) 正戸豹之助「私が初めて地震計を見たときのこと」『気象集誌』第 2 輯 9 巻（1931 年）,40-42 頁.
(8) W. S. Chaplin, "An Examination of the Earthquakes Recorded at the Meteorological Observatory, Tokiyo," *Trans. Asia. Soc. Jpn.*, 6 (1878), pp. 353-355.
(9) John Perry and W. E. Ayrton, "On a Neglected Principle that May be Employed in Earthquake Measurements," *Trans. Asia. Soc. Jpn.*, 5 (1877), pp. 181-204.
(10) G. Wagener, "Ueber Erdbebenmesser und Vorschlaege zu Einen Neuen Instrumente Dieser Art," *Mitteilungen der Deutschen Gesellschaft für Natur- und Völkerkunds Ostasiens*, 2 (1878), pp. 216-223.
(11) E. Knipping, "Der Wagener'sche Erdbebenmesser," *Mitteilungen der Deutschen Gesellschaft für Natur- und Völkerkunds Ostasiens*, 2 (1879), p. 318.
(12) G. Wagener, "On a New Seismometer," *Trans. Seism. Soc. Jpn.*, 1 (1880), pp. 54-72.
(13) オールコック『大君の都―幕末日本滞在記（上）』（注 3）,285 頁.
(14) R. H. Brunton, "Constructive Art in Japan," *Trans. Asia. Soc. Jpn.*, 2 (1874), pp. 64-86.
(15) Edmund Naumann, "Ueber Erdbeben und Vulcanausbrueche in Japan," *Mitteilungen der Deutschen Gesellschaft für Natur- und Völkerkunds Ostasiens*, 2 (1878), pp. 163-216.
(16) I. Hattori, "Destructive Earthquakes in Japan," *Trans. Asia. Soc. Jpn.*, 6 (1878), pp. 249-275.
(17) Brunton, "Constructive Art in Japan," op. cit.（注 14）, pp. 69-70.
(18) George Cawley, "Some Remarks on Constructions in Brick and Wood, and their Relative Suitability for Japan," *Trans. Asia. Soc. Jpn.*, 6 (1878), pp. 291-317.
(19) 宇佐美龍夫・石井寿・今村隆正・武村雅之・松浦律子『日本被害地震総覧 599-2012』東京大学出版会,2013 年,208 頁,ならびに『読売新聞』1880 年 2 月 24 日朝刊 2 面.
(20) John Milne, "The Earthquake in Japan of February 22nd, 1880," *Trans. Seism. Soc. Jpn.*, 1 (2) (1880), pp. 1-116.
(21) 無署名「ドイツの婦人が地震を恐れて帰国の相談」『読売新聞』1880 年 3 月 2 日 1 面.
(22) W. Chaplin, "Annual Reports of the Committee of the Seismological Society of Japan," *Trans. Seism. Soc. Jpn.*, 6 (1883), pp. 40-42. ならびに *The Japan Gazette*, March 12th, 1880. ならびに,泊次郎「日本地震学会の設立は 1880 年 3 月 11 日である」『地震』第 2 輯 66 巻（2013 年）,11-14 頁.
(23) Milne, "The Earthquake in Japan of February 22nd, 1880," op. cit.（注 20）, p. 1.
(24) *Trans. Seism. Soc. Jpn.*, 1 (1880), pp. 1-2.
(25) 日本地震学会の会長には 1882 年からは,内務卿であった山田顕義が,1885 年からは文部大臣であった森有礼がそれぞれ就いた.
(26) Anonymous, "Constitution and List of Members of the Seismological Society," *Trans. Seism. Soc. Jpn.*, 2 (1880), pp. 97-103.
(27) Chaplin, "Annual Reports of the Committee of the Seismological Society of Japan," op. cit.（注 22）, p. 41.
(28) A. L. Herbert-Gustar and P. A. Nott, *John Milne: Father of Modern Seismology* (Kent: Paul Norbury Publications, 1980). 宇佐美龍夫監訳『明治日本を支えた英国人・地震学者ミルン伝』日本放送出版協会,1982 年.

(29) John Milne, "Experiments in Observational Seismology," *Trans. Seism. Soc. Jpn.*, **3** (1881), pp. 12-64.
(30) John Milne, "Seismic Science in Japan," *Trans. Seism. Soc. Jpn.*, **1** (1880), pp. 3-34.
(31) John Milne, "The Peruvian Earthquake of May 9th, 1877," *Trans. Seism. Soc. Jpn.*, **2** (1880), pp. 50-96.
(32) ミルンは地表付近を伝わる地震波の速度を，秒速300-400m程度と遅く見積っていたために，このような時間的な余裕があると考えた．実際の地表付近の岩盤での地震波の速度は，P波（縦波）で秒速5km程度，S波（横波）で秒速3km程度である．日本の気象庁が2007年10月から実用化した緊急地震速報は，震源近くで検知したP波に基づいて地震の規模を推定して，震源から遠い地点での揺れの程度を予測して伝える．ミルンのアイデアと似てはいるが，大きな揺れをもたらすS波の速度がP波の速度より遅いことを利用するという考え方は，ミルンにはなかった．
(33) James A. Ewing, "On a New Seismograph for Horizontal Motion," *Trans. Seism. Soc. Jpn.*, **2** (1880), pp. 45-49.
(34) James A. Ewing, "Notes on Some Recent Earthquakes," *Trans. Asia. Soc. Jpn.*, **9** (1880), pp. 40-47.
(35) James A. Ewing, "On the Records of Three Recent Earthquakes," *Trans. Seism. Soc. Jpn.*, **3** (1881), pp. 115-120.
(36) Thomas Gray, "On a Seismograph for Registering Vertical Motion," *Trans. Seism. Soc. Jpn.*, **3** (1881), pp. 137-139.
(37) John Milne, "Notes on the Horizontal and Vertical Motion of the Earthquake of March 8, 1881," *Trans. Seism. Soc. Jpn.*, **3** (1881), pp. 129-136.
(38) James A. Ewing, "A Seismometer for Vertical Motion," *Trans. Seism. Soc. Jpn.*, **3** (1881), pp. 140-142.
(39) Seikei Sekiya, "Earthquake Measurements of Recent Years Especially Relating to Vertical Motion," *Trans. Seism. Soc. Jpn.*, **12** (1888), pp. 83-106.
(40) E. Knipping and H. M. Paul, "Report of the Committee on a System of Earthquake Observations," *Trans. Seism. Soc. Jpn.*, **6** (1883), pp. 36-39.
(41) ミルンはこの地震計をグレイ・ミルン地震計と呼んでいた．たとえば，Milne, "Diagrams of Earthquakes Recorded at the Chiri-Kyoku in Tokyo," *Trans. Seism. Soc. Jpn.*, **13** (1) (1889), p. 91.
(42) 気象庁『気象百年史』気象庁，1975年，440頁．
(43) 大迫正弘「黎明期の地震計の名称をめぐって」2010年地球惑星科学連合大会講演予稿集．
(44) 浜松音蔵・橋本万平「明治14年日本地震学会刊，地震報告と報告心得」『地震』第2輯38巻 (1985年)，251-257頁．
(45) ミルンは，各地から集めた地震報告の結果を1881年1月の日本地震学会例会で発表した．それによると，1年間に日本で起きる有感地震の数は約250で，東京周辺と東北地方の太平洋岸に特に多く，四国を含む南日本には地震が少ないことが判明したが，"観測網"の不充分さを考慮すると，実際には1年間で約1250の有感地震が起きているのではないか，などと述べている．John Milne, "The Distribution of Seismic Activity in Japan," *Trans. Seism. Soc. Jpn.*, **4** (1882), pp. 1-30.
(46) 無署名「地震報告」『日本地震学会報告』第2冊（1885年），78-86頁．
(47) Seikei Sekiya, "Earthquake Observations of 1885 in Japan," *Trans. Seism. Soc. Jpn.*, **10** (1887), pp. 57-82.
(48) John Milne, "Seismic Experiments," *Trans. Seism. Soc. Jpn.*, **8** (1885), pp. 1-82.
(49) John Milne, "On a Seismic Survey Made in Tokio in 1884 and 1885," *Trans. Seism. Soc. Jpn.*, **10** (1887), pp. 1-36.
(50) John Milne, "On the Distribution of Earthquake Motion within a Small Area," *Trans.*

Seism. Soc. Jpn., **13** (1) (1889), pp. 41-89.
(51) John Milne, "On Construction in Earthquake Countries," *Trans. Seism. Soc. Jpn.*, **11** (1887), pp. 115-174.
(52) S. Sekiya, "The Severe Japan Earthquake of the 15th of January, 1887," *Trans. Seism. Soc. Jpn.*, **11** (1887), pp. 79-89.
(53) S. Sekiya, "Earthquake Safety Lamps," *Trans. Seism. Soc. Jpn.*, **12** (1888), pp. 81-82.
(54) 無署名「地震動と家屋建築法取調委員会」『東洋学芸雑誌』5巻（1888年），45-46頁．
(55) John Milne, "An Epitome of Information Useful to Builders Contained in the Previous Reports with Remarks on the Same," *Trans. Seism. Soc. Jpn.*, **14** (1889), pp. 229-246.
(56) John Milne, *Earthquakes and Other Earth Movements*, 2nd ed. (London: Kegan Paul, 1886), pp. 297-305.
(57) 現在では，地震予知というためには，①起きる時間，②起きる地域，に加えて③起きる地震の規模，の3要素をともに正確に予測することが必要である，というのが共通の認識になっている．ミルンの時代には，「地震の強さ」という概念はあったが，「地震の規模」という概念はまだ確立していなかった．地震の規模を表すのに現在よく使われている「マグニチュード」という概念が日本で使われるようになったのは，1950年代に入ってからである．
(58) 橋本万平『地震学事始―開拓者・関谷清景』（朝日新聞社，1983年）によると，関谷は1854年美濃・大垣生まれ．1870年，大垣藩の貢進生に選ばれて大学南校（後に東京開成学校，東京大学の前身）に入り，1876年に英国に留学．ロンドンのユニバーシティカレッジに入学し，機械工学を学んだが，肺結核を発病したため，翌年帰国．神戸で療養生活を送った後，1880年4月に東京大学理学部機械工学科の助教になり，教授であったユーイングの地震学実験所の観測を手伝いながら，地震学を学んだ．1881年から助教授となり，1884年からは『日本地震学会欧文報告』のなかの主な論文を訳した『日本地震学会報告（和文）』の発行を始めた．1885年には内務省に新設された験震課長を兼務．1886年の帝国大学の発足と同時に地震学担当の教授になった．世界最初の地震学の教授といわれる．1889年に肺結核が再発し，療養のため大学を休職になり，1893年には復職したが，翌年に再び休職になり，96年1月，満41歳で死去した．
(59) 関谷清景「地震学一班・第一稿」『学芸志林』12巻（1883年），47-76頁．
(60) 関谷清景，同上論文，49頁．
(61) 浜松音蔵・橋本万平「明治14年日本地震学会刊，地震報告と報告心得」（注44），251-257頁．
(62) John Milne, "The Distribution of Seismic Activity in Japan," *Trans. Seism. Soc. Jpn.*, **4** (1882), pp. 1-30.
(63) John Milne, "Note on the Sound Phenomena of Earthquakes," *Trans. Seism. Soc. Jpn.*, **12** (1888), pp. 53-62.
(64) *Ibid.*, p. 62.
(65) Cargill G. Knott, "Earthquakes and Earthquake Sounds: as Illustrations of the General Theory of Elastic Vibrations," *Trans. Seism. Soc. Jpn.*, **12** (1888), pp. 115-136.
(66) Milne, *Earthquakes and Other Earth Movements*, op. cit.（注56），pp. 267-268.
(67) 関谷清景「非職理科大学教授理学博士関谷清景氏地震を前知する法ありや如何の説」，木澤成粛・山羽義彦編『明治震災輯録』金池堂，1891年，86-113頁．
(68) 関谷清景「地震学一班・第一稿」（注59），54-57頁．
(69) C. G. Knott, "Earthquake Frequency," *Trans. Seism. Soc. Jpn.*, **9** (1) (1886), pp. 1-20.
(70) John Milne, *Seismology* (London: Kegan Paul, 1898), pp. 215-217.
(71) John Milne, "Earthquakes in Connection with Electric and Magnetic Phenomena," *Trans. Seism. Soc. Jpn.*, **15** (1890), pp. 135-162.
(72) 気象庁『気象百年史』（注42），591頁．
(73) R. Shida, "On Earth Currents," *Trans. Seism. Soc. Jpn.*, **9** (1) (1886), pp. 32-50.
(74) Milne, "Earthquakes in Connection with Electric and Magnetic Phenomena," op. cit.（注71），p. 150.

(75) *Ibid.*, pp. 140-141.
(76) Shida, "On Earth Currents," op. cit. (注73), pp. 42-44.
(77) Milne, "Earthquakes in Connection with Electric and Magnetic Phenomena," op. cit. (注71), p. 147.
(78) John Milne, "Seismic, Magnetic, and Electric Phenomena," *Seism. J. Jpn.*, **19** (1894), pp. 23-33.
(79) Milne, *Seismology*, op. cit. (注70), p. 223.
(80) 関谷清景「地震ヲ前知スルノ法如何」『東洋学芸雑誌』3巻（1885年）, 1-13頁.
(81) 関谷清景, 同上論文, 2頁.
(82) John Milne, "Note on the Effects Produced by Earthquakes upon the Lower Animals," *Trans. Seism. Soc. Jpn.*, **12** (1888), p. 1-4.
(83) たとえば, 無署名「大地震の兆候には非ず」『朝日新聞』1889年4月2日1面, ならびに無署名「大地震の兆候なし」『朝日新聞』1890年2月21日1面.
(84) 無署名「本年5月上旬大地震ありという預言」『東洋学芸雑誌』3巻（1886年）, 453-454頁.
(85) 関谷清景「応問」『東洋学芸雑誌』6巻（1889年）, 158-159頁.
(86) 関谷清景「応問」『東洋学芸雑誌』6巻（1889年）, 537頁.
(87) Charles Davison, *The Founders of Seismology* (Cambridge: the University Press, 1927), p. 201.
(88) Milne, *Earthquakes and Other Earth Movements*, op. cit. (注56), pp. 277-296.
(89) Stanislas Meunier, "Abstract of a Theory as to the Cause of Earthquakes," *Trans. Seism. Soc. Jpn.*, **13** (1) (1889), pp. 133-135.
(90) 関谷清景「地震学一班・第一稿」（注59）, 57-74頁.
(91) 小藤文次郎「地震考説」『東洋学芸雑誌』3巻（1885年）, 97-104頁.
(92) John Milne, *Earthquakes and Other Earth Movements,* 4th ed. (London: Kegan Paul, 1898), p. 300.
(93) Milne, "Seismic Science in Japan," op. cit. (注30), p. 12.
(94) John Milne, "Note on the Great Earthquakes of Japan," *Trans. Seism. Soc. Jpn.*, **3** (1881), pp. 65-102.
(95) Milne, *Earthquakes and Other Earth Movements*, op. cit. (注92), p. 282.
(96) 関谷清景「地震学一班・第一稿」（注59）, 58-62頁.
(97) John Milne, "Earth Tremors," *Trans. Seism. Soc. Jpn*, **7** (1) (1883), pp. 11-15.
(98) 関谷清景「地震ヲ前知スルノ法如何」（注80）, 11頁.
(99) 無署名「微震計」『読売新聞』1886年3月21日付1面.
(100) たとえば, John Milne, "Earth Tremors in Central Japan," *Trans. Seism. Soc. Jpn.*, **11** (1887), pp. 1-78.
(101) 低気圧の通過に伴ってしばしば観察される周期2-8秒程度の微動は, 現在では脈動と呼ばれ, 主に海の波浪が岸壁などにぶつかって生じるのが原因, と考えられている.
(102) 関谷清景「非職理科大学教授理学博士関谷清景氏地震を前知する法ありや如何の説」（注67）, 113頁.
(103) John Milne, "On the Mitigation of Earthquake Effects and Certain Experiments in Earth Physics," *Seism. J. Jpn.*, **1** (1893), pp. 1-19.
(104) Milne, "Seismic Science in Japan," op. cit. (注30), p. 12.
(105) 国立天文台編『理科年表・2015年版』767頁によると, この津波を引き起こした地震の震源はペルー沖ではなく, チリ沖となっている.
(106) Milne, "The Peruvian Earthquake of May 9, 1877," op. cit. (注31), pp. 50-96.
(107) 小藤文次郎「土地昇降ノ説」『東洋学芸雑誌』3巻（1885年）, 193-202頁.
(108) 関谷清景「地震ヲ前知スルノ法如何」（注80）, 11頁.
(109) Milne, "On the Mitigation of Earthquake Effects and Certain Experiments in Earth

Physics," op. cit.（注103）, p. 10.

第2章　濃尾地震と震災予防調査会

(1) 小風秀雄編『アジアの帝国国家』吉川弘文館，2004年，8-37頁．
(2) 飯田汲事『明治24年10月28日濃尾地震の被害と震度分布』愛知県防災会議地震部会，1979年，45頁．
(3) 市原信治『濃尾地震と根尾谷断層』岐阜市出版協会，1978年．
(4) 片山逸朗編『濃尾震誌』勝沼武一発行，1893年，29-76頁．
(5) 宇佐美龍夫ほか『日本被害地震総覧599-2012』（東京大学出版会，2013年）によると，濃尾地震の死者総数は7273人，名古屋市防災会議編『濃尾地震文献目録』（1978年）によると，死者総数は7469人，飯田汲事『明治24年10月28日濃尾地震の被害と震度分布』（注2）では，死者総数は7880人としている．
(6) 愛知県「愛知県震災報告」『震災予防報告』2巻（1894年），38頁．
(7) 岐阜県岐阜測候所『明治24年10月28日大震報告』岐阜測候所，1894年，102頁．
(8) 無署名「今朝の地震，惨状の概略」『大阪朝日新聞』1891年10月28日号外．
(9) 無署名「東京，横浜に於ける地震の損害」『読売新聞』1891年10月29日朝刊3面．
(10) 前田直吉「明治24年10月28日尾張地震記」『気象集誌』11巻（1892年），30-34頁．
(11) 無署名「地震は建築法の大試験」『時事新報』1891年11月1日3面．
(12) 中央防災会議・災害教訓の継承に関する専門調査会編『1891年濃尾地震報告書』中央防災会議，2006年，34-41頁．
(13) 伊東忠太「地震ト煉瓦造家屋」『建築雑誌』5巻（1891年），291-295頁．ならびにゼー・コンドル氏演述，瀧大吉氏口訳「各種建物ニ関シ近来ノ地震ノ結果」『建築雑誌』6巻（1892年），63-67頁．
(14) 岐阜県岐阜測候所『明治24年10月28日大震報告』（注7），58-61頁．
(15) 関谷清景「地震及建築」木澤成粛・山羽義彦編『明治震災輯録』金池堂，1891年，77-80頁．
(16) 片山逸朗『濃尾震誌』（注4），35-36頁．
(17) 比企忠「美濃国根尾谷陥落の略況」『地学雑誌』3巻（1891年），585-589頁．
(18) B. Koto, "On the Cause of the Great Earthquake in Central Japan, 1891," *J. Coll. Sci., Imper. Univ.*, **5** (1893), pp. 295-353.
(19) John Milne, "A Note on the Great Earthquake of October 28th, 1891," *Seism. J. Jpn.*, **1** (1893), pp. 127-151.
(20) 脇水鉄五郎「濃尾大震の震源に就て」『地学雑誌』5巻（1893年），58-71頁．
(21) 小藤文次郎「濃尾大地震ノ震源」『東洋学芸雑誌』9巻（1892年），147-158頁．
(22) 松田時彦「濃尾地震が大地に遺したもの―地震断層と小藤文次郎の断層原因論，その後」『地震ジャーナル』51号（2011年），22-28頁．
(23) 村松郁栄・松田時彦・岡田篤正『濃尾地震と根尾谷断層帯』古今書院，2002年．
(24) 岐阜県岐阜測候所『明治24年10月28日大震報告』（注7），113頁．
(25) Milne, "A Note on the Great Earthquake of October 28th, 1891," op. cit.（注19）, p. 149.
(26) 田中館愛橘・長岡半太郎「濃尾地震ニ随伴セル等磁線ノ変動」『東洋学芸雑誌』9巻（1892年），360-366頁．
(27) 無署名「大地震後の磁力測定」『東洋学芸雑誌』9巻（1892年），163頁．
(28) 岐阜県岐阜測候所『明治24年10月28日大震報告』（注7），7-10頁．
(29) 前田直吉「明治24年10月28日尾張地震記」（注10），34頁．
(30) 関谷清景「鳴動の原因」『朝日新聞』1891年11月26日2面．
(31) 無署名「猫地震を予知す」『読売新聞』1891年11月9日3面．
(32) 無署名「見聞雑集」『明治震災輯録』（注15），129-149頁．
(33) 無署名「妙な地震器械」『朝日新聞』1891年10月31日3面．
(34) 関谷清景「地震を前知する法ありや如何に就きて」，たとえば『読売新聞』1891年11月18

日別刷 1 面.
(35) 橋本万平『地震学事始―開拓者・関谷清景の生涯』朝日新聞社, 1983 年, 197-198 頁.
(36) 中村清二『田中舘愛橘先生』中央公論社, 1943 年, 94-101 頁.
(37) 橋本万平『地震学事始』(注 35), 211 頁.
(38) 菊池大麓「震災予防ニ関スル問題講究ノ為メ地震取調局ヲ設置シ若クハ取調委員ヲ組織スルノ建議案」『震災予防報告』1 号 (1983 年), 20-24 頁.
(39) 佐々木克『日本近代の出発』集英社『日本の歴史⑰』, 1992 年, 285-298 頁.
(40) 菊池大麓「理学博士菊池大麓ノ演説」『震災予防報告』1 号 (1893 年), 24-32 頁.
(41) 1891 年 12 月 18 日の『朝日新聞』1 面は,「地震取調の建議案, 一も異論を唱ふるものなし, 賛成の演説を為すものも亦殆ど無し, 只金子男爵の『速に可決すべし』醍醐侯爵の『至極賛成』の 2 語あるのみ」などと, 建議案可決の模様を伝えている.
(42) 佐々木克「日本近代の出発」(注 39), 287-295 頁.
(43) 文化勲章を受章した評論家・三宅雪嶺は, 濃尾地震以降の状況を「安政 2 年大地震以来の地震なりとて, 世間一般に驚きたるが, 若し東京又は大阪を中心としたらんには, 幾層か刺激を強くしたるべし. 一時震災の噂のみなるが, 地震に注意する者, 即ち耐震家屋を研究するが如き者こそ, 頻りに黽勉したれ, 政治に運動する者は, 震災地出身者を除き, 間もなく全く忘れ, 政治運動を盛んにするに努む」などと回顧している (三宅雪嶺『同時代史』2 巻, 岩波書店, 1949 年, 451 頁).
(44) 無署名「社説・震災予防調査方法の取調委員の設置」『読売新聞』1892 年 3 月 7 日 1 面.
(45) 橋本万平『地震学事始』(注 35), 213-214 頁.
(46) 無署名「社説・震災予防調査会」『朝日新聞』1892 年 5 月 29 日 2 面.
(47) 中央防災会議編『1891 年濃尾地震報告書』(注 12), 134-135 頁. ならびに事態を報じた『朝日新聞』の 1892 年 6 月 10 日〜15 日の記事を参照.
(48) 松方正義・大木喬任「震災予防調査会官制」『震災予防報告』1 号 (1893 年), 32 頁.
(49) 無署名「本会ノ組織」『震災予防報告』1 号 (1893 年), 1-3 頁.
(50) 無署名「委員会」『震災予防報告』1 号 (1893 年), 3-4 頁.
(51) 無署名「震災予防調査会事業概略」『震災予防報告』1 号 (1893 年), 10-20 頁.
(52) 測量・地図百年史編集委員会編『測量・地図百年史』(国土地理院, 1970 年) によると, 日本における近代的な水準測量は, 内務省地理局が 1876 年から東京-塩釜間で始めたのが最初とされる. このときには水準点はまだなく, 1883 年から全国の国道に約 2 km 間隔で一等水準点を置く計画が立てられ, 東京周辺から徐々に全国に広げられた. 1884 年からは水準測量などは陸軍参謀本部が担当することになり, 1888 年には陸軍陸地測量部が新設された. 本州, 四国, 九州, 北海道の一等水準点網とその第 1 回測量が完成したのは, 1913 年である.
(53) 測量・地図百年史編集委員会編『測量・地図百年史』(注 52) によると, 潮位を自動記録する近代的な験潮場が初めて設置されたのは 1891 年で, 鮎川, 輪島, 串本, 高神, 深堀, 外浦の 6 カ所に設けられた.
(54) たとえば, 河合浩蔵「地震ノ際大震動ヲ受ケザル構造」『建築雑誌』6 巻 (1892 年), 319-329 頁.
(55) 田中舘愛橘・中村精男・長岡半太郎・大森房吉「地震学研究ニ関スル意見」『東洋学芸雑誌』10 巻 (1893 年), 206-213 頁.
(56) ジョン・ミルン「地震の災害を軽減することに就て」『気象集誌』11 巻 (1892 年), 371-374 頁. ならびにジョン・ミルン述「地震の災害を軽減することに就きて」『地学雑誌』4 巻 (1892 年), 568-571 頁.
(57) John Milne, "On the Mitigation of Earthquake Effects and Certain Experiments in Earth Physics," *Seism. J. Jpn.*, **1** (1893), pp. 1-19.
(58) たとえば, 藤井陽一郎『日本の地震学』(紀伊国屋書店, 1967 年) では,「この方針〔ミルンが『地震の災害を軽減することに就て』で述べた方針〕が後述する震災予防調査会の研究方針にも影響を与えたことは, とりあげたテーマの類似からも推察されるのである」(47-48 頁) と述

べられており，ミルンと震災予防調査会の研究方針の違いは無視されている．
(59) Milne, "A Note on the Great Earthquake of October 28th, 1891," op. cit. (注19), pp. 139-142.
(60) 無署名「委員会」『震災予防報告』1号（注50）．
(61) 田中館愛橘・中村精男・大森房吉・長岡半太郎「地震計調査第一報告」『震災予防報告』1号（1893年），40-42頁．
(62) 日本科学史学会編『日本科学技術史体系14・地球宇宙科学』（第一法規出版，1965年）145頁によると，1886年から1891年にかけて地質学の分野でも，お雇い外国人たちの残した仕事に対する批判が噴出した．
(63) 萩原尊禮『地震学百年』（東京大学出版会，1982年）では，ミルンの辞任について「菊池幹事との間に何か意見の相違があったのであろう」（42頁）と述べている．橋本万平『地震学事始』（注35）には「恐らく彼〔ミルン〕は，この震災予防調査会に何か不満があったと考えたい」と書かれている．
(64) John Milne, "A Note on Horizontal Pendulums," Seism. J. Jpn., **3** (1894), pp. 55-60.
(65) Charles Davison, The Founders of Seismology (Cambridge: the University Press, 1927), p. 195.
(66) A. L. Herbert-Gustar and P. A. Nott, John Milne: Father of Modern Seismology (Kent: Paul Norbury Publications, 1980), pp. 118-121.
(67) シャイドは，ワイト島の最大の町・ニューポート郊外の地名．ミルン夫妻がこの地に居を構えたことから，『通信』にもシャイドの地名を被せた．
(68) Gustar and Nott, John Milne: Father of Modern Seismology, op. cit. (注66), pp. 122-126.
(69) 田辺朔郎「煉瓦接合試験第三回報告」『震災予防報告』12号（1897年），5-22頁．
(70) 無署名「木造耐震家屋構造要領」『震災予防報告』6号（1895年），1-3頁．
(71) 無署名「調査事業」『震災予防報告』13号（1897年），3-4頁．
(72) 無署名「震害家屋ノ修繕ニ就テノ注意」『震災予防報告』11号（1897年），105頁．
(73) たとえば，中央防災会議編『1891年濃尾地震報告書』（注12）の「第3章　濃尾地震のインパクト」中の「第2節　建築構造物への影響」（173-200頁）を参照．
(74) 大森房吉「北海道地震概報告」『震災予防報告』3号（1895年），27-35頁．
(75) 菊池大麓「煉瓦煙突危害予防ノ件答申書」『震災予防報告』3号（1895年），69-72頁．
(76) 小藤文次郎「荘内地震ニ関スル地震学上調査報告」『震災予防報告』8号（1896年），1-22頁．
(77) 大森房吉「山形県下地震調査報告」『震災予防報告』3号（1895年），79-106頁．
(78) 山下文男『津波の恐怖—三陸津波伝承録』東北大学出版会，2005年，41-47頁．山下によれば，『震災予防報告』にある岩手県の死者2万3309人は，岩手県知事からの第1報によるもので，最終報では1万8158人に落ち着いた．従来，この津波の死者とされてきた「2万6360人」などの数字は，この第1報の数字をもとにしており誤っている，という．宇佐美龍夫ほか『日本被害地震総覧599-2012』（注5）では，最も信頼できる死者総数として2万1959人（青森県343，岩手県1万8158，宮城県3452，北海道6）があげられている．
(79) 伊木常誠「三陸地方津浪実況取調報告」『震災予防報告』11号（1897年），5-34頁．
(80) 無署名「三陸地方津浪彙報」『震災予防報告』11号（1897年），41-49頁．
(81) 宇佐美龍夫ほか『日本被害地震総覧599-2012』（注5），237頁．
(82) 山崎直方「陸羽地震調査概報」『震災予防報告』11号（1897年），50-74頁．
(83) 今村明恒「明治三十八年六月二日芸予地震調査報告」『震災予防報告』53号（1906年），2-22頁．
(84) 今村明恒「明治四十二年姉川地震調査報告」『震災予防報告』70号（1910年），1-63頁．
(85) 大橋良一「大正三年ノ秋田地震ニ就テ」『震災予防報告』82号（1915年），37-42頁．
(86) 坪井誠太郎「信州大町地震調査概報」『震災予防報告』98号（1922年），13-21頁．
(87) 関谷清景「濃尾大地震史」『東洋学芸雑誌』8巻（1891年），579-580頁．
(88) 関谷が亡くなる前に書き進めていた「日本地震記」は，故関谷清景遺稿「日本大地震」として『震災予防報告』26号（1899年）に掲載された．全5頁のこの論文で，416年から19世紀ま

でに人が死亡するなどの被害を出した地震は日本で121回あり，最も大きな被害を出した地震として，684年（天武13年），1498年（明応7年），1707年（宝永4年），1854年（嘉永7年）の4つ〔それぞれ東海・南海地震〕をあげている．
(89) 田山実「大日本地震史料」『震災予防報告』46号甲（1904年），1-606頁，ならびに同乙（1904年），1-595頁．
(90) 歴史地震史料の収集・編纂はその後，武者金吉，宇佐美龍夫らによって続けられ，武者金吉『増訂・大日本地震史料』3巻（震災予防調査評議会，1941-43年），東京大学地震研究所『新収日本地震史料』5巻全21冊（別巻，補遺，続補遺を含む）（東京大学地震研究所，1981-94年），宇佐美龍夫『『日本の歴史地震史料』拾遺』4巻6冊（日本電気協会，1998-99年）などが発行されている．『増訂・大日本地震史料』は，「大日本地震史料」に収録されている記事と同時に，新たに収集された史料が数多く加えられ，収録された地震の数は計6400余になる．『増訂・大日本地震史料』は謄写版印刷であったが，これを活字版にしたものが，武者金吉『日本地震史料』（毎日新聞社，1951年）として出版されている．『新収日本地震史料』や『『日本の歴史地震史料』拾遺』は，原則として『日本地震史料』に収録されていない史料を集めたもので，1923年の関東大震災や1933年の昭和三陸地震津波までの史料も含んでいる．
(91) 大森房吉「『日本地震史料目録』ノ調査」『震災予防報告』26号（1899年），113-155頁．
(92) Charles Davison, *The Founders of Seismology*, op. cit.（注65），p. 230.
(93) たとえば，平林武「箱根熱海両火山地質調査報告」『震災予防報告』16号（1898年），4-78頁．
(94) 大森房吉「日本噴火志上編」『震災予防報告』86号（1918年），1-236頁．ならびに，大森房吉「日本噴火志下編」『震災予防報告』87号（1918年），1-116頁．
(95) 池上良平『震源を求めて―近代地震学の歩み』平凡社，1987年，149-166頁．
(96) 今村明恒「地震波伝播ノ速度測定第三回報告」『震災予防報告』32号（1900年），121-126頁．
(97) 大森房吉「遠地地震ノ観測」『震災予防報告』29号（1898年），47-55頁．
(98) 池上良平『震源を求めて』（注95），156-157頁．
(99) H. Nagaoka, "Elastic Constants of Rocks and the Velocity of Seismic Waves," *Publications of the Earthquake Investigation Committee in Foreign Language*, **4** (1900), pp. 47-67.
(100) 日下部四郎太「地震の予報に就て」，*Proc. Tokyo Math.-Phys. Soc.*, 2nd ser., **8** (1915), p. 120.
(101) 無署名「大不列顛理学奨励会ノ提議ニ関スル委員会ノ決議」『震災予防報告』13号（1897年），31-34頁．
(102) たとえば，大森房吉「地震観測方ニ関スル意見」『震災予防報告』32号（1900年），7-8頁．
(103) 萩原尊禮『地震学百年』（注63），97-101頁．
(104) 萩原尊禮，同上書，48頁．
(105) 大森房吉「地ノ脈動ニ就キテ」『東洋学芸雑誌』25巻（1908年），199-205頁．
(106) 大森房吉・中村精男・田中館愛橘「磁力調査第一回報告」『震災予防報告』2号（1894年），142-144頁．
(107) 中村精男「6月15日三陸地方津浪前後地球磁力変動報告」『震災予防報告』11号（1897年），34-35頁．
(108) 和田雄治「陸羽震災前ニ於ケル地球磁力ノ変動」『震災予防報告』11号（1897年），106-108頁．
(109) 中村清二『田中館愛橘先生』（注36），102-115頁．
(110) 無署名「委員会」『震災予防報告』32号（1900年），3頁．
(111) 無署名「委員会」『震災予防報告』75号（1913年），74頁．
(112) 田中館愛橘「地下温度調査第一回報告」『震災予防報告』45号（1903年），17-51頁．
(113) 無署名「深さ三千尺の井」『読売新聞』1902年3月9日別刷1面．
(114) 田中館愛橘「地下温度調査第一回報告」（注112）．
(115) 無署名「委員会」『震災予防報告』48号（1903年），52-56頁．
(116) K. Honda, "Daily Periodic Change of the Level in Artesian Wells," *Publications of the*

Earthquake Investigation Committee in Foreign Language, 18 (1904), pp. 73-89.
(117) 大森房吉「地震ト緯度変化ノ関係ニ就キテ」『震災予防報告』49号（1905年）, 9-16頁.
(118) 測量・地図百年史編集委員会編『測量・地図百年史』（注52）, 120-123頁.
(119) T. C. Mendenhall, "Publications of the Earthquake Investigation Committee in Foreign Languages, Numbers 3 and 4 Tokyo—1900," *Science*, 12 (1900), pp. 678-681.
(120) John Milne, "Seismology in Japan," *Nature*, 63 (1901), pp. 588-589.
(121) たとえば，無署名「菊池男爵の地震論文」『東洋学芸雑誌』21巻（1904年），422-423頁．この記事は，菊池大麓が1904年のセントルイス万国博覧会で発表する予定であった「近年日本に於ける地震学上の研究」と題する論文（英文）を出版したことを紹介し，「地震学は日本に於て最も著しく発達し，為に我邦の声価を欧米学者間に高めたこと少々に非ざるを思へば，菊池男爵の功労は実に多なりと謂ふべきなり」で結ばれている．
(122) 中央防災会議編『1891年濃尾地震報告書』（注12），138頁．
(123) 『震災予防報告』79号（1913年）によると，調査会の予算は1913年には2割削減され，職員5人を解雇せざるを得なかった（76頁）．『東洋学芸雑誌』37巻（1920年）は，1920年6月2日に開かれた第99回委員会で，委員から「このような低額の予算では，到底目的を達することができないので，予算の増額を要求すべきである」との意見が出され，増額要求をすることになったことを伝えている（334頁）．増額要求が実ったのかどうかは定かではないが，同誌40巻（1923年）によれば，1923年度の予算は前年度に比べて1割減された（126頁）．『震災予防報告』101号（1927年）によると，震災予防調査会の最終年度（1925年）の予算は，1万5540円であり（89頁），調査会の予算は設立時に比べると半減したことがわかる．
(124) 朝日蔵松『わたしたちの大先輩―地震学の父・大森房吉』旭社会教育会，1972年，1-25頁．ならびに萩原尊禮『地震学百年』（注63），36頁．
(125) 大森房吉「余震（After-shocks）ニ就キテ」『震災予防報告』2号（1894年），103-139頁．
(126) 大森房吉「余震ニ関スル調査（第二回報告）」『震災予防報告』30号（1900年），4-29頁．
(127) 大森房吉「明治24年10月28日濃尾大地震ニ関スル調査」『震災予防報告』28号（1899年），79-96頁．
(128) 大森房吉「地震動ノ強度ト被害トノ関係調査報告」『震災予防報告』21号（1898年），45-50頁．
(129) 大森房吉「地震ノ初期微動ニ関スル調査」『震災予防報告』29号（1899年），37-45頁．
(130) 気象庁『気象百年史』気象庁，1975年，445頁．
(131) 大森房吉「近距離地震ノ初期微動継続時間ニ就キテ」『震災予防報告』88号甲（1918年），1-6頁．
(132) 辰野金吾の会長就任期間は約1年半で，1903年には新たに工学博士の真野文二が会長になった．1914年には菊池が会長に復帰したが，17年に死去した後は，大森房吉が会長事務取扱になった．
(133) 大森房吉「明治38年4月4日印度地震概報」『東洋学芸雑誌』23巻（1906年），21-31頁．
(134) 大森房吉「明治39年4月18日桑港大地震ノ震源」『東洋学芸雑誌』23巻（1906年），419-429頁．
(135) 大森房吉「メッシナ大地震概況」『東洋学芸雑誌』26巻（1909年），377-389頁．
(136) 大森房吉「箱根山ノ鳴動ニ就キテ」『東洋学芸雑誌』34巻（1917年），129-137頁．
(137) 大森はたとえば，「日本噴火志下編」（注94）で，火山噴火の前兆の1つとして，群発地震があることを紹介している．
(138) たとえば，大森房吉「世界各地ニ於ケル近年ノ大地震ニ就キテ」『震災予防報告』57号（1907年），23-26頁．
(139) 大森が，以上のような理論を「地震地帯の原理」と呼ぶのは後年になってからである．1907年の『地震学講話』では「原理」，1908年の「大地震の発生に就て」（『地学雑誌』20巻）では「地震地帯の理」とそれぞれ呼んでおり，明確に「地震地帯の原理」と書いているのは1913年の「本邦ノ大地震ニ就キテ」（『東洋学芸雑誌』30巻，441-448頁）が初出である．

(140) 大森は，地震帯をしばしば「地震地帯」と呼ぶこともあり，「震源帯」と呼ぶこともあった．
(141) 茂木清夫『日本の地震予知』サイエンス社，1982年，82頁．
(142) 大森房吉「メッシナ大地震概況」(注135)，384-385頁．
(143) 大森房吉「メッシナ大地震概況（承前）」『東洋学芸雑誌』26巻（1909年），491-496頁．
(144) 大森房吉「本邦大地震概説」『震災予防報告』68号乙（1913年），1-180頁．
(145) 大森房吉「メッシナ大地震概況（承前）」(注143)，494-495頁．
(146) 小藤文次郎「地質学上ノ見地ニ依ル江濃地震」『震災予防報告』69号（1910年），1-15頁．
(147) 大森房吉「太平洋ノ地震帯」『東洋学芸雑誌』38巻（1921年），413-418頁．
(148) 大森房吉「京都及ビ付近ノ大地震」『震災予防報告』57号（1907年），43-51頁．
(149) 大森房吉「本邦近年ノ強震ノ震源地」『震災予防報告』57号（1907年），35-37頁．
(150) 大森房吉「本邦大地震概説」(注144)，179-180頁．
(151) 大森房吉，同上論文，180頁．
(152) 現在では，地震の発生を促進する要因は「トリガー作用」などと呼ばれ，「副因」という用語は使われていない．
(153) 大森房吉「地震ノ副因ニ就キテ」『震災予防報告』68号甲（1910年），21-29頁．
(154) 大森房吉「日本ニ於ケル地震ノ一年中及ヒ一日中ノ分布」『震災予防報告』30号（1900年），30-116頁．
(155) 大森房吉，同上論文，115頁．
(156) 大森房吉「鮎川及ビ三崎ニ於ケル海水面一年中ノ高低」『震災予防報告』49号（1905年），17-19頁．
(157) 大森房吉「月（太陰）ト地震トノ関係ニ就キテ（第一回報告）」『震災予防報告』32号（1900年），35-45頁．
(158) 大森房吉「地震ノ副因ニ就キテ」(注153)，27-29頁．
(159) 大森房吉，同上論文，26頁．
(160) 大森が行った「副因」の研究について，宇津徳治は『地震活動総説』のなかで，データ処理やその解釈，有意性などに疑問が多い，などとして否定的な評価を下している．
(161) 山下文男『君子未然に防ぐ――地震予知の先駆者今村明恒の生涯』東北大学出版会，2002年．
(162) 今村明恒「明治二十九年ノ陸羽地震」『震災予防報告』77号（1913年），78-87頁．
(163) 今村明恒「明治四十二年姉川地震調査報告」(注84)．
(164) 今村明恒『地震の征服』南郊社，1926年，104頁．
(165) 今村明恒『地震学』大日本図書，1905年．
(166) 今村明恒，同上書，30-31頁．
(167) 今村明恒，同上書，33頁．
(168) 今村明恒「明治四十二年姉川地震調査報告」(注84)，62-63頁．
(169) 今村明恒「明治五年ノ浜田地震」『震災予防報告』77号（1913年），43-77頁．
(170) 島根県立浜田測候所『明治五年旧二月六日浜田地震』（1912年）では，海水が引いたのは地震の45分前から15分前であった，と書かれている．
(171) 今村明恒「明治五年ノ浜田地震」(注169)，65頁．
(172) 今村明恒，同上論文，77頁．
(173) Akitune Imamura, "Topographical Changes Accompanying Earthquakes or Volcanic Eruptions," *Publications of the Earthquake Investigation Committee in Foreign Languages*, 25 (1930), pp. 27-30.
(174) 今村明恒『地震学』(注165)，209頁．
(175) 今村明恒，同上書，204頁．
(176) 今村明恒「明治三十八年六月二日芸予地震調査報告」(注83)，3頁．
(177) 今村が再来を予測した芸予地震が起きたのは2001年3月である．1949年7月にも，芸予地震とよく似た地震が起きている．
(178) 今村明恒「三陸津浪取調報告」『震災予防報告』29号（1899年），17-32頁．

(179) 大森房吉「日本ニ於ケル津浪ニ就キテ」『震災予防報告』34 号（1901 年），5-77 頁.
(180) 長岡半太郎「津浪ニ就キ」『東洋学芸雑誌』20 巻（1903 年），43-46 頁.
(181) 今村明恒「地震津浪の原因に就て」『地学雑誌』17 巻（1905 年），792-801 頁.
(182) 大森房吉『地震学講話』東京開成館，1907 年，311 頁.
(183) たとえば，大森房吉「東京湾ノ津浪ニ就キテ」『震災予防報告』89 号（1918 年），19-49 頁.
(184) 梶浦欣二郎「津波研究の一側面」『日本海洋学雑誌』31 巻（1975 年），269-275 頁.
(185) 今村明恒「市街地に於る地震の生命及財産に対する損害を軽減する簡法」『太陽』11 巻 12 号（1905 年），162-171 頁.
(186) 今村明恒『地震学』（注 165），324 頁.
(187) 今村明恒，同上書，310-313 頁.
(188) 無署名「今村博士の説き出せる大地震襲来説，東京市大罹災の預言」『東京二六新聞』1906 年 1 月 16 日 3 面.
(189) 無署名「今村理学博士の来翰」『東京二六新聞』1906 年 1 月 19 日 3 面.
(190) 無署名「一昨夜の地震」『朝日新聞』1906 年 1 月 23 日 2 面.
(191) 無署名「地震の折りの心得」『報知新聞』1906 年 1 月 23 日 3 面.
(192) 無署名「地震と恐怖症―後藤東京脳病院長の談」『朝日新聞』1906 年 1 月 29 日 6 面.
(193) 無署名「大地震襲来は浮説」『万朝報』1906 年 1 月 24 日 3 面.
(194) 大森房吉「地震動ニ関スル調査」『震災予防報告』41 号（1903 年），9-61 頁.
(195) 大森房吉，同上論文，53 頁.
(196) 大森房吉，同上論文，59-61 頁.
(197) 今村の『地震学』の広告は，1 月 30 日に『万朝報』『報知新聞』『朝日新聞』などに一斉に掲載された．
(198) 大森房吉「大地震の襲来浮説に就きて」『読売新聞』1906 年 2 月 1 日 3 面，ならびに 2 月 2 日 3 面.
(199) 無署名「大地震の浮説」『朝日新聞』1906 年 2 月 25 日 2 面.
(200) 無署名「大地震襲来すべしとの浮説について」『東京二六新聞』1906 年 2 月 25 日 2 面.
(201) 大森房吉「東京と大地震の浮説」『太陽』12 巻 4 号（1906 年），173-176 頁.
(202) 大森房吉「東京ニ起ルベキ将来ノ地震ニ就キテ」『震災予防報告』57 号（1907 年），2-17 頁.
(203) たとえば，大森房吉「東京将来ノ震災ニ就キテ」『震災予防報告』88 号（1920 年），24-26 頁.
(204) 今村明恒『地震の征服』（注 164），28 頁.
(205) 大森房吉「本年 11 月 12 日及び 16 日東京付近に頻発せる地震に関する件」『東洋学芸雑誌』33 巻（1916 年），66-71 頁.
(206) 無署名「近く大地震はあるまい―今村博士談」『万朝報』1915 年 1 月 17 日 3 面.
(207) 無署名「地震に就ての流言蜚語」『読売新聞』1915 年 11 月 20 日 5 面.
(208) たとえば，無署名「通俗地震譚（上）」『読売新聞』1915 年 11 月 19 日 5 面．この記事では「世間で迷信と信じて居た地震の 60 年周期は昨日の今村博士の発表の通り学者の認める事実と分かった」などと報じられている．
(209) 大森房吉「本年 11 月 12 日及び 16 日東京付近に頻発せる地震に関する件」（注 205）ならびに，無署名「地震はあっても大丈夫」『読売新聞』1915 年 1 月 21 日 5 面.
(210) 今村明恒『地震の征服』（注 164），36-37 頁.
(211) 今村明恒「大正 4 年 11 月上総東部ニ起リタル地震群ト大地震ノ前震トノ比較」『震災予防報告』92 号（1920 年），101-108 頁.
(212) 今村明恒「東京大阪両市街地ニ於ケル震度ノ分布」『震災予防報告』77 号（1913 年），17-42 頁.
(213) 今村明恒，同上論文，34 頁.
(214) 大森房吉「桑港ト江戸ノ火災，並ニ火災保険ニ就キテ」『震災予防報告』57 号（1907 年），18-22 頁.
(215) 大森房吉「水道管ノ震害ニ就キテ」『震災予防報告』88 号丙（1920 年），11-23 頁.

(216) たとえば，大森房吉「震災概説及ビ地震ニ関スル注意」『震災予防報告』88 号丙（1920 年），1-10 頁．
(217) 大森房吉「メッシナ大地震概況」（注 135），385 頁．
(218) たとえば，無署名「震源地争ひ　大学では鹿島灘，気象台は松戸付近」『朝日新聞』1921 年 12 月 10 日夕刊 2 面．
(219) 須田瀧雄『岡田武松伝』岩波書店，1968 年，97-100 頁．
(220) たとえば，無署名「またも昨朝の震源地争ひ，帝大の発表は筑波南方，気象台では木更津付近」『読売新聞』1922 年 6 月 27 日 5 面．
(221) 今村の後任の松澤武雄は，震源の決定を中央気象台に任せるようになった．
(222) 無署名「横浜被害最も甚しい，近年稀な昨朝の大地震，惨死者 2 名と負傷者数名」『朝日新聞』1922 年 4 月 27 日 6 面，ならびに，無署名「耐震家屋も名許り，ボロを出した丸の内ビルディング」『朝日新聞』1922 年 4 月 27 日 5 面．
(223) 無署名「浮説である驚くな，強震は近く起らぬ，地震博士大森博士は語った」『読売新聞』1922 年 5 月 13 日 9 面．
(224) 大森房吉「本邦方面に起るべき今後の地震（其の一，東京及関東地方）」『東洋学芸雑誌』39 巻（1922 年），2-13 頁．
(225) 溝上恵『大地震は近づいているか』筑摩書房，1992 年，154-155 頁．
(226) 無署名「昨朝も地震，少しもおそれる事はないと今村博士の発表」『読売新聞』1923 年 6 月 4 日 5 面，ならびに，無署名「今暁来東京に地震 10 数回続く，陸上が中心なら家屋倒壊の程度，震源地は鹿島灘」『朝日新聞』1923 年 6 月 3 日夕刊 2 面．
(227) 鹿児島測候所「桜島山の爆発噴火」『気象集誌』33 巻（1914 年），59-68 頁．
(228) 鹿角義助「対火山施設と桜島山の爆発噴火」『気象集誌』33 巻（1914 年），139-143 頁．
(229) 須田瀧雄『岡田武松伝』（注 219），61-63 頁．
(230) 藤原咲平「鹿角義助君の為に弁す」『気象集誌』33 巻（1914 年），167-174 頁．

第 3 章　関東大震災と地震研究所

(1) 金原左門「近代世界の転換と大正デモクラシー」金原左門編『大正デモクラシー』吉川弘文館，1994 年，1-27 頁．
(2) 尾原宏之『大正大震災』（白水社，2012 年，13 頁）によると，この震災が一般的に「関東大震災」と呼ばれるようになるのは，第 2 次世界大戦以降のことである．震災直後には，「大正大震災」「大正大震火災」「大正震災」「東京大震災」などさまざまな名前で呼ばれた．
(3) 金原左門「近代世界の転換と大正デモクラシー」（注 1），26 頁．
(4) 加藤俊彦「地震と経済—関東大震災と日本経済」『東京大学公開講座・地震』東京大学出版会，1976 年，175-198 頁．
(5) 今村明恒『地震講話』岩波書店，1924 年，137 頁．
(6) 今村明恒，同上書，138-139 頁．
(7) 須田瀧雄『岡田武松伝』岩波書店，1968 年，150-152 頁．
(8) 浜田信生「1923 年関東地震の震源の深さについて」『験震時報』50 巻（1987 年），1-6 頁．
(9) 宇佐美龍夫・石井寿・今村隆正・武村雅之・松浦律子『日本被害地震総覧 599-2012』東京大学出版会，2013 年，282 頁．
(10) 内務省社会局『大正震災誌・上巻』内務省社会局，1926 年，図表 1．
(11) 虐殺された朝鮮人の数については，司法省の調査によると 230 人余，大韓民国臨時政府の機関紙『独立新聞』の調査では 6661 人などと，調査主体によって数字に大きな差がある．歴史家・山田昭次は『関東大震災時の朝鮮人虐殺』（創史社，2003 年）で「朝鮮人虐殺数が数千人に達したことは疑いないが，これを厳密に確定することはもはや今日では不可能である．しかし司法省調査の虐殺数のように少ないものでないことは明らかである」と書いている（211 頁）．
(12) 今村明恒「関東大地震調査報告」『震災予防報告』100 号甲（1925 年），34 頁．
(13) 中村左衛門太郎「関東大地震調査報告」『震災予防報告』100 号甲（1925 年），68 頁．

(14) 内務省社会局『大正震災誌・上巻』(注10), 307頁.
(15) 竹内六蔵「大正12年9月大震火災ニ因ル死傷者調査報告」『震災予防報告』100号戊 (1925年), 229頁.
(16) 竹内六蔵, 同上論文, 229頁.
(17) 諸井孝文・武村雅之「関東地震(1923年9月1日)による被害要因別死者数の推定」(『日本地震工学会論文集』4巻, 2004年, 21-45頁)では, 内務省社会局『大正震災誌』「第1篇 叙説」のデータを基本にして, 行方不明者も含めた死者数として10万5385人との数字を出している. しかしながら『大正震災誌』でも, 府県別にまとめられた「第1篇 叙説」の数字と, 市町村ごとにまとめられた数字には食い違いが見られ, どちらを正しいとするかによって, 数字が変わってくる.
(18) 井上一之「帝都大火災誌」『震災予防報告』100号戊 (1925年), 135-141頁. なお, 出火の件数, 出火原因件数, 延焼火元件数, 焼失棟数などについても, 報告者によって異なった数字が報告されている.
(19) 中村清二「大地震ニヨル東京火災報告」『震災予防報告』100号戊 (1925年), 99頁.
(20) 緒方惟一郎「関東大地震ニ因レル東京大火災」『震災予防報告』100号戊 (1925年), 68-71頁.
(21) 井上一之「帝都大火災誌」(注18), 142頁.
(22) 緒方惟一郎「関東大地震ニ因レル東京大火災」(注20), 77-79頁.
(23) 横浜市役所市史編纂係『横浜市震災誌・第1冊』横浜市, 1926年, 7-16頁.
(24) 今村明恒「関東大地震ニ因レル各地方火災」『震災予防報告』100号戊 (1925年), 271頁.
(25) 日本気象協会・相馬清二『大震火災時における火災旋風の研究』東京都防災会議, 1980年, 42-72頁.
(26) 寺田寅彦「大正12年9月1日2日ノ旋風ニ就テ」『震災予防報告』100号戊 (1925年), 185-186頁.
(27) 日本気象協会・相馬清二『大震火災時における火災旋風の研究』(注25), 10-18頁.
(28) 寺田寅彦「大正12年9月1日2日ノ旋風ニ就テ」(注26), 187-193頁.
(29) 今村明恒「関東大地震ニ因レル各地方火災」(注24), 275-280頁.
(30) 泊次郎「(ルポ・世紀を歩く) 関東大震災 東京都墨田区横網町公園」『朝日新聞』1999年8月31日夕刊3面.
(31) 竹内六蔵「大正12年9月大震火災ニ因ル死傷者調査報告」(注15), 241-264頁.
(32) 寺田寅彦「大正12年9月1日2日ノ旋風ニ就テ」(注26), 187-207頁.
(33) 竹内六蔵「大正12年9月大震火災ニ因ル死傷者調査報告」(注15), 234-237頁.
(34) 内務省社会局『大正震災誌・上巻』(注10), 678-683頁.
(35) 今村明恒「関東大地震ニ因レル各地方火災」(注24), 275-280頁.
(36) 横浜市役所市史編纂係『横浜市震災誌・第1冊』(注23), 21-22頁, ならびに『横浜市震災誌・第2冊』75-76頁.
(37) 今村明恒「火災地方ヨリノ飛来落下物景況ニ関シ各地方ヨリノ回答蒐録」『震災予防報告』100号戊 (1925年), 281-296頁.
(38) 松澤武雄「木造建築物ニヨル震害分布調査報告」『震災予防報告』100号甲 (1925年), 163-260頁.
(39) 内務省社会局『大正震災誌・上巻』(注10), 673-683頁.
(40) 中村左衛門太郎「関東大地震調査報告」(注13), 69頁.
(41) 諸井孝文・武村雅之「関東地震(1923年9月1日)による被害要因別死者数の推定」(注17), 21-45頁.
(42) 中村左衛門太郎「関東大地震調査報告」(注13), 94頁.
(43) 内務省社会局『大正震災誌・上巻』(注10), 1063頁.
(44) 中央防災会議・災害教訓に関する専門調査会編『1923年関東大震災報告書・第1編』中央防災会議, 2006年, 93-100頁.
(45) 武村雅之『未曾有の大災害と地震学―関東大震災』古今書院, 2009年, 48-92頁.

(46) 大村斉「関東大地震ニ伴ヘル陸地水準変更調査」『震災予防報告』100 号乙（1925 年），55-59 頁．
(47) 山崎直方「関東地震ノ地形学的考察」『震災予防報告』100 号乙（1925 年），11-54 頁．
(48) 内田虎三郎「関東大地震ニ因ル相模湾底及付近地形ノ変化調査報告」『震災予防報告』100 号乙（1925 年），61 頁．
(49) 中央防災会議編『1923 年関東大震災報告書・第 1 編』（注 44），32 頁．
(50) 藤原咲平「相模灘大震災の機巧に就て」『験震時報』1 巻（1925 年），165 頁．
(51) 中村左衛門太郎「関東大地震調査報告」（注 13），97-98 頁．
(52) 加藤武夫「大正 12 年 9 月 1 日関東大地震ノ地質学的考察」『震災予防報告』100 号乙（1925 年），1-9 頁．
(53) Reiji Kobayashi and Kazuki Koketsu, "Source Process of the 1923 Kanto Earthquake Inferred from Historical Geodetic, Teleseimic, and Strong Motion Data," *Earth Planets Space*, **57** (2005), pp. 261-270.
(54) 山崎直方「関東地震ノ地形学的考察」（注 47），49-51 頁．
(55) 寺田寅彦「相模湾海底変化ノ意義並ニ大地震ノ原因ニ関スル地球物理学的考察」『震災予防報告』100 号乙（1925 年），63-72 頁．
(56) 小川琢治「関東地震研究 4・深発地震の本性（下）」『地球』1 巻（1924 年），287-322 頁．
(57) 中村左衛門太郎「関東大地震調査報告」（注 13），78-91 頁．
(58) 今村明恒「関東大地震調査報告」（注 12），55-56 頁．
(59) 今村明恒，同上論文，56-58 頁．
(60) 津村が，三浦半島の油壺と名古屋の潮位変化を比較したところ，名古屋でもやはり油壺同様に 1920 年頃から潮位が低下しており，その低下量は油壺よりも大きかった．油壺の潮位は名古屋と同様に黒潮の流路などに大きく影響されることから，油壺に現れた潮位の低下（地殻の隆起）は，地震の前兆と見なすべきではなく，黒潮の流路の変化など海況の変化によるものと解釈する方が合理的である，と津村は結論している．Kenshiro Tsumura, "Investigation of Mean Sea Level and its Variation along the Coast of Japan (Part 2)," 『測地学会誌』16 巻（1970 年），239-275 頁．
(61) Katsuyoshi Shiratori, "Notes on the Destructive Earthquake in Sagami Bay on the First of September," *Jpn. J. Astron. Geophys.*, **2** (1924), pp. 173-192.
(62) 石原純「地震学の本質とその現時の欠陥について」『改造』1923 年 12 月号，50 頁．
(63) 松山基範「輓近の地震学」大阪毎日新聞社，1925 年，1 頁．
(64) 無署名「震災を免れるにはどうすればよいか　地震来ると発表して迫害された　今村博士はかう語る」『東京日日新聞』1923 年 9 月 10 日 1 面．
(65) 無署名「関東大地震ニ関スル本会ノ調査事業概要」『震災予防報告』100 号甲（1925 年），1-20 頁．
(66) 無署名「はやりっ児　今村明恒博士（上）」『読売新聞』1923 年 11 月 23 日 5 面，ならびに「はやりっ児　今村明恒博士（下）」『読売新聞』1923 年 11 月 24 日 5 面．
(67) 堀江帰一「破壊された東京市」『改造』1923 年 10 月号，26 頁．
(68) 萩原尊禮『地震学百年』東京大学出版会，1982 年，87-88 頁．
(69) 無署名「水道の不完全が災害の基　大森博士談」『大阪朝日新聞』1923 年 9 月 24 日 2 面．
(70) 今村明恒『地震の征服』南郊社，1926 年，50 頁．
(71) 日下部四郎太「大地震予報之可能性」『思想』1923 年 11 月号，26 頁．
(72) 長岡半太郎「地震研究の方針」山本美編『大正大震火災誌』改造社，1925 年，42 頁．
(73) 岡田武松「震災雑談」『思想』1923 年 11 月号，54 頁．
(74) 今村明恒「次の大震の為めに」『太陽』1923 年 11 月号，14 頁．
(75) 藤原咲平「地震と火災」『思想』1923 年 11 月号，67 頁．
(76) 小川琢治『地震と都市』大阪毎日新聞社，1924 年，49-67 頁．
(77) 小林房太郎「地震予知を論じて地震研究会の設立に及ぶ」『太陽』1924 年 11 月号，138-143 頁．

(78) 無署名「地震特別観測所を大阪に設立の建議　大地震の予測に備ふるため，両博士が熱心に唱道」『朝日新聞』1923 年 11 月 16 日夕刊 2 面.
(79) 無署名「地震の予知が学者間の大問題」『読売新聞』1923 年 11 月 27 日 5 面.
(80) 無署名「関東大地震ニ関スル本会ノ調査事業概要」(注 65)，14 頁.
(81) 今村明恒「震災軽減問題の一二に就て」『太陽』12 巻 7 号 (1906 年)，161-165 頁.
(82) たとえば，G. W. Walker, *Modern Seismology* (London: Longmans, Green and Co., 1913).
(83) 長岡半太郎「地震研究の方針」(注 72)，44 頁.
(84) 日下部四郎太「大地震予報之可能性」(注 71)，25-34 頁.
(85) 石原純「地震学の本質とその現時の欠陥について」(注 62)，70-71 頁.
(86) 志田順『「地球及地殻の剛性並に地震動に関する研究」回顧』『東洋学芸雑誌』45 巻 (1929年)，275-289 頁.
(87) 寺田寅彦「地震雑感」山本美編『大正大震火災誌』改造社，1925 年，51-54 頁.
(88) 須田晥次「相模灘大地震の真相」『思想』1923 年 11 月号，1-23 頁.
(89) 無署名「関東大地震ニ関スル本会ノ調査事業概要」(注 65)，14-17 頁.
(90) 無署名「地震研究所建議」『朝日新聞』1923 年 12 月 26 日 2 面.
(91) 東京大学百年史編集委員会『東京大学百年史・部局史 2』東京大学，1987 年，345 頁.
(92) 今村明恒「地震漫談 (其の 16) 記念の扇面」『地震』6 巻 (1934 年)，488-491 頁.
(93) 無署名『第 49 回帝国議会衆議院議事速記録第 12 号』1924 年 7 月 17 日，229 頁.
(94) 無署名『第 49 回帝国議会衆議院地震研究ノ特殊機関設立ニ関スル建議案委員会議録』1924 年 7 月 17 日，1-5 頁.
(95) 無署名『第 49 回帝国議会衆議院議事速記録第 14 号』1924 年 7 月 19 日，314 頁.
(96) 無署名『第 49 回帝国議会貴族院議事速記録第 10 号』1924 年 7 月 18 日，180-183 頁.
(97) 無署名「今村地震博士東京を逃出す　文部省に苛められて，例の研究室案が丸潰れ」『都新聞』1924 年 8 月 20 日 10 面.
(98) 須田瀧雄『岡田武松伝』(注 7)，173-180 頁.
(99) 無署名「建議案より小規模な地震の調査機関」『朝日新聞』1924 年 10 月 16 日 7 面.
(100) 無署名「今村博士　地震研究所長に内定」『読売新聞』1924 年 11 月 26 日 2 面.
(101) 無署名『第 50 回帝国議会衆議院予算委員会第 5 分科会議録第 2 回』1925 年 2 月 4 日，1 頁.
(102) 今村明恒「但馬地震調査報告」『震災予防報告』101 号 (1927 年)，1-29 頁.
(103) 1925 年 5 月 25 日『朝日新聞』7 面に掲載の記事によると，1923 年に但馬地方を訪れた大森房吉は，但馬地方は有史以来地震が起きたという記録がないので，今後も地震は起こらない，と豊岡町長に保証したという.
(104) 寺田寅彦「科学雑感　工学博士末広恭二君」『科学』2 巻 (1932 年)，255-257 頁.
(105) 石本巳四雄「弔辞」『地震』8 巻 (1936 年)，1 頁.
(106) 東京大学地震研究所『震研創立五十年の歩み』東京大学地震研究所，1975 年，45 頁.
(107) 東京大学百年史編集委員会『東京大学百年史・資料 1』東京大学，1984 年，173-174 頁.
(108) 東京大学地震研究所『震研創立五十年の歩み』(注 106)，12-13 頁.
(109) 同上書，46-47 頁.
(110) 萩原尊禮『地震学百年』(注 68)，94 頁.
(111) 東京大学地震研究所『震研創立五十年の歩み』(注 106)，9 頁.
(112) 岡田武松『測候瑣談』鉄塔書院，1933 年，293-295 頁.
(113) 気象庁『気象百年史』気象庁，1975 年，440 頁.
(114) 岡田武松「発刊の序」『験震時報』1 集 (1925 年)，1-2 頁.
(115) 東京大学地震研究所『震研創立五十年の歩み』(注 106)，47 頁.
(116) 今村明恒「丹後大地震調査報告」『震研彙報』4 巻 (1928 年)，179-202 頁.
(117) Naomasa Yamasaki and Fumio Tada, "The Oku-Tango Earthquake of 1927," 『震研彙報』4 巻 (1928 年)，159-177 頁.
(118) Chuji Tsuboi, "An Interpretation of the Results of the Repeated Precise Levellings in the

Tango District after the Tango Earthquake in 1927,"『震研彙報』6 巻（1929 年），71-83 頁.
(119) Chuji Tsuboi, "Block Movements as Revealed by Means of Precise Levellings in Some Earthquake Districts of Japan,"『震研彙報』7 巻（1929 年），103-114 頁.
(120) 石本巳四雄「地震発生の機巧に就いて」『震研彙報』6 巻（1929 年），127-147 頁.
(121) 国富信一「3 月 7 日の北丹後烈震の験震学的考察」『気象集誌』第 2 輯 5 巻（1927 年），173-188 頁.
(122) レイドが提唱した弾性反発説というのは，図 3-15 のように，ある断層に平行の逆向きの力が加わると (a)，その力によって断層から離れた場所では大きく歪むが，断層では反対方向から互いに引っ張り合っているので，動くことができない (b)．しかし，断層にも耐える力の限界があり，それを超えて変形しようとすると，断層を境に大きくずれ動く．これが地震の発生である (c)．地震の前後では地表に (d) のような変位が残ることになる，と説く．この説は現在でも一般的には正しい，と認められている．
(123) 渡辺久吉・佐藤戈止「丹後震災地調査報文」『地調報告』100 号（1928 年），1-102 頁.
(124) 松田時彦「私の地震予知論小史」（『地質学雑誌』99 巻，1993 年，1025-1036 頁）によると，活断層という言葉は，米国の構造地質学者 Bailey Willis が 1923 年に書いた論文 "A Fault Map of California"（BSSA, 13, pp. 1-12）で，地震を起こす可能性が高い断層を Active Fault と呼んだことに由来する．日本では 1927 年に多田文男が『地理学評論』3 巻に「活断層の二種類」という短文を書き，その概念を紹介した．
(125) 今村明恒・岸上冬彦「関東大地震並に丹後大地震に表はれたる断層の横ずれに就いて」『震研彙報』5 巻（1928 年），35-41 頁.
(126) 米村末喜「丹後但馬震災地方海面調査報告」『震研彙報』4 巻（1928 年），227-230 頁.
(127) 今村明恒「丹後大地震調査報告」（注 116），191-192 頁.
(128) 今村明恒，同上論文，199 頁.
(129) 京都府測候所『昭和 2 年 3 月 7 日北丹後地震報告』京都府，1927 年，77 頁.
(130) 石本巳四雄「丹後大地震後の宮津町及び河辺村に於ける地表傾斜変化観測（一）」『震研彙

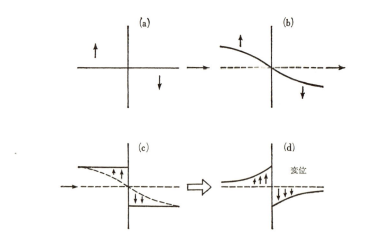

図 3-15　弾性反発説の説明図
　　（浅田敏『地震―発生・災害・予知』東京大学出版会，1972 年，184 頁の図を一部改変）

報』4 巻（1928 年），203-222 頁.
(131) 今村明恒「地震は予知できる」京都府『奥丹後震災誌』，1928 年，付録「奥丹後地震に対する学術研究」所収 3 頁.
(132) 地震研究所今村研究室・東京帝国大学地震学教室「伊東地震に就て（第 2 報）」『地震』2 巻（1930 年），281-300 頁.
(133) 無署名「伊豆東海岸に於ける水準測量成果報告」『震研彙報』8 巻（1930 年），375-376 頁.
(134) 石本巳四雄・高橋龍太郎「伊東地震と地表傾斜変化の観測」『震研彙報』8 巻（1930 年），427-458 頁.
(135) 那須信治「伊東地震の観測」『地震』2 巻（1930 年），301-306 頁.
(136) Hiromichi Tsuya, "On the Geologic Structure of Ito District, Idu,"『震研彙報』8 巻（1930 年），409-426 頁.
(137) 石本巳四雄・高橋龍太郎「伊東地震と地表傾斜変化の観測」（注 134），454-455 頁.
(138) 無署名「さしも驚かした伊東の地震沈静か」『朝日新聞』1930 年 4 月 6 日夕刊 2 面.
(139) 北伊豆地震の死者数についても，文献によって異なっている．中央気象台地震掛「北伊豆地震被害調査」（『験震時報』4 巻，305-311 頁）では，静岡，神奈川両県で計 261 人．今村明恒「北伊豆大地震の計測学的研究」（『地震』3 巻，1-38 頁）では，両県の死者は計 259 人としている．
(140) 国富信一「北伊豆地震概説」『験震時報』4 巻（1930-31 年），257-260 頁.
(141) 無署名「危険性は予知していたが警告の機会を逸した」『読売新聞』1930 年 11 月 27 日 4 面，ならびに無署名「口惜しがる気象台，大地震を予知して準備中にこの災厄」『朝日新聞』1930 年 11 月 27 日 3 面.
(142) 今村明恒「北伊豆地震の計測学的研究」『震研彙報』9 巻（1931 年），36-49 頁.
(143) 国富信一「北伊豆地震の断層状況」『験震時報』4 巻（1930-31 年），301-304 頁.
(144) 無署名「丹那隧道工事其物が断層の活動を早めた，同地帯の圧力減退の結果」『読売新聞』1930 年 11 月 27 日 4 面.
(145) 無署名「地震の原因なさず，丹那トンネル異常なし，鉄道省の踏査で判明」『朝日新聞』1930 年 12 月 1 日 2 面.
(146) 国富信一「北伊豆地震の断層概況」（注 143），301 頁.
(147) 本多弘吉「北伊豆地震及び伊東地震の初動並に記録型に就て」『気象集誌』第 2 輯 9 巻（1931 年），293-314 頁，ならびに H. Honda, "On the Initial Motion and the Types of the Seismograms of the North Idu and the Ito Earthquakes," Geophys. Mag., 4 (1931), pp. 185-213.
(148) 宇津徳治『地震学第 3 版』共立出版，2001 年，258-263 頁.
(149) 久野久「最近の地質時代に於ける丹那断層の運動に就いて」『地理学評論』12 巻（1936 年），18-32 頁.
(150) 石本巳四雄「地震の原因に就いて」『読売新聞』1930 年 11 月 28 日 4 面.
(151) 無署名「断層説に対して今村博士が大反駁」『読売新聞』1930 年 12 月 13 日 11 面.
(152) 武者金吉「昭和 5 年 11 月 26 日伊豆地震に伴ひたる光の現象に就て」『震研彙報』9 巻（1931 年），177-215 頁.
(153) 国富信一「地震の光に就て」『験震時報』4 巻（1930-31 年），331-334 頁.
(154) 昭和三陸地震津波による死者・行方不明者の数もまた，調査主体によって異なっている．内務省警保局の 1933 年 3 月 15 日現在の調べによると，死者 1522 人，行方不明者 1542 人で，死者・行方不明者の合計は 3064 人となっている（『震研彙報別冊』1 号，218 頁）．一方，各測候所の報告をまとめた中央気象台地震掛の調査結果では，死者 1726 人，行方不明者 1282 人で，死者・行方不明者の合計は 3008 人となっている（『験震時報』7 巻，215 頁）．中央気象台の調査では，警保局調べに比べ死者が増え，行方不明者が減っていることから，中央気象台の調査時点の方が警保局のそれよりも遅く，より事実に近いと考えられる．
(155) 国富信一「三陸沖強震及津浪に就て」『験震時報』7 巻（1933 年），111-153 頁.
(156) 武者金吉「三陸津浪の跡を訪ねて」『地震』5 巻（1933 年），352-362 頁.

(157) 無署名「津浪被害及状況調査報告」『震研彙報別冊』1号（1934年），第182図など．
(158) 大塚弥之助「昭和8年3月3日の津浪被害と三陸海岸の地形」『震研彙報別冊』1号（1934年），127-151頁．
(159) 本多弘吉「三陸津浪に関する二三の考察」『験震時報』7巻（1933年），155-159頁．
(160) 石川高見「三陸沖強震の習性」『験震時報』7巻（1933年），163-166頁．
(161) 国富信一「三陸沖強震及津浪に就て」（注155），146-148頁．
(162) 国富信一，同上論文，148-150頁．
(163) Kinkiti Musya, "On the Luminous Phenomena that Accompanied the Great Sanriku Tunami in 1933 (Part I),"『震研彙報別冊』1号（1934年），87-111頁．
(164) たとえば，中村左衛門太郎「津浪災害軽減私案」『地震』5巻（1933年），193-201頁．
(165) 草野富二雄・横田崇「津波予報業務の変遷」『験震時報』74巻（2011年），35-91頁．
(166) 森田稔「三陸沿岸に対する津浪警報」『験震時報』13巻（1942年），37-43頁．
(167) 鳥取地震による死者数もまた，調査主体によって異なっている．中央気象台の『昭和18年9月10日鳥取地震概報』は内務省警保部の調査結果として，鳥取県内の死者数として1005人をあげている．一方，地震研究所の岸上冬彦「昭和18年9月10日鳥取地震の被害状況」『地震』15巻（1943年），253-258頁では，この地震の死者は1190人としている．同じ岸上冬彦「昭和18年9月10日鳥取地震の被害」『震研彙報』23巻（1947年），97-103頁では，この地震の死者・行方不明者は1083人としている．『理科年表』などでは，この数字を鳥取地震の死者数としている．
(168) 岸上冬彦「昭和18年9月10日鳥取地震の被害概況」『地震』（注167），253-258頁．
(169) 表俊一郎「昭和18年3月4日鳥取地震調査概報」『地震』15巻（1943年），101-113頁．
(170) 津屋弘逵「鹿野・吉岡断層とその付近の地質」『震研彙報』22巻（1945年），1-32頁．
(171) 永田武「鹿野断層付近に於ける地電位差の観測」『地震』15巻（1943年），272-279頁．
(172) 佐々憲三「鳥取大地震前後の土地傾斜変動」『科学』14巻（1944年），220-221頁．
(173) 本間寧「昭和19年12月7日の東南海大地震に就て」『極秘・東南海大地震調査概報』中央気象台（1945年），4-10頁．
(174) 表俊一郎「昭和19年12月7日東南海大地震に伴った津浪」『震研彙報』24巻（1948年），31-57頁．
(175) 中央気象台『極秘・東南海大地震調査概報』（注173），11頁，27頁．
(176) 東南海地震の死者数については，飯田汲事が各種の調査史料をまとめ，1977年に愛知県防災会議に提出した『昭和19年12月7日東南海地震の震害と震度分布』の1223人が最も信頼できる数字と考えられ，『理科年表』などもこの数字を採用している．しかし，中央防災会議の災害教訓の継承に関する専門調査会がまとめた『1944東南海・1945三河地震報告書』によると，この「飯田報告」にあげられている三重県の死者数406人は死者数が重複して数えられている可能性が高いことが指摘されており，問題がないわけではない．
(177) たとえば，1944年12月8日『朝日新聞』3面は，「昨日の地震，震源地は遠州灘」との見出しで，「12月7日15時50分発表（中央気象台）本日午後1時36分ごろ遠州灘に震源を有する地震が起こって強震を感じて被害を生じたところもある…」と報じている．
(178) 宮村摂三「東海道地震の震害分布（その一）」『震研彙報』24巻（1948年），99-134頁．
(179) 山下文男『君子未然に防ぐ―地震予知の先駆者今村明恒の生涯』東北大学出版会，2002年，269頁．
(180) 三河地震の死者数として最も信頼されている数字は，飯田汲事が愛知県防災会議の資料として1978年にまとめた『昭和20年1月13日三河地震の震害と震度分布』である．これによると死者は愛知県内に限られ，計2306人となっている．幡豆郡の死者が半数を超え，碧海郡の死者も全体の約4割を占める．
(181) たとえば，1945年1月17日『朝日新聞』2面では，「警戒を要する他の"誘導地震"」との見出しで，1月13日の地震は東南海地震の余震で，今後もこうした活動に誘導されて起こる地震に警戒を要する，との専門家の見解を伝えている．

(182) 井上宇胤「昭和20年1月13日の三河地震について」『験震時報』14巻3, 4号（1950年），49-55頁.
(183) 田山利三郎「渥美湾海底変化の地形学的地質学的吟味」『水路要報』12号（1948年），39-46頁.
(184) 井上宇胤「昭和20年1月13日の三河地震について」（注182）.
(185) 津屋弘達「深溝断層」『震研彙報』24巻（1948年），59-75頁.
(186) 廣野卓蔵ほか4人「三河烈震地域踏査報告」『験震時報』15巻3, 4号（1951年），12-25頁.
(187) 井上宇胤「昭和20年1月13日の三河地震について」（注182），49頁.
(188) 廣野卓蔵ほか4人「三河烈震地域踏査報告」（注186），23-24頁.
(189) 萩原尊禮『地震学百年』（注68），111頁.
(190) 石本巳四雄「シリカ傾斜計」『地震』1巻（1929年），17-32頁.
(191) たとえば，井上宇胤「筑波山に於ける傾斜変化観測報告」『震研彙報』8巻（1930年），346-363頁.
(192) Takahiro Hagiwara, "Observation of Changes in the Inclination of the Earth's Surface at Mt. Tsukuba (Second Report)," 『震研彙報』19巻（1941年），218-227頁.
(193) 石本巳四雄「地震に関係して重力は変化するか」『地震』1巻（1929年），241-249頁.
(194) Chuji Tsuboi, "Recent Changes in Area of the Base Line Rhombus at Mitaka," 『震研彙報』13巻（1935年），558-561頁.
(195) 和達清夫「深層地震の存在と其の研究」『気象集誌』第2輯5巻（1927年），119-145頁.
(196) 志田順「『地球及地殻の剛性並に地震動に関する研究』回顧」（注86），275-289頁.
(197) K. Wadati, "On the Activity of Deep-Focus Earthquakes in the Japan Islands and Neighbourhoods," *Geophys. Mag.*, 8 (1935), pp. 305-325.
(198) 東京大学地震研究所『震研創立五十年の歩み』（注106），77頁.
(199) 無署名「関東大地震ニ関スル本会ノ調査事業概要」（注65），17-18頁.
(200) 無署名「震災予防評議会記事」『地震』1巻（1929年），43-45頁.
(201) 無署名「津浪災害予防に関する注意書」『地震』5巻（1933年），598-606頁.
(202) 無署名「震災予防評議会創立満十年事業報告」『地震』8巻（1936年），151-168頁.
(203) 無署名「児童と震災予防の常識」『地震』8巻（1936年），252-256頁.
(204) 無署名「津浪に関する国民教育」『地震』10巻（1938年），23-27頁.
(205) 無署名「震災予防評議会記事」『地震』6巻（1934年），666-674頁.
(206) 今村明恒「震災予防協会の創立」『地震』13巻（1941年），162-168頁.
(207) 藤井陽一郎『日本の地震学』紀伊國屋書店，1967年，182-183頁.
(208) 萩原尊禮「地震研究の諸断面」東京大学地震研究所『震研創立五十年の歩み』（注106），108-113頁.
(209) S. Fujiwhara, "A Biographical Sketch of Torahiko Terada," in *Scientific Papers by Torahiko Terada*, vol. 1 (Tokyo: Iwanami Shoten, 1939), pp. v-xxiii.
(210) Torahiko Terada, "On the Relation between Seismic Frequency and Isobar Gradient," *Proc. Tokyo Math.-Phys. Soc.*, 2nd ser., 4 (1908), pp. 454-459. ならびに寺田寅彦「地震ノ頻度ト気圧ノ勾配トノ関係ニ就テ」『気象集誌』28巻（1909年），1-11頁.
(211) Torahiko Terada, "Barometric Gradient and Earthquake Frequency," *Proc. Tokyo Math.-Phys. Soc.*, 3rd ser., 1 (1919), pp. 343-347. ならびに Torahiko Terada, "On the Effect of Topography on the Precipitation in Japan," *J. Coll. Sci., Imper. Univ. Tokyo, Jpn.*, 41, Art. 5 (1919), pp. 1-24.
(212) Torahiko Terada, "Apparent Periodicity of Accidental Phenomena," *Proc. Tokyo Math.-Phys. Soc.*, 2nd ser. 8 (1916), pp. 492-496.
(213) Torahiko Terada and Takeo Matsuzawa, "A Historical Sketch of the Development of Seismology in Japan," in National Research Council of Japan ed., *Scientific Japan* (Tokyo: Maruzen, 1926), pp. 251-310.

(214) Magoichiro Watanabe, "On a Problem of Probability," *Proc. Tokyo Math.-Phys. Soc.*, 2nd ser., **8** (1916), pp. 483-491.
(215) 寺田寅彦「自然現象の予報」『現代之科学』4 巻 3 号（1916 年），1-15 頁．
(216) 寺田寅彦「地震雑感」（注 87）．
(217) Torahiko Terada and Takeo Matsuzawa, "A Historical Sketch of the Development of Seismology in Japan," op. cit. (注 213).
(218) Torahiko Terada, "On a Measure of Uncertainty Regarding the Prediction of Earthquakes Based on Statistics," *Proc. Imper. Acad.*, **9** (1933), pp. 255-257.
(219) たとえば，米国の地震学者コットン（Leo A. Cotton）は 1922 年に米国地震学会誌（*BSSA*）に "Earthquake Frequency, with Special Reference to Tidal Stresses in the Lithosphere" (pp. 49-159) との論文を発表し，「地震研究の主要なインセンティブの 1 つは，それが起こることを予知できるかどうかの可能性にある」と述べ，日本を中心にこれまでの地震予知研究を詳しくレビューしている．
(220) Harry F. Reid, *The California Earthquake of April 18, 1906*, Vol. 2 (Washington: Carnegie Institution, 1910), pp. 31-32.
(221) Ernest A. Hodgson, "A Proposed Research into the Possibilities of Earthquake Prediction," *BSSA*, **13** (1923), pp. 100-104.
(222) H. Landsberg, "The Problem of Earthquake Prediction," *Science*, **82** (1935), p. 37.
(223) A. Schuster, "Some Problems of Seismology," *BSSA*, **1** (1911), pp. 97-100.
(224) Harry O. Wood and B. Gutenberg, "Earthquake Prediction," *Science*, **82** (1935), pp. 219-220.
(225) Torahiko Terada, "On Some Probable Influence of Earthquakes upon Fisheries," 『震研彙報』10 巻（1932 年），393-401 頁．
(226) Torahiko Terada, "Earthquakes and Fisheries II," 『震研彙報』11 巻（1934 年），714-716 頁．
(227) Torahiko Terada, "On Luminous Phenomena Accompanying Earthquakes," 『震研彙報』9 巻（1931 年），225-255 頁．
(228) Torahiko Terada, "Luminous Phenomena Accompanying Destructive Sea-Wave (Tunami)," *Proc. Imper. Acad.*, **9** (1933), pp. 367-369.
(229) たとえば，小林惟司『寺田寅彦と地震予知』（東京図書，2003 年）では，寺田が地震予知の研究にも熱心であったように描かれている．
(230) 松沢武雄「昭和 2 年 10 月 27 日長岡市西方の強震調査報告」『震研彙報』5 巻（1928 年），29-34 頁．
(231) Akitune Imamura, "Supplementary Note on the Result of Precise Levelling in Etigo and Shinano," *Proc. Imper. Acad.*, **4** (1928), pp. 109-111.
(232) 無署名「地震があったら観光客の目をふさげ，今村地震博士のみやげ話」1927 年 11 月 11 日『朝日新聞』夕刊 2 面．
(233) 今村明恒「世界から認められた我地震学界の功績」『地震』2 巻（1930 年），705-708 頁．
(234) 今村明恒『地震講話』（注 5），246-252 頁．
(235) Akitune Imamura, "On the Seismic Activity of Central Japan," *Jpn. J. Astron. Geophys.*, **6** (1928), pp. 119-137.
(236) 今村明恒「関西地方に於ける地動観測網」『地震』1 巻（1929 年），240 頁．
(237) 山下文男『君子未然に防ぐ―地震予知の先駆者今村明恒の生涯』（注 179），215-224 頁．
(238) 今村明恒「紀伊半島に於ける慢性的並に急性的の地形変動に就いて」『地震』1 巻（1929 年），321-335 頁．
(239) 今村明恒「四国南部の急性的並に慢性的地形変動に就いて」『地震』2 巻（1930 年），357-371 頁．
(240) 今村明恒「紀伊半島に於ける慢性的並に急性的の地形変動に就いて」（注 238），334 頁．
(241) 無署名「高知地方に地震の予告，今村博士出張して官民を驚かす」『朝日新聞』1930 年 4 月 3 日 7 面．

(242) 今村明恒「南海道沖大地震の謎」『地震』5 巻（1933 年），607-626 頁．
(243) 今村明恒「高知県下に於ける津浪災害予防施設に就て」『地震』10 巻（1938 年），60-78 頁．
(244) 今村明恒「串本に於ける陸地隆起の痕跡」『地震』8 巻（1936 年），309-311 頁．
(245) 今村明恒「紀伊室戸両半島の地殻変形」『地震』12 巻（1940 年），213-219 頁．
(246) 山下文男『君子未然に防ぐ──地震予知の先駆者今村明恒の生涯』（注 179），254-257 頁．
(247) 今村明恒「遠州東南地塊の傾動に就いて」『地震』15 巻（1943 年），217-224 頁．
(248) Akitune Imamura, "Land Deformations Associated with the Recent Tokaido Earthquake," *Proc. Imper. Acad.*, **21** (1946), pp. 193-196.
(249) 今村明恒「遠州沖大地震所感」『地震』16 巻（1944 年），299-303 頁．
(250) たとえば，今村明恒「地震に対して武装されたる町村と武装なき町村」『地震』1 巻（1929 年），196-201 頁．
(251) たとえば，今村明恒「地盤傾斜と地震発生との関係を論じて震災予防策に及ぶ」『地震』2 巻（1930 年），261-273 頁．
(252) 今村明恒『地震の征服』（注 70），3 頁．
(253) 無署名「発刊の辞」『地震』1 巻（1929 年），1-3 頁．
(254) 宇佐美龍夫「第 1 部　日本の地震学の歩み」『地震』第 2 輯 34 巻特別号（1981 年），22 頁．
(255) Katsuyoshi Shiratori, "Notes on the Destructive Earthquake in Sagami Bay on the First of September," op. cit.（注 61）.
(256) Hisasi Noto, "Some Experiments on the Earth Current (I)," *Jpn. J. Astron. Geophys.*, **7** (1930), pp. 103-124.
(257) Hisasi Noto, "Some Experiments on the Earth Current (II)," *Jpn. J. Astron. Geophys.*, **10** (1933), pp. 263-303.
(258) 能登久「地中電流変化と地震の発生との関係に就て」『応用物理』2 巻（1933 年），176-180 頁．
(259) Junichi Suzuki and Sannosuke Inada, "Abnormal Earth Current Accompanied by the Earthquakes," *Proc. Imper. Acad.*, **9** (1933), pp. 251-254.
(260) Shinkishi Hatai and Noboru Abe, "The Responses of the Catfish, Parasilurus Asotus, to Earthquakes," *Proc. Imper. Acad.*, **8** (1932), pp. 375-378.
(261) Shinkishi Hatai, Seiji Kokubo and Noboru Abe, "The Earth Currents in Relation to the Responses of Catfish," *Proc. Imper. Acad.*, **8** (1932), pp. 478-481.
(262) 無署名「地震となまず，科学研究成る　畑井教授（東北帝大）の功業」『朝日新聞』1932 年 4 月 1 日 11 面．
(263) 無署名「鯰が動くと必ず地震が起る　東北帝大畑井教授が面白い研究」『読売新聞』1932 年 4 月 1 日 7 面．
(264) 和達清夫「地震学の将来」『科学』2 巻（1932 年），440-444 頁．
(265) 無署名「地震予知の愛嬌もの鯰クンの初登場　全国に魁けて大阪測候所のお池にもぐり込む」『大阪朝日新聞』1934 年 1 月 25 日夕刊 2 面．
(266) 小久保清治「地震と鯰」『文芸春秋』1936 年 5 月号，208-213 頁．
(267) 中村左衛門太郎・加藤愛雄「地磁気及び地電気に関する研究」『斉藤報恩会事業年報』10 巻（1934 年），245-270 頁．
(268) 中村左衛門太郎『一般地震学』恒星社厚生閣，1934 年，224-225 頁．
(269) 無署名「地電気を測定し，地震予知に成功，残るは震源地と強度の予知，東北帝大中村博士の新研究」『朝日新聞』1933 年 6 月 21 日 3 面．
(270) 高橋龍太郎「清澄山に於ける地電流の観測」『地震』8 巻（1936 年），169-175 頁．
(271) 萩原尊禮『地震予知と災害』丸善，1997 年，34-38 頁．
(272) 福富孝治「昭和 9 年 3 月 21 日南伊豆強震調査報告」『震研彙報』12 巻（1934 年），527-538 頁．
(273) 気象庁『気象百年史』（注 113），593 頁．

(274) 吉松隆三郎「地電流の地方的並に局所的研究」『気象集誌』第2輯15巻 (1937年), 145-158頁.
(275) 吉松隆三郎「昭和11年12月27日伊豆新島強震及び同年10月26日安房野島崎沖顕著地震と地電流の変化に就いて」『気象集誌』第2輯15巻 (1937年), 158-160頁.
(276) 吉松隆三郎「昭和13年1月12日紀伊水道強震と地電位差の異常」『気象集誌』第2輯16巻 (1938年), 295-297頁.
(277) 吉松隆三郎「昭和18年9月10日鳥取地震と地電位差の変化」『柿岡地磁気観測所要報』5巻 (1943年), 66-68頁.
(278) 吉松隆三郎「昭和19年12月7日東南海地震と柿岡の地電位差の異常変化」『地磁気観測所要報』20巻 (1984年), 61-64頁.
(279) 萩原尊禮「地震前兆に関する電磁気現象」『学術研究会議震災予防研究委員会研究報告』6号 (1943年), 1-28頁.
(280) Yosio Kato, "Investigation of the Changes in the Earth's Magnetic Field Accompanying Earthquakes or Volcanic Eruptions," *Sci. Rep. Tohoku Imper. Univ., Ser. 1*, **27** (1939), pp. 1-90.
(281) *Ibid.*, pp. 73-77.
(282) 加藤愛雄「地震及び火山活動と地磁気の変化について (続報) 三陸地方強震に伴ひし磁力変化」『地震』5巻 (1933年), 764-770頁.
(283) 中村左衛門太郎「近畿地方地磁気伏角最近6箇月間に於ける異常変化に就て」『地震』7巻 (1935年), 521-527頁.
(284) 無署名「気を吐く東北大『地震予知』当る, 地磁気伏角による観測方法, 大阪で立派に立証」『朝日新聞』1936年2月29日7面.
(285) Saemon Taro Nakamura and Yosio Kato, "On the Variation of Magnetic Dip in Central Japan," in *Anniversary Volume Dedicated to Professor K. Honda* (Sendai: Tohoku Imperial University, 1936), pp. 181-191.
(286) Saemon Taro Nakamura and Yosio Kato, "On Variations in the Magnetic Dip in Central Japan," *Proc. Imper. Acad.*, **14** (1938), pp. 125-127.
(287) 加藤愛雄「昭和13年11月5日の磐城沖の強震について」『地震』11巻 (1939年), 70-82頁.
(288) 萩原尊禮「地震前兆に関する電磁気現象」(注279), 5頁.
(289) Katsuyoshi Shiratori, "The Variation of Radio-Activity of Hot Springs," *Sci. Rep. Tohoku Imper. Univ., Ser. 1*, **16** (1927), pp. 613-620.
(290) 無署名「若いお百姓さんが伊豆の地震を予言」『東京日日新聞』1930年11月27日7面.
(291) 無署名「断層説に対して今村博士が大反駁」(注151).
(292) 林理学「椋平氏の地震予知法」『地震』3巻 (1931年), 51-53頁.
(293) S. Fujiwhara, "On the So-Called Mukuhira's Arc as the Foreshadow of an Earthquake," 『震研彙報』15巻 (1937年), 706-710頁.
(294) *Ibid.*, p. 709.
(295) 新田次郎「地震予知のカギさがし」『朝日新聞』1964年10月3日夕刊4面.
(296) 無署名「半日前に予知!畑違ひの一医博が苦心2年, 画期的な6点観測に成功」『朝日新聞』1936年11月26日7面.
(297) 無署名「素人の地震博士, 商売の糯の変色でおほ当りの予知!帝大からも『科学的根拠』と折紙」『読売新聞』1932年8月27日7面.

第4章 南海地震と地震予知研究連絡委員会

(1) 中央気象台『昭和21年12月21日南海道大地震調査概報』中央気象台, 1947年, 1-84頁.
(2) 河角廣・佐藤泰夫『昭和21年12月21日南海大地震概報』『震研研究速報』5号 (1947年), 1-35頁.
(3) 藤原咲平「序」『昭和21年12月21日南海道大地震調査概報』(注1), 1頁.
(4) 河角廣・佐藤泰夫『昭和21年12月21日南海大地震概報』(注2), 3頁.

(5) 河角廣・佐藤泰夫「昭和21年12月21日南海大地震概報」(注2) では，この地震による死者は1330人，行方不明者は113人としている．この数字は内務省警保局の警察署ごとの調査資料を基礎にしているが，調査時点は記されていない．一方，中央気象台の『昭和21年12月21日南海道大地震調査概報』(注1) には，同じ内務省警保局の1947年1月20日現在の都道府県別の被害表が転載されている．これによると死者は1362人，行方不明者は102人になっている．地震・津波調査では，日数が経過するに従って死者の数が増え，行方不明者の数が減っていくのが一般的であることから，中央気象台『昭和21年12月21日南海道大地震調査概報』の数字の方が，調査時点が後であると考えられ，より信頼性が高い．
(6) 運輸省水路局「昭和21年南海大地震調査報告・地変及び被害編」『水路要報』増刊号 (1948年)，1-52頁．
(7) 測地調査研究室「地理調査所に於ける測地作業の概況」『地理調査所時報』6集 (1949年)，4-5頁．
(8) 沢村武雄「南海地震に伴った四国の地盤変動に対する一考察」『地学雑誌』60巻 (1951年)，190-194頁．
(9) Akitune Imamura, "Migration of Active Centers on the Seismic Zone off the Pacif%fic Coast of Japan," *Proc. Jpn. Acad.*, **22** (1947), pp. 284-288.
(10) 武者金吉『地震なまず』明石書店，1995年，180頁．
(11) 震災予防協会編『大地震の前兆に関する資料—今村明恒博士遺稿』古今書院，1977年，130頁．
(12) 社説「地震の予報」『時事新報』1946年12月24日1面．
(13) 社説「科学的な対策を」『東京タイムズ』1946年12月24日1面．
(14) 社説「地震の予知」『東京新聞』1946年12月25日1面．
(15) 永田武「昭和21年12月南海大地震の調査研究結果から」『科学』17巻 (1947年)，163-171頁．
(16) 津屋弘逵「昭和21年12月21日南海大地震調査報告・序文」『震研究速報』5号 (1947年)．
(17) 吉松隆三郎「南海道地震前後に於ける地電流の変化」『昭和21年12月21日南海道大地震調査概報』(注1)，18-21頁．
(18) Yoshio Kato and Shinkichi Utashiro, "On the Changes of the Terrestrial Magnetic Field Accompanying the Great Nankaido Earthquake of 1946," *Sci. Rep. Tohoku Univ., Geophys.*, **1** (1949), pp. 40-41.
(19) 武石武・長宗留男「香川県及び高知県下踏査報告」『昭和21年12月21日南海道大地震調査概報』(注1)，48-52頁．
(20) 河角廣・佐藤泰夫「昭和21年12月21日南海大地震概報」(注2)，35頁．
(21) 大阪管区気象台「大阪府，和歌山，兵庫県下踏査報告」『昭和21年12月21日南海道大地震調査概報』(注1)，32-39頁．
(22) 運輸省水路局「昭和21年南海大地震調査報告・地変及び被害編」(注6)，13-52頁．
(23) 中央気象台『昭和21年12月21日南海道大地震調査概報』(注1)，4-72頁．
(24) 河角廣・佐藤泰夫「昭和21年12月21日南海大地震概報」(注2)，34頁．
(25) 和達清夫「概況」中央気象台『昭和21年12月21日南海道大地震調査概報』(注1)，6頁．
(26) 竹前栄治『GHQ』岩波書店，1983年，44頁．
(27) たとえば，Anonymous, "Slight Earthquake Felt in Kyoto," CHS(B)00731.
(28) 中央気象台『気象要覧』557号 (1946年)，558号 (1946年)．
(29) United States Army Forces, Pacific Public Relations Office, "Earthquake Activity Increasing in Tokyo Area," CHS(B)00731.
(30) S. T. Nakamura, "Knowledge of Earthquake in Earthquake Country," NRS12736.
(31) 須田瀧雄『岡田武松伝』岩波書店，1968年，513-538頁．
(32) United States Army Forces, Pacific Public Relations Office, "Earthquake Forewarnings Seen as Result of Studies to be Made by Japanese Seismologists," CHS(B)00731.

(33) R. W. Molloy, "Summary of Geophysical Progress in Japan," NRS12736.
(34) Anonymous, "The Method of Earthquake Prediction and its Performance or Project at C. M. O.," ESS(F)01755.
(35) Joseph M. Okada, "Report on Development of Research and Liaison Committee for Earthquake Forecasting," ESS(F)01755.
(36) 萩原尊禮『地震予知と災害』丸善, 1997年, 68頁.
(37) J. B. Macelwane, "Forecasting Earthquakes," *BSSA*, **36** (1946), pp. 1-4.
(38) P. S. A. Onier, "Conference with Dr. Beno Gutenberg, Office of Brigadier O'Brien," ESS(F)01754.
(39) 無署名「資料2. GHQと中央気象台との往復文書」『地震予知連10年のあゆみ』国土地理院, 1979年, 145-146頁.
(40) 同上, 148-149頁.
(41) この返信では, 地震予報の信頼性についても触れ, 発生時間については5日以内に, 場所については50マイル以内の精度で行う必要がある, と述べている.
(42) Anonymous, "Conference concerning the Central Meteorological Laboratory and Earthquake Research Institute," ESS(F)01755.
(43) 萩原尊禮『地震予知と災害』(注36), 74頁.
(44) 萩原尊禮「終戦直後の出来事」『地震予知連10年のあゆみ』(注39), 資料編16頁.
(45) 東京大学地震研究所『震研創立五十年の歩み』東京大学地震研究所, 1975年, 11-13頁.
(46) 気象庁『気象百年史』気象庁, 1975年, 6頁.
(47) 無署名「地震学会庶務報告」『地震』第2輯1巻 (1948年), 35-36頁.
(48) 科学技術庁研究調整局「測地学審議会 根拠法令等」『地震予知便覧』1977年, 37-45頁.
(49) 萩原尊禮『地震予知と災害』(注36), 73頁.
(50) 無署名「資料3. 地震予知問題研究連絡委員会関係資料：地震予知問題研究連絡委員会準備会議事録」『地震予知連10年のあゆみ』(注39), 資料編150頁.
(51) Joseph M. Okada, "Meeting of Research and Liaison Committee for Earthquake Forecasting on 29 Aug. 47," ESS(F)01755.
(52) 萩原尊禮『地震予知と災害』(注36), 74-77頁.
(53) 無署名「資料3. 第1回地震予知研究連絡委員会議事録」(注50), 資料編150-156頁.
(54) Joseph M. Okada, "Report on Development of Research and Liaison Committee for Earthquake Forecasting," (注35).
(55) Joseph M. Okada, "Meeting of Research and Liaison Committee for Earthquake Forecasting on 29 Sept. 47," ESS(F)01755.
(56) 無署名「資料3. 第2回地震予知問題研究連絡委員会議事録」(注50), 資料編156-157頁.
(57) 萩原尊禮『地震予知と災害』(注36), 78頁.
(58) Joseph M. Okada, "Meeting of Research and Liaison Committee for Earthquake Forecasting on 29 Sept. 47," (注55).
(59) Joseph M. Okada, "Meeting of Research and Liaison Committee for Earthquake Forecasting on 22 January 1948," ESS(F)01754.
(60) S. Hagiwara and T. Hirono, "Earthquake Forecasting Research," ESS(F)01754.
(61) 無署名「資料3. 第2回地震予知問題研究連絡委員会議事録」(注50), 資料編160頁.
(62) 無署名「"街の12月地震説, 予報した覚えはない" 山口博士御本人が釈明」『朝日新聞』1947年9月30日2面.
(63) Ian Mutsu, "Japan Experts Debate Possibility of Major Quake in Near Future," *Stars and Stripes*, Dec. 9, 1947. CHS(B)00732.
(64) 無署名「近畿地震を警告, 京大佐々博士から」『大阪朝日新聞』1947年12月10日2面.
(65) 佐々憲三『近畿地震いつ来るか』都新聞出版局, 1947年, 3頁.
(66) 同上書, 11頁.

(67) 無署名「かくて地震に勝つ」『大阪朝日新聞』1947 年 12 月 15 日 2 面.
(68) Anonymous, "Earthquake Prediction Causing Kansai Panic," *Stars and Stripes*, Dec. 23, 1947. CHS(B)00732.
(69) 無署名「資料 3. 第 4 回地震予知問題研究連絡委員会議事録」(注 50), 資料編 158 頁.
(70) Anonymous, "Quake Expert Addresses 1 Corps HQ Officers," *Mainich*, Dec. 30, 1947.
(71) Joseph M. Okada, "Meeting of Research and Liaison Committee for Earthquake Forecasting on 22 January 1948," (注 59).
(72) 無署名「資料 3. 第 5 回地震予知問題研究連絡委員会議事録」(注 50), 資料編 158-159 頁.
(73) 無署名「"関西地震は可能性" 佐々博士, 公式に声明」『朝日新聞』1948 年 1 月 23 日 2 面.
(74) 無署名「望ましい災害の予防施設　佐々博士の声明」『読売新聞』1948 年 1 月 23 日 1 面.
(75) 地震予知研究連絡委員会「地震予知について　特に最近における大地震襲来説に対する意見書」『地震予知連 10 年のあゆみ』(注 39), 資料編 20-22 頁.
(76) Joseph M. Okada, "Meeting of Research and Liaison Committee for Earthquake Forecasting on 22 January 1948," (注 59).
(77) 地震予知研究連絡委員会「地震予知について」(注 75).
(78) 無署名「資料 3. 第 7 回地震予知問題研究連絡委員会議事録」(注 50), 資料編 160 頁.
(79) Anonymous, "Two Diverging Views Held on Method of Prediction," *Nippon Times*, Sep. 15, 1948. CHS(B)00733.
(80) 萩原尊禮『地震予知と災害』(注 36), 82 頁.
(81) 無署名「秩父地震, 8 月末か, 井上博士 "私の学説" を発表」『朝日新聞』1948 年 7 月 10 日 2 面.
(82) 無署名「地元では非常訓練, 秩父地震, 劇場の客足にぶる」『毎日新聞』1948 年 7 月 11 日 2 面, ならびに無署名「井戸掘りや疎開 "8 月地震説" 秩父で対策」『読売新聞』1948 年 7 月 11 日 2 面.
(83) 無署名「資料 3. 第 7 回地震予知問題研究連絡委員会議事録」(注 50), 資料編 161-162 頁.
(84) 萩原尊禮『地震予知と災害』(注 36), 85-87 頁.
(85) 社説「地震は予知できるか」『朝日新聞』1948 年 7 月 5 日 1 面.
(86) 社説「積極的に地震を予報せよ」『読売新聞』1948 年 7 月 26 日 1 面.
(87) 無署名「資料 3. 第 7 回地震予知問題研究連絡委員会議事録」(注 50), 資料編 163-164 頁.
(88) 無署名「『越後地震』中村博士警告, 地磁気に大変動, 糸魚川・直江津の間で」『読売新聞』1949 年 2 月 16 日 2 面.
(89) 無署名「『越後地震』中心は新潟市, 今後 1 年間が危険期間」『読売新聞』1949 年 2 月 26 日 2 面.
(90) 無署名「越後地震説, 危険刻々迫る」『読売新聞』1949 年 3 月 1 日 2 面.
(91) 無署名「『学理的な根拠はない』"越後地震" に中村博士語る」『朝日新聞』1949 年 3 月 1 日 2 面.
(92) 無署名「資料 3. 第 10 回地震予知問題研究連絡委員会議事録」(注 50), 資料編 165 頁.
(93) 無署名「"越後地震" の確率, 中村博士, 予知委員会で発表」『時事新報』1949 年 3 月 27 日 2 面.
(94) 無署名「資料 3. 第 10 回地震予知問題研究連絡委員会議事録」(注 50), 資料編 164-165 頁.
(95) 無署名「新潟市を中心に今冬, 地震の危険, 中村博士が再び警告」『読売新聞』1949 年 9 月 19 日 2 面.
(96) 無署名「新潟に地震」『読売新聞』1949 年 9 月 21 日 2 面.
(97) 無署名「連続地震警戒の要, 京大西村助教授が警告」『大阪朝日新聞』1949 年 8 月 11 日 2 面.
(98) 萩原尊禮『地震予知と災害』(注 36), 90 頁.
(99) 廣野卓蔵「福井地震の地震計による測震結果」中央気象台『験震時報 14 巻別冊：昭和 23 年 6 月 28 日福井地震調査概報』(1948 年), 4-9 頁.
(100) 和達清夫「緒言」『験震時報 14 巻別冊』(注 99), 1-3 頁.

(101) 山口弘次「被害統計総括」『驗震時報 14 巻別冊』（注 99），9-11 頁．
(102) 河角廣「福井地震概報」日本学術会議福井地震調査研究特別委員会『昭和 23 年福井地震・調査研究速報』(1949 年)，1-14 頁．
(103) 河角廣「震度と震度階（続き）」『地震』15 巻（1943 年），187-192 頁．
(104) 三浦武亜「気象庁震度の変遷」『測候時報』31 巻（1964 年），134-138 頁．
(105) 河角廣「福井地震概報」（注 102），5 頁．
(106) 福井県『福井震災誌』福井県，1949 年，9 頁．
(107) 福井地震による死者数もまた，文献によってかなり違う．中央気象台が 1948 年 12 月に刊行した『驗震時報 14 巻別冊』（注 99）では，福井県内の死者が 3728 人，石川県内の死者が 41 人，計 3769 人（10-11 頁）としている．震災 1 周年を記念して福井県が発刊した『福井震災誌』（注 106）では，福井県内の死者（行方不明者 10 人を含む）を 3858 人と数えている（36 頁）．一方，日本学術会議の福井地震調査研究特別委員会が 1949 年 3 月に刊行した『昭和 23 年福井地震・調査研究速報』（注 102）によると，福井県内の死者（行方不明を含む）が 5135 人，石川県内の死者が 37 人で，計 5172 人となっている（4 頁）．これは福井市内の死者を約 2500 人と過大に推計しているためで，同委員会が 1950 年に刊行した英語版の報告書 The Fukui Earthquake of June 28, 1948 では，福井市内の死者を 930 人に訂正し，福井県内の死者 3542 人，石川県内の死者 37 人，計 3579 人としている（16 頁）．
(108) 福井県『福井震災誌』（注 106），33 頁．
(109) 中央気象台『驗震時報 14 巻別冊』（注 99），63 頁．
(110) 廣野卓蔵「福井地震の地震計による驗測結果」『驗震時報 14 巻別冊』（注 99），7-9 頁．
(111) 那須信治「福井地震に伴った断層に就て」『昭和 23 年福井地震・調査研究速報』（注 102），69-71 頁．
(112) 小沢泉夫「福井地震前後の地殻の歪観測及余震」『昭和 23 年福井地震・調査研究速報』（注 102），64-66 頁．
(113) 吉松隆三郎「福井地震前後に於ける地電位差について」『驗震時報 14 巻別冊』（注 99），84-86 頁．
(114) H. Tsuya eds., *The Fukui Earthquake of June 28, 1948* (Tokyo: the Committee, 1950).
(115) 池上良平『震源を求めて』平凡社，1987 年，174-207 頁．
(116) 英語の magunitude は，ラテン語の magunitudo に由来し，「大きさ」を意味する．
(117) Charles F. Richter, "An Instrumental Earthquake Magnitude Scale," *BSSA*, **25** (1935), pp. 1-32.
(118) K. Wadati, "Shallow and Deep Earthquakes (3rd Paper)," *Geophys. Mag.*, **4** (1931), pp. 231-283.
(119) B. Gutenberg and C. F. Richter, *Seismicity of the Earth and Associated Phenomena* (New York: Hafner Publishing Company, 1949).
(120) 河角廣「震度と震度階」『地震』15 巻（1943 年），6-12 頁．
(121) Hirosi Kawasumi, "Chapter 1. General Description," in *The Fukui Earthquake of June 28, 1948* (注 114), pp. 9-13.
(122) Hirosi Kawasumi, "Measures of Earthquake Danger and Expectancy of Maximum Intensity Throughout Japan as Inferred from the Seismic Activity in Historical Times," 『震研彙報』29 巻（1951 年），469-482 頁．
(123) Chuji Tsuboi, "Determination of the Richter-Gutenberg's Instrumental Magnitudes of Earthquakes Occuring in and near Japan," *Geophys. Notes*, **4** (1951), No. 5, pp. 1-10.
(124) 井上宇胤「十勝沖地震調査報告・概観」『驗震時報』17 巻（1953 年），1-3 頁．
(125) 坪井忠二「地震動の最大振幅から地震の規模 M を定めることについて」『地震』第 2 輯 7 巻（1954 年），185-193 頁．
(126) 浅田敏・鈴木次郎「微小地震について」『科学』19 巻（1949 年），360-367 頁．
(127) 石本巳四雄・飯田汲事「微動計による地震観測（一）」『震研彙報』17 巻（1939 年），443-

478 頁.
(128) 浅田敏『地震』東京大学出版会，1972 年，138-140 頁.
(129) 竹山謙三郎「建築物の設計震度に就て」『地震』第 2 輯 4 巻（1951 年），17-22 頁.
(130) 河角廣「わが国における地震危険度の分布」『建築雑誌』66 巻 4 号（1951 年），3-8 頁. ならびに，Hirosi Kawasumi, "Measures of Earthquake Danger and Expectancy of Maximum Intensity Throughout Japan as Inferred from the Seismic Activity in Historical Times," （注 122）.
(131) 竹山謙三郎「建築物の設計震度に就て」（注 129）.
(132) 藤井陽一郎『日本の地震学』紀伊国屋書店，1967 年，190 頁.
(133) GHQ. SCAPIN 1957, "Earthquake Reports and Tidal Wave Forecasts," CHS(B)00735.
(134) GHQ. SCAPIN 2049, "Earthquake Reports and Tidal Wave Forecasts," CHS(B)00735.
(135) 気象庁『気象百年史』（注 46），445-450 頁.
(136) 無署名「関東大震災から 30 年，地震予知も大発達，震災が生んだ東大地震研究所，研究は世界の権威」『朝日新聞』1953 年 8 月 25 日夕刊 3 面.
(137) 佐々憲三『地震と災害』甲文社，1948 年，103-106 頁，192-198 頁.
(138) 早川正巳「地震波速度の時間的変化」『地震』第 2 輯 2 巻（1949 年），41-46 頁.
(139) 吉村寿一「P 波走時の変化と地震の起りかた」『地震』第 2 輯 6 巻（1953 年），176-182 頁.
(140) 佐々憲三・西村英一「地震の前駆現象 I」『科学』21 巻（1951 年），86-88 頁.
(141) 無署名「地震予知はできる，京大で『傾斜計』から結論」『朝日新聞』大阪本社版，1950 年 5 月 11 日 4 面.
(142) 小沢泉夫「地震前後の地殻の歪の観測」『地震』第 2 輯 8 巻（1955 年），45-47 頁.
(143) 佐藤久「水管傾斜計観測報告」『験震時報』22 巻（1958 年），63-71 頁.
(144) Yoshio Kato et al., "On the Changes of the Earth-Current and the Earth's Magnetic Field Accompanying the Fukui Earthquake," *Sci. Rep. Tohoku Univ., Geophys.*, **2** (1950), pp. 53-57.
(145) Yoshio Kato et al., "On the Changes of the Terrestrial Magnetic Field Accompanying the Tochigi Earthquake of 26 Dec., 1949," *Sci. Rep. Tohoku Univ., Geophys.*, **2** (1950), pp. 149-152.
(146) Chuji Tsuboi, "Gravity Survey along the Lines of Precise Levels Throughout Japan by Means of a Worden Gravimeter,"『震研彙報別冊』4 巻（1954 年），1-552 頁.
(147) 無署名「"地震はこんな所で起る" 坪井東大教授の『重力異常分布図』重力測って地殻構造究明」『朝日新聞』1954 年 11 月 19 日朝刊 7 面.
(148) 浅田敏「地震はどのように起こっているか」『科学』27 巻（1957 年），444-450 頁.
(149) たとえば，宇津徳治『地震活動総説』東京大学出版会，1999 年，212 頁.
(150) Anonymous, "Two Diverging Views held on Method of Prediction,"（注 79）.
(151) 坪井忠二・安芸敬一「地震は予知できるか」『科学』24 巻（1954 年），517-521 頁.
(152) 坪井忠二「地震の予報　こうすれば出来るが…」『朝日新聞』1955 年 9 月 1 日 5 面.
(153) 無署名「ギリシャ地震予知」『朝日新聞』1953 年 9 月 3 日 7 面.
(154) 無署名「"椋平ニジ" を紹介，山本元京大教授，近く国際放送で」『朝日新聞』1953 年 12 月 15 日 7 面.
(155) 宮本貞夫「椋平虹が地震と直接的関係なき証明」『地震』第 2 輯 7 巻（1954 年），136-137 頁.
(156) 横山裕道「"椋平ニジ" は幻だった，『地震予知』にカラクリが…」『毎日新聞』1976 年 9 月 26 日 23 面.
(157) 無署名「磁力計で地震を予知？ 国会で 4 時間も論戦」『読売新聞』1959 年 12 月 3 日 11 面.
(158) 高木聖「無定位磁力計による地震前兆現象について」『験震時報』25 巻（1960 年），63-70 頁.
(159) 国会会議録「第 33 回国会衆議院科学技術振興対策特別委員会第 5 号」1959 年 12 月 2 日開催.
(160) 無署名「私は知りたい　地震の予知は？」『朝日新聞』1960 年 2 月 21 日 14 面.

第 5 章　ブループリントと地震予知計画の開始

(1) 広重徹『科学の社会史』中央公論社，3-4 頁，ならびに 277-303 頁.

(2) 無署名「学会記事」『地震』第 2 輯 13 巻（1960 年），116-119 頁.
(3) 萩原尊禮『地震予知と災害』丸善，1997 年，112 頁.
(4) 無署名「学会記事」『地震』第 2 輯 13 巻（1960 年），261-263 頁.
(5) 無署名「学会記事」『地震』第 2 輯 14 巻（1961 年），60-61 頁.
(6) 無署名「学会記事」『地震』第 2 輯 14 巻（1961 年），120-121 頁.
(7) 萩原尊禮『地震予知と災害』（注 3），112-113 頁.
(8) 西村英一「地殻変動の連続観測」『地震』第 2 輯 14 巻（1961 年），260-266 頁.
(9) 萩原尊禮『地震予知と災害』（注 3），113-115 頁.
(10) 地震予知計画研究グループ（世話人：坪井忠二・和達清夫・萩原尊禮）『地震予知—現状とその推進計画』1962 年，1-32 頁.
(11) 無署名「『地震予知研究グループ』誕生　10 年以内に予報を」『朝日新聞』1961 年 2 月 28 日 10 面.
(12) 萩原尊禮「地震予知計画の実現に，政府・国民の理解を」『朝日新聞』1963 年 7 月 6 日夕刊 2 面.
(13) 萩原尊禮『地震の予知』地学出版社，1966 年，25 頁.
(14) 坪井忠二『新・地震の話』岩波書店，1967 年，75-133 頁.
(15) 坪井忠二，同上書，99 頁.
(16) 松田時彦「私の地震予知論小史—地質学からの 30 年」『地質学雑誌』99 巻（1993 年），1025-1036 頁.
(17) Robert S. Dietz, "Continent and Ocean Basin Evolution by Spreading of the Sea Floor," *Nature*, 190 (1961), pp. 854-857. ならびに Harry H. Hess, "History of Ocean Basins," in Albert E. J. Engel, Harold L. James, and Benjamin F. Leonard, eds., *Petrologic Studies: A Volume in Honor of A. F. Buddington* (Boulder: The Geological Society of America, 1962), pp. 599-620.
(18) Takuo Maruyama, "On the Force Equivalents of Dynamical Elastic Dislocations with Reference to the Earthquake Mechanism,"『震研彙報』41 巻（1963 年），467-486 頁.
(19) 海洋底拡大説やプレートテクトニクスが日本の地球科学界でどのような経緯をたどって受容されたかについては，泊次郎『プレートテクトニクスの拒絶と受容』（東京大学出版会，2008 年）に詳しい.
(20) 泊次郎「「断層運動＝地震」説は何故拒絶されたか？」『日本地球惑星科学連合 2012 年大会予稿集』.
(21) 無署名「学会記事」『地震』第 2 輯 15 巻（1962 年），145-148 頁.
(22) 和達清夫「地震予知の実用化　道は遠く，金もかかるが一路まい進」『朝日新聞』1962 年 4 月 5 日夕刊 2 面. ならびに，萩原尊禮「地震の予知」『科学』32 巻（1962 年），367-371 頁.
(23) 「天声人語」『朝日新聞』1962 年 3 月 7 日 1 面.
(24) 「天声人語」『朝日新聞』1962 年 6 月 19 日 1 面.
(25) 「気流・読者の声」「地震予測の経費ふやせ」『読売新聞』1961 年 8 月 25 日 3 面.
(26) たとえば，国会会議録「第 38 回国会参議院運輸委員会 10 号」1961 年 3 月 2 日開催.
(27) Earthquake Prediction Group, *Prediction of Earthquakes: Progress to Date and Plans for Further Development* (Tokyo: Earthquake Research Institute, University of Tokyo, 1962).
(28) 無署名「地震予知へ第一歩『研究グループ』で計画書」『朝日新聞』1962 年 3 月 6 日 15 面.
(29) 萩原尊禮『地震予知と災害』（注 3），125-127 頁.
(30) 萩原尊禮『地震予知と災害』（注 3），115-117 頁.
(31) 無署名「地震予知に 3 カ年計画　研究機関を総動員」『朝日新聞』1963 年 9 月 7 日 1 面.
(32) 萩原尊禮『地震予知と災害』（注 3），115-117 頁.
(33) 無署名「来夏までに事業計画　地震予知部会スタート」『朝日新聞』1963 年 6 月 29 日 2 面.
(34) 無署名「10 年後には地震予知　学術会議が政府に研究推進で勧告案」『読売新聞』1963 年 10 月 25 日夕刊 2 面.
(35) 無署名「人・文部省に新設の地震予知部会の世話人になった萩原尊礼」『朝日新聞』1963 年 5

月21日14面.
(36) 無署名「来夏までに事業計画　地震予知部会スタート」(注33).
(37) 無署名「東日本に大地震　死者13人負傷多数，新潟県下に最大被害」『読売新聞』1964年6月16日夕刊1面.
(38) 河角廣「序言」『震研研究速報』8号 (1964年), i-iii頁.
(39) 広野卓蔵「新潟地震概況」『気象庁技報』43号 (1965年), 5-8頁.
(40) 気象庁「昭和39年6月16日新潟地震調査報告」『気象庁技報』43号 (1965年), 7頁. なお, 新潟地震の死者数についても，文献によって25-27人と違いがある. 山形県の死者数9人, 秋田県の死者数4人については同じであるが，新潟県の死者数が異なっているからである. すなわち, 気象庁「昭和39年6月16日新潟地震調査報告」は新潟県の死者数を13人としているのに対し, 新潟県『新潟地震の記録』では新潟県内の死者数は14人とし，それぞれの人の死亡した時の状況も明らかにしている. 一方, 土木学会『昭和39年新潟地震震害調査報告』(1966年) では, 新潟県の死者数を12人としている.
(41) 新潟県『新潟地震の記録』新潟, 1965年.
(42) 新居六郎「昭和石油新潟製油所火災調査」全国科学技術団体総連合『新潟地震防災研究総合報告』1965年, 50-57頁.
(43) 新潟県『新潟地震の記録』(注41), 47-48頁.
(44) 伊藤直行「新潟地震による道路関係震害の概要」『新潟地震防災研究総合報告』(注42), 14-19頁.
(45) 日本建築学会『新潟地震災害調査報告』日本建築学会, 1964年.
(46) 新潟県『新潟地震の記録』(注41), 69-72頁.
(47) 気象庁「昭和39年6月16日新潟地震調査報告」(注40), 7頁.
(48) 佐藤一彦・茂木昭夫「新潟地震による粟島付近海底の地殻変動」『新潟地震防災研究総合報告』(注42), 94-98頁.
(49) 広野卓蔵「新潟地震の概況」『新潟地震防災研究総合報告』(注42), 60-67頁.
(50) 気象庁「昭和39年6月16日新潟地震調査報告」(注40), 6頁.
(51) Keiiti Aki, "Generation and Propagation of G Waves from the Niigata Earthquake of June 16, 1964,"『震研彙報』44巻 (1966年), 23-88頁.
(52) Ietsune Tsubokawa, Yukio Ogawa and Tetsuro Hayashi, "Crustal Movements before and after the Niigata Earthquake,"『測地学会誌』10巻 (1964年), 165-171頁.
(53) 茂木清夫『日本の地震予知』サイエンス社, 1982年, 47-55頁.
(54) 社説「新潟地震に思う」『朝日新聞』1964年6月17日2面.
(55) 社説「新潟地震の教訓生かせ」『読売新聞』1964年6月18日1面.
(56) 国会会議録「第46回国会衆議院運輸委員会第45号」1964年6月17日開催.
(57) 国会会議録「第46回国会衆議院科学技術振興対策特別委員会第18号」1964年7月31日開催.
(58) 測地学審議会会長・宮地政司「地震予知研究計画の実施について (建議)」1964年7月18日, 文術098 39第14号.
(59) 無署名「各地に観測所増設　地震予知40年度の計画」『朝日新聞』1964年7月6日夕刊1面.
(60) 日本学術会議地球物理学研究連絡委員会地震予知小委員会『地震予知研究年次計画 (昭和45年度用)』1969年, 23頁.
(61) 同上書, 25頁.
(62) 萩原尊禮『地震学百年』東京大学出版会, 1982年, 151-155頁.
(63) 中山茂「学術行政機構の構造転換」『通史　日本の科学技術第3巻』学陽書房, 1995年, 96-104頁.
(64) 日本学術会議地球物理学研究連絡委員会地震予知小委員会『地震予知研究年次計画 (昭和45年度用)』(注60), 1頁.
(65) 無署名「地震予知に5年計画　学術会議小委，きょう原案決定」『朝日新聞』1965年6月21日12面.

(66) 竹花峰夫「第1章, 松代群発地震の概況」『気象庁技報』62号（1968年），7-18頁．
(67) 正務章「第8章，群発地震対策業務の実施状況」『気象庁技報』62号（1968年），214-223頁．
(68) 竹花峰夫「第1章，松代群発地震の概況」（注66），7-18頁．
(69) 大竹政和「松代地震から10年」『科学』46巻（1976年），306-313頁．
(70) 正務章「第8章，群発地震対策業務の実施状況」（注67），214-239頁．
(71) 正務章，同上論文，225-226頁．
(72) 竹花峰夫「第1章，松代群発地震の概況」（注66），8頁．
(73) 正務章「第8章，群発地震対策業務の実施状況」（注67），229頁．
(74) 竹花峰夫「第1章，松代群発地震の概況」（注66），9-10頁．
(75) 無署名「松代群発地震　揺れ続けて2年，取戻した静かな暮らし」『朝日新聞』1967年7月24日夕刊11面．
(76) 竹花峰夫「第1章，松代群発地震の概況」（注66），13頁．
(77) 萩原尊禮「すすむ地震予知の研究　警報実用化をめざす」『読売新聞』1966年10月19日夕刊7面．
(78) たとえば，宮地政司・伊佐喬三「木曜レポート　地震は予知できるか，松代から明るい"微動"」『読売新聞』1968年8月29日17面．
(79) たとえば, Takahiro Hagiwara, Juhei Yamada and Masayo Hirai, "Observation of Tilting of the Earth's Surface Due to Matsushiro Earthquakes, Part 1,"『震研彙報』44巻（1966年），pp. 351-361.
(80) 宮地政司・伊佐喬三「木曜レポート　地震は予知できるか，松代から明るい"微動"」（注78）．
(81) たとえば，萩原尊禮『地震学百年』（注62），179-188頁．
(82) 宮地政司・伊佐喬三「木曜レポート　地震は予知できるか，松代から明るい"微動"」（注78）．
(83) 正務章「第8章，群発地震対策業務の実施状況」（注67），229頁．
(84) 無署名「『松代地震』衰える　エネルギーほぼ消耗気象庁発表」『読売新聞』1966年7月30日15面．
(85) 無署名「松代群発地震　1年ぶり警報を解除，当分は被害出まい，観測陣が明るい見通し」『朝日新聞』1966年7月30日14面．
(86) 無署名「"ひと安心"の松代に震度5　倉庫倒壊など200件，不安顔で再び厳戒体制」『読売新聞』1966年8月3日夕刊7面．
(87) 正務章「第8章，群発地震対策業務の実施状況」（注67），229-230頁．
(88) 無署名「長期戦の松代地震　ほしいのは"学問"」『朝日新聞』1965年11月26日15面．
(89) 国会会議録「第51回国会衆議院科学技術振興対策特別委員会第11号」1966年3月24日開催．
(90) 国会会議録「第51回国会衆議院科学技術振興対策特別委員会第15号」1966年4月13日開催．
(91) 無署名「松代地震　北信地震と改称，M7程度起こる恐れ」『朝日新聞』1966年4月27日14面．
(92) 無署名「『松代群発地震』に統一　連絡協も名称を変える」『朝日新聞』1966年5月11日14面．
(93) 関谷溥「§5. 北信地域地殻活動情報連絡会」『地震予知連10年のあゆみ』国土地理院，1979年，30-33頁．
(94) 無署名「正体は"溶岩のかたまり"松代地震　力武東大教授が結論」『朝日新聞』1965年12月6日夕刊10面．
(95) 市川政治「第4章，発震機構と地震波の解析」『気象庁技報』62号（1968年），77-104頁．
(96) 国会会議録「第51回国会衆議院科学技術振興対策特別委員会第11号」（注89）．
(97) 大竹政和「松代地震から10年」（注69）．
(98) 中村一明「松代地震から学んだこと」『科学朝日』1971年10月号，127-133頁．
(99) Masakazu Ohtake, "Seismic Activity Induced by Water Injection at Matsushiro, Japan," *J.*

Phys. Earth, **22** (1974), pp. 163-176.
(100) 関谷溥・飯沼竜門「第6章,地震に関連した現象」『気象庁技報』62号（1968年），125-166頁.
(101) 無署名"松代地震,月と関係"観測所長発表」『朝日新聞』1966年2月19日14面.
(102) 気象庁松代地震観測所・長野地方気象台「第3章,地震活動の概況」『気象庁技報』62号（1968年），34-76頁.
(103) 日本学術会議地球物理学研究連絡委員会地震予知小委員会など『地震予知研究シンポジュム』1968年.
(104) 科学技術庁研究調整局『地震予知便覧』1977年，113頁.
(105) たとえば,「ブループリント」を作成した地震予知計画研究グループの世話人の一人であった萩原尊禮は,「ブループリント」を紹介するために雑誌『科学』（1962年6月号）に書いた「地震の予知」のなかで,「これらの観測は,一つの大きな事業であって,従来の概念による研究観測の域をはるかに越え,業務観測としての性格を持っている.しかし,作業の内容からみると,業務観測としては研究的色彩が強いので,これをそのまま現業官庁の業務とすることはできにくい.結局,大学研究所を画期的に強化するか,関係官庁の付属研究所で行なうかのいずれかであろうが,いずれにせよ,これは今後解決すべき大きな課題であり,政府の深い理解がない限り実現できないことである」（371頁）と書いている.
(106) 地震研究所『地震研究所紛争の経過』, 1971年, 8頁.
(107) 東京大学地震研究所『震研創立五十年の歩み』東京大学地震研究所, 1975年, 68-69頁.
(108) 国会会議録「第58回参議院決算委員会第9号」1968年4月5日開催.
(109) 気象庁「えびの地震調査報告」『気象庁技術報告』69号, 1969年.
(110) 気象庁『気象要覧』824号（1968年）.
(111) 気象庁「1968年十勝沖地震調査報告」『気象庁技報』68号（1969年）.
(112) 同上報告書, 3頁.
(113) 日本建築学会『1968年十勝沖地震災害調査報告』日本建築学会, 1968年.
(114) 気象庁「1968年十勝沖地震調査報告」（注111), 38-47頁.
(115) 国会会議録「第58回国会衆議院災害対策特別委員会第8号」1968年5月17日開催.
(116) 国会会議録「第58回国会衆議院本会議第35号」1968年5月17日開催.
(117) 無署名「十勝沖地震の前ぶれ 東大研究船がテープに記録」『読売新聞』1968年5月18日夕刊10面.
(118) 南雲昭三郎・小林八平郎・是沢定之「三陸沖の海底地震計で観測された1968年十勝沖地震の前震現象」『震研彙報』46巻（1969年), 1355-1368頁.
(119) 国会会議録「第58回国会衆議院災害対策特別委員会第9号」1968年5月21日開催.
(120) 無署名「地震予知策を統一 閣議,十カ年計画を了承」『朝日新聞』1968年5月24日夕刊1面.
(121) 測地学審議会会長・宮地政司「地震予知の推進に関する計画の実施について（建議)」1968年7月16日, 文術測43第9号.
(122) 無署名「全国に観測網を整備 文相,地震予知計画を説明」『朝日新聞』1968年7月19日夕刊2面.
(123) 測地学審議会・地震火山部会『地震予知計画の実施状況等のレビューについて（報告)』1997年, 109頁.
(124) 日本学術会議地球物理学研究連絡委員会地震予知小委員会『地震予知研究年次計画（昭和45年度用)』（注60), 23頁.
(125) 地震予知連絡会『地震予知連10年のあゆみ』国土地理院, 1979年, 35-36頁.
(126) 無署名「地震予知連絡会運営要項」『地震予知会報』1巻（1969年), 44頁.
(127) 無署名「第1回地震予知連絡会議事録」『地震予知連10年のあゆみ』（注125), 196頁.
(128) 国土地理院地殻活動調査室「房総・三浦半島地域における地殻活動状況」『地震予知連会報』1巻（1969年), 25-33頁.

(129) 無署名「第4回地震予知連絡会議事録」『地震予知連10年のあゆみ』(注125), 199-200頁.
(130) 国会会議録「第46回国会衆議院災害対策特別委員会第13号」1964年7月3日開催.
(131) 河角廣「関東南部地震69年周期の証明とその発生の緊迫度ならびに対策の緊急性と問題点」『地学雑誌』79巻 (1970年), 115-138頁.
(132) ほとんどの関数は, 周期の異なる三角関数の重ね合わせで表現できる. 三角関数の重ね合わせで表現する作業をフーリエ解析と呼び, 河角は時間軸を横軸に, 34個の地震をそれぞれ, デルタ関数 (地震発生年だけ1になり, ほかの年はゼロ) で表現したものを1つの関数と見なしてフーリエ解析を行い, 69年周期が卓越していることを導き出した.
(133) 河角廣「関東南部地震69年周期の証明とその発生の緊迫度ならびに対策の緊急性と問題点」(注131), 117頁.
(134) 無署名「南関東は8年後から大地震の危険期に 消防審が対策答申」『読売新聞』1970年3月25日1面.
(135) 国会会議録「第63回国会衆議院災害対策特別委員会第5号」1970年4月16日開催.
(136) 菅原捷「サン・フェルナンド地震について」『応用地質』14巻 (1973年), 50-55頁.
(137) 国土地理院地殻活動調査室「関東南部における最近の地殻変動(3)」『地震予知連会報』6巻 (1971年), 25-32頁.
(138) 無署名「地震を起こす蓄積エネルギー 南関東でマグニチュード7, 予知連絡会, 定点測定の結果」『朝日新聞』1971年2月17日3面.
(139) 国会会議録「第68回国会参議院災害対策特別委員会第3号」1972年4月6日開催.
(140) 無署名「東京大震災が起きたら 焼死者は56万人, 都防災会議で正式報告」『朝日新聞』1971年7月30日22面.
(141) 国会会議録「第63回国会参議院予算委員会第16号」1971年3月17日開催.
(142) 国会会議録「第65回国会衆議院災害対策特別委員会第3号」1971年2月12日開催.
(143) 宇佐美龍夫・久本壮一「東京が震度V以上の地震に襲われる確率」『震研彙報』48巻 (1970年), 331-340頁.
(144) 島崎邦彦「地震発生の周期性について」『地震』第2輯25巻 (1972年), 24-32頁.
(145) 無署名「ねじれる関東平野 すぐ地震の心配ないが, 観測網の整備急げ」『読売新聞』1973年4月20日23面.
(146) 国土地理院地殻活動調査室「関東南部の上下変動」『地震予知連会報』10巻 (1973年), 24-29頁.
(147) 藤田尚美・藤井陽一郎「房総・三浦半島異常隆起」『地震予知連10年のあゆみ』(注125), 67-78頁.
(148) 茂木清夫「水平運動の解釈について」『地震予知連会報』2巻 (1970年), 85-87頁.
(149) 竹内均・金森博雄「地震にともなう地殻変動とマントル対流」『地震』第2輯21巻 (1968年), 317頁.
(150) Kiyoo Mogi, "Recent Horizontal Deformation of the Earth's Crust and Tectonic Activity in Japan (I)," 『震研彙報』48巻 (1970年), 413-430頁.
(151) 国土地理院地殻活動調査室「東海地方の地殻上下変動」『地震予知連会報』第2巻 (1970年), 49-53頁.
(152) 檀原毅「地震エネルギー潜在区の分布図」『地震予知連会報』第2巻 (1970年), 80-84頁.
(153) 無署名「第5回地震予知連絡会議事録」『地震予知連10年のあゆみ』(注125), 200-202頁.
(154) 無署名「駿河湾—遠州灘 大地震の心配, 予知連絡会が見解」『朝日新聞』1969年11月29日14面.
(155) 無署名「東海地方も『特定観測』地震予知連絡会で指定」『読売新聞』1969年11月29日14面.
(156) 無署名「天声人語」『朝日新聞』1969年11月30日1面.
(157) 地震予知連絡会事務局「特定観測地域等の撰定にいたる経過」『地震予知連会報』3巻 (1970年), 89-91頁.

(158) Takahiro Hagiwara and Jack Oliver, *Proceedings of the United States-Japan Conference on Research Related to Earthquake Prediction Problems* (1964), p. 1.
(159) Jack Oliver, "Earthquake Prediction," *Science*, 144 (1964), pp. 1364-1365.
(160) 萩原尊禮『地震学百年』（注62），195-196 頁.
(161) Committee on the Alaskan Earthquake, *The Great Alaskan Earthquake of 1964, Seismology and Geodesy* (Washington, D. C.: National Academy of Sciences, 1972), pp. ix-xiii.
(162) Hiroo Kanamori, "The Alaska Earthquake of 1964: Radiation of Long-Period Surface Waves and Source Mechanism," *JGR*, 75 (1970), pp. 5029-5041.
(163) Hiroo Kanamori, "The Energy Release in Great Earthquakes," *JGR*, 82 (1977), pp. 2981-2987.
(164) Frank Press and W. F. Brace, "Earthquake Prediction," *Science*, 152 (1966), pp. 1575-1584.
(165) Carl-Henry Geschwind, *California Earthquakes: Science, Risk and the Politics of Hazard Mitigation* (Baltimore: The Johns Hopkins University Press, 2001), p. 142.
(166) Benjamin F. Howell Jr., *An Introduction to Seismological Research: History and Development* (Cambridge: Cambridge University Press, 1990), p. 2.
(167) John Walsh, "Earthquake Prediction: OST Panel Recommends 10-Year Program," *Science*, 150 (1965), pp. 321-323.
(168) William Pecora, "National Center for Earthquake Research, USGS," *Geotimes*, 10-5 (1965), p. 13.
(169) Geschwind, *California Earthquakes*, op. cit.（注 165），p. 144.
(170) Takahiro Hagiwara and Jack Oliver, *Proceedings of the Second United States-Japan Conference on Research Related to Earthquake Prediction* (1966), pp. 8-12.
(171) ハーディンは，だれもが自由に利用できるコモンズ（共有地）では，資源の枯渇を招いてしまうという「コモンズ（共有地）の悲劇」の提唱者としても著名である．
(172) Geschwind, *California Earthquakes*, op. cit.（注 165），pp. 145-147.
(173) *Ibid.*, p. 148.
(174) *Ibid.*, pp. 148-149.
(175) Clarence R. Allen *et al.*, "Parkfield Earthquakes of June 27-29, 1966, Monterey and San Luis Obispo Counties, California: Preliminary Report," *BSSA*, 56 (1966), pp. 961-971.
(176) Sheldon Breiner and Robert L. Kovach, "Local Geomagnetic Events Associated with Displacements on the San Andreas Fault," *Science*, 158 (1967), pp. 116-118.
(177) Geschwind, *California Earthquakes*, op. cit.（注 165），p. 150.
(178) L. E. Alsop and Jack Oliver, "Premonitory Phenomena Associated with Several Recent Earthquakes and Related Problems," *EOS*, 50 (1969), pp. 376-410.
(179) D. S. Carder, "Seismic Investigations in the Boulder Dam Area, 1940-1944, and the Influence of Reservoir Loading on Local Earthquake Activity," *BSSA*, 35 (1945), pp. 175-192.
(180) J. H. Healy, W. W. Rubey, D. T. Griggs, C. B. Raleigh, "The Denver Earthquakes," *Science*, 161 (1968), pp. 1301-1310.
(181) Anonymous, "Quake Control Experiment," *EOS*, 54 (1973), p. 686.
(182) L. C. Pakiser, J. P. Eaton, J. H. Healy and C. B. Raleigh, "Earthquake Prediction and Control," *Science*, 166 (1969), pp. 1467-1474.
(183) Susan Hough, *Predicting the Unpredictable: The Tumultuous Science of Earthquake Prediction* (Princeton: Princeton University Press, 2010), p. 66.
(184) E. F. Savarensky, "On the Prediction of Earthquakes," *Tectonophys.*, 6 (1968), pp. 17-27.
(185) M. A. Sadovsky *et al.*, "The Processes Preceding Strong Earthquakes in Some Regions of Middle Asia," *Tectonophys.*, 14 (1972), pp. 295-307.
(186) Amos Nur, "Dilatancy, Pore Fluids and Premonitory Variations of T_s/T_p Travel Times," *BSSA*, 62 (1972), pp. 1217-1222.

(187) Yash P. Aggarwal, Lynn R. Sykes, John Armbruster and Marc L. Sbar, "Premonitory Changes in Seismic Velocities and Prediction of Earthquakes," *Nature*, **241** (1973), pp. 101-104.
(188) James H. Whitcomb, Jan D. Garmany and Don L. Anderson, "Earthquake Prediction: Variation of Seismic Velocities before the San Francisco Earthquake," *Science*, **180** (1973), pp. 632-635.
(189) Anonymous, "NEWS," *Geotimes*, **18**-6 (1973), p. 24.
(190) Christopher H. Scholz, Lynn R. Sykes and Yash P. Aggarwal, "Earthquake Prediction: A Physical Basis," *Science*, **181** (1973), pp. 803-810.
(191) Yash P. Aggarwal, Lynn R. Sykes, David W. Simpson and Paul G. Richards, "Spatial and Temporal Variations in ts/tp and in P Wave Residuals at Blue Mountain Lake, New York: Application to Earthquake Prediction," *JGR*, **80** (1975), pp. 718-732.
(192) Anonymous, "Earthquake Successfully Predicted," *California Geology*, **27** (1974), p. 257.
(193) Aldo Mazzella and H. Frank Morrison, "Electrical Resistivity Variations Associated with Earthquakes on the San Andreas Fault," *Science*, **185** (1974), pp. 855-857.
(194) M. J. S. Johnston and C. E. Mortensen, "Tilt Precursors before Earthquakes on the San Andreas Fault," *Science*, **186** (1974), pp. 1031-1034.
(195) Peter J. Smith, "Getting Closer to Prediction," *Nature*, **253** (1975), p. 593.
(196) Anonymous, "Quake Programs Shifted," *Geotimes*, **18**-9 (1973), p. 28.
(197) Robert M. Hamilton, "Earthquake Prediction and Public Reaction," *EOS*, **55** (1974), p. 739 and p. 742.
(198) Anonymous, "NEWS," *Geotimes*, **19**-4 (1974), p. 28.
(199) Geschwind, *California Earthquakes*, op. cit. (注 165), pp. 169-189.
(200) Anonymous, "National Earthquake Program Guide Available," *EOS*, **55** (1974), pp. 844-845.
(201) Geschwind, *California Earthquakes*, op. cit. (注 165), pp. 201-202.
(202) Frank Press, "Earthquake Prediction," *EOS*, **56** (1975), p. 275.
(203) たとえば、M. J. S. Johnston et al., "Summary and Implications of Simultaneous Observation of Tilt and Local Magnetic Field Changes Prior to a Magnitude 5.2 Earthquake Near Hollister, California," *EOS*, **56** (1975), p. 400.
(204) Geschwind, *California Earthquakes*, op. cit. (注 165), p. 203.
(205) Robert O. Castle, Jack P. Church and Michael R. Elliott, "Aseismic Uplift in Southern California," *Science*, **192** (1976), pp. 251-253.
(206) Susan Hough, *Predicting the Unpredictable*, op. cit. (注 183), p. 47.
(207) Geschwind, *California Earthquakes*, op. cit. (注 165), pp. 205-206.
(208) *Ibid.*, pp. 204-205.
(209) Frank Press, "Haicheng and Los Angels: A Tale of Two Cities," *EOS*, **57** (1976), pp. 435-436.
(210) J. H. Whitcomb, "Time-Dependent V_p and V_p/V_s in the Area of the Transverse Ranges of Southern California," *EOS*, **57** (1976), p. 288.
(211) Geschwind, *California Earthquakes*, op. cit. (注 165), pp. 206-207.
(212) Panel on Earthquake Prediction of the Committee on Seismology, *Predicting Earthquake: A Scientific and Technical Evaluation with Implications for Society* (Washington, D. C: National Academy of Sciences, 1976), p. 2.
(213) アメリカ科学アカデミー編・井坂清訳『地震予知と公共政策 (Earthquake Prediction and Public Policy)』講談社、1976 年、18 頁。
(214) Geschwind, *California Earthquakes*, op. cit. (注 165), pp. 207-208.
(215) *Ibid.*, p. 210.
(216) Marilyn P. MacCabe, *Earthquake Hazards Reduction Program Project Summaries: Fiscal Year 1978*, USGS, 1978.

(217) Robert Uhrhammer, "Seismology," *Geotimes*, **24**-1 (1979), p. 46.
(218) T. V. McEvilly and L. R. Johnson, "Earthquakes of Strike-Slip Type in Central California: Evidence on the Question of Dilatancy," *Science*, **182** (1973), pp. 581-584.
(219) Bruce A. Bolt, "Constancy of P Travel Times from Nevada Explosions to Oroville Dam Station 1970-1976," *BSSA*, **67** (1977), pp. 27-32.
(220) Hiroo Kanamori and Gary Fuis, "Variation of P-Wave Velocity before and after the Galway Lake Earthquake and the Goat Mountain Earthquakes, 1975, in the Mojave Desert, California," *BSSA*, **66** (1976), pp. 2017-2037.
(221) Susan A. Raikes, "The Temporal Variation of Teleseismic P-Residuals for Stations in Southern California," *BSSA*, **68** (1978), pp. 711-720.
(222) Jack Bennett, "Palmdale Bulge Update," *California Geology*, **30** (1977), pp. 187-189.
(223) Richard A. Kerr, "Palmdale Bulge Doubts Now Taken Seriously," *Science*, **214** (1981), pp. 1331-1333.
(224) Richard A. Kerr, "Earthquakes: Prediction Proving Elusive," *Science*, **200** (1978), pp. 419-421.
(225) Robert S. Coe, "Earthquake Prediction Program and the People's Republic of China," *EOS*, **52** (1971), pp. 940-943.
(226) 石川有三「中国の地震」『地震ジャーナル』46号（2008年），20-28頁．
(227) 尾池和夫・志知竜一・浅田敏「中国における地震予知」『地震』第2輯28巻（1975年），75-94頁．
(228) 石川有三「中国の地震」（注226），26頁．
(229) 石川有三，同上論文，26頁．
(230) 尾池和夫・志知竜一・浅田敏「中国における地震予知」（注227），89頁．
(231) 無署名「中国，地震予知で成果　8か月前ズバリ，先月4日の東北部地震」『読売新聞』1975年3月13日夕刊8面．
(232) 無署名「24時間前に大地震予報　中国の遼東地震」『朝日新聞』1975年4月24日3面．
(233) 朱鳳鳴「海城に発生したM7.3の地震に関する予知・予報と防災の概況」『中国地震考察団講演論文集』地震学会，1976年，15-26頁．
(234) 朱鳳鳴，同上論文，25頁．
(235) 大塚道男「まえがき」『中国地震考察団講演論文集』（注233），1-3頁．
(236) Peter Molnar *et al.*, "Prediction of the Haicheng Earthquake," *EOS*, **58** (1977), pp. 236-272.
(237) 石川有三・尾池和夫「中国の地震予知の現状」『自然』1980年12月号，60-69頁．
(238) 唐吉陽「竜陵地震予報の根拠と前兆現象の時空特性について」『1977年地震学会訪中代表団報告集』地震学会，1978年，13-32頁．
(239) 尾池和夫「中国における大地震の前兆現象と地震予報」『1977年地震学会訪中代表団報告集』（注238），135-148頁．
(240) Kelin Wang, Qi-Fu Chen, Shihong Sun, and Andong Wang, "Predicting the 1975 Haicheng Earthquake," *BSSA*, **96** (2006), pp. 757-795.
(241) *Ibid.*, pp. 766-767.
(242) 石川有三・尾池和夫「中国の地震予知の現状」（注237），64-65頁．
(243) 高梨成子・石川有三・大西一嘉英「中国の地震予知と対応」『月刊地球』24巻（2002年），568-575頁．
(244) 筑紫特派員「『地震は予測できる』米の学者が新理論発表」『朝日新聞』1973年4月19日夕刊10面．
(245) AP「『岩石の膨張』から地震予知，米の学者が新学説，"地下水引き金説"有力に」『読売新聞』1973年4月19日夕刊10面．
(246) 力武常雄「第1部§11．ショルツ書簡」『地震予知連10年のあゆみ』（注125），40-41頁．
(247) 共同「数年で関東大地震？米の学者が予測，日本に共同研究申し入れ」『読売新聞』1973年

5月29日夕刊10面.
(248) 国会会議録「第71回国会参議院科学技術振興対策特別委員会第4号」1973年6月15日開催.
(249) Masakazu Ohtake, "Change in the V_p/V_s Ratio Related with Occurrence of Some Shallow Earthquakes in Japan," *J. Phys. Earth*, 21 (1973), pp. 173-184.
(250) 地震学会『昭和48年度秋季大会講演予稿集』1973年, 1-9頁.
(251) 水谷仁・石戸恒雄・松井孝典「岐阜県中部地震地域における $\Delta t_s/\Delta t_p$ 比の時間変化」『昭和48年度秋季大会講演予稿集』(注250), 7頁.
(252) 長谷川昭・長谷川武司・堀修一郎「V_p/V_s 比の時間的変化について——1970年秋田県南部地震の例」『昭和48年度秋季大会講演予稿集』(注250), 2頁.
(253) 山川宣男・佐藤馨・久本荘一・望月英志・小林悦夫・栗原隆治・岸尾政弘「地震波速度の変化について」『昭和48年度秋季大会講演予稿集』(注250), 5頁.
(254) 大竹政和・勝又護「地震波速度変化の可能性と検出の限界」日本学術会議地震予知小委員会・地震学会『地震予知研究シンポジウム』1977年, 106-115頁.
(255) 大竹政和・勝又護, 同上論文, 111頁.
(256) 力武常次『地震予知——発展と展望』日本専門図書出版, 2001年, 167頁.
(257) 無署名「首都圏の真下を"地震の巣"が走る?! 長さ100キロの大断層」『読売新聞』1973年5月23日22面.
(258) たとえば, 国会会議録「第71国会衆議院災害対策特別委員会第5号」1973年6月6日開催.
(259) 中村政雄「アーツ1号の写真の波紋, 活断層はあるのか?! 専門家の意見を集めると」『読売新聞』1973年6月21日7面.
(260) 気象庁「1973年6月17日根室半島沖地震調査報告」『気象庁技報』87号 (1974年).
(261) 無署名「道東に地震-津波, 本番さながら防災訓練, 全道一斉」『北海道新聞』1973年6月5日夕刊7面.
(262) 気象庁「1973年6月17日根室半島沖地震調査報告」(注260), 32頁.
(263) 宇津徳治「北海道における最近の地震活動と観測状況」『地震予知連会報』2巻 (1970年), 1-2頁.
(264) 国土地理院地殻活動調査室「北海道地方の一等三角点改測結果」『地震予知連会報』2巻 (1970年), 3-4頁.
(265) 茂木清夫『日本の地震予知』(注53), 82-86頁.
(266) 宇津徳治「根室半島沖地震」『地震予知連10年のあゆみ』(注125), 79-87頁.
(267) たとえば, 無署名「根室半島で地盤沈下, 地震予知連絡会で報告」『北海道新聞』1971年2月17日18面.
(268) 宇津徳治「北海道周辺における大地震の活動と根室南方沖地震について」文部省災害科学総合研究班『第8回自然災害科学総合シンポジウム論文集』1971年, 129-132頁.
(269) 茂木清夫『日本の地震予知』(注53), 99頁.
(270) 井上宇胤「新潟地震前における震央付近および隣接地域の地震活動について」『験震時報』29巻 (1965年), 31-36頁.
(271) 宇津徳治「北海道周辺における大地震の活動と根室南方沖地震について」『地震予知連会報』7巻 (1972年), 7-13頁.
(272) たとえば, 無署名「道東に大地震起こりそう, 宇津北大助教授が推定」『北海道新聞』1971年9月1日14面.
(273) 国会会議録「第71回国会衆議院科学技術振興対策特別委員会第10号」1973年4月26日開催.
(274) 力武常次「日本列島は大丈夫? 大地震の脅威」『読売新聞』1973年6月11日夕刊7面.
(275) たとえば, 無署名「北海道東部, なお続く不気味な沈下, 根室付近, 3年で11センチも, 残る危険なエネルギー」『朝日新聞』1973年8月12日3面.
(276) 宇津徳治「北海道周辺における大地震の活動と根室南方沖地震について」(注271).
(277) 無署名「第21回臨時地震予知連絡会議事録」『地震予知連10年のあゆみ』(注125), 219頁.

(278) 無署名,「第22回地震予知連絡会議事録」『地震予知連10年のあゆみ』(注125), 219-220頁.
(279) たとえば, 国会会議録「第71回国会衆議院決算委員会第17号」1973年6月19日開催, ならびに「第71回国会衆議院科学技術振興対策特別委員会第18号」1973年6月20日開催, ならびに「第71回国会衆議院決算委員会第22号」1973年7月12日開催など.
(280) 「第71回国会衆議院科学技術振興対策特別委員会第27号」1973年9月12日開催.
(281) 関谷溥・徳永規一「遠州灘周辺の地震活動について」『地震予知連会報』11巻 (1974年), 96-101頁.
(282) 藤田尚美・藤井陽一郎「§12. 東海地域を観測強化地域に指定」『地震予知連10年のあゆみ』(注125), 41-43頁.
(283) 国土地理院地殻活動調査室「御前崎菱形基線測量結果 (3)」『地震予知連会報』11巻 (1974年), 105-106頁.
(284) Tsuneji Rikitake, "Probability of Earthquake Occurrence as Estimated from Crustal Strain," *Tectonophys.*, **23** (1974), pp. 299-312.
(285) 国会会議録「第71回国会衆議院科学技術振興対策特別委員会第28号」1973年9月13日開催.
(286) 国土地理院地殻活動調査室「東海地方一等三角点測量結果」『地震予知連会報』12巻 (1974年), 131頁.
(287) 無署名「第24回地震予知連絡会議事録」『地震予知連10年のあゆみ』(注125), 222-223頁.
(288) 藤田尚美・藤井陽一郎「§12. 東海地域を観測強化地域に指定」(注282), 41-43頁.
(289) 文部省測地学審議会「地震予知の推進に関する第3次計画の実施について (建議)」1973年6月29日, 文術測48第15号.
(290) たとえば, 国会会議録「第71回国会衆議院科学技術振興対策特別委員会第16号」1973年4月26日開催.
(291) 科学技術庁研究調整局『地震予知便覧』(注104), 111頁.
(292) 東京大学地震研究所構造地質部門「伊豆半島沖地震の地震断層」『地震予知連会報』12巻 (1974年), 86-92頁.
(293) 村井勇・金子史朗「南関東のネオテクトニクス・ノート」『関東大地震50周年論文集』東京大学地震研究所, 1973年, 125-145頁.
(294) 地質調査所「1974年伊豆半島沖地震の断層とその地震後の運動」『地震予知連会報』12巻 (1974年), 93-98頁.
(295) 気象庁地震活動検測センター「房総南東沖の地震活動」『地震予知連会報』13巻 (1975年), 23-25頁.
(296) 無署名「房総沖で微小地震群発, 大地震の前兆か」『読売新聞』1974年9月27日22面.
(297) 無署名「地震エネルギー, 気になる沈黙, 房総沖・大きな蓄積示す空白域」『朝日新聞』1974年9月27日3面.
(298) 無署名「関東地方に強い地震, 中心は房総沖, 東京, 横浜で震度4」『読売新聞』1974年9月27日夕刊1面.
(299) 国土地理院地殻活動調査室「多摩川下流域での地殻隆起運動」『地震予知連会報』13巻 (1975年), 34-35頁.
(300) 藤田尚美・藤井陽一郎「§13. 多摩川下流域の地盤隆起」『地震予知連10年のあゆみ』(注125), 43-46頁.
(301) 藤田尚美・藤井陽一郎, 同上論文.
(302) 無署名「京浜で異常な地盤隆起, 大田区-鶴見区, 直径5キロ, 最高4.7センチ,『1～2年で強震の心配』, 地震予知連絡会, 観測5年, 異例の発表」『読売新聞』1974年12月27日19面.
(303) 国会会議録「第75回国会衆議院科学技術振興対策特別委員会第4号」1975年3月26日開催.
(304) 無署名「住民の不安に答える, "京浜地区の予告"で巡回説明会」『読売新聞』1975年1月28日, 19面.

(305) 無署名「川崎市が地震被害を予測」『読売新聞』1975年2月28日, 22面.
(306) 無署名「京浜で大地震が発生したら…倒壊26,000戸, 被災152,000人, ケガ44,000人」『読売新聞』1975年2月19日17面.
(307) 国会会議録「第75回国会参議院予算委員会第13号」1975年3月20日開催.
(308) 脇田宏「多摩川下流域にみられる地盤隆起現象の地球化学的研究」『地震予知連会報』14巻 (1975年), 32-39頁.
(309) 無署名「京浜地区・地下水位も異常上昇, 発生の時期や場所,『地殻隆起』と酷似」『読売新聞』1975年2月28日22面.
(310) 文部省測地学審議会「第3次地震予知計画の一部見直しについて (建議)」文術測50第19号, 1975年7月25日.
(311) 無署名「第33回地震予知連絡会議事録」『地震予知連10年のあゆみ』(注125), 234-237頁.
(312) 村井勇・松田時彦「1975年大分県中部地震の被害調査報告——とくに被害・地変と活断層との関係について」『震研彙報』50巻 (1975年), 303-327頁.
(313) 伯野元彦・南忠夫・石田勝彦・松井芳彦・井上涼介「1975年大分県中部地震の被害調査報告——建築・土木構造物の被害について」『震研彙報』50巻 (1975年), 343-358頁.
(314) 国会会議録「第75回国会衆議院災害対策特別委員会第5号」1975年5月22日開催.
(315) 国会会議録「第75回国会参議院災害対策特別委員会第4号」1975年5月30日開催.
(316) 村井勇・松田時彦「1975年大分県中部地震の被害調査報告」(注312), 307-308頁.
(317) 国土地理院地殻調査部「伊豆半島中部の地殻変動」『地震予知連会報』16巻 (1976年), 82-87頁.
(318) 無署名「第33回地震予知連絡会議事録」『地震予知連10年のあゆみ』(注125), 234-237頁.
(319) 無署名「伊豆半島中部異常隆起, 1年で最高15センチも, 群発地震との関連追う」『読売新聞』1976年5月25日22面.
(320) 無署名「『河津』群発の一つ, 地震予知連が警告, M5程度今後も起る」『読売新聞』1976年8月24日23面.
(321) 無署名「第35回地震予知連絡会議事録」『地震予知連10年のあゆみ』(注125), 239-242頁.

第6章　東海地震説と大規模地震対策特別措置法

(1) 茂木清夫「水平運動の解釈について」『地震予知会報』2巻 (1970年), 85-87頁.
(2) 力武常次「§9. 地域指定」『地震予知連10年のあゆみ』国土地理院, 1979年, 37-39頁.
(3) 関谷溥・徳永規一「遠州灘周辺のSeismicity Gapについて」『験震時報』39巻 (1975年), 83-88頁.
(4) 安藤雅孝「東海沖地震と防災」「東海沖地震」に関する研究討論会『"東海沖地震"』名古屋大学理学部, 1975年, 55-59頁. 安藤が東海地震の断層モデルを発表したのは, 1973年11月に京都で開かれた地震学会秋季大会が最初である.
(5) Masataka Ando, "Source Mechanisms and Tectonic Significance of Historical Earthquakes along the Nankai Trough, Japan," *Tectonophys.*, 27 (1975), pp. 119-140.
(6) Masataka Ando, "Possibility of a Major Earthquake in the Tokai District, Japan and its Pre-Estimated Seismotectonic Effects," *Tectonophys.*, 25 (1975), pp. 69-85.
(7) 安藤雅孝「東海沖地震と防災」(注4), 57-58頁.
(8) 三雲健「いわゆる"東海沖地震"について」『"東海沖地震"』(注4), 39-43頁.
(9) 松田時彦「東海地震に関して地形・地質学的データ」『"東海沖地震"』(注4), 15-17頁.
(10) Akitune Imamura, "Land Deformations Associated with the Recent Tokaido Earthquake," *Proc. Imper. Acad.*, 21 (1946), pp. 193-196.
(11) 中央気象台『極秘・東南海大地震調査概報』1948年, 18頁, 27頁.
(12) 佐藤裕「1944年の東南海地震に伴う地殻変動」『測地学会誌』15巻 (1970年), 177-180頁.
(13) Noboru Inouchi and Hiroshi Sato, "Vertical Crustal Deformation Accompanied with the Tonankai Earthquake of 1944," *Bulletin of the Geographical Survey Institute*, 21 (1975), pp. 10-

18.
(14) 萩原尊礼「1854年の東海地震の震度分布について」『地震予知連会報』3巻（1970年），51-52頁．
(15) 羽鳥徳太郎「安政地震（1854年12月23日）における東海地方の津波・地殻変動の記録」『震研彙報』51巻（1976年），13-28頁．
(16) 石橋克彦「東海地方に予想される大地震の再検討—駿河湾地震の可能性」『地震予知連会報』17巻（1977年），126-132頁．
(17) 石橋克彦「東海地方に予想される大地震の再検討—駿河湾大地震について」『1976年度地震学会秋季大会講演予稿集』，30-34頁．
(18) 無署名「第33回地震予知連絡会議事録」『地震予知連10年のあゆみ』（注2），234-237頁．
(19) 無署名「第34回地震予知連絡会議事録」『地震予知連10年のあゆみ』（注2），237-239頁．
(20) 川端信正「伊豆大島近海地震と大規模地震対策特別措置法の制定過程」『しずおか防災地域連携土曜セミナー講演録』静岡大学防災総合センター，2010年，19-65頁．
(21) 石橋克彦「東海地方に予想される大地震の再検討—駿河湾大地震について」（注17）．
(22) 石橋克彦「東海大地震!!　私の理論と提言3」『静岡新聞』1976年11月28日14面．
(23) 佐藤裕「1944年の東南海地震に伴う地殻変動」（注12）．
(24) Christopher Scholz, Peter Molnar and Tracy Johnson, "Detailed Studies of Frictional Sliding of Granite and Implications for the Earthquake Mechanism," *JGR*, **77** (1972), pp. 6392-6406.
(25) Hiroo Kanmori and John J. Cipar, "Focal Process of the Great Chilean Earthquake May 22, 1960," *Phys. Earth Planet. Inter.*, **9** (1974), pp. 128-136.
(26) Masataka Ando, "Possibility of a Major Earthquake in the Tokai District, Japan and its Pre-Estimated Seismotectonic Effects," op. cit. （注6）．
(27) Hiroshi Sato, "Some Precursors prior to Recent Great Earthquake along the Nankai Trough," *J. Phys. Earth*, **25** (1977), pp. S115-S121.
(28) 坂本武久「インタビュー・地震予知連絡会会長・萩原尊礼氏」『朝日新聞』1976年8月24日夕刊3面．
(29) 浅田敏「論壇・地震予知体制の整備急げ」『朝日新聞』1976年10月14日5面．
(30) Tsuneji Rikitake, "Probability of a Great Earthquake to Recur off the Pacific Coast of Central Japan," *Tectonophys.*, **42** (1977), pp. T43-T51.
(31) 瀬野徹三「南関東・西南日本外帯の地震性地殻変動区に於ける巨大地震の再来周期」『地震』第2輯30巻（1977年），25-42頁．
(32) Katsuhiko Ishibashi, "Specification of a Soon-to-Occur Seismic Faulting in the Tokai District, Central Japan, Based upon Seismotectonics," in David W. Simpson and Paul G. Richards eds., *Earthquake Prediction: An International Review* (Washington, D. C.: AGU, 1981), pp. 297-332.
(33) 石橋克彦「東海地方に予想される大地震の再検討—駿河湾大地震について」（注17）．
(34) 国会会議録「第78回国会衆議院科学技術振興対策特別委員会第5号」1976年10月13日開催．
(35) 末広重二・山岸要吉・佐藤かをる「東海地方5地点での埋込式歪計による連続観測」『1976年度地震学会秋季大会講演予稿集』，68頁．
(36) たとえば，無署名「御前崎で異常ひずみ，『3年で地震』示す，地震学会で気象庁報告，推移を厳重監視」『朝日新聞』1976年10月9日夕刊1面，ならびに無署名「御前崎，岩盤ヒズミ増す『20〜30か月内注意』気象庁のデータから」『読売新聞』1976年10月7日23面．
(37) 無署名「古きをたずね地震対策，『宝永』資料，静岡県血まなこ」『朝日新聞』1976年10月16日夕刊10面．
(38) 佐藤尚志「地震対策に悩む静岡県，追いつかぬ"対症療法"，望まれる国の本格支援」『朝日新聞』1976年10月12日4面．
(39) 無署名「地震予知センターの設置を，静岡県議会が意見書」『朝日新聞』1976年10月20日2

面.
(40) 川端信正「伊豆大島近海地震と大規模地震対策特別措置法の制定過程」(注20), 47-51頁.
(41) 無署名「東海地震でスクラム, 13都県市で連絡協」『読売新聞』1976年11月13日3面.
(42) 社説「地震予知と防災の体制を急げ」『朝日新聞』1976年10月10日5面, ならびに社説「地震予知体制の一元化を図れ」『読売新聞』1976年10月12日5面, 社説「『東海地震』警告が残したもの」『毎日新聞』1976年10月16日5面など.
(43) 国会会議録「第78回国会衆議院災害対策特別委員会第7号」1976年10月26日開催.
(44) 国会会議録「第78回国会参議院予算委員会第1号」1976年10月4日開催.
(45) 無署名「『東海大地震』くる前に揺れる『予知は当方で』予算に思惑, お役所対立」『毎日新聞』1976年11月11日18面.
(46) 無署名「地震予知推進本部を設置」『読売新聞』1976年10月29日夕刊8面.
(47) 国会会議録「第78回国会衆議院科学技術振興対策特別委員会第3号」1976年10月13日開催.
(48) 国会会議録「第78回国会参議院科学技術振興対策特別委員会第3号」1976年10月22日開催.
(49) 国会会議録「第78回国会参議院科学技術振興対策特別委員会第7号」1976年10月27日開催.
(50) たとえば, 国会会議録「第78回国会参議院災害対策特別委員会第5号」1976年10月29日開催.
(51) 国会会議録「第78回国会参議院科学技術振興対策特別委員会第3号」(注48).
(52) 国会会議録「第78回国会参議院災害対策特別委員会第5号」(注50).
(53) 国会会議録「第78回国会参議院建設委員会第2号」1976年10月19日開催.
(54) 同上国会会議録.
(55) 国会会議録「第78回国会衆議院科学技術振興対策特別委員会第6号」1976年10月21日開催.
(56) 国会会議録「第78回国会参議院大蔵委員会第6号」1976年10月26日開催.
(57) 国会会議録「第78回国会衆議院科学技術振興対策特別委員会第7号」(注49).
(58) 国会会議録「第78回国会衆議院科学技術振興対策特別委員会第3号」(注47).
(59) 国会会議録「第78回国会参議院災害対策特別委員会第5号」(注50).
(60) 国会会議録「第78回国会衆議院科学技術振興対策特別委員会第7号」(注49).
(61) 国会会議録「第78回国会参議院災害対策特別委員会第5号」(注50).
(62) 国会会議録「第78回国会参議院科学技術振興対策特別委員会第3号」(注48).
(63) Ietsune Tsubokawa, "On Relation between Time of Duration of Crustal Movement and Magnitude of Expected Earthquake and Successive Feature of Earthquake Occurrence," 『測地学会誌』22巻 (1976年), 314-316頁.
(64) 国会会議録「第78回国会参議院災害対策特別委員会第5号」(注50).
(65) 宇津徳治「東海沖の歴史上の大地震」国土地理院編『地震予知連絡会地域部会報告』1巻 (1977年), 1-8頁.
(66) 宇佐美龍夫「むかしの大地震」浅田敏編『地震予知の方法』東京大学出版会, 1978年, 12-28頁.
(67) 茂木清夫「伊豆・東海地域の最近の地殻活動の解釈について」『地震予知連絡会東海部会資料』1977年, 45-51頁.
(68) 青木治三「東海地方における大地震の可能性」『地震予知研究シンポジウム (1976年12月13日・14日・15日)』1977年, 56-68頁, ならびに Tokuji Utsu, "Possibility of a Great Earthquake in the Tokai District, Central Japan," *J. Phys. Earth*, **25** (1977), pp. S219-S230.
(69) 藤井陽一郎「1944年東南海地震の震源域について」『地震学会講演予稿集・昭和55年度春季大会』1980年, 43頁.
(70) 無署名「東海地震, それほど切迫していない, 地震学会で発表へ, 藤井茨城大教授が新説」『静岡新聞』1980年4月11日1面.
(71) 1960年代末に誕生したプレートテクトニクスは, 日本でも地球物理学者の間では速やかに受け入れられたが, 地質学者の間では批判が強く, 大部分の地質学者たちがそれを受け入れたのは1980年代半ばであった. なぜこのような事態が生じたのかについては拙著『プレートテクトニ

クスの拒絶と受容—戦後日本の地球科学史』東京大学出版会，2008年を参照されたい．
(72) 無署名「東海大地震・震源地やはり駿河湾？—石橋説を批判する2学者」『読売新聞』1976年11月23日11面．
(73) 無署名「『駿河湾震源説』を検討，地元要求であす予知連」『読売新聞』1976年11月28日3面．
(74) 無署名「第35回地震予知連絡会議事録」『地震予知連10年のあゆみ』（注2），239-242頁．
(75) 無署名「『東海地震』観測を強化，検潮所や傾斜計，政府，予算2億円を確保」『読売新聞』1976年11月9日3面．
(76) 無署名「お役所対立エスカレート，"地震予知建議"まとまらず」『毎日新聞』1976年11月14日22面，ならびに無署名「ナワ張り争いで紛糾，測地学審，建議案ベタ遅れ必至」『朝日新聞』1976年11月19日1面．
(77) 測地学審議会「第3次地震予知計画の再度一部見直しについて（建議）」文術測51第15号，1976年12月17日．
(78) たとえば，浅田敏編『地震予知の方法』（東京大学出版会，1978年）では，当時の最先端の「地震予知戦略・戦術」がまとめられているが，「第1部・地震は繰返す」「第2部・長期的な前兆」「第3部・直前の前兆」「第4部・予知実現への道」の4部構成になっている．
(79) たとえば，後に見るように1994年6月に日本学術会議地震学研究連絡委員会などの主催で開かれた「地震予知研究シンポジウム」では，地震予知計画について賛成から反対まで幅広い意見が開陳されたが，自分ひとつかあいう意味で「地震予知」という言葉を使うかを断ってから講演に入る研究者が多かった．講演で，「地震予知」の言葉の混乱を嘆く人も多かった．
(80) 無署名「東海地震"直前予報"のために，データ，気象庁に集中，解析，判定の"専門班"も，測地学審が建議」『読売新聞』1976年12月18日3面，ならびに無署名「東海地震の予知体制強化，短期・長期に観測，測地学審建議」『朝日新聞』1976年12月18日1面．
(81) 無署名「『判定組織』見送り，東海地震の予知推進本部」『朝日新聞』1977年1月30日3面．
(82) 国会会議録「第80回国会衆議院災害対策特別委員会第4号」1977年3月23日開催．
(83) 同上国会会議録．
(84) 地震予知推進本部「東海地域の地震予知体制の整備について」1977年4月4日，ならびに無署名「東海地震，データ集中図る，測地学審の建議受け，判定組織も設置」『朝日新聞』1977年4月5日3面．
(85) 地震予知推進本部『地震の予知はできるか—東海地域を中心に』1977年4月．
(86) 国会会議録「第80回国会参議院災害対策特別委員会第6号」1977年4月27日開催．
(87) 気象庁地震予知情報課「地震防災対策強化地域判定会」『地震予知連30年のあゆみ』国土地理院，2000年，338-340頁．
(88) 無署名「『異変』ランク別に発表，東海地域判定会が発足」『朝日新聞』1977年4月19日22面．
(89) 国会会議録「第80回国会参議院予算委員会第14号」1977年4月6日開催．
(90) 国会会議録「第80回国会参議院予算委員会第一分科会」1977年4月13日開催．
(91) 全国知事会『全国知事会四十年史』全国知事会，1987，191頁．
(92) 国会会議録「第81回国会参議院災害対策特別委員会第1号閉」1977年9月16日開催．
(93) 無署名「大震災対策で立法，警報発令など自治相協力要請」『読売新聞』1977年7月30日3面．
(94) 無署名「国土庁中心に地震対策立法へ」『朝日新聞』1977年9月6日夕刊2面．
(95) 国会会議録「第82回国会参議院災害対策特別委員会第3号」1977年10月26日開催．
(96) 原田昇左右『日本を地震から守る道—予知・防災対策の現状と私案』サンポウジャーナル，1978年，157-159頁．
(97) 能勢邦之「『大地震対策特別緊急措置法（仮称）の制定に関する提言』を終えて」『都道府県展望』1978年2月号，16-20頁．
(98) 青野馨「知事さんが作った"大地震法案"，難題に官庁大揺れ」『読売新聞』1978年1月7日

7面.
(99) 全国知事会『全国知事会四十年史』(注91), 191-192頁.
(100) 無署名「政府, 大地震対策へ, 災害基本法を改正」『読売新聞』1978年1月11日3面.
(101) 無署名「地震特別法案急ぐ, 国土庁長官と自治相」『読売新聞』1978年1月17日1面.
(102) 無署名「『大地震対策法』今国会で, 首相指示, 予知含め広範に」『読売新聞』1978年1月17日夕刊1面.
(103) 気象庁地震課・石廊崎測候所・大島測候所「1978年1月14日伊豆大島近海の地震調査報告」『験震時報』43巻 (1978年), 21-57頁.
(104) 島崎邦彦「1978年1月14日伊豆大島近海地震の断層パラメター概報」『地震予知連会報』20巻 (1978年), 51-52頁.
(105) 恒石幸正・伊藤谷生・狩野謙一「1978年伊豆大島近海地震で陸上に出現した断層」『地震予知連会報』20巻 (1978年), 122-123頁.
(106) 国会会議録「第84回国会衆議院災害対策特別委員会第3号」1978年1月31日開催.
(107) 気象庁地震課・石廊崎測候所・大島測候所「1978年1月14日伊豆大島近海の地震調査報告」(注103), 21頁.
(108) 中村政雄「2時間半前『予報』出した気象庁, 『多少の被害の恐れ』控え目ながらも"予知初挑戦"」『読売新聞』1978年1月15日3面.
(109) 国会会議録「第84回国会衆議院災害対策特別委員会第3号」(注106).
(110) たとえば, 科学技術庁長官の熊谷太三郎は1978年3月10日開催の衆議院予算委員会で「先般の伊豆地震の際には, 静岡県並びに報道機関, その他に一応1時間ほど前に予報, 予知されたわけでございます」と発言している. 参議院議員の宮田輝もこの熊谷の発言直後に「これ〔気象庁の出した地震情報〕は私は, 日本で初めて出た地震の予知情報ではないかと思うのでございます」などと述べている.
(111) 国会会議録「第84回国会衆議院災害対策特別委員会第4号」1978年2月16日開催.
(112) 無署名「余震情報で避難騒ぎ, 静岡, 『間もなく大地震…』うわさ飛び住民が混乱」『朝日新聞』1978年1月19日1面.
(113) 無署名「膨れ上がった地震恐怖, 静岡, 『今後M6も』が『2時間以内にくるぞ!』」『読売新聞』1978年1月19日23面.
(114) 国会会議録「第84回国会衆議院災害対策特別委員会第4号」(注111).
(115) 気象庁地震課・地震予知情報室「1978年伊豆大島近海地震について」『地震予知連会報』20巻 (1978年), 45-50頁.
(116) Hiroshi Wakita, Yuji Nakamura, Kenji Notsu, Masayasu Noguchi, and Toshi Asada, "Radon Anomaly: A Possible Precursor of the 1978 Izu-Oshima-kinkai Earthquake," *Science*, **207**, pp. 882-883.
(117) 山口林造・小高俊一「伊豆大島近海地震の前兆—伊豆船原, 柿木における水位変化」『地震予知連会報』20巻 (1978年), 60-62頁.
(118) 地質調査所「爆破地震による地震波速度変化の観測—第10回〜第12回大島爆破実験結果概報」『地震予知連会報』22巻 (1979年), 83-85頁.
(119) 茂木清夫『日本の地震予知』サイエンス社, 1982年, 218頁.
(120) 国会会議録「第84回国会衆議院災害対策特別委員会第3号」(注106).
(121) 力武常次「伊豆大島近海地震と動物先行現象」『地震予知連会報』20巻 (1978年), 67-76頁.
(122) 国会会議録「第84回国会衆議院災害対策特別委員会第4号」(注111).
(123) 国会会議録「第84回国会参議院決算委員会第5号」1978年2月27日開催.
(124) 国会会議録「第84回国会衆議院災害対策特別委員会第3号」(注106).
(125) 国会会議録「第84回国会参議院災害対策特別委員会第3号」1978年2月9日開催.
(126) 国会会議録「第84回国会衆議院災害対策特別委員会第4号」(注111).
(127) 国会会議録「第84回国会参議院災害対策特別委員会第10号」1978年6月2日開催.
(128) 無署名「首相に報告後発表, 大地震の予知情報, 対策法要旨まとまる」『読売新聞』1978年

2月17日2面.
(129) 国会会議録「第84回国会衆議院災害対策特別委員会第5号」1978年3月3日開催.
(130) 国会会議録,同上.
(131) たとえば,国会会議録「第84回国会参議院決算委員会第9号」1978年4月7日開催,ならびに国会会議録「第84回国会衆議院内閣委員会第11号」1978年4月11日開催.
(132) たとえば,国会会議録「第84回国会衆議院内閣委員会第10号」1978年4月6日開催.
(133) 国会会議録「第84回国会参議院決算委員会第9号」(注131).
(134) 国会会議録「第84回国会衆議院災害対策特別委員会第9号」1978年4月18日開催.
(135) 国会会議録「第84回国会衆議院災害対策特別委員会第12号」1978年4月21日開催.
(136) 国会会議録「第84回国会衆議院内閣委員会第11号」(注131).
(137) 国会会議録「第84回国会衆議院災害対策特別委員会第9号」(注134).
(138) 国会会議録「第84回国会衆議院災害対策特別委員会第10号」1978年4月19日開催.
(139) 国会会議録「第84回国会参議院災害対策特別委員会第10号」(注127).
(140) 国会会議録「第84回国会衆議院災害対策特別委員会第10号」(注138).
(141) 国会会議録「第84回国会衆議院災害対策特別委員会第8号」1978年4月13日開催.
(142) 国会会議録「第84回国会衆議院災害対策特別委員会第11号」1978年4月20日開催.
(143) 国会会議録「第84回国会衆議院災害対策特別委員会第13号」1978年4月25日開催.
(144) 国会会議録「第84回国会衆議院災害対策特別委員会第9号」(注134).
(145) 国会会議録「第84回国会参議院災害対策特別委員会第6号」1978年5月10日開催.
(146) 国会会議録「第81回国会参議院内閣委員会第1号閉」1977年8月11日開催.
(147) 国会会議録「第82回国会衆議院内閣委員会第4号」1977年11月17日開催.
(148) 国会会議録「第84回国会参議院災害対策特別委員会第10号」(注127).
(149) 国会会議録「第84回国会衆議院内閣委員会第11号」(注131).
(150) たとえば,国会会議録「第84回国会衆議院災害対策特別委員会第11号」(注142).
(151) 国会会議録「第84回国会参議院決算委員会第9号」(注131).
(152) たとえば,国会会議録「第84回国会衆議院災害対策特別委員会第12号」(注135).
(153) 無署名「大地震法案,自民,修正を撤回」『朝日新聞』1978年4月28日2面.
(154) 国会会議録「第84回国会衆議院災害対策特別委員会第13号」(注143).
(155) 国会会議録「第84回国会参議院災害対策特別委員会第6号」(注145).
(156) 国会会議録「第84回国会衆議院災害対策特別委員会第13号」(注143).
(157) 国会会議録「第84回国会参議院災害対策特別委員会第6号」(注145).
(158) たとえば,国会会議録,同上.
(159) 国会会議録「第84回国会衆議院災害対策特別委員会第12号」(注135).
(160) 国会会議録「第84回国会衆議院災害対策特別委員会第14号」1978年4月28日開催.
(161) 国会会議録「第84回国会衆議院本会議第29号」1978年5月9日開催.
(162) 国会会議録「第84回国会参議院災害対策特別委員会第10号」(注127).
(163) 国会会議録「第84回国会参議院本会議第24号」1978年6月7日開催.
(164) 無署名「気象庁『地震予知情報室』設置」『読売新聞』1978年6月10日3面.
(165) 無署名「東海地震M8起きたら…静岡で死者1万人想定,予知あれば被災半減」『読売新聞』1978年11月30日1面.
(166) 気象庁「1978年宮城県沖地震調査報告」『気象庁技報』95号(1978年),1-48頁.
(167) 末広重二・吉田弘「§19. 宮城県沖地震」『地震予知連10年のあゆみ』(注2),59-60頁.
(168) 気象庁「1978年宮城県沖地震調査報告」(注166),1-17頁.
(169) 無署名「関東・東北,強い地震,大船渡で震度5」『読売新聞』1978年2月21日1面,ならびに無署名「ガラスの雨が降った!震度4(仙台)ビル街ショック」『読売新聞』1978年2月21日23面.
(170) 宇津徳治「日本周辺の震源分布」『科学』44巻(1974年),739-746頁.
(171) 瀬野徹三「東北・北海道のプレート内地震活動とプレート間地震―『宮城県東方沖』地震か

第6章 東海地震説と大規模地震対策特別措置法 629

対する一つの示唆」『昭和52年度地震学会秋季大会講演予稿集』1977年, 120頁, ならびに Tetsuzo Seno, "Intraplate Seismicity in Tohoku and Hokkaido and Large Interplate Earthquakes: A Posssibility of a Large Interplate Earthquake off the Southern Sanriku Coast, Northern Japan," *J. Phys. Earth*, **27** (1979), pp. 21-51.
(172) 国会会議録「第84回国会衆議院科学技術振興対策特別委員会第18号」1978年6月14日開催.
(173) 国会会議録「第84回国会衆議院決算委員会第18号」1978年8月7日開催.
(174) 国会会議録「第84回国会衆議院災害対策特別委員会第18号」1978年6月16日開催.
(175) 国会会議録「第84回国会参議院災害対策特別委員会第1号閉」1978年6月23日開催.
(176) 無署名「第42回臨時地震予知連絡会議事録」『地震予知連10年のあゆみ』(注2), 253-254頁.
(177) 藤田尚美・春山仁「§20. 地域指定の見直し」『地震予知連10年のあゆみ』(注2), 61-63頁.
(178) 測地学審議会『地震予知の推進に関する第4次計画の実施について(建議)』文術測53第15号, 1978年.
(179) 国会会議録「第84回国会参議院決算委員会第4号閉」1978年9月1日開催.
(180) 無署名「東海大地震, 線引き決まる, "危険地域"159市町村」『朝日新聞』1979年5月12日夕刊1面.
(181) 中央防災会議地震防災対策強化地域指定専門委員会「地震防災対策強化地域指定専門委員会報告書(抄)」『地震予知連20年のあゆみ』国土地理院, 1990年, 361頁.
(182) 国土庁『昭和56年版防災白書』大蔵省印刷局, 1981年, 73-86頁.
(183) 無署名「不安だらけなのに…東京・横浜・川崎は後回し, 東海地震地域指定」『朝日新聞』1979年8月7日夕刊7面.
(184) 科学技術庁防災科学技術推進室「関連する組織のこの10年の動き・地震予知推進本部」『地震予知連20年のあゆみ』(注181), 100-101頁.
(185) 朝日新聞・特別取材班『地震警報が出る日』朝日新聞社, 1981年, 34-50頁.
(186) 無署名「東海地震『警報』案文の形式決まる, 表現は『数時間前から2, 3日以内』」『朝日新聞』1979年7月31日1面.
(187) 国土庁『昭和57年版防災白書』大蔵省印刷局, 1982年, 121-134頁.
(188) 国会会議録「第91回国会参議院災害対策特別委員会第3号」1980年4月23日開催.
(189) 国土庁『昭和57年版防災白書』(注187), 133-134頁.
(190) 朝日新聞・特別取材班『地震警報が出る日』(注185), 52-55頁.
(191) 国土庁『昭和56年版防災白書』(注182), 84-86頁.
(192) 国会会議録「第91回国会参議院本会議第13号」1980年5月14日開催.
(193) 静岡県『静岡県の東海地震対策』2012年, 8頁.
(194) 無署名「地震予知の萩原会長が辞意」『朝日新聞』1981年2月17日22面.
(195) 無署名「地震予知連絡会会長に浅田氏」『朝日新聞』1981年4月3日3面.
(196) 浅田敏「この10年をふりかえって(1) 総括」『地震予知連20年のあゆみ』(注181), 33頁.
(197) 茂木清夫『日本の地震予知』(注119), 32頁.
(198) 大塚道男「地震予知と社会」『地震予知研究シンポジウム(1980)』1980年, 221-223頁.
(199) 島津康男「SOFT SCIENCEとしての地震予知」『地震予知研究シンポジウム(1980)』1980年, 227-230頁.
(200) たとえば, 竹内均「私の言い分・地震予知を過信するな」『朝日新聞』1979年8月27日夕刊3面.
(201) 国土庁『昭和56年版防災白書』(注182), 51-52頁.
(202) 測地学審議会『第5次地震予知計画の推進について(建議)』文術測58第11号, 1983年.
(203) 測地学審議会『第6次地震予知計画の推進について(建議)』文術測63第18号, 1988年.
(204) 測地学審議会・地震火山部会『地震予知計画の実施状況等のレビューについて(報告)』

1997 年,107-111 頁.
- (205) 札幌管区気象台「昭和57年（1892年）浦河沖地震調査報告」『験震時報』47巻（1982年），1-58頁.
- (206) 本谷義信・笠原稔・森谷武男「1982年浦河沖地震とその予知に関連する諸問題」『地震予知研究シンポジウム（1987）』1987年，61-68頁.
- (207) 気象庁「昭和58年（1983年）日本海中部地震調査報告」『気象庁技報』106号（1984年），1-252頁.
- (208) 無署名「秋田県沖のはずが日本海中部，地震名おかしい」『読売新聞』1983年6月2日23面，ならびに無署名「はて『日本海中部地震』とは…ズレてませんか気象庁殿，命名に強い風当たり，政治家介在説も浮上」『朝日新聞』1983年6月2日23面.
- (209) 気象庁「昭和58年（1983年）日本海中部地震調査報告」（注207），1-252頁.
- (210) 時事通信「韓国でも津波被害・3人が死亡・不明」『朝日新聞』1983年5月27日1面.
- (211) たとえば，相田勇「日本海中部地震津波の波源数値モデル」『地震学会講演予稿集・昭和58年度秋季大会』1983年，36頁.
- (212) 長谷川昭「1893年日本海中部地震」『地震予知研究シンポジウム（1987）』1987年，79-85頁.
- (213) 国土地理院「東北地方の上下変動」『地震予知連会報』31巻（1984年），60-68頁.
- (214) 長谷川昭「1893年日本海中部地震」（注212），83頁.
- (215) 高木章雄「日本海中部地震」『地震予知連20年のあゆみ』（注181），136-163頁.
- (216) 茂木清夫「1983年日本海中部地震の長期的前兆現象」『地震予知連会報』31巻（1984年），43-48頁.
- (217) 高木章雄「日本海中部地震」（注215），147頁.
- (218) 長谷川昭「1893年日本海中部地震」（注212），84頁.
- (219) 東北大学理学部・カーネギー研究所「日本海中部地震前後の体積ひずみ計の記録」『地震予知連会報』31巻（1984年），84-85頁.
- (220) 東北大学理学部「日本海中部地震前後の地殻変動」『地震予知連会報』31巻（1984年），69-83頁.
- (221) 東北大学理学部「秋田県象潟におけるラドン観測」『地震予知連会報』31巻（1984年），93-96頁.
- (222) 東北大学理学部「男鹿・仁別における磁気永年変化精密観測」『地震予知連会報』31巻（1984年），108-110頁.
- (223) 中村一明・小林洋二「日本海中部地震とプレートテクトニクス」『サイエンス』13巻8月号（1983年），58-60頁，ならびに小林洋二「プレート"沈み込み"の始まり」『月刊地球』5号（1983年），510-514頁，ならびに中村一明「日本海東縁新生海溝の可能性」『震研彙報』58巻（1983年），711-722頁.
- (224) 気象庁地震予知情報課・大阪管区気象台「1984年5月30日兵庫県南西部の地震」『地震予知連会報』33巻（1985年），383-388頁.
- (225) 岸本兆方「1984年5月30日山崎断層の地震（M5.6）」『地震予知研究シンポジウム（1987）』1987年，101-107頁.
- (226) 山崎断層研究グループ「山崎断層の地震（1984年5月30日，M5.6）について」『地震予知連会報』33巻（1985年），355-382頁.
- (227) 岸本兆方「1984年5月30日山崎断層の地震（M5.6）」（注225），102頁.
- (228) 気象庁「昭和59年（1984年）長野県西部地震調査報告」『気象庁技報』107号（1986年），1-133頁.
- (229) 青木治三「1984年長野県西部地震」『地震予知研究シンポジウム（1987）』1987年，109-114頁.
- (230) 杉崎隆一・杉浦孜「長野県西部地震における地球化学的前兆」『地震予知連会報』33巻（1985年），178-179頁.
- (231) 宇井啓高・京都大学防災研究所上宝地殻変動観測所「1984年長野県西部地震前後のラドン

αトラックの異常」』地震予知連会報』34 巻（1985 年），207-211 頁．
(232) 地質調査所「長野県西部地震（1984 年）前後の松代における土中ラドン濃度の異常変化」『地震予知連会報』34 巻（1985 年），204-206 頁．
(233) 京都大学防災研究所上宝地殻変動観測所「1984 年長野県西部地震前後の飛騨地方北部及び周辺の地震活動と地殻変動」『地震予知連会報』33 巻（1985 年），135-143 頁．
(234) 青木治三「1984 年長野県西部地震」（注 229），114 頁．
(235) 気象庁「昭和 59 年（1984 年）長野県西部地震調査報告」（注 228），36-46 頁．
(236) 気象庁地震予知情報課「千葉県東方沖の地震活動（1987 年 12 月）」『地震予知連会報』40 巻（1988 年），72-80 頁．
(237) 岡田義光「千葉県東方沖地震」『地震予知連 20 年のあゆみ』（注 181），191-202 頁．
(238) 国立防災科学技術センター「1987 年 12 月 17 日千葉県東方沖地震」『地震予知連会報』40 巻（1988 年），81-86 頁．
(239) 山田尚幸・佐藤馨「千葉県東方沖の地震に伴った体積歪計の記録について」『験震時報』52 巻（1988 年），25-38 頁．
(240) 無署名「第 82 回地震予知連絡会議事録」『地震予知連 20 年のあゆみ』（注 181），338-341 頁．
(241) 茂木清夫「伊豆半島東方沖群発地震」『地震予知連 20 年のあゆみ』（注 181），203-217 頁．
(242) 気象庁地震予知情報課「伊豆半島およびその周辺の地震活動（1989 年 5 月〜10 月）」『地震予知連会報』43 巻（1990 年），140-156 頁．
(243) 海上保安庁水路部「手石海丘噴火前後の海底地形の変化」『地震予知連会報』43 巻（1990 年），323-334 頁．
(244) 石井紘「最近の伊豆半島の隆起について（1980〜1988）」『震研彙報』64 巻（1989 年），313-324 頁．
(245) 国立防災科学技術センター「1989 年伊東沖群発活動・火山活動の一解釈」『地震予知連会報』43 巻（1990 年），200-208 頁．
(246) 無署名「伊東沖で観測の裏かく噴火，難しい予知」『読売新聞』1989 年 7 月 14 日 31 面．
(247) 浜田和郎「日本の地震の前兆現象に関する統計」『地震予知研究シンポジウム（1987）』1987 年，243-249 頁．
(248) 気象研究所地震火山研究部「地震前兆現象のデータベース」『気象研技報』26 号（1990 年），1-329 頁．
(249) 同上論文，149-152 頁．
(250) たとえば，茂木清夫『日本の地震予知』（注 119），110 頁．
(251) 吉田明夫・古屋逸夫「地震前兆現象の事例研究」『地震』第 2 輯 45 巻（1992 年），71-82 頁．
(252) 浅田敏「この 10 年をふりかえって（1）総括」『地震予知連 20 年のあゆみ』（注 181），33 頁．
(253) 浜田和郎「日本の地震の前兆現象に関する統計」（注 247），249 頁．
(254) 津村建四朗「気象庁による地震観測の現状と成果」『地震予知研究シンポジウム（1987）』1987 年，1-7 頁．
(255) 測地学審議会・地震火山部会『地震予知計画の実施状況等のレビューについて（報告）』1997 年，21 頁．
(256) 津村建四朗「関東地方の微小地震活動」東京大学地震研究所編『関東大地震 50 周年論文集』1973 年，67-87 頁．
(257) 海野徳仁・長谷川昭「東北日本にみられる深発地震面の二層構造について」『地震』第 2 輯 27 巻（1975 年），125-139 頁．
(258) 海野徳仁・長谷川昭「東北日本弧における二重深発地震面と発震機構」『地震』第 2 輯 35 巻（1982 年），237-257 頁．
(259) 長谷川昭「微小地震活動の時空特性」『地震』第 2 輯 44 巻特集号（1991 年），329-340 頁．
(260) 飯高隆「沈み込むスラブの物語」東京大学地震研究所編『地球ダイナミクスとトモグラフィー』朝倉書店，2002 年，96-118 頁．
(261) Mizuho Ishida, "Geometry and Relative Motion of the Philippine Sea Plate and Pacific

Plate beneath the Kanto-Tokai District, Japan," *JGR*, **97**, No. B1 (1992), pp. 489-513.
(262) Akira Hasegawa, Dapeng Zhao, Shuichiro Hori, Akira Yamamoto and Shigeki Horiuchi, "Deep Structure of the Northeastern Japan Arc and Its Relationship to Seismic and Volcanic Activity," *Nature*, **352** (1991), pp. 683-689.
(263) Kiyoshi Suyehiro and Azusa Nishizawa, "Crustal Structure and Seismicity beneath the Forearc off Northeastern Japan," *JGR*, **99**, No. B11 (1994), pp. 22231-22347.
(264) 情報通信研究機構VLBIグループ「VLBI測地技術の開発とプレート運動の実証」『測地学会誌』50巻（2004年），245-262頁．
(265) Kosuke Heki, Yukio Takahashi, Tetsuro Kondo, Noriyuki Kawaguchi, Fujinobu Takahashi and Nobuyuki Kawano, "The Relative Movement of the North American and Pacific Plates in 1984-1985, Detected by the Pacific VLBI Network," *Tectonophys.*, **144** (1987), pp. 151-158.
(266) 日置幸介「プレートの運動と変形の宇宙測地計測」『測地学会誌』43巻（1997年），1-12頁．
(267) 高島和宏・石原操「国土地理院における超長基線測量の変遷」『測地学会誌』54巻（2008年），205-219頁．
(268) Shigeru Matsuzaka, Mikio Tobita, Yoshiro Nakahori, Jun Amagai and Yuji Sugimoto, "Detection of Philippine Sea Plate Motion by Very Long Baseline Interferometry," *Geophys. Res. Lett.*, **18** (1991), pp. 1417-1419.
(269) 松田時彦「日本における活断層研究の現状と課題」『活断層研究』1号（1985年），3-8頁，ならびに松田時彦「私の地震予知論小史―地質学からの30年」『地質学雑誌』99巻（1993年），1025-1036頁．
(270) 活断層研究会編『日本の活断層―分布図と資料』東京大学出版会，1980年．
(271) 活断層研究会編『新編・日本の活断層―分布図と資料』東京大学出版会，1991年．
(272) 松田時彦「活断層から発生する地震の規模と周期について」『地震』第2輯28巻（1975年），269-283頁．
(273) 『活断層研究』編集委員会「特集：日本の活断層発掘調査（その1）」『活断層研究』3号（1986年），1-4頁．
(274) 山崎晴雄「日本の活断層研究の現状と展望」『地学雑誌』103巻（1994年），780-798頁．
(275) 丹那断層発掘調査研究グループ「丹那断層（北伊豆・名賀地区）の発掘調査」『震研彙報』58巻（1983年），797-830頁．
(276) 松田時彦「日本における活断層研究の現状と課題」（注269），5-6頁．
(277) 山崎晴雄・粟田康夫・佃栄吉「北伊豆断層系のトレンチ発掘調査」『月刊地球』6巻（1984年），158-164頁．
(278) 山崎晴雄「活断層のトレンチ発掘調査」『応用地質』25巻（1984年），141-145頁．
(279) 山崎晴雄「最近の活断層研究の発展と展望」『地震予知研究シンポジウム（1987）』1987年，221-227頁．
(280) 島崎邦彦・松田時彦・S. G. Wesnousky・C. H. Scholz「日本の地震危険度マップ（続報）」『地震学会講演予稿集・昭和60年度春季大会』1985年，293頁，ならびにS. G. Wesnousky, C. H. Scholz, K. Shimazaki and T. Matsuda, "Integration of Geological and Seismological Data for the Analysis of Seismic Hazard: A Case Study of Japan," *BSSA*, **74** (1984), pp. 687-708.
(281) 前杢英明「日本列島の活断層からみた地震危険度」『地理学評論』58巻（1985年），428-438頁．
(282) Kunihiko Shimazaki and Takashi Nakata, "Time-Predictable Recurrence Model for Large Earthquakes," *Geophys. Res. Lett.*, **7** (1980), pp. 279-282.
(283) 茂木清夫『日本の地震予知』（注119），18-29頁．
(284) Hiroo Kanamori, "The Nature of Seismicity Patterns before Large Earthquakes," in David W. Simpson and Paul G. Richards eds., *Earthquake Prediction: An International Review* (Washington, D. C.: AGU, 1981), pp. 1-19.
(285) 金森博雄「地震活動と地震予知―南カリフォルニアの例」『地震予知研究シンポジウム

(1980)』1980年,163-174頁.
(286) Shamita Das and Keiiti Aki, "Fault Plane with Barriers: A Versatile Earthquake Model," *JGR*, **82** (1977), pp. 5658-5670, ならびに Keiiti Aki, "Characterization of Barriers on an Earthquake Fault," *JGR*, **84**, No. B11 (1979), pp. 6140-6148.
(287) 菊地正幸「地震波で震源を探る」『地殻ダイナミックスと地震発生』朝倉書店,2002年,163-178頁.
(288) 宇佐美龍夫「はしがき」東京大学地震研究所編『新収日本地震史料』東京大学地震研究所,1981年,1-3頁.
(289) 将来計画委員会・委員S「求心力とダイナミズムを!」『震研ニュース』1号(1992年),2-3頁.
(290) Robert J. Geller, "Shake-Up for Earthquake Prediction," *Nature*, **352** (1991), pp. 275-276.
(291) Kazuo Hamada, "Unpredictable Earthquake," *Nature*, **353** (1991), pp. 611-612.
(292) Robert J. Geller, "Unpredictable Earthquake," *Nature*, **353** (1991), p. 612.
(293) 無署名「日本学術会議第15期第1回地震学研究連絡委員会の議事録」『地震学会ニュースレター』3巻6号(1992年),65頁.
(294) 岡田義光「地震予知雑感」『地震学会ニュースレター』3巻3号(1992年),60-61頁.
(295) たとえば,卜部卓「微小地震観測の現状と将来像」『震研彙報別冊・地震研究所における地震予知研究』8号(1992年),31-35頁.
(296) 飯田益雄「正念場の地震予知―私のチェック・アンド・レビュー」『学術月報』44巻12月号(1991年),38-44頁.
(297) 深尾良夫「地震の成長過程の相似性」『シンポジウム・内陸地震』京都大学防災研究所,1992年,127-128頁,ならびに深尾良夫・菊地正幸・石原靖「小地震から大地震へ:破壊の成長過程」『地震学会講演予稿集1992年度秋季大会』1992年,302頁.
(298) Peter M. Shearer, *Introduction to Seismology*, 2nd ed. (Cambridge: Cambridge University Press, 2009), pp. 316-317.
(299) 松浦充宏「地震予知の基本戦略:総合科学としての地震予知」日本学術会議地震学研究連絡委員会など編『地震予知研究シンポジウム(1994)』1994年,45-51頁.
(300) 大中康誉「物理法則に基づく予知理論構築のシナリオ―これからの課題と第7次計画への提案」『震研彙報別冊・地震研究所における地震予知研究』8号(1992年),1-4頁.
(301) 浜野洋三「シンポジウム『地震予知から地震予測へ』について」『日本地震学会ニュースレター』5巻2号(1993年),23-24頁.
(302) 大竹政和「確固たる基本観測の体制と多彩な予知研究を」『地震予知研究シンポジウム(1994)』(注299),163-164頁.
(303) 卜部卓「微小地震観測の現状と将来像」(注295),32頁.
(304) 石橋克彦「『地震予知計画』の解体・再編成―新しい『地震予知研究計画』と『地震災害軽減計画』の提案」『地震予知研究シンポジウム(1994)』(注299),121-130頁.
(305) たとえば,岡田義光「ゲラー氏講演へのコメント」『地震予知研究シンポジウム(1994)』(注299),143-145頁.
(306) 平田直「積極的に『経験を積む』研究を推進しよう」『地震予知研究シンポジウム(1994)』(注299),155-157頁.
(307) 保坂直紀「地震予知計画に第3者チェックを初実施,社会の批判受ける姿勢を」『読売新聞』1992年5月15日17面.
(308) 測地学審議会『第7次地震予知計画の推進について(建議)』文術測第12号,1993年.
(309) たとえば,David Swinbanks, "Trying to Shake Japan's Faith in Forecasts," *Nature*, **356** (1992), pp. 464-465, ならびに Dennis Normil, "Japan Holds Firm to Shaky Science," *Science*, **264** (1994), pp. 1656-1658.
(310) David Swinbanks, "Japanese Go It Alone with Earthquake Prediction," *Nature*, **364** (1993), p. 370.

(311) W. H. Bakun and A. G. Lindth, "The Parkfield, California, Earthquake Prediction Experiment," *Science*, **229** (1985), pp. 619-624.
(312) Evelyn Roeloffs and John Langbein, "The Earthquake Prediction Experiment at Parkfield, California," *Rev. Geophys.*, **32** (1994), pp. 315-336.
(313) 大塚隆「地震予報，うれしい空振り『M6 来る』…何事もなし」『朝日新聞』1992 年 10 月 24 日夕刊 13 面．
(314) M. Wyss, P. Bodin and R. E. Habermann, "Seismic Quiescence at Parkfield: An Independent Indication of an Imminent Earthquake," *Nature*, **345** (1990), pp. 426-428.
(315) Evelyn Roeloffs and John Langbein, "The Earthquake Prediction Experiment at Parkfield, California," op. cit.（注 312），pp. 328-333.
(316) 無署名「米地質調査所の地震予知肩すかし，パークフィールドで」『読売新聞』1993 年 12 月 15 日夕刊 12 面．
(317) 無署名「注意報なども導入する方針」『朝日新聞』1992 年 10 月 30 日 30 面．
(318) 茂木清夫「東海地域における地震予知の 2, 3 の問題」『地震予知研究シンポジウム（1987）』1987 年，279-284 頁．
(319) 無署名「東海地震予知の注意報導入，先走りでした，国土庁の抗議で気象庁訂正」『朝日新聞』1992 年 11 月 11 日 29 面．
(320) 中村雅基・勝間田明男・桑山辰夫・白井恒雄・草野富二雄・永岡修・橋田俊彦・橋本勲「平成 5 年（1993 年）釧路沖地震の地震活動について」『験震時報』57 巻（1994 年），11-48 頁．
(321) 同上論文，30-39 頁．
(322) 笠原稔「1993 年釧路沖地震」『地震予知連 30 年のあゆみ』（注 87），149-159 頁．
(323) 気象庁地震津波監視課・地震予知情報課・金沢地方気象台「1993 年 2 月 7 日能登半島沖の地震調査報告」『験震時報』58 巻（1995 年），97-110 頁．
(324) 伊藤潔「1993 年能登半島沖の地震」『地震予知連 30 年のあゆみ』（注 87），253-265 頁．
(325) 片岡直人「能登半島沖地震で石川・珠洲市混乱『地震少ない』過信は禁物」『読売新聞』1993 年 2 月 10 日 15 面．
(326) 無署名「能登半島沖地震，中間の岐阜震度ゼロ，名古屋，高山『3』」『読売新聞』中部本社版，1993 年 2 月 8 日 23 面．
(327) 気象庁「平成 5 年（1993 年）北海道南西沖地震調査報告」『気象庁技報』117 号（1995 年）．
(328) 笠原稔「1993 年北海道南西沖地震」『地震予知連 30 年のあゆみ』（注 87），160-181 頁．
(329) 同上論文，180 頁．
(330) 地質調査所「平成 5 年北海道南西沖地震に伴う奥尻島の地殻変動―海浜生物指標による計測」『地震予知連会報』51 巻（1994 年），81-85 頁，ならびに海上保安庁水路部「奥尻島の地殻上下変動」『地震予知連会報』51 巻（1994 年），107-108 頁，ならびに国土地理院「北海道地方の地殻変動」『地震予知連会報』51 巻（1994 年），121-141 頁．
(331) 無署名「観測地域の指定見直しも，過去のデータ総括，地震予知連」『朝日新聞』1993 年 7 月 16 日 1 面．
(332) たとえば，「物足りない地震予知計画」『日本経済新聞』1993 年 8 月 2 日 2 面．
(333) 国会会議録「第 127 回国会参議院災害対策特別委員会第 1 号閉」1993 年 8 月 31 日開催．
(334) 気象庁「災害時地震・津波速報，平成 6 年（1994 年）北海道東方沖地震」『災害時自然現象報告書』1994 年 2 号．
(335) 笠原稔・都司嘉宣・鏡味洋史「1994 年北海道東方沖地震による南千島の津波波高分布と震度分布」笠原稔編『平成 6 年（1994）北海道東方沖地震およびその被害に関する調査研究』北海道大学理学部，215-219 頁．
(336) 徳永晴美「北方 4 島での死者は 11 人に，北海道東方沖地震」『朝日新聞』1994 年 10 月 12 日 34 面．
(337) 気象庁「災害時地震・津波速報，平成 6 年（1994 年）北海道東方沖地震」（注 334），25 頁．
(338) 工藤一嘉・笹谷努・岩田知孝・東貞成「1994 年北海道東方沖地震による強震動」『平成 6 年

(1994) 北海道東方沖地震およびその被害に関する調査研究』(注335), 87-92頁.
(339) 菊地正幸・金森博雄「広帯域地震記録による1994年北海道東方沖地震の震源メカニズム」『月刊地球』17巻 (1995年), 322-328頁.
(340) たとえば, 宇津徳冶『地震学・第2版』共立出版, 1984年, 160-162頁.
(341) 笠原稔「1994年北海道東方沖地震」『地震予知連30年のあゆみ』(注87), 182-197頁.
(342) 岡田弘・西村裕一・森済・鈴木敦生・前川徳光・大島弘光「北海道における最近の大地震と火山活動」『平成6年 (1994) 北海道東方沖地震およびその被害に関する調査研究』(注335), 61-74頁.
(343) 仙台管区気象台「平成6年 (1994年) 三陸はるか沖地震」『地震予知連会報』54巻 (1995年), 75-83頁.
(344) 無署名「教訓は生かされたか, 三陸はるか沖地震 (時時刻刻)」『朝日新聞』1994年12月30日3面.
(345) 長谷川昭「1994年三陸はるか沖地震とその被害に関する調査研究の概要」長谷川昭編『1994年三陸はるか沖地震とその被害に関する調査研究』1995年, 1-9頁.
(346) 小菅正裕・今西和俊・佐藤魂夫・田中和夫・佐藤裕「三陸はるか沖地震の本震・余震のメカニズム解と本震の破壊過程」『1994年三陸はるか沖地震とその被害に関する調査研究』(注345), 79-87頁.
(347) 松澤暢・三浦哲「三陸はるか沖の地震活動」『地震予知連30年のあゆみ』(注87), 2000年, 198-209頁.
(348) 無署名「気象庁の地震予知態勢の拡大を指示, 運輸省」『朝日新聞』1995年1月10日夕刊12面.
(349) 無署名「『東海地震以外は予知困難』二宮沈三気象庁長官」『朝日新聞』1995年1月13日33面.

第7章 阪神・淡路大震災と地震調査研究推進本部の設立

(1) 気象庁「平成7年 (1995年) 兵庫県南部地震調査報告」『気象庁技報』119号 (1997年).
(2) 国土庁『平成7年版防災白書』大蔵省印刷局, 1995年, 9-11頁.
(3) 上野易弘「第2章 人的被害」朝日新聞社編『阪神・淡路大震災誌』1996年, 125-135頁.
(4) 兵庫県『伝える―阪神・淡路大震災の教訓』ぎょうせい, 2009年, 2頁.
(5) 消防庁『阪神・淡路大震災の記録・第1巻』ぎょうせい, 1996年, 124-273頁.
(6) 同上書, 136-141頁.
(7) 消防庁『阪神・淡路大震災の記録・第2巻』ぎょうせい, 1996年, 49-53頁, 78-88頁.
(8) 消防庁『阪神・淡路大震災の記録・第1巻』(注5), 125-127頁.
(9) 建設省建築研究所『平成7年兵庫県南部地震被害調査最終報告書』1996年, 5-13頁.
(10) たとえば, 阪神・淡路大震災調査報告編集委員会『阪神・淡路大震災調査報告・建築編1・鉄筋コンクリート造建築物』日本建築学会, 1997年, 78頁.
(11) 建設省建築震災調査委員会『平成7年阪神・淡路大震災建築震災調査委員会中間報告』1995年, 245頁.
(12) 無署名「配管図, 埋もれたまま, 阪神大震災で損壊の神戸市役所2号館」『朝日新聞』大阪本社版, 1995年1月27日夕刊3面.
(13) 無署名「生還への16時間, 神戸西市民病院生き埋め救出」『朝日新聞』大阪本社版, 1995年2月16日31面.
(14) 消防庁『阪神・淡路大震災の記録・第1巻』(注5), 280頁.
(15) 阪神・淡路大震災調査報告編集委員会『阪神・淡路大震災調査報告・建築編1・鉄筋コンクリート造建築物』(注10), 59-68頁.
(16) 同上書, 67頁.
(17) 建設省建築研究所『平成7年兵庫県南部地震被害調査最終報告書』(注9), 69-74頁.
(18) 建設省建築震災調査委員会『平成7年阪神・淡路大震災建築震災調査委員会中間報告』(注

11)，124頁，160頁．
(19) 古森勲「都市基盤の被害・高速道路」『阪神・淡路大震災誌』（注3），184-187頁．
(20) たとえば，無署名「地震への備え，日本では？ロサンゼルス地震」『朝日新聞』1994年1月18日夕刊6面．
(21) 古森勲「都市基盤の被害・鉄道」『阪神・淡路大震災誌』（注3），174-183頁．
(22) 古森勲，同上論文．
(23) 消防庁『阪神・淡路大震災の記録・第1巻』（注5），275-276頁．
(24) 無署名「人工島，最大3ｍ沈下，ポートアイランド・六甲アイランド，埋立地液状化」『朝日新聞』大阪本社版，1995年1月22日3面．
(25) 寒川旭「液状化現象」『阪神・淡路大震災誌』（注3），102-112頁．
(26) 消防庁『阪神・淡路大震災の記録・第1巻』（注5），276-279頁．
(27) 阪神・淡路大震災調査報告編集委員会『阪神・淡路大震災調査報告・共通編1・総集編』日本建築学会，2000年，365-371頁．
(28) 五孝隆実「被災後の暮らし・概要」『阪神・淡路大震災誌』（注3），475-477頁．
(29) たとえば，岩崎信彦「市民社会とリスク認識―阪神大震災の意味するもの」『社会学評論』52巻（2002年），541-557頁．
(30) 大阪管区気象台・気象庁地震予知情報課「1995年兵庫県南部地震とその余震活動」『地震予知連会報』54巻（1995年），584-592頁．
(31) 国土地理院「近畿地方の地殻変動」『地震予知連会報』54巻（1995年），663-686頁．
(32) 岡田篤正「近畿の活断層と今回の地震断層」『阪神・淡路大震災誌』（注3），57-82頁．
(33) 粟田泰夫・水野清秀・杉山雄一・井村隆介・下川浩一・奥村晃史・佃栄吉・木村克己「兵庫県南部地震に伴って淡路島北西岸に出現した地震断層」『地震』第2輯，49巻（1996年），113-124頁．
(34) 岡田篤正「近畿の活断層と今回の地震断層」（注32），79頁．
(35) 杉山雄一「兵庫県南部地震と活断層」『地学雑誌』105巻（1996），405-406頁．
(36) 菊地正幸「遠地実体波による震源のメカニズム」『月刊地球号外』13号（1995年），47-53頁．
(37) 嶋本利彦「"震災の帯"の不思議」『科学』65巻（1995年），195-198頁．
(38) 藤田和夫・佐野正人「阪神・淡路大震災と六甲変動」『科学』編集部編『大震災以後』岩波書店，1998年，19-42頁．
(39) 地質調査所「1995年兵庫県南部地震に伴う阪神地区の被害分布と微地形区分」『地震予知連会報』54巻（1995年），659-662頁．
(40) 泊次郎「『震災の帯』はなぜできたか」『阪神・淡路大震災誌』（注3），113-124頁．
(41) たとえば，入倉孝次郎「"震災の帯"をもたらした強震動」『科学』66巻（1996年），86-92頁．
(42) 泊次郎「『震災の帯』はなぜできたか」（注40），113-124頁．
(43) 安藤雅孝「1995年兵庫県南部地震の前震・本震・余震・誘発地震」『月刊地球号外』13号（1995年），18-29頁．
(44) 気象庁「平成7年（1995年）兵庫県南部地震調査報告」（注1），34頁．
(45) 安藤雅孝「1995年兵庫県南部地震の前震・本震・余震・誘発地震」（注43），20頁．
(46) 気象庁「平成7年（1995年）兵庫県南部地震調査報告」（注1），34-36頁．
(47) 茂木清夫「1995年兵庫県南部地震前後の地震活動」『地震予知連会報』54巻（1995年），557-567頁．
(48) 京都大学大学院理学研究科・東京大学地震研究所「六甲高雄観測室における観測結果」『地震予知連会報』54巻（1995年），695-707頁．
(49) 角皆潤・脇田宏「1995年兵庫県南部地震前の地下水の化学組成の変化」『月刊地球号外』13号（1995年），190-193頁．
(50) 佃為成「1995年兵庫県南部地震に伴った発光現象」『月刊地球号外』13号（1995年），184-189頁．
(51) 京都大学理学部「1995年兵庫県南部地震前後に観測された電磁波異常」『地震予知連会報』

54 巻(1995 年),713-720 頁.
(52) 石川真澄『戦後政治史・新版』岩波新書,2004 年,170-191 頁.
(53) 国会会議録「第 132 回国会衆議院本会議第 1 号」1995 年 1 月 20 日開催.
(54) 国会会議録「第 132 回国会衆議院予算委員会第 7 号」1995 年 2 月 2 日開催.
(55) 外岡英俊『地震と社会・上巻』みすず書房,1997 年,99 頁.
(56) 国会会議録「第 132 回国会衆議院予算委員会第 7 号」(注 54).
(57) 国会会議録「第 132 回国会衆議院予算委員会第 29 号」1995 年 5 月 18 日開催.
(58) 無署名「安藤忠夫・元警視総監を初代危機管理監に」『朝日新聞』1998 年 4 月 1 日 2 面.
(59) 地震予知連絡会『地震予知連 30 年のあゆみ』国土地理院,2000 年,96-97 頁.
(60) 国土庁『平成 8 年版防災白書』1996 年,47-50 頁.
(61) たとえば,早川和男「一被災学者の夢『神戸市長』からの詫び状」『エコノミスト』1995 年 2 月 28 日号,44-45 頁.
(62) 無署名「神戸市,『震度 6』想定していた 防災計画の地震対策には盛り込まず」『朝日新聞』1995 年 1 月 30 日夕刊 15 面.
(63) 無署名「神戸市の防災計画は絵に描いたもちだった―阪神大震災の現場を探る」『読売新聞』大阪本社版,1995 年 2 月 5 日特設面 25 頁.
(64) 無署名「阪神大震災 再生への道(2)発生時に人員どう確保」『読売新聞』1995 年 1 月 28 日 1 面.
(65) 消防庁『阪神・淡路大震災の記録・第 2 巻』(注 7),65 頁.
(66) 無署名「初期消火 延焼招いた『想定外』(過信:2 阪神大震災の検証)」『朝日新聞』1995 年 1 月 29 日 4 面.
(67) 国会会議録「第 132 回国会衆議院予算委員会第 13 号」1995 年 2 月 13 日開催.
(68) 無署名「神戸市の防災計画は絵に描いたもちだった―阪神大震災の現場を探る」(注 63).
(69) 無署名「新防災計画,震度 7 を想定 消防・輸送を改善 兵庫県」『朝日新聞』大阪本社版,1995 年 3 月 5 日 1 面.
(70) 無署名「行政機能 国と地元の連携混乱(過信:3 阪神大震災の検証)」『朝日新聞』1995 年 1 月 30 日 4 面.
(71) 廣井脩「阪神・淡路大震災と住民の情報行動」東京大学社会情報研究所研究叢書 13『情報行動と地域情報システム』東京大学社会情報研究所,1996 年,126-151 頁.
(72) 無署名「『大地震,今後 10 年に起こらぬ』が 6 割 関東・東海なお警戒 総理府世論調査」『読売新聞』1990 年 1 月 21 日 3 面.
(73) 社説「『東海地震』警報への疑問『阪神復興』」『朝日新聞』1995 年 3 月 30 日 5 面.
(74) 廣井脩「阪神・淡路大震災と住民の情報行動」(注 71)138 頁.
(75) 無署名「生きている断層―地震列島第 1 部 6」『朝日新聞』1973 年 7 月 27 日夕刊 10 面,ならびに『朝日新聞』大阪本社版,1973 年 7 月 26 日夕刊 10 面.
(76) 無署名「神戸にも直下地震の恐れ 大阪市大表層地質研究会が指摘」『神戸新聞』1974 年 6 月 26 日夕刊 1 面.
(77) 無署名「『活断層沿い要警戒』尾池京大教授が近畿の地震分布図」『朝日新聞』大阪本社版,1992 年 10 月 7 日夕刊 1 面.
(78) たとえば,『読売新聞』大阪本社版では,「近畿に大地震が…」と題する連載記事を週 1 回の夕刊科学面で,1993 年 4 月 7 日から 7 月 21 日まで計 13 回掲載している.
(79) 無署名「21 世紀に来るか,近畿大地震 文献・遺跡が『多発』証明」『朝日新聞』大阪本社版,1994 年 12 月 1 日大阪版.
(80) たとえば,1995 年 1 月 20 日の『朝日新聞』5 面「声」欄には,「地震の専門家,反省必要では」との見出しで,一読者の意見が掲載されている.この読者は「それにしても腹の立つことがふたつある.テレビに登場して解説する地震学者の言い分がその第一.だれもが,活断層の存在を強調し,いつ災害が起こってもおかしくなかったと解説する.ならばどうしてそのことを,平常から声を大にして警告しなかったのか.地震予知学が,将来の予測に全く無力で,事故発生後

にそのメカニズムを解説するだけの学問なら，無用の長物ではないか．二番目は，コンクリート工学の専門家と称する人たちの言い分．…」などと書いている．
(81) 廣井脩「阪神・淡路大震災と住民の情報行動」(注71) 139頁．
(82) 社説「『東海地震』警報への疑問『阪神復興』」『朝日新聞』(注73)．
(83) 広瀬弘忠『生存のための災害学：自然・人間・文明』新曜社，1984年，106-107頁．
(84) 国会会議録「第132回国会衆議院本会議第2号」1995年1月23日開催．
(85) 国会会議録「第132回国会参議院本会議第2号」1995年1月24日開催．
(86) 無署名「新防災計画，震度7を想定　消防・輸送を改善　兵庫県」(注69)，ならびに無署名「神戸市が防災計画の見直し方針決定　初動チームを結成　想定震度『7』に変更」『読売新聞』大阪本社版，1995年6月15日26面．
(87) 無署名「直下型地震想定が3倍増『阪神大震災』後見直し　地域防災計画」『朝日新聞』1996年9月1日1面．
(88) たとえば，「阪神大震災　阪神高速道付近の揺れ，関東大震災の2倍以上　建設省が調査報告」『毎日新聞』1995年1月24日1面．
(89) 太田外気晴「建築物耐震設計の歴史と被害による検証」『科学』66巻 (1996年), 120-123頁．
(90) たとえば，Susan W. Chang, Jonathan D. Bray, and Raymond B. Seed, "Engineering Implications of Ground Motions from the Northridge Earthquake," *BSSA,* **86** (1996), pp. S270-S288.
(91) 国会会議録「第132回国会衆議院本会議第3号」1995年1月24日開催．
(92) 国会会議録「第132回国会衆議院予算委員会第14号」1995年2月15日開催．
(93) 国会会議録「第132回国会衆議院予算委員会第6号」1995年2月1日開催．
(94) 泊次郎「防災と防災科学の間―京都大学防災研究所創立50周年記念第1回防災フォーラム」『京都大学防災研究所年報』45号A (2002年), 121-132頁．
(95) 国土庁防災局『我が国の諸施設の耐震設計法』国土庁防災局震災対策課，2000年．
(96) 無署名「高速道橋脚1万8000基を補強　阪神大震災教訓に建設省が3年計画」『朝日新聞』1995年7月25日3面．
(97) 無署名「鉄道耐震強化へ1300億円　5年かけ新幹線や在来線で　運輸省」『朝日新聞』1995年8月25日3面．
(98) たとえば，森川暁子「あす『防災の日』進まぬ耐震改修，助成充実がカギ　法施行3年近く」『読売新聞』大阪本社版，1998年8月31日2面．
(99) たとえば，中矢忠雄「それはないよ―今日のノート」『読売新聞』大阪本社版，1995年2月21日12面．
(100) たとえば，小嶋稔「瞬時警報システムの導入を」『朝日新聞』1995年3月8日4面．
(101) たとえば，関崎富治「地震予知への学問がほしい」『朝日新聞』1995年2月2日5面．
(102) たとえば，ロバート・ゲラー「再説・地震予知の大いなる幻影」『新潮'95』1995年3月号26-35頁．
(103) 石橋克彦「科学的な"地震予知"をめざして」『科学』65巻 (1995年), 573-581頁．
(104) たとえば，大竹政和「論壇・地震予知研究を粘り強く進めよう」『朝日新聞』1995年4月18日4面．
(105) 国会会議録「第132回国会衆議院本会議第3号」(注91)．
(106) 国会会議録「第132回国会参議院本会議第3号」1995年1月25日開催．
(107) たとえば，同上国会会議録によると，社会党の久保亘は「東海地震の予知は気象庁が担当し，地震予知連絡会は国土地理院，地震予知推進本部は科学技術庁，地震予知計画の策定は文部省，防災は国土庁であります．このばらばらの体制では日常的な連絡は困難であり，省益中心の考えが生まれる危険性も否定できないのであります」などと，縦割り行政の弊害を指摘している．
(108) 無署名「生かせなかった予知研究　自治体，耳傾けず―検証・阪神大震災2」『毎日新聞』1995年2月18日3面．
(109) 国会会議録「第132回国会衆議院科学技術委員会第2号」1995年2月15日開催．
(110) 無署名「地震予知の研究関連機関，科技庁中心に一本化―田中科技庁長官が表明」『毎日新

聞』1995 年 2 月 18 日 3 面.
(111) 無署名「地震予知情報を科技庁に一本化―閣議で了承」『毎日新聞』1995 年 2 月 21 日夕刊 8 面.
(112) 国会会議録「第 132 回国会参議院科学技術特別委員会第 3 号」1995 年 3 月 10 日開催.
(113) たとえば, 国会会議録「第 132 回国会衆議院本会議第 3 号」(注 91).
(114) 無署名「第二予知連『国が責任』…枠だけ先行―検証・阪神大震災 8」『毎日新聞』1995 年 5 月 4 日 3 面.
(115) 無署名「地震観測データを常時監視へ」『読売新聞』1995 年 3 月 9 日 34 面.
(116) 国会会議録「第 132 回国会参議院科学技術特別委員会第 3 号」(注 112).
(117) 原田昇左右『日本を地震から守る―新しい地震防災対策』山海堂, 1995 年, 50 頁.
(118) 国会会議録「第 132 回国会衆議院科学技術委員会第 6 号」1995 年 6 月 8 日開催.
(119) 無署名「地震予知体制の一本化推進に, 再度の協力要請―田中真紀子・科技庁長官」『毎日新聞』1995 年 4 月 5 日 3 面.
(120) 無署名「地震観測情報の一本化策『今週中にまとめて』科技庁長官, 関係 8 省庁に強く指示」『毎日新聞』1995 年 4 月 20 日 3 面.
(121) 無署名「地震予知へ評価委を新設 国民に責任を持つ政府組織―地震予知推進本部」『毎日新聞』1995 年 4 月 26 日 3 面.
(122) 無署名「地震防災対策特別措置法案 超党派で今国会へ」『読売新聞』1995 年 5 月 23 日 2 面.
(123) 原田昇左右『日本を地震から守る―新しい地震防災対策』(注 117), 51 頁.
(124) たとえば, 無署名「『地震観測』の新機関に反対―茂木清夫・地震予知連会長」『毎日新聞』1995 年 5 月 23 日 3 面.
(125) 国会会議録「第 132 回国会衆議院災害対策特別委員会第 12 号」1995 年 6 月 8 日開催.
(126) 国会会議録「第 132 回国会参議院災害対策特別委員会第 11 号」1995 年 6 月 9 日開催.
(127) 国会会議録「第 132 回国会衆議院科学技術委員会第 6 号」(注 118).
(128) 地震調査研究推進本部監修『地震調査研究便覧・1997 年版』地震予知総合研究振興会, 1997 年, 156-162 頁.
(129) 無署名「地震関係予算, 45％増の要求」『朝日新聞』1995 年 8 月 29 日 34 面.
(130) 無署名「地震観測網の整備計画策定, 科技庁の研究本部が部会設置」『読売新聞』1995 年 8 月 29 日 30 面.
(131) 地震調査研究推進本部政策委員会調査観測計画部会『当面推進すべき地震に関する調査観測について―基盤的調査観測の推進』1996 年 1 月 10 日.
(132) 日本学術会議阪神・淡路人震災調査特別委員会『阪神・淡路大震災調査特別委員会第一次報告』1995 年 10 月 16 日.
(133) たとえば, 泊次郎「どう変わった地震研究, 阪神大震災から 1 年」『朝日新聞』1996 年 1 月 17 日 4 面.
(134) 無署名「平成 9 年度地震調査研究関係予算案固まる」『サイスモ』創刊号, 1997 年, 3-5 頁.
(135) 地震調査研究推進本部『地震に関する基盤的調査観測計画』1997 年 8 月 29 日.
(136) Yoshimitsu Okada, Keiji Kasahara, Sadaki Hori, Kazushige Obara, Shoji Sekiguchi, Hiroyuki Fujiwara, and Akira Yamamoto, "Recent Progress of Seismic Observation Networks in Japan: Hi-net, F-net, K-net and KiK-net," *Earth Planets Space*, **56** (2004), pp. xv-xxviii.
(137) 地震予知連絡会『地震予知連 40 年のあゆみ』国土地理院, 2009 年, 92-93 頁.
(138) Okada *et al*., "Recent Progress of Seismic Observation Networks in Japan," op. cit. (注 136), p. xxii.
(139) *Ibid*., p. xvii.
(140) 功刀卓・青井真・藤原広行「強震観測―歴史と展望」『地震』第 2 輯 61 巻特集号 (2009 年), S19-S34 頁.
(141) 地震予知連絡会『地震予知連 40 年のあゆみ』(注 137), 100 頁.
(142) 同上書, 同上頁.

(143) 同上書，72 頁．
(144) 松本拓己・堀貞喜・松林弘智「広帯域地震観測―防災科研 F-net の 10 年」『地震』第 2 輯 61 巻特集号（2009 年），S9-S18 頁．
(145) 地震調査委員会「伊豆半島東方沖の地震活動について（平成 7 年 10 月 3 日公表）」『地震調査委員会報告集―1995 年 7 月～1996 年 12 月』1997 年，1-17 頁．
(146) 地震調査委員会「伊豆半島東方沖の地震活動について・神津島付近の地震活動について（平成 7 年 10 月 11 日公表）」『地震調査委員会報告集―1995 年 7 月～1996 年 12 月』（注 145），19-57 頁．
(147) 地震調査研究推進本部監修『地震調査研究便覧・1997 年版』（注 128），36 頁．
(148) 地震調査研究推進本部地震調査委員会『日本の地震活動―被害地震から見た地域別特徴』1997 年．
(149) 地震調査委員会「糸魚川-静岡構造線活断層系の調査結果と評価について（平成 8 年 9 月 11 日公表）」『地震調査委員会報告集―1995 年 7 月～1996 年 12 月』（注 145），501-510 頁．
(150) 地震調査委員会「神縄・国府津-松田断層帯の調査結果と評価について（平成 9 年 8 月 6 日公表）」『地震調査委員会報告集―1997 年 1 月～12 月』1998 年，353-372 頁．
(151) 地震調査委員会「富士川河口断層帯の調査結果と評価について（平成 10 年 10 月 14 日公表）」『地震調査委員会報告集―1998 年 1 月～12 月』1999 年，537-568 頁．
(152) たとえば，無署名「富士川河口断層帯のシンポジウム―昨年秋発表の活動の評価をめぐり議論」『サイスモ』1999 年 5 月号，2-3 頁．
(153) たとえば，ある実験に伴う測定誤差の分布は，ある値を中心に左右対称な釣鐘型曲線を描く．このような分布は正規分布という．一方，日本の所帯別年収の分布は高所得（右）側に長いすそを引いた曲線になる．横軸の年収を対数軸に直してグラフを描き直すと，正規分布に近づく．このように確率変数の対数をとると正規分布になるような分布を対数正規分布と呼ぶ．
(154) 地震調査委員会『(試案) 長期的な地震発生確率の評価手法及びその適用例について』1998 年 5 月 13 日．
(155) BPT 分布は，「Brownian Passage Time 分布」の略で，「動く歩道の酔歩モデル」とも呼ばれる．震源域にブラウン運動として表現される応力場の変動がある場合に，震源域の応力がある一定の値に達すると地震が起こるという物理モデルに基づいている．株価の変動や工業製品の寿命なども BPT 分布にあてはまるとされている．
(156) 地震調査委員会『長期的な地震発生確率の評価手法について』2000 年 6 月 8 日．
(157) 地震調査委員会「生駒断層帯の評価（平成 13 年 5 月 15 日公表）」『地震調査委員会報告集―2001 年 1 月～12 月』2002 年，427-443 頁．
(158) 同上書，427 頁．
(159) 地震調査委員会「鈴鹿東縁断層帯の評価（平成 12 年 8 月 9 日公表）」『地震調査委員会報告集―2000 年 1 月～12 月』2001 年，581-591 頁．
(160) 地震調査委員会「糸魚川-静岡構造線断層帯（北部，中部）を起震断層と想定した強震動評価手法について（平成 13 年 5 月 25 日公表）」『地震調査委員会報告集―2001 年 1 月～12 月』（注 157），445-509 頁．
(161) 島崎邦彦「活断層で発生する大地震の長期評価―発生頻度推定の課題」『活断層研究』28 号（2008 年），41-51 頁．
(162) 無署名「松本の大地震『阪神超す』糸魚川-静岡の構造線，震度 7 以上試算」『朝日新聞』2001 年 3 月 22 日 3 面，ならびに無署名「奈良盆地東縁断層帯被害想定見直しへ，地震調査委の評価受け」『朝日新聞』2001 年 9 月 2 日奈良版，ならびに無署名「直下型・M8 も対応　県，地震被害想定見直し」『朝日新聞』2003 年 2 月 13 日和歌山版，ならびに無署名「県，防災見直しへ『県西部で"阪神"上回る地震の恐れ』」『朝日新聞』2003 年 6 月 12 日滋賀版，ならびに無署名「地震被害想定見直し　菊川断層帯が拡大　県防災専門部会」『朝日新聞』2003 年 10 月 30 日山口版，ならびに無署名「県，防災計画見直し　地震調査委，山形など震度 6 強予測」『朝日新聞』2003 年 11 月 26 日山形版．

(163) 委員会レポート・政策委員会調査観測計画部会「今後の重点的調査観測について」『サイスモ』2005年9月号, 2-3頁.
(164) 地震調査委員会「富士川河口断層帯の長期評価の一部改訂について（平成22年10月20日公表）」『地震調査委員会報告集—2010年1月〜12月』2011年, 405-459頁.
(165) 地震調査委員会「宮城県沖地震の長期評価（平成12年11月27日公表）」『地震調査委員会報告集—2000年1月〜12月』（注159）, 601-618頁.
(166) 地震調査委員会「南海トラフの地震の長期評価について（平成13年9月27日公表）」『地震調査委員会報告集—2001年1月〜12月』（注157）, 675-703頁.
(167) 地震調査委員会「三陸沖から房総沖にかけての地震活動の長期評価について（平成14年7月31日公表）」『地震調査委員会報告集—2002年1月〜12月』2003年, 541-604頁.
(168) 地震調査委員会「千島海溝沿いの地震活動の長期評価について（平成15年3月24日公表）」『地震調査委員会報告集—2003年1月〜12月（第2分冊）』2004年, 1-74頁.
(169) 地震調査委員会「日本海東縁部の地震活動の長期評価について（平成15年6月20日公表）」『地震調査委員会報告集—2003年1月〜12月（第2分冊）』（注168）, 75-138頁.
(170) 地震調査委員会「日向灘および南西諸島海溝周辺の地震活動の長期評価について（平成16年2月27日公表）」『地震調査委員会報告集—2004年1月〜12月（第2分冊）』2005年, 799-857頁.
(171) 地震調査委員会「相模トラフ沿いの地震活動の長期評価について（平成16年8月23日公表）」『地震調査委員会報告集—2004年1月〜12月（第2分冊）』2005年, 859-918頁.
(172) 地震動が小さい割には大きな津波を生じる津波地震の規模は、地震動の大きさをもとに算出する気象庁マグニチュード（M_j）などで表すと過小評価になる。このため1980年代に入って津波地震の規模を比較するために、津波の高さと伝播距離をもとに算出する津波マグニチュード（M_t）が阿部勝征によって考案された.
(173) 地震調査研究推進本部『地震調査研究の推進について—地震に関する観測, 測量, 調査及び研究の推進についての総合的かつ基本的な施策』1999年4月23日.
(174) 地震調査研究推進本部地震調査委員会『「全国を概観した地震動予測地図」報告書』2005年, ならびに同『「全国を概観した地震動予測地図」報告書（分冊1）—確率論的地震動予測地図の説明』2005年.
(175) 隈元崇「鳥取県西部地震で提起された地震の発生確率と規模の推定に関する課題」『活断層研究』20号（2001年）, 71-78頁.
(176) 島崎邦彦「活断層で発生する大地震の長期評価—発生頻度推定の課題」（注161）, 49頁.
(177) 気象庁地震予知情報課「2005年3月20日福岡県西方沖の地震の活動概要」『地震予知連会報』74巻（2005年）, 465-471頁.
(178) 海上保安庁海洋情報部「福岡県西方沖地震の震源域における海底調査速報（海底地形調査と反射法探査）」『地震予知連会報』74巻（2005年）, 501-504頁.
(179) 鈴木康弘「岩手・宮城内陸地震と活断層—『想定外』地震を招いた要因」『科学』79巻（2009年）, 206-209頁.
(180) たとえば, 島崎邦彦「活断層で発生する大地震の長期評価—発生頻度推定の課題」（注161）, 59頁.
(181) 気象庁地震予知情報課「平成16年（2004年）新潟県中越地震の活動概要」『地震予知連会報』73巻（2005年）, 258-268頁.
(182) 鈴木康弘「2004年新潟県中越地震の地表地震断層」『地学雑誌』113巻（2004年）, 861-870頁.
(183) 気象庁地震予知情報課・地震津波監視課・気象研究所「平成19年（2007年）能登半島地震について」『地震予知連会報』78巻（2007年）, 346-370頁.
(184) 片川秀基・浜田昌明・吉田進・廉澤宏・三橋明・河野芳輝・衣笠善博「能登半島西方海域の新第三紀〜第四紀地質構造形成」『地学雑誌』114巻（2005年）, 791-810頁.
(185) 島崎邦彦「地震と活断層：その関係を捉え直す」『科学』79巻（2009年）, 160-166頁.

(186) 気象庁地震予知情報課・地震津波監視課・気象研究所「平成19年（2007年）新潟県中越沖地震について」『地震予知連会報』79巻（2008年），372-396頁．
(187) 朝日新聞取材班『震度6強が原発を襲った』朝日新聞社，2007年，20-21頁，ならびに115-120頁．
(188) 鈴木康弘・中田高・渡辺満久「原発耐震安全審査における活断層評価の根本的問題」『科学』78巻（2008年），97-102頁．
(189) 地震調査委員会「『活断層の長期評価手法（暫定版）』報告書の公表について（平成22年11月25日公表）」『地震調査委員会報告集—2010年1月～12月（第1分冊）』2011年，481-487頁．
(190) 気象庁「平成15年（2003年）十勝沖地震調査報告」『気象庁技報』126号（2005年），1-228頁．
(191) 地震調査委員会「2003年9月26日十勝沖地震の評価（平成15年9月26日公表）」『地震調査委員会報告集—2003年1月～12月（第1分冊）』2004年，241-254頁．
(192) たとえば，大竹政和「予測された十勝沖地震」『サイスモ』2004年1月号，12頁．
(193) たとえば，笠原稔「日本周辺の海溝型地震の長期評価　2003年十勝沖地震は予測の範囲か？」『サイスモ』2005年9月号，10-11頁．
(194) 地震調査委員会「2003年5月26日宮城県沖の地震の評価（平成15年5月27日公表）」『地震調査委員会報告集—2003年1月～12月（第1分冊）』（注191），89-97頁．
(195) 地震調査委員会「2005年8月16日宮城県沖の地震の評価（平成17年8月17日公表）」『地震調査委員会報告集—2005年1月～12月（第1分冊）』2006年，251-263頁．
(196) 石川裕・奥村俊彦・森川智・宮腰淳一・藤原広行・森川信之・能島暢呂「確率的地震動予測地図の検証」『日本地震工学会論文集』11巻4号（2011年），68-87頁．
(197) 京都市消防局理事・奥山脩二「地震発生確率の市民への伝え方」『サイスモ』2006年1月号，10-11頁．
(198) 内閣府『平成16年版防災白書』国立印刷局，2004年，146-152頁．
(199) 損害保険料率算出機構・総務企画部広報グループ「地震調査研究推進本部の成果である『確率論的地震動予測地図』を活用し，保険料率等を改定」『サイスモ』2008年1月号，6-7頁．
(200) 損害保険料率算出機構・総務企画部広報グループ「地震保険基準料率の全面的な見直しを行ないました」『ニュースリリース』No. 2006-0005（2006年）．
(201) 委員会レポート・政策委員会調査観測計画部会「今後の重点的調査観測について」（注163）．
(202) たとえば，佐々木英輔「耐震基準，福岡は東京の8割で合法，地域係数，見直し求める声」『朝日新聞』西部本社版，2005年12月9日34面．
(203) 長谷川昭「新総合基本施策の審議を振返って—3つの基本目標をもとに被害軽減に結びつく多くの成果を期待」『地震本部ニュース』2009年7月号，4-5頁．
(204) たとえば，座談会「『防災に資する』ための地震調査研究の推進を」『サイスモ』2006年4月号，8-11頁．
(205) 内閣府『平成18年版防災白書』セルコ，2006年，120頁．
(206) 同上書，133-134頁．
(207) 座談会「『防災に資する』ための地震調査研究の推進を」（注204），9頁．
(208) 島村英紀『「地震予知」はウソだらけ』講談社文庫，2008年，141頁．
(209) 地震予知連絡会『地震予知連30年のあゆみ』（注59），71頁．
(210) 泊次郎「地震予知研究生みの親・萩原尊禮さん（惜別）」『朝日新聞』1999年12月9日夕刊3面．
(211) 日本学術会議地震学研究連絡委員会地震予知小委員会「地震予知研究への提言」『地震予知研究シンポジウム（1997）資料集』地震学研究連絡委員会・日本地震学会，1997年，1頁．
(212) ゲラー・ロバート「地震活動の長期的予測の可能性及び限界」『地震』第2輯50巻別冊（1998年），309-312頁．
(213) 日本学術会議地震学研究連絡委員会地震予知小委員会「地震予知研究への提言」（注211），1-4頁．

(214) 平原和朗「地震予知研究の今後を討議する―地震予知研究シンポジウム 1997」『日本地震学会ニュースレター』9 巻 1 号（1997 年），78-79 頁．
(215) 測地学審議会地震火山部会『地震予知計画の実施状況等のレビューについて（報告）』1997 年 6 月．
(216) 同上報告書，43-44 頁．
(217) 同上報告書，33-35 頁．
(218) 同上報告書，127-137 頁．
(219) 社説「地震予知が無理ならば」『朝日新聞』1997 年 7 月 17 日 5 面．
(220) 社説「新たな段階迎えた地震予知」『読売新聞』1997 年 7 月 18 日 3 面．
(221) 浜野洋三「総論；新地震予知研究」『月刊地球号外』20 号（1998 年），6-10 頁．
(222) 高橋真人「岐路に立つ地震研究『予知の実用化は困難…』意見分かれる学界」『読売新聞』1997 年 9 月 18 日夕刊 16 面．
(223) 地震予知研究を推進する有志の会『新地震予知研究計画』1998 年 5 月．
(224) 測地学審議会『地震予知のための新たな観測研究計画の推進について（建議）』文術測第 1 号，1998 年 8 月 5 日．
(225) 総務庁行政監察局『震災対策に関する行政監察結果』1998 年．
(226) 地震調査研究推進本部『地震調査研究の推進について―地震に関する観測，測量，調査及び研究の推進についての総合的かつ基本的な施策』（注 173），19 頁．
(227) 文部科学省が誕生したことによって，測地学審議会は「科学技術・学術審議会」の測地学分科会と名前が変わった．
(228) 科学技術・学術審議会『地震予知のための新たな観測研究計画（第 2 次）の推進について（建議）』15 科・学審第 25 号，2003 年 7 月 24 日．
(229) 科学技術・学術審議会『地震及び火山噴火予知のための観測研究計画の推進について（建議）』20 科・学審第 20 号，2008 年 7 月 17 日．
(230) 山本雅樹「東海地震の警戒宣言は発令されない―不確実性を伴う警戒宣言が全く発令されない社会システムの問題点」『月刊地球号外』14 号（1996 年），159-167 頁．
(231) 茂木清夫『地震予知を考える』岩波新書，1998 年，181-191 頁．
(232) 泊次郎「東海地震はくるのか 8 ―異常発見 つきまとう不確実性」『朝日新聞』1998 年 8 月 28 日夕刊 16 面．
(233) 無署名「『地震発生の危険度・段階的発表考える』東海地震判定会長」『朝日新聞』1996 年 11 月 23 日 34 面．
(234) 無署名「気象庁，小さな異常も発表へ 東海地震で方針」『朝日新聞』1997 年 4 月 29 日 29 面．
(235) 気象庁地震火山部地震予知情報課「4. 地震防災対策強化地域判定会」『地震予知連 30 年のあゆみ』（注 59），328-340 頁．
(236) 無署名「『解説情報』の第一号 気象庁，東海地震に関連で」『朝日新聞』1999 年 5 月 11 日 26 面．
(237) 吉田明夫「東海地震の予知を目指して」『地学雑誌』110 巻（2001 年），784-807 頁．
(238) 無署名「屋内避難・車使用認める 東海地震の防災基本計画」『朝日新聞』1999 年 7 月 27 日夕刊 1 面．
(239) 内閣府『平成 14 年版防災白書』財務省印刷局，2002 年，80 頁．
(240) 鷺谷威「GPS 連続データから推定されるフィリピン海プレート北端部におけるプレート間相互作用とテクトニクス」『震研彙報』73 巻（1998 年），275-290 頁．
(241) 中央防災会議・東海地震に関する専門調査会『東海地震に関する専門調査会報告』2001 年 12 月 11 日，8-9 頁．
(242) 同上報告書，4 頁．
(243) 内閣府『平成 14 年版防災白書』（注 239），80-83 頁．
(244) 中央防災会議・東海地震対策専門調査会『東海地震対策専門調査会報告』2003 年 5 月．

(245) 中央防災会議『東海地震対策大綱』2003 年 5 月 29 日.
(246) 気象庁報道発表資料『東海地震に関する新しい情報発表について』2003 年 7 月 28 日.
(247) 内閣府『平成 16 年版防災白書』(注 198), 131-133 頁.
(248) 気象庁は 2011 年 3 月 24 日からは,「観測情報」の名称を「東海地震に関連する調査情報」に変更した. 合わせて, 情報の緊迫度を色分けで表示することも実施,「予知情報」は「赤」,「注意情報」は「黄」,「調査情報」は「青」にすることになった(気象庁報道発表資料『「東海地震観測情報」の新たな名称等について』2011 年 1 月 26 日).
(249) 中央防災会議・東南海, 南海地震等に関する専門調査会『東南海, 南海地震に関する報告』2003 年 12 月.
(250) 内閣府『平成 16 年版防災白書』(注 198), 144-152 頁.
(251) 中央防災会議・首都直下地震対策専門調査会『首都直下地震対策専門調査会報告』2005 年 7 月.
(252) 内閣府『平成 18 年版防災白書』セルコ, 2006 年, 176-195 頁.
(253) 中央防災会議・日本海溝・千島海溝周辺海溝型地震に関する専門調査会『日本海溝・千島海溝周辺海溝型地震に関する専門調査会報告』2006 年 1 月 25 日.
(254) 内閣府『平成 19 年版防災白書』セルコ, 2007 年, 135-137 頁.
(255) 科学技術・学術審議会測地学分科会「『地震及び火山噴火のための観測研究計画』の実施状況等のレビューについて(報告)」2012 年 3 月.
(256) Ichiro Kawasaki, Yasuhiro Asai, Yoshiaki Tamura, Takeshi Sagiya, Naoya Mikami, Yoshimitsu Okada, Masaharu Sakata, and Minoru Kasahara, "The 1992 Sanriku-Oki, Japan, Ultra-Slow Earthquake," *J. Phys. Earth*, 43 (1995), pp. 105-116.
(257) Takeshi Sagiya, "Boso Peninsula Silent Earthquake of May 1996," *EOS*, 78 (1977), Fall Meeting, F165.
(258) Shinzaburo Ozawa, Shinichi Miyazaki, Yuki Hatanaka, Tetsuo Imakiire, Masaru Kaidzu, and Makoto Murakami, "Characteristic Silent Earthquakes in the Part of the Boso Peninsula Central Japan," *Geophys. Res. Lett.*, 30 (2003), No. 6, 1283, doi: 10.1029/2002GL016665.
(259) Hitoshi Hirose, Kazuro Hirahara, Fumiaki Kimata, Naoyuki Fujii, and Shin'ichi Miyazaki, "A Slow Thrust Slip Event Following the Two 1996 Hyuganada Earthquakes beneath the Bungo Channel, Southwest Japan," *Geophys. Res. Lett.*, 26 (1999), No. 21, pp. 3237-3240.
(260) たとえば, 元村有希子「東海地方・地殻変動 GPS データ, 分かれる専門家の解釈」『毎日新聞』2001 年 7 月 26 日 27 面.
(261) 小沢慎三郎「4. 東海スロースリップイベント」『地震予知連 40 年のあゆみ』(注 137), 155-162 頁.
(262) 気象庁地震予知情報課「地殻下部の低周波地震」『地震予知連会報』67 巻(2002 年), 388-389 頁.
(263) Kazushige Obara, "Nonvolcanic Deep Tremor Associated with Subduction in Southwest Japan," *Science*, 296 (2002), pp. 1679-1681.
(264) Kazushige Obara, Hitoshi Hirose, Fumio Yamamizu, and Keiji Kasahara, "Episodic Slow Slip Events Accompanied by Non-Volcanic Tremors in Southwest Japan Subduction Zone," *Geophys. Res. Lett.*, 31 (2004), L23602, doi: 10.1029/2004GL020848.
(265) 小原一成「フィリピン海プレートの沈み込みに伴う西南日本のスロー地震群の発見」『地震』第 2 輯 61 巻特集号(2009 年), S315-S327.
(266) プレートが沈み込む海溝軸付近では, 海洋プレート上に積った堆積物の一部がはぎ取られ, 陸側の地殻にくっつけられることがある. こうしてできた地質体が「付加体」であり, 付加体には逆断層が発達している.
(267) Yoshihiro Ito and Kazushige Obara, "Dynamic Deformation of the Accretionary Prism Excites Very Low Frequency Earthqukaes," *Geophys. Res. Lett.*, 33 (2006), L02311, doi: 10.1029/2005GL025270.

(268) 松澤暢「プレート境界地震とアスペリティ・モデル」『地震』第2輯61巻特集号（2009年），S347-S355.
(269) Thorne Lay, Hiroo Kanamori, and Larry Ruff, "The Asperity Model and the Nature of Large Subduction Zone Earthquakes," *Earthquake Prediction Research*, **1** (1982), pp. 3-71.
(270) 加藤尚之「非地震性すべりの発生機構」『地震』第2輯49巻（1996年），257-275頁．
(271) C. H. ショルツ著，柳谷俊訳『地震と断層の力学』古今書院，1993年，365-368頁．原著は，*The Mechanics of Earthquakes and Faulting* (Cambridge University Press, 1990).
(272) John Boatwright and Massimo Cocco, "Frictional Constrains on Crustal Faulting," *JGR*, **101** (1996), No. B6, pp. 13895-13909.
(273) Yoshiko Yamanaka and Masayuki Kikuchi, "Source Process of the Recurrent Tokachi-Oki Earthquake on September 26, 2003, Inferred from Teleseismic Body Waves," *Earth Planets Space*, **55** (2003), pp. e21-e24.
(274) Shinzaburo Ozawa, Masaru Kaidzu, Makoto Murakami, Tetsuo Imakiire, and Yuki Hatanaka, "Coseismic and Postseismic Crustal Deformation After the Mw8 Tokachi-Oki Earthquake in Japan," *Earth Planets Space*, **56** (2004), pp. 675-680.
(275) 山田知朗ほか20人「稠密海底地震観測による2003年十勝沖地震の余震分布」『地震』第2輯57巻（2005年），281-290頁．
(276) 八木勇治・菊地正幸「地震時滑りと非地震性滑りの相補関係」『地学雑誌』112巻（2003年），828-836頁．
(277) Toru Matsuzawa, Toshihiro Igarashi, and Akira Hasegawa, "Characteristic Small-Earthquake Sequence off Sanriku, Northeastern Honshu, Japan," *Geophys. Res. Lett.*, **29** (2002), No. 11, 1543, doi: 10.1029/2001GL014632.
(278) Kouhei Shimamura, Toru Matsuzawa, Tomomi Okada, Naoki Uchida, Toshio Kono, and Akira Hasegawa, "Similarities and Difference in the Rupture Process of the M∼4.8 Repeating-Earthquake Sequence off Kamaishi, Northeast Japan: Comparison between the 2001 and 2008 Events," *BSSA*, **101** (2011), pp. 2355-2368.
(279) Toshihiro Igarashi, Toru Matsuzawa, and Akira Hasegawa, "Repeating Earthquakes and Interplate Aseismic Slip in the Northeastern Japan Subduction Zone," *JGR*, **108** (2003), No. B5, 2249, doi: 10.1029/2002JB001920.
(280) Yoshiko Yamanaka and Masayuki Kikuchi, "Asperity Map along the Subduction Zone in Northeastern Japan Inferred from Regional Seismic Data," *JGR*, **109** (2004), B07307, doi: 10.1029/2003JB002683.
(281) *Ibid.*, pp. 4-6.
(282) 海野徳仁・河野俊夫・岡田知己・中島淳一・松澤暢・内田直希・長谷川昭・田村良明・青木元「1930年代に発生したM7クラスの宮城県沖地震の震源再決定」『地震』第2輯59巻（2007年），325-337頁．
(283) Takane Hori, "Mechanisms of Separation of Rupture Area and Variation in Time Interval and Size of Great Earthquakes along the Nankai Trough, Southwest Japan," *Journal of the Earth Simulator*, **5** (2006), pp. 8-19.
(284) Fuyuki Hirose and Kenji Maeda, "Simulation of Recurring Earthquakes along the Nankai Trough and Their Relationship to Tokai Long-Term Slow Slip Events Taking into Account the Effect of Locally Elevated Pore Pressure and Subducting Ridges," *JGR*, **118** (2013), 4127-4144.
(285) Naoyuki Kato, "Numerical Simulation of Recurrence of Asperity Rupture in the Sanriku Region, Northeastern Japan," *JGR*, **113** (2008), B06302, doi: 10.1029/2007JB005515.
(286) たとえば，Naoyuki Kato and Tomowo Hirasawa, "A Model for Possible Crustal Deformation Prior to a Coming Large Interplate Earthquake in the Tokai District, Central Japan," *BSSA*, **89** (1999), pp. 1401-1417.

(287) 気象庁地震予知情報課「平成15年十勝沖地震の前兆すべりの検知可能性」『地震予知連会報』71巻（2004年），122-123頁．
(288) たとえば，松澤暢「プレート境界地震とアスペリティ・モデル」（注268），S352頁．
(289) たとえば，日本地震学会地震予知検討委員会編『地震予知の科学』東京大学出版会，2007年，84-87頁．
(290) たとえば，科学技術・学術審議会『地震及び火山噴火予知のための観測研究計画の推進について（建議）』（注229），4頁，6頁．
(291) Takuya Nishimura, Tomowo Hirasawa, Shin'ichi Miyazaki, Takeshi Sagiya, Takashi Tada, Satoshi Miura and Kazuo Tanaka, "Temporal Change of Interplate Coupling in Northeastern Japan during 1995-2002 Estimated from Continuous GPS Observations", *Geophys. J. Int.*, 157 (2004), pp. 901-916，ならびに Yoko Suwa, Satoshi Miura, Akira Hasegawa, Toshiya Sato, and Kenji Tachibana, "Interplate Coupling beneath NE Japan Inferred from Three-Dimensional Displacement Field," *JGR*, 111 (2006), B04402, doi: 10. 1029/2004JB003203，ならびに Chihiro Hashimoto, Akemi Noda, Takeshi Sagiya and Mitsuhiro Matsu'ura, "Interplate Seismogenic Zones along the Kuril-Japan Trench Inferred from GPS Data Inversion," *Nature Geoscience*, 2 (2009), pp. 141-144.
(292) たとえば，箕浦幸治・中谷周・佐藤裕「湖沼底堆積物中に記録された地震津波の痕跡」『地震』第2輯40巻（1987年），183-196頁．
(293) 阿部壽・菅野喜貞・千釜章「仙台平野における貞観11年（869年）三陸津波の痕跡高の推定」『地震』第2輯43巻（1990年），513-525頁．
(294) 澤井祐紀・岡村行信・宍倉正展・松浦旅人・Than Tin Aung・小松原純子・藤井雄士郎「仙台平野の堆積物に記録された歴史時代の巨大津波—1611年慶長津波と869年貞観津波の浸水域」『地質ニュース』624号（2006年），36-41頁，ならびに宍倉正展・澤井祐紀・岡村行信・小松原純子・Than Tin Aung・石山達也・藤原治・藤野滋弘「石巻平野における津波堆積物の分布と年代」『活断層・古地震研究報告』7巻（2007年），31-46頁．
(295) 佐竹健治・行谷佑一・山本滋「石巻・仙台平野における869年貞観津波の数値シミュレーション」」『活断層・古地震研究報告』8巻（2008年），71-89頁．
(296) たとえば，Futoshi Nanayama, Kenji Satake, Ryuta Furukawa, Koichi Shimokawa, Brian F. Atwater, Kiyoyuki Shigeno, and Shigeru Yamaki, "Unusually Large Earthquakes Inferred from Tsunami Deposits along the Kuril Trench," *Natute*, 424 (2003), pp. 660-663.
(297) 佐竹健治・七山太・山本滋「17世紀に北海道東部で発生した異常な津波の波源モデル（その2）」『活断層・古地震研究報告』4巻（2004年），17-29頁．
(298) 西村裕一「津波堆積物の時空間分布に基づく古地震の調査研究」『地震』第2輯61巻特集号（2009年），S497-S508頁．
(299) 松村正三「東海地域推定固着域における地震活動の静穏化とその評価」『月刊地球号外』33号（2001年），33-43頁．
(300) George Igarashi, "A Geodetic Sign of the Critical Point of Stres-Strain State at a Plate Boundary," *Geophys. Res. Lett.*, 27 (2000), pp. 1973-1976.
(301) 山岡耕春・河村将・廣瀬仁・藤井直之・平原和朗「2001年東海の異常地殻変動の Time-to-Failure 解析」『日本地震学会2001年秋季大会講演予稿集』（2001年），A42.
(302) 地震調査委員会「『伊豆東部の地震活動の予測手法』報告書」『地震調査委員会報告集—2010年1月〜12月』2011年，301-307頁．
(303) Yoshihiko Ogata, "Statistical Model for Earthquake Occurrence and Residual Analysis for Point Processes," *Journal of the American Statistical Association*, 83 (1988), pp. 9-27.
(304) H. Tsuruoka, N. Hirata, D. Schorlemmer, F. Euchner, K. Z. Nanjo, and T. H. Jordan, "CSEP Testing Center and the First Results of the Earthquake Forecast Testing Experiment in Japan," *Earth Planets Space*, 64 (2012), pp. 661-671.
(305) P. Varotsos, K. Alexopoulos and M. Lazaridou, "Latest Aspects of Earthquake Prediction

in Greece Based on Seismic Electric Signals, II," *Tectonophys.*, **224** (1993), pp. 1-37.
(306) 上田誠也「ギリシャの地震予知」『科学』55 巻（1985 年），180-184 頁.
(307) 長尾年恭『地震予知研究の新展開』近未来社，2001 年，87 頁.
(308) たとえば，嘉幡久敬「地震予知，ギリシャに見る」『朝日新聞』1994 年 12 月 24 日 10 面.
(309) たとえば，国会会議録「第 132 回国会参議院科学技術特別委員会第 3 号」（注 112）.
(310) 気象庁地磁気観測所編『活断層における地震予知技術開発のための地電流等観測報告書（平成 7 年～12 年度）』2002 年.
(311) 長尾年恭『地震予知研究の新展開』（注 307），87-100 頁.
(312) 理化学研究所史編集委員会『理研精神八十八年』理化学研究所，2005 年，441 頁.
(313) たとえば，米国地球物理学連合が発行する *Geophysical Research Letters* では，1996 年の 23 巻 11 号を「Debate on "VAN"」の特集号に充て，162 頁にわたって賛否両論の論文が掲載された．編集長は東京大学理学部のゲラー（Robert J. Geller）であった．
(314) 中村豊「研究展望：総合地震防災システムの研究」『土木学会論文集』531 巻 I-34（1996 年），1-33 頁.
(315) 金森博雄「地震学の現状と防災への応用—南カリフォルニア CUBE 計画の背景」『科学』66 巻（1996 年），605-616 頁.
(316) 菊地正幸「大都市における高密度強震計ネットワーク」『科学』66 巻（1996 年），841-844 頁.
(317) 山崎文雄「リアルタイム地震防災システムの現状と展望」『土木学会論文集』577 巻 I-41（1997 年），1-16 頁.
(318) 中村浩二「緊急地震速報について」『物理探査』60 巻（2007 年），367-374 頁.
(319) 上垣内修「一般への提供が開始された緊急地震速報」『日本地震工学会誌』7 号（2008 年），3-7 頁.
(320) 無署名「緊急地震速報第 1 号　S 波到達の後　沖縄・宮古島」『朝日新聞』2008 年 4 月 28 日夕刊，12 面.
(321) 土井恵治・松森敏幸・相川達朗・横田崇「緊急地震速報の評価・改善に向けた検討」『験震時報』73 巻（2010 年），1-122 頁.

第 8 章　東日本大震災と地震学

(1) 伊東光晴『政権交代の政治経済学』岩波書店，2010 年，90 頁，121 頁.
(2) たとえば，科学技術・学術審議会「地震および火山噴火予知のための観測研究計画の推進について（建議）」2008 年 7 月 17 日，4 頁，6 頁.
(3) 気象庁「平成 23 年（2011 年）東北地方太平洋沖地震調査報告」第 I 編『気象庁技報』133 号（2012 年），11 頁.
(4) 気象庁「平成 23 年（2011 年）東北地方太平洋沖地震調査報告」第 II 編『気象庁技報』133 号（2012 年），358-363 頁.
(5) 気象庁「平成 23 年（2011 年）東北地方太平洋沖地震調査報告」第 I 編（注 3），11 頁.
(6) Mariko Sato, Tadashi Ishikawa, Naoto Ujihara, Shigeru Yoshida, Masayuki Fujita, Masashi Mochizuki, and Akira Asada, "Displacement Above the Hypocenter of the 2011 Tohoku-Oki Earthquake," *Science*, **332** (2011), p. 1395.
(7) M. Kido, Y. Osada, H. Fujimoto, R. Hino, and Y. Ito, "Trench-Normal Variation in Observed Seafloor Displacements Associated with the 2011 Tohoku-Oki Earthquake," *Geophys. Res. Lett.*, **38** (2011), L24303, doi: 10.1029/2011GL050057.
(8) 国土地理院「東北地方の地殻変動」『地震予知連会報』86 巻（2011 年），184-272 頁.
(9) たとえば，水藤尚・西村卓也・小林知勝・小沢慎三郎・飛田幹男・今給黎哲郎「2011 年（平成 23 年）東北地方太平洋沖地震に伴う地震時および地震後の地殻変動と断層モデル」『地震』第 2 輯 65 巻（2012 年），95-121 頁.
(10) 東北地方太平洋沖地震津波合同調査グループ『東北地方太平洋沖地震津波に関する合同調査報告会・予稿・講演資料集』関西大学社会安全学部，2012 年，1-6 頁.

(11) 気象庁「平成23年（2011年）東北地方太平洋沖地震調査報告」第Ⅰ編（注3），109-111頁.
(12) 警察庁広報資料「平成23年（2011年）東北地方太平洋沖地震の被害状況と警察措置」2014年12月10日.
(13) 警察庁『平成23年版警察白書』2011年，2-3頁.
(14) 復興庁広報資料「東日本大震災における震災関連死の死者数」2014年5月27日.
(15) 気象庁「平成23年（2011年）東北地方太平洋沖地震調査報告」第Ⅱ編（注4），370頁.
(16) 消防庁消防研究センター「平成23年（2011年）東北地方太平洋沖地震の被害及び消防活動に関する調査報告書（第1報）」『消防研究技術資料』82号（2011年），380頁.
(17) 田中淳「第5章 避難しないのか，できないのか」佐竹健治・堀宗朗編『東日本大震災の科学』東京大学出版会，2012年，127-153頁.
(18) 気象庁「平成23年（2011年）東北地方太平洋沖地震調査報告」第Ⅱ編（注4），358頁.
(19) 気象庁「東北地方太平洋沖地震による津波被害を踏まえた津波警報の改善の方向性について」2011年9月12日，8頁.
(20) 気象庁「平成23年（2011年）東北地方太平洋沖地震調査報告」第Ⅰ編（注3），22頁，ならびに気象庁「平成23年（2011年）東北地方太平洋沖地震調査報告」第Ⅱ編（注4），373頁.
(21) 瀬川茂子・松尾一郎「地震M9判定，米より遅れ 巨大すぎ計測不能」『朝日新聞』2011年5月24日6面.
(22) 気象庁「東北地方太平洋沖地震による津波被害を踏まえた津波警報の改善の方向性について」（注19），3頁ならびに8頁.
(23) 国土交通省広報資料「津波は三陸沿岸では7波襲来―釜石沖GPS波浪計のデータ回収・分析結果」2011年3月28日.
(24) 気象庁「平成23年（2011年）東北地方太平洋沖地震調査報告」第Ⅱ編（注4），370頁.
(25) 青木美希「『津波3m』独り歩き 防災無線，停電で情報更新不能に」『朝日新聞』2011年4月20日夕刊1面.
(26) 気象庁「平成23年（2011年）東北地方太平洋沖地震調査報告」第Ⅱ編（注4），370頁.
(27) 東京大学地震研究所「釜石沖海底ケーブル式地震計システムで観測された海面変動」http://outreach.eri.u-tokyo.ac.jp/wordpress/wp-content/uploads/2011/03/TsunamiKamaishiMeter
(28) 気象庁「平成23年（2011年）東北地方太平洋沖地震調査報告」第Ⅱ編（注4），372頁.
(29) 島崎邦彦「東北地方太平洋沖地震に関連した地震発生長期予測と津波防災対策」『地震』第2輯65巻（2012年），123-134頁.
(30) 島崎邦彦「超巨大地震，貞観の地震と長期評価」『科学』81巻（2011年），397-402頁.
(31) 中央防災会議『日本海溝・千島海溝周辺海溝型地震に関する専門調査会報告』2006年1月，15頁.
(32) 中央防災会議『日本海溝・千島海溝周辺海溝型地震に関する専門調査会報告・巻末資料1 地震動・津波の推計に関する図表集』2006年1月，65頁.
(33) 佐竹健治「第2章 どんな津波だったのか」『東日本大震災の科学』（注17），41-71頁.
(34) 平田直・佐竹健治・目黒公郎・畑村洋太郎『巨大地震・巨大津波―東日本大震災の検証』朝倉書店，2011年，105頁.
(35) 島崎邦彦「東北地方太平洋沖地震に関連した地震発生長期予測と津波防災対策」（注29），129頁.
(36) 土木学会原子力土木委員会津波評価部会『原子力発電所の津波評価技術』2002年，2月.
(37) 島崎邦彦「東北地方太平洋沖地震に関連した地震発生長期予測と津波防災対策」（注29），130頁.
(38) 島崎邦彦「予測されたにもかかわらず，被害想定から外された巨大津波」『科学』81巻（2011年），1002-1006頁.
(39) 平田直・佐竹健治・目黒公郎・畑村洋太郎『巨大地震・巨大津波―東日本大震災の検証』（注34），122-124頁.
(40) 伊藤大輔「先人の石碑，集落救う『此処より下に家を建てるな』」『読売新聞』2011年3月30

日 29 面．
- (41) 岩手県普代村役場『広報ふだい』2011 年 3 月号．
- (42) 都司嘉宣『千年震災』ダイヤモンド社，2011 年，60-65 頁．
- (43) 二階堂祐介・大久保泰「津波防災，見直し急務　計 300 キロの堤防の 6 割不半壊」『朝日新聞』2011 年 4 月 10 日 4 面．
- (44) 釜石市教育委員会・市民生活部防災課・群馬大学災害社会工学研究室『釜石市津波防災教育のための手引き』2010 年 3 月．
- (45) 山西厚・大久保泰「『まず逃げろ』命救う　釜石の小中，防災教育生きる」『朝日新聞』2011 年 3 月 23 日 30 面．
- (46) 川端俊一・三浦英之・吉田拓志・兼田徳幸・小川直樹・相原亮「84 人死亡・不明　大川小の悲劇　なぜ山に逃げなかった」『朝日新聞』2011 年 9 月 10 日 10 面．
- (47) 川端俊一・小野智美「大川小遺族，県・市を提訴「津波で犠牲，明らかな人災」東日本大震災」『朝日新聞』2014 年 3 月 11 日 39 面．
- (48) 北浦義弘「東日本巨大地震　職員次々波に…『13 m』津波，町庁舎のむ」『読売新聞』2011 年 3 月 14 日 22 面，ならびに三浦英之「骨組みの防災庁舎解体へ『津波の遺構』一転『遺族に配慮』宮城・南三陸町」『朝日新聞』2011 年 9 月 20 日夕刊 10 面．
- (49) 千種辰弥・沼田千賀子・山本奈朱香「指定場所に逃げたのに　思わぬ大波，各地で犠牲者」『朝日新聞』2011 年 3 月 22 日 31 面．
- (50) 消防庁消防研究センター「平成 23 年（2011 年）東北地方太平洋沖地震の被害及び消防活動に関する調査報告書（第 1 報）」（注 16），41 頁，119-138 頁，204-221 頁，357-362 頁．
- (51) 高野裕介，武田肇「延焼防げ，離島一丸　気仙沼・大島の老若 200 人，がれき除き防火帯　東日本大震災」『朝日新聞』2011 年 3 月 16 日夕刊 1 面．
- (52) 消防庁消防研究センター「平成 23 年（2011 年）東北地方太平洋沖地震の被害及び消防活動に関する調査報告書（第 1 報）」（注 16），52-69 頁，164-192 頁．
- (53) 消防庁消防研究センター，同上報告書，30 頁．
- (54) 気象庁『平成 23 年 3 月地震・火山月報（防災編）』2011 年，87-104 頁．
- (55) 消防庁消防研究センター「平成 23 年（2011 年）東北地方太平洋沖地震の被害及び消防活動に関する調査報告書（第 1 報）」（注 16），13-14 頁，385 頁．
- (56) 日本建築学会東北支部『2011 年東日本大震災災害調査報告』2013 年，1 頁．
- (57) 無署名「東日本大震災で 28 人死傷，東京・九段会館を実況見分」『朝日新聞』2011 年 6 月 6 日 37 面．
- (58) 内閣府『平成 24 年版防災白書』セルコ，2012 年，7 頁．
- (59) 池尻和生・坪倉由佳子・多知川節子・千葉正義「府・大阪市，警戒に奔走　津波注意報で水門閉鎖　東日本大震災」『朝日新聞』大阪本社版，2011 年 3 月 12 日 23 面．
- (60) 無署名「咲洲庁舎，被災想定誤り　大阪府，追加工事へ　東日本大震災」『朝日新聞』大阪本社版，2011 年 5 月 14 日 35 面．
- (61) 座小田英史・澄川卓也「新宿高層ビル，揺れ 13 分　長周期地震動，国の想定超す　東日本大震災」『朝日新聞』2011 年 4 月 19 日夕刊 1 面．
- (62) 小坪遊「高層ビル，都内調査の半数で『動けぬ揺れ』　気象庁『予報』目指す　東日本大震災」『朝日新聞』2011 年 11 月 15 日 3 面．
- (63) 風間基樹「2011 年東北地方太平洋沖地震被害の概要と地盤工学の課題」『地盤工学ジャーナル』7 巻（2012 年），1-12 頁．
- (64) 山吉健太郎・竹谷俊之「東日本大震災，もう一つの濁流　須賀川のダム湖決壊，死者・不明 8 人」『朝日新聞』2011 年 5 月 2 日 29 面．
- (65) 安田進・原田健二「東京湾岸における液状化被害」『地盤工学会誌』59 巻（2011 年）7 月号，38-41 頁．
- (66) 気象庁「平成 23 年（2011 年）東北地方太平洋沖地震調査報告」第Ⅰ編（注 3），15-20 頁．
- (67) 山口健志「東日本大震災における仙台製油所の防災活動について」『Safety & Tomorrow』

144 号（2012 年），9-15 頁．
(68) コスモ石油千葉製油所「東日本大震災時の LPG タンク火災・爆発事故における防災活動について」『Safety & Tomorrow』143 号（2012 年），27-38 頁．
(69) 無署名「コスモ製油所　タンク落下，LPG 漏出　震災時，炎上の原因公表」『読売新聞』2011 年 8 月 3 日 31 面京葉版．
(70) 国会事故調・東京電力福島原子力発電所事故調査委員会『報告書』2012 年 6 月，12 頁．
(71) 同上報告書，146-148 頁．
(72) 同上報告書，225-227 頁．
(73) 同上報告書，24-25 頁．
(74) 同上報告書，224-243 頁．
(75) 核分裂によって生成された原子は不安定で，放射線（α 線や β 線，γ 線，X 線）を出して次々と別の原子に変わっていく．これを放射性崩壊，または壊変という．放射性崩壊を起こす能力を放能といい，放射能をもった物質を放射性物質と呼ぶ．ベクレルは放射能の強さを表す単位．1 ベクレルは 1 秒間に 1 回，放射性崩壊を起こす能力をいう．放射能の強さを表す単位として昔はキュリーがよく使われた．1 キュリーはラジウム 1g のもつ放射能の強さであり，1 キュリーは 370 億ベクレルに相当する．
(76) 放射性物質が放出する放射線は生物（人体）にさまざまな影響を及ぼす．シーベルトは，浴びた放射線の影響の大きさを表すためにつくりだされた単位．7-10 シーベルトを浴びると 100％の人が死ぬといわれている．自然界の放射線によって受ける影響は，平均年間 2 ミリシーベルト程度．日本では放射線障害防止法などによって自然界以外からの被曝を，一般人については年間 1 ミリシーベルト以下，放射線作業従事者は 5 年間の年平均で 20 ミリシーベルト以下にそれぞれ抑えるように定めている．
(77) 国会事故調・東京電力福島原子力発電所事故調査委員会『報告書』（注 70），37 頁．
(78) 同上報告書，10 頁．
(79) 同上報告書，11 頁．
(80) 同上報告書，59-81 頁．
(81) 同上報告書，207-216 頁．
(82) 同上報告書，92 頁．
(83) 同上報告書，82-94 頁．
(84) 同上報告書，28 頁．
(85) 同上報告書，136-137 頁．
(86) 日本原子力研究所リスク評価解析研究室『軽水炉モデルプラント地震 PSA 報告書』日本原子力研究所，1999 年 5 月．
(87) 国会事故調・東京電力福島原子力発電所事故調査委員会『報告書』（注 70），180-186 頁．
(88) 同上報告書，187 頁．
(89) 東北電力資料「東日本大震災による女川原子力発電所の被害状況の概要および更なる安全性向上に向けた取組み」2011 年 3 月 29 日，6 頁．
(90) 国会事故調・東京電力福島原子力発電所事故調査委員会『報告書』（注 70），188 頁．
(91) 気象庁「平成 23 年（2011 年）東北地方太平洋沖地震調査報告」第Ⅰ編（注 3），49-51 頁．
(92) 無署名「三陸沖 M7.3　宮城県沖地震との関連　連動型　危険性低下か，海溝近くの固着域破壊」『河北新報』2011 年 3 月 10 日，3 面．
(93) 防災科学技術研究所「2011 年東北地方太平洋地震前の傾斜記録」『地震予知連会報』86 巻（2011 年），298-302 頁．
(94) 山岡耕春「『前兆について』概要」『地震予知連会報』86 巻（2011 年），648-652 頁．
(95) 山岡耕春，同上論文，648 頁．
(96) 楠城一嘉・平田直・小原一成・笠原敬司「2011 年東北地方太平洋沖地震震源域の b 値の時空間変化」『地震予知連会報』86 巻（2011 年），121-122 頁．
(97) 宇津徳治『地震活動総説』東京大学出版会，1999 年，547-550 頁．

(98) 統計数理研究所「2011 年東北地方太平洋沖地震の前震活動と広域的静穏化について」『地震予知連会報』86 巻（2011 年），134-141 頁．
(99) Kosuke Heki, "Ionospheric Electron Enhancement Preceding the 2011 Tohoku-Oki Earthquake," *Geophys. Res. Lett.*, 38 (2011), L17312, doi: 10.1029/2011 GL047908.
(100) 気象研究所「2011 年東北地方太平洋沖地震前に見られた前兆的現象」『地震予知連会報』90 巻（2013 年），503-508 頁．
(101) 気象庁「平成 23 年（2011 年）東北地方太平洋沖地震調査報告」第Ⅰ編（注 3），54-58 頁．
(102) 無署名「津波 1 m, 2 万 6000 人避難　東北・関東, 震度 5 弱　M7.3」『朝日新聞』2012 年 12 月 8 日 1 面，ならびに赤井陽介「昨年の地震，3139 回　気象庁発表」『朝日新聞』2013 年 1 月 11 日 3 面．
(103) 無署名「福島などで震度 4 の地震　M7.1, 久慈・相馬で津波 40 cm」『朝日新聞』2013 年 10 月 26 日夕刊 14 面．
(104) 気象庁「平成 23 年（2011 年）東北地方太平洋沖地震調査報告」第Ⅰ編（注 3），70-75 頁．
(105) 東京大学地震研究所「2011 年東北地方太平洋沖地震前後の活断層周辺における地震活動変化」『地震予知連会報』87 巻（2012 年），97-100 頁．
(106) 気象庁「平成 23 年（2011 年）東北地方太平洋沖地震調査報告」第Ⅰ編（注 3），80-83 頁．
(107) 大木聖子・纐纈一起「地震の科学の未来」『世界』別冊 826 号，2012 年，263-275 頁．
(108) 地震調査委員会「平成 23 年（2011 年）東北地方太平洋沖地震の評価」『地震調査委員会報告集』2012 年，45-58 頁．
(109) 国会会議録「第 177 回国会参議院決算委員会第 4 号」2011 年 4 月 25 日開催．
(110) 国会会議録「第 177 回国会参議院災害対策特別委員会第 9 号」2011 年 6 月 8 日開催．
(111) 国会会議録「第 180 回国会衆議院予算委員会第 4 号」2012 年 2 月 2 日開催．
(112) 国会会議録「第 177 回国会衆議院科学技術・イノベーション推進特別委員会第 6 号」2011 年 5 月 25 日開催．
(113) 島崎邦彦・金森博雄「論点スペシャル・地震研究の課題」『読売新聞』2011 年 12 月 10 日 11 面．
(114) 纐纈一起「地震の科学の行方は？東日本大震災から 1 カ月，地震学者は何を思うか」エルゼビア・ジャパン特集・研究者インタビュー第 8 回，2011 年 4 月，1-9 頁．
(115) 松澤暢「M9 を想定するために何が欠けていたのか？今後どうすれば良いのか？」日本地震学会編『地震学の今を問う』日本地震学会，2012 年，9-13 頁．
(116) Larry Ruff and Hiroo Kanamori, "Seismicity and the Subduction Process," *Phys. Earth Planet. Inter.*, 23 (1980), pp. 240-252.
(117) 松澤暢「M9 を想定するために何が欠けていたのか？」（注 115），9 頁，11 頁．
(118) 井出哲「アスペリティ・連動型・地震予知」『地震学の今を問う』（注 115），14-17 頁．
(119) 金森博雄『巨大地震の科学と防災』朝日新聞出版，2013 年，157 頁．
(120) Robert Geller, "Shake-Up Time for Japanese Seismology," *Nature*, 472 (2011), pp. 407-409.
(121) 蓬田清「日本の地震学の二重構造における学術団体としての責任とは？」『地震学の今を問う』（注 115），68-72 頁．
(122) たとえば，長谷川昭「地震学研究者・地震学コミュニティの社会的役割」『地震学の今を問う』（注 115），18-22 頁．
(123) Hiroo Kanamori, Masatoshi Miyazawa, and Jim Mori, "Investigation of the Earthquake Sequence off Miyagi Prefecture with Historical Seismograms," *Earth Planets Space*, 58 (2006), pp. 1533-1541.
(124) 金森博雄『巨大地震の科学と防災』（注 119），163-165 頁．
(125) 堀高峰・松澤暢・八木勇治「東北地方太平洋沖地震をなぜ想定できなかったのか」『地震学の今を問う』（注 115），125-130 頁．
(126) 堀高峰・松澤暢・八木勇治，同上論文，127 頁．
(127) 泉谷恭男・武村雅之・西村裕一「地震学と地震津波防災」『地震学の今を問う』（注 115），

135-140 頁.
(128) 川勝均・鷺谷威・橋本学「地震学会は国の施策とどう関わるのか」『地震学の今を問う（注115）, 131-134 頁.
(129) 泉谷恭男・武村雅之・西村裕一「地震学と地震津波防災」（注127）, 136 頁.
(130) たとえば, Robert Geller, "Shake-Up Time for Japanese Seismology,"（注120), ならびに塩谷喜雄『『原子力村』に加担した『地震予知村』の大罪」『新潮'45』2011 年 7 月号, 44-51 頁.
(131) 西川拓「東日本大震災：『前兆すべり』未観測　予知連で報告」『毎日新聞』2011 年 4 月 27 日 2 面.
(132) 松尾一郎「前兆すべり, 観測されず　東海地震, 問われる備え　東日本大震災で予知連報告」『朝日新聞』2011 年 4 月 27 日 5 面.
(133) 岩田孝仁「確率論的地震予知では何も進まない」『地震学の今を問う』（注115), 102-103 頁.
(134) 堀高峰・松澤暢・八木勇治「東北地方太平洋沖地震をなぜ想定できなかったのか」（注125), 128 頁, ならびに川勝均・鷺谷威・橋本学「地震学会は国の施策とどう関わるのか」（注128), 132 頁.
(135) 井出哲「アスペリティ・連動型・地震予知」（注118), 15-16 頁.
(136) たとえば, 鈴木康弘・中田高・渡辺満久「海溝型地震発生予測の課題」『地震学の今を問う』（注115), 65-67 頁.
(137) 平原和朗「考えられるモデルのレビュー」『地震予知連会報』90 巻（2013 年), 509-513 頁.
(138) 長谷川昭「地震学研究者・地震学コミュニティの社会的役割」（注122), 21 頁.
(139) 泉谷恭男・武村雅之・西村裕一「地震学と地震津波防災」（注127), 137 頁.
(140) 島崎邦彦「予測されたにもかかわらず, 被害想定から外された巨大津波」（注38), 1005 頁.
(141) 長谷川昭「地震学研究者・地震学コミュニティの社会的役割」（注122), 21 頁.
(142) 中央防災会議『東北地方太平洋沖地震を教訓とした地震・津波対策に関する専門調査会報告』2011 年 9 月 28 日.
(143) たとえば, 瀬川茂子・松尾一郎「地震, 長引く恐れ　地震学者12 人の見方」『朝日新聞』2011 年 4 月 21 日 19 面.
(144) 地震調査委員会「東北地方太平洋沖地震後の活断層の長期評価について」『地震調査委員会報告集：2011 年 1 月～12 月』2012 年, 769-779 頁.
(145) 米山粛彦「首都直下型　M7 級　4 年以内 70％　地震活発　切迫度増す　東大地震研試算」『読売新聞』2012 年 1 月 23 日 1 面.
(146) 久野華代「プレート地震：首都圏直下, 急増『M7 級, 30 年で 98％』―東大解析」『毎日新聞』2011 年 9 月 17 日 3 面.
(147) 無署名「知りたい！首都直下 M7 発生確率の謎　採用データで差　結局…いつ起きてもおかしくない」『毎日新聞』2012 年 2 月 28 日夕刊 1 面.
(148) 無署名「首都直下型 M7 地震『4 年内 50％以下』東大地震研が再計算」『日本経済新聞』2012 年 2 月 6 日 11 面.
(149) 米山粛彦・江村泰山「〔解説スペシャル〕地震確率　備える契機に　首都直下 M7 予測」『読売新聞』2012 年 2 月 16 日 13 面.
(150) 比嘉洋「南関東で M7 級発生, 東大試算『精度が低い』地震調査委, 長期予測変更せず」『毎日新聞』2012 年 2 月 10 日 6 面.
(151) 無署名「東日本大震災 6 カ月　大地震　不安感増す　本社世論調査」『読売新聞』2011 年 9 月 10 日, 33 面.
(152) 内閣府『防災に関する世論調査―世論調査報告書』2014 年 2 月公表, http://www8.cao.go.jp/survey/h25/h25-bousai
(153) 外岡秀俊『3・31 複合震災』岩波新書, 2012 年, v 頁.
(154) 地震調査委員会「東北地方太平洋沖地震に伴う長期評価に関する対応」『地震調査委員会報告集―2011 年 1 月～12 月』（注144), 549 頁.
(155) 地震調査委員会「津波評価部会の紹介」『地震本部ニュース』2013 年 6 月号, 4-5 頁.

(156) 地震調査研究推進本部「九州地域の活断層の長期評価（第一版）」『地震本部ニュース』2013年2月号, 6-7頁.
(157) 地震調査委員会「今後の地震動ハザード評価に関する検討」『地震本部ニュース』2012年12月号, 6-7頁.
(158) 地震調査委員会「『全国地震動予測地図2014年版―全国の地震動ハザードを概観して』の公表について」2014年12月19日.
(159) 地震調査研究推進本部『新たな地震調査研究の推進について』2012年9月6日.
(160) 金沢敏彦「日本海溝海底地震津波観測網について」『地震本部ニュース』2012年2月号, 6-7頁.
(161) 気象庁「東北地方太平洋沖地震による津波被害を踏まえた津波警報の改善の方向性について」(注19).
(162) 気象庁・津波警報の発表基準等と情報文のあり方に関する検討会「津波警報の発表基準等と情報文のあり方に関する提言」2012年2月.
(163) 気象庁報道発表資料「津波警報等の改善に伴う新しい情報文の運用開始について」2012年11月1日.
(164) 干場充之・尾崎友亮「2011年東北地方太平洋沖地震での緊急地震速報と津波警報」『地震』64巻（2012年）, 155-168頁.
(165) 気象庁報道発表資料「緊急地震速報の改善について」2011年8月10日.
(166) 気象庁地震火山部・長周期地震動に関する情報のあり方検討会『長周期地震動に関する情報のあり方報告書』2012年3月.
(167) 気象庁・長周期地震動に関する情報検討会「平成24年度報告書」2013年3月.
(168) 気象庁報道発表資料「長周期地震動に関する観測情報（試行）の気象庁HPへの掲載について」2013年3月28日.
(169) 気象庁地震火山部地震津波監視課「長周期地震動予測技術に関する検討の方向性について」2013年9月18日.
(170) 中央防災会議『東北地方太平洋沖地震を教訓とした地震・津波対策に関する専門調査会報告』(注142), 9-11頁.
(171) 中央防災会議・南海トラフの巨大地震モデル検討会『中間とりまとめ』2011年12月27日.
(172) 中央防災会議・南海トラフの巨大地震モデル検討会『南海トラフの巨大地震による震度分布・津波高さについて（第一次報告）』2012年3月31日.
(173) 中央防災会議・南海トラフ巨大地震対策検討ワーキンググループ『南海トラフ巨大地震の被害想定について（第一次報告）』2012年8月29日.
(174) 中央防災会議・南海トラフ巨大地震対策検討ワーキンググループ『南海トラフ巨大地震の被害想定について（第二次報告）』2013年3月18日.
(175) 中央防災会議・南海トラフの大規模地震の予測可能性に関する調査部会『南海トラフの大規模地震の予測可能性について』2013年5月28日.
(176) 中央防災会議・南海トラフ巨大地震対策検討ワーキンググループ『南海トラフ巨大地震対策について（最終報告）』2013年5月28日.
(177) 国会会議録「第185回国会参議院本会議第9号」2013年11月22日開催.
(178) 合田禄・石川智也「地震対策, 重点地域を指定　南海トラフ707・首都直下310市町村」『朝日新聞』2014年3月29日1面.
(179) 国土交通省広報資料「津波防災地域づくりに関する法律について」http://www.mlit.go.jp/sogoseisaku/point/tsunamibousai.html
(180) 国土交通省・内閣府・文部科学省・日本海における大規模地震に関する調査検討会『日本海における大規模地震に関する調査検討会報告書』2014年9月.
(181) 中央防災会議・首都直下地震モデル検討会『首都直下のM7クラスの地震及び相模トラフ沿いのM8クラスの地震等の震源断層モデルと震度分布・津波高等に関する報告書』2013年12月19日.

(182) 中央防災会議・首都直下地震対策検討ワーキンググループ『首都直下地震の被害想定と対策について（最終報告）』2013 年 12 月 19 日．
(183) 赤井陽介「死者最悪 2.3 万人，経済被害 95 兆円　首都直下地震，国想定」『朝日新聞』2013 年 12 月 20 日 1 面．
(184) 国会会議録「第 185 回国会参議院本会議第 9 号」（注 177）．
(185) 合田禄・石川智也「地震対策，重点地域を指定　南海トラフ 707・首都直下 310 市町村」（注 178）．
(186) 文部科学省・科学技術・学術審議会「地震及び火山噴火予知のための観測研究計画の見直しについて（建議）」2012 年 11 月 28 日．
(187) 文部科学省・地震及び火山噴火予知のための観測研究計画に関する外部評価委員会「外部評価報告書」2012 年 10 月 26 日．
(188) 文部科学省・科学技術・学術審議会「東日本大震災を踏まえた今後の科学技術・学術政策の在り方について（建議）」2013 年 1 月 17 日．
(189) 文部科学省・科学技術・学術審議会「災害の軽減に貢献するための地震火山噴火観測研究計画の推進について（建議）」2013 年 11 月 8 日．
(190) 土井恵治「第 202 回地震予知連絡会重点検討課題『地震・津波即時予測とリアルタイムモニタリング』概要」『地震予知連会報』92 巻（2014 年），397-398 頁．
(191) 干場充之「波動場の把握に基づく地震動の予測」『地震予知連会報』92 巻（2014 年），406-408 頁．
(192) 国土地理院・報道発表資料「津波予測支援に関する国土地理院と東北大学との共同研究」2012 年 8 月 31 日．
(193) 小坪遊「地震規模，宇宙から推定　GPS 活用，津波予測早く　国土地理院，今月末から試験導入」『朝日新聞』2012 年 3 月 13 日夕刊 1 面．
(194) 堀高峰「プレート境界滑り時空間変化の推移予測」『地震予知連会報』91 巻（2014 年），400-401 頁．

終章　地震予知研究の歴史を振り返って

(1) たとえば，石橋克彦「『駿河湾地震説』小史」『科学』73 巻（2003 年），1057-1064 頁．
(2) 友田好文「地震統計とモデル」『地震』第 2 輯 8 巻（1956 年），196-204 頁，ならびに安芸敬一「統計地震学の現状」『地震』第 2 輯 8 巻（1956 年），205-228 頁．
(3) 大木聖子「ラクイラ地震の有罪判決について」『科学』82 巻（2012 年），1354-1362 頁．
(4) 石田博士「伊の『地震予知』裁判　学者に逆転無罪」『朝日新聞』2014 年 11 月 11 日夕刊 2 面．
(5) Masakazu Ohtake, Tosimatu Matumoto, and Gary V. Latham, "Seismicity Gap near Oaxaca, Southern Mexico as a Probable Precursor to a Large Earthquake," *Pure and Applied Geophysics*, 115 (1977), pp. 375-385.
(6) 宇津徳治は選択効果の例として「1923 年以降，1997 年末までに日本で死者 5 人以上の死者が出た地震は 33 回起こっているが，日曜日に起こった例は 1 回もない」をあげている（『地震活動総説』東京大学出版会，1999 年，18 頁）．その前後の期間についても調べてみると，「1891 年以来，2014 年末までに死者が 5 人以上出た地震は 49 回起きているが，日曜日に起きた例は 1 回もない」こともいえる．
(7) 浜野洋三「地震防災と地震研究について」『科学』73 巻（2003 年），917 頁．
(8) たとえば, Thomas S. Kuhn, *The Structure of Scientific Revolutions*, 3rd. Ed. (Chicago: The University of Chicago Press, 1996), pp. 160-173. 中山茂訳『科学革命の構造』みすず書房，1971 年の邦訳がある．
(9) 野家啓一「科学の変貌と再定義」岩波講座・科学／技術と人間 1『問われる科学／技術』岩波書店，1999 年，93-125 頁．
(10) 野家啓一，同上論文，106-107 頁．
(11) 佐藤文隆「総論―制度としての科学」岩波講座・科学／技術と人間 2『専門家集団の思考と

行動』岩波書店，1999 年，1-35 頁．
(12) ロバート・マートン，森東吾・森好夫・金沢実・中島竜太郎共訳『社会理論と社会構造』みすず書房，1961 年，495 頁．原著は，Robert K. Merton, *Social Theory and Social Structure* (New York: The Free Press, 1957).
(13) マートン，同上書，503-513 頁．
(14) Karl R. Popper, *The Logic of Scientific Discovery* (New York: Basic Book, 1959). 大内義一・森博訳『科学的発見の論理（上）（下）』恒星社厚生閣，1971 年の邦訳がある．
(15) Kuhn, *The Structure of Scientific Revolutions*, op. cit.（注 8）．
(16) Larry Laudan, *Progress and Its Problems* (Berkeley: University of California Press, 1977). 村上陽一郎・井山弘幸訳『科学は合理的に進歩する』サイエンス社，1986 年の邦訳がある．
(17) 広重徹『科学の社会史―近代日本の科学体制』中央公論社，1973 年，11-12 頁．
(18) 野家啓一「科学の変貌と再定義」（注 9），118-119 頁．
(19) 広重徹『科学の社会史』（注 17），13 頁．
(20) 広重徹，同上書，328-331 頁．
(21) マイケル・ギボンズ編著，小林信一監訳『現代社会と知の創造―モード論とは何か』丸善，1997 年．原著は，Michael Gibbons, *The New Production of Knowledge: The Dynamics of Science and Research in Contemporary Societies* (London: Sage Publications, 1994).
(22) 野家啓一「科学の変貌と再定義」（注 9），119 頁．
(23) 松本三和夫『科学技術社会学の理論』木鐸社，1998 年，57 頁．
(24) 津村建四朗「『ブループリント』と『地震予知計画』―成果と問題点再考」日本地震学会編『「ブループリント」50 周年・地震研究の歩みと今後』日本地震学会，2013 年，5-8 頁．
(25) 泉谷恭男「地震予知と地震科学コミュニティの責任」『「ブループリント」50 周年・地震研究の歩みと今後』（注 24），54-60 頁．
(26) 泉谷恭男，同上論文，57 頁．
(27) 泊次郎「東海地震はいま―予知体制整備から 15 年・2」『朝日新聞』1993 年 3 月 4 日夕刊 3 面．
(28) たとえば，蓬田清「日本の地震学の二重構造における学術団体としての責任とは？」日本地震学会編『地震学の今を問う』日本地震学会，2012 年，68-72 頁．
(29) 泉谷恭男「地震予知と地震科学コミュニティの責任」（注 25），57-58 頁．
(30) 宇佐美龍夫「予知計画の推移と問題点」浅田敏編著『地震予知の方法』東京大学出版会，1978 年，219-236 頁．
(31) 橋本学「地震科学の目標・目的と説明責任」『地震学の今を問う』（注 28），73-75 頁．
(32) M. Wyss *et al.*, *Evaluation of Proposed Earthquake Precursors* (Washington D. C.: AGU, 1991).
(33) 無署名「地震予知の新兵器　多波長レーザー測距儀　地殻 1 センチの変化もキャッチ　精度，今の 5 倍」『朝日新聞』1982 年 12 月 27 日 18 面．
(34) 無署名「深海の貝で地震予知・相模湾　地殻変動地点に群生　海洋科学センター　今夏から監視」『読売新聞』1993 年 4 月 4 日 1 面．
(35) マートン『社会理論と社会構造』（注 12），512 頁．
(36) 宇津徳治『地震活動総説』東京大学出版会，1999 年，771 頁．
(37) たとえば，ロバート・ゲラー『日本人は知らない「地震予知」の正体』双葉社，2011 年，116-117 頁．
(38) 中谷内一也・島田貴仁「日本人のハザードへの不安とその低減」『日本リスク研究学会誌』20 巻（2010 年），125-133 頁．
(39) 大木聖子「地震学のアウトリーチ―社会との信頼の構築」『地震学の今を問う』（注 28），113-117 頁．
(40) 無署名「30 年先は…ガンなし公害もなし，科学者 4000 人が未来予測」『朝日新聞』1971 年 6 月 23 日 22 面．
(41) 無署名「30 年後の技術は…がん治療，ほぼ完全に，1 カ月以内に地震予知」『朝日新聞』1977

年2月8日1面.
(42) 無署名「未来技術,次の30年,2000人の予測,2001年がん予防,生命科学に期待」『朝日新聞』1982年12月28日1面.
(43) 横尾淑子「過去の予測調査に挙げられた科学技術は実現したのか」『科学技術動向』2010年7月号,23-32頁.
(44) 外岡秀俊『3・31複合震災』岩波新書,2012年,v頁.
(45) 国立大学が法人化された2004年以降,それまで政府予算に示されていた大学関連の地震予知関連予算は「運営費交付金の内数」として扱われるようになり,表面には出なくなった.約17億円というのは,2001-03年度の平均である.
(46) たとえば,深畑幸俊「世紀の難問『地震予知』に挑む」『地震学の今を問う』(注28),76-80頁.
(47) たとえば,浅野公之ほか22人「建議および地震科学の将来に関する若手研究者からの提言」2012年3月8日.
(48) ロバート・ゲラー「防災対策と地震科学研究のあり方:リセットの時期」『地震学の今を問う』(注28),5-8頁.
(49) ロバート・ゲラー「避けて通れない出口戦略」『「ブループリント」50周年・地震研究の歩みと今後』(注24),19-21頁.
(50) 福島洋「地震発生予測研究のこれから」『地震学の今を問う』(注28),110-112頁.
(51) たとえば,長尾年恭『地震予知研究の新展開』近未来社,2001年,8頁.

文献名略記一覧

原雑誌名・原書名	略記
Bulletin of the Seismological Society of America	BSSA
Earth, Planets and Space	Earth Planets Space
Geophysical Journal International	Geophys. J. Int.
Geophysical Notes	Geophys. Notes
Geophysical Research Letters	Geophys. Res. Lett.
Japanese Journal of Astronomy and Geophysics	Jpn. J. Astron. Geophys.
Journal of Geophysical Research	JGR
Journal of Physics of the Earth	J. Phys. Earth
Physics of the Earth and Planetary Interiors	Phys. Earth Planet. Inter.
Proceedings of the Japan Academy	Proc. Jpn. Acad.
Proceedings of the Imperial Academy	Proc. Imper. Acad.
Proceedings of the Tokyo Mathematico-Physical Society	Proc. Tokyo Math.-Phys. Soc.
Review of Geophysics	Rev. Geophys.
Seismological Journal of Japan	Seism. J. Jpn.
Tectonophysics	Tectonophys.
The Geophysical Magazine	Geophys. Mag.
The Journal of the College of Science, Imperial University	J. Coll. Sci., Imper. Univ.
The Science Report of the Tohoku University	Sci. Rep. Tohoku Univ.
The Science Reports of the Tohoku Imperial University	Sci. Rep. Tohoku Imper. Univ.
Transaction of the Asiatic Society of Japan	Trans. Asia. Soc. Jpn.
Transaction of the Seismological Society of Japan	Trans. Seism. Soc. Jpn
気象研究所技術報告	気象研技報
気象庁技術報告	気象庁技報
地震研究所彙報	震研彙報
地震研究所研究速報	震研研究速報
地震研究所創立五十年の歩み	震研創立五十年の歩み
地震予知連絡会会報	地震予知連会報
地震予知連絡会○年の歩み	地震予知連○年の歩み
震災予防調査会報告	震災予防報告
地質調査所報告	地調報告

事項索引

ア
アスペリティ 378, 474, 499, 512
――モデル 378, 470, 474, 499, 517, 538
阿寺断層（帯） 247, 524
安全石油ランプ 37, 71
安定すべり 475
イ
生駒断層帯 435
石本・飯田の式 214
石本式加速度計 214
石本式傾斜計 140, 153, 170, 179
異常隆起 254, 256, 294, 308, 360
糸魚川-静岡構造線（活断層帯） 215, 433, 434, 524
井戸の水位，井戸水の異常 15, 19, 79, 146, 188, 278, 331
緯度の変動・変化 62, 65, 79, 160, 200
稲むらの火 158
石廊崎断層 293, 318, 372
陰陽五行説，陰陽思想，陰陽説 9, 10, 13, 44
ウ
ヴィーヘルト地震計 136, 142, 155, 212
内側地震帯 90
宇宙測地技術 358, 371
エ
液状化 → 地盤の液状化
液体振子説 98
塩素イオン濃度 363, 408
オ
大森公式 81, 485
大森式地震計 76, 82
大森の絶対震度階 82
お雇い外国人 ii, vi, 8, 26, 27, 67, 543, 563
カ
解説情報 461
海底（火山）噴火 71, 98, 365
海底地震観測網 315, 528
海底地震計 251, 293, 350, 358, 549, 556, 572
海底水圧計，海底津波計 497, 529
海底地殻変動観測（点） 492, 527

界面電気現象（説） 166, 556
海洋底拡大説 231, 257, 266, 289
改良大森公式 82
カオス 161, 557
科学者共同体 558, 573
科学の制度化 558
学術研究会議 131, 158, 162, 197, 211
火災 51, 71, 84, 86, 99, 106, 112, 210, 234, 346, 396, 398, 468, 503, 537
――旋風 113
火山地震 8, 44
火山噴火予知連絡会 366
活断層 139, 152, 229, 247, 285, 293, 303, 349, 372, 404, 414, 441, 442, 444, 514
――研究会 372, 414
――調査 228, 239, 252, 373, 427, 483, 545
――の地域評価 527
――法 272
空振り 337, 459
河角マグニチュード 213
河角マップ 215, 374, 442
関西地震説 iii, 201, 209, 547
岩石（破壊）実験 247, 252, 309, 377, 474, 550, 553
観測強化地域 252, 254, 258, 260, 292, 320, 349
観測集中地域 252
観測情報 461, 466
関東地震説 201
関東南部地震（69年周期）説 254, 282, 547
神縄・国府津-松田断層帯 433, 435
陥没地震（説） 7, 8, 44, 53
キ
気圧と地震 39, 40, 43, 57, 85, 91, 160
キジ 13, 38, 42, 57
疑似周期性 160
気象庁マグニチュード 213
気象の異常と地震 13, 19
北伊豆断層系，北伊豆断層帯 374, 514
基盤的調査観測計画 429
逆断層 118, 152, 257, 359, 391, 405, 433

659

強震観測網, 強震計　136, 427, 428
極微小地震　228, 232
緊急地震警報, 緊急地震速報　ii, 30, 471, 489, 492, 529, 540
　ク
空中電気　41
グーテンベルグ・リヒターの式　163, 214, 220, 486, 525
繰り返し地震　477
クリープ　266, 471
グレイ・ミルン・ユーイング地震計　35
群発地震　85, 103, 140, 141, 165, 249, 282, 294, 297, 329, 363, 365, 393, 407, 415, 432, 462, 472, 550
　ケ
警戒宣言　335, 340, 343, 353, 388, 415, 459
傾斜嵐　153
傾斜計　63, 69, 76, 77, 96, 140, 149, 198, 201, 219, 227, 264, 266, 271, 309, 315, 350, 471, 473, 512, 549
傾斜変化　62, 76
計測震度計　390, 411
警報　316, 325, 332, 345
月（齢）と地震　6, 22, 40, 93
原子力発電所, 原発　418
　——の安全神話　418, 491
　——の耐震基準, 耐震設計審査指針　418, 444, 509
建築基準法　214, 250, 297, 357
　コ
降雨と地震　85, 91, 94
高感度地震観測網　556
構造性地震　8
高層ビル　403, 504, 530
広帯域地震計　426, 428, 496, 529
光波測量　242, 255, 293
郷村断層　137
ココスプレート　473
国会事故調　507
500年間隔地震　470, 484
牛伏寺断層　433, 434, 514, 524
固有地震　434, 437, 482, 517
　——モデル　374, 377, 387
固有振動周期　234
　サ
災害対策基本法　250, 326
災害の軽減に貢献するための地震火山観測研究計画　539, 565, 578

サイスミシティ　221
最大加速度　419
サイレント地震　471, 520
桜島大噴火　84, 108, 137
サンアンドレアス断層　86, 139, 263, 265, 271, 387, 471
　シ
自衛隊事前出動（条項）　336, 341, 344, 346, 353
潮の干満と地震　57, 91, 93
志賀原子力発電所　444
鹿野断層　148, 374
時間予測モデル　171, 377, 438
磁石の磁力　8, 15, 17, 23, 25, 41, 42, 57
地震及び火山噴火予知のための観測研究計画　457, 538, 548
地震学実験所　33, 38
地震カタログ　6, 25, 215, 473, 477
地震活動　546
　——の活発化　72, 108, 407, 552
　——の静穏化　90, 288, 360, 551
「地震＝岩漿流動」説　119, 137, 141, 143, 154, 179
地震危険度　214, 374, 440, 448, 547
　——地図　374, 440
地震空白域　iii, 306, 347
地震警報　191, 233, 325, 333, 346, 353, 387, 453
地震研究所　133, 134, 153, 544, 564, 571
　——の紛争　248
地震国際フロンティア研究　427, 487
地震災害軽減　ii, iv, vi, 30, 37, 48, 58, 66, 70, 162, 173, 272, 574
　——計画　272, 275, 385, 420
　——法　275
地震制御　267
地震帯　86, 90
地震体積説　231
地震断層　44, 51, 54, 235, 373, 404
「地震＝断層運動」説　144, 231
地震地帯の原理　85, 103, 287
地震調査委員会　424, 426, 432, 495, 497, 527
地震調査研究推進本部　vi, 424, 425, 497, 545, 567, 572
地震動予測地図　215, 396, 426, 440, 446, 519, 527, 545, 572
地震波速度　6, 30, 62, 66, 75, 228, 239, 268, 547
　——異常　247, 269, 284, 331, 553
　——変化　127, 128, 192, 203, 218, 252, 320
地震発生確率　434, 441, 445, 447, 520, 524, 545

660

地震発生危険度　252, 436
地震発生サイクル　429, 470, 480
地震発生先行現象　458
地震波トモグラフィー　369
地震被害早期評価システム　412, 489
地震防災基本計画　351, 353, 462, 466
地震防災対策強化地域　334, 340, 458, 465
　　──判定会　352, 388
地震防災対策推進地域　447, 535
地震防災対策特別措置法　vi, 423, 451, 545, 565, 567
地震保険　106, 272, 448
地震モーメント　235
地震予知器, 地震予知機　18, 24, 57
地震予知研究グループ　224, 227, 260
地震予知研究シンポジウム　240, 246, 356, 382, 420, 452
地震予知研究への提言　451
地震予知研究連絡委員会　iii, vi, 184, 195, 196, 201, 229
地震予知研究を推進する有志の会　455
『地震予知─現状と推進計画』　→　ブループリント
地震予知実験　387
地震予知情報　326, 329, 334, 340, 459
地震予知推進計画　→　第2次地震予知計画
地震予知推進本部　315, 320
地震予知総合研究振興会　451, 571
地震予知のための新たな観測研究計画　451, 456
地震予知不可能論　111, 129, 163, 183, 557
地震予知連絡会　252, 253, 286, 290, 292, 294, 296, 307, 314, 317, 319, 333, 339, 348, 365, 391, 565, 568
信濃川地震帯　91
地盤の液状化　51, 112, 235, 263, 351, 365, 389, 392, 402, 505
シミュレーション　378, 385, 456, 470, 478, 483, 548, 565, 580
重力　154, 162, 200, 242
　　──計　228, 264
　　──測定　220
　　──分布　62, 65, 79
首都直下地震対策大綱　469, 536
首都直下地震対策特別措置法　538
準安定すべり　475
初期微動　9, 42, 56, 82, 111
　　──継続時間　82, 111, 118, 147, 155

初動　129
　　──押し引き分布　129, 152, 211, 245
　　──の方向　137, 142
ショルツ理論　282, 546
シリカ式傾斜計　153, 179, 547, 549
磁力計　42, 77, 264, 266, 387
シングルカップル　138
震源時間関数　384
震源地争い　107
人工地震　i, 6, 36, 41, 228
震災学　127, 131, 136
震災軽減　→　地震災害軽減
震災の帯　396, 401, 405
震災予防協会　158
震災予防研究委員会　158
震災予防策　58, 60
震災予防調査会　60, 70, 80, 124, 127, 131, 134, 157, 229, 543, 563, 571
震災予防評議会　134, 156
新地震予知研究計画　455, 548, 565
伸縮計　149, 200, 201, 211, 220, 227, 309, 350, 408, 471, 550
新総合（基本）施策　449, 528, 540, 578
深層地震　155, 177
新耐震　400
震度階（級）　35, 82, 210, 411
震度7　210, 396, 401, 405, 412, 416, 469, 492, 504, 537
深発地震面　154, 368, 574
深部地下構造説　406
深部低周波微動　473
ス
水管傾斜計　48, 67, 153, 220, 228, 241, 360, 408, 549
水晶管伸縮計　228
水素ガス　364
水平振子　32, 68, 76
　　──傾斜計　76, 228, 243
スラブ　389
　　──内地震　389, 392
スロースリップ　470, 472
セ
政策委員会　424, 426, 427
セイシュ　99
正常化の偏見　416
世界標準地震計観測網　235, 239, 240, 263
前震　55, 71, 72, 95, 104, 148, 152, 249, 329, 347, 359, 365, 367, 407, 512, 550

──活動　141, 146, 251, 367
選択効果　553
前兆　5, 8, 16, 38, 55, 108, 119, 188, 357, 366, 569
──すべり　309, 461, 481, 512, 534, 550
浅部低周波地震　473
　ソ
走時曲線　155, 219
想定外　401, 416, 511, 515, 527
相転位　485
測地学委員会　79, 154
測地学審議会　196, 233, 238, 251, 296, 299, 314, 316, 320, 349, 386, 420, 427, 572
速度強化　475
──摩擦域　476
速度弱化　475
──摩擦域　476
外側地震帯　90, 168
　タ
第1次地震予知研究計画　ii, iv, vi, 64, 239, 542, 547
第1種（地震）空白域　86, 287, 293, 300, 303, 552
第2次地震予知計画　252, 253
第2種（地震）空白域　90, 288, 300, 360, 378, 387, 407, 551
第3次地震予知計画　292, 296, 321
第4次地震予知計画　349, 357, 568
第5次地震予知計画　358, 371
第6次地震予知計画　358, 386
第7次地震予知計画　386, 427, 455
大規模地震対策特別措置法（大震法）　i, vi, 298, 300, 334, 346, 381, 388, 415, 447, 453, 458, 521, 534, 545, 567, 577
耐震化　265, 277
耐震改修促進法　419
耐震基準　37, 82, 157, 214, 250, 272, 297, 357, 400, 417, 444, 500, 504
大震法　→　大規模地震対策特別措置法
耐震補強　202, 419, 466, 504
体制化した科学　563, 569
体積歪計　i, 311, 320, 324, 330, 350, 361, 387, 461, 512, 550
大都市震災対策推進要綱　256, 344
大都市大震災軽減化特別プロジェクト　450
太陽の黒点　29, 160
ダイラタンシーモデル　236, 269, 276, 282, 321, 331, 546, 553
大陸移動説　119, 127

ダブルカップル　142
短期的スロースリップ　473
短期的予知　321, 350
弾性反発説　139, 164
断層　43, 53, 116, 118
──運動　44, 46, 55, 118, 211, 230, 235, 365
──地震　7, 8, 71
──地震説　44, 54, 73, 74, 119, 137, 230
──の分布図　47
──面　389, 392, 405, 409
──モデル　300, 305, 306, 309, 318, 351, 359
丹那断層（帯）　i, 142, 374
　チ
地域係数　215, 448, 547
地域防災計画　354, 412, 416, 436, 447
地塊運動（説）　118, 137, 169
地下温度　59, 62, 65, 78, 162, 230
地下核実験探知計画　264
地殻変動　i, iii, 46, 48, 96, 117, 149, 162, 167, 170, 185, 188, 200, 236, 257, 262, 295, 302, 304, 306, 308, 310, 363, 493, 547, 549
──観測　66, 172, 192, 198, 219, 227, 243, 277, 321, 358, 364, 408
──観測網　426, 545, 573
──連続観測所　228, 239, 246, 252
地下構造探査　405
地下水　277, 296, 315, 350, 358
地球潮汐　76
地球の冷却・収縮論　7, 45, 47, 64, 230
地球物理学研究連絡委員会　200, 209, 239
地磁気　iii, 19, 39, 41, 42, 56, 59, 60, 63, 77, 162, 174, 179, 228, 242, 245, 252, 277, 310, 315, 358, 361, 546, 554
──観測所　62, 65, 72
──伏角　179, 181, 207
──変化，変動　188, 192, 198, 200, 220, 247, 278
秩父地震説　iii, 205, 221
地電位　121, 148, 162, 174, 486
地電流　iii, 39, 41, 42, 59, 174, 188, 191, 200, 220, 228, 252, 277, 358, 387, 427, 487, 547, 554
地表地震断層　47, 63, 72-74, 136, 141, 148, 151, 293, 328, 513
注意情報　466
注意報　388, 459, 461
中央防災会議　256, 317, 340, 449, 458, 462, 497, 516, 523, 527, 568, 578
長期的スロースリップ　477

長期的予知　321, 349
長期発生予測，長期評価　396, 432, 441, 444, 452, 495, 498, 501, 527
長周期地震動　351, 530
潮汐（異常）　91, 127
沈降　44, 47, 53, 73, 96, 116, 120, 146, 170, 172, 185, 235, 241, 257, 304
ツ
津波　30, 47, 71, 98, 112, 115, 145, 150, 171, 185, 235, 249, 263, 286, 302, 346, 351, 359, 390, 468, 470, 483, 491, 507
――警報，予報　30, 47, 147, 216, 286, 359, 390, 392, 393, 470, 494, 516, 522, 527, 529
――災害予防　157, 172
――地震　71, 98, 440, 470, 498
――堆積物　483, 498, 527, 538
――ハザードマップ　535
――避難対策特別強化地域　535
――避難ビル　158, 535
――マグニチュード　440
――予報　147, 217
坪井式　213
テ
低周波地震　432, 473
電気抵抗　198, 200, 269, 271
電磁気学的前兆，電磁気学的異常　8, 29, 41, 174, 554
電離層　513
ト
東海地震対策専門調査会　465
東海地震対策大綱　458, 466
東海地域判定会　299, 323, 327, 333, 339, 352, 388, 453, 458, 466, 568, 577
――招集基準　461
東京大地震説　98, 127
東京電力柏崎刈羽原子力発電所　444
東京電力福島原子力発電所事故調査委員会　507
東京電力福島第一原子力発電所　vii, 491, 507, 545
東京電力福島第二原子力発電所　511
東京都防災会議　254
統計地震学　125, 547
統計的研究，統計的方法　iii, 160, 546, 557
統計（的）モデル　458, 548
東南海・南海地震対策大綱　468, 531
動物の異常行動　8, 19, 24, 29, 39, 42, 57, 278, 331

東北電力女川原子力発電所　483, 511
特定観測地域　252, 253, 258, 288, 300, 349, 360, 363, 390, 395, 414, 418
都市直下型地震　396
トレンチ調査　i, 373, 404, 433, 434, 483
ナ
ナマズ　11, 17, 43, 57, 176
南海地動観測網　170, 185
南海トラフ地震防災対策特別措置法　535
ニ
新潟-神戸歪集中帯　91
新潟地震説　iii, 207, 547
二重深発地震面　369
日本海溝・千島海溝周辺海溝型地震対策大綱　470, 499
日本海東縁部　361, 390
日本学術会議　200, 209, 232, 239, 382
日本原子力発電東海第二原子力発電所　511
日本地震学会　26, 31, 37, 64, 67, 543, 563, 567
日本を地震から守る国会議員の会　420, 422
ネ
根尾谷断層（帯）　53, 55, 549
ノ
濃尾断層系　211
野島断層　404, 434, 487
ハ
破壊核　384
パークフィールド　266, 387
ハザードマップ　272, 275, 536
バックスリップ　463
発光現象　8, 25, 29, 145, 147, 148, 152, 165, 189, 246, 297, 408, 555
発震機構　129, 154, 369
パームデール隆起　273, 296
パラダイム　559, 566
バリア（モデル）　378
パルミエリ式地震計　6, 22, 31
ヒ
ピアレビュー　558, 564, 569, 574
比較沈み込み学　474, 517
菱形基線　154, 198, 228, 291
非地震性のすべり　470, 520
微小地震　197, 200, 203, 214, 220, 228, 229, 232, 243, 246, 278, 308, 321, 358, 363, 407, 414, 426, 428, 556
――観測所　239, 247, 252
――観測網　368, 383, 422, 472
歪計　266, 309, 315, 408

比抵抗　363
微動　46, 57, 473
　——計　73, 76, 96
表層地盤増幅説　405
　フ
不安定すべり　475
ファンデフカプレート　473
フィリピン海プレート　91, 118
不確定性原理　163
付加体　473
副因　85, 91
伏在断層説　405
深溝断層　152
富士川河口断層帯　433, 435
物理学派　127, 129, 135
物理モデル　546, 580
不動（点）　32, 33
フーリエ解析　255
振子　22, 23, 26, 28, 30, 32
ブループリント　ii, iv, vi, 64, 225, 227, 260, 542, 544, 565
　——（米国版）　264
プレスリップ　309, 310, 384, 454, 461, 512, 521, 534, 550
プレート運動　257, 371
プレート境界　361, 391, 433
　——型地震　347, 374, 392, 435, 445, 482, 492, 524
プレートテクトニクス　iv, 231, 266, 282, 288, 319, 368, 371
プロトン磁力計　555
　ホ
ポアソン分布　163
北米プレート　263
　マ
マグニチュード　211, 236, 373
マグマ　230, 365, 369
　——貫入説，原因説　231, 245
摩擦構成則　475, 522
摩擦ルミネッセンス説　166, 556
松田式　373
マントル対流　257
　ミ
水沢緯度観測所　79
水噴火説　245
水鳥　53, 55
見逃し　459
脈動　62, 76, 77

ミルン式地震計　69
　ム
椋平虹　181, 222
無定位磁力計　223
　メ
鳴動　56, 72, 85
免震建築　65
　モ
モード1（の科学）　561, 563, 576
モード2（の科学）　561, 563, 577
モーメントマグニチュード　263
　ヤ
山崎断層　363, 570
山田断層　137
　ユ
ユーイング式地震計　35, 75
誘発地震　514, 525
ゆっくり地震　471
ユレダス　488
　ヨ
余効変動　471, 476
横須賀断層　152
横ずれ断層　143
吉岡断層　148
余震　8, 10, 56, 72, 81, 84, 93, 104, 140, 148, 151, 213, 249, 277, 289, 300, 390, 404, 476, 485, 512, 513, 546
予知情報　324, 333, 466
　ラ
ラドン　181, 268, 296, 310
　——濃度　278, 330, 358, 361, 364, 367, 427
　リ
リアルタイム地震学　471
リアルタイム地震防災　488
リアルタイムモニタリング　540
リーフラー時計　154
リモートセンシング　286
隆起　44, 47, 72, 96, 116, 120, 139, 150, 152, 167, 172, 185, 235, 241, 257, 273, 303, 304, 310, 319, 404, 493, 549
　レ
歴史地震　31, 375
　——史料　73, 97, 379
レーザー測距儀　572
レッドプリント　240
連合国軍総司令部　→　GHQ
　ロ
炉心溶融（事故）　vii, 491, 507, 545

六甲断層系　404, 412, 414
六甲変動　406
　ワ
和達-ベニオフ面　155, 368
　アルファベット
b 値　513, 551
CUBE　489
ETAS モデル　485
F ネット　431
GEONET　426, 428, 431, 472, 493, 541, 550
GHQ　iii, vi, 184, 189, 216, 544, 564
　——経済科学局　194, 196, 197
　——天然資源局　190, 192, 194, 199
GPS　358, 372, 387, 549
　——観測網　426, 428, 513, 519, 541, 550, 556
　——波浪計　496, 529
Hi ネット　431, 471, 473, 512
K ネット　431
KiK ネット　431
SLR　358
VAN 法　486, 555
VLBI　358, 371
Wood-Anderson 地震計　212

人名索引

ア
青木治三　319
アガーワル　269
安芸敬一　235, 378
アグリコラ　4
浅田敏　213, 221, 231, 307, 310, 312, 314, 320, 324, 338, 355, 367, 556
アナクシマンドロス　2
阿部勝征　532, 536
安倍吉平　9
阿部壽　483
アリストテレス　1, 3, 5, 10, 11, 13, 14
安藤雅孝　300, 309

イ
飯田汲事　153, 214, 226
飯田益雄　383
井内昇　305
五十嵐丈二　484
五十嵐俊博　478
伊木常誠　71, 98
井口龍太郎　53
石川裕　446
石野又吉　181
石橋克彦　299, 306, 310, 312, 385
石原純　122, 128, 154
石本巳四雄　134, 135, 137, 140, 143, 153, 205, 214
泉谷恭男　521, 523
井出哲　518
井上宇胤　152, 153, 205, 288, 552
今村明恒　iii, 72, 75, 83, 85, 94, 98, 110, 111, 120, 123, 135, 139, 141, 144, 150, 157, 158, 162, 167, 184, 192, 197, 262, 304, 376, 544, 547, 549, 550, 564
岩田孝仁　522

ウ
ヴァゲナー　23, 30
宇井啓高　364
ウィトコム　269, 274, 276
ヴィーヘルト　75, 128
ヴェゲナー　119, 127
上田誠也　487
宇佐美龍夫　10, 26, 74, 256, 324, 379, 568
宇田川興斎　14
内田祥三　135
宇津徳治　286, 288, 319, 347, 391, 552
ウッド　164
海野徳仁　369
卜部卓　385

エ
エアトン　22, 42

オ
尾池和夫　414
大木聖子　575
大杉栄　112, 341
大竹政和　284, 285, 385, 552
大塚道男　280, 356
大中康誉　384
大橋良一　73
大森房吉　ii, 52, 60, 61, 65, 68, 71, 72, 74, 75, 76, 79, 80, 85, 98, 110, 111, 122, 287, 288, 544, 546, 551, 552, 568, 574
オカダ　195, 199, 203, 204
岡田武松　107, 125, 135
岡田義光　366, 382
尾形良彦　485
小川琢治　119, 126
小沢泉夫　211, 219
小田東叡　15
小野俊行　460
小原一成　473
オリバー　260, 264, 266
オールコック　21, 23

カ
笠原慶一　324
カーダー　267
片田敏孝　502
加藤武夫　118
加藤尚之　481
加藤弘之　27, 61

加藤愛雄　179, 188, 197, 202, 220
仮名垣魯文　17
金森博雄　276, 309, 378, 474, 517, 518, 520
川崎一朗　471
河角廣　188, 211, 212, 214, 234, 254, 262
河田恵昭　523, 531, 533, 538
川本幸民　14
カント　5
　キ
菊池大麓　27, 31, 58, 60, 61, 80, 83, 85
菊地正幸　379, 392, 404
ギボンズ　561
木村耕三　250, 283
木村栄　79
　ク
日下部四郎太　76, 125, 128, 547, 553
グーテンベルグ　128, 164, 193, 212
クニッピング　21, 23, 27
久野久　143
クランストン　273, 275
グレイ　27, 30, 33, 36
黒川清　507
黒田日出男　12
クーン　559
　ケ
ゲラー，ロバート　ii, 380, 519, 557, 578
ケンベル　21
　コ
顧功叙　278
纐纈一起　517
国富信一　107, 137, 141, 142, 147
小久保清治　177
古在由直　134, 135
古在由秀　421
小島濤山　10, 11
巨智部忠承　61
小藤文次郎　44, 47, 53, 61, 71, 74, 90
小西似春　12
小林房太郎　127
小林洋二　361
　サ
酒井慎一　525
鷺坂清信　206
鷺谷威　463, 471
佐久間象山　18
桜内義雄　328, 335, 336, 338, 340, 342, 348
佐々憲三　149, 201, 204, 218, 268, 553
サトウ　27

佐藤裕　304, 308, 310
沢野忠庵　9
沢村武雄　185
　シ
シェンク　193
志田順　76, 127, 129, 137, 155
志田林三郎　41, 554
島崎邦彦　256, 374, 376, 423, 501, 517, 521, 523
島津康男　356
島村英紀　ii
シャボー　22
朱鳳鳴　278
ジュース　7, 44, 55
シュスター　164
ジョイナー　22
ショルツ　236, 269, 282, 309, 331, 377, 474
白鳥勝義　121, 162, 174, 181, 554
　ス
末広恭二　127, 131, 134, 135
末広重二　311, 316, 329, 337, 339, 348, 551
杉崎隆一　364
杉山隆二　319
鈴木次郎　213, 338
須田皖次　130
スタックレー　4
　セ
関谷清景　27, 31, 34, 35, 37, 38, 43, 53, 56, 58, 60, 61, 73, 75, 77, 80, 95, 162, 550, 566
関谷溥　290, 293, 300
妹沢克惟　135, 153, 158, 196
瀬野徹三　311, 347
　タ
ダヴィソン　43, 74
高木聖　223
高橋龍太郎　159
竹内均　257, 357, 557
竹花峰夫　246
辰野金吾　60, 61, 83
田中真紀子　420, 425
田中館愛橘　55, 58, 60, 61, 63, 65, 68, 78
田辺朔郎　61
田丸卓郎　159
田山実　73
檀原毅　258
　チ
チャップリン　22, 26
　ツ
坪井誠太郎　73, 135

人名索引　667

坪井忠二　137, 154, 196, 197, 204, 213, 220, 221, 227, 231, 260, 262, 557
坪川家恒　236, 318
津村建四朗　121, 369
津屋弘逵　148, 152, 187, 196
テ
デカルト　3
寺田寅彦　111, 119, 129, 134, 135, 159, 175, 183, 383, 556, 557, 571, 580
ト
土井恵治　522
遠田晋次　525
土岐憲三　467
ナ
ナウマン　24, 27, 73
長岡半太郎　55, 60, 61, 65, 75, 79, 98, 125, 127, 135, 268, 547
中曽根康弘　249, 251
中田高　376
永田武　148, 187
中村一明　361
中村精男　61, 65, 68, 78
中村左衛門太郎　107, 112, 115, 118, 177, 179, 190, 197, 204, 207, 555
南雲昭三郎　251
那須信治　218
夏目漱石　159
ニ
西川如見　12
西川正休　10
西村英一　209, 219, 227
二宮洸三　393
ニュートン　4
ヌ
ヌーア　268
ノ
ノット　39, 56, 546
能登久　175
野依良治　538
ハ
萩原尊禮　ii, 153, 179, 181, 193, 197, 199, 204, 205, 226, 229, 230, 232, 233, 239, 243-245, 247, 253, 256, 262, 265, 290, 293, 295, 305, 310, 315, 320, 323, 324, 333, 339, 345, 348, 351, 355, 577
パシュビッツ　63, 69, 76
長谷川昭　285, 369, 449, 523
畑井新喜司　176
服部一三　24, 27, 73

服部保徳　16
ハーディン　265
羽鳥徳太郎　305
羽鳥光彦　516
浜口梧陵　158
浜田和郎　366, 367, 381
浜野洋三　385, 455
ハミルトン　272
早川正巳　219, 268
原田昇左右　326, 334, 423
バルミエリ　22
バロトゥソス　486
ヒ
比企忠　53
ヒューエル　558
平澤朋朗　453
平田直　525
平原和朗　451
ビリングッチオ　3
廣井脩　413, 415
広重徹　561
広瀬仁　472
廣瀬元恭　14
廣野卓蔵　197, 204
フ
フェドートフ　287
フォルゲル　7
深尾良夫　383, 421, 456, 557
福田赳夫　299, 328, 340, 343, 577
ブサンゴー　7
藤井陽一郎　ii, 35, 134, 319
藤岡市助　42
藤原咲平　109, 118, 126, 135, 150, 182, 191, 196
ブラキストン　27
フランクリン　4
ブラントン　24
プリーストリー　4
プリニウス　2, 3
古市公威　60, 61
フルベッキ　23
プレス　263, 265, 273, 274, 275
ヘ
日置幸介　513
ベニオフ　262
ヘボン　21, 22
ペリー　6, 22, 42
ヘンショウ　196, 197, 199
ホ

ポアンカレ　161
ホジソン　164
ボートライト　476
ポパー　559
ホプキンス　6
ボーモン　7
堀高峰　479, 520
ボルト　276
本多弘吉　142, 146, 154, 230
本多光太郎　79
　マ
マイケル　4
マイケルソン　132
前田玄以　12
前田直吉　52
前杢英明　375
マゼッラ　271
松浦充宏　384
松尾芭蕉　12
マッケルヴィ　271, 274
松沢武雄　162, 223
松澤暢　477, 512, 517, 518
松田時彦　303, 373, 375, 421, 423
松村正三　484
松山基範　123
マートン　558, 561, 573
マレット　6, 8, 40, 44, 211
　ミ
三木武夫　299, 313
三雲健　303
水谷仁　284, 539
溝上恵　461, 464, 469
ミットフォード　21
宮部直巳　158
宮村摂三　150, 231
宮本貞夫　222
ミルン　26-28, 36, 37, 43, 54, 61, 63, 64, 66, 73, 75, 76, 80, 82, 95, 162, 211, 549, 550, 563, 566
　ム
向井玄升　9
椋平広吉　145, 181, 222
武者金吉　74, 145, 166, 186, 215, 230, 379
村井勇　293
村山富市　395, 409, 420
村山正隆　15, 18
　メ
メウニエ　44

メンデンホール　64, 79
　モ
茂木清夫　236, 257, 300, 318, 324, 356, 377, 388, 421, 424, 467, 550
モース　28
森有礼　37, 563
　ヤ
八木勇治　477
山岡耕春　485, 534
山尾庸三　26
山川宣男　285
山口生知　201, 204
山崎直方　72, 118, 135, 137, 167
山崎晴雄　374
山崎美成　14
山下文男　94, 150
山中佳子　476
山本敬三郎　312, 325, 328, 329
　ユ
ユーイング　27, 30, 32, 38, 82, 128
　ヨ
吉田明夫　462
吉松隆三郎　178, 211, 486
吉村冬彦　159
四柳修　343
　ラ
ライマン　27
ラウダン　560
ラフ　517
ランズベルグ　164
　リ
力武常次　ii, 245, 288, 291, 310, 315, 324, 331
リスター　3
リード　139, 164
リヒター　212, 265
　レ
レイクス　276
レムリー　3, 5
　ワ
脇田宏　330
脇水鉄五郎　54
和田維四郎　60
和達清夫　145, 154, 177, 189, 193, 194, 196, 197, 202, 212, 223, 226, 230, 233, 262, 368, 574
渡辺久吉　139
渡辺偉夫　351

地震・震災名索引

ア行

秋田仙北地震　70, 73
鰺ヶ沢地震　97, 549
アラスカ地震　262
安政江戸地震　14, 23-25, 41, 90, 101, 104, 106, 145, 552
安政東海地震　→　東海地震
安政南海地震　→　南海地震
伊賀上野地震　14, 25, 95, 104
伊豆大島近海地震　285, 299, 328, 348, 349, 365-367, 381, 554, 570
伊豆半島沖地震　285, 293, 308, 318, 367, 372, 554
伊豆半島東方沖群発地震　365, 485
伊東沖群発地震　140, 153, 165
今市地震　220
岩手・宮城内陸地震　442, 443, 519
越後三条地震　→　三条地震
江戸地震　→　安政江戸地震
えびの地震　249
遠州灘地震　150
延宝房総沖地震　531
オアハカ地震　552
大分県中部地震　297, 555
大町地震　73
男鹿半島沖地震　361

カ行

海城地震　vi, 273, 277, 296, 299, 310, 321, 570
嘉義地震　70
河内大和地震　180, 182
カングラ地震　84
関東地震　108, 111, 118, 126, 136, 168, 184, 205, 212, 254, 257, 291, 340, 409, 417, 440, 547, 549, 552, 554
関東大震災　iii, v, vi, 80, 85, 97, 110, 111, 122, 134, 157, 218, 282, 341, 414, 416, 425, 469, 486, 544, 554, 564
寛文の京都地震　10, 13, 24, 90, 552

北伊豆地震　136, 141, 146, 165, 176, 209, 212, 219, 255, 292, 367, 374, 549, 555
北丹後地震　136, 153, 201, 209, 212, 234, 549
釧路沖地震　389, 392, 414, 416, 417
熊本地震　31, 63, 81
慶長三陸沖地震（津波）（1611年）　483, 531
慶長地震（1605年）　25, 171, 172, 293
慶長伏見地震（1596年）　→　伏見地震
芸予地震　70, 72, 97
元禄地震　102, 104, 115, 293, 376
江濃（姉川）地震　70, 72, 84, 95, 96

サ行

佐渡地震　13, 24, 95, 97, 549
三条地震　16, 90
サンフェルナンド地震　255, 269, 272, 357
サンフランシスコ地震　ii, 84, 86, 106, 139, 164, 262
三陸地震（津波）
　昭和——　77, 136, 145, 157, 179, 409, 495, 498, 501, 502, 555
　明治——　70, 71, 75, 98, 146, 166, 184, 212, 409, 470, 495, 498, 501, 524, 546, 554, 555
三陸はるか沖地震　393, 416, 477, 478, 481
静岡地震　178
島原地震　137
積丹半島沖地震　361, 391
首都直下地震　415, 440, 469, 524, 536, 572
貞観地震（津波）　74, 483, 498, 510, 523, 531
庄内地震　70, 71, 77
正平の地震　172
スマトラ沖地震（津波）　510, 513
駿河湾地震　306, 312, 318, 325
関原地震　167
善光寺地震　14, 16, 24, 90, 145

タ行

タシケント地震　269, 331, 367
但馬地震　133, 137, 157, 181, 413
千葉県東方沖地震　365

チリ地震　309, 510, 513
天正地震　12
東海地震　i, vi, 290, 298-300, 320, 325, 332, 346, 379, 395, 415, 418, 421, 435, 447, 453, 458, 471, 480, 484, 521, 531, 534, 545, 550, 559, 565, 567, 576, 577
　安政の——　14, 24, 25, 91, 302, 303, 305, 312, 320, 464
　明応の——　172, 319
東京湾北部地震　469, 537
唐山地震　276, 574
東南海地震　438, 464, 467, 480, 531
　1944年の——　iii, 149, 173, 179, 184, 186, 203, 212, 219, 257, 290, 300, 302, 308, 318-320, 454, 461, 534, 544, 550
東北地方太平洋沖地震　vii, 446, 470, 491, 492, 514, 527, 541, 545, 550, 551, 553, 556
十勝沖地震　440
　1952年の——　213, 476, 484, 552
　2003年の——　445, 476, 482, 521, 550
十勝沖（三陸沖）地震（1968年）　249, 257, 284, 393, 478, 481, 556, 566, 572
都心直下南部地震　537
鳥取県西部地震　442, 443, 487
鳥取地震　iii, 148, 179, 184, 201, 203, 209, 218, 227, 374, 549, 553, 555

ナ行

長野県西部地震　363, 366
ナポリ地震　8
南海地震　iii, 97, 167, 376, 438, 447, 464, 467, 480, 531
　1946年の——　iii, 114, 184, 192, 201, 203, 206, 212, 218, 223, 257, 302, 310, 318, 409, 413, 544, 547, 553-555, 570
　安政の——　14, 24, 25, 81, 91, 171, 302
南海トラフ（巨大）地震　448, 533
新潟県中越沖地震　442, 444, 519
新潟県中越地震　442, 443
新潟地震　225, 234, 254, 269, 274, 294, 347, 361, 374, 544, 552, 565
日本海中部地震　359, 366, 391, 570
根室沖地震　70, 71, 82, 95
根室半島沖地震　282, 286, 484
濃尾地震　ii, v, vi, 44, 46-48, 50, 58, 70, 74, 81, 82, 91, 211, 305, 409, 425, 543, 549, 550, 554
ノースリッジ地震　402, 414, 417
能登半島沖地震　389
能登半島地震　442, 444

ハ行

浜田地震　24, 91, 96, 97, 104, 120, 140, 309, 379, 549
阪神・淡路大震災　iv, vi, 82, 375, 377, 380, 389, 395, 409, 470, 505, 516, 545, 565, 574
東日本大震災　74, 491, 492, 516, 526, 540, 565, 579
日向灘地震　249, 257
兵庫県南部地震　394-396, 409, 428, 434, 436, 448, 458, 487, 500, 504, 552, 555
福井地震　iii, 184, 205, 209, 212, 219, 220, 234, 396, 448, 556
福岡県西方沖地震　442, 443
伏見地震　12, 90, 552
文政の京都地震　10, 11, 13, 24
宝永地震　25, 171, 172, 302, 312, 318, 531
房総半島の群発地震　103, 550
北海道東方沖地震　392, 416
北海道南西沖地震　386, 390, 411, 414, 416, 555

マ行

松代群発地震　240, 267, 284, 551, 555
三河地震　iii, 150, 184, 206, 209, 555
美濃・飛騨・信濃の地震　433
宮城県沖地震　182, 346, 366, 435, 438, 441, 445, 446, 470, 478, 483, 495, 499, 512, 517, 519
明応東海地震　→　東海地震
明治東京地震　70, 71, 108
メッシナ地震　84, 87

ヤ行

大和（奈良県）の地震　24
横浜地震　vi, 20, 26, 40, 543, 563
吉野地震　220, 415

ラ行

ラクイラ地震　551
陸羽地震　70, 72, 75, 78, 95, 104, 524, 550, 554
リスボン地震　5, 39, 41
ロマプリータ地震　387

著者略歴

泊　次郎(とまり　じろう)

1944 年	京都府に生まれる
1967 年	東京大学理学部物理学科地球物理コース卒業，朝日新聞社入社　科学朝日副編集長，大阪本社科学部長，編集委員などを歴任
2002 年	東京大学大学院総合文化研究科科学史・科学哲学講座博士課程入学
2003 年	朝日新聞社退社
2007 年	上記課程修了，博士（学術）
2008 年	東京大学地震研究所研究生，特別研究員，外来研究員
2014 年	東京大学地震研究所退所
著　書	『地震列島』（共著，1973 年，朝日新聞社） 『都市崩壊の科学——追跡・阪神大震災』（共著，1996年，朝日新聞社） 『地震予知と社会』（共著，2003 年，古今書院） 『はじめての地学・天文学史』（共著，2004 年，ベレ出版） 『プレートテクトニクスの拒絶と受容——戦後日本の地球科学史』（2008 年，東京大学出版会）など

日本の地震予知研究 130 年史——明治期から東日本大震災まで

2015 年 5 月 22 日　初　版

［検印廃止］

著　者　泊　次郎

発行所　一般財団法人　東京大学出版会

代表者　古田元夫

153-0041 東京都目黒区駒場 4-5-29
http://www.utp.or.jp/
電話 03-6407-1069　FAX 03-6407-1991
振替 00160-6-59964

印刷所　株式会社平文社
製本所　牧製本印刷株式会社

Ⓒ 2015 Jiro Tomari
ISBN 978-4-13-060313-3 Printed in Japan

〈JCOPY〉〈(社)出版者著作権管理機構　委託出版物〉
本書の無断複写は著作権法上での例外を除き禁じられています．複写される場合は，そのつど事前に，㈳出版者著作権管理機構（電話 03-3513-6969，FAX 03-3513-6979，e-mail: info@jcopy.or.jp）の許諾を得てください．

泊 次郎
プレートテクトニクスの拒絶と受容
　―戦後日本の地球科学史　　　　　　　　　　　A5判 272頁 / 3800円

金 凡性
明治・大正の日本の地震学
　―「ローカル・サイエンス」を超えて　　　　　A5判 182頁 / 3200円

宇佐美龍夫・石井 寿・今村隆正・武村雅之・松浦律子
日本被害地震総覧 599-2012
　　　　　　　　　　　　　　　　　　　　　　B5判 724頁 / 28000円

宇津徳治
地震活動総説
　　　　　　　　　　　　　　　　　　　　　　B5判 896頁 / 24000円

活断層研究会 編
新編 日本の活断層―分布図と資料
　　　　　　　　　　　　　　B4判 448頁＋付図4葉 / 35000円

佐竹健治・堀 宗朗 編
東日本大震災の科学
　　　　　　　　　　　　　　　　　　　　　　4/6判 272頁 / 2400円

日本地震学会地震予知検討委員会 編
地震予知の科学
　　　　　　　　　　　　　　　　　　　　　　4/6判 256頁 / 2000円

ここに表示された価格は本体価格です．ご購入の
際には消費税が加算されますのでご諒承ください．